U0295156

内耗与力学谱基本原理及其应用

方前锋　金学军　编著

上海交通大学出版社

内容提要

本书共分两编,第一编介绍了内耗与力学谱的基本原理,包括晶体缺陷的基础知识、内耗的唯象理论、测量原理和技术,以及产生内耗的几种主要微观机制。第二编给出内耗技术在凝聚态物理和材料科学研究方面的应用,包括通过相应的物理过程或物理量变化,并得到定量的信息;新型高阻尼材料设计和阻尼机理研究;新型功能材料的缺陷弛豫和相变动力学研究。最后介绍内耗技术如何解决生产中的实际问题。

本书适合作为研究生教材以及供相关领域的科技人员使用。

图书在版编目(CIP)数据

内耗与力学谱基本原理及其应用/方前锋,金学军编著.—上海:上海交通大学出版社,2014
ISBN 978-7-313-11617-8

Ⅰ.①内… Ⅱ.①方…②金… Ⅲ.①金属—内耗—研究 Ⅳ.①TG111.7

中国版本图书馆 CIP 数据核字(2014)第 126083 号

内耗与力学谱基本原理及其应用

编　　著:方前锋　金学军			
出版发行:上海交通大学出版社	地　　址:上海市番禺路 951 号		
邮政编码:200030	电　　话:021-64071208		
出 版 人:韩建民			
印　　制:浙江云广印业有限公司	经　　销:全国新华书店		
开　　本:787mm×1092mm　1/16	印　　张:27.5		
字　　数:675 千字			
版　　次:2014 年 8 月第 1 版	印　　次:2014 年 8 月第 1 次印刷		
书　　号:ISBN 978-7-313-11617-8/TG			
定　　价:180.00 元			

前　言

　　内耗与力学谱是 20 世纪 40～50 年代创立的凝聚态物理和材料科学的交叉学科,其中我国著名金属物理学家葛庭燧先生所发现和发明的"晶界内耗峰"和扭摆装置(分别被国际学术界尊称为葛氏峰和葛氏摆)奠定了内耗学科的实验基础和测试方法基础。经过 60 多年的发展,内耗学科的基础理论已经形成并逐步完善,其在各个方面的应用也在不断拓展。但是,有关的内耗专著多是英文的,如:Nowick 和 Berry 所著 *Anelastic Relaxation in Crystalline Solids*(1972),Puskar 所著 *Internal Friction of Materials*(2001),以及 Blanter 等所著 *Internal Friction in Metallic Materials*(2007)。相关的中文专著较少,除了孔庆平先生等早期翻译的 Zener 专著"金属中的弹性和滞弹性"以及冯端先生在"凝聚态物理学丛书"中的一些章节介绍内耗基础之外,内耗方面的中文专著应该只有葛庭燧先生在 2000 年由科学出版社出版的"固体内耗理论基础——晶界弛豫与晶界结构"一书了。

　　近年来,随着我国社会和经济的高速发展,各种新型材料不断涌现,新的物理现象也不断被发现,迫切需要更新、更灵敏的实验研究方法和手段来对新材料和新现象进行研究,以弥补常规实验手段的不足。在这一方面,内耗与力学谱技术越来越受到了人们的重视,因为由于对材料微观缺陷和结构的高度敏感性,内耗与力学谱技术可以提供其他手段不易得到的缺陷动力学性质。但是目前关于内耗方面的专业书籍较少,特别是关于内耗技术如何在凝聚态物理和材料科学中的应用方面的书籍更是稀少。这种状况极大地限制了内耗与力学谱学科的发展。因此,物理学会内耗与力学谱专业委员会经过讨论觉得很有必要出版一本既介绍内耗的基本理论,又强调如何应用内耗技术的书籍,可以使非内耗专业的科技人员在阅读完本书后,能够解决本专业的问题。

　　本书的特点是在介绍内耗基本理论的基础上,着重介绍如何应用内耗技术解决凝聚态物理和材料科学中的相关问题。内耗的基本理论部分主要来源于编者为研究生上课的讲义。内耗技术应用部分是本书的重点,将分材料、分领域介绍(如强关联功能材料、铁电压电和介电材料、离子导体、钢铁材料、软凝聚态物质、高阻尼材料等),主要内容将由相关专家在自己科研成果的基础上,综合国内外相关的研究成果,形成书稿。

本书由方前锋和金学军主编。很多老师参与了编写,他们是:孔庆平、水嘉鹏、李晓光、于宁、马立群、罗兵辉、朱劲松、熊小敏、吴学邦、王先平等,还有很多学生也参与了编写工作。此外,王业宁院士、徐祖耀院士和张进修教授对本书的形成和出版给予了积极支持并提出了宝贵意见。编者在此对他们的辛苦工作和无私奉献一并表示真诚的感谢。

本书成稿之时,正值葛庭燧先生诞辰 100 周年纪念日。希望本书能够起到承上启下的作用,能够让年轻的科技工作者传承以葛庭燧先生为代表的老一辈科学家所开创的内耗与力学谱研究事业,并发扬光大,续写辉煌。

编著者

2014 年 7 月 3 日于安徽合肥

目　　录

第二编　内耗与力学谱技术的应用

绪　　论

20 世纪 50 年代,我国著名金属物理学家葛庭燧先生发明了"葛氏扭摆",并采用此测量技术发现了"葛氏峰"——晶界弛豫内耗峰,奠定了固体内耗这一学科的实验基础[1]。内耗是凝聚态物理与材料科学的交叉学科,同时也是研究固体缺陷与力学性质的一种重要的实验技术,它能够很灵敏地反映固体中点缺陷、位错、界面等缺陷的存在及其运动变化和交互作用,从而能够获得材料中各种微观过程的定性和定量信息。

振动着的固体即使与外界完全隔绝,其机械振动能也会逐渐衰减下来,这种由于材料内部原因而引起的能量耗损即为内耗(internal friction)[1, 2],或力学谱(mechanical spectroscopy)。材料的内耗在数值上定义为材料在振动过程中单位弧度内损耗的机械能 $\Delta W/2\pi$ 与最大弹性储能 W 之比:

$$Q^{-1} = \frac{\Delta W}{2\pi W} \tag{0-1}$$

式中 ΔW 是试样在振动一周(2π rad)内消耗的能量。

因为机械振动能的耗散是通过内部机制来完成的,所以材料的这种性质强烈地依赖于材料的微观结构和缺陷,同时也与外部环境的物理参量密切相关。当把内耗表示成温度、频率、应力振幅、外加电场或磁场等外部参量的函数时,我们将得到一系列分立的或连续的谱,称之为内耗谱,或力学谱。探索新谱线和研究这些谱线产生的机制从而得到对应微观过程的物理参数是内耗与力学谱这门学科的主要研究内容之一。

传统的微结构表征方法(如 X 射线衍射、正电子湮灭技术和电子显微技术等)获得的是材料微结构的静态信息,而且有时需要破坏试样的状态。要得到微结构变化过程的信息,特别是缺陷弛豫过程的动力学参数,谱学技术(如光谱、介电谱、内耗谱等)是非常行之有效的方法。它们的特征都是以一定频率的交变信号去刺激样品,测量其反应信号。当外加频率与样品中结构弛豫的本征频率相近时,反应信号将会出现极大值,得到一条谱线。由于其高频率特性,通常的光谱只能探测到电子跃迁和晶格本征振动等快速过程,而不能探测到点缺陷、位错和晶界等固体缺陷的慢跃迁过程(这些慢跃迁过程的本征频率根据温度的不同在 kHz 及其以下)。内耗谱的测量频率范围是 kHz~μHz,完全覆盖了缺陷慢跃迁过程(如点缺陷在相邻平衡位置间的跃迁过程)的本征频率范围,而且所加的刺激信号为交变应力(其振幅远小于材料的屈服应力),反应信号为应变,所以适用于任何能够传播弹性应力波的物体,被证明是研究缺陷弛豫过程和微结构变化的最有效手段之一[3]。

从内耗的定义可以看出,只要 ΔW 不等于零,材料就会具有一定大小的内耗值。从宏观上看,ΔW 在数值上为等幅振动过程中应力-应变曲线所包的面积。而此面积不等于零的可能原因之一是应力、应变的相位不同,即应变落后于应力,这是滞弹性内耗产生的原因。另一个可能原因是虽然应变的相位与应力的相同,但应变的响应在加载和卸载过程中不同,这是静滞后内耗产生的原因。从微观上来看,是材料内部发生的物理过程(如点缺陷弛豫、位错运动和相变过程等)感生了与时间有关的非弹性应变,产生内耗。内耗机理研究就是要从内耗随外部参数的变化规律探知在材料内部发生的物理过程的本质,使得人们可以从内耗测量中获取这些微观过程的物理参数。严格来说,所有的材料都具有内耗,只是大小不同,所以内耗是材料的一个基本性质。

在工程应用上,材料的内耗也称为阻尼本领,具有大内耗的材料称为高阻尼材料[3]。由于测量方法的不同有多种关于材料内耗(或阻尼本领)的量度,如对数减缩量 δ,能耗系数 η,品质因数 Q,超声衰减 α,应变落后于应力的相位差 ϕ,比阻尼本领 P 等,它们的定义如下:

$$P = \frac{\Delta W}{W}, \ \delta = \ln\left(\frac{A_n}{A_{n+1}}\right), \ Q = \frac{\sqrt{3}\,f_r}{\Delta f}, \ \alpha = \frac{1}{x_2 - x_1}\ln\left(\frac{u_1}{u_2}\right) \qquad (0-2)$$

式中 A_n,A_{n+1} 分别是在自由衰减法测量中相邻两周的振动振幅,Δf 是共振法中共振频率为 f_r 的共振峰的半宽度,u_1 和 u_2 分别是波传播法中波在位置 x_1 和 x_2 的振幅。在内耗较小的情形下 $(\delta \ll 1)$,有

$$Q^{-1} = \eta = \tan\phi = 1/Q = P/2\pi \approx \alpha\lambda/\pi \approx \delta/\pi \qquad (0-3)$$

式中 λ 是波传播法中波的波长。此外,很多高阻尼合金的阻尼本领与振动振幅有关,所以工程上有时也采用应力振幅为材料屈服强度的 10% 时的比阻尼本领作为材料阻尼本领的量度,记为 $P_{0.1}$。

最常见的滞弹性内耗有相变型内耗和弛豫型内耗两种。对于相变型内耗来说(如马氏体相变、有序无序转变等),内耗-温度曲线上会出现明显的峰值,峰的位置对应于相变温度。相变型内耗峰的典型特点是:随着测量频率的增加,一般来说内耗峰的位置不变,但峰高降低;当升温速率增加时,峰温和峰高都增加。因此可以采用内耗方法来测量相变温度以及研究相变动力学过程。

对于弛豫型内耗,有如下的一般形式:

$$Q^{-1} = \Delta\frac{\omega\tau}{1 + \omega^2\tau^2}, \ \tau = \tau_0\exp\left(\frac{E}{kT}\right) \qquad (0-4)$$

式中,$\omega = 2\pi f$ 为振动角频率,Δ 为弛豫强度,τ 为弛豫时间,τ_0 和 E 分别为弛豫时间指数前因子和弛豫激活能,k 为 Boltzmann 常数,T 为温度。可见,如果将 Q^{-1} 作为 $\ln\omega$(或 $1/T$)的函数曲线,则会在 $\omega\tau = 1$ 处出现一个内耗峰。对于不同的弛豫过程,其对应的参数 Δ 和 $\tau(\tau_0, E)$ 是不同的。一般来说,弛豫强度 Δ 与弛豫元(固体缺陷)的浓度成正比,而弛豫时间 $\tau(\tau_0, E)$ 与弛豫元的种类及其在固体材料中的位置(如点缺陷处于不同的点阵位置)、状态(单个缺陷或复合缺陷)以及弛豫路径密切相关。因此,参数 Δ 和 $\tau(\tau_0, E)$ 表征了一个弛豫谱。其中,Δ 等于 2 倍内耗峰高,而 $\tau(\tau_0, E)$ 可以由频率内耗峰(Q^{-1}-$\ln\omega$ 曲线)或温度内耗峰(Q^{-1}-$1/T$ 曲线)随测量温度或测量频率的移动根据峰温处 $\omega\tau = 1$ 的关系而计算出来。

　　内耗技术在凝聚态物理和材料科学研究等方面具有广泛的应用。在凝聚态物理研究方面,通过内耗谱测量可以考察相应的物理过程或物理量变化,并得到定量的信息,比如固溶体(固溶度);扩散(系数);热激活参数;相变;缺陷状态与弛豫行为(点缺陷、位错、晶界)等。内耗技术应用于材料科学研究方面,包括新型高阻尼材料设计,阻尼机理研究;新型功能材料研究(如高温超导材料、巨磁电阻材料、离子导体、铁电压电材料等)的缺陷弛豫和相变动力学。

　　本书深入浅出地介绍了内耗与力学谱的基本原理,特别强调了内耗原理在凝聚态物理和材料科学研究领域的应用,结合具体实例阐明了内耗技术如何解决实际问题,适合于凝聚态物理和材料科学专业的本科生和研究生以及相关领域的科技人员使用。

参考文献

［1］葛庭燧. 固体内耗理论基础-晶界弛豫与晶界结构［M］. 北京:科学出版社,2000.

［2］冯端等. 金属物理学［M］. 第三卷,北京:科学出版社,1999,第 21－25 章.

［3］方前锋,王先平,吴学邦,等. 内耗与力学谱基本原理及其应用［J］. 物理,2011,40(12):786－793.

第一编

内耗与力学谱基本原理

1 晶体缺陷

孔庆平(中国科学院固体物理研究所)

1.1 绪论

1.1.1 晶体的结合

固体材料按照其结构特征可分为晶体材料和非晶态材料。晶体材料的结构特征在于,其中原子(离子或分子)在三维空间中的排列呈现长程有序。而非晶态材料的结构特征是长程无序、短程有序,实际上是一种过冷液体。

理想的晶体结构是原子(离子或分子)在空间周期性地排列而成的。把晶体内粒子的中心,用直线连接起来,就形成了晶格,即晶体点阵。晶格的每一个结点,称为阵点。晶格可以看做由一个平行六面体的单元沿三个边的方向重复排列而成。晶格的最小周期单元称为原胞(或称初基晶胞)。按照它三个棱边的长度和夹角,晶体点阵可分为七个晶系,如立方晶系、六角晶系等。为了反映晶体点阵的旋转对称性,有些晶系除了在原胞的每个结点上有一个阵点外,在面心或体心位置也可有阵点,形成了有心晶胞(非初基晶胞)。这样就形成了十四种空间点阵,如简单立方、面心立方、体心立方等。

原子能够结合为晶体的根本原因,在于原子结合起来后整个系统具有较低的能量。把分散的中性原子结合成为晶体,就会有一定的能量 W 释放出来。如果以分散的原子作为内能的标准(取为零),则 $-W$ 就是结合成晶体后系统的内能,即晶体的结合能。反过来,把晶体拆成分散的中性原子,所消耗的能量相当于升华热。显然晶体的结合能就等于它的升华热。

晶体结合能的来源是原子间的相互作用。晶体中原子之间的相互作用力有两种:吸引力和排斥力。吸引力的来源是异性电荷之间的库仑引力。排斥力的来源是同性电荷之间的库仑斥力,以及原子核外面的电子云重叠产生的斥力。由于原子在相互靠近时吸引力做功,所以吸引的势能是负值。要把互相排斥的原子聚在一起,外界必须对它做功,所以排斥的势能是正值。总的势能在某一适当距离处具有极小值,处于稳定的平衡状态。这时两个原子间的距离即为平衡距离。

晶体的结合能是与晶体的结合方式相联系的。晶体的结合方式可分为以下几种:①离子性结合,即以正负离子为结合的单元,形成离子键。②共价性结合,其特点是外层电子为相邻原子所共有,形成共价键。③金属性结合,其特点是各原子的价电子不再束缚在原子上,而转变为在整个晶体内运动,形成金属键。④范德瓦耳斯结合,其结合是由于两个分子的电偶极矩的瞬时感应作用,形成分子键。

一般说来,离子晶体和共价晶体的结合是强键,因而其强度较高,但塑性和韧性较差;金属晶体的强度比前两种晶体较低,但塑性和韧性较高;范德瓦耳斯晶体的分子键是弱键,其强度和韧性都比较低。在同一种晶体结合方式中,不同材料的原子间结合力的强弱也会有差别,因而其强度也会有差别。

1.1.2 晶体缺陷的分类

晶体缺陷是指实际晶体中与理想的在三维空间中长程有序的晶体结构发生偏差的区域。晶体缺陷按几何形状来区分,可分为三类:

(1) 点缺陷。其特征是所有方向的尺寸都与原子的尺寸同一个数量级。宏观上称之为零维缺陷,例如空位、填隙(或间隙)原子、杂质原子等。

(2) 线缺陷。其特征是在两个方向上的尺寸很小,而只在一个方向延伸,宏观上称之为一维缺陷,例如位错。但位错并不是点缺陷的线状集合,两者的区别以后再详细叙述。

(3) 面缺陷。其特征是只在一个方向上的尺寸很小,而在两个方向上延伸,宏观上称之为二维缺陷,如晶界、相界、孪晶界、堆垛层错等。

除了上述三种晶体缺陷外,也有人把夹杂物、孔洞之类的宏观缺陷称为体缺陷或三维缺陷。广义地说,自由表面也是一种晶体缺陷,因为表面上的原子只有一侧有近邻,其结构显然与理想晶体内的不同。

晶体缺陷的存在,引起了点阵畸变,因而具有相应的畸变能,畸变区原子的势能增高。在三种晶体缺陷中,只有点缺陷在热平衡状态下可以存在,即在一定的温度下有一定的平衡浓度。因为点缺陷虽然导致内能增高,但同时增加了晶体点阵的混乱程度,使熵增大,自由能下降($F = U - TS$)。线缺陷和面缺陷的畸变能都比较大,而它们的存在引起组态熵的增加很少。因而这两种缺陷在热力学上是不稳定的。在仔细控制的实验条件下(如高温充分退火、缓慢冷却等),制备无位错、无界面的晶体在理论上是可能的。但在实际的材料制备过程中,总是不可避免地引入位错和界面。

晶体缺陷对晶体材料的力学性质和各种物理性质(包括声、光、电、磁等性质)都有显著的影响。例如,空位的形成和移动是决定扩散速率的关键因素。为了提高半导体硅单晶的性能,必须尽量降低其中的位错密度。而有些结构材料如预应力钢筋,又用大幅度增高位错密度的方法,利用位错之间的交互作用来提高其强度。也可在基体材料中加入适当的杂质原子,利用位错与杂质原子或沉淀相之间的交互作用来提高材料的强度。因而,研究晶体缺陷及其对各种性质的影响就成为材料科学工作者的重要课题。

内耗能够灵敏地反映晶体缺陷的运动和变化,它已被有效地用来研究点缺陷、位错、晶界和相界的动力学行为,并提供其微结构的信息。因此本书首先介绍晶体缺陷的基本知识,以便于加深对内耗起因和微观机制的理解。

本章内容主要参照国内外有关专著和综述性论文[1~11]写成,文中不逐一引证。另外还具体引证了一些较重要的原始文献[12~23]。

1.2 点缺陷

1.2.1 点缺陷的分类

点缺陷有空位、填隙原子和杂质原子等几种不同的形式。此外,数个点缺陷也可以组合起来形成点缺陷集团。

1) 空位

从晶体内部正常的点阵座位上取走一个原子,就形成了一个原子空位。这种空位也称肖脱基(Schottky)空位。经典的空位图像是:原子抽走后,周围的原子基本不动,留下一个明确的空位。如果周围原子向空位作较大的弛豫(relaxation),就形成了一个由若干个原子组成的弛豫集团,类似于局部的熔化区。在一般温度下,空位符合于经典的图像。在接近熔点的高温下,空位的图像类似于弛豫集团。

2) 填隙原子

在晶体点阵的间隙位置挤进一个同类的原子,称为间隙原子,也可称为填隙原子。例如面心立方晶体中的最大间隙位置是八面体中心。如果间隙原子处于八面体中心,将周围的原子稍加挤开,则产生的畸变具有球面对称性。如间隙原子沿⟨100⟩方向偏离了一些,把点阵上的一个近邻原子也挤离了平衡位置,就形成了哑铃式的组态,所产生的畸变具有四方对称性。还有一种所谓挤列组态:即沿密排方向,有 $n+1$ 个原子挤占了 n 个原子座位。

3) 杂质原子

即使在比较纯的材料中,也不可避免地有杂质存在。较大的杂质原子往往以置换的形式存在。较小的杂质原子,则可能处于间隙位置。

4) 点缺陷集团

数个点缺陷也可能集合起来,形成能量更低的点缺陷集团,如空位对、三空位、空位集团,以及点缺陷与杂质原子的组合等。集团中单个缺陷的形成能总和,与缺陷集团的形成能的差值,就代表了缺陷集团的结合能。

1.2.2 点缺陷的热平衡浓度

点缺陷的存在使晶体的内能增加;但另一方面,由于混乱程度的增加,也使晶体的熵加大。根据自由能表示式 $F=U-TS$,可以看出,一定数量的点缺陷有可能使晶体的自由能反而下降。根据自由能极小的条件,即可求出热平衡状态下的点缺陷浓度。

设晶体中总共有 N 个原子座位,形成 n 个空位可以有 $N!/[(N-n)!n!]$ 种不同的方式,因此组态熵的增加为

$$S_c = k\ln\frac{N!}{(N-n)!n!} \tag{1-1}$$
$$\approx k[N\ln N - (N-n)\ln(N-n) - n\ln n]$$

晶体的自由能即可表示为

$$F = n(U_f - TS_f) - kT[N\ln N - (N-n)\ln(N-n) - n\ln n] \tag{1-2}$$

式中 U_f 是形成一个空位的能量，S_f 是形成了一个空位、改变了周围的原子振动所引起的振动熵。在热平衡状态下自由能为极小值，即 $\partial F/\partial n = 0$。因而有

$$U_f - TS_f - kT[\ln(N-n) - \ln n] = 0 \tag{1-3}$$

于是，热平衡状态下的空位浓度为

$$c = \frac{n}{N} \approx \frac{n}{N-n} = \exp[-(U_f - TS_f)/kT] = A\exp(-U_f/kT) \tag{1-4}$$

式中

$$A = \exp(S_f/k) \tag{1-5}$$

用类似的方法可以求出间隙原子的浓度表达式。点缺陷平衡浓度随温度的上升而增加，其数值与点缺陷的形成能关系很大。在一般金属中，空位的形成能 U_f 的数值一般在 1 eV 附近。关于振动熵 S_f 的数值尚无可靠的计算，一般估计 A 约在 1~10 之间。在接近熔点的温度，空位浓度可高达 $10^{-3} \sim 10^{-4}$。间隙原子的形成能较大（为空位的 3~4 倍），对应的平衡浓度很小，通常可以忽略不计。

在热平衡时，可能有一部分空位结合成空位对。设空位对的形成能为 U_2，则空位对的结合能为

$$E_b = 2U_f - U_2 \tag{1-6}$$

可以求出空位对的浓度 c_2 与单空位的浓度 c 之比为

$$\frac{c_2}{c} = AZc\exp(-E_b/kT) \tag{1-7}$$

式中 Z 是配位数，A 是一常数。由于空位对具有 Z 个不同的位向，所以其组态数应乘上 Z 这个因子。假定 $U_f = 1\,\text{eV}$，$E_b = 0.2\,\text{eV}$，$T = 1\,000\,℃$，$Z = 12$，则 $c_2 \approx 0.4\%c$。可见空位对的浓度相对于单个空位来说是很小的。

空位形成能的具体定义是：从晶体内部原子正常座位上取出一个原子放到晶体表面上所需要的能量（设晶面是粗糙的，加入一个原子到表面上不增加表面积，即不改变晶体的表面能）。从理论上计算空位形成能，需要考虑形成空位引起的畸变以及对电子状态的影响，这里不详细介绍。

从实验上测定空位形成能的方法，已知的有电阻法、体积膨胀法、正电子湮灭法、场离子显微镜直接测量法等。较常用的方法是电阻法。即将金属从不同温度下淬火到室温，得到不同的空位浓度，因此有不同的电阻率。根据不同淬火温度下电阻率的测量结果，由式(1-4)就可以求出空位形成能。表 1-1 列出了几种金属空位形成能的实验值。

表 1-1　几种金属空位形成能的实验值(eV)

金属	Al	Cu	Ag	Au	Ni	Pt	W
U_f	0.67	1.28	1.13	0.95	1.74	1.51	3.3

1.2.3　点缺陷的移动

空位周围的近邻原子如果跃入空位，就相当于空位跃迁了一次。在跃迁过程中，原子要通

过一个能量较高的鞍点状态。越过此鞍点状态所需要的能量就是空位移动的激活能 U_m。单位时间内空位跃迁的概率是

$$\Gamma = AZ\nu\exp(-U_m/kT) \qquad (1-8)$$

式中 Z 是配位数；ν 是原子振动频率；$A = \exp(S_m/k)$，S_m 是原子到达鞍点的熵变化（移动激活熵）。

自扩散决定于空位的浓度和空位跃迁的概率，因此，联合式（1-4）和式（1-8），自扩散的激活能 U_d，应为空位形成能 U_f 和空位移动激活能 U_m 之和，即

$$U_d = U_m + U_f \qquad (1-9)$$

由自扩散实验测定的自扩散激活能，减去空位形成能，即得出空位移动激活能。表 1-2 列出了几种金属空位移动激活能 U_m 和自扩散激活能 U_d 的实验值。

表 1-2　几种金属空位移动激活能 U_m 和自扩散激活能 U_d 的实验值

金属	Al	Cu	Ag	Au	Pt
U_m/eV	0.62	0.71	0.66	0.83	1.43
U_d/eV	1.28	2.07	1.76	1.76	2.9

1.3　位错

1.3.1　位错概念的引入

在 20 世纪 20～30 年代，人们对金属单晶体的塑性形变的研究表明，实际屈服强度比理论屈服强度低一千倍左右。为了解释这个差异，学者们提出了位错的假设，认为这种线缺陷在切应力的作用下比较容易运动，建立了逐步滑移的概念，初步提出了关于晶体塑性形变的物理过程。后来 J. M. Burgers 将位错的概念普遍化，揭示了位错的几何本质，使人们认识到它与点缺陷有本质的区别。他还发展了位错应力场的一般理论。接着位错理论得到多方面的发展，并被用来解释各式各样的塑性形变的问题。1956 以后，J. W. Menter 和 P. B. Hirsch 等开创了用电子显微镜薄片透射法直接观察位错的技术，证实了位错理论的一些基本论点和许多细节。位错理论也促进了晶界理论的发展，早在 1940 年，J. M. Burgers 和 W. L. Bragg 就提出了小角度晶界的位错模型，后来得到了实验的证实。近年来，在大角度晶界的模型中，也有人引入了晶界位错的概念。

经过将近一个世纪的发展，位错的存在已得到多方面实验的证实，位错理论的框架已经确立，位错的基本性质以及它与其他晶体缺陷之间的交互作用已有一定程度的了解。位错理论在解释塑性形变、蠕变、疲劳、断裂、滞弹性（内耗）的机制方面，已获得了很大的成功。在晶体的扩散、相变、晶体生长、电磁性质、光学性质、热学性质方面，位错理论也日益发挥重要的作用。

1）单晶体理论切变强度的计算

J. Frenkel 在 1926 年首先计算了在一个完整晶体中，两半晶体沿滑移面做整体滑移时所

需要的临界切应力[12]。设滑移面上下两排的原子间距为 a，在滑移方向的原子间距为 b，切位移为 x，所需的切应力为 τ，如图 1-1 所示。

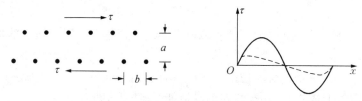

图 1-1　晶体理论切变强度的计算

由于晶格的周期性，可假定 τ 是 x 的周期性函数：

$$\tau = k\sin 2\pi \frac{x}{b} \tag{1-10}$$

式中 k 是一个常数。τ 与 x 之间的关系如图中实线所示。当 x/b 很小时，式(1-10)中的 $\sin(2\pi \cdot x/b) \approx 2\pi \cdot x/b$。另外，当切应变很小时根据 Hooke 定律可得 $\tau = Gx/a$，G 是切变模量。比较这两个式子，可以求出 $k = Gb/(2\pi a)$。将 k 值代入式(1-10)得

$$\tau = \frac{Gb}{2\pi a}\sin 2\pi \frac{x}{b} \tag{1-11}$$

当 $x = b/4$ 时，$\sin(2\pi x/b)$ 有极大值。因而，切应力的极大值为(对于 $a = b$ 的情况)

$$\tau_{\mathrm{m}} = \frac{G}{2\pi} \tag{1-12}$$

这就是 Frenkel 求出的理论临界切应力，或称理论切变强度。一般金属的切变模量 G 为 $10^4 \sim 10^5$ N/mm^2，则理论切变强度应在 $10^3 \sim 10^4$ N/mm^2 之间。但一般纯金属单晶体的实际屈服强度约在 $1\sim 10$ N/mm^2 之间。可见晶体屈服强度的理论值与实验值相差了近千倍。

E. Orowan 从原子间键合力出发，认为产生滑移的临界切应力，应足以克服滑移面上下两个最近邻原子之间的键合力。他得出切应力 τ 与切位移 x 的关系，如图 1-1 中的虚线所示。由此计算出的 τ_{m} 要低一些。此外，还有其他人作过改进理论计算的尝试，得出的 τ_{m} 值均在 $G/10\sim G/30$ 之间。

J. P. Hirth 和 J. Lothe 认为，理论切变强度最合理的数值，应在 $G/15$ 左右[5]。这个数值正好与无位错的金属胡须晶体中的实验值相符合。因此，为了解释理论与实验的分歧，必须引入位错的概念，也就是引入逐步滑移的概念。

2) 逐步滑移与位错

上节所述的理论切变强度，是基于完整晶体中上下两半晶体沿滑移面整体滑移(即刚性滑移)的模型求出的。整体滑移需要很大的切应力才能实现。于是人们提出了逐步滑移的概念，即认为滑移不是上下两半晶体的整体相对滑动，而是沿着滑移面逐步发展的。逐步滑移所需的力远低于整体滑移所需的力。Orowan 作过一个形象的比喻，指出蚯蚓和蛇等爬行动物的移动，就是通过局部变形达到整体的位移。晶体中逐步滑移的图像，如图 1-2(a)，(b)，(c)所示。

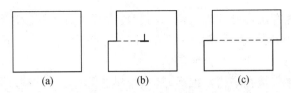

图 1-2　晶体逐步滑移的图像

　　承认滑移是逐步进行的,就必然引导出位错的概念。因为既然滑移是逐步进行的,那么在滑移面上就有一部分区域先发生滑移。已滑移区与未滑移区之间必然有一条边界。位错就是在滑移面上已滑移区与未滑移区的边界线。在更一般的情况下,位错线是滑移面上两种不同滑移程度的滑移区之间的边界线。

　　反过来讲,位错在滑移面上的移动,也必然使晶体中的整体滑移变为逐步滑移。位错在滑移面上的移动,与逐步滑移实际上是同一件事。这里还应指出,晶体中的位错不一定由逐步滑移产生,它也可以通过其他的方式形成。

1.3.2　位错的两种基本类型和普通形式

　　刃型位错和螺型位错是位错的两种基本类型。位错的普通形式是混合型位错,它是由刃型位错和螺型位错组成的。它们的存在已经为实验所证实。

　　1) 刃型位错(edge dislocation)

　　将图 1-3 所示的完整晶体的上半部右边的部分,向左推移了一个原子间距,这个推移终止在晶体内部。这样就形成一条与纸面垂直的刃型位错线。这就如同将一片原子层从上面插入晶体到一半为止,像刀刃那样,故称刃型位错。插入的半截额外原子面在晶体上半部的称为正刃型位错,如图 1-3(b)的情况,用符号"⊥"表示。半截额外原子面在晶体的下半部的,称为负刃型位错,用符号"⊤"表示。

　　如果位错是由滑移(中止于晶体内部的逐步滑移)形成的,则刃型位错线与滑移矢量相垂直,位错线与滑移矢量所组成的平面,就是滑移面。刃型位错不一定是一条直线,它可以是在一个平面上的任意形状的曲线,例如 L 型、W 型、圆环等。

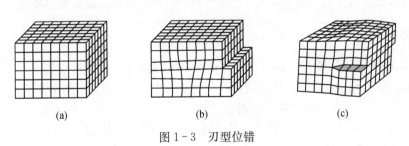

图 1-3　刃型位错

(a) 完整晶体　(b) 含刃型位错的晶体　(c) 含螺型位错的晶体

　　2) 螺型位错(screw dislocation)

　　如图 1-3(c)所示,将晶体的上半部由右侧开始向前推移一个原子间距。滑移区将由右向左逐渐推移。这样形成的已滑移区与未滑移区的边界线,就是螺型位错,在图中与纸面垂直。在位错线周围,原子排列呈螺旋状,故称螺型位错。形成螺型位错后。原来与位错线垂直的一组平行晶面,都由平面变成以位错线为中心轴的螺型面。

螺型位错有右旋和左旋之分。螺型位错的旋转面符合右手螺旋法则的,称为右旋螺型位错,如图 1-3(c)的情况;符合左手螺旋法则的,称为左螺旋位错。由下层原子过渡到上层原子,是顺时针方向的为右旋,逆时针方向的为左旋。

螺型位错线与滑移矢量相平行。因而,螺型位错必然是一条与滑移矢量平行的直线。它的滑移面可以是以位错线为轴的任意平面,有无穷多个。但由于晶体学的限制,可能的滑移面还是有限的,一般是原子密排面。

3) 混合位错(mixed dislocation)

如果滑移由晶体的一角开始,滑移区与未滑移区的边界线是一条弧线,如图 1-4 所示的 BC,其中 B 是螺型位错,C 是刃型位错,B 与 C 之间的位错线与滑移矢量既不平行,也不垂直。它既含有刃型位错的分量,又含有螺型位错的分量,因而称为混合位错。

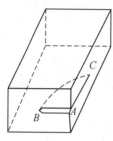

图 1-4 混合位错

图 1-5 位错环内各部分的性质

当已滑移区是晶体内部滑移面上的一个圆时,这时的位错线就是一个圆形的位错环,如图 1-5所示。图中表示了位错环的各部分的性质。由图可见,位错在滑移面上移动的方向与滑移矢量并不一定是一致的。正刃型位错的移动方向与滑移矢量相同,负刃型位错的移动方向与滑移矢量相反。右旋螺型位错的移动方向与滑移矢量垂直(向左),左旋螺型位错的移动方向与滑移矢量垂直(向右)。混合位错的移动方向与滑移矢量成一定角度。

在更普通的情况下,位错线也不一定局限在一个平面内,它可以是空间中任意形状的曲线。例如,当一条位错线的一部分脱离了原来的滑移面时,就会发生这样的情况。

1.3.3 伯格斯矢量

用滑移矢量来描述位错的性质是不够严格的。因为同一个位错可以用不同的滑移矢量来形成。例如,同一个正刃型位错,可以通过右上方的晶体沿$-x$方向的滑移来形成,也可以通过左上方的晶体沿$+x$方向的滑移来形成。

J. M. Burgers 在 1939 年提出用伯格斯矢量(Burgers vector)来描述位错的性质,从而深刻地揭示了位错的特征[13]。

1) 确定伯格斯矢量的步骤

确定一个位错的伯格斯矢量,一般采用 FS/RH 约定,FS 表示由终点到起点(finish to start),RH 表示右手螺旋法则(right-handed screw)。

(1) 首先规定围绕位错线作一个回路的方向。如规定沿位错线进入纸面的方向为正,则回路按顺时针方向进行;如规定由纸面伸出为正,则逆时针方向。图中取位错线方向由纸面伸出为正,故回路按逆时针方向进行。

（2）在实际晶体中围绕位错线作一闭合的回路，即伯格斯回路。回路中的每一步都是连接相邻的原子。回路经过的地方应该是晶体中良好的区域，允许有弹性畸变。

（3）在完整晶体中，作出与上述回路相同步伐的路线。这时路线的终点将与起点不重合。由终点到起点的矢量，就是伯格斯矢量。

这样确定的伯格斯矢量，与回路的大小和形状无关，与起点的位置无关。如图 1-6 和图 1-7 分别表示按上述步骤求出的一个刃型位错和一个螺型位错的伯格斯矢量。可见，刃型位错线与伯格斯矢量垂直，螺型位错线与伯格斯矢量平行。伯格斯矢量的方向，与所规定的位错线方向有关。例如对一个正刃型位错，如规定位错线方向进入纸面为正，则回路沿顺时针方向，得出的伯格斯矢量沿着 $-x$ 方向；如规定位错线方向由纸面伸出为正，则回路沿逆时针方向，得出的伯格斯矢量沿着 $+x$ 方向。位错线的方向，只不过表示观察的角度，即从正面看还是从反面看，并不改变位错的性质。但位错线方向确定后，就不要改变，以免发生混淆。

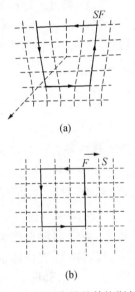

(a)

(b)

图 1-6　刃型位错的伯格斯矢量

（a）实际晶体　（b）参考晶体

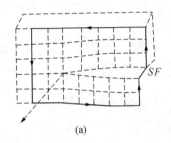

(a)

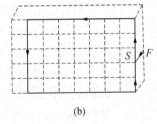

(b)

图 1-7　螺型位错的伯格斯矢量

（a）实际晶体　（b）参考晶体

2）伯格斯矢量的物理意义

由于位错的存在，位错线周围的原子都偏离了原来的平衡位置而发生了一个微小的位移。伯格斯回路绕位错一周时，就将所经过的原子的位移矢量迭加起来，伯格斯矢量就等于这些位移矢量之和。如果将晶体的好区域看做是连续介质，则有

$$\oint \frac{\partial \boldsymbol{u}}{\partial l} \mathrm{d}l = \boldsymbol{b} \tag{1-13}$$

式中 $\mathrm{d}l$ 是伯格斯闭合回路上的线元，$\boldsymbol{u}$ 是位移矢量。

根据伯格斯矢量的这个性质，可以给出位错的普通定义如下：围绕一个晶体缺陷作一个伯格斯闭合回路，如果其矢量和不为零，则此晶体缺陷称为位错。这个定义与以前所讲的已滑移区与未滑移区的边界的定义是一致的。

伯格斯矢量是位错最基本的特征，也是位错与其他晶体缺陷的区别所在。一个点缺陷，或

一串点缺陷,都不存在伯格斯矢量,也可以说它们的伯格斯矢量为零,它们都可以用填充或挖去的方法而消除。但一个位错线却不能用沿着位错管道填充或挖去的方法而消除。因而,不能把位错与一串点缺陷等同起来。位错是一种特殊形式的线缺陷。

3) 伯格斯矢量的守恒性

根据伯格斯矢量的属性,可以证明它具有以下守恒性:

(1) 确定伯格斯矢量的回路,可以任意改变大小、形状和起点位置,只要所围绕的位错不变,所得的伯格斯矢量相同。

(2) 一个位错线或一个位错环只能有一个伯格斯矢量。或者说,一个位错线不论它的形状如何变化,各处的伯格斯矢量相同。

(3) 一个位错线不可能中止于晶体内部,它必然在晶体内构成一个闭合的环,或者与其他位错相交于结点,或者终止于晶体表面。

(4) 一个位错线在它的中途分叉为二股或二股以上的位错线,则分叉前位错的伯格斯矢量 b_1,等于分叉后各股位错线的伯格斯矢量 b_2,b_3,…之和。或者说,位错分叉,其伯格斯矢量不变。反过来,如几个位错线相遇于一结点,这些位错线都指向同一结点,或者都离开这一结点,则它们的伯格斯矢量之和为零。

1.3.4 位错的运动与晶体的形变

1) 位错的滑移

位错的运动方式有两种。第一种是滑移(slip)。位错的滑移只能在位错线和它的伯格斯矢量构成的晶面上进行。位错线和伯格斯矢量构成的晶面,称为滑移面。由于刃型位错线垂直于它的伯格斯矢量,故刃型位错的滑移面就是这两者构成的晶面,滑移方向平行于伯格斯矢量,并垂直于位错线。

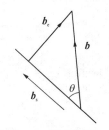

图1-8 混合位错的伯格斯矢量

由于螺型位错线与伯格斯矢量相平行,因而螺型位错的滑移面可以是包含位错线的任一个晶面。正因为这样,螺型位错能够发生交滑移(cross slip),即由一个滑移面转移到另一个滑移面。但应该注意,螺型位错的滑移方向是与伯格斯矢量和位错线垂直的。

混合位错线的伯格斯矢量与位错线既不平行,也不垂直,而是成一定的角度,如图1-8所示。它的伯格斯矢量 b 的刃型分量为 $b_e = b\sin\theta$,螺型分量为 $b_s = b\cos\theta$。混合位错的滑移面是位错线与伯格斯矢量构成的晶面。在外力作用下,沿着与位错线垂直的方向向前运动。

2) 位错的攀移

位错的另一种运动方式是攀移(climb),即位错线垂直于滑移面的运动。刃型位错有一个半截额外原子面,可以通过半截额外原子面的向上或向下运动而发生攀移。攀移要通过原子(或空位)的扩散来实现,比滑移要困难,一般只有在高温下,或存在过饱和空位的情况下才容易进行。空位向一个正刃型位错扩散,位错将向上攀移。原子向正刃型位错扩散,则位错向下攀移。但空位(或原子)并不一定能够均匀地同时到达位错线,因而需要通过割阶(jog)沿着位错线的移动来实现逐步攀移。图1-9表示由于原子扩散使割阶运动而发生逐步攀移的情

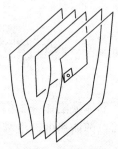

图1-9 刃型位错攀移的元过程

况。割阶是位错线由一滑移面过渡到另一个滑移面的台阶,长度为原子间距。

由于螺型位错没有半截额外原子面,因而只能发生滑移而不能攀移。混合位错由于它含有刃型分量,因而其刃型分量可以发生垂直于滑移面的攀移。由于攀移的结果,一个直的混合位错线在适当条件下可以变成蜷线。

对于位错的滑移和攀移运动,文献上还有另一种称谓,即保守运动(conservative motion)和非保守运动(non-conservative motion)。如果位错线所扫过的面平行于 b,这样的位错运动不引起晶体体积变化,称为保守运动(或滑移)。如果位错线扫过的面不与 b 平行,则将使晶体体积发生变化,产生空位或间隙原子,这样的位错运动称为非保守运动(或攀移)。

3) 位错密度

单位体积内位错线的总长度,定义为位错密度,即

$$\rho = L/V \tag{1-14}$$

式中 V 是晶体的体积,L 是位错线总长度。可见位错密度 ρ 的量纲是 $[L]^{-2}$。如果位错线都是平行的直线,l 是每个位错线的长度,N 是位错线数目,则有

$$\rho = \frac{Nl}{Sl} = \frac{N}{S} \tag{1-15}$$

式中 S 是垂直于位错线的面积。这时位错密度等于垂直于位错线的单位面积上所穿过的位错数。实验结果表明:一般退火金属的 ρ 在 $10^5 \sim 10^8$ cm^{-2} 之间,冷加工后的 ρ 在 $10^9 \sim 10^{12}$ cm^{-2} 之间。

4) 位错的滑移与晶体的形变

位错的滑移可以引起晶体的形变。设有一晶体其高度为 L_1,宽度为 L_2,厚度为 L_3,切应力为 τ。在切应力作用下,一个正刃型位错由左向右滑移扫过了整个滑移面(L_2L_3),形成了如图 1-2(c)的滑移台阶,其尺寸为 b。则晶体的切应变为

$$\gamma = \frac{b}{L_1} \tag{1-16}$$

如果长度为 L_3 的直位错沿 L_2 方向在滑移面上滑动了距离 ds,则相应的切应变为

$$\gamma = \frac{L_3 ds}{L_2 L_3} \frac{b}{L_1} \tag{1-17}$$

如有 N 个位错在一组平行的滑移面上作同样的滑移,位错的平均运动速率为 $v(= ds/dt)$,则晶体的切应变速率为

$$\dot{\gamma} = \frac{NL_3 ds}{L_2 L_3 dt} \frac{b}{L_1} = \frac{L}{V} vb = \rho vb \tag{1-18}$$

式中 V 是晶体的体积,$L = NL_3$ 是滑移位错的总长度。

1.3.5 位错的应力场

位错的存在不仅使位错芯区发生了严重的畸变,而且使其周围的点阵发生了弹性应变。位错影响区的应变是与位错的应力场相联系的。只有知道位错的应力场,才能理解位错与各种晶体缺陷之间的交互作用,以及位错对各种物理性质的影响。

准确地推导位错的应力场,必须考虑晶体的原子结构和电子结构。这样的努力至今尚未得到满意的结果。目前采用的推导位错应力场的方法,是把含位错的晶体当作弹性连续介质来处理,而忽略了晶体的点阵结构。这样的模型显然不能处理位错近程的严重畸变的区域。但对于位错远程应力场的计算,还是一个合理的近似,并且已得到实验的证实。

V. Volterra 早在 1907 年晶体位错概念未提出之前,就推导出了弹性连续介质中由切割和位移所形成的弹性应力场,后来人们把他的计算结果搬用到晶体位错中来,一直沿用至今。

1) 刃型位错的应力场

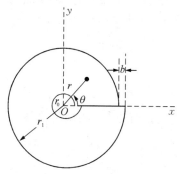

图 1-10 刃型位错的连续介质模型

设有一弹性连续介质的长圆柱体,外半径是 r_1,沿 xOz 面作一割缝到中心,将割缝上下两部分沿 x 方向作一相对位移 b,再将割缝黏合起来。由于这种机械操作造成的中心区的应力为无穷大,弹性力学无法处理,故把半径为 r_0 的中心区域挖空 ($r_0 \approx b$)。这样就形成了如图 1-10 的刃型位错的连续介质模型。按照上述的操作,刃型位错的应力场可归结为二维的平面应变问题。

在位移的 x, y, z 三个分量中,$u = u(x, y)$,$v = v(x, y)$,$w = 0$。在应变分量中,只有 ε_x, ε_y, γ_{xy} 不为零,而 $\varepsilon_z = \gamma_{xz} = \gamma_{yz} = 0$。在应力分量中,$\sigma_{yz} = \sigma_{zy} = 0$,$\sigma_{xz} = \sigma_{zx} = 0$,只有 σ_x, σ_y, $\sigma_{xy}(= \sigma_{yx})$ 和 $\sigma_z = \nu(\sigma_x + \sigma_y)$ 不为零,式中 ν 为泊松比。它们在直角坐标系中的表达式是

$$\sigma_x = D \frac{y(3x^2 + y^2)}{(x^2 + y^2)^2}$$

$$\sigma_y = D \frac{y(y^2 - x^2)}{(x^2 + y^2)^2} \tag{1-19}$$

$$\sigma_{xy} = D \frac{x(y^2 - x^2)}{(x^2 + y^2)^2}$$

在极坐标中的表达式是

$$\sigma_r = \frac{D}{r} \sin \theta$$

$$\sigma_\theta = \frac{D}{r} \sin \theta \tag{1-20}$$

$$\sigma_{r\theta} = -\frac{D}{r} \cos \theta$$

在上列诸式中

$$D = -\frac{Gb}{2\pi(1-\nu)} \tag{1-21}$$

由应力分量的表达式可知,在同一地点,$|\sigma_x| > |\sigma_y|$。在 $y > 0$ 的区域,σ_x 是负值,相当于受压缩;在 $y < 0$ 的区域,σ_x 是正值,相当于受拉伸。由应变分量可以求出体积膨胀率

$$\delta = \varepsilon_x + \varepsilon_y = -\frac{b}{2\pi} \frac{1 - 2\nu}{1 - \nu} \frac{\sin \theta}{r} \tag{1-22}$$

可见,在 $y>0$ 的区域,δ 是负值,表示受压缩;在 $y<0$ 的区域,δ 是正值,表示膨胀。由于 $\sin\theta$ 的对称性,δ 的平均值对于整个介质为零。

2) 螺型位错的应力场

图 1-11 表示螺型位错的连续介质模型。在这里,沿 xOz 面割开后,两边沿 z 轴方向作相对位移 b。在这种情况下,各点的位移分量 $u = v = 0$,$w \neq 0$。诸应变分量中,$\varepsilon_x = \varepsilon_y = \varepsilon_z = 0$,$\gamma_{xy} = 0$,$\gamma_{xz} = \partial w/\partial x$,$\gamma_{yz} = \partial w/\partial y$。在应力分量中,$\sigma_x = \sigma_y = \sigma_z = \sigma_{xy} = 0$,$\sigma_{xz} = G\partial w/\partial x$,$\sigma_{yz} = G\partial w/\partial y$。其特点是只有切应力,而不存在正应力。

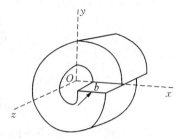

图 1-11　螺型位错的连续介质模型

螺型位错的应力分量在直角坐标系和极坐标系中的表达式分别是

$$\sigma_{xz} = -\frac{Gb}{2\pi}\frac{y}{(x^2 + y^2)} \tag{1-23}$$

$$\sigma_{yz} = \frac{Gb}{2\pi}\frac{x}{(x^2 + y^2)}$$

$$\sigma_{\theta z}(= \sigma_{z\theta}) = \frac{Gb}{2\pi r} \tag{1-24}$$

1.3.6　位错的应变能

位错周围的应力-应变场所具有的能量,就是位错的应变能(或称畸变能)。位错的应变能应该包括芯区以内和芯区以外两部分。后面将会讲到,位错芯区内的应变能只占总量的十分之一左右。因而人们通常用位错芯区以外的那部分应变能代表位错的总应变能。而位错芯区以外部分的应变能,可以由形成位错所需的形变功来求出。

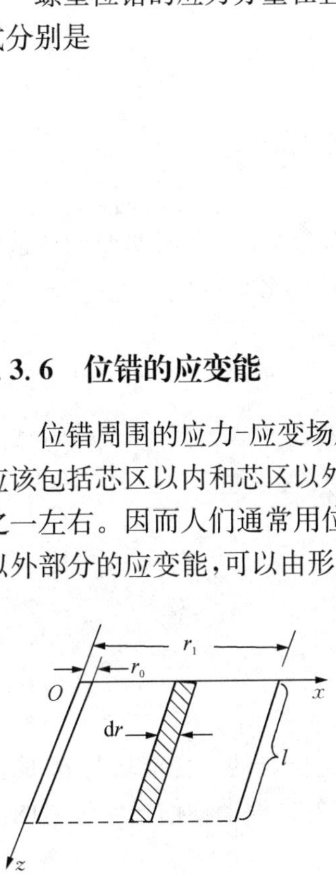

1) 刃型位错的应变能

如图 1-12 所示,设想将圆柱体沿 xOz 面切开,使切面上下相对位移,位移量由零逐渐增加到 b,形成了一个刃型位错。现在将 xOz 面划分为许多单位长度 l 的面元 dr。

形成位错后,此面元上的切应力为 σ_{yx}(或 $\sigma_{\theta r}$),最终位移为 b。故在形成位错的过程中,外力使此面元位移所做的功为

$$dw = \frac{1}{2}\sigma_{\theta r}dr \cdot b \tag{1-25}$$

图 1-12　形成位错时外力所做的功

而

$$\sigma_{\theta r} = \frac{Gb}{2\pi(1-\nu)}\frac{1}{r} \tag{1-26}$$

因为 $\cos\theta = \cos 0° = 1$,因而形成位错时外力所作的总功为

$$W_e = \frac{1}{2}\int_{r_0}^{r_1}\sigma_{\theta r}dr \cdot b = \frac{1}{2}\int_{r_0}^{r_1}\frac{Gb^2}{2\pi(1-\nu)}\frac{dr}{r} \tag{1-27}$$

$$= \frac{Gb^2}{4\pi(1-\nu)}\ln\left(\frac{r_1}{r_0}\right)$$

这就是单位长度的刃型位错的应变能。

2）螺型位错的应变能

仿照上面同样的步骤，可得到单位长度的螺型位错的应变能为

$$
\begin{aligned}
W_s &= \frac{1}{2}\int_{r_0}^{r_1}\sigma_{\theta z}\,\mathrm{d}r \cdot b = \frac{Gb^2}{4\pi}\int_{r_0}^{r_1}\frac{\mathrm{d}r}{r} \\
&= \frac{Gb^2}{4\pi}\ln\left(\frac{r_1}{r_0}\right)
\end{aligned}
\tag{1-28}
$$

比较式（1-27）和式（1-28）可见，在位错线长度相同和伯格斯矢量大小相同时，刃型位错的应变能比螺型位错的应变能大，两者的比值为

$$
\frac{W_e}{W_s} = \frac{1}{1-\nu} \approx \frac{3}{2}
\tag{1-29}
$$

即当 $\nu \approx 1/3$ 时，$W_e \approx \dfrac{3}{2}W_s$。

3）混合型位错的应变能

设混合位错的伯格斯矢量 $\boldsymbol{b}$ 与位错线的夹角为 θ，则其刃型分量为 $b_e = b\sin\theta$，螺型分量为 $b_s = b\cos\theta$。由于刃型位错和螺型位错没有公共的应力分量，故可将各自的应变能进行叠加。利用式（1-27）和式（1-28）可得，单位长度的混合位错的应变能为

$$
\begin{aligned}
W_m &= \frac{Gb^2\sin^2\theta}{4\pi(1-\nu)}\ln\left(\frac{r_1}{r_0}\right) + \frac{Gb^2\cos^2\theta}{4\pi}\ln\left(\frac{r_1}{r_0}\right) \\
&= \frac{Gb^2}{4\pi K}\ln\left(\frac{r_1}{r_0}\right)
\end{aligned}
\tag{1-30}
$$

式中

$$
\frac{1}{K} = \cos^2\theta + \frac{\sin^2\theta}{1-\nu}
\tag{1-31}
$$

其中的 K 值介于 1 和 $1-\nu$ 之间。

由式（1-27），式（1-28）和式（1-30）看出，刃型、螺型和混合位错的应变能均与 b^2 成正比。即位错的应变能强烈地依赖于伯格斯矢量数值的大小，故有的文献上称伯格斯矢量的绝对值为位错的强度。

1.3.7　位错的线张力

由于位错的能量正比于其长度，因而将尽可能缩短其长度，从而形成了位错的线张力。这就如同液体要尽可能缩小其表面积以降低其表面能，从而形成了表面张力。

可以定义位错的线张力如下：当位错的长度增加一个无限小量时，其能量增量 $\mathrm{d}w$ 与长度增量 $\mathrm{d}l$ 的比值就等于线张力 T，即

$$
T = \frac{\mathrm{d}w}{\mathrm{d}l}
\tag{1-32}
$$

单位长度位错的应变能为［见式（1-30）］

$$W = \frac{Gb^2}{4\pi K}\ln\left(\frac{r_1}{r_0}\right) = \alpha Gb^2 \tag{1-33}$$

式中 α 的数值在 $0.5\sim1.0$ 之间,一般取 $\alpha = 0.5$。位错长度增加 $\mathrm{d}l$ 后的应变能增量为

$$\mathrm{d}w = \alpha Gb^2 \mathrm{d}l \tag{1-34}$$

因而位错线张力为

$$T = \frac{\mathrm{d}w}{\mathrm{d}l} = \alpha Gb^2 \approx \frac{1}{2}Gb^2 \tag{1-35}$$

可见,位错的线张力在数值上就等于单位长度位错的能量。

下面讨论使位错弯曲所需要的临界切应力。如图 $1-13$ 所示,设有一个直的位错段两端被钉扎。在外加切应力 τ(其方向与 $\boldsymbol{b}$ 平行)的作用下,原来直的位错线弯曲成弧线 $\mathrm{d}s$,曲率半径为 R。则位错段 $\mathrm{d}s$ 所受的力为 $\tau b \mathrm{d}s$(见 $1.4.5$ 节所述)。由位错线张力所产生的反向力为

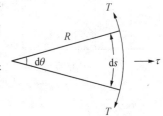

图 $1-13$ 使位错弯曲的临界切应力

$$2T\sin\frac{\mathrm{d}\theta}{2} \approx 2T\frac{\mathrm{d}\theta}{2} = T\mathrm{d}\theta = \frac{T\mathrm{d}s}{R} \tag{1-36}$$

为保持平衡,应有

$$\tau b \mathrm{d}s = \frac{T\mathrm{d}s}{R} \tag{1-37}$$

将 $T = \frac{1}{2}Gb^2$ 代入式 $(1-37)$ 得 $\tau = \frac{Gb}{2R}$。

设两端被钉扎的直位错段长度为 L,在外力作用下将弯曲成弧形。在弯曲的过程中,弯曲成半圆时即 $R = L/2$ 时的曲率半径最小,这时所需要的外加切应力最大,即

$$\tau_c = \frac{Gb}{L} \tag{1-38}$$

弯曲成半圆后继续弯曲,R 将逐渐增大,位错就可以在 $\leqslant \tau_c$ 的外力作用下继续扩展。当弯曲的线段迎面相遇时,由于符号相反可以相互抵消,就形成了一个闭合的位错圈和一段长度仍为 L 的位错线。如图 $1-14$ 所示。

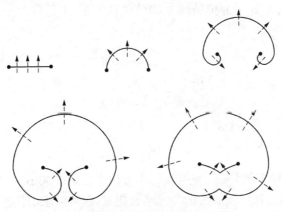

图 $1-14$ Frank-Read 源的示意图

这个过程可以反复进行下去,源源不断地产生新的位错。这样的位错增殖模型是由 Frank-Read 首先提出,故称为弗兰克-瑞德(Frank-Read)源[14]。式(1-38)所表示的也就是开动 F-R 源所需的临界切应力。由此式还可以看出,位错段的长度越短,开动 F-R 源所需的临界切应力就越大。还应该指出,图 1-14 所示的 F-R 源并不是位错增值的唯一机制,其他的位错增殖机制也与此类似,这里不详细介绍。

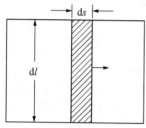

图 1-15 位错所受的力

1.3.8 位错所受的力

设位错线元 dl 在外加切应力 τ 的作用下,沿滑移方向前进了距离 ds,如图 1-15 所示。已滑移区上下两半晶体发生的相对滑移量为 b。于是,切应力所做的功为

$$dW = \tau dl \cdot ds \cdot b \tag{1-39}$$

它的效果相当于有一个垂直于位错线的作用力 F 使线元 dl 移动了距离 ds,即

$$dW = F \cdot dl \cdot ds \tag{1-40}$$

比较式(1-39)和式(1-40)得

$$F = \tau b \tag{1-41}$$

当作用在滑移面上的切应力 τ 与 b 的方向不同而有夹角 θ 时,则有

$$F = \boldsymbol{\tau} \cdot \boldsymbol{b} = \tau b \cos \theta \tag{1-42}$$

这样定义的 F 就是单位长度位错线所受的力,或作用于位错上的力,它是一种组态力。它的方向恒垂直于位错线,指向位错前进的方向。必须把位错所受的力 F 与外加切应力 τ 区别开来。外加切应力 τ 是作用在包含位错的滑移面上的力,它的单位是 N/m^2。而位错所受的力 F 是作用在位错线上的力,它的单位是 N/m。如果外加切应力 τ 的方向平行于 b,在纯刃型位错的情况下,F 和 τ 相平行。在纯螺型位错的情况下,F 和 τ 相垂直。

在复杂应力的作用下,单位长度位错线上所受的力的普遍公式是

$$\boldsymbol{F} = (\boldsymbol{b} \cdot \hat{\boldsymbol{\sigma}}) \times \boldsymbol{t} \tag{1-43}$$

式中 b 是位错的伯格斯矢量,t 为位错线方向的单位矢量,σ 是应力张量。式(1-43)的展开式是

$$
\boldsymbol{F} = \begin{pmatrix} b_x & b_y & b_z \end{pmatrix} \begin{bmatrix} \sigma_{xx} & \sigma_{xy} & \sigma_{xz} \\ \sigma_{yx} & \sigma_{yy} & \sigma_{yz} \\ \sigma_{zx} & \sigma_{zy} & \sigma_{zz} \end{bmatrix} \begin{bmatrix} \boldsymbol{i} \\ \boldsymbol{j} \\ \boldsymbol{k} \end{bmatrix} \times \boldsymbol{t}
$$

$$
\begin{aligned}
= \big[(\sigma_{xx} b_x + \sigma_{yx} b_y + \sigma_{zx} b_z) \boldsymbol{i} + (\sigma_{xy} b_x + \sigma_{yy} b_y + \sigma_{zy} b_z) \boldsymbol{j} + \\
(\sigma_{xz} b_x + \sigma_{yz} b_y + \sigma_{zz} b_z) \boldsymbol{k} \big] \times \boldsymbol{t}
\end{aligned} \tag{1-44}
$$

式中 b_x,b_y,b_z 是伯格斯矢量 b 在 x,y,z 三个方向上分量的大小。

将位错的应力场与位错所受的力的公式结合起来,就可以求出位错之间的相互作用力。

1.3.9　位错与溶质原子的交互作用

溶质原子的尺寸一般与基体(溶剂)原子的尺寸不同,从而在基体中引起畸变。将溶质原子置换基体原子时,反抗位错应力场所做的功,就是位错与溶质原子的交互作用能。交互作用能随位置而不同,于是溶质原子趋向于能量较低的位置,这就表现出位错对溶质原子的作用力。

1) 位错与溶质原子的交互作用能

设溶质原子在晶体中引起的畸变是球对称的。基体原子的半径 r_a,溶质原子的半径 r_b,则错配度是

$$\varepsilon = \frac{r_b - r_a}{r_a} \tag{1-45}$$

或 $r_b = r_a(1 + \varepsilon)$。体积变化为

$$\Delta V = \frac{4}{3}\pi(r_b^3 - r_a^3) \approx 4\pi\varepsilon r_a^3 \tag{1-46}$$

假定有一刃型位错坐落在 Oz 轴上,与溶质原子的距离是 r,如图 1-16 所示。由于球形对称的关系,溶质原子小球在周围介质中引起的位移垂直于球面。因而溶质原子的填入,只反抗位错应力场中的正应力分量 σ_{xx},σ_{yy},σ_{zz} 做功。因而交互作用能为

$$U = -\frac{1}{3}(\sigma_{xx} + \sigma_{yy} + \sigma_{zz})\Delta V \tag{1-47}$$

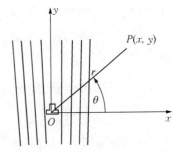

图 1-16　刃型位错与溶质原子的交互作用

负号表示反抗位错应力场做功,$1/3(\sigma_{xx} + \sigma_{yy} + \sigma_{zz})$ 表示作用于溶质原子球面的静水压力。将刃型位错应力场公式代入式(1-47),整理后得

$$\begin{aligned} U &= -\frac{1}{3}\Delta V(1 + \nu)(\sigma_{xx} + \sigma_{yy}) \\ &= \frac{Gb}{3\pi}\frac{1 + \nu}{1 - \nu}\Delta V \frac{\sin\theta}{r} = \frac{A\sin\theta}{r} \end{aligned} \tag{1-48}$$

式中

$$A = \frac{Gb}{3\pi}\frac{1 + \nu}{1 - \nu}\Delta V \tag{1-49}$$

当溶质原子大于溶剂原子时,在一个刃型位错的滑移面上部 $(0 < \theta < \pi)$,$U > 0$;在下半部 $(\pi < \theta < 2\pi)$,$U < 0$。因此,溶质原子在上半部被排斥,在下半部受吸引。溶质原子倾向于停留在下半部以减少交互作用能。如果溶质原子小于溶剂原子 $(\Delta V < 0)$,则情况相反。

填隙溶质原子总是引起体积膨胀,相当于较大的置换式溶质原子,因此,总是被吸引到正刃型位错的下半部(膨胀区)。作为一级近似,螺型位错的应力场只有切应力,没有正应力。因而它与产生球形对称畸变的溶质原子不发生交互作用。

2) 科垂耳气团(Cottrell atmosphere)和斯诺克气团(Snoek atmosphere)[6]

由以上关于位错与溶质原子相互作用的讨论可知,为了降低交互作用能,产生球对称畸变的溶质原子聚集在刃型位错线的附近。这种现象称为科垂耳气团。对于一个正刃型位错,当溶质原子(对于 $\Delta V > 0$ 的情况)处在位错线的正下方时 $[\theta = (3/2)\pi]$,交互作用能最低。这是溶质原子最优先聚集的位置。但溶质原子在位错线附近的分布是无规的,它在平衡状态下,遵从 Maxwell-Boltzmann 分布。溶质原子在位错线附近的浓度可表示为

$$c(r, \theta) = c_0 \exp\left[-\frac{U(r, \theta)}{kT}\right] \tag{1-50}$$

式中 c_0 是溶质原子的平均浓度,c 是位于 (r, θ) 处的浓度。

碳原子与 α-Fe 中刃型位错交互作用能的最大值(绝对值)$U_{\max}$ 约等于 $0.5\,\mathrm{eV}$。在温度较高时,即当 $U_{\max} < kT$ 时,由式(1-50)可知,科垂耳气团就不能形成。

假如溶质原子产生的是非球形对称的畸变,例如四方形的畸变,则螺型位错或刃型位错的应力场,都会与这种畸变发生交互作用。由此引起的溶质原子择优分布,称为 Snoek 气团。溶质原子在位错线附近形成的气团,对位错的运动起到了钉扎或阻滞作用。在外力足够大的情况下,位错能够从气团脱钉而向前运动。如果外力不足以使位错脱钉,则位错将拖着气团一起向前运动。这时位错的速率将受到溶质原子气团迁移速率的限制。

很多纯金属的强度很低,掺入一些合金元素形成固溶体后,强度可以提高。产生这种现象的原因,主要是与溶质原子与位错的交互作用有关。

1.3.10　位错的点阵模型

上面几节所讨论的都是基于弹性连续介质模型,完全忽略了晶体的点阵结构。由于在弹性力学中无法处理位错芯区严重畸变的情况,曾设想沿位错线中心挖掉一个半径为 r_0 的孔道,这个孔道实际上是不存在的。为了处理位错中心区域的问题,必须考虑晶体的点阵结构,即采用点阵模型。彻底的点阵模型,即完全由晶体的原子结构和电子结构出发来分析位错的结构和行为,尚未完全成功。本节介绍的派尔斯-纳巴罗(Peierls-Nabarro)模型[15, 16](简称派-纳模型,或 P-N 模型)是一种比较简单的点阵模型。

1) 派-纳模型和位错芯区的宽度

考虑简单立方结构晶体中的刃型位错。设想晶体沿滑移面切开为两半,先作了相对位移 $b/2$,然后再拼凑起来,形成一个正刃型位错。令 ϕ 表示滑移面上下两层原子面 A 层与 B 层对应原子之间在水平方向的距离。在两块晶体连接以前,当 $x > 0$ 时,$\phi = +b/2$;当 $x < 0$ 时,$\phi = -b/2$。在两块晶体连接以后,由于原子之间的相互吸引。A 层面上各原子沿 x 方向发生了位移 $u(x)$,B 层面上对应的原子发生了等量但反向的位移 $-u(x)$。于是,两块晶体连接以后,对应原子之间的水平距离变为

$$\phi(x) = 2u(x) + \frac{b}{2} \quad (\text{当 } x > 0 \text{ 时}) \tag{1-51a}$$

$$\phi(x) = 2u(x) - \frac{b}{2} \quad (\text{当 } x < 0 \text{ 时}) \tag{1-51b}$$

当 $x = \pm\infty$ 时,A 层面和 B 层面上的对应原子基本对齐。于是 $\phi(+\infty) = 0$, $u(+\infty) =$

$-b/4$；$\phi(-\infty)=0$，$u(-\infty)=+b/4$。

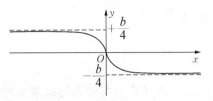

图 1-17 位移 $u(x)$ 随 x 的变化

假定 $u(x)$ 是 x 的连续函数，则 $u(x)$ 随 x 的变化情况可用图 1-17 表示。

假定 A 层与 B 层原子的作用力是周期性的，它是对应原子间水平距离 $\phi(x)$ 和位移 $u(x)$ 的正弦函数，周期是水平方向的点阵参数 b，因而

$$\sigma_{xy}=\frac{Gb}{2\pi a}\sin\left(\frac{2\pi\phi}{b}\right)=-\frac{Gb}{2\pi a}\sin\left[\frac{4\pi u(x)}{b}\right] \tag{1-52}$$

又假定强度为 b 的位错分散成无穷多个小位错连续分布在滑移面上。A 面以上和 B 面以下的晶体都当做各向同性的连续介质来处理。相当于半无限大的弹性介质表面上有外加应力 σ_{xy}（作用在 B 面上）或 $-\sigma_{xy}$（作用在 A 面上）。按照连续介质模型中位错应力场的公式，在滑移面上 x' 到 $(x'+\mathrm{d}x')$ 间隔内强度为 $b'\mathrm{d}x'$ 的位错在滑移面上（$y=0$）另一点 x 处会产生切应力。此分散位错在 x 处产生的应力，对于全部连续分布的位错进行积分，可得出 σ_{xy} 的表达式

$$\sigma_{xy}=\frac{G}{2\pi(1-\nu)}\int_{-\infty}^{+\infty}\frac{b'\mathrm{d}x'}{(x-x')} \tag{1-53}$$

式(1-52)和式(1-53)的 σ_{xy} 是由两种不同途径求出的。前者是由 A 层和 B 层之间周期性作用力求出的，后者是把两块晶体分别当做连续介质求出的。在平衡时，这两个式子求出的 σ_{xy} 绝对值相等但方向相反。对这两式的联立方程求解，可以得出

$$u(x)=-\frac{b}{2\pi}\arctan\left(\frac{x}{\xi}\right)，\quad \xi=\frac{a}{2(1-\nu)} \tag{1-54}$$

式中 ξ 定义为位错芯区的半宽度。当 $x=\pm\xi$ 时，$u(x)=\pm b/8$，等于无穷远处 $u(x)$ 值的一半。这就大致确定了原子严重错排区域的范围。因而人们规定 $x=\pm\xi$ 的范围为位错芯区的宽度。一般金属的泊松比 $\nu\approx 1/3$，因而位错芯区的宽度约为

$$w=2\xi=\frac{a}{1-\nu}\approx 1.5a \tag{1-55}$$

2) 派-纳位错的应力场和弹性能

将已解出的 $u(x)$ 代入应力表达式，就可以求出刃型位错在滑移面上的应力场，当 $x\gg\xi$ 时

$$\sigma_{xy}(x,0)=-\frac{Gb}{2\pi(1-\nu)x} \tag{1-56}$$

可见在位错芯区以外，派-纳模型的位错应力场与连续介质模型的结果基本相同。

在派-纳模型中，位错的能量为弹性能和错排能两部分的叠加，即

$$W=W_0+W_{AB}=W_A+W_B+W_{AB} \tag{1-57}$$

式中 $W_0=W_A+W_B$，W_A 和 W_B 分别表示上下两半晶体的弹性能，W_{AB} 是 A，B 两层原子面间的相互作用能（简称错排能）。

弹性区的能量 W_0 可用类似连续介质模型的方法，采用派-纳模型中的 σ_{xy} 求出，当 $r_1\gg\xi$

时,得出

$$W_0 = \frac{Gb^2}{4\pi(1-\nu)} \cdot \ln\left(\frac{r_1}{\xi}\right) \tag{1-58}$$

可见,弹性能的计算结果与前面连续介质模型的计算结果式(1-27)很相似。只不过原来不明确的 r_0(中心区半径)在这里被位错的半宽度 ξ 所取代。式(1-58)还表明,弹性区的能量与位错的位置无关,而错排能 W_{AB} 则因位错的移动而变化。

3) 位错的错排能和位错芯区的能量

以式(1-52)和式(1-54)为出发点,求出单位长度位错在滑移面两边总的错排能为

$$W_{AB} = \frac{Gb^2}{4\pi(1-\nu)}(1 + 2e^{-4\pi\xi/b}\cos 4\pi\alpha) \tag{1-59}$$

上式括号中的第二项远比第一项小,它的绝对值虽然很小,但它是位错位置(αb)的周期函数。当位错沿滑移面移动时,将通过一系列势能的峰和谷,其振幅的 2 倍就是单位长度位错移动的激活能。

现在可以根据派-纳模型对位错芯区的能量作一个估算。错排能的表达式已由式(1-59)给出。由于其中括号内的第二项远小于第一项,因而总的错排能为

$$W_{AB} \approx \frac{Gb^2}{4\pi(1-\nu)} \tag{1-60}$$

由于错排能随着 $u(x)$ 绝对值的增大而迅速减小,错排能将主要分布在位错芯区。因而式(1-60)的错排能也就代表了位错芯区的能量。

比较式(1-60)和式(1-58)可见,W_0 是 W_{AB} 的 $\ln(r_1/\xi)$ 倍。在通常情况下,$\ln(r_1/\xi)$ 约等于 10。因而,位错芯区的能量约占位错总能量的十分之一。

4) 派-纳力

由式(1-59)表示的派-纳模型的错排能,可以求出使单位长度位错滑移所需的力

$$F = -\frac{\partial W_{AB}}{\partial x} = \frac{2Gb}{(1-\nu)}e^{-4\pi\xi/b}\sin 4\pi\alpha \tag{1-61}$$

当 $\sin 4\pi\alpha = 1$ 时,它有最大值。因而使位错滑移所需的临界切应力($\tau_p = F/b$)为

$$\tau_p = \frac{2G}{(1-\nu)}e^{-4\pi\xi/b} = \frac{2G}{(1-\nu)}\exp\left[-\frac{2\pi a}{b(1-\nu)}\right] \tag{1-62}$$

这就是克服晶体点阵阻力使位错滑移所需的临界切应力,称为派-纳力(或 P-N 力)。

若 $a = b$,$\nu = 0.3$,可得出 $\tau_p \approx 3.6 \times 10^{-4}G$。这个数值比以前我们求出的完整晶体的理论切变强度 $\left(\frac{G}{2\pi} \sim \frac{G}{30}\right)$ 小很多。它第一次定量地解释了位错的易动性。但它比实验观测到的临界切应力($10^{-5}G$)还是稍大一些。在上面的估算中,曾假设 $a = b$。但滑移一般是沿密排面和密排方向进行的,所以应有 $a > b$。而 (a/b) 出现在指数函数中,故考虑 a/b 的比值,可使 τ_p 进一步降低。

5) 对派-纳模型的进一步研究

虽然派-纳模型在解释位错的易动性和位错芯区的能量方面取得了重要进展。但是这个

模型得出的位错宽度[式(1-55)]似乎太窄,并且 τ_p 的理论值比实验得出的位错滑移的临界切应力还是大了一些。

有些学者指出,这些缺点的出现与假定原子间作用力是位移的正弦曲线有关。有人将正弦曲线修改为一条不对称的曲线,并且使峰值下降,结果使位错的宽度加宽,从而也使位错滑移的临界切应力减小。

还有人提出了位错弯结(dislocation kink)的概念,认为位错的滑移可以通过弯结沿位错线滑移而逐步进行。在前面计算派-纳力时,都假定位错是直的,位错滑移时,由点阵的能谷整体地越过能垒,到达下一个能谷,如图 1-18(a)所示,这样计算出的激活能和派-纳力可能偏高。

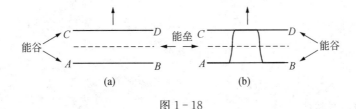

图 1-18

(a) 位错整体滑移　(b) 位错通过弯结沿位错线的运动而逐步滑移

如果位错上出现了弯结,则位错有一段先越过能垒,进入下一个能谷,然后通过弯结的侧向运动,使位错由 AB 位置逐步地运动最终到达 CD 位置,如图 1-18(b)所示。图中的弯结是双弯结,也可称弯结对(kink pair)。弯结沿位错线的滑移所需的临界切应力,显然比位错线的整体滑移时要小。有人把由这样的模型计算出来的临界切应力称为二次派-纳力。

"弯结"可以定义为:位错在同一滑移面上的曲折线段,长度为原子间距量级。位错概念的引入,使晶体的整体滑移变成逐步滑移。而弯结概念的引入,又使位错的整体滑移变成逐步滑移。这里附带提一下弯结与割阶的不同。割阶(jog)是位错线由一个滑移面转到另一个滑移面的过渡台阶,长度也是原子间距数量级。割阶与位错线不在同一滑移面上;而弯结则与位错线在同一滑移面上。

1.3.11　典型晶体结构中的位错

以上的讨论都没有具体考虑实际晶体的结构,往往用简单立方结构来代表。而实际晶体中的位错要比简单立方结构的情况复杂得多。本节将分析几种典型晶体结构中的位错,着重分析面心立方结构的情况。

1) 全位错和不全位错

全位错(perfect dislocation):一个位错的伯格斯矢量为晶体点阵矢量的称为全位错。由于位错的能量正比于 b^2,因而实际存在的位错的伯格斯矢量,是最短的(或次短的)点阵矢量。不全位错(partial dislocation)或称部分位错是指伯格斯矢量小于最短的点阵矢量的位错。典型晶体结构中的全位错有下列几种。

(1) 面心立方点阵(fcc):最短的点阵矢量为 $\langle a/2, a/2, 0 \rangle$ 型的,通常用符号 $a/2\langle 110 \rangle$ 表示,或简记为 $1/2\langle 110 \rangle$,数值 $b = a/\sqrt{2}$。次短的点阵矢量为 $\langle 100 \rangle$,$b = a$。这里 a 是晶胞边长。

(2) 体心立方点阵(bcc):最短的点阵矢量是 $1/2\langle 111 \rangle$,此时 $b = a\sqrt{3}/2$。次短的是 $\langle 100 \rangle$,

$b = a$。

(3) 简单立方点阵(sc):最短的点阵矢量是 $\langle 100 \rangle$，$b = a$。次短的点阵矢量 $\langle 110 \rangle$，$b = a\sqrt{2}$；以及 $\langle 111 \rangle$，$b = a\sqrt{3}$。

(4) 六角密排点阵(hcp):最短的点阵矢量是 $\langle 11\bar{2}0 \rangle$，在基面上 $b = a$，次短的是 $[0001]$，垂直于基面，$b = c$。

实际晶体中的位错有时以不全位错的形式存在。全位错分解为不全位错的条件是:

(1) 能量条件:位错分解(或位错反应)必须导致应变能的降低，即

$$b_1^2 > b_2^2 + b_3^2 \quad (\boldsymbol{b}_1 \to \boldsymbol{b}_2 + \boldsymbol{b}_3) \tag{1-63}$$

或

$$b_1^2 + b_2^2 > b_3^2 + b_4^2 \quad (\boldsymbol{b}_1 + \boldsymbol{b}_2 \to \boldsymbol{b}_3 + \boldsymbol{b}_4) \tag{1-64}$$

(2) 伯格斯矢量守恒条件:位错反应前后伯格斯矢量的矢量和必须相等，即

$$\boldsymbol{b}_1 = \boldsymbol{b}_2 + \boldsymbol{b}_3 \tag{1-65}$$

或

$$\boldsymbol{b}_1 + \boldsymbol{b}_2 \to \boldsymbol{b}_3 + \boldsymbol{b}_4 \tag{1-66}$$

2) 堆垛层错和层错能

fcc 和 hcp 是两种密堆积晶体结构。fcc 结构的密排面是 $\{111\}$，hcp 的密排面是 (0001)。这两种结构都可以看作由它们的密排面按一定次序堆垛而成，如图 1-19 所示。图(a)中的密排面平行于纸面。按 $ABCABC\cdots$ 的次序排列，即成 fcc 结构，其侧视图为图(b)。图(c)表示按 $ABABAB\cdots$ 顺序堆垛而成的 hcp 结构。

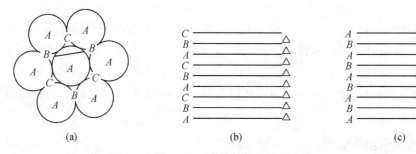

图 1-19　密堆结构的堆垛次序

(a) 密排面　(b) fcc　(c) hcp

有人用另一种符号表示堆垛次序。用 △ 表示 $A \to B \to C \to A \to B \to C\cdots$ 的次序。用 ▽ 表示相反的次序，即 $C \to B \to A \to C \to B \to A\cdots$ 于是 fcc 的正常堆垛次序为 △△△△… hcp 的正常堆垛次序为 △▽△▽… 对于正常堆垛次序的差异称为堆垛层错(简称层错)。例如，fcc 结构的堆垛次序变为 $ABCACABC\cdots$ 即 △△△▽△△△，▽ 即表示出现了层错。层错邻近的原子面的堆垛次序是 CAC，或 △▽△，形成了局部的 hcp 结构。堆垛层错导致晶体能量增高，由此增高的能量称为层错能，以产生单位面积的层错所需的能量为量度，由上面的叙述可看出，层错是一种面缺陷(二维缺陷)。

关于层错能的理论计算，目前用不同方法计算出的层错能数值差异较大，尚待进一步研究。测定层错能的实验方法很多，其中以电子显微镜衍射法较准。几种 fcc 金属的层错能的实验值如表 1-3 所示。层错能越高，则出现层错的几率越小。

表 1-3　几种 fcc 金属层错能的实验值（erg/cm²）＝（10^{-3} J/m²）

金属	Al	Ni	Cu	Au	Ag	不锈钢
层错能	166	125	45	32	16	13

3）面心立方晶体中的不全位错

（1）不全位错与堆垛层错的关系。

如果层错并未扩展到整个晶面，则此晶面上层错与完整部分的边界线就是不全位错。位错的普遍定义是：滑移面上已滑移区与未滑移区的边界线。对于不全位错的情况，滑移矢量不是等于而是小于点阵矢量，已滑移区就形成了层错。已滑移的层错区与未滑移的完整区的边界线就是不全位错。当然，层错也可以用抽出或插入的方式来形成。如果抽出或插入的是晶面层的一部分，也可以形成不全位错。

（2）Shockley 不全位错。

如图 1-20 所示，fcc 晶体的一组｛111｝面垂直于纸面。设想一 A 层由左向右沿着 LM 滑移了 $\frac{1}{6}[\bar{1}2\bar{1}]$。于是原来 A 层在 M 点左边的部分，变成 B 层，堆垛次序成为 $ABCBCABC\cdots M$ 点右边的部分仍是正常的堆垛次序 $ABCABCABC\cdots$ 通过 M 点垂直于纸面的直线就是 Shockley 不全位错。

确定不全位错的伯格斯矢量的方法，与以前所述的相同，仍然采用 FS/RH 约定。不过为了简单明确起见，回路应从层错处出发，这样可以使缺陷晶体中回路的原子，与完整晶体中回路的原子一一对应，并使回路的最后一步回到层错，这样两个回路只有最后一步有差异。

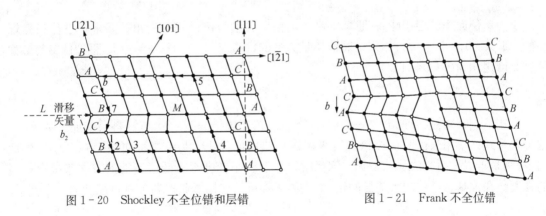

图 1-20　Shockley 不全位错和层错　　　　图 1-21　Frank 不全位错

（3）Frank 不全位错。

如图 1-21 所示，将 fcc 晶体的｛111｝面的某一层（如 B 层），抽出一部分，抽出后形成层错。这样，层错与完整部分的边界线就是 Frank 位错。也可以用插入半原子平面的方法形成 Frank 位错。用上述类似的方法可以确定它们的伯格斯矢量是 1/3⟨111⟩。

Shockley 不全位错可以是刃型的、螺型的或混合型的，它只能在层错所在面上滑移，而不能攀移。Frank 不全位错只有刃型的。因为它的伯格斯矢量与密排面垂直，因而不能滑移，只能攀移。Frank 位错也有人称为不滑动的不全位错。

4）面心立方晶体中扩展位错的宽度

面心立方晶体（fcc）中能量最低的全位错 1/2⟨110⟩，可分解为两个 Shockley 不全位错 1/6

〈112〉，如

$$\frac{1}{2}[110] \rightarrow \frac{1}{6}[211] + \frac{1}{6}[12\bar{1}] \tag{1-67}$$

图 1-22 表示一个全位错的伯格斯矢量为 $\boldsymbol{b}$，它与位错线的夹角为 φ，分解后的两个不全位错的伯格斯矢量为 $\boldsymbol{b}_1$ 和 $\boldsymbol{b}_2$。两者之间夹着一片层错，其平衡宽度为 d。由一个全位错分解成的两个不全位错连同其中所夹的一片层错，合称为扩展位错。扩展位错的伯格斯矢量用这两个不全位错合成的全位错的伯格斯矢量表示。

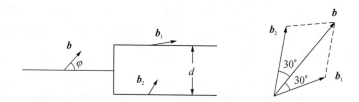

图 1-22　fcc 晶体中扩展位错的宽度

扩展位错的平衡宽度 d 由以下两种力的平衡所决定：①两个不全位错之间的排斥力；②层错的表面张力，是吸引力。层错对单位长度不全位错的吸引力，在数值上等于单位面积的层错能。由此可以求出扩展位错的平衡宽度为

$$d = \frac{Gb^2}{24\pi\gamma} \frac{2-\nu}{1-\nu} \cdot \left(1 - \frac{2\nu}{2-\nu}\cos 2\varphi\right) \tag{1-68}$$

式中 γ 为单位面积的层错能，φ 是全位错的伯格斯矢量与位错线的夹角。如果扩展位错是螺型的，则 $\varphi = 0$，$\cos 0 = 1$；如果扩展位错是刃型的，则 $\varphi = \pi/2$，$\cos \pi = -1$。刃型位错与螺型位错宽度之比为（取 $\nu \approx 1/3$）

$$d_e : d_s = (2+\nu) : (2-3\nu) = 7 : 3 \tag{1-69}$$

由式(1-68)的推导得出的一个重要结论是：扩展位错的宽度 d 与材料层错能 γ 成反比。这个关系式已被用来由测量位错宽度来确定层错能的大小。另一方面，位错愈宽，就愈难运动，特别是难以发生交滑移和攀移。因而材料科学工作者已用降低层错能的方法来提高材料的强度。在镍基合金中加入适量的钴，就是由于降低了层错能而提高了材料强度的一个例子。

1.4　晶界

实际使用的晶体材料大多数是多晶体，其中各个晶粒的结构和成分相同，但晶体点阵取向不同的相邻两晶粒之间的界面，称为晶界(grain boundary)。虽然晶界在材料中的体积分数在通常的多晶材料中很小，但它对材料的各种性能都有显著的影响。因而研究晶界的结构及其与材料性能的关系，一直是材料科学和凝聚态物理中的重要课题。

1.4.1　晶界的宏观自由度

一般来说，晶界在宏观上有五个自由度：①相邻两个晶粒的取向差 θ，②发生取向差的转

动轴的方向余弦(其中仅两个是独立的量),③晶界面法线的方向余弦(其中仅两个是独立的量)。概括起来,就是产生取向差的转动角 θ,确定旋转轴单位矢量 $\boldsymbol{u}$ 方向的两个参数,以及确定晶界面法线单位矢量 $\boldsymbol{n}$ 方向的两个参数。确定了这五个参数,晶界的类型和它们在空间中的方位就确定了。

根据转动轴单位矢量 $\boldsymbol{u}$ 与晶界面法线单位矢量 $\boldsymbol{n}$ 之间的关系,可将晶界分为三类:①倾侧晶界:$\boldsymbol{u} \cdot \boldsymbol{n} = 0$,即 $\boldsymbol{u}$ 与 $\boldsymbol{n}$ 垂直,转动轴在晶界面上;②扭转晶界:$\boldsymbol{u} = \boldsymbol{n}$ 或 $\boldsymbol{u} \times \boldsymbol{n} = 0$,即 $\boldsymbol{u}$ 与 $\boldsymbol{n}$ 平行,转动轴与晶界面法线平行;③混合晶界:$\boldsymbol{u}$ 与 $\boldsymbol{n}$ 成任意角度,两者既不平行,也不互相垂直。

1.4.2 小角度晶界的位错模型

按照相邻两晶粒之间取向差的大小,晶界可分为小角度晶界和大角度晶界。通常把取向差小于 15° 的称为小角度晶界,取向差大于 15° 的称为大角度晶界。从晶界结构的角度来看,小角度晶界可以还原为分立的点阵位错的阵列,小角度晶界的位错模型已为大量实验所证实。而大角度晶界则不能用分立的点阵位错的阵列来描述。

1) 倾侧晶界(tilt boundary)

倾侧晶界又可分为对称倾侧晶界和一般(非对称)倾侧晶界。图 1-23 是简单立方点阵的对称倾侧晶界的位错模型。晶界面的平均位置是(100)面,两晶粒之间的取向差是绕[001](垂直于纸面)相对旋转 θ 角而产生。此晶界相当于一列平行的、伯格斯矢量为[100]的同号刃型位错线排列而成。位错线间距 D 与倾角 θ 和伯格斯矢量 b 之间的关系为

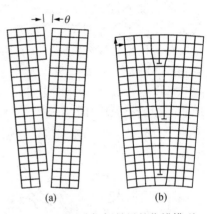

图 1-23　对称倾侧晶界的位错模型

$$D = \frac{b}{2\sin(\theta/2)} \qquad (1-70)$$

当 θ 角很小时,上式可简化为

$$D = b / \theta \qquad (1-71)$$

如果倾侧晶界的界面是非对称的任意的(hk0)面。它由两晶粒绕[001]轴相对转动 θ 角后,晶界又绕[001]轴转动 φ 角而成。因此,晶界和其中一个晶粒的[100]轴成($\varphi + \theta/2$)角,而和另一个晶粒的[100]轴成($\varphi - \theta/2$)角。这样的晶界需要用伯格斯矢量为[100]和[010]两组平行的刃型位错来表示。两组位错的间距分别为

$$D_\perp = \frac{b}{\theta\sin\varphi}, \; D_\vdash = \frac{b}{\theta \cdot \cos\varphi} \qquad (1-72)$$

2) 扭转晶界(twist boundary)

如果旋转轴与界面垂直,就形成了扭转晶界。图 1-24 表示晶界面为(001),转轴为[001]方向(垂直于纸面)的扭转

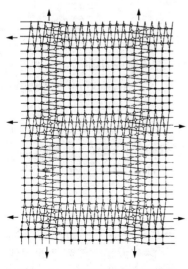

图 1-24　扭转晶界的位错模型

晶界。形成这样的晶界需要两组螺型位错构成的网格。其中一组的伯格斯矢量平行于[100]轴,另一组的伯格斯矢量平行于[010]轴。网格间距也满足关系式 $D = b/\theta$。倾侧晶界和扭转晶界是晶界的两种特殊形式。

1.4.3 大角度晶界的早期模型

上节小角度晶界的位错模型不适用于大角度晶界的情况。因为当取向差 θ 较大时,由式(1-71)可以看出,位错间距接近于原子间距。这时各位错的芯区已发生重叠,单个位错线已失去意义。

1) 过冷液体模型

很早以前,曾有人提出过"过冷液体模型"或"非晶态黏合物模型"。此模型认为晶界是由过冷液体(非晶态)的薄层所组成,在应力作用下发生黏滞性流动。此模型虽然可以解释晶界在不同温度下力学性质的一些实验结果,但由此模型的推论:晶界的性质与取向差大小无关,与实验事实不符。例如实验表明,晶界能量就是取向差 θ 的函数,随 θ 而变化。后来提出的大角度晶界模型比较重要的有以下几种。

2) Mott 的"小岛模型"

N. F. Mott 于 1948 年提出了晶界的小岛模型[17]。他认为晶界中包含了许多直径为几个原子间距的小晶块,即"小岛"。这些小岛散布在原子排列较为混乱的区域中,而小岛内则保持着原子排列整齐的晶体结构,如图1-25 所示。

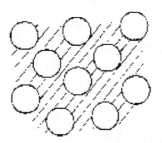

图 1-25　Mott 的小岛模型

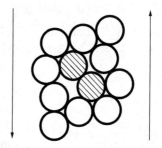

图 1-26　葛庭燧的无序原子群模型

3) 葛庭燧的"无序原子群模型"

葛庭燧于 1949 年提出了晶界的无序原子群模型[18, 19]。他认为晶界中存在着许多"无序原子群",而它们的周围则被原子排列整齐的"好区"所环绕,图1-26 表示被"好区"环绕的许多无序原子群中的一个。

上述的小岛模型和无序原子群模型,实际上并没有很大区别。不过小岛模型认为:在无序的晶界基体中包含着一些有序区(小岛);而无序原子群模型认为:在有序的晶界基体中包含着一些无序区。两者的共同点是:认为晶界中既包含有序区,也包含无序区。

1.4.4 大角度晶界的重位点阵模型

上节中介绍的大角度晶界的几种早期模型,在微观层次上尚不够清晰,对晶界原子排列的组态提不出定量的描述,也很难从实验上得到确切的验证,因而已逐渐被近年发展起来的现代几何结构模型所取代。不过,上述两种模型中的合理内涵,如晶界内包含有序区和无序区的概念,在现代几何结构模型中得到了进一步的明确和发展。

近年来大角度晶界的几何结构模型(主要是重位点阵模型)对大角度晶界两侧原子排列的组态进行了定量的描述,并得到了一些实验验证,使人们对于晶界结构的细节有了进一步的认识。

1) 重位点阵模型的概念

重位点阵(coincidence site lattice, CSL)模型的基本概念是:设想两个相邻晶粒靠近时,它们各自的点阵相互穿插,在晶界会合。这两个晶粒通过转轴[hkl]和转角 θ 相互联系起来,如果转角是任意的,并不一定存在两个晶体的阵点重合而形成的重位点阵。但当 θ 为某些特定的角度时,两个晶体互相重合的阵点就形成了重位点阵[7, 9, 11]。

图 1-27 表示面心立方结构的两个相邻晶粒绕⟨001⟩轴旋转 36.9° 所形成的重位点阵倾侧晶界模型,晶界面沿水平方向垂直于纸面。图中 AC 表示一个阶,AB 是阶长,BC 是阶高。阶长越短,则重合的阵点越多。

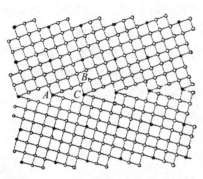

图 1-27 重位点阵倾侧晶界,黑点表示重位阵点

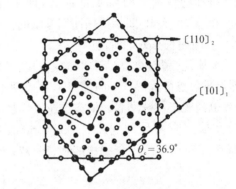

图 1-28 重位点阵扭转晶界模型,大黑点表示重位阵点

图 1-28 表示面心立方结构的两个相邻晶粒绕⟨001⟩轴旋转 36.9° 所形成的重位点阵扭转晶界模型,晶界面平行于纸面。小黑点和圆圈分别代表上下两层晶体的原子位置,大黑点表示重位阵点。

为了表示晶界上重合阵点的比例,人们引入了 Σ 符号,它的定义是

$$\Sigma = \frac{\text{重位点阵单胞的体积}}{\text{晶体点阵单胞的体积}} = \frac{\text{重位点阵单胞中的阵点数}}{\text{晶体点阵单胞中的阵点数}} \tag{1-73}$$

可见 Σ 的数值越大,则重合位置的比例 $(1/\Sigma)$ 越小。反之,Σ 的数值越小,则重合位置的比例 $(1/\Sigma)$ 越大。例如,图 1-27 和图 1-28 中重合位置的比例均为 1/5,因而这两个晶界的 Σ 都等于 5。

2) 重位点阵晶界和近重位点阵晶界

重位点阵(CSL)晶界只在一些特殊取向差的晶界中才出现。对于立方晶系,发生重位点阵晶界时转角 θ 与转轴⟨hkl⟩之间满足以下关系:

$$\tan\left(\frac{\theta}{2}\right) = \frac{y}{x}\sqrt{h^2 + k^2 + l^2} \tag{1-74}$$

式中 y 和 x 是没有公因子的整数。如在图 1-27 中,y 是阶高 BC,x 是阶长 AB。每一个

CSL 单胞中包括的阵点数是

$$\Sigma = x^2 + y^2(h^2 + k^2 + l^2) \tag{1-75}$$

如果得到的 Σ 是偶数,则除以 2,直至得到奇数 Σ。

在实际的多晶材料中,精确符合 CSL 取向差的晶界是很有限的,有一些晶界的取向差与 CSL 很接近,这样的晶界称为近重位点阵晶界(near CSL boundary)。可以设想这时出现了次级晶界位错(secondary interfacial dislocation)。伯格斯矢量比晶体点阵的基矢短,可以协调晶界取向的少许偏差。引入这种次级位错网络以后,晶界上重位点阵的周期性仍然能够保持。

3) 大角度晶界的分类

(1) 特殊晶界(special boundary)。

人们通常把符合重位点阵(CSL)取向差的晶界称为“特殊晶界”。这是因为重位点阵晶界往往在很多方面表现出特殊的性能。后来又发现,只有低 Σ 的晶界,即重位密度较高的晶界,才表现出特殊的性能。而高 Σ 的晶界,即重位密度较低的晶界,并不表现出特殊的性能。Palumbo 和 Aust 于 1992 年根据他们总结的实验结果提出,当 $\Sigma \leqslant 29$ 时,晶界才表现出特殊的性能[20]。因而现在人们所说的特殊晶界,实际上是指 $\Sigma \leqslant 29$ 的低 Σ 重位点阵晶界。

如上节所述,精确符合 CSL 取向差的晶界是很有限的。有一些晶界的取向差与 CSL 很接近,即近重位点阵晶界(near-CSL),也表现出近似于 CSL 晶界的特性。因而人们把近重位点阵晶界也归属于特殊晶界。偏离重位点阵晶界的角度在多大范围内才能称为近重位点阵晶界,目前文献上有两种判据。一种是 Branden 于 1966 年提出的式(1-76)[21],另一种是 Palumbo 和 Aust 于 1992 年提出的式(1-77)[20]。

$$\Delta\theta_1 = 15°\Sigma^{-1/2} \tag{1-76}$$

$$\Delta\theta_2 = 15°\Sigma^{-5/6} \tag{1-77}$$

以 $\Sigma = 5$ 为例,按照式(1-76),$\Delta\theta_1 = \pm 6.7°$;按式(1-77),$\Delta\theta_2 = \pm 5.5°$。可见,前者对近重位点阵晶界的规定范围要宽一些,后者的规定范围要严一些。

(2) 一般晶界(general boundary)或称无规晶界(random boundary)。

人们把超出上述规定的严重偏离 CSL 取向,因而不能用 CSL 模型描述的晶界称为“一般晶界”或“无规晶界”。一般晶界在通常的多晶材料中占有相当大的比例。它们的许多性能比特殊晶界要差(见 1.4.6 节所述)。鉴于不同类型的晶界对材料的使用性能有不同的影响,Watanabe 等提出了“晶界设计和控制”或称“晶界工程”的概念,即在多晶材料中设法增加“有利”晶界的比例,而减少“有害”晶界的比例,以提高材料的使用性能[22]。

1.4.5　晶界的微观自由度

如前所述,晶界有 5 个宏观自由度,即确定取向差 θ 的一个自由度,确定旋转轴方向的两个自由度,以及确定晶界面法线方向的两个自由度。确定了这 5 个参数,晶界的类型和它在空间中的方位就确定了。

上节中的几何结构模型,是设想把两块取向不同的晶体刚性地凑到一起,然后描述这两块晶体相互穿插的阵点之间的最近邻关系。但是这些模型并未考虑两块晶体凑拢后原子之间的相互作用。考虑原子之间的相互作用以后,晶界上原子之间的位置将要发生调整,使之弛豫到能量最低的平衡状态。例如,受到挤压的部分将力图松开原子之间的距离,而过于宽松的部分将力图紧缩原子之间的距离,经过弛豫的晶界结构称为弛豫结构。

为了描述晶界的弛豫结构,有必要引入晶界的微观自由度,它是经过弛豫的晶界原子结构的概括描述。如果晶界结构是周期性的,则一个晶体相对于另一个晶体的刚性位移"t"有三个微观自由度,即它的两个分量与晶界面平行,另一个分量与晶界面垂直,后者称为晶界膨胀。如果晶界结构不存在周期性,则只有一个自由度即晶界膨胀。由于微观自由度是由弛豫过程决定的,所以它不能离开宏观自由度而独立地变化。因此,宏观自由度规定了晶界的边界条件,而微观自由度则在这些边界条件的制约下进行调整,使得系统的自由能达到最低。

1.4.6　晶界的能量和动力学性质

1) 晶界的能量

在晶界的各种性质中,晶界能是一个很重要的物理量。晶界能 γ 的定义是:单位晶界面积的自由能,即 $\gamma = \delta F/\delta A$, F 表示自由能, A 表示晶界面积。晶界能对于晶界的稳定性、晶界的扩散和运动、杂质在晶界的偏聚等有重要的影响,因而对材料的力学性质和物理性质有重要的影响。

晶界能的来源是由于晶界中的原子偏离了正常晶体点阵的位置,因而其能量高于单晶体的能量。一个单相体系在严格的热力学平衡状态下应该是单晶体。但是,由于晶界能并不大,因而趋向热力学平衡状态的速率极为缓慢,在通常温度下可以视为被冻结的亚稳态。这就是为什么在通常的材料中还保留着晶界的原因。

图 1-29 表示晶界能的近期实验结果[7]。由图可见,在小角度范围内的晶界能量随着取向差的增大而增高。而在大角度范围内,虽然无规晶界的能量较高且近似为一个常数,但在低 Σ 重位点阵晶界的取向差处,晶界能量出现低谷。这与重位点阵晶界模型的预期相符。

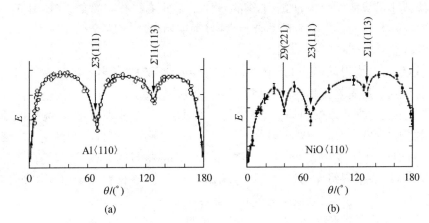

图 1-29　对称倾侧晶界的晶界能与取向差的关系

(a) 纯 Al　(b) NiO

2) 晶界扩散

对于多晶材料,扩散物质可以沿着三种不同的道路进行,即晶格扩散(即体扩散)、晶界扩散和表面扩散。大量的实验结果表明,表面扩散系数 D_S ,晶界扩散系数 D_B 和晶格扩散系数 D_L 之间,存在以下经验关系:

$$D_S > D_B > D_L \tag{1-78}$$

由于扩散激活能 Q 对扩散系数的影响,一般大于扩散系数指数前因子 D_0 的影响,因而表面、晶界、晶格扩散的激活能有如下的经验关系:

$$Q_S < Q_B < Q_L \tag{1-79}$$

以上介绍的关于晶界扩散与晶格扩散的比较,反映了晶界扩散的平均效应,没有区分不同类型晶界的情况。1996 年 Li 和 Chou 研究了 Cr 在 Nb 的不同取向差的对称倾侧晶界中的扩散[23]。他们的工作指出,不同类型晶界扩散的激活能都低于晶格扩散的激活能。其中低 Σ 特殊晶界的激活能高于无规晶界,这可归因于低 Σ 特殊晶界的致密度较高。

3) 杂质在晶界的偏聚

由于晶界层内原子排列比较稀松,杂质原子在多晶材料中往往优先地向晶界偏聚。溶质原子由晶粒内部向晶界偏聚,一般将导致系统自由能的降低。溶质原子由晶粒内部偏聚到晶界层引起的自由能的差值 ΔE,称为"溶质原子与晶界的交互作用能",或称"偏聚能"。在热平衡状态下,晶界层中的溶质原子浓度 c 与晶粒内的浓度 c_0 的关系满足下式:

$$c = c_0 \exp(\Delta E / kT) \tag{1-80}$$

在低温时,溶质原子在晶界的偏聚比较显著。而在高温时,溶质原子的分布比较均匀,晶界偏聚就不显著。这与溶质原子在位错附近的分布很类似。

杂质在晶界偏聚的程度与晶界结构有关。有实验指出,大角度无规晶界偏聚的程度比低 Σ 特殊晶界要大一些。晶界偏聚的程度还与溶质原子在基体中的溶解度有关。一般说来,在基体中的溶解度愈小,晶界偏聚的程度就愈大。

晶界偏聚对材料的性能有重要的影响。例如一些有害杂质(如 As,Sn,Sb 等)在钢中晶界的偏聚,降低了晶界的结合力,加剧了钢的脆性。而另一些有利的杂质(如 B、稀土元素等)在钢中晶界的偏聚,则提高了晶界的结合力,减轻了钢的脆性。

4) 晶界的滑动和迁移

晶界的运动可分为滑动(sliding)和迁移(migration)两种。前者是指晶界两侧的晶粒沿着晶界面的相对运动,后者是指晶界沿着晶界法线方向的移动。

晶界滑动是引起高温形变的一个重要因素。温度愈高,应变速率愈低,晶界滑动在高温形变中占的比例 $\varepsilon_b / \varepsilon_t$ 就愈大。一般金属材料中 $\varepsilon_b / \varepsilon_t$ 的比例可达 30%~70%左右。某些超塑性材料中,$\varepsilon_b / \varepsilon_t$ 的比例可以高达 90%以上。因此,为了提高材料的高温强度,就有必要采取适当的措施来抑制或减少晶界滑动的发生。通常采用的方法是,在材料中添加适量的合金元素,使其在晶界形成固溶体或沉淀相,以抑制或减少晶界滑动。

晶界迁移现象在晶粒长大过程中表现得比较明显。形变材料在高温退火和发生再结晶后,晶粒尺寸往往是不均匀的。如果继续在高温下长时间保温,在界面张力的作用下,大晶粒的晶界将逐渐变直,而小晶粒的晶界将逐渐向后收缩。于是,小晶粒被大晶粒逐渐吞并,整个试样的平均晶粒尺寸逐渐增大,甚至晶界消失成为单晶体。这时晶界迁移的驱动力是界面能的降低。

为了研究晶界滑动和迁移的规律,人们用多晶和双晶试样进行了大量的观测工作。由于双晶中只包含单一晶界,因而用双晶进行的实验能够得出比较基本的规律。有实验表明,晶界滑动的激活能多数与晶界扩散激活能相近,晶界迁移的激活能多数与晶格扩散激活能相近。新近的实验结果还表明,不同类型晶界滑动和迁移的激活能有差别,低 Σ 重位点阵晶界的激活能一般高于无规晶界的激活能。

5) 晶界在形变和断裂中的作用

人们早已知道,晶界在形变和断裂中的作用因温度的不同而不同。在低温和常温下,晶界可以阻碍晶粒内位错的滑移,起强化作用,因而人们希望用细晶粒材料以提高强度。而在高温下,由于晶界的滑动和迁移比较容易进行,降低了材料强度,因而希望用粗晶粒材料(甚至用单晶材料)以降低晶界的弱化作用。

图 1-30 形象地表示了多晶体中晶界和晶粒的相对强度随温度的变化。图中实线表示晶粒强度随温度的变化,虚线表示晶界强度随温度的变化,晶界强度变化的斜率大于晶粒强度变化的斜率。两线交点处的温度 T_E 称为"等强温度"(equicohesive temperature),这时晶界强度等于晶粒强度。在此温度以下,晶界的强度高于晶粒,一般发生穿晶断裂。在此温度以上,晶界的强度低于晶粒,一般发生晶间断裂。等强温度通常在材料的 $0.5T_m$(T_m是熔点绝对温度)附近。

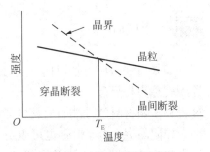

图 1-30　等强温度示意图

图 1-30 所表示的只是晶界的一般共性,没有注意到不同类型晶界的差别。近年来的实验发现,晶间断裂倾向于在无规晶界处发生,而在低 Σ 重位点阵晶界处很少发生,表明低 Σ 重位点阵晶界的高温强度比无规晶界的高[22]。因而为了提高材料的高温强度,希望在多晶材料中尽量减少无规晶界,而增加低 Σ 重位点阵晶界的比例。

1.4.7　孪晶界

除了上述的晶界以外,还有一种特殊的晶界,界面上的原子正好坐落在两侧晶体的点阵位置上。这种晶界称为共格晶界。最常见的共格晶界就是共格孪晶界。界面两侧晶体的位相满足反演对称的关系,反演面就是孪晶界,如图 1-31 所示。

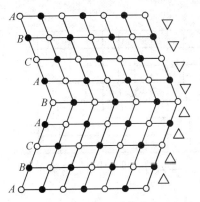

图 1-31　面心立方晶体中{111}面(与纸面垂直)所表示的孪晶界

这里以面心立方为例来说明孪晶界的特征。面心立方晶体中{111}面是按 $ABCABCABC\cdots$ 的顺序堆垛起来的,用堆垛符号来表示,即 $\triangle\triangle\triangle\triangle\triangle\triangle\triangle\cdots$ 如果从某一层起,堆垛顺序颠倒过来,如 $ABCABACBACB$,即 $\triangle\triangle\triangle\triangle\triangle\triangledown\triangledown\triangledown\triangledown\triangledown$,上下两部分晶体就形成了孪晶关系。其中堆垛顺序发生转折的一层就是孪晶界。容易看出,沿着孪晶界面,孪晶的两部分完全密合,第一近邻的数目和距离都与完整晶体相同,只有次近邻关系才有变化,引入的原子错排能很小。这是低层错能材料中容易出现孪晶的原因。

如果孪晶界没有穿过整个晶体,则孪晶界与完整晶体的边界就是一个孪生位错。在外力作用下,这种孪生位错沿着孪晶界面滑移,就可以使孪晶界扩大或者缩小。孪晶可以在外力作用下通过形变的方式来形成。如果孪生位错的

伯格斯矢量是 b，相邻原子层的间距是 d，则孪生切变为

$$s = b/d \tag{1-81}$$

整个孪晶就可以通过这样的一个均匀切变来形成。这种以均匀切变方式形成的孪晶称为机械孪晶，或形变孪晶。孪晶也可以在晶体生长或相变过程中形成，它们分别称为生长孪晶、退火孪晶或相变孪晶。

晶体中的孪晶界面不是任意的。在面心立方晶体中是 $\{111\}$ 面，在体心立方晶体中是 $\{112\}$ 面，在密集六方晶体中是 $\{10\overline{1}2\}$ 面。

1.5 相界

如果相邻晶粒不仅取向不同，而且结构或成分也不同，即它们代表两个不同的相，这样的界面就称为相界（phase boundary）。不同结构包括同质异构以及不同质异构。相界对于相变过程和多相材料的性能有直接的影响，因而在材料科学与工程中占有重要的地位。

如同晶界一样，相界也可以分为：①共格相界，与共格孪晶界相似，界面是完全有序的；②半共晶格相界，与小角度晶界相似，界面处失配通过弛豫使错配局限于错配位错处，其余大部分仅有甚小的弹性畸变；③非共晶格相界，与大角度晶界相似，界面基本上是无序的。

共格相界两侧的晶体点阵在界面上完全重合，但两侧晶体的点阵参数或键合类型不同。一个典型的例子是钴相变中出现的面心立方相和密集六角相的相界。由于两相具有相同的密堆积面，只是在相界两侧具有不同的堆垛顺序。即由面心立方相 $ABCABC\cdots$ 的堆垛顺序，改变为 $ABABAB\cdots$ 的堆垛顺序。因而这种相界的能量很低。

对于一般形式的共格相界，其形成的方式可用图 1-32 来说明。令上半晶体中的原子沿特定的矢量方向作位移，其大小与到界面的距离成正比，因而形成整体的均匀切变。如果这组原子面仍平行于原来的原子面，面内的原子排列也没有变化，仅仅面间距可能发生了变化。显然在转变之后，这一界面即为共格相界。

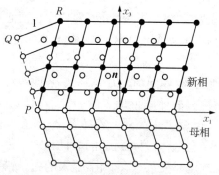

图 1-32　由均匀切变形成的共格相界

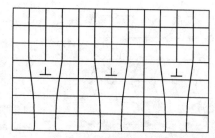

图 1-33　一列刃型位错所形成的半共格相界

如果界面两侧的晶体结构相同，但点阵参数或夹角有少量的差异（$<10\%$），就会形成半共格相界，如图 1-33 所示。如果要形成共格相界，晶体中就要产生很大的弹性畸变。而沿界面引入平行的位错列后，就可以容纳所需的点阵参数或夹角的变化。这样，使畸变集中在位错线

附近，就可以使畸变能降低。

设两相沿 x 方向的点阵平移为 b_1 和 b_2，位错的伯格斯矢量为 b，则其失配度为

$$\delta = (b_1 - b_2)/b \tag{1-82}$$

只要位错间距 D 满足下列关系

$$D = b/\delta \tag{1-83}$$

就可以容纳界面两侧的失配度。

随着失配度 δ 的增加，界面上的位错密度愈来愈大。当 δ 超过 10% 后，就不能分辨出明确的位错行列，情况类似于大角度晶界，相界就转化为非共格的。

参考文献

［1］冯端. 金属物理学(第一、三卷)[M]. 北京：科学出版社，1999.

［2］冯端，师昌绪，刘治国. 材料科学导论[M]. 北京：化学工业出版社，2002.

［3］潘金生，全健民，田民波. 材料科学基础[M]. 北京：清华大学出版社，1998.

［4］林栋樑. 晶体缺陷[M]. 上海：上海交通大学出版社，1996.

［5］Hirth J P, Lothe J. Theory of Dislocations [M]. New Youk：John Wiley & Sons Inc, 1982, p. 31.

［6］Cottrell A H. Dislocations and Plastic Flow in Crystals [M]. Oxford University Press, 1953. 中译本，葛庭燧译，北京：科学出版社，1956.

［7］Sutton A P, Balluffi R W. Interfaces in Crystalline Materials [M], Oxford University Press, 2007.

［8］Gleiter H, Chalmer B. High-Angle Grain Boundaries [M]. Oxford：Pergamon Press, 1972.

［9］Chadwick G A, Smith D A. Grain Boundary Structure and Properties [M]. New York：Academic Press Inc, 1976.

［10］McLean D. Grain Boundaries in Metals [M]. Oxford：Clarendon Press, 1957.

［11］Patala S, Mason J K, Schuh C A. Improved representations of misorientation information for grain boundary science and engineering [J], Prog Mater Sci, 2012,57：1383 – 1425.

［12］Frenkel J. The theory of the elastic limit and the solidity of crystal bodies [J]. Z. Physik, 1926,37：572 – 609.

［13］Burgers J M. Some considerations on the fields of stress connected with dislocations in a regular crystal lattice [J]. Proc Kon Ned Akad Wet. 1939,42：293 – 325；378 – 399.

［14］Frank F C, Read W T. Multiplication processes for slow-moving dislocations. In：Symposium on Plastic Deformation of Crystalline Solids [C]. Pittsburgh, Carnegie Institute of Technology, 1950，p. 44 – 48.

［15］Peierls R. The size of a dislocation [J]. Proc Phys Soc, 1940，A 52：34 – 37.

［16］Nabarro F R N. Dislocations in a simple cubic lattice [J]. Proc Phys Soc, 1947，A59：256 – 272.

［17］Mott N F. Slip at grain boundaries and grain growth in metals [J]. Proc Phys Soc, 1948,60：391 – 394.

［18］Kê T S. A grain boundary model and the mechanism of intercrystalline slip [J]. J Appl Phys, 1949,20：274 – 279.

［19］葛庭燧. 固体内耗理论基础—晶界弛豫与晶界结构[M]. 北京：科学出版社，2000.

［20］Palumbo G, Aust K. Special properties of Σ grain boundaries. In：Wolf D, Yip S (editors). Materials Interface [M]. London, Chapman and Hill, 1992, p. 190 – 211.

［21］Brandon D G. The structure of high-angle grain boundaries [J]. Acta Metall, 1966,14：1479 – 1484.

［22］Watanabe T. Grain boundary engineering (an overview) [J]. J Mater Sci, 2011,46：4095 – 4115.

［23］Li X M, Chou Y T. High angle grain boundary diffusion of chromium in niobium bicrystals [J]. Acta Mater, 1996,44：3535 – 3541.

2　内耗测量原理

水嘉鹏　方前锋(中国科学院固体物理研究所)

2.1　内耗的定义

内耗是 20 世纪 40～50 年代迅速发展起来的凝聚态物理与材料科学的交叉学科。内耗是表征材料阻尼性能的物理量,内耗测量是研究固体缺陷与力学性质的一种重要实验技术,也是研究固体能谱的一个分支——机械振动能吸收能谱(声吸收谱)的一种重要实验方法,它能够很灵敏地反映固体内部(或表面)的分子、原子、声子、电子等缺陷的存在及其运动,以及各种结构缺陷的组态及其交互作用的情况,从而能够获得材料中各种微观过程的定性和定量信息。

振动着的固体,即使与外界完全隔绝,其机械振动也会逐渐衰减下来,这种由于内部的某种物理过程引起的机械振动能量耗损为热能的现象,称为内耗(internal friction)[1]。

在日文中,"internal friction"一词被译为"内摩擦",这种命名也沿袭到德文(innere reibung)、法文(forttment interieur)和俄文,著名的金属物理学家、内耗学科创始人之一、低频内耗研究的开创者葛庭燧院士认为,"内摩擦"一词不能反映内耗的物理本质,在物理学名词中,将"internal friction"命名为"内耗"。

从内耗的定义可以看到,内耗是表示振动能量损耗的,在电学中也有一个表征振动能量损耗的量,即品质因素 Q,品质因素 Q 表示一个储能器件(如电感和电容等组成的谐振电路)中储存的能量与每个振动周期损耗的能量之比,Q 值越大,相对损耗的能量越小。在内耗定义中,用品质因素的倒数 $1/Q$ 或者 Q^{-1} 表征内耗值,即

$$Q^{-1} = \frac{1}{2\pi} \frac{\Delta W}{W} \qquad (2-1)$$

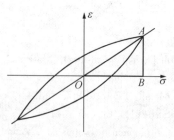

图 2-1　应力(σ)-应变(ε)回线示意图

式中:ΔW 是试样在振动一周时单位体积消耗的能量;W 是试样在振动一周内单位体积贮存的最大弹性能量。从材料力学可知,ΔW 可以用应力-应变回线的面积量度;W 是由最大应力和最大应变乘积的一半($\triangle OAB$)决定,如图 2-1 所示。这个数学表达式指出:$\Delta W/W$ 表示一个振动周期中的相对能量损耗。因此,内耗是一个无量纲的量。由于一个周期可以表示为 2π 弧度,因子 $1/(2\pi)$ 是将一个周期的相对能量损耗变成单位

弧度的能量损耗。所以,式(2-1)定义的内耗值是单位弧度的振动能量的相对损耗。

因为机械振动能的耗散是通过材料内部的机制完成的,因此材料的这种性质强烈地依赖于材料的微观结构和缺陷,并且与外部的物理参量密切相关。当把内耗表示成温度、频率、应力或者应变振幅、外加电场或磁场等外部参量的函数时,我们将得到一系列分立的或者连续的谱,称之为内耗谱,或称为力学谱。探索新的内耗谱和研究这些谱产生的机制是内耗(低频和声频时)与超声衰减(高频时)这门分支学科的主要研究内容之一。

2.2 内耗的表征

在上节中我们已经知道,用应力-应变回线的面积可以得到一个循环周期损耗的能量,用应力-应变回线的最大应力和最大应变可以得到材料的储能,从一个循环周期损耗的能量和储能就可以计算出内耗值。但是,要获得应力-应变回线必须要有足够大的应力或者应变作用在试样上,当施加在试样的应力或者应变比较小时,在应力-应变曲线上,由于测量精度的限制,我们往往只能得到一条近似的直线,难以得到一个循环周期损耗的能量或者得到的损耗能量缺少必要的精度。而对内耗测量而言,通常我们都使用小应力或者小应变,因为大应力或者大应变可以使材料的微结构发生变化,产生附加的内耗,影响内耗测量的可靠性。从疲劳研究可以知道,对于金属材料,当循环应力达到材料强度的1/3左右时就可以发生疲劳断裂[2],而在疲劳断裂发生之前,材料还会发生一些微结构变化,例如循环应变硬化、出现驻留滑移带、在试样表面出现挤入和挤出现象等。因此,在内耗测量时,通常控制的最大应变振幅为10^{-5}量级或者更小。在如此小的应变下,测量应力-应变回线往往只能得到一条直线。为了获得足够高精度的内耗值,在不同情况下,开发了不同的内耗测量方法,不同的内耗测量方法对内耗有不同的表征,但这些不同表征的内耗应当是一致的。

2.2.1 自由衰减法中内耗的表征

自由衰减法是测量内耗的一种最常用的方法之一,它经常被用于低频和声频内耗的测量。在这个测量方法中,试样的振动被激发起来之后,撤去激发应力,让试样作自由振动。由于试样存在内耗,自由振动的振幅将逐渐衰减下来,如图2-2所示,测量自由衰减的振幅和振动频率可以得到试样的内耗值和相对模量值。

从内耗定义式(2-1)出发,因为振动能量 W 与振幅 A 的平方成正比,$W = (1/2)kA^2$,式中:k 是试样的刚度,正比于试样的模量。这样,式(2-1)可以写为

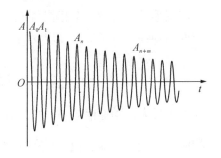

图 2-2 振幅衰减示意图

$$Q^{-1} = \frac{1}{2\pi}[1 - \exp(-2\delta)] \qquad (2-2)$$

式中:A_0 和 A_1 分别是第 0 次和第 1 次振动的振幅;而

$$\delta = \ln \frac{A_0}{A_1} \qquad (2-3)$$

称为振幅的对数减缩量。在工程上,也有人用 δ 表示阻尼本领,式(2-2)就是对数减缩量 δ 与内耗 Q^{-1} 之间的关系。式(2-2)中的 $\exp(-2\delta)$ 可以用级数展开,在 $\delta \ll 1$ 的条件下,忽略 δ 的高次项,则内耗可以近似地表示为

$$Q^{-1} \approx \frac{\delta}{\pi} \tag{2-4}$$

简单的计算表明,当测量的内耗值 $\delta/\pi \leqslant 1 \times 10^{-2}$ 时,用式(2-4)计算内耗值的计算误差小于 5%。在线性假设下,即内耗与振幅无关的假设下,式(2-3)还可以写为

$$\delta = \frac{1}{m} \ln \frac{A_n}{A_{n+m}} \tag{2-5}$$

式中:A_n 和 A_{n+m} 分别表示第 n 次和第 $n+m$ 次振动的振幅。利用式(2-5)计算 δ 可以提高测量精度,但使用这个表达式计算振幅的对数减缩量时,必须要求内耗与振幅无关,即没有振幅效应,否则,计算的内耗值是不同振幅的平均值。

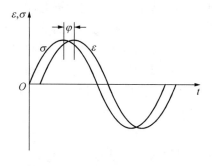

图 2-3 应变落后于应力的示意图

2.2.2 强迫振动法中内耗的表征

与自由衰减方法测量内耗不同,在用强迫振动法测量内耗时,一个正弦形式的应力或者应变始终作用在试样上,由于试样的应变 ε 落后于应力 σ,施加的应力和试样的应变之间出现一个相位差 φ,如图 2-3 所示。测量这个相位差可以得到试样的内耗值。

在内耗定义的式(2-1)中,振动一周损耗的能量 ΔW 可以写成 $\Delta W = \oint \sigma d\varepsilon$,激发试样振动的正弦形式应力 σ 可以写为 $\sigma = \sigma_0 \sin \omega t$,其中 σ_0 是应力的振幅;$\omega = 2\pi f$ 是圆频率;f 是频率(Hz)。由于是强迫振动,试样的应变 ε 与应力 σ 应该具有相同的形式和频率,但应变落后于应力一个相位角 φ。于是,试样的应变可以写为 $\varepsilon = \varepsilon_0 \sin(\omega t - \varphi)$,式中的 ε_0 是应变的振幅。有了应力和应变的表达式,完成振动一周损耗能量表达式的积分可以得到

$$\Delta W = \sigma_0 \varepsilon_0 \pi \sin \varphi \tag{2-6}$$

在计算最大振动储能时,外力对试样做的功是 $\int_0^{\pi/2} \sigma d\varepsilon$,积分上限 $\pi/2$ 是因为在试样振动 1/4 周期时具有最大储能。但试样在振动 1/4 周期时也损耗了能量 $\Delta W/4$,故试样的储能 W 为 $W = \int_0^{\pi/2} \sigma d\varepsilon - \frac{\Delta W}{4}$,完成这个积分可以得到

$$W = \frac{1}{2} \sigma_0 \varepsilon_0 \cos \varphi \tag{2-7}$$

将式(2-6)和式(2-7)代入式(2-1)可以得到

$$Q^{-1} = \tan \varphi \tag{2-8}$$

这个结果表明，$\tan\varphi$ 可以作为内耗的量度，其中 φ 是应变落后于应力的相位差。当 $\varphi =$ 0.1 rad 时，简单的计算表明，$\tan\varphi$ 值和 φ 值之间相差约 0.3%，在工程上，当 $\varphi \leqslant 0.1$ 时也可以用 φ（单位为 rad）表征材料的阻尼性能。

关于表征内耗的其他方法将在内耗测量原理的其他章节讲述。

2.3　低频内耗的测量原理

内耗测量的仪器和原理与测量的频率有关，大体上可以分为三个频率范围：低频、声频和超声内耗的测量。在低频和声频内耗测量时，我们测量的是由试样和惯性元件组成的振动系统的内耗，而不能直接测量试样的内耗，于是必须知道振动系统内耗与试样内耗的关系。

众所周知，在固体中，应力或者应变是以声速传播的，应力或者应变传播的波长与固体的模量和应力波或者应变波的频率有关，如果振动频率低至使应力或者应变波的波长远远大于试样的长度，则试样上各个不同位置的应力或应变可以看成是相同的。在这样的频率下，称为低频内耗。所以，低频内耗的频率范围，是以试样上每个截面上应力或者应变是否可以看成一样作为频率上限，而不是以某个频率作为频率上限。低频内耗测量有两种方法：自由衰减方法和强迫振动方法。

2.3.1　自由衰减法

自由衰减法是测量内耗的最常用方法之一。用自由衰减法测量低频内耗的测量装置是扭摆和倒扭摆，图 2-4 是扭摆装置的示意图。在图 2-4(a)中，A 是上摆杆，作为试样的固定点；S 是试样；M 是探测扭转运动的小镜子；B 是下摆杆；D 是横摆杆；C 是摆锤。试样 S、下摆杆 B、摆锤 C 和横摆杆 D 构成一个振动系统，改变试样 S 的尺寸或者改变横摆杆 D 的长度或者改变摆锤的重量和位置都可以改变振动系统的振动频率。阻尼杯 E 和内装阻尼油 F，是为了防止或者减小下摆杆的横向振动，而对扭转振动阻尼很小而设置的阻尼装置。

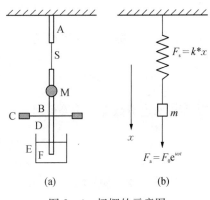

图 2-4　扭摆的示意图

为了简化模型，可以把下摆杆、横摆杆和摆锤一起看成是惯量 m，在扭转情况下，m 是转动惯量，如图 2-4(b)所示。振动系统的运动方程式是[3]

$$m\frac{\mathrm{d}^2 x}{\mathrm{d}t^2} + k^* x = F_a \qquad (2-9)$$

式中：x 是惯量的位移，在扭转情况下是转动角；F_a 是外力；k^* 是复模量。复模量 k^* 可以写为

$$k^* = k_1 + i k_2 \qquad (2-10)$$

式中：k_1 是复模量的实部，也称为实模量或者储存模量；k_2 是复模量的虚部，也称为虚模量或者损耗模量，如图 2-5 所示。从图 2-5 可以看到

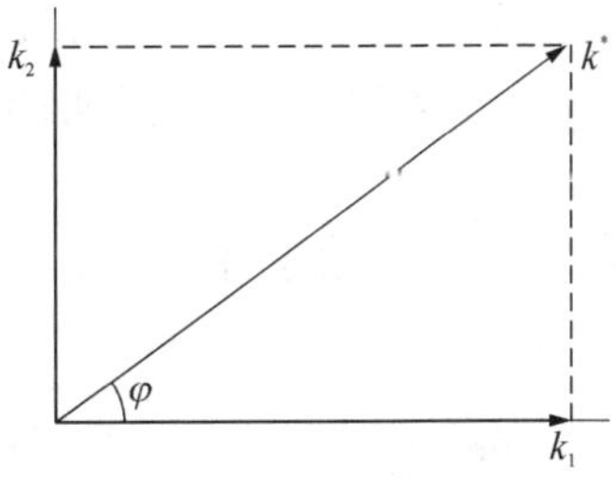

图 2-5　复模量 k^* 的示意图

$$k_2 = k_1 \tan \varphi \qquad (2-11)$$

式中:φ 是复模量 k^* 与其实部 k_1 之间的夹角。在内耗的唯象理论中将证明,式(2-11)定义的 $\tan \varphi$ 是试样的内耗。在自由衰减实验中,首先将振动系统激发起来,而后撤除外力,即 $F_a = 0$,让振动系统在不受外力作用下进行自由振动,进行内耗测量。这时,自由衰减振动系统的运动方程式为

$$m \frac{\mathrm{d}^2 x}{\mathrm{d} t^2} + k_1 (1 + \mathrm{i} \tan \varphi) x = 0 \qquad (2-12)$$

自由衰减的运动方程式(2-12)是一个复数方程式,它的解也将是复数形式。假设方程式的解具有下面的形式

$$x = A \exp(\mathrm{i} \omega^* t) \qquad (2-13)$$

式中:A 是振幅;ω^* 是复圆频率。使用复数只是为了数学处理的方便,不必考虑它的物理意义。复圆频率 ω^* 可以写为 $\omega^* = \omega_1 + \mathrm{i} \omega_2$,其中:$\omega_1$ 是复圆频率的实数部分;ω_2 是复圆频率的虚数部分。代入式(2-13),方程式的解可以写成

$$x = A \exp[\mathrm{i}(\omega_1 + \mathrm{i} \omega_2) t] \qquad (2-14)$$

将式(2-14)代入运动方程式(2-12)可以得到

$$m(\omega_1^2 + 2\mathrm{i} \omega_1 \omega_2 - \omega_2^2) = k_1 (1 + \mathrm{i} \tan \varphi) \qquad (2-15)$$

从等式两边实数部分相等得到

$$\omega_1^2 - \omega_2^2 = \frac{k_1}{m} \qquad (2-16)$$

从等式两边虚数部分相等得到

$$\frac{2\omega_1 \omega_2}{\tan \varphi} = \frac{k_1}{m} \qquad (2-17)$$

比较式(2-16)和式(2-17),可以得到关于 ω_2 的二次代数方程式 $\tan \varphi \omega_2^2 + 2\omega_1 \omega_2 - \tan \varphi \omega_1^2 = 0$,这个代数方程式的解为 $\omega_2 = \omega_1 \dfrac{\pm \sqrt{1 + \tan^2 \varphi} - 1}{\tan \varphi}$。从物理意义上说,$\omega_1$、$\omega_2$ 和 $\tan \varphi$ 的负值都是没有物理意义的,所以根号前的 ± 号只能取正号。于是,可以得到

$$\alpha = \omega_2 / \omega_1 \qquad (2-18)$$

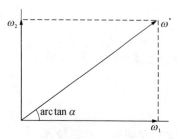

图 2-6　复圆频率 ω^* 与其实部 ω_1、虚部 ω_2 之间的关系

式中,$\alpha = (\sqrt{1 + \tan^2 \varphi} - 1)/\tan \varphi$。图 2-6 给出 ω_1、ω_2 和 α 之间的关系。由图 2-6 可以看到,α 是复圆频率 ω^* 与其实部 ω_1 之间夹角的正切。

将式(2-18)代入式(2-14),并考虑初始条件 $x|_{t=0} = x_0$,可以得到

$$x = x_0 \exp(-\alpha \omega_1 t) \cdot \exp(\mathrm{i} \omega_1 t) \qquad (2-19)$$

从式(2-19)看到:自由衰减振动系统的振幅为 $x_0 \exp(-\alpha \omega_1 t)$,

而其振动的圆频率为 ω_1，振动频率 f 是 $f = \omega_1/(2\pi)$，振动周期为 $T = 2\pi/\omega_1$。

根据振幅的对数减缩量 δ 的定义，$\delta = \ln(A_n/A_{n+1})$，有 $\alpha = \delta/(2\pi)$。考虑到式(2-17)和式(2-18)，可以得到试样内耗 $\tan\varphi$ 与振动系统的振幅对数减缩量 δ 之间的关系为

$$\tan\varphi = \frac{\delta/\pi}{1 - (\delta/2\pi)^2} \tag{2-20}$$

定义一个误差函数 $\Delta = \dfrac{\tan\varphi - (\delta/\pi)}{\tan\varphi}100\%$，经过简单的计算，可以得到试样内耗 $\tan\varphi$ 与振动系统内耗 δ/π 之间的误差如图 2-7 所示。从图 2-7 可以看到，如果允许测量误差为 5%，那么在 $\delta/\pi < 0.447$ 时，可以将试样内耗与振动系统的内耗视为相同。

复圆频率的模可以写为 $\omega_0^2 = \omega_1^2 + \omega_2^2 = \omega_1^2(1 + \alpha^2)$，或者

$$\omega_1^2 = \frac{\omega_0^2}{1 + \left(\dfrac{\delta}{2\pi}\right)^2} \tag{2-21}$$

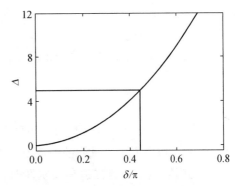

图 2-7　自由衰减振动系统的内耗与试样内耗的误差

从式(2-21)可以看到：当 $\delta = 0$ 时，自由振动系统的振动频率 $\omega_1 = \omega_0$，则 ω_0 是在无阻尼条件下($\delta = 0$)自由振动系统的理想圆频率。当 $\delta \to \infty$ 时，自由振动系统的振动频率 ω_1 趋向于零，这时的阻尼在物理学中称为临界阻尼。

自由衰减法测量内耗的优点是测量内耗值的精度比较高，内耗数据分散比较小，在试样的内耗值比较小时，宜采用自由衰减法进行内耗测量。缺点是这个方法只能在本征频率工作，且变频比较麻烦，不合适做内耗-频率曲线；在升温内耗测量时，由于试样的模量随着温度变化，测量的频率也随之变化，无法保证恒定测量频率下的测量。但是，用自由衰减法测量内耗时，本征频率的平方正比于试样的模量，频率的变化反映了试样模量的变化，又提供了试样结构变化的信息。

2.3.2 强迫振动法

强迫振动低频内耗测量方法的普及比自由衰减方法晚 30~40 年，在 20 世纪 70~80 年代才开始得到大量应用。测量的基本原理在上节已经给出，即在测量内耗时，一个人为设置频率、振幅的正弦形式的应力或者应变信号不断作用在振动系统上，迫使振动系统按照设置的频率和振幅作正弦形式的振动，由于振动系统的应变落后于施加的应力，测量应力和应变之间的相位差，可以得到振动系统的内耗值。测量应力和应变的振幅，可以得到试样的模量。目前流行的测量仪器是自动化的倒扭摆和动态力学分析仪(dynamic mechanical analyzer, DMA)，其工作原理见附录。

在进行强迫振动方式的内耗测量时，振动系统的运动方程式是式(2-9)，$m\ddot{x} + k^*x = F_a$，或者 $m\ddot{x} + k_1(1 + i\tan\varphi)x = F_a$，强迫振动力 F_a 为

$$F_a = F_0\exp(i\omega t) \tag{2-22}$$

式中：F_0 是应力振幅；ω 是测量频率的圆频率。位移或者应变 x 与外应力具有相同的频率，但

落后一个相位差 θ，可以写为

$$x = x_0 \exp[i(\omega t - \theta)] \tag{2-23}$$

将式(2-22)和式(2-23)代入式(2-9)可以得到 $x_0 \exp(-i\theta)(k_1 - ik_1 \tan\varphi - m\omega^2) = F_0$，利用公式 $\exp(i\theta) = \cos\theta + i\sin\theta$，经过简单的推导可以得到 $\omega_r^2 \tan\varphi - (\omega_r^2 - \omega^2)\tan\theta = 0$，其中

$$\omega_r^2 = k_1/m \tag{2-24}$$

是振动系统的共振频率。最后得到试样内耗 $\tan\varphi$ 与振动系统内耗 $\tan\theta$ 的关系为

$$\tan\theta = \frac{\omega_r^2 \tan\varphi}{\omega_r^2 - \omega^2} \tag{2-25}$$

从式(2-25)可以看到，如果测量频率 ω 远小于振动系统的共振频率 ω_r，那么振动系统的内耗 $\tan\theta$ 可以看成是试样的内耗 $\tan\varphi$。为了提高测量频率，必须提高振动系统的共振频率，为此在用倒扭摆进行强迫振动实验时，不需要横摆杆和摆锤，并尽可能地减小上摆杆的重量（惯量）以提高振动系统的共振频率。由于 DMA 实验中，振动系统的惯量比较小（试样的重量），DMA 可以在标称 100 Hz 或者更高的频率工作。

2.4 声频内耗的测量原理

顾名思义，声频内耗是指测量内耗的频率在声频范围，即在 20 Hz～20 kHz 频率范围之内。测量模式可以分为自由衰减和共振峰法，两者都工作在试样的本征频率和共振频率附近。因此，在声频内耗测量时要获得不同频率的内耗值仍然比较麻烦，一般需要改变试样的尺寸，才能获得不同的本征频率和共振频率。此外，声频内耗测量时，试样的振动模式与低频内耗测量的不同，低频内耗测量时，要求试样不同截面的应力或者应变相同，而声频内耗测量时，由于测量的频率比较高，试样不同截面的应力或者应变不可能相同。

2.4.1 自由衰减法

在声频内耗测量时，自由衰减法的测量程序是，用一个频率连续可调的声频信号发生器发出的信号激发试样振动，当激发频率与试样的本征频率一致时，试样发生共振，振幅达到最大。仔细调整激发频率，得到试样振动的振幅达到最大时的激发频率，即为试样的共振频率。然后，停止激发，让振动的试样进行自由衰减，测量振幅的对数减缩量可以得到内耗值，测量试样振动的频率可以从上节得到的模量表达式计算出模量。方法与低频内耗类似。

在一次测量中，试样的本征频率只能有一个，故一次只能测量一个频率的内耗值。但与低频内耗测量不同的是，除了通过改变试样尺寸来改变测量频率外，声频内耗测量时还可以采用高次谐频激发的方式来改变测量频率。但此时，激发的振幅比较小，导致内耗测量精度差，只有在特殊情况下才采用。

2.4.2 共振峰法

在用共振峰法测量内耗时，用一个频率连续可调的声频信号发生器发出的正弦信号激发

试样,不断改变信号的频率,寻找试样的共振频率,在找到试样的共振频率后,在共振频率附近测量振幅随着频率的变化,在得到振幅随着测量频率变化的曲线后,通过共振峰的半峰宽计算内耗值。

振动系统的运动方程式可以写为

$$m\frac{\mathrm{d}^2 x}{\mathrm{d}t^2} + k_1(1 + \mathrm{i}\tan\varphi)x = F_a \tag{2-26}$$

外力 F_a 可以写为 $F_a = F_0\exp(\mathrm{i}\omega t)$,位移 x 可以写为 $x = x_0^*\exp(\mathrm{i}\omega t)$,式中:$x_0^*$ 是复数振幅,这里使用复数只是为了数学处理方便,不必考虑它的物理意义。将外力和位移表达式代入式(2-26)可以得到

$$-\omega^2 x_0^* + \omega_r^2(1 + \mathrm{i}\tan\varphi)x_0^* = F_0/m \tag{2-27}$$

式中:

$$\omega_r^2 = k_1/m \tag{2-28}$$

是共振频率。式(2-27)整理后可以得到

$$x_0^* = \frac{F_0}{m}\frac{(\omega_r^2 - \omega^2) - \mathrm{i}\omega_r^2\tan\varphi}{(\omega_r^2 - \omega^2)^2 + \omega_r^4\tan^2\varphi} \tag{2-29}$$

位移 x_0^* 的模为

$$x_0^2 = |x_0^*|^2 = \frac{(F_0/m)^2}{(\omega_r^2 - \omega^2)^2 + \omega_r^4\tan^2\varphi} \tag{2-30}$$

从式(2-30)可以看到:当 $\omega = \omega_r$ 时,x_0 有极大值 $x_{0\max}$

$$x_{0\max} = \frac{F_0/m}{\omega_r^2\tan\varphi} \tag{2-31}$$

当 $x_1^2 = x_{0\max}^2/2$ 时,即振幅的平方为最大振幅平方的一半时,这时的频率为 ω_1 和 ω_2,其中 $\omega_1 < \omega_r$,$\omega_2 > \omega_r$。从式(2-30)和式(2-31)可以得到

$$\tan\varphi = \frac{\omega_2 - \omega_1}{\omega_r} = \frac{f_2 - f_1}{f_r} \tag{2-32}$$

式中:$f = \omega/2\pi$ 是频率。在这个测量中,要求测量振幅下降到共振振幅的 $\sqrt{2}/2 \approx 0.7071$ 倍时的频率 f_2,f_1 和共振频率 f_r。

一般情况下,可以测量半峰高 $x_{0\max}/2$ 的频率。如果 f_2 和 f_1 表示振幅下降到共振振幅的 $1/2$ 时的频率,则有

$$\tan\varphi = \frac{\omega_2 - \omega_1}{\sqrt{3}\omega_r} = \frac{f_2 - f_1}{\sqrt{3}f_r} \tag{2-33}$$

图2-8是用共振峰方法测量铁基阻尼材料的一个实例。首先,在共振峰附近测量振幅(自由单位)随着频率的变化。而后,在振幅-频率曲线上得到共振峰的峰高(10.135)、频率 f_r (1.5684 kHz)和背底(0.475),从峰高和背底可以得到半峰高(5.305)。从半峰高对应的频率

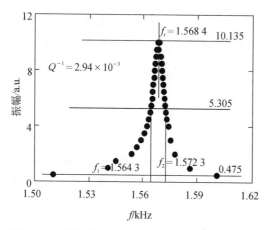

图 2-8 共振峰法测量内耗的一个实际例子。材料:铁基阻尼材料

得到 f_2(1.572 3 kHz)和 f_1(1.564 3 kHz),有了共振峰的频率 f_r 和半峰高对应的频率 f_2 和 f_1,应用表达式(2-33)可以得到内耗值 Q^{-1}(2.94×10^{-3})。

在声频内耗测量中,自由衰减法和共振峰法是互相补充的,在共振峰法测量时,例如图 2-8 所示,频率测量可以有 5 位有效数字,但 f_2-f_1 是两个相近的大数相减,只保留了 2 位有效数字,使得测量精度大大降低。如果材料的内耗再小,测量精度会进一步降低。所以,共振峰法适用于测量内耗比较大的材料,材料的内耗大,共振峰宽,测量精度高。而自由衰减法适合测量内耗比较小的材料,材料内耗小,振动次数多,测量精度高。

2.5 超声内耗的测量原理

超声内耗测量是指测量内耗的频率在 20 kHz 以上,往往工作在兆赫量级频率范围的内耗测量。因为有些弛豫过程只有在高频范围才有贡献,例如材料中弹性不均匀性的尺度与声波的波长可以相比较时,形成声波的散射源,从而引起超声波的散射衰减;超声弹性波与晶格波的相互作用可以形成声子-声子弛豫等。

2.5.1 固体中声波的传播

在固体试样中,弹性波可以以行波方式传播,其波动方程为

$$\rho \frac{\partial^2 u}{\partial t^2} = M \left(\frac{\partial^2 u}{\partial x^2} \right), \tag{2-34}$$

式中:ρ 是材料的密度;u 是位移;M 是材料的模量。这个方程式的解为

$$u = u_0 \exp(-\alpha x) \exp \left[i\omega \left(t - \frac{x}{v} \right) \right]。 \tag{2-35}$$

这里:α 是弹性波传播单位长度时,振幅的对数减缩量,称为衰减系数;v 是弹性波传播的速度,称为声速。从式(2-35)可以得到,弹性波在 x_1 和 x_2 处的振幅分别为

$$u(x_1) = u_0 \exp(-\alpha x_1)$$
$$u(x_2) = u_0 \exp(-\alpha x_2) \tag{2-36}$$

由此可以得到衰减系数

$$\alpha = \frac{1}{x_2 - x_1} \ln \frac{u(x_1)}{u(x_2)} \tag{2-37}$$

式中,α 的单位是奈培每厘米(Np/cm);如果用常用对数表示,则

$$\alpha = \frac{20}{x_2 - x_1} \lg \frac{u(x_1)}{u(x_2)} \qquad (2-38)$$

这时，α 的单位是分贝每厘米(dB/cm)。这里的 $u(x_2)$ 和 $u(x_1)$ 是相邻两个脉冲回波的振幅，$x_2 - x_1 = 2l$，l 是试样的长度。奈培和分贝之间的换算关系为

$$\alpha(\mathrm{dB/cm}) = 8.68\alpha(\mathrm{Np/cm})。 \qquad (2-39)$$

α 也可以定义为弹性波传播 $1\,\mu\mathrm{s}$ 时间的振幅对数减缩量，即

$$\alpha(\mathrm{dB/\mu s}) = 8.68v(\mathrm{cm/s})\alpha(\mathrm{Np/cm}) \qquad (2-40)$$

式中的 v 是声速，单位为 cm/s。根据 δ 和 α 的定义，可以得到

$$\delta = \lambda\alpha \qquad (2-41)$$

这里的 λ 是弹性波的波长。由自由衰减内耗与 δ 的关系可以得到

$$Q^{-1} = \frac{\lambda\alpha}{\pi} = \frac{2v}{\omega}\alpha \qquad (2-42)$$

这就是超声衰减系数与内耗的关系。

2.5.2 超声衰减系数和声速的测量方法

1) 超声衰减系数的测量方法

超声衰减系数的测量方法首先是 Roderick 和 Truell[4] 提出的。这个方法用单一换能片粘贴在两端平行的试样表面上，由换能片产生的脉冲穿过试样，并从试样的另一端反射回到激发的换能片，这样可以记录到一列指数衰减的回波，如图 2-9 所示。在知道试样长度之后，从式(2-38)可以计算出超声衰减系数 α。

在测量超声衰减系数时，需要注意由换能器黏结和电声转换引起的损耗、衍射损耗、试样"劈形效应"(即试样两面不是严格平行)和其他损耗等，如果必要应该进行修正。

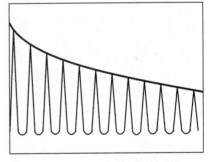

图 2-9 脉冲回波列与指数拟合曲线

2) 声速的测量方法

声速测量的方法有许多种，目前使用最多、精度较高的方法是 Papadakis[5] 提出的脉冲回波重合法(pulse echo overlap method)以及 McSkimin[6] 提出的脉冲回波叠加法(pulse echo superposition method)。

脉冲回波重合法的方框图如图 2-10 所示。高频信号发生器的输出信号经分频后触发射频脉冲功率源，产生射频信号传入试样。试样产生的回波经放大后，输入示波器的 Y 轴。选取适当的分频比，使试样内仅存在一列脉冲回波。分频器另一路输出经延迟电路至加亮电路，产生一对宽度、间距和位置可调的矩形脉冲送至示波器的增辉电路(Z 轴)，使示波器回扫线上出现一对亮点。用高频信号发生器的输出信号触发示波器的 X 轴。在测量时，先使示波器工作在内触发和正常加亮状态，调节试样与换能器间的耦合，得到一列指数衰减的回波。此时，

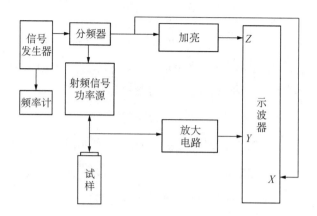

图 2-10　脉冲回波重合法方框图

将加亮状态转为选择加亮,即将加亮电路接通示波器 Z 轴,仅使一对回波加亮。调节 X 轴外触发扫描频率,使它的周期等于相邻回波的间隔,此时,在示波器上可以观察到一对重合的回波。从频率计上可以读出频率 f,由 $v = 2lf$ 可以求出声速,式中 l 是试样长度。

参考文献

[1] 葛庭燧. 固体内耗理论基础——晶界弛豫与晶界结构[M]. 北京:科学出版社,2000:23.

[2] Suresh S. Fatigue of Materials-2nd, Cambridge, 1998. 材料的疲劳[M]. 王中光,等,译,北京:国防工业出版社,1999.

[3] Nowick A S, Berry B S, Anelastic Relaxation in Crystalline Solids [M]. Academic Press, New York and London, 1972.

[4] Roderick R L, Truell R, The Measurement of Ultrasonic Attenuation in Solids by the Pulse Technique and Some Results in Steel [J]. J. Appl. Phys., 1952,23(2):267.

[5] Papadakis E P, Ultrasonic Attenuation and Velocity in Transformation Products in Steel [J]. J. Appl. Phys., 1964,35(5):1474.

[6] McSkimin H J, Pulse Superposition Method for Measuring Ultrasonic Wave Velocilies in Solids [J]. J. Acoust. Soc. Am., 1961,33(1):12.

3　内耗的唯象理论

水嘉鹏　方前锋(中国科学院固体物理研究所)

内耗的唯象理论是从材料的宏观力学性质出发,描述材料的力学弛豫现象,引入一些基本物理概念、力学物理量和弛豫参数,建立理论模型——力学模型,从力学模型推导出应力-应变方程式,求解这些方程式可以得到能够与内耗实验结果进行比较的内耗与弛豫参数之间的关系,在与内耗实验结果比较的基础上,不断完善理论模型。所以,内耗的唯象理论不探讨弛豫的原子、分子微观过程,不涉及材料的具体结构,对内耗研究而言是一个普适的理论。而对于涉及材料具体结构的力学弛豫过程微观机制的探讨,则是从第 4 章开始的内耗微观理论的主要内容。

3.1　固体的弹性、滞弹性和黏弹性

固体是多种多样的,不同的固体具有不同的弹性性质。即使是同一种固体,在不同的温度和压力下也会呈现不同的弹性性质,有些固体呈现类似理想弹性固体的力学行为,有些固体则呈现滞弹性行为,而另一些固体则呈现黏弹性行为,下面将分别介绍之。

3.1.1　固体的弹性

固体的弹性已经有了完整的弹性理论[1],在这一节中,我们不打算全面的介绍这些理论,那是弹性理论研究的内容,我们仅介绍与内耗有关的固体弹性的性质。

3.1.1.1　应力和应力分量

一个力 F 作用在一个固体上,如果固体受力的面积为 S,则应力 σ 为单位面积所受到的力,可以表示为

$$\sigma = F/S \tag{3-1}$$

应力的单位是 Pa,如果作用力是 1 N,力作用的面积是 1 m²,则应力为 1 Pa。Pa 的单位很小,通常使用 10^6 Pa = 1 MPa(兆帕)作为应力单位,或者使用 10^9 Pa = 1 GPa(吉帕)作为应力单位。过去使用的 kg/mm² 与 MPa 的关系是 1 kg/mm² = 9.8 MPa。

考虑固体中位于 x, y, z 的一个体积元,作用在这个体积元上的力可以有九个分量,如图 3-1 所示,它们是正应力 σ_x, σ_y, σ_z 和切应力 τ_{xy}, τ_{yx}, τ_{yz}, τ_{zy}, τ_{zx}, τ_{xz},正应力的下标既

是应力作用的方向,也是力作用面的法线方向;切应力的第一个下标表示切应力的方向,第二个下标表示切应力作用面的法线方向。考虑到体积元处于平衡状态,体积元不发生转动,则有 $\tau_{xy} = \tau_{yx}$,$\tau_{yz} = \tau_{zy}$,$\tau_{xz} = \tau_{zx}$。因此,独立的应力分量只有六个:σ_x,σ_y,σ_z,τ_{xy},τ_{yz},τ_{zx}。

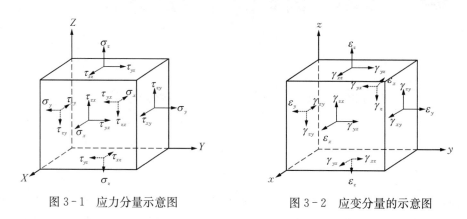

图 3-1　应力分量示意图　　　　　图 3-2　应变分量的示意图

3.1.1.2　应变和应变分量

单位长度的形变称为应变。由于应变是两个长度的比值,所以应变是一个无量纲的量。有人将应变称为应变率,而应变速率也有人称为应变率,两者容易引起混淆,应注意避免这种混淆。

对应应力的 6 个分量,应变也有 6 个分量,它们是 ε_x,ε_y,ε_z,γ_{xy},γ_{yz} 和 γ_{zx},如图 3-2 所示。其中:ε_x,ε_y 和 ε_z 是三个正应变分量,下标表示应变和作用面的法线方向;而 γ_{xy},γ_{yz} 和 γ_{zx} 是三个切应变分量。切应变的第一个下标表示应变的方向;第二个下标表示作用面的法线方向。

3.1.1.3　应力和应变之间的关系——Hooke's 定律

如果物体是连续的、均匀的、弹性的和形变是微小的,则应力和应变之间的关系是

$$
\begin{aligned}
\sigma_x &= c_{11}\varepsilon_x + c_{12}\varepsilon_y + c_{13}\varepsilon_z + c_{14}\gamma_{xy} + c_{15}\gamma_{yz} + c_{16}\gamma_{zx} \\
\sigma_y &= c_{21}\varepsilon_x + c_{22}\varepsilon_y + c_{23}\varepsilon_z + c_{24}\gamma_{xy} + c_{25}\gamma_{yz} + c_{26}\gamma_{zx} \\
\sigma_z &= c_{31}\varepsilon_x + c_{32}\varepsilon_y + c_{33}\varepsilon_z + c_{34}\gamma_{xy} + c_{35}\gamma_{yz} + c_{36}\gamma_{zx} \\
\tau_{xy} &= c_{41}\varepsilon_x + c_{42}\varepsilon_y + c_{43}\varepsilon_z + c_{44}\gamma_{xy} + c_{45}\gamma_{yz} + c_{46}\gamma_{zx} \\
\tau_{yz} &= c_{51}\varepsilon_x + c_{52}\varepsilon_y + c_{53}\varepsilon_z + c_{54}\gamma_{xy} + c_{55}\gamma_{yz} + c_{56}\gamma_{zx} \\
\tau_{zx} &= c_{61}\varepsilon_x + c_{62}\varepsilon_y + c_{63}\varepsilon_z + c_{64}\gamma_{xy} + c_{65}\gamma_{yz} + c_{66}\gamma_{zx}
\end{aligned}
\tag{3-2}
$$

式中的 $c_{mn}(m, n = 1, 2, 3, 4, 5, 6)$ 称为弹性常数,共有 36 个。关系式(3-2)称为广义 Hooke's 定律。根据能量守恒定律和应变位能的考虑,可以证明,弹性常数之间存在关系 $c_{mn} = c_{nm}$,这就是说,式(3-2)的系数是对称的。因此,物体虽然是在各向异性的一般条件下,独立的弹性常数只有 21 个。对于各向同性的材料,可以证明,Hooke's 定律可以简化为

$$
\begin{aligned}
\sigma_x &= \lambda\theta + 2\mu\varepsilon_x \\
\sigma_y &= \lambda\theta + 2\mu\varepsilon_y \\
\sigma_z &= \lambda\theta + 2\mu\varepsilon_z \\
\tau_{xy} &= \mu\gamma_{xy}
\end{aligned}
\tag{3-3}
$$

$$\tau_{yz} = \mu\gamma_{yz}$$

$$\tau_{zx} = \mu\gamma_{zx}$$

式中：$\theta = \varepsilon_x + \varepsilon_y + \varepsilon_z$ 为体积的相对变化。而 $\lambda = c_{12}$，$\mu = c_{44}$，λ 和 μ 称为拉梅常数。在各向同性的情况下弹性常数之间还存在关系式

$$c_{11} = c_{12} + 2c_{44}。 \tag{3-4}$$

3.1.1.4　各向同性体弹性常数之间的关系

现在考察 x 方向的单向拉伸的情况，其应力状态是 $\sigma_x \neq 0$，$\sigma_y = \sigma_z = \tau_{xy} = \tau_{yz} = \tau_{zx} = 0$，将这些表达式代入式(3-3)可以得到

$$\begin{aligned} \sigma_x &= \lambda\theta + 2\mu\varepsilon_x \\ 0 &= \lambda\theta + 2\mu\varepsilon_y \\ 0 &= \lambda\theta + 2\mu\varepsilon_z \end{aligned} \tag{3-5}$$

将这三个等式相加，可以得到

$$\theta = \frac{\sigma_x}{3\lambda + 2\mu_x} \tag{3-6}$$

将这个结果代入式(3-5)的第一式中，可以得到单向拉伸的 Hooke 定律为

$$\sigma_x = E\varepsilon_x \tag{3-7}$$

式中：

$$E = \frac{\mu(3\lambda + 2\mu)}{\lambda + \mu} \tag{3-8}$$

称为 Young's 模量。从式(3-5)和式(3-6)还可以得到 Poisson 比 ν 为

$$\nu = \frac{\lambda}{2(\lambda + \mu)} \tag{3-9}$$

和剪切模量 G

$$G = \frac{E}{2(1+\nu)} \tag{3-10}$$

当物体受到三向压应力时，可以得到体积压缩模量 K 为

$$K = \lambda + \frac{2}{3}\mu = \frac{E}{3(1-2\nu)} \tag{3-11}$$

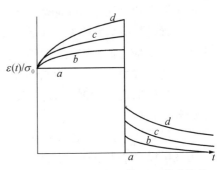

3.1.1.5　理想弹性体[2]

在图 3-3 中，曲线 a 是理想弹性体的 $\varepsilon(t)/\sigma_0$ -时间曲线，当一个外加应力 σ_0 作用到物体上时，物体立即产生一个应变 ε，如果外加应力保持不变，这个应变也将始终保持不变，直到外加应力撤除，理想弹性体恢

图 3-3　a—理想弹性体；b—滞弹性体；c—黏弹性体；d—塑性体

复到原来未施加外力的状态。理想弹性体的应力和应变关系严格遵守 Hooke 定律:材料的应变与施加的应力成正比

$$\sigma = E\varepsilon \quad \text{或} \quad \varepsilon = J\sigma \qquad (3-12)$$

比值 E 称为 Young's 模量;J 是 Young's 模量 E 的倒数,称为柔度或者顺性(compliance)

$$J = 1/E \qquad (3-13)$$

这样的理想弹性体称为线性弹性体,理想线性弹性体严格遵从 Hooke's 定律包括了下述三个条件:

(1) 唯一性条件:在每一个外加应力作用下,都只有一个唯一的应变值,并且与变形或施加外力的历史无关,亦即应变值与应力大小的关系是唯一的,一个应力对应于一个应变值,反之亦然。

(2) 瞬时性条件:应变"瞬时"地达到它的平衡值;由于固体中应力波是以声速传播的,固体中传播的声速大约是 10^5 cm/s。所以,准静态或者低频加载时可近似地把弹性应力和应变都看成是"瞬时的"。

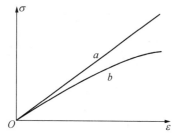

图 3-4 理想弹性体的应力 σ 和应变 ε 关系
a—线性理想弹性体;b—非线性弹性体

(3) 线性条件:应变和应力之间的关系是线性的。理想弹性体的形变是完全可以回复的[只要满足条件(1)],图 3-4 的曲线 a 是理想弹性体的应力-应变关系图,应力和应变之间的关系是一条直线,直线的斜率就是 Young's 模量 E。应力恢复到零时,应变也"立即"恢复到零。

还有另一种弹性体,它的应力-应变关系是图 3-4 的曲线 b,如果其应变是"瞬时"的,这样的弹性体称为非线性弹性体。

3.1.2 固体的滞弹性

图 3-3 中的曲线 b 是滞弹性固体的行为。当一个恒定外应力 σ_0 突然施加到滞弹性体上时,滞弹性体会产生一个"瞬时"应变 ε_0,在施加的外力保持不变时,应变 $\varepsilon(t)$ 会逐渐增加,只有经过足够长的时间之后,理论上是经过无限长的时间之后,应变才会达到一个稳定值 $\varepsilon(\infty)$,应变从开始值 $\varepsilon(0)$ 逐渐变化到平衡值 $\varepsilon(\infty)$ 的过程称为弛豫过程或者力学弛豫过程。在突然卸载时,应变也有一个"瞬时"恢复,但不是立即恢复到零,必须经过足够长的时间之后,理论上经过无限长的时间之后才能恢复到零,这个恢复过程也称为弛豫过程。

滞弹性的应力和应变的关系给出在图 3-5 中。当按照一定速率施加应力时,应变线性的增加,应力-应变曲线的斜率与加载速率有关。在应力保持不变时,应变还会继续增加,经过足够长的保持应力时间后,应变达到平衡值。在按一定速率卸载时,应变也逐渐减小,当应力达到零时,应变却不为零,只有经过足够长的时间之后,应变才恢复到零。滞弹性的力学特性可以总结为下述三点:

(1) 对于每个应力值,都具有一个唯一确定的平衡应变值,反之亦然。

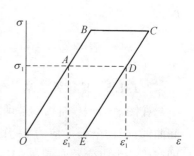

图 3-5 滞弹性的应力和应变的关系

（2）只有经过足够的时间之后，应变值才能达到它在该应力作用下要求的平衡值。

（3）应力和平衡应变之间的关系是线性的。

由此可见，滞弹性体虽然满足"唯一性"，但当应力突然卸载至零时，只有经过足够长的时间后应变才达到它的平衡应变值零，所以它的完全回复性是与时间有关的。

在外加应力作用下，固体中出现滞弹性形变的同时也出现弹性形变，因此非瞬时的滞弹性形变将叠加在"瞬时性"的弹性形变上。除了少数情况下，滞弹性形变都要比弹性形变小许多。在滞弹性形变较小时，滞弹性形变与应力的关系通常都是线性的或者可以很好地近似作线性化处理；但也有非线性的滞弹性存在，这时的理论处理十分困难。因此本章中不涉及非线性的问题。

由于滞弹性符合"唯一性"而又与时间有关，因此很适合应用热力学的处理方法。这里要指出的是：在滞弹性体中通常都存在一个与应力有关，而且与滞弹性形变 ε' 成正比的热力学参量 P（如有序度），在一定的应力状态下，它具有平衡值 $\overline{P}$，此时滞弹性形变达到它的平衡值 $\overline{\varepsilon}'$；当应力变化时，内参量 P 按照热力学的弛豫规律逐渐趋于它的新平衡值 $\overline{P}$，因而可以计算滞弹性形变 ε' 的变化规律和平衡值以及由此而产生的特殊现象，这种弛豫过程叫做滞弹性弛豫。所以，经常将滞弹性现象称为滞弹性弛豫（anelastic relaxation）或力学弛豫（mechanical relaxation）。

3.1.3 黏弹性体

图 3-3 的曲线 c 是黏弹性体的应变-时间曲线。当外力突然作用于黏弹性体上时，黏弹性体立即产生一个应变 ε_0；当外力保持不变时，应变不断增加，从理论上说，只要外力继续保持作用到黏弹性体上，应变将一直增加下去，没有平衡值，这是黏弹性体的一个特征。当外力撤除时，黏弹性体的应变也有一个瞬时的回复，但应变不能回复到零。在随后的回复过程中，与滞弹性体一样，应变逐渐减小，这个过程也是弛豫过程，也可以定义弛豫时间。但与滞弹性体不同的是在外力作用后，黏弹性体永远不能回复到零，即存在剩余形变，有或者没有剩余形变是黏弹性与滞弹性的根本区别。黏弹性体的剩余应变与应力的大小成正比，与应力作用的时间成正比，这是黏弹性体的一个重要性质，也是区别黏弹性和塑性的重要标志。

3.1.4 固体的塑性形变

当外加应力增大并超过材料的弹性极限时，材料可以产生塑性形变，如图 3-3 中曲线 d 所示。当外加应力撤除时，材料也有一个瞬时回复和弛豫引起的回复，但不能完全回复到加应力之前的状态，即有剩余形变。塑性与黏弹性都有剩余形变，它们之间的不同是：

（1）在理论上，塑性是瞬时的，与应力作用时间无关，而黏弹性是与应力作用时间有关的。

（2）黏弹性的剩余应变与应力的大小成正比，与应力作用的时间成正比，而塑性的剩余形变不存在这两个正比关系。

固体的塑性形变是一门专门的学科，在内耗研究的范围内，原则上是不考虑材料塑性形变的，由于外力对材料的塑性形变需要做功，在内耗测量时，这部分功也作为内部能量损耗了。因此，在大应变振幅时，塑性形变可以带来塑性变形的能量损耗，即正常振幅效应，这是我们不希望出现的情况。为此，在内耗测量时，通常使用的应变振幅在 10^{-5} 量级或者更小。

最后，我们可以把不同的力学行为列于表 3-1 中。

表 3 - 1　不同力学行为的分类

	线　性	瞬时性	唯一性
理想弹性	满足	满足	满足
滞弹性	满足	不满足	满足
黏弹性	满足	不满足	不满足
塑性	不满足	满足	不满足

3.1.5　弛豫的概念

在内耗的研究中,弛豫是一个极其重要的概念。材料产生内耗的本质是因为材料在受到外力作用时,它的应变落后于应力,在应力作用后,应变从不平衡逐渐过渡到平衡的过程就是应变的弛豫过程。如果没有这个弛豫,那么就不会有内耗。所以,从唯象的观点可以说:内耗研究的本质就是力学弛豫研究。

3.1.5.1　弛豫现象

弛豫是自然界普遍存在的现象。例如,电介质的极化,当电介质受到电场作用时,电介质就会被极化,这种极化可以是电子位移极化、离子位移极化和偶极子极化,但是带电质点的运动与热运动有关,温度造成的热运动使这些质点的分布混乱,电场使它们分布有序,平衡时可以建立极化状态,称为热弛豫极化,建立平衡极化的时间约为 $10^{-2} \sim 10^{-3}$ s。一般而言,当物体受到外部因素作用时,外部因素使物体的状态从平衡态转变成非平衡态,物体将会调整自己的状态,从非平衡态过渡到平衡态,物体调整自己状态达到平衡态的过程称为弛豫。

在力学实验中,当一个应力施加在滞弹性体上时,滞弹性体和黏弹性体就要调整应变状态,这个调整的过程称为应变弛豫。如果施加在滞弹性体或者黏弹性体上的是恒定的应变,滞弹性体和黏弹性体将调整应力状态,这个过程将称为应力弛豫。应力弛豫和应变弛豫都是与内耗密切相关的概念。

3.1.5.2　弛豫时间

对于不同的物体,弛豫的快慢是不同的,表征弛豫过程快慢的物理量称为弛豫时间,在内耗研究中,通常用 τ 表示弛豫时间。在理论上,弛豫过程是一个无限长的过程,因此不可能用弛豫过程的全部时间表征弛豫过程长短或者快和慢,否则所有弛豫过程的时间都是一样的,都是无穷大。为了解决这个问题,人们将弛豫时间 τ 定义为弛豫过程完成 $1/e$ 所需要的时间,弛豫过程的快慢就可以用不同的 τ 表征了。从这里可以看到:弛豫时间的量纲是时间,一般用秒作为弛豫时间的单位。

如果,一个弛豫过程是由热激活控制的,弛豫时间 τ 可以看成原子或者原子集团越过势垒的时间,势垒越高,原子或者原子集团越过势垒越困难。从得到的、不同温度的弛豫时间可以计算出原子或者原子集团越过势垒的激活能。所以,如果从内耗测量可以得到不同温度的弛豫时间,通过这些弛豫时间可以计算弛豫时间的激活能。

3.1.5.3　弛豫强度

弛豫过程的另一个参数是弛豫强度,从宏观的弛豫强度定义,弛豫强度是弛豫的总量与这个物理量之比。因此,弛豫强度是一个无量纲的量。在微观意义上,弛豫强度是弛豫源的个数与单个弛豫源的弛豫强度之乘积。

3.1.5.4 弛豫时间的分布

由于材料中的原子或者原子集团不可避免地有热运动,原子或者原子集团越过势垒的高度也在不断变化,造成弛豫时间有一个分布。后面可以看到,弛豫时间的分布引起弛豫型内耗峰高度的降低和宽度变宽。

3.2 滞弹性的响应函数[2]

从理论上说,理想弹性固体的弹性是瞬时的,与时间无关的。在实验上,例如拉伸实验,通常加力方式是准静态的,应力变化很慢。精确的实验发现,在外力作用下,实际物体的形变并不完全是瞬时的,一个外力作用到物体上时,物体将会用应变响应这个外力,应变对应力的响应需要时间,所以应变总是落后于应力的,内耗就是研究这种滞后现象的。应变落后于应力的现象在静态实验中也可以表现出来,而且其物理图像比较清晰,容易为人们接受。所以,我们首先考察静态实验的情况。

3.2.1 滞弹性体的静态响应(response)函数

固体材料的滞弹性实验和理论研究开始于 20 世纪 40 年代,自从 Zener[3] 发表了"金属中的弹性和滞弹性"专著以来,固体滞弹性的研究几乎已涉及固体研究的所有领域。由于固体中声子、电子、原子、分子或是某种缺陷的运动都能引发固体的滞弹性现象,所以,滞弹性的研究已经深入到了固体的晶态、非晶态和高分子态;晶体缺陷、相变、范性和强度;电性、磁性和介电性;热性、电子状态和超导以及辐照效应等等领域。它作为一个探索固体、液体、气体甚至生物体中微观过程的灵敏工具正在不断地发展,而且往往可在一些不断变化着的过程中与其他研究方法同时进行测试,因此更有助于人们去认识这些过程的本质。

3.2.1.1 蠕变(creep)

在蠕变实验中,如果在 $t = 0$ 时刻,施加一个应力 σ_0 在滞弹性体上,滞弹性体会产生一个瞬时应变 $\varepsilon(0)$,如图 3-3 中曲线 b 所示。这个应变对应的柔度称为未弛豫柔度 J_U:

$$J(0) = \varepsilon(0)/\sigma_0 = J_U \tag{3-14}$$

随后,随着应力保持时间的增加,应变是逐渐增加的,这表明应变是应力保持时间的函数 $\varepsilon(t)$,对应的柔度也是应力保持时间的函数,称为弛豫柔度 $J(t)$:

$$J(t) = \varepsilon(t)/\sigma_0 \quad t \geqslant 0 \tag{3-15}$$

与理想弹性体相比较,理想弹性体的柔度是一个常数,而滞弹性体的柔度是时间的函数,这个弛豫柔度也称为蠕变函数。

经过足够长的时间之后,理论上经过无限长的时间之后,应变趋向一个稳定值 $\varepsilon(\infty)$,这时柔度也趋向一个稳定值,可以定义完全弛豫柔度 J_R 为

$$J(\infty) = \varepsilon(\infty)/\sigma_0 = J_R \tag{3-16}$$

从未弛豫柔度和完全弛豫柔度可以定义柔度的弛豫量 δJ 为

$$\delta J = J_R - J_U \tag{3-17}$$

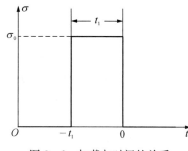

图 3-6 加载与时间的关系

这是因为 $J_R > J_U$。

3.2.1.2 弹性后效(elastic aftereffect)

弹性后效又称为蠕变回复(creep recovery)。如果,在 $-t_1$ 到 0 的时间间隔里,在滞弹性体上施加应力 σ_0,如图 3-6 所示。在 $t = 0$ 时,弛豫柔度 $J(t)$ 不一定达到了它的平衡值 J_R。而在 $t = 0$ 时卸去应力,这时可以看到显示在图 3-3 中曲线 b 的右边所示的弹性后效现象。在 $t = 0$ 时刻,滞弹性体有一个瞬时恢复,但没有回复到 $\varepsilon = 0$ 的状态。经过足够长的时间之后,理论上是经过无限长的时间之后,应变回复到零,如图 3-3 曲线 b 所示。定义一个后效函数,

$$N_{t_1}(t) \equiv \varepsilon(t)/\sigma_0 \quad t \geqslant 0 \tag{3-18}$$

下标 t_1 表明了施加试样上应力 σ_0 的作用时间,应力作用的时间 t_1 不同,后效函数 N_{t_1} 也不同。

3.2.1.3 应力弛豫(stress relaxation)

在应力弛豫实验中,在 $t = 0$ 时刻,使试样产生一个应变 ε_0,并且保持这个应变恒定,观测试样的应力随着时间的变化,可以得到如图 3-7 所示的结果。在 $t = 0$ 时刻,可以定义模量为

$$M(0) = \sigma(0)/\varepsilon_0 = M_U \tag{3-19}$$

式中,M_U 称为未弛豫模量。未弛豫模量与未弛豫柔度之间的关系是

$$M_U = 1/J_U \tag{3-20}$$

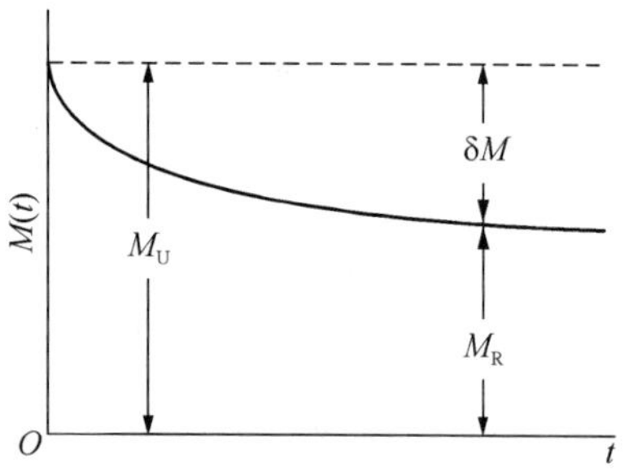

图 3-7 滞弹性体的应力弛豫

随着保持应变不变的时间延长,试样上的应力或者模量是逐渐减小的,可以定义弛豫模量为

$$M(t) = \sigma(t)/\varepsilon_0 \tag{3-21}$$

经过足够长的时间之后,在理论上经过无限长的时间之后,试样上的应力趋向一个稳定值。可以定义完全弛豫模量为

$$M(\infty) = \sigma(\infty)/\varepsilon_0 = M_R \tag{3-22}$$

完全弛豫模量与完全弛豫柔度的关系是

$$M_R = 1/J_R \tag{3-23}$$

从未弛豫模量和完全弛豫模量可以定义模量的弛豫量为

$$\delta M = M_U - M_R \tag{3-24}$$

这是因为 $M_U > M_R$。容易证明,模量的弛豫量与柔度的弛豫量之间的关系是

$$\delta M = \frac{\delta J}{J_U J_R} \quad 和 \quad \delta J = \frac{\delta M}{M_U M_R} \tag{3-25}$$

3.2.1.4　弛豫强度和归一化静态响应函数

上面定义的弛豫柔度 $J(t)$ 和弛豫模量 $M(t)$ 虽然都与初始应力 σ_0 或者初始应变 ε_0 无关,但由于它们的绝对值不同,使用时仍有很多不便之处,下面我们先给出一个能表征弛豫过程大小(强度)的无量纲参数,然后对静态响应函数进行归一化处理。在滞弹性理论和实验中经常要讨论弛豫的大小,为了方便,可以定义一个称为弛豫强度的量

$$\Delta = \delta J / J_U = \delta M / M_R \qquad (3-26)$$

从这个定义可以看到,弛豫强度是在弛豫过程中物理量变化的总量与物理量之比。因此,弛豫强度也是一个无量纲的量。弛豫强度与弛豫柔度和弛豫模量之间的关系分别是

$$J_R = J_U(1+\Delta) \quad 和 \quad M_U = M_R(1+\Delta) \qquad (3-27)$$

对于 $t \geqslant 0$,可以定义归一化蠕变函数 $\psi(t)$ 和归一化应力弛豫函数 $\varphi(t)$ 分别为

$$J(t) = J_U + \delta J \cdot \psi(t) = J_U[1+\Delta \cdot \psi(t)] \qquad (3-28)$$

和

$$M(t) = M_R + \delta M \cdot \varphi(t) = M_R[1+\Delta \cdot \varphi(t)] \qquad (3-29)$$

由此可以看出:当 $t=0$ 时,归一化蠕变函数 $\psi(0)=0$;归一化应力弛豫函数 $\varphi(0)=1$。当时间 t 从 0 趋向无穷大时,归一化蠕变函数由 0 趋向于 1,$\psi(\infty)=1$;归一化应力弛豫函数从 1 趋向于 0,$\varphi(\infty)=0$。经过归一化之后,在使用这些弛豫函数时会带来许多方便。

3.2.2　复模量、复柔度和动态响应函数

静态响应函数是在应力 σ 或者应变 ε 保持不变的情况下滞弹性体的力学行为,当应力 σ 和应变 ε 都变化时就必须使用动态响应函数来描述其行为。在这些动态实验中,可以使应力 σ 作周期性变化,测量应变 ε 滞后于应力的相位差,也可以使应变 ε 作周期性变化测量应力 σ 与应变 ε 的相位差,前者称为恒应力控制,后者称为恒应变控制。由于滞弹性体的变形需要一定的时间才能达到它的平衡值,所以应变必然滞后于应力。现在将应力写成复数形式

$$\sigma = \sigma_0 \exp(i\omega t) \qquad (3-30)$$

由于应变落后于应力,则应变可以写为

$$\varepsilon = \varepsilon_0 \exp[i(\omega t - \varphi)] = (\varepsilon_1 - i\varepsilon_2)\exp(i\omega t) \qquad (3-31)$$

式中:σ_0 和 ε_0 分别是应力振幅和应变振幅;φ 是应变落后于应力的相位差,对于理想弹性体 $\varphi=0$,对于滞弹性体 $\varphi \neq 0$;$\omega = 2\pi f$ 是交变应力的圆频率,f 是交变应力的频率;ε_1 是与应力同相位的应变分量;ε_2 是与应力的相位相差 90 度的应变分量。复柔度 $J^*(\omega)$ 可以写为

$$J^*(\omega) = \frac{\varepsilon(\omega)}{\sigma(\omega)} = |J|(\omega)\exp[-i\varphi(\omega)] = J_1(\omega) - iJ_2(\omega) \qquad (3-32)$$

式中:$|J|(\omega) = \varepsilon_0/\sigma_0$ 被称为绝对动态柔度(absolute dynamic compliance);$J_1(\omega) \equiv \varepsilon_1/\sigma_0$ 是复柔度 $J^*(\omega)$ 的实部,也称为储存柔度;$J_2(\omega) \equiv \varepsilon_2/\sigma_0$ 是复柔度 $J^*(\omega)$ 的虚部,也称为损耗柔度。图 3-8 是应力、应变和复柔度在复平面上相位关系的矢量图。从图 3-8 可以写出

$$|J|^2 = J_1^2 + J_2^2 \qquad (3-33)$$

和

$$\tan\varphi = J_2(\omega)/J_1(\omega) \qquad (3-34)$$

类似地,在应变控制下,应变可以写为

$$\varepsilon = \varepsilon_0 \exp(\mathrm{i}\omega t) \qquad (3-35)$$

而应力则可以写为

$$\sigma = \sigma_0 \exp[\mathrm{i}(\omega t + \varphi)] = (\sigma_1 + \mathrm{i}\sigma_2)\exp(\mathrm{i}\omega t) \qquad (3-36)$$

于是,可以定义复模量为

$$M^*(\omega) = \sigma(\omega)/\varepsilon(\omega) = |M|(\omega)\exp[\mathrm{i}\varphi(\omega)] = M_1(\omega) + \mathrm{i}M_2(\omega) \qquad (3-37)$$

其中:$M_1(\omega) = \sigma_1/\varepsilon_0$ 和 $M_2(\omega) = \sigma_2/\varepsilon_0$ 分别是复模量的实部和虚部;绝对值 $|M|(\omega)$ 称为绝对动态模量。复模量与复柔度的关系是

$$M^*(\omega) = [J^*(\omega)]^{-1} \quad 和 \quad |M|(\omega) = [|J|(\omega)]^{-1} \qquad (3-38)$$

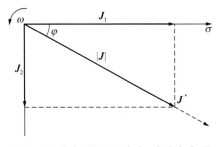

图 3-8 在复平面上,应力、应变与复柔度的矢量关系

在复平面上,应力、应变与复模量的矢量关系类似于图 3-8,由此可以得到绝对动态模量(absolute dynamic modulus)

$$|M|^2 = M_1^2 + M_2^2 \qquad (3-39)$$

和

$$\tan\varphi = M_2/M_1 \qquad (3-40)$$

将这个结果与复柔度的结果式(3-33)和式(3-34)比较,可以给出 $M_2/M_1 = J_2/J_1$,或者

$$J_1 = M_1/|M|^2 = [M_1(1+\tan^2\varphi)]^{-1} \qquad (3-41)$$

和

$$J_2 = M_2/|M|^2 \quad 或 \quad M_2 = J_2/|J|^2 \qquad (3-42)$$

由此可见,$J^*(\omega)$ 与 $M^*(\omega)$ 互为倒数,但 J_1 与 M_1 和 J_2 与 M_2 之间并不互为倒数。

为了明确 J_1,J_2 和 M_1,M_2 的物理意义,下面计算在振动过程中单位体积试样中的最大储存弹性能量 W 以及振动一周损耗的弹性能 ΔW,容易给出

$$\Delta W = \oint \sigma \mathrm{d}\varepsilon = \pi J_2 \sigma_0^2 = \pi M_2 \varepsilon_0^2 \qquad (3-43)$$

和

$$W = \int_{\omega t=0}^{\pi/2} \sigma \mathrm{d}\varepsilon - \frac{1}{4}\Delta W = \frac{1}{2}J_1\sigma_0^2 = \frac{1}{2}M_1\varepsilon_0^2 \qquad (3-44)$$

由此可以得到,J_1 称为储存柔度,而 J_2 称为亏损柔度。由此得到相对能量损耗为

$$\Delta W/W = 2\pi J_2/J_1 = 2\pi M_2/M_1 = 2\pi\tan\varphi \qquad (3-45)$$

从表达式(3-45)可以看到,$\tan\varphi$ 也可以表征内耗。当 $\varphi = 0.2$ 时,$\tan\varphi \approx \varphi$ 的误差大约为 2%,所以在内耗很小的情况下 φ 可以作为内耗的量度。

3.2.3 Boltzmann 叠加原理

Boltzmann 的叠加原理指出:如果一个包括了应力 σ、应变 ε 以及 σ 和 ε 的对时间各阶导数的微分方程是线性方程,则它的解满足叠加原理。这就是说:如果一系列的力在不同的时间施加于固体材料,则每一个应力所产生的效果就好像它们单独作用于固体时一样。例如:当 σ_1 与 σ_2 单独作用时分别产生的应变为 ε_1 和 ε_2,则当施加的力 $\sigma = \sigma_1 + \sigma_2$ 时候所产生的应变为 $\varepsilon_1 + \varepsilon_2$;反之,如果分别产生应变 ε_1 和 ε_2 所需的应力分别为 σ_1 与 σ_2 时,则产生总应变 $\varepsilon_1 + \varepsilon_2$ 所需要的应力为 $\sigma = \sigma_1 + \sigma_2$。

在前面定义的响应函数都是 σ 或 ε 的线性函数,但在前面的处理中,我们只能考虑在某一时刻(如 $t = 0$)作用于固体的力 σ 产生的 $J(t)$。当 σ 倍增时,$J(t)$ 也倍增。但是,如果有一组应力 $\sigma_i(i = 1, 2, 3, \cdots, m)$ 在不同时刻 t_i 依次施加于物体时,有了 Boltzmann 叠加原理,求解蠕变函数 $J(t)$ 问题就很容易解决。在 t_i 作用于物体的 σ_i,在 $t \geqslant t_i'$ 时候所产生的应变 $\varepsilon(t)$ 按蠕变函数定义可写为

$$\varepsilon_i(t) = \sigma_i J(t - t_i') \qquad (3-46)$$

当有 m 个 σ_i 在时间分别为 $t_1', t_2', \cdots, t_m'$ 作用于物体时产生的总应变为

$$\varepsilon(t) = \sum_{i=1}^{m} \sigma_i J(t - t_i') \qquad (3-47)$$

由式(3-47)给出的结果表明:$\varepsilon(t)$ 通过蠕变函数 $J(t - t_i')$ 与整个加力的历史有关。如果应力不是阶梯式的施加而是连续的变化。则式(3-47)可改写为

$$\varepsilon(t) = \int_{-\infty}^{t} J(t - t') \frac{\mathrm{d}\sigma(t')}{\mathrm{d}t'} \mathrm{d}t' \qquad (3-48)$$

同理,如果 ε 是独立变量,而 σ 是时间的函数,则在 $t_1', t_2', \cdots, t_m'$ 所建立的一系列 $\varepsilon_i(i = 1, 2, 3, \cdots, m)$ 引起的应力为

$$\sigma(t) = \sum_{i=1}^{m} \varepsilon_i M(t - t_i') \qquad (3-49)$$

当 ε 随时间连续变化时有

$$\sigma(t) = \int_{-\infty}^{t} M(t - t') \frac{\mathrm{d}\varepsilon(t')}{\mathrm{d}t'} \mathrm{d}t' \qquad (3-50)$$

式(3-48)和式(3-50)就是利用 Boltzmann 叠加原理将胡克定律推广用到滞弹性时的积分方程。它们表明,试样的应变 $\varepsilon(t)$[或者应力 $\sigma(t)$]对于过去加力(或变形)的整个历史都有记忆效应,某一时刻的 $\varepsilon(t)$ 不但与瞬时所加外力有关,而且与加力的历史有关。

如果加力的历史包括了连续改变的 σ 和不连续的 σ,则可以将式(3-47)和式(3-48)结合起来得到

$$\varepsilon(t) = \sum_i \sigma_i J(t - t_i) + \int_{-\infty}^t J(t - t') \frac{d\sigma(t')}{dt'} dt' \tag{3-51}$$

以"逝去时间"(elapsed time) $\xi = t - t'$ 代入式(3-51),只要取 $\sigma(-\infty) = 0$ 就可以得到

$$\varepsilon(t) = \sum_i \sigma_i J(t - t_i') - \int_0^\infty J(\xi) \frac{d\sigma(t - \xi)}{d\xi} d\xi$$

$$= J_U \sigma(t) - \int_0^\infty [J(\xi) - J_U] \frac{d\sigma(t - \xi)}{d\xi} d\xi + \sum_i \sigma_i [J(t - t_i') - J_U] \tag{3-52}$$

利用分部积分以及 $J(0) = J_U$ 和 $\sigma(-\infty) = 0$ 可以得到

$$\varepsilon(t) = J_U \sigma(t) + \int_0^\infty \sigma(t - \xi) \frac{dJ(\xi)}{d\xi} d\xi \tag{3-53}$$

同理

$$\sigma(t) = M_R \varepsilon(t) - \int_0^\infty [M(\xi) - M_R] \frac{d\varepsilon(t - \xi)}{d\xi} d\xi + \sum_i \varepsilon_i [M(t - t_i') - M_R]$$

$$= M_U \varepsilon(t) + \int_0^\infty \varepsilon(t - \xi) \frac{dM(\xi)}{d\xi} d\xi \tag{3-54}$$

即使允许 σ 和 ε 经受不连续的变化,但在式(3-52)和式(3-54)中都没有积分的奇异点。因此,对 σ 和 ε 的求和项已被消去。

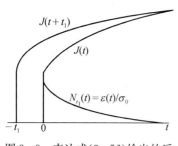

图 3-9 表达式(3-56)给出的后效函数示意图

有了 Boltzmann 叠加原理之后,后效函数 $N_{t_1}(t)$ 可以很方便地用蠕变函数来表示。在 $t = -t_1$ 时候加上应力 σ_0,而在 $t = 0$ 时卸载的操作可以用 $t = -t_1$ 时候加上 σ_0 和在 $t = 0$ 时再加上 $(-\sigma_0)$ 的操作替代。因此,按照式(3-47)有

$$\varepsilon(t) = \sigma_0 [J(t - t_1) - J(t)] \tag{3-55}$$

图 3-9 给出了 $\varepsilon(t)$ 的行为。从弹性后效函数的定义式(3-18),对于 $t \geqslant 0$ 有

$$N_{t_1}(t) = J(t + t_1) - J(t) \quad t \geqslant 0 \tag{3-56}$$

如果 $t_1 \to \infty$ 则

$$N_\infty(t) = J_R - J(t) \tag{3-57}$$

可见 $N_{t_1}(t)$ 函数均可以用 $J(t)$ 函数表示,且 $N_\infty(t)$ 与 $J(t)$ 之间有十分简单的关系 $[N_\infty(t) = J_R - J(t)]$;如果 $t_1 \neq \infty$ 则可由 $(t + t_1)$ 与 t 时的蠕变函数相减而得到后效函数。因此,在以后的讨论中不再考虑 $N_{t_1}(t)$ 函数,而只考虑 $J(t)$ 及 $M(t)$ 函数。

3.2.4 诸响应函数间的关系

3.2.4.1 静态响应函数 $J(t)$ 和 $M(t)$ 之间的关系

通过 Laplace 变化可以从式(3-48)和式(3-50)求得 $J(t)$ 与 $M(t)$ 之间的关系。但更简单的方法是从式(3-51)出发,令 $t < 0$ 时, $\varepsilon = 0$; $t \geqslant 0$ 时, $\varepsilon = \varepsilon_0$,且保持不变,则在 $t' = 0$ 时,应力 σ 从 0 跃变到 $\sigma_0 = M_U \varepsilon_0$。将式(3-51)两边除以 ε_0,同时注意到 $t \geqslant 0$ 时, $\varepsilon = \varepsilon_0$,且按定

义有 $\sigma(t')/\varepsilon_0 = M(t')$，可以得到

$$1 = M_U J(t) + \int_0^t J(t-t') \frac{\mathrm{d}M(t')}{\mathrm{d}t'} \mathrm{d}t' \tag{3-58}$$

这个方程将 $J(t)$ 与 $M(t)$ 两个函数联系了起来。当然由一个函数精确的计算另一个函数是很困难的，因为这需要反复的数值积分。但 Hopkins 等[4]得到了一个更为简单的用于数值积分的表达式为

$$t = \int_0^t J(t') M(t-t') \mathrm{d}t' \tag{3-59}$$

将式(3-59)对 t 微分，可以得到与式(3-58)相同的表达式。从式(3-58)出发，Zener[3]令 $J(t-t') = J(t) - [J(t) - J(t-t')]$，代入式(3-58)，可以得到

$$J(t) M(t) = 1 + \int_0^t [J(t) - J(t-t')] \frac{\mathrm{d}M(t')}{\mathrm{d}t'} \mathrm{d}t' \tag{3-60}$$

由于 $J(t)$ 随着时间单调的上升，故 $J(t) - J(t-t') \geqslant 0$，而 $M(t')$ 随着时间单调的下降，则 $\mathrm{d}M(t')/\mathrm{d}t' < 0$，因此可以得到不等式

$$J(t) M(t) \leqslant 1 \tag{3-61}$$

这个不等式称为 Zener 不等式。当 $t=0$ 或者 $t \to \infty$ 时，等式成立；而在 $0 < t < \infty$ 时，式(3-61)取不等号。可以证明，当弛豫强度满足 $\Delta^2 \ll 1$ 或者 $J(t)$ 和 $M(t)$ 随时间变化都很慢时，式(3-61)的等号总是近似成立的。

3.2.4.2 静态响应函数与动态响应函数之间的关系

将 $\sigma(t) = \sigma_0 \mathrm{e}^{i\omega t}$ 代入式(3-52)，可以得到

$$\varepsilon(i\omega t) = J_U \sigma_0 \mathrm{e}^{i\omega t} + i\omega \sigma_0 \int_0^\infty [J(\xi) - J_U] \mathrm{e}^{i\omega(t-\xi)} \mathrm{d}\xi \tag{3-62}$$

而

$$J^*(\omega) = \frac{\varepsilon(i\omega t)}{\sigma_0 \mathrm{e}^{i\omega t}} = J_1(\omega) - i J_2(\omega) = J_U + i\omega \int_0^\infty [J(\xi) - J_U] \mathrm{e}^{i\omega \xi} \mathrm{d}\xi \tag{3-63}$$

从实部部分、虚部部分分别相等可以得到 $J_1(\omega)$，$J_2(\omega)$ 和 $J(t)$ 之间的关系为

$$J_1(\omega) - J_U = \omega \int_0^\infty [J(t) - J_U] \sin \omega t \, \mathrm{d}t \tag{3-64a}$$

和

$$J_2(\omega) = -\omega \int_0^\infty [J(t) - J_U] \cos \omega t \, \mathrm{d}t \tag{3-64b}$$

类似地，从式(3-53)则可以得到

$$J_1(\omega) - J_U = \int_0^\infty \frac{\mathrm{d}J(t)}{\mathrm{d}t} \cos \omega t \, \mathrm{d}t \tag{3-65a}$$

和

$$J_2(\omega) = \int_0^\infty \frac{\mathrm{d}J(t)}{\mathrm{d}t} \sin \omega t \, \mathrm{d}t \tag{3-65b}$$

式(3-64)和式(3-65)都给出了动态响应函数 $J_1(\omega)$，$J_2(\omega)$ 和静态响应函数 $J(t)$ 之间的关系。利用 Fourier 变换也可以得到静态响应函数 $J(t)$ 和动态响应函数 $J_1(\omega)$，$J_2(\omega)$ 之间的关系为

$$J(t) - J_\mathrm{U} = \frac{2}{\pi} \int_0^\infty \frac{J_1(\omega) - J_\mathrm{U}}{\omega} \sin \omega t \, \mathrm{d}\omega \tag{3-66a}$$

$$J(t) - J_\mathrm{U} = -\frac{2}{\pi} \int_0^\infty \frac{J_2(\omega)}{\omega} \cos \omega t \, \mathrm{d}\omega \tag{3-66b}$$

和

$$\frac{\mathrm{d}J(t)}{\mathrm{d}t} = \frac{2}{\pi} \int_0^\infty [J_1(\omega) - J_\mathrm{U}] \cos \omega t \, \mathrm{d}\omega \tag{3-67a}$$

$$\frac{\mathrm{d}J(t)}{\mathrm{d}t} = \frac{2}{\pi} \int_0^\infty J_2(\omega) \sin \omega t \, \mathrm{d}\omega \tag{3-67b}$$

类似地，将 $\varepsilon = \varepsilon_0 \mathrm{e}^{\mathrm{i}\omega t}$ 和 $M^* = \sigma/\varepsilon = M_1(\omega) + \mathrm{i}M_2(\omega)$ 代入式(3-54)，可以得到动态响应函数 $M_1(\omega)$，$M_2(\omega)$ 与静态响应函数 $M(t)$ 的相互关系为

$$M_1(\omega) - M_\mathrm{R} = \omega \int_0^\infty [M(t) - M_\mathrm{R}] \sin \omega t \, \mathrm{d}t \tag{3-68a}$$

$$M_2(\omega) = \omega \int_0^\infty [M(t) - M_\mathrm{R}] \cos \omega t \, \mathrm{d}t \tag{3-68b}$$

$$M_1(\omega) - M_\mathrm{U} = \int_0^\infty \frac{\mathrm{d}M(t)}{\mathrm{d}t} \cos \omega t \, \mathrm{d}t \tag{3-69a}$$

$$M_2(\omega) = \int_0^\infty -\frac{\mathrm{d}M(t)}{\mathrm{d}t} \sin \omega t \, \mathrm{d}t \tag{3-69b}$$

经过 Fourier 变换可以得到

$$M(t) - M_\mathrm{R} = \frac{2}{\pi} \int_0^\infty \frac{M_1(\omega) - M_\mathrm{R}}{\omega} \sin \omega t \, \mathrm{d}\omega \tag{3-70a}$$

$$M(t) - M_\mathrm{R} = \frac{2}{\pi} \int_0^\infty \frac{M_2(\omega)}{\omega} \cos \omega t \, \mathrm{d}\omega \tag{3-70b}$$

和

$$\frac{\mathrm{d}M(t)}{\mathrm{d}t} = \frac{2}{\pi} \int_0^\infty [M_1(\omega) - M_\mathrm{R}] \cos \omega t \, \mathrm{d}\omega \tag{3-71a}$$

$$\frac{\mathrm{d}M(t)}{\mathrm{d}t} = -\frac{2}{\pi} \int_0^\infty M_2(\omega) \sin \omega t \, \mathrm{d}\omega \tag{3-71b}$$

从式(3-64)至式(3-69)可以看到，静态响应函数与动态响应函数之间的关系要比 $J(t)$ 与 $M(t)$ 之间的关系更为直接而好用。有了这些关系式之后，就可以来解决前面所留下来的

$J_1(\omega)$和$J_2(\omega)$之间的相互关系。

3.2.4.3 动态响应函数之间的关系

从上面得到的动态和静态响应函数的关系中，消去静态响应函数可以获得动态响应函数之间的关系。由式(3-65)和式(3-67)消去$\dfrac{\mathrm{d}J(t)}{\mathrm{d}t}$可以得到

$$J_1(\omega) - J_U = \frac{2}{\pi}\int_0^\infty \cos\omega t\left[\int_0^\infty J_2(\alpha)\sin\omega t\,\mathrm{d}\alpha\right]\mathrm{d}t \tag{3-72}$$

$$J_2(\omega) = \frac{2}{\pi}\int_0^\infty \sin\omega t\left[\int_0^\infty [J_1(\alpha) - J_U]\cos\alpha t\,\mathrm{d}\alpha\right]\mathrm{d}t \tag{3-73}$$

类似地，从式(3-69)和式(3-71)可以得到$M_1(\omega)$和$M_2(\omega)$之间的关系

$$M_1(\omega) - M_R = -\frac{2}{\pi}\int_0^\infty \cos\omega t\left[\int_0^\infty M_2(\alpha)\sin\alpha t\,\mathrm{d}\alpha\right]\mathrm{d}t \tag{3-74}$$

$$M_2(\omega) = -\frac{2}{\pi}\int_0^\infty \sin\omega t\left\{\int_0^\infty [M_1(\alpha) - M_R]\cos\alpha t\,\mathrm{d}\alpha\right\}\mathrm{d}t \tag{3-75}$$

上述关系式中，积分收敛很慢，不适合进行数值计算，Kronig[5]利用积分公式 $\int_0^\infty \sin\alpha t\cos\omega t\,\mathrm{d}t = \dfrac{\alpha}{\alpha^2 - \omega^2}$ 进一步对式(3-38)和式(3-39)积分，得到

$$J_1(\omega) - J_U = \frac{2}{\pi}\int_0^\infty J_2(\alpha)\frac{\alpha}{\alpha^2 - \omega^2}\mathrm{d}\alpha \tag{3-76}$$

$$J_2(\omega) = \frac{2\omega}{\pi}\int_0^\infty [J_1(\alpha) - J_U]\frac{1}{\alpha^2 - \omega^2}\mathrm{d}\alpha \tag{3-77}$$

这个结果表明，$J_1(\omega)$和$J_2(\omega)$都与ω有关。在Kronig得到的关系中，可以得到定性的结论是：耗散行为隐含着色散关系，如果$\omega = 0$，在经过足够长的时间之后，$J_1(0) = J_R$，从式(3-76)可以得到

$$\frac{2}{\pi}\int_0^\infty J_2(\alpha)\frac{\mathrm{d}\alpha}{\alpha} = \frac{2}{\pi}\int_0^\infty J_2(\alpha)\mathrm{d}(\ln\alpha) = J_R - J_U = \delta J \tag{3-78}$$

这个结果说明，$J_2(\omega)\sim\ln\omega$曲线下面的面积总是$\dfrac{\pi}{2}\delta J$。对$\omega = 0$和$\omega\to\infty$时，由式(3-52)得到的$J_2(\omega) = 0$，说明在频率很低时$\omega = 0$，弛豫过程完全可以跟上，应变与应力保持相同的相位，内耗为零；而在$\omega\to\infty$时，弛豫过程总是跟不上应力的变化，如同没有发生弛豫一样，内耗也为零。因此，对于一定的弛豫过程，内耗只出现在一定的频率段范围内。用类似的过程，也可以得出$M_1(\omega)$和$M_2(\omega)$之间的关系为

$$M_1(\omega) - M_R = \frac{2\omega^2}{\pi}\int_0^\infty \frac{M_2(\alpha)}{\alpha}\frac{\mathrm{d}\alpha}{\omega^2 - \alpha^2} \tag{3-79}$$

$$M_2(\omega) = \frac{2}{\pi}\int_0^\infty [M_1(\alpha) - M_R]\frac{\omega\mathrm{d}\alpha}{\alpha^2 - \omega^2} \tag{3-80}$$

3.3　力学模型和内耗与频率的关系

在这一节首先建立力学模型;而后,从力学模型推导出应力-应变方程式;第三,在恒应力和恒应变条件下分别求解应力-应变方程式,得到恒应力条件下的弛豫时间 τ_σ 和恒应变条件下的弛豫时间 τ_ε;第四,在交变应力条件下求解应力-应变方程式,得到以力学参数为参量的内耗与频率的关系和模量与频率的关系;第五,用恒应力和恒应变条件下的弛豫时间和弛豫强度替代力学参数,得到以弛豫参数为参量的内耗与频率的关系,这样的内耗与频率关系和模量与频率的关系可以与实验结果进行比较,得到实际材料的弛豫参数。

3.3.1　力学模型的基本元素

组成力学模型的基本元素有两个:理想弹簧和理想黏壶。理想弹簧的应力-应变关系严格遵从 Hooke's 定律

$$\sigma = k\varepsilon \quad 或 \quad \sigma = b_0\varepsilon \tag{3-81}$$

式中:k 是模量;$b_0 = k$。理想黏壶的应力-应变关系严格遵从 Newton 黏滞定律:

$$\sigma = \eta\frac{\mathrm{d}\varepsilon}{\mathrm{d}t} \quad 或 \quad \sigma = b_1\frac{\mathrm{d}\varepsilon}{\mathrm{d}t} \tag{3-82}$$

式中:η 是黏度;$b_1 = \eta$。一个理想弹簧或者一个理想黏壶也可以作为一个力学模型,我们称为一参量模型。一参量模型是没有内耗的,因为它们没有弛豫。

一个参量的力学模型只有两个,理想弹簧是固体模型,因为它表现固体行为;理想黏壶是流体模型,因为它表现为流体的行为。

力学模型可以用任意多个理想弹簧和任意多个理想黏壶组成:一个弹簧和一个黏壶组成的模型,我们称为二个参量模型;一个弹簧和两个黏壶或者两个弹簧和一个黏壶组成的模型,称为三个参量模型;以此类推,可以有四参量模型、五参量模型等等。但是在这些模型中我们主要介绍二参量模型和三参量模型。

3.3.2　Voigt(或 Kelvin)固体和 Maxwell 流体

在组建模型时,如果两个或者多个理想弹簧并联或者串联,它们的力学行为与一个理想弹簧类似,不同的只是参数,而我们在考虑力学模型时,对弹簧的参数没有提出限制,所以两个或者多个理想弹簧并联或者串联时,只看做一个理想弹簧。同样的道理,当两个或者多个黏壶并联或者串联时,也只看做是一个黏壶。所以在力学模型中,不可能出现弹簧与弹簧并联或者串联的情况,也不可能出现黏壶与黏壶并联或者串联的情况。由于这个原因,二参量模型只有两个:Voigt(或 Kelvin)固体和 Maxwell 流体。

3.3.2.1　Voigt(或 Kelvin)固体

被 Flugge[6] 称为 Kelvin(或 Voigt)固体的力学模型是由一个弹簧和一个黏壶并联而成的二参量模型,如图3-10(a)所示。在力学模型中,对于并联的元素,它们的应力是不同的,但它们的应变总是相同的;串联的元素,它们的应力总是相同的,应变是不同的。根据这个原则可以写出 Voigt 模型中各个元素的应力-应变关系为

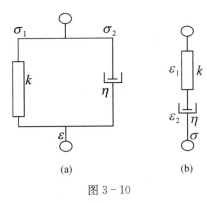

$$\begin{cases} \sigma_1 = k\varepsilon \\ \sigma_2 = \eta \mathrm{d}\varepsilon/\mathrm{d}t \\ \sigma = \sigma_1 + \sigma_2 \end{cases}$$

从这三个方程式中消除带有下标的应力 σ_1 和 σ_2,容易得到 Voigt 固体的应力-应变关系为

$$\sigma = k\varepsilon + \eta \frac{\mathrm{d}\varepsilon}{\mathrm{d}t} \quad \text{或} \quad \sigma = b_0\varepsilon + b_1 \frac{\mathrm{d}\varepsilon}{\mathrm{d}t} \quad (3-83)$$

式中:$b_0 = k$;$b_1 = \eta$。

图 3 - 10

(a) Voigt 固体　(b) Maxwell 流体

在恒应力条件下(蠕变实验中),由于应力不变,式(3-83)中的应力 σ 取为常数 σ_0,式(3-83)可以写为

$$\sigma_0 = b_0\varepsilon + b_1 \frac{\mathrm{d}\varepsilon}{\mathrm{d}t} \tag{3-84}$$

求解式(3-84),在初始条件 $\varepsilon\big|_{t=0} = 0$ 下,可以得到

$$\varepsilon = \frac{\sigma_0}{b_0}\Big[1 - \exp\Big(-\frac{b_0}{b_1}t\Big)\Big] \tag{3-85}$$

由式(3 - 85)可以看到 Voigt 固体的蠕变柔度(creep compliance)是 $J(t) = \frac{1}{b_0}\Big[1 - \exp\Big(-\frac{b_0}{b_1}t\Big)\Big]$。根据弛豫时间的定义可以得到恒应力条件下的弛豫时间 τ_σ 为

$$\tau_\sigma = b_1/b_0 \tag{3-86}$$

这个结果的物理过程是:在 $t = 0$ 时,应力 σ_0 施加到系统上,这时由于黏壶的应变不能突然变化,σ_0 完全由黏壶承担,并使黏壶开始运动,产生应变,同时应力 σ_0 也开始向弹簧转移;随着施加应力时间的逐渐增加,应力逐渐转移到弹簧上,由于黏壶上的应力逐渐减小,应变的增加也逐渐减小,直到 $t \to \infty$ 时,应力全部由弹簧承担,黏壶的运动也就停止。卸载过程开始时,由于黏壶的应变不能发生突变,妨碍了系统的突然形变,所以应力 σ_0 由黏壶承担(这个应力是由于弹簧仍然保持伸长状态引起的);此后,随着黏壶弛豫逐渐返回到初始位置,黏壶所受的力逐渐降至为零,即发生了弹性后效,如图 3 - 11 所示。恒应力条件下的弛豫时间表征了应变弛豫过程的快慢程度。

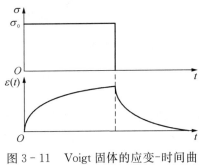

图 3 - 11　Voigt 固体的应变-时间曲线

在交变应力情况下或者在内耗实验中,外加应力是正弦变化的应力

$$\sigma = \sigma_0 \sin \omega t \tag{3-87}$$

式中:ω 是圆频率,它与测量频率 f 的关系是 $\omega = 2\pi f$;σ_0 是应力的振幅。由于应变随着应力的变化是线性的,但是有一个相位差 φ,则应变可以写为

$$\varepsilon = \varepsilon_0 \sin(\omega t - \varphi) \tag{3-88}$$

ε_0 是应变振幅。将式(3-87)和式(3-88)代入式(3-84),很容易得到

$$\begin{cases} b_1\omega\sin\varphi + b_0\cos\varphi = \sigma_0/\varepsilon_0 \\ b_1\omega\cos\varphi - b_0\sin\varphi = 0 \end{cases} \qquad (3-89)$$

从第二个等式立即可以得到

$$\tan\varphi = \frac{b_1}{b_0}\omega \quad 或 \quad \tan\varphi = \tau_\sigma\omega \qquad (3-90)$$

从这个结果可以看到,Voigt 固体的内耗与测量频率 ω 成正比,内耗-频率曲线的斜率是恒应力条件下的弛豫时间 τ_σ。虽然这里得到了 Voigt 固体与测量频率成正比,但内耗与频率成正比的不一定就是 Voigt 模型。

将式(3-89)中的两个式子平方之后再相加可以得到模量的表达式为

$$M = \sqrt{M^2} = \sqrt{\sigma_0^2/\varepsilon_0^2} = \sqrt{b_0^2 + b_1^2\omega^2} = k\sqrt{1+(\tau_\sigma\omega)^2} \qquad (3-91)$$

从式(3-91)可以看到,模量 M 是频率 ω 的函数,如图 3-12 所示。可以看到:对于 Voigt 固体,当 $\tau_\varepsilon\omega \ll 1$ 时,模量 M 近似等于 k;当 $\tau_\varepsilon\omega \gg 1$ 时,模量 M 与频率 ω 成正比。

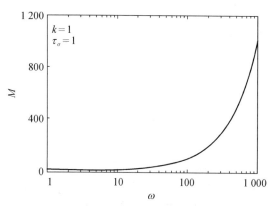

图 3-12　Voigt 模型的模量 M 与频率 ω 的关系

对于 Voigt 滞弹性固体的内耗与频率的关系,也可以通过静态响应函数与动态响应函数之间的关系得到:在得到静态响应函数 $J(t) = [1-\exp(-b_0t/b_1)]/b_0$ 后,当 $t=0$ 时,得到 $J(0) = J_U = 0$。将 $J(t)$ 对时间求导,可以得到 $\mathrm{d}J(t)/\mathrm{d}t = \exp(-b_0t/b_1)/b_1$,将这些结果代入静态响应函数与动态响应函数之间的关系式(3-65a) $J_1(\omega) - J_U = \int_0^\infty \dfrac{\mathrm{d}J(t)}{\mathrm{d}t}\cos\omega t\,\mathrm{d}t$,完成积分可以得到 Voigt 滞弹性体的实柔度为

$$J_1(\omega) = \frac{b_0}{b_0^2 + b_2^2\omega^2} \qquad (3-92)$$

将 $\mathrm{d}J(t)/\mathrm{d}t$ 代入静态响应函数与动态响应函数之间的关系式(3-65b) $J_2(\omega) = \int_0^\infty \dfrac{\mathrm{d}J(t)}{\mathrm{d}t}\sin\omega t\,\mathrm{d}t$,完成积分可以得到 Voigt 滞弹性体的虚柔度为

$$J_2(\omega) = \frac{b_1\omega}{b_0^2 + b_1^2\omega^2} \qquad (3-93)$$

有了 Voigt 滞弹性体柔度 $J_1(\omega)$ 和 $J_2(\omega)$ 的表达式,利用动态响应函数与内耗的关系式(3-34) $\tan\varphi = J_2(\omega)/J_1(\omega)$ 立即可以得到与式(3-90)完全相同的内耗表达式。

3.3.2.2　Maxwell 流体(黏弹性体)

图 3-10(b)所示的力学模型称为 Maxwell 模型,它是一个流体模型或者称为黏弹性体模型,由一个理想弹簧和一个黏壶串联组成。从图 3-10(b)立即可以写出各个元素的应力-应变关系为

$$\begin{cases} \sigma = k\varepsilon_1 \\ \sigma = \eta \mathrm{d}\varepsilon_2/\mathrm{d}t \\ \varepsilon = \varepsilon_1 + \varepsilon_2 \end{cases}$$

从这三个方程式,消除带下标的两个变量 ε_1 和 ε_2,可以得到 Maxwell 流体的微分方程式为

$$\sigma + \frac{\eta}{k} \frac{\mathrm{d}\sigma}{\mathrm{d}t} = \eta \frac{\mathrm{d}\varepsilon}{\mathrm{d}t} \quad \text{或} \quad \sigma + a_1 \frac{\mathrm{d}\sigma}{\mathrm{d}t} = b_1 \frac{\mathrm{d}\varepsilon}{\mathrm{d}t} \qquad (3-94)$$

式中:$a_1 = \eta/k$;$b_1 = \eta$。为了得到恒应变条件下的弛豫时间,我们将在恒应变 $\varepsilon = \varepsilon_0$ 的条件下求解方程式(3-94)。

在恒应力实验中,$\sigma = \sigma_0$,式(3-94)变为

$$b_1 \frac{\mathrm{d}\varepsilon}{\mathrm{d}t} = \sigma_0 \qquad (3-95)$$

在初始条件为 $\varepsilon \big|_{t=0} = \sigma_0/k$ 时,方程式的解为

$$\varepsilon(t) = \frac{\sigma_0 t}{b_1} + \frac{\sigma_0}{k} \qquad (3-96)$$

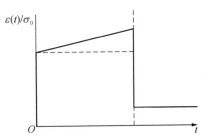

从这个结果可以看到,在恒定的应力施加在系统上时,系统的应变有一个突变 σ_0/k,而后,随着施加应力的时间增加,应变线性的增加,如图 3-13 所示。当应力撤除时,应变也有一个突然的恢复,但不能恢复到零,保留一个残余应变,这个残余应变与施加的应力和施加应力的时间成正比。

在恒应变实验中,$\varepsilon = \varepsilon_0$。式(3-94)变成

$$\sigma + a_1 \frac{\mathrm{d}\sigma}{\mathrm{d}t} = 0 \qquad (3-97)$$

图 3-13 在恒应力条件下,Maxwell 模型的应变-时间示意图

使用初始条件 $\sigma \big|_{t=0} = k\varepsilon_0$ 求解式(3-97)可以得到应力随着时间的变化为

$$\sigma = k\varepsilon_0 \exp(-t/a_1) \qquad (3-98)$$

根据弛豫时间的定义,恒应变条件下的弛豫时间 τ_ε 是

$$\tau_\varepsilon = a_1 \qquad (3-99)$$

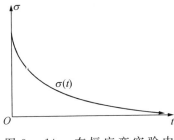

图 3-14 在恒应变实验中 Maxwell 流体的应力随时间的变化

恒应变实验的物理过程是:在 $t = 0$ 时,恒应变 ε_0 施加到系统上,由于黏壶的应变不能产生突变,这个应变开始完全由弹簧承担,弹簧承担应变后,弹簧有一个力作用在黏壶上,黏壶开始发生应变,系统的应力 $\sigma(t)$ 也开始减小,这个应力减小的过程就是应力弛豫。随着应变保持时间的继续,应变逐渐转移到黏壶上,系统的应力逐渐减小,直至 $t \to \infty$ 时,全部应变都由黏壶承担,弹簧不再承担应变,系统的应力降至零,系统达到平衡,如图 3-14 所示。恒应变条件下的弛豫时间 τ_ε

表征了应力弛豫过程的快慢程度。

为了得到内耗与频率的关系,需要在交变应力下求解式(3-94)。将式(3-87)和式(3-88)代入式(3-94)可以得到

$$\begin{cases} \sigma_0 = \varepsilon_0 b_1 \omega \sin \varphi \\ \sigma_0 a_1 \omega = \varepsilon_0 b_1 \omega \cos \varphi \end{cases} \tag{3-100}$$

将这两个式子相除立即可以得到

$$\tan \varphi = \frac{1}{a_1 \omega} \quad \text{或} \quad \tan \varphi = \frac{1}{\tau_\varepsilon \omega} \tag{3-101}$$

从这个结果可以看到,Maxwell 流体的内耗与测量频率 ω 成反比。内耗-频率曲线的斜率是恒应变条件下的弛豫时间的倒数。但是,内耗与频率成反比的不一定都是 Maxwell 流体模型。

将式(3-100)中的两个等式平方后相加,可以得到模量 M 的表达式为

$$M = \sqrt{M^2} = \sqrt{\frac{\sigma_0^2}{\varepsilon_0^2}} = \sqrt{\frac{b_1^2 \omega^2}{1 + a_1^2 \omega^2}} = \frac{k \tau_\varepsilon \omega}{\sqrt{1 + \tau_\varepsilon^2 \omega^2}} \tag{3-102}$$

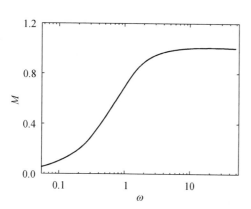

图 3-15　Maxwell 流体的模量 M 与频率 ω 的关系。$k=1$;$\tau_\varepsilon = 1$

从式(3-102)可以看到,对于 Maxwell 模型,模量 M 也是频率 ω 的函数,如图 3-15 所示。可以看到:对于 Maxwell 流体,当 $\tau_\varepsilon \omega \ll 1$ 时,Maxwell 流体的模量 M 与 ω 成正比;当 $\tau_\varepsilon \omega \gg 1$ 时,Maxwell 流体的模量 M 趋向于 k。

利用静态响应函数与动态响应函数之间的关系也可以得到 Maxwell 黏弹性体的内耗和模量与频率关系:在得到静态响应函数式(3-98) $M(t) = k \exp(-t/a_1)$ 之后,当 $t \to \infty$ 时,可以得到 $M(\infty) = M_R = 0$。将 $M(t)$ 和 M_R 的表达式代入静态响应函数与动态响应函数之间的关系式(3-68a) 中,可以得到 $M_1(\omega) = k\omega \int_0^\infty \exp(-t/a_1) \sin \omega t\, dt$,完成积分可以得到 Maxwell 黏弹性体的实模量为

$$M_1(\omega) = \frac{k a_1^2 \omega^2}{1 + a_1^2 \omega^2} \tag{3-103}$$

将 $M(t)$ 和 M_R 表达式代入静态响应函数与动态响应函数之间的关系式(3-68b)中,可以得到 $M_2(\omega) = k\omega \int_0^\infty \exp(-t/a_1) \cos \omega t\, dt$,完成积分可以得到 Maxwell 黏弹性体的虚模量为

$$M_2(\omega) = \frac{k a_1 \omega}{1 + a_1^2 \omega^2} \tag{3-104}$$

有了 Maxwell 黏弹性体的动态响应函数 $M_1(\omega)$ 和 $M_2(\omega)$ 的表达式之后,利用动态响应函

数与内耗的关系式(3-40) $\tan\varphi = M_2(\omega)/M_1(\omega)$，立即可以得到 Maxwell 黏弹性体的内耗与频率的关系式(3-101)。

Maxwell 黏弹性体的模量 M 可以用复模量的模

$$|M|^2 = M_1^2(\omega) + M_2^2(\omega) \tag{3-105}$$

得到，将式(3-103)和式(3-104)代入式(3-105)可以得到式(3-101)。

在 Voigt 及 Maxwell 模型中均只包括了两个独立参量，而它们所描述的行为不同于上节所述的滞弹性行为(Maxwell 模型不能描述弹性后效，Voigt 模型不能描述应力松弛)，可见两个独立参量对建立一个具有滞弹性行为的模型是不够的。

3.3.2.3 Dirac delta 函数和 Laplace 变换[6]

在推导力学模型的应力-应变微分方程式时，对于简单的力学模型，从元素的应力-应变微分方程式中消除带下标的应力和应变的变量是比较容易的，但对于复杂一点的力学模型，要消除带下标的应力和应变就比较麻烦了，需要一些技巧，为了方便读者推导应力-应变方程式，在这一节我们介绍 Dirac delta 函数和 Laplace 变换，Laplace 变换就是一种从力学模型推导它的应力-应变微分方程式的简便方法。

1) 单位阶跃函数 $\Delta(t)$[①]

单位阶跃函数由以下两个方程式定义：

$$\begin{aligned} \Delta(t) &= 0, \quad t < 0 \\ \Delta(t) &= 1, \quad t > 0 \end{aligned} \tag{3-106}$$

图 3-16(a)所示为一个阶跃函数，由于实际的跃变不可能无限快，跃变在 $-\tau$ 至 τ 时间内完成。这个过程与蠕变实验的加载过程一致，加载过程的时间很短，但也需要一段很短时间。

2) Dirac delta (δ)函数

用阶跃函数，蠕变的加载过程可以定义为 $\sigma = \sigma_0 \Delta(t)$，在写出微分方程时，需要求出 $\Delta(t)$ 对时间的导数，图 3-16(a)给出 $y(t)$ 的连续变化，对应的 $\dfrac{dy}{dt}$ 除了在 $t=0$ 附近，其余都为零[见图(b)]。设矩形的面积等于 1，当 $\tau \to 0$ 时，如果矩形的面积保持不变，则矩形变成一个尖峰，尖峰无限的窄，且无限高，这就是 $\delta(t)$ 函数，它是单位阶跃函数 $\Delta(t)$ 的导数。现将 Dirac delta 函数定义如下：

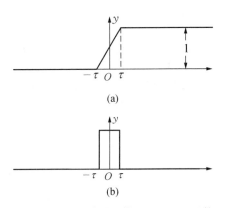

图 3-16　(a) 阶跃函数　(b) Dirac 函数

$$\begin{aligned} \delta(t) &= 0, \quad t \neq 0 \\ \delta(t) &= \infty, \quad t = 0 \end{aligned} \tag{3-107}$$

$$\int_{-\infty}^{\infty} \delta(t)dt = \int_{-0}^{+0} \delta(t)dt = 1$$

[①] 本节中 $\Delta(t)$ 是单位阶跃函数。虽然在其他章节中 Δ 表示弛豫强度，用了同一个字母，但其含义是不同的。

$\delta(t)$ 函数是可微的，也是可积的。

3) Laplace 变换

任意一个函数 $f(t)$，例如：应力或者应变，它的 Laplace 变换定义为

$$\bar{f}(s) = \int_0^\infty f(t)\exp(-st)\mathrm{d}t \tag{3-108}$$

因为在固定积分限之间对 t 积分，$\bar{f}$ 只与 s 有关。而且，当 $t<0$ 时，$f(t)$ 的值不影响 $\bar{f}(s)$。下面求 $f(t)$ 对时间的各阶导数的 Laplace 变换。

$$\frac{\mathrm{d}\bar{f}}{\mathrm{d}t} = \int_0^\infty \frac{\mathrm{d}f}{\mathrm{d}t}\exp(-st)\mathrm{d}t = f(t)\exp(-st)\Big|_0^\infty - \int_0^\infty f(t)(-s)\exp(-st)\mathrm{d}t = -f(0) + s\bar{f}(s)$$

$$\frac{\mathrm{d}^2\bar{f}(s)}{\mathrm{d}t^2} = \int_0^\infty \frac{\mathrm{d}^2 f(t)}{\mathrm{d}t^2}\exp(-st)\mathrm{d}t = -f(0) - sf(0) + s^2\bar{f}(s)$$

$$\frac{\mathrm{d}^3\bar{f}(s)}{\mathrm{d}t^3} = \int_0^\infty \frac{\mathrm{d}^3 f(t)}{\mathrm{d}t^3}\exp(-st)\mathrm{d}t = -f(0) - sf(0) - s^2 f(0) + s^3\bar{f}(s)$$

$$\cdots\cdots$$

当 $t=0$ 时，$f(0)=0$，于是我们可以得到

$$\frac{\mathrm{d}^n\bar{f}(s)}{\mathrm{d}t^n} = s^n\bar{f}(s), \quad n = 0, 1, 2, \cdots \tag{3-109}$$

作为例子，下面对几个函数进行 Laplace 变换。

例1 若 $f(t) = \exp(-\alpha t)$，进行 Laplace 变换可以得到

$$\bar{f}(s) = \int_0^\infty \exp(-\alpha t)\exp(-st)\mathrm{d}t = -\frac{1}{\alpha+s}\exp[(-\alpha+s)t]\Big|_0^\infty = \frac{1}{\alpha+s}$$

例2 设 $f(t) = \Delta(t)$，对 $\Delta(t)$ 及其导数 $\delta(t)$ 进行 Laplace 变换。

$$\bar{\Delta}(s) = \int_0^\infty \Delta(t)\exp(-st)\mathrm{d}t = -\frac{1}{s}\exp(-st)\Big|_0^\infty = \frac{1}{s}$$

$$\bar{\delta}(s) = \int_0^\infty \delta(t)\exp(-st)\mathrm{d}t = \int_{-0}^{+0}\delta(t)\mathrm{d}t \cdot \exp(0) + \int_{+0}^\infty 0 \cdot \exp(-st)\mathrm{d}t = 1$$

在表 3-2 中列出了几种典型函数的 Laplace 变换。

表 3-2　几种函数的 Laplace 变换

	$f(t)$	$\bar{f}(s)$
1	$\Delta(t)$	$1/s$
2	$\delta(t)$	1
3	$\exp(-\alpha t)$	$\dfrac{1}{\alpha+s}$
4	$\dfrac{1}{\alpha}(1-\mathrm{e}^{-\alpha t})$	$\dfrac{1}{s(\alpha+s)}$

（续表）

	$f(t)$	$\bar{f}(s)$
5	$\dfrac{t}{\alpha} - \dfrac{1}{\alpha^2}(1 - e^{-at})$	$\dfrac{1}{s^2(\alpha + s)}$
6	t^n	$n! \cdot s^{n-1} \quad n = 0, 1, \cdots$
7*	$J_0(a\sqrt{t^2 - b^2}) \cdot \Delta(t - b)$	$\dfrac{1}{\sqrt{s^2 + a^2}} \exp(-b\sqrt{s^2 + a^2})$
8**	$2\sqrt{\dfrac{t}{\pi}} \exp\left(-\dfrac{n^2}{4t}\right) - n\left(1 - \mathrm{erf}\,\dfrac{n}{2\sqrt{t}}\right)$	$\dfrac{1}{s\sqrt{s}} \exp(-n\sqrt{s})$

* J_0：Bessel 函数 　　** erf：误差函数

3.3.3　三参量力学模型

从构建力学模型考虑，由于三个弹簧或者三个黏壶的并联和串联只能看做一个弹簧或者一个黏壶，所以三参量力学模型只能有两种可能：一个黏壶和两个弹簧组成的三参量模型；两个黏壶和一个弹簧组成的三参量模型。一个黏壶和两个弹簧组成的三参量模型有两个，这两个三参量模型都是固体模型，或者称为滞弹性模型；两个黏壶和一个弹簧组成的三参量模型也有两个，这两个三参量模型都是流体模型，或者称为黏弹性模型。因此，三参量模型共有四个：两个固体（滞弹性）模型和两个流体（黏弹性）模型。两个固体模型被 Nowick[2] 称为标准滞弹性固体。

3.3.3.1　标准滞弹性固体和 Debye 峰

1) 标准滞弹性固体的应力-应变方程式

三参量的两个固体力学模型如图 3-17 所示。图(a)所示的模型称为 Voigt 型的三参量固体模型；而图(b)所示的模型称为 Maxwell 型的三参量固体模型。下面从这两个模型推导它们的应力-应变方程式。首先从图 3-17 可以写出每个参量的应力-应变方程式为

Voigt 型三参量模型　　　　　　　Maxwell 型三参量模型

$\sigma_1 = k_1 \varepsilon_1$ 　　　　　　　　　　$\sigma_1 = k_1 \varepsilon_1$

$\sigma_2 = \eta \mathrm{d}\varepsilon_1 / \mathrm{d}t$ 　　　　　　　　$\sigma_1 = \eta \mathrm{d}\varepsilon_2 / \mathrm{d}t$

$\sigma = \sigma_1 + \sigma_2$ 　　　　　　　　　$\varepsilon = \varepsilon_1 + \varepsilon_2$

$\sigma = k_2 \varepsilon_2$ 　　　　　　　　　　$\sigma_2 = k_2 \varepsilon$

$\varepsilon = \varepsilon_1 + \varepsilon_2$ 　　　　　　　　　$\sigma = \sigma_1 + \sigma_2$

进行 Laplace 变换，将微分方程式变成代数方程式：

$\bar{\sigma}_1 = k_1 \bar{\varepsilon}_1$ 　　　　　　　　　　$\bar{\sigma}_1 = k_1 \bar{\varepsilon}_1$

$\bar{\sigma}_2 = \eta s \bar{\varepsilon}_1$ 　　　　　　　　　$\bar{\sigma}_1 = \eta s \bar{\varepsilon}_2$

$$\bar{\sigma} = \bar{\sigma}_1 + \bar{\sigma}_2 \qquad\qquad \bar{\varepsilon} = \bar{\varepsilon}_1 + \bar{\varepsilon}_2$$

$$\bar{\sigma} = k_2 \bar{\varepsilon}_2 \qquad\qquad \bar{\sigma}_2 = k_2 \bar{\varepsilon}$$

$$\bar{\varepsilon} = \bar{\varepsilon}_1 + \bar{\varepsilon}_2 \qquad\qquad \bar{\sigma} = \bar{\sigma}_1 + \bar{\sigma}_2$$

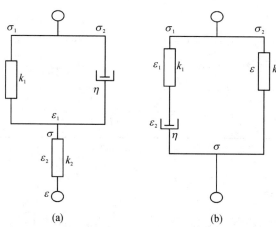

图 3 - 17　三参量的两个固体模型

（a）Voigt 型　（b）Maxwell 型

从这五个代数方程式中消除四个带下标的应力和应变，可以得到

$$\bar{\sigma} + \frac{\eta}{k_1 + k_2} s\bar{\sigma} = \frac{k_1 k_2}{k_1 + k_2} \bar{\varepsilon} + \frac{k_2 \eta}{k_1 + k_2} s\bar{\varepsilon} \qquad \bar{\sigma} + \frac{\eta}{k_1} s\bar{\sigma} = k_2 \bar{\varepsilon} + \frac{k_1 + k_2}{k_1} \eta s\bar{\varepsilon}$$

令 $a_1 = \dfrac{\eta}{k_1 + k_2}$，$b_0 = \dfrac{k_1 k_2}{k_1 + k_2}$，$b_1 = \dfrac{k_2 \eta}{k_1 + k_2}$；令 $a_1 = \dfrac{\eta}{k_1}$，$b_0 = k_2$，$b_1 = \dfrac{k_1 + k_2}{k_1} \eta$，进行反 Laplace 变换，可以得到

$$\sigma + a_1 \frac{\mathrm{d}\sigma}{\mathrm{d}t} = b_0 \varepsilon + b_1 \frac{\mathrm{d}\varepsilon}{\mathrm{d}t} \tag{3-110}$$

两个标准滞弹性固体的应力-应变方程式是类似的，不同的只是常微分方程式的系数表达式不相同，而系数表达式的不同不影响对方程式的求解。对方程式的求解我们采取三个步骤：在恒应力条件下求解方程式，得到恒应力条件下的弛豫时间；在恒应变条件下求解方程式，得到恒应变条件下的弛豫时间；在交变应力条件下求解方程式，得到内耗与频率的关系。

2）恒应力条件下的弛豫时间

在恒应力实验中，$\sigma = \sigma_0$，方程式（3-110）变成为

$$b_1 \frac{\mathrm{d}\varepsilon}{\mathrm{d}t} + b_0 \varepsilon = \sigma_0 \tag{3-111}$$

微分方程式（3-111）的解为

$$J(t) = \frac{\varepsilon(t)}{\sigma_0} = \frac{1}{b_0} + \left(\frac{a_1}{b_1} - \frac{1}{b_0} \right) \exp\left(-\frac{b_0}{b_1} t \right) \tag{3-112}$$

这个结果表明：在 $t=0$ 时，应力 σ_0 施加到系统上，系统有一个突然的应变：对于 Voigt 型三参量模型，因为黏壶不能发生突然应变，与黏壶并联的弹簧 k_1 不受力，应力由黏壶承担。弹簧 k_2 没有黏壶并联，弹簧 k_2 要承担应力，发生突然应变 $J_U=\varepsilon(0)/\sigma_0=a_1/b_1=1/k_2$；而对于 Maxwell 型三参量模型，黏壶不发生应变，应力由两个弹簧共同承担 $J_U=\varepsilon(0)/\sigma_0=a_1/b_1=1/(k_1+k_2)$。随着恒应力的继续作用，对于 Voigt 型三参量模型，作用在黏壶的应力，由于黏壶的伸长逐渐转移到弹簧 k_1 上，系统的应变逐渐增加，系统发生弛豫，经过足够长的时间之后，应力从黏壶完全转移到弹簧 k_1 上，这时黏壶不再受力，系统达到平衡，外加的恒应力由串联的两个弹簧承担，$J_R=\varepsilon(\infty)/\sigma_0=1/b_0=(1/k_1)+(1/k_2)$，柔度的弛豫量为 $\delta J=(1/b_0)-(a_1/b_1)$。而对于 Maxwell 型三参量模型，由于黏壶的伸长，应力从弹簧 k_1 逐渐转移到弹簧 k_2 上，弹簧 k_2 继续伸长，系统发生弛豫，经过足够长的时间之后，理论上经过无限长的时间之后，应力从弹簧 k_1 完全转移到弹簧 k_2 上，弹簧 k_1 和黏壶都不再受力，系统达到平衡，应力完全由弹簧 k_2 承担 $J_R=\varepsilon(\infty)/\sigma_0=1/b_0=k_2$，柔度的弛豫量为 $\delta J=(1/b_0)-(a_1/b_1)$，在形式上与 Voigt 型三参量模型的柔度弛豫量相同。

标准滞弹性固体的弛豫强度为

$$\Delta=\frac{\delta J}{J_U}=\frac{b_1}{a_1 b_0}-1 \tag{3-113}$$

对于 Voigt 三参量模型，当应力撤除时，弹簧 k_2 立即响应，使系统的应变有一个突变，但没有完全恢复到零，由于黏壶的应变不能发生突变，弹簧 k_1 的伸长被保持，但它有一个力作用在黏壶上，使黏壶开始缩短，随着时间的延长，黏壶逐渐缩短，弹簧 k_1 上的力逐渐减小，系统发生弛豫，经过足够长的时间之后，弹簧 k_1 上的力趋向于零，系统恢复到平衡状态，系统的应变回复到零。对于 Maxwell 型三参量模型，当应力撤除时，弹簧 k_2 立即响应，使系统的应变有一个突变，但没有恢复到零，因为黏壶的应变不能发生突变，系统的应变被部分保留下来，弹簧 k_2 有一个力作用在弹簧 k_1 和黏壶上，使黏壶开始缩短，随着时间的延长，黏壶缩短，系统发生弛豫，系统的应变不断地减小，经过足够长的时间之后，系统的应变减小到零，弹簧 k_1 回复到不受力的状态，系统达到了平衡。

上述的系统应变变化的整个过程与图 3-3 中的曲线 b 完全一致，也与实验观测的结果一致。因此，Nowick and Berry[2] 把这两个三参量模型称为标准线性滞弹性固体。

从式(3-112)和弛豫时间的定义可以得到三参量固体模型的恒应力弛豫时间为

$$\tau_\sigma=b_1/b_0 \tag{3-114}$$

3）恒应变条件下的弛豫时间

在恒应变实验中，$\varepsilon=\varepsilon_0$，方程式(3-110)变成为

$$\sigma+a_1\frac{\mathrm{d}\sigma}{\mathrm{d}t}=b_0\varepsilon_0 \tag{3-115}$$

微分方程式(3-115)的解为

$$M(t)=\frac{\sigma(t)}{\varepsilon_0}=b_0-\left(b_0-\frac{b_1}{a_1}\right)\exp\left(-\frac{t}{a_1}\right) \tag{3-116}$$

这个结果表明：在 $t=0$ 一个恒应变施加到系统上时，系统的应力有一个突变。对于

Voigt 型三参量模型,由于黏壶不能发生突然的应变,应变 ε_0 是由弹簧 k_2 伸长承担的,对应的应力为 $\sigma(0) = k_2\varepsilon_0$,因此,可以得到 $M_U = M(0) = \sigma(0)/\varepsilon_0 = k_2 = b_1/a_1$;对于 Maxwell 型三参量模型,应变 ε_0 由两个弹簧 k_1 和 k_2 共同承担,对应的应力为 $\sigma(0) = (k_1 + k_2)\varepsilon_0$,未弛豫模量为 $M_U = \sigma(0)/\varepsilon_0 = k_1 + k_2 = b_1/a_1$。

随着应变的保持,黏壶的作用逐渐显示,系统发生弛豫,应力逐渐减小,经过足够长的时间之后,系统达到平衡。在系统达到平衡时,对于 Voigt 型三参量模型,应变由两个串联的弹簧承担,$\sigma(\infty) = k_1 k_2 \varepsilon_0/(k_1 + k_2)$,对应的弛豫模量为 $M_R = \sigma(\infty)/\varepsilon_0 = k_1 k_2/(k_1 + k_2) = b_0$;对于 Maxwell 型三参量模型,应变由弹簧 k_2 承担,$\sigma(\infty) = k_2 \varepsilon_0$,对应的弛豫模量为 $M_R = k_2 = b_0$。

模量的弛豫量为 $\delta M = M_U - M_R = (b_1/a_1) - b_0$。由此也可以得到标准滞弹性固体的弛豫强度为式(3-113),与恒应力实验得到的结果一致。

从式(3-116)和弛豫时间的定义可以得到三参量固体模型的恒应变弛豫时间为

$$\tau_\varepsilon = a_1 \tag{3-117}$$

4)标准滞弹性固体的动态性质

在推导二参量模型的内耗与频率时,我们采用了两个方法:第一个方法是直接求解应力-应变方程式,得到内耗与频率的关系;第二个方法是利用静态响应函数与动态响应函数的关系,从静态响应函数得到动态响应函数,再用动态响应函数得到内耗与频率的关系,两种方法的结果是一致的。下面我们将用复数方法求解应力-应变方程式,得到黏壶与频率的关系。三种方法的结果是一致的,而且都可以应用到各种力学模型,可以根据个人的习惯选择。

外加周期性应力可以写为

$$\sigma = \sigma_0 \exp(\mathrm{i}\omega t) \tag{3-118}$$

由于假设应力和应变之间存在线性关系,应变可以写为

$$\varepsilon = (\varepsilon_1 - \mathrm{i}\varepsilon_2) \exp(\mathrm{i}\omega t) \tag{3-119}$$

将这两个应力和应变表达式代入应力-应变方程式(3-110),可以得到

$$\begin{cases} \sigma_0 = b_0\varepsilon_1 + b_1\omega\varepsilon_2 \\ a_1\omega\sigma_0 = b_1\omega\varepsilon_1 - b_0\varepsilon_2 \end{cases} \tag{3-120}$$

从这两个代数方程式中解出 ε_1 和 ε_2,可以得到

$$J_1(\omega) = \frac{\varepsilon_1}{\sigma_0} = J_U + \frac{\delta J}{1 + \omega^2\tau_\sigma^2} \tag{3-121}$$

和

$$J_2(\omega) = \frac{\varepsilon_2}{\sigma_0} = \delta J \frac{\omega\tau_\sigma}{1 + \omega^2\tau_\sigma^2} \tag{3-122}$$

这两个表达式类似于 Debye 在电介质弛豫研究中得到的介电常数的实部和虚部表达式,所以,这两个表达式也称为 Debye 方程。图 3-18 是 $J_1(\omega)$ 和 $J_2(\omega)$ 与 $\lg\omega\tau_\sigma$ 的关系曲线,从图中

看到，$J_2(\omega)$ 与 $\lg \omega\tau_\sigma$ 的关系是一个峰，这个峰称为 Debye 峰。

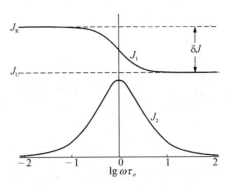

Debye 峰是一个以 $\lg \omega\tau_\sigma = 0$ 为对称轴的对称峰，从式(3-122)可以证明，$J_2(\omega) \sim \lg \omega\tau_\sigma$ 曲线有一个极大值，这个极大值出现在 $\omega\tau_\sigma = 1$ 处，极大值为 $\frac{1}{2}\delta J$，还可以证明，Debye 峰的半宽度为

$$\Delta(\lg \omega\tau_\sigma) = 1.144 \tag{3-123}$$

图 3-18　标准滞弹性固体的 $J_1(\omega)$ 和 $J_2(\omega)$ 与 $\lg \omega\tau_\sigma$ 的关系曲线

从式(3-121)和式(3-122)还可以求出

$$Q^{-1} = \tan \varphi = \frac{J_2(\omega)}{J_1(\omega)} = \delta J \frac{\omega\tau_\sigma}{J_R + J_U \omega^2 \tau_\sigma^2} \tag{3-124}$$

和

$$|J(\omega)| = \sqrt{J_1^2(\omega) + J_2^2(\omega)} = \sqrt{\frac{J_R^2 + J_U^2 \omega^2 \tau_\sigma^2}{1 + \omega^2 \tau_\sigma^2}} \tag{3-125}$$

从 $J_1(\omega) \sim \lg \omega\tau_\sigma$ 曲线可以看到，当 $\omega \to 0$ 时，$J_1(\omega) \to J_R$，表示在测量周期很长时，滞弹性体已经完成了弛豫过程，因此，$J_1(0) \to J_R$；而在 $\omega \to \infty$ 时，$J_1(\omega) \to J_U$，表示在测量周期很短时，滞弹性体来不及弛豫，故 $J_1(\infty) \to J_U$。

类似地，把 $\varepsilon = \varepsilon_0 \exp(i\omega t)$ 和 $\sigma = (\sigma_1 + i\sigma_2)\exp(i\omega t)$ 代入式(3-110)，可以得到

$$M_1(\omega) = M_U - \frac{\delta M}{1 + \omega^2 \tau_\varepsilon^2} = M_R + \delta M \frac{\omega^2 \tau_\varepsilon^2}{1 + M^2 \tau_\varepsilon^2} \tag{3-126}$$

和

$$M_2(\omega) = \delta M \frac{\omega\tau_\varepsilon}{1 + \omega^2 \tau_\varepsilon^2} \tag{3-127}$$

如果将内耗的弛豫时间定义为恒应力条件下的弛豫时间和恒应变条件下的弛豫时间的几何平均值

$$\tau = \sqrt{\tau_\sigma \tau_\varepsilon} \tag{3-128}$$

则有

$$\tau = \frac{\tau_\sigma}{\sqrt{1 + \Delta}} = \frac{\tau_\varepsilon}{\sqrt{1 + \Delta}} \tag{3-129}$$

这里的 Δ 是弛豫强度，利用式(3-129)，式(3-124)可以写为

$$Q^{-1} = \tan \varphi = \frac{\Delta}{\sqrt{1 + \Delta}} \frac{\omega\tau}{1 + \omega^2 \tau^2} \tag{3-130}$$

从式(3-126)和式(3-127)也可以得到与式(3-130)完全相同的表达式。如果 $\Delta \ll 1$，从

式(3-129)可以得到

$$\tau \approx \tau_\sigma \approx \tau_\varepsilon \tag{3-131}$$

式(3-130)可以改写为

$$Q^{-1} = \tan \varphi = \Delta \frac{\omega\tau}{1 + \omega^2\tau^2} \tag{3-132}$$

如果将 $\tan\varphi$ 对频率 ω 求导,并令这个导数等于零,可以得到在 $\omega\tau = 1$ 时 $\tan\varphi$ 有一个极大值 $\Delta/2$。这个结果指出,可以通过内耗-频率曲线上的内耗极大值出现的频率 ω 得到弛豫时间 τ 和弛豫强度 Δ 的值。如果将 $\tan\varphi$ 对温度 T 求导,并令这个导数等于零,可以得到内耗的极大值出现在

$$\omega^2\tau^2 = 1 + \frac{2\tau(\partial\Delta/\partial T)}{\Delta(\partial\tau/\partial T) - \tau(\partial\Delta/\partial T)} \tag{3-133}$$

这个结果指出,在内耗-温度曲线上,内耗极大值处 $\omega\tau$ 一般不等于1,不能够通过频率 ω 简单地得到弛豫时间的值。

5) 弛豫过程的激活能

测量弛豫过程的激活能对于判断弛豫过程的微观机制是十分重要的,葛庭燧在晶界内耗的原创性工作中,测量了多晶铝晶界内耗峰的激活能,发现与用蠕变方法测量的多晶铝晶界扩散激活能一致,从而论证了多晶铝的内耗峰是晶界内耗峰。葛庭燧测量弛豫过程激活能的方法是,在不同的测量频率下,测量内耗-温度曲线,根据滞弹性内耗峰的峰温随着测量频率的移动可以计算这个内耗峰的激活能。这个方法的基础是:如果考虑的弛豫过程是受热激活控制时,弛豫时间 τ 与温度的关系可以用 Arrhenius 方程表示为

$$\tau = \tau_0 \exp\left(\frac{E}{kT}\right) \quad \text{或} \quad \tau^{-1} = \nu_0 \exp\left(-\frac{E}{kT}\right) \tag{3-134}$$

式中:τ_0 称为指数前因子;$\nu_0 = \dfrac{1}{\tau_0}$ 是频率因子,量级为 $10^{11} \sim 10^{13}$;E 是激活能;k 是 Boltzmann 常数。对于一个 Debye 峰,出现峰值的条件是

$$\omega\tau = 1 \quad \text{或} \quad \ln\omega\tau = 0 \tag{3-135}$$

将式(3-135)代入式(3-134),可以得到

$$\ln\omega = \ln\nu_0 - \frac{E}{k}\frac{1}{T_p} \tag{3-136}$$

这里,T_p 是 Debye 峰的峰温。从式(3-136)可以看到,如果将不同频率下测量 Debye 峰的峰温画成 $\ln\omega \sim 1/T_p$ 的图,应该得到一条直线,直线的截矩是 $\ln\nu_0$,而直线的斜率是 E/k,因此,从 $\ln\omega \sim 1/T_p$ 图上直线的斜率可以获得 Debye 峰的激活能。这种测量激活能的方法是比较可靠的,也是滞弹性内耗研究中最常用的方法。当然,也可能会产生在 $\ln\omega \sim 1/T_p$ 图上不是直线的情况,这种情况表明,弛豫时间的 Arrhenius 关系不成立,因为 Arrhenius 关系不是对任何材料都成立的,这时就不能用这种方法测量激活能了。

葛庭燧用内耗-温度曲线上的内耗峰计算激活能的方法是正确的,因为他的学生用他的多

晶铝试样、在葛峰出现的温度范围用内耗-频率曲线证明 $\partial\Delta/\partial T = 0$ 即弛豫强度 Δ 不随温度变化。所以对于他们使用的多晶铝,在内耗-温度曲线上出现的内耗峰满足 $\omega\tau = 1$,而对于其他材料,需要证明 $\partial\Delta/\partial T = 0$,才能用内耗-温度曲线上的内耗峰计算激活能,否则最好还是用内耗-频率曲线上的内耗峰计算激活能。

3.3.3.2 三参量流体模型

前面已经说过,三参量模型一共有四个,上节介绍的是两个固体模型,也可以称为滞弹性模型,还有两个流体模型,也称为黏弹性模型。两个黏弹性模型如图 3-19 所示。

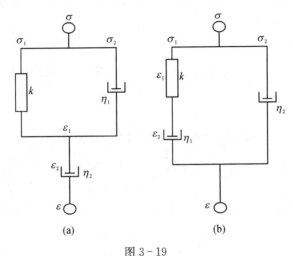

图 3-19

(a) 一个 Voigt 单元构成的三参量流体模型
(b) 一个 Maxwell 单元构成的三参量流体模型

1) 运动方程式

从图 3-19 的模型结构可以写出下面每个元件的应力-应变方程式为

Voigt 单元构成的三参量流体模型	Maxwell 单元构成的三参量流体模型

$$\begin{cases} \sigma_1 = k\varepsilon_1 \\ \sigma_2 = \eta_1 \dfrac{d\varepsilon_1}{dt} \\ \sigma = \sigma_1 + \sigma_2, \\ \sigma = \eta_2 \dfrac{d\varepsilon_2}{dt} \\ \varepsilon = \varepsilon_1 + \varepsilon_2 \end{cases} \qquad \begin{cases} \sigma_1 = k\varepsilon_1 \\ \sigma_1 = \eta_1 \dfrac{d\varepsilon_2}{dt} \\ \varepsilon = \varepsilon_1 + \varepsilon_2 \\ \sigma_2 = \eta_2 \dfrac{d\varepsilon}{dt} \\ \sigma = \sigma_1 + \sigma_2 \end{cases}$$

从这五个方程式中消除 ε_1, ε_2, σ_1 和 σ_2 可以得到图 3-19 模型的运动方程式为

$$\sigma + \frac{\eta_1 + \eta_2}{k} \frac{d\sigma}{dt} = \eta_2 \frac{d\varepsilon}{dt} + \frac{\eta_1 \eta_2}{k} \frac{d^2\varepsilon}{dt^2} \qquad \sigma + \frac{\eta_1}{k} \frac{d\sigma}{dt} = (\eta_1 + \eta_2) \frac{d\varepsilon}{dt} + \frac{\eta_1 \eta_2}{k} \frac{d^2\varepsilon}{dt^2},$$

令

$$a_1 = \frac{\eta_1 + \eta_2}{k}, \quad a_1 = \frac{\eta_1}{k}$$

$$b_1 = \eta_2, \quad b_1 = \eta_1 + \eta_2$$

和
$$b_2 = \frac{\eta_1 \eta_2}{k}, \ b_2 = \frac{\eta_1 \eta_2}{k}$$

则三参量流体模型的应力-应变方程式可以写为

$$\sigma + a_1 \frac{\mathrm{d}\sigma}{\mathrm{d}t} = b_1 \frac{\mathrm{d}\varepsilon}{\mathrm{d}t} + b_2 \frac{\mathrm{d}^2\varepsilon}{\mathrm{d}t^2} \tag{3-137}$$

2) 在恒应力条件下，应力-应变运动方程式的解

恒应力条件是 $\sigma = \sigma_0$，在这个条件下应力-应变方程式（3-137）变为

$$b_2 \frac{\mathrm{d}^2\varepsilon}{\mathrm{d}t^2} + b_1 \frac{\mathrm{d}\varepsilon}{\mathrm{d}t} = \sigma_0 \tag{3-138}$$

这是一个不含 ε 项的二阶常微分方程，可以通过变换降阶为一阶常微分方程式。

令
$$z = \frac{\mathrm{d}\varepsilon}{\mathrm{d}t} \tag{3-139}$$

方程式（3-138）可以写为 $b_2 \mathrm{d}z/\mathrm{d}t + b_1 z = \sigma_0$，这个方程式的解为

$$z = \frac{\sigma_0}{b_1} + A\exp\left(-\frac{b_1}{b_2}t\right) \quad \text{或} \quad \frac{\mathrm{d}\varepsilon}{\mathrm{d}t} = \frac{\sigma_0}{b_1} + A\exp\left(-\frac{b_1}{b_2}t\right)$$

式中：A 是积分常数。再积分可以得到

$$\varepsilon = \frac{\sigma_0}{b_1}t - A\frac{b_2}{b_1}\exp\left(-\frac{b_1}{b_2}t\right) + B \tag{3-140}$$

这个表达式的右边由三项组成，第一项是与时间 t 成正比的项；第二项是弛豫项；第三项是积分常数项，积分常数可以用初始条件得到，我们要求得到的是弛豫时间，从式（3-140）可以得到恒应力条件下的弛豫时间是

$$\tau_\sigma = \frac{b_2}{b_1} = \frac{\eta_1 \eta_2}{k(\eta_1 + \eta_2)} \tag{3-141}$$

3) 在恒应变条件下，应力-应变方程式的解

恒应变条件是 $\varepsilon = \varepsilon_0$，将这个条件代入运动方程式（3-137）可以得到 $a_1 \mathrm{d}\sigma/\mathrm{d}t + \sigma = 0$。这是一个一阶常微分方程式，其解为 $\sigma = A\exp(-t/a_1)$，其中 A 是积分常数，可以用初始条件求出。在恒应变条件下的弛豫时间为

$$\tau_\varepsilon = a_1 = \eta_1/k \tag{3-142}$$

比较式（3-141）和式（3-142）可以得到 $\tau_\varepsilon > \tau_\sigma$。

4) 在交变应力作用下，应力-应变方程式的解

在内耗实验条件下，应力可以取为 $\sigma = \sigma_0\sin\omega t$，应变与应力具有相同的形式，但落后于应力一个位相差 φ，应变可以写为 $\varepsilon = \varepsilon_0\sin(\omega t - \varphi)$。式中，$\sigma_0$ 和 ε_0 分别是应力振幅和应变振幅；而 ω 是圆频率。将应力和应变的表达式代入运动方程式（3-137）可以得到

$$\sigma_0\sin\omega t + \sigma_0 a_1\omega\cos\omega t = \varepsilon_0 b_1\omega\cos(\omega t - \varphi) - \varepsilon_0 b_2\omega^2\sin(\omega t - \varphi)$$

用三角函数的两角和差公式将 $\sin(\omega t - \varphi)$ 和 $\cos(\omega t - \varphi)$ 展开，整理后可以得到

$$\begin{cases} \sigma_0 = \varepsilon_0 b_1 \omega \sin \varphi - \varepsilon_0 b_2 \omega^2 \cos \varphi \\ \sigma_0 a_1 \omega = \varepsilon_0 b_1 \omega \cos \varphi + \varepsilon_0 b_2 \omega^2 \sin \varphi \end{cases} \qquad (3-143)$$

消除 σ_0 和 ε_0 后可以得到

$$\tan \varphi = \frac{1}{\omega(\tau_\varepsilon - \tau_\sigma)} + \frac{\omega \tau_\varepsilon \tau_\sigma}{\tau_\varepsilon - \tau_\sigma} \qquad (3-144)$$

将内耗的弛豫时间定义为 $\tau = \sqrt{\tau_\varepsilon \tau_\sigma}$，则式(3-144)可以写为

$$\tan \varphi = \frac{\sqrt{\tau_\varepsilon \tau_\sigma}}{\tau_\varepsilon - \tau_\sigma} \frac{1 + \omega^2 \tau^2}{\omega \tau} \qquad (3-145)$$

由式(3-145)表示的内耗与频率的关系如图 3-20 所示。从图可以看到,内耗出现了一个极小值。

将式(3-145)对频率求导数可以得到出现极小值的条件是

$$\omega \tau = 1 \qquad (3-146)$$

而极小值是

$$\tan \varphi_{\min} = \frac{2\sqrt{\tau_\sigma / \tau_\varepsilon}}{1 - (\tau_\sigma / \tau_\varepsilon)} \qquad (3-147)$$

需要说明的是:

(1) 到目前为止,在实验上还没有观测到黏弹性引起的内耗谷。

(2) 内耗谷的半谷宽和弛豫强度没有定义,因为按照定义它们都是无穷大。

(3) 三参量模型的对称内耗曲线是在频率取对数情况下得到的,如果频率取线性坐标,得到的曲线就不是对称的了,如图 3-21 和图 3-22 所示。

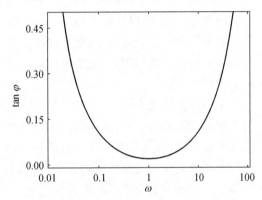

图 3-20　三参量流体模型的内耗与频率的关系

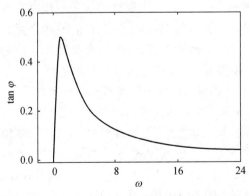

图 3-21　三参量固体模型的内耗曲线

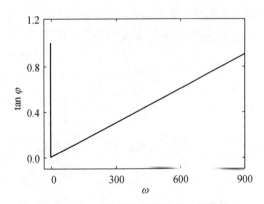

图 3-22　三参量流体模型的内耗曲线

将式(3-143)中的两个表达式平方后相加可以得到模量 M 的表达式为

$$M = \frac{\sigma_0}{\varepsilon_0} = (\eta_1 + \eta_2)\omega\sqrt{\frac{1+\tau_\sigma^2\omega^2}{1+\tau_\varepsilon^2\omega^2}} \tag{3-148}$$

3.3.4 四参量力学模型的一些结果

3.3.4.1 力学模型的求解方法

至此,我们总结一下求解力学模型的方法。

首先组建模型。组建模型时,单纯的两个或者多个理想弹簧的并联或者串联只能算一个弹簧,因为单纯的理想弹簧并联或者串联的结果还是一个理想弹簧,只是弹簧的 k 值不同,而我们对于弹簧的 k 值又没有明确的限制,所以它们只能算一个弹簧。同理,单纯的两个或者多个黏壶的并联或者串联也只能算一个黏壶。

组建模型之后,根据 Hooke's 定理和牛顿黏滞定理可以列出各个参量的应力-应变方程式,其中:对于两个并联的参量,它们的应变是相同的,而它们的应力是不相同的;而对于两个串联的参量,它们的应变是不相同的,而它们的应力是相同的。

有了各个参量的应力-应变方程式之后,从这些方程式中消除各个分支的应力和应变,就可以得到模型系统的应力-应变方程式,这些方程式都是常微分方程式。剩下的事情就是求解运动方程式了。

求解模型的应力-应变方程式要求解三次:第一次是在恒应力条件下或者在蠕变实验中求解方程式,求解的目的是获得恒应力条件下的弛豫时间 τ_σ 表达式;第二次是在恒应变条件下求解方程式,目的是获得恒应变条件下的弛豫时间 τ_ε 表达式;第三次求解运动方程式是在交变应力或者交变应变条件下求解方程式,得到内耗 $\tan\varphi$ 的表达式,这些表达式都是 $\tan\varphi$ 与常微分方程式的系数之间的关系式。

最后,利用弛豫时间的表达式将内耗 $\tan\varphi$ 表达式中的系数变成弛豫参数 τ 和 Δ,得到内耗 $\tan\varphi$ 作为弛豫参数 τ、Δ 和频率 ω 的函数。再求模量 M 的表达式,在模量表达式中,可能还保留少数的系数,整个求解过程就完成了。

3.3.4.2 四参量力学模型的求解结果

为了减少重复,在本节中,我们不再详细介绍四参量模型的求解过程,只给出一些结果。从组建模型的结果表明,四参量模型有 12 个。其中:一个弹簧和三个黏壶的四参量模型有两个,它们都是流体模型或者黏弹性模型;两个弹簧和两个黏壶的滞弹性模型有四个;两个弹簧和两个黏壶的黏弹性模型有四个;三个弹簧和一个黏壶的四参量模型有两个,它们都是滞弹性模型。

1)一个弹簧和三个黏壶组成的四参量模型

一个弹簧和三个黏壶组成的四参量模型有两个,这两个模型都是流体模型或者黏弹性模型,如图 3-23 所示。它们的应力-应变方程式与三参量流体模型相似,具有 $\sigma + a_1 \mathrm{d}\sigma/\mathrm{d}t = b_1 \mathrm{d}\varepsilon/\mathrm{d}t + b_2 \mathrm{d}^2\varepsilon/\mathrm{d}t^2$ 的形式,但恒应力和恒应变条件下弛豫时间的表达式比三参量流体模型要复杂,内耗表达式与三参量流体模型的一样是 $\tan\varphi = (1+\tau_\sigma\tau_\varepsilon\omega^2)/[(\tau_\varepsilon-\tau_\sigma)\omega]$,模量的表达式也与三参量流体模型的类似,但常数部分不相同。内耗-频率

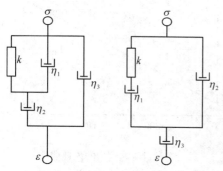

图 3-23　一个弹簧和三个黏壶组成的四参量模型

曲线在 $\omega\tau=1$ 处出现极小值，极小值的大小与三参量流体模型的相同为 $\tan\varphi_{\min}=2\sqrt{\tau_\sigma/\tau_\varepsilon}\,/[1-(\tau_\sigma/\tau_\varepsilon)]$。模量的表达式为 $M=b_1\omega\sqrt{(1+\tau_\sigma^2\omega^2)/(1+\tau_\varepsilon^2\omega^2)}$。

2）两个弹簧和两个黏壶组成的四参量黏弹性模型

两个弹簧和两个黏壶组成的四参量流体模型或者黏弹性模型有四个，如图 3-24 所示。

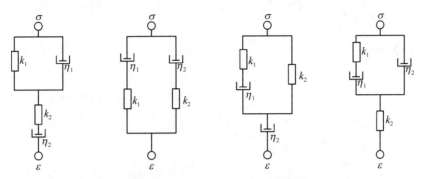

图 3-24　两个弹簧和两个黏壶组成的四参量流体或者黏弹性模型

这四个模型的应力-应变方程式都具有 $\sigma+a_1\dfrac{\mathrm{d}\sigma}{\mathrm{d}t}+a_2\dfrac{\mathrm{d}^2\sigma}{\mathrm{d}t^2}=b_1\dfrac{\mathrm{d}\varepsilon}{\mathrm{d}t}+b_2\dfrac{\mathrm{d}^2\varepsilon}{\mathrm{d}t^2}$ 的形式，但它们的常数 a_1，a_2，b_1 和 b_2 的表达式各不相同。在恒应力条件下，得到的弛豫时间表达式是 $\tau_\sigma=b_2/b_1$。在恒应变条件下，得到的弛豫时间有两个：$\tau_{\varepsilon1}=1/\lambda_1$ 和 $\tau_{\varepsilon2}=1/\lambda_2$，而 λ_1 和 λ_2 是一个二次代数方程式 $a_2s^2-a_1s+1=0$ 的两个根，即 $\lambda_{1,2}=\dfrac{a_1}{2a_2}\mp\dfrac{\sqrt{a_1^2-4a_2}}{2a_2}$。内耗表达式为 $\tan\varphi=\dfrac{1+[(\tau_{\varepsilon1}+\tau_{\varepsilon2})\tau_\sigma-\tau_{\varepsilon1}\tau_{\varepsilon2}]\omega^2}{(\tau_{\varepsilon1}+\tau_{\varepsilon2}-\tau_\sigma)\omega+\tau_{\varepsilon1}\tau_{\varepsilon2}\tau_\sigma\omega^3}$。在三参量模型中，将内耗的弛豫时间定义为恒应力和恒应变的弛豫时间的几何平均值，在这里如何定义内耗的弛豫时间是一个有待研究的问题。模量的表达式是 $M=b_1\omega\sqrt{\dfrac{1+\tau_\sigma^2\omega^2}{(1-\tau_{\varepsilon1}\tau_{\varepsilon2}\omega^2)^2+(\tau_{\varepsilon1}+\tau_{\varepsilon2})^2\omega^2}}$。

3）两个弹簧和两个黏壶组成的四参量滞弹性模型

两个弹簧和两个黏壶组成的四参量滞弹性模型有四个，如图 3-25 所示。

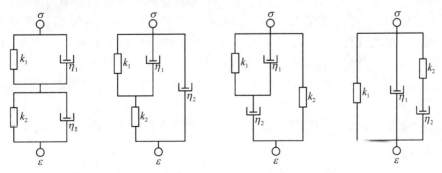

图 3-25　由两个弹簧和两个黏壶组成的四参量滞弹性模型

这四个滞弹性模型的运动方程式具有 $\sigma+a_1\dfrac{\mathrm{d}\sigma}{\mathrm{d}t}=b_0\varepsilon+b_1\dfrac{\mathrm{d}\varepsilon}{\mathrm{d}t}+b_2\dfrac{\mathrm{d}^2\varepsilon}{\mathrm{d}t^2}$ 的形式，对于不同的模

型,方程式的系数各不相同。在恒应力条件下,这个方程式可以得到两个弛豫时间,$\tau_{\sigma 1} = 1/\lambda_1$ 和 $\tau_{\sigma 2} = 1/\lambda_2$,而 λ_1 和 λ_2 是代数方程式 $b_2 s^2 + b_1 s + b_0 = 0$ 的两个根,$\lambda_{1,2} = \dfrac{b_1 \pm \sqrt{b_1^2 - 4b_0 b_2}}{2b_2}$。在恒应变条件下,得到的弛豫时间是 $\tau_\varepsilon = a_1$。在交变应力作用下,得到的内耗表达式为 $\tan \varphi = \dfrac{(\tau_{\sigma 1} + \tau_{\sigma 2} - \tau_\varepsilon)\omega + \tau_{\sigma 1}\tau_{\sigma 2}\tau_\varepsilon \omega^3}{1 + (\tau_{\sigma 1}\tau_\varepsilon + \tau_{\sigma 2}\tau_\varepsilon - \tau_{\sigma 1}\tau_{\sigma 2})\omega^2}$,这里依然存在如何定义内耗的弛豫时间和弛豫强度的问题。这四个模型的模量与频率的关系式是 $M = \dfrac{b_2}{\tau_{\sigma 1}\tau_{\sigma 2}} \sqrt{\dfrac{(\tau_{\sigma 1} + \tau_{\sigma 2})^2 \omega^2 + (1 - \tau_{\sigma 1}^2 \tau_{\sigma 2}^2 \omega^2)^2}{1 + \tau_\varepsilon^2 \omega^2}}$。

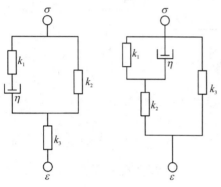

图 3 - 26　由三个弹簧和一个黏壶组成的四参量模型

4) 三个弹簧和一个黏壶组成的四参量模型

三个弹簧和一个黏壶可以组成两个四参量模型,这两个四参量模型都是滞弹性固体模型,如图 3 - 26 所示。

这两个四参量模型的运动方程式是 $\sigma + a_1 \dfrac{\mathrm{d}\sigma}{\mathrm{d}t} = b_0 \varepsilon + b_1 \dfrac{\mathrm{d}\varepsilon}{\mathrm{d}t}$,可以看到这个运动方程式与三参量固体的运动方程式具有相同的形式,只是它们的系数不同。在恒应力条件下,得到的弛豫时间是 $\tau_\sigma = b_1/b_0$。在恒应变条件下,得到的弛豫时间是 $\tau_\varepsilon = a_1$。在交变应力作用下,可以得到内耗与频率的关系是 $\tan \varphi = \dfrac{(\tau_\sigma - \tau_\varepsilon)\omega}{1 + \tau_\sigma \tau_\varepsilon \omega^2}$,在形式上与三参量固体模型一致。在内耗-频率曲线上有一个极大值,极大值出现的条件是 $\tau_\sigma \tau_\varepsilon \omega^2 = 1$,极大值为 $\tan \varphi_{\max} = \dfrac{\tau_\sigma - \tau_\varepsilon}{2\sqrt{\tau_\sigma \tau_\varepsilon}}$。弛豫强度为 $\Delta = \dfrac{\tau_\sigma}{\tau_\varepsilon} - 1$。所有这些结果都与三参量固体模型一致。

5) 四参量模型小结

从四参量模型得到的结果可以看到,虽然四参量模型有 12 个,但一个弹簧和三个黏壶组成的两个四参量模型没有得到新的结果,它们与三参量黏弹性模型的结果一样;而三个弹簧和一个黏壶组成的两个四参量模型也没有得到新的结果,它们与三参量滞弹性模型的结果一样。得到新结果的只有两个弹簧和两个黏壶组成的黏弹性模型和滞弹性模型,虽然这两种模型每种都有四个,但四个模型的结果都是一样,最后只有两个新的结果,在这两个新的结果中,由于定义内耗的弛豫时间问题没有解决,得到的内耗表达式不能表示为频率和弛豫参数的函数。

从上面的模型研究可以看到:力学模型的应力-应变方程式的一般形式可以写为

$$\sigma + a_1 \frac{\mathrm{d}\sigma}{\mathrm{d}t} + a_2 \frac{\mathrm{d}^2\sigma}{\mathrm{d}t^2} + \cdots = b_0 \varepsilon + b_1 \frac{\mathrm{d}\varepsilon}{\mathrm{d}t} + b_2 \frac{\mathrm{d}^2\varepsilon}{\mathrm{d}t^2} + \cdots \tag{3-149}$$

从理论上说,这些方程式都是可以求得解析解的,但是从四参量模型开始,由于没有解决内耗的弛豫时间定义的问题,所以没有得到用弛豫参数和频率表示的内耗表达式。

另一方面,从上面力学模型的构建可以看到,一个参量的模型有 2 个;两个参量的模型有

2 个;三个参量的模型有 4 个;四个参量的模型有 12 个。如果每种参量的模型数没有错误,那么模型数可以看成一个级数,2,2,4,12,…这个级数的通项是 $2(n-1)!$,$n=1,2,3,4,…$ 其中 n 是项数,也是模型的单元数。如果这个观点是正确的,那么五参量模型数量是 48 个;六参量模型数是 240 个…。这些结果,如果有必要,还有待研究。

3.4 滞弹性弛豫的弛豫谱

在 3.2 节中,我们介绍的弛豫过程只涉及一个弛豫过程和一个弛豫时间。实际上,我们研究的弛豫过程往往不是单一的弛豫过程,而是多个弛豫时间的弛豫过程,其中的每个弛豫过程都有一个属于自己的弛豫时间,在内耗测量中,每个弛豫过程都有可能有一个 Debye 峰。如果这些弛豫过程的弛豫时间相差很大,各个 Debye 峰相互不重叠,则构成了离散谱;如果这些弛豫过程的弛豫时间相差很小,Debye 峰相互重叠在一起,形成连续分布,则构成了连续谱,下面我们将分别介绍这两种弛豫谱。

3.4.1 离散谱

将图 3-17 的图(a)所示的三参量模型中再增加一个 Voigt 单元就构成了一个五参量模型,如图 3-27(a)所示,这五个参量是 J_U,$\delta J^{(1)}$,$\delta J^{(2)}$,$\tau_\sigma^{(1)}$ 和 $\tau_\sigma^{(2)}$,根据各个元件的关系,我们可以推导出这个五参量模型的微分方程是

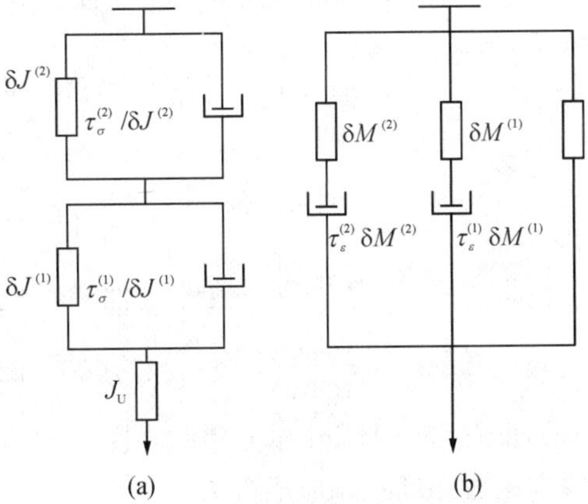

图 3-27　五参量的两个固体模型

(a) Voigt 型　(b) Maxwell 型

$$\frac{\mathrm{d}^2\varepsilon}{\mathrm{d}t^2} + \left(\frac{1}{\tau_\sigma^{(1)}} + \frac{1}{\tau_\sigma^{(2)}}\right)\frac{\mathrm{d}\varepsilon}{\mathrm{d}t} + \frac{\varepsilon}{\tau_\sigma^{(1)}\tau_\sigma^{(2)}}$$

$$= J_U\frac{\mathrm{d}^2\sigma}{\mathrm{d}t^2} + \left[\frac{\delta J^{(1)}}{\tau_\sigma^{(1)}} + \frac{\delta J^{(2)}}{\tau_\sigma^{(2)}} + \left(\frac{1}{\tau_\sigma^{(1)}} + \frac{1}{\tau_\sigma^{(2)}}\right)J_U\right]\frac{\mathrm{d}\sigma}{\mathrm{d}t}$$

$$+ \frac{\delta J^{(1)} + \delta J^{(2)} + J_U}{\tau_\sigma^{(1)}\tau_\sigma^{(2)}}\sigma \tag{3-150}$$

从图 3-27(a)可以看出,总应变是两个 Voigt 单元和弹簧之和,故静态响应函数为

$$J(t) = J_U + \delta J^{(1)}\left[1 - \exp\left(-\frac{t}{\tau_\sigma^{(1)}}\right)\right] + \delta J^{(2)}\left[1 - \exp\left(-\frac{t}{\tau_\sigma^{(2)}}\right)\right] \tag{3-151}$$

$$J(0) = J_U \tag{3-152}$$

$$J_R = J(\infty) = J_U + \delta J^{(1)} + \delta J^{(2)} \tag{3-153}$$

把 $\sigma = \sigma_0\exp(\mathrm{i}\omega t)$ 和 $\varepsilon = (\varepsilon_1 - \mathrm{i}\varepsilon_2)\exp(\mathrm{i}\omega t)$ 代入式(3-150),则得到的动态响应函数为

$$J_1(\omega) = J_U + \frac{\delta J^{(1)}}{1 + (\omega\tau_\sigma^{(1)})^2} + \frac{\delta J^{(2)}}{1 + (\omega\tau_\sigma^{(2)})^2} \tag{3-154}$$

和

$$J_2(\omega) = \delta J^{(1)}\frac{\omega\tau_\sigma^{(1)}}{1 + (\omega\tau_\sigma^{(1)})^2} + \delta J^{(2)}\frac{\omega\tau_\sigma^{(2)}}{1 + (\omega\tau_\sigma^{(2)})^2} \tag{3-155}$$

式中：$\tau_\sigma^{(1)}$ 和 $\tau_\sigma^{(2)}$ 是恒应力条件下两个弛豫过程的弛豫时间，在 $\lg \omega\tau$ 坐标上，$J_2(\omega)$ 是两个 Debye 峰之和，但内耗 $\tan\varphi = \dfrac{J_2(\omega)}{J_1(\omega)}$ 一般不是两个 Debye 峰之和。

把图 3-17(b) 所示的三参量模型再并联一个 Maxwell 单元也可以构成一个五参量模型，如图 3-27(b) 所示，这个五参量模型的五个参量是 M_R，$\delta M^{(1)}$，$\delta M^{(2)}$，$\tau_\varepsilon^{(1)}$ 和 $\tau_\varepsilon^{(2)}$，从这些元件之间的关系可以写出这个五参量模型的微分方程为

$$
\begin{aligned}
&\frac{\mathrm{d}^2\sigma}{\mathrm{d}t^2} + \left(\frac{1}{\tau_\varepsilon^{(1)}} + \frac{1}{\tau_\varepsilon^{(2)}}\right)\frac{\mathrm{d}\sigma}{\mathrm{d}t} + \frac{\sigma}{\tau_\varepsilon^{(1)}\tau_\varepsilon^{(2)}} \\
&= M_U\frac{\mathrm{d}^2\varepsilon}{\mathrm{d}t^2} + \left[\frac{\delta M^{(1)}}{\tau_\varepsilon^{(1)}} + \frac{\delta M^{(2)}}{\tau_\varepsilon^{(2)}} + M_R\left(\frac{1}{\tau_\varepsilon^{(1)}} + \frac{1}{\tau_\varepsilon^{(2)}}\right)\right]\frac{\mathrm{d}\varepsilon}{\mathrm{d}t} + \frac{M_R}{\tau_\varepsilon^{(1)}\tau_\varepsilon^{(2)}}\varepsilon
\end{aligned}
\tag{3-156}
$$

式中：$M_U = M_R + \delta M^{(1)} + \delta M^{(2)}$，而 $\tau_\varepsilon^{(1)}$ 和 $\tau_\varepsilon^{(2)}$ 是恒应变条件下的两个弛豫过程的弛豫时间，从方程式(3-156)，可以求出静态响应函数为

$$
M(t) = M_R + \delta M^{(1)}\exp\left(-\frac{t}{\tau_\varepsilon^{(1)}}\right) + \delta M^{(2)}\exp\left(-\frac{t}{\tau_\varepsilon^{(2)}}\right)
\tag{3-157}
$$

将 $\varepsilon = \varepsilon_0\exp(\mathrm{i}\omega t)$ 和 $\sigma = (\sigma_1 + \mathrm{i}\sigma_2)\exp(\mathrm{i}\omega t)$ 代入式(3-156)，可以得到动态响应函数为

$$
M_1(\omega) = M_R + \delta M^{(1)}\frac{(\omega\tau_\varepsilon^{(1)})^2}{1 + (\omega\tau_\varepsilon^{(1)})^2} + \delta M^{(2)}\frac{(\omega\tau_\varepsilon^{(2)})^2}{1 + (\omega\tau_\varepsilon^{(2)})^2}
\tag{3-158}
$$

和
$$
M_2(\omega) = \delta M^{(1)}\frac{\omega\tau_\varepsilon^{(1)}}{1 + (\omega\tau_\varepsilon^{(1)})^2} + \delta M^{(2)}\frac{\omega\tau_\varepsilon^{(2)}}{1 + (\omega\tau_\varepsilon^{(2)})^2}
\tag{3-159}
$$

这个结果表明，当存在两个弛豫过程时，动态模量是两个弛豫过程的动态模量之和，根据式 (3-36)，$\tan\varphi = \dfrac{M_2(\omega)}{M_1(\omega)}$，在一般情况下，内耗不是两个 Debye 峰之和。

如果有 n 个 Voigt 单元串联在图 3-27(a) 中，类似于两个 Voigt 单元的处理方法，可以求得蠕变函数和动态响应函数为

$$
J(t) = J_U + \sum_{i=1}^{n}\delta J^{(i)}\left[1 - \exp\left(-\frac{t}{\tau_\sigma^{(i)}}\right)\right]
\tag{3-160}
$$

$$
J_1(\omega) = J_U + \sum_{j=1}^{n}\frac{\delta J^{(i)}}{1 + (\omega\tau_\sigma^{(i)})^2}
\tag{3-161}
$$

$$
J_2(\omega) = \sum_{j=1}^{n}\delta J^{(i)}\frac{\omega\tau_\sigma^{(i)}}{1 + (\omega\tau_\sigma^{(i)})^2}
\tag{3-162}
$$

同样，如果有 n 个 Maxwell 单元并联在图 3-27(b) 中，可以求得应力弛豫函数和动态响应函数为

$$
M(t) = M_R + \sum_{i=1}^{n}\delta M^{(i)}\left[1 - \exp\left(-\frac{t}{\tau_\varepsilon^{(i)}}\right)\right]
\tag{3-163}
$$

$$
M_1(\omega) = M_R + \sum_{j=1}^{n}\delta M^{(i)}\frac{(\omega\tau_\varepsilon^{(i)})^2}{1 + (\omega\tau_\varepsilon^{(i)})^2}
\tag{3-164}
$$

$$M_2(\omega) = \sum_{j=1}^{n} \delta M^{(i)} \frac{\omega \tau_\varepsilon^{(i)}}{1 + (\omega \tau_\varepsilon^{(i)})^2} \tag{3-165}$$

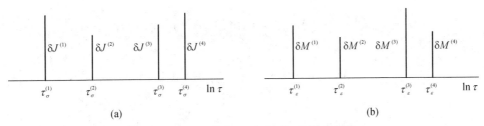

图 3 - 28　不同条件下弛豫时间谱的示意图

(a) 恒应力　(b) 恒应变

图 3 - 28 给出了在恒应力和恒应变条件下四个弛豫过程的弛豫时间的离散谱。在 $\ln\tau$ 坐标轴上，τ 决定了谱线的位置，δJ 或者 δM 决定了弛豫的大小（谱线的高低），这个现象与光谱类似，称为弛豫谱。在图 3 - 28 中，这些谱线是分开的，相互不重叠的，我们称它为离散谱。对于同一个弛豫过程，因为恒应变条件下的弛豫时间比恒应力条件下的弛豫时间小，$\tau_\varepsilon < \tau_\sigma$，在图 3 - 28 中，$\tau_\varepsilon$ 处于较低的位置。上述事实说明，多个弛豫的响应函数是各个弛豫过程响应函数的叠加，只有当两个弛豫时间 τ 相差在一个数量级以上时，我们才能把两个弛豫谱分开。

3.4.2　连续谱

如果弛豫时间在某个范围内是连续的，则动态和静态响应函数也应该是连续的。假设在 $\ln\tau$ 到 $\ln\tau + \mathrm{d}(\ln\tau)$ 的间隔内，δJ 的平均值是 $X(\ln\tau)$，$X(\ln\tau)$ 被称为恒应力弛豫谱，具有柔度的量纲，在这个间隔内，它对总 δJ 的贡献是 $X(\ln\tau)\mathrm{d}(\ln\tau)$。类似地，若在 $\ln\tau$ 到 $\ln\tau + \mathrm{d}(\ln\tau)$ 的间隔内，δM 的平均值是 $Y(\ln\tau)$，$Y(\ln\tau)$ 被称为恒应变弛豫谱，具有弹性模量的量纲，在这个间隔内，它对总 δM 的贡献是 $Y(\ln\tau)\mathrm{d}(\ln\tau)$。与分离谱相比较，$\delta J^{(i)}$ 相当于 $X(\ln\tau)\mathrm{d}(\ln\tau)$，而 $\delta M^{(i)}$ 相当于 $Y(\ln\tau)\mathrm{d}(\ln\tau)$。于是，静态和动态响应函数可以写为

$$J(t) = J_U + \int_{-\infty}^{\infty} X(\ln\tau)(1 - \mathrm{e}^{-t/\tau})\mathrm{d}(\ln\tau) \tag{3-166}$$

$$J_1(\omega) = J_U + \int_{-\infty}^{\infty} \frac{X(\ln\tau)}{1 + \omega^2 \tau^2}\mathrm{d}(\ln\tau) \tag{3-167}$$

$$J_2(\omega) = \int_{-\infty}^{\infty} X(\ln\tau) \frac{\omega\tau}{1 + \omega^2 \tau^2}\mathrm{d}(\ln\tau) \tag{3-168}$$

而且

$$\int_{-\infty}^{\infty} X(\ln\tau)\mathrm{d}(\ln\tau) = \delta J \tag{3-169}$$

类似地，对于应变弛豫有

$$M(t) = M_R + \int_{-\infty}^{\infty} Y(\ln\tau)(1 - e^{-t/\tau})d(\ln\tau) \tag{3-170}$$

$$M_1(\omega) = M_R + \int_{-\infty}^{\infty} Y(\ln\tau)\frac{\omega^2\tau^2}{1+\omega^2\tau^2}d(\ln\tau) \tag{3-171}$$

$$M_2(\omega) = \int_{-\infty}^{\infty} Y(\ln\tau)\frac{\omega\tau}{1+\omega^2\tau^2}d(\ln\tau) \tag{3-172}$$

而且

$$\int_{-\infty}^{\infty} Y(\ln\tau)d(\ln\tau) = \delta M \tag{3-173}$$

引入归一化分布函数为

$$\Psi(\ln\tau) = \frac{1}{\delta J}X(\ln\tau) \tag{3-174}$$

和

$$\Phi(\ln\tau) = \frac{1}{\delta M}Y(\ln\tau) \tag{3-175}$$

则有

$$\int_{-\infty}^{\infty} \Psi(\ln\tau)d(\ln\tau) = 1 \tag{3-176}$$

$$\int_{-\infty}^{\infty} \Phi(\ln\tau)d(\ln\tau) = 1 \tag{3-177}$$

由此可以写出归一化蠕变函数和归一化分布函数之间的关系为

$$1 - \psi(t) = \int_{-\infty}^{\infty} \Psi(\ln\tau)\exp\left(-\frac{t}{\tau}\right)d(\ln\tau) \tag{3-178}$$

归一化应力弛豫函数和归一化分布函数之间的关系为

$$\varphi(t) = \int_{-\infty}^{\infty} \Phi(\ln\tau)\exp\left(-\frac{t}{\tau}\right)d(\ln\tau) \tag{3-179}$$

当弛豫强度 $\Delta \ll 1$ 时，有

$$\Psi(\ln\tau) \approx \Phi(\ln\tau) \tag{3-180}$$

如果弛豫强度的 $\Delta \ll 1$ 不成立，则 $X(\ln\tau)$ 和 $Y(\ln\tau)$ 之间的关系是

$$Y(\ln\tau) = \frac{X(\ln\tau)}{\left[J_U + \int_{-\infty}^{\infty} \frac{X(\ln u)}{1 - (u/\tau)}d(\ln u)\right]^2 + \pi^2 X^2(\ln\tau)} \tag{3-181}$$

和

$$X(\ln \tau) = \frac{Y(\ln \tau)}{\left[M_R - \int_{-\infty}^{\infty} \frac{Y(\ln u)(u/\tau)}{1-(u/\tau)} d(\ln u) \right]^2 + \pi^2 Y^2(\ln \tau)} \qquad (3-182)$$

至此,对于连续谱的问题转化成计算分布函数的问题。

3.4.3　连续谱的分布函数

为了获得连续谱的分布函数,通常有两种方法:一种方法是从已知的响应函数计算分布函数;另一种方法是首先假定一个分布函数,在这个假定的分布函数中包含一个可变参数(分布参数),然后推导出对应的响应函数,调整可变参数使推导出的响应函数与实验结果相符合。由于连续谱的问题不仅是内耗研究的一个问题,在很多研究领域也都存在连续谱的问题,例如在介电弛豫研究中有介电弛豫谱,发光研究中也存在弛豫谱的问题等,人们进行了大量的工作,试图寻找一个普适的分布函数,但是至今仍然没有得到,虽然有人自己认为得到了这样的函数,但没有得到公认。因此,这项寻找普适的分布函数的工作至今仍在进行中。在这一节中,我们只介绍一个 Gauss(对数正态)分布。

首先,我们假定弛豫谱的分布函数是 Gauss (lognornal distribution——对数分布)分布,这个分布函数被定义为

$$\Psi(z) \text{ 或 } \Phi(z) = \frac{1}{\beta\sqrt{\pi}} \exp\left[-\left(\frac{z}{\beta}\right)^2 \right] \qquad (3-183)$$

式中:$z = \ln\left(\dfrac{\tau}{\tau_m}\right)$,$\tau_m$ 是对数平均弛豫时间;因子 $\dfrac{1}{\beta\sqrt{\pi}}$ 是由归一化条件 $\int_{-\infty}^{\infty} \Psi(z)dz = 1$ 引入的归一化因子;β 是分布宽度,即分布参数。当 $z = \pm\beta$ 时,$\Psi(z) = \dfrac{\psi(0)}{e}$,即 2β 是相对高度为 $\dfrac{1}{e}$ 时的分布宽度,如图 3-29 所示。令 $\omega = \dfrac{z}{\beta}$ 和 $x = \ln\omega\tau_m$,可以得到

$$\frac{J_1(x) - J_U}{\delta J} = \frac{1}{\sqrt{\pi}} \int_{-\infty}^{\infty} \frac{\exp(-\omega^2)}{1 + \exp[2(x+\beta\omega)]} d\omega \equiv f_1(x, \beta) \qquad (3-184)$$

和

$$\frac{J_2(x)}{\delta J} = \frac{1}{2\sqrt{\pi}} \int_{-\infty}^{\infty} \exp(-\omega^2) \operatorname{sech}(x+\beta\omega) \equiv f_2(x, \beta) \qquad (3-185)$$

令 $y = \ln\left(\dfrac{t}{\tau_m}\right)$,则归一化蠕变函数为

$$1 - \psi(y) = \sqrt{\pi} \int_{-\infty}^{\infty} \exp(-\omega^2) \exp[-\exp(y-\beta\omega)] d\omega \equiv g(y, \beta) \qquad (3-186)$$

这些积分至今还没有得到解析表达式,但利用数值计算得到了不同 β 值的归一化动态模量

$f_1(x', \beta)$ 与 x' 的函数关系如图 3-30 所示。其中，$x' = x/2.303$，而 $x = \ln \omega \tau_m$。

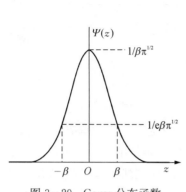

图 3-29　Gauss 分布函数

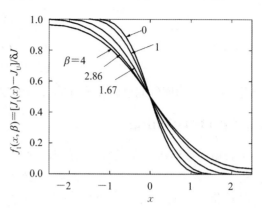

图 3-30　不同分布参数 β 的归一化动态模量 $f_1(x', \beta)$

图 3-31 给出了不同分布参数 β 的归一 $f_2(x, \beta) \equiv J_2(x)/\delta J$ 图。需要指出的是，$\beta = 0$ 对应于标准滞弹性固体的情况，这是一个单一弛豫时间的结果，这时 Debye 峰的半峰宽 $\Delta x(0) = 1.144$，随着 β 的增加，峰宽增加，同时峰高降低。图 3-32 画出了相对峰宽 $r_2(\beta) = \Delta x'(\beta)/\Delta x'(0)$ 和相对峰高 $2f_2(0, \beta)$ 与 β 的关系。式中 $\Delta x'(0) = 1.144$ 是 Debye 峰的半峰宽。

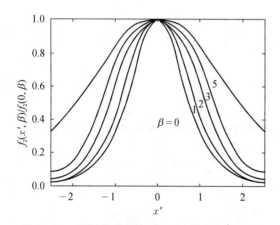

图 3-31　不同分布函数 β 的归一化 $f_2(x', \beta)$ 图

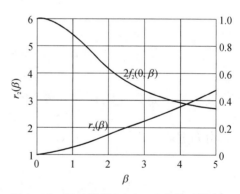

图 3-32　相对峰高 $2f_2(0, \beta)$ 和相对峰宽 r_2 (β) 与分布参数 β 的关系

3.4.4　热激活过程的分布函数

对于热激活过程，弛豫时间遵从 Arrhenius 关系

$$\ln \tau = \ln \tau_0 + \frac{E}{kT} \tag{3-187}$$

对于连续谱而言，τ 有一个分布，τ 有分布的原因可能是：①τ_0 有一个分布；②激活能 E 有一个分布；③τ_0 和 E 都有一个分布。

如果，在不同温度下，弛豫时间的分布函数 $\Psi(\ln \tau)$ 或者 $\Psi\left(\ln \dfrac{\tau}{\tau_m}\right)$ 的形式相同，只是参数

不同,那么可以说,τ 的分布是起源于激活能的分布,其理由如下:设 E_m 是激活能中的最可几值,则

$$\ln \tau_m = \ln \tau_0 + \frac{E_m}{kT} \qquad (3-188)$$

将式(3-187)减式(3-188)可以得到

$$\ln \frac{\tau}{\tau_m} = \frac{1}{kT}(E - E_m) \qquad (3-189)$$

等式两边除以 b,则有

$$\frac{1}{b}\ln\left(\frac{\tau}{\tau_m}\right) = \frac{1}{bkT}(E - E_m) \qquad (3-190)$$

如果 τ 的这个分布与 T 无关,则 bT 必须是一个常数,即 $b \propto 1/T$。可以证明:在 Gauss 分布的情况下,b 是 Gauss 分布的参数 β,而

$$\beta = \frac{\beta_E}{kT} \qquad (3-191)$$

式中:β_E 是激活能的分布宽度。

如果,τ 的分布不是来自激活能的分布,则完全是由于 $\ln \tau_0$ 的分布引起的,这时,分布函数 Ψ 将与温度无关。因此,可以假设 $\ln \tau_0$ 的分布是 Gauss 分布,并具有参数 β_0,则 $\ln \tau$ 的分布也将是具有参数 $\beta = \beta_0$ 的 Gauss 分布。因此,可以根据分布参数是否与温度有关来区分是激活能 E 有分布还是频率因子 τ_0 有一个分布。

如果 E 和 $\ln \tau_0$ 都有分布,那么情况就比较复杂,这时需要知道有关 E 和 $\ln \tau_0$ 之间关系的进一步信息,当 E 和 $\ln \tau_0$ 不是完全独立变化,而是随着一个内部参量作线性变化时,而且这个内部参量的分布是 Gauss 型分布时,则 E 和 $\ln \tau_0$ 都将具有 Gauss 分布,前者的参数是 β_E,后者的参数是 β_0,这样,$\ln \tau$ 也将是 Gauss 分布,其参量是

$$\beta = \left| \beta_0 \pm \left(\frac{\beta_0}{kT}\right) \right| \qquad (3-192)$$

式中的加号适用于 E 和 $\ln \tau_0$ 都随着内部参量同时增加或者减小的情况,负号适用于两种变化趋势相反的情况。

关于弛豫过程的分布函数,当前还是研究的热点问题,最近倪嘉陵写的《复杂系统的弛豫和扩散》一书中提出了"耦合模型",总结了包括介电弛豫等弛豫现象的很多研究结果[7]。

关于固体内耗的滞弹性弛豫理论我们就介绍到这里,按照葛庭燧的分类方法,在这里我们只介绍了线性滞弹性内耗,特点是内耗与测量的频率有关,与应变振幅无关。还有一类内耗,不仅与测量频率有关,还与测量的应变振幅有关,称为非线性滞弹性内耗;完全与频率无关,只与应变振幅有关的内耗称为静滞后型内耗;内耗峰与频率有关,但对温度变化不敏感,这种内耗称为阻尼共振型内耗。这些内容一部分将在内耗峰形成的微观机制中讨论。

参考文献

［1］王龙甫. 弹性理论［M］. 北京：科学出版社，1984.

［2］Nowick A S, Berry B S. Anelastic Relaxation in Crystalline Solids［M］. Academic Press，New York and London，1972.

［3］Zener C. Elasticity and Anelasticity of Metals［M］. The University of Chicago Press，Chicago，Illinois，1948；中译本：金属中的弹性和滞弹性，孔庆平等译，北京：科学出版社，1965.

［4］Hopkins I L, Hamming R W. On Creep and Relaxation［J］. J. Appl. Phys.，1957,28(8):906.

［5］Kronig R. de L. On the Theory of Dispersion of X-Rays［J］. J. Opt. Soc. Amer.，1926,12(6):547－556.

［6］Flugge W. Viscoelasticity［M］. Second Edition，Springer-Verlag，New York，Heidelberg，Berlin，1976.

［7］Ngai K L. Relaxation and Diffusion in Complex Systems［M］. Springer，2011.

4   点缺陷内耗(弛豫)

方前锋(中国科学院固体物理研究所)

4.1   点缺陷弛豫的理论

4.1.1   序参量(内部参量)与标准滞弹性固体

设某一适当选择的序参量,它联系着应力-应变,即它与应力应变都有关系。在线形情况下,有(假设一):

$$\varepsilon(\sigma, \xi) = J_u\sigma + K\xi \tag{4-1}$$

式中第一项:弹性;第二项:序参量 ξ 的贡献,为滞弹性。

$$\varepsilon^{an} = K\xi \tag{4-2}$$

由于是滞弹性,ξ 本身与外力 σ 不可能有一一对应的关系,但其平衡值与外力有一一对应关系。

设 $\sigma = 0$ 时,$\bar{\xi} = 0$。在某一应力下 ξ 的平衡值 $\bar{\xi}$ 与 σ 成正比。

有(假设二):

$$\bar{\xi} = \mu\sigma \tag{4-3}$$

(假设三):ξ 所遵循的动力学过程为

$$\frac{\mathrm{d}\xi}{\mathrm{d}t} = -\frac{1}{\tau}(\xi - \bar{\xi}) \tag{4-4}$$

有了这三个假设,就定义了一个标准滞弹性固体,它的顺度弛豫为

$$\delta J = \bar{\varepsilon}^{an}/\sigma = K\bar{\xi}/\sigma = K\mu \tag{4-5}$$

由力学三参数模型,标准滞弹性固体的应力-应变方程可写为

$$\sigma + \tau_\varepsilon\dot{\sigma} = \varepsilon/J_R + \tau_\varepsilon\frac{\dot{\varepsilon}}{J_U} \tag{4-6}$$

可证明此方程与三个假设是完全等价的,只要假设

$$\tau_\varepsilon = \frac{J_U}{J_R}\tau$$

和
$$\delta J = J_R - J_U = K\mu \tag{4-7}$$

对于多个序参量的情况,处理类似,应注意对应每个序参量都有一个相应的弛豫过程$(\delta J, \tau)$。

4.1.2 弛豫的热力学基础

考虑一个有 N 个序参量的体系 ξ_p $(p = 1, 2, \cdots, N)$。要完全描述此体系所需的独立变量为(T, σ, ξ_p)。

Gibbs 自由能可写为

$$dg = -SdT - \varepsilon d\sigma - \sum A_p d\xi_p \tag{4-8}$$

这里 $A_p = -(\partial g/\partial \xi_p)$ 叫亲和力。由于 σ,T 一定时,平衡情况 $(\xi_p = \bar{\xi}_p)$ 下,$dg = 0$。所以有 $\bar{A}_p = 0$。

因此 A_p 可看做 ξ_p 偏离平衡值后趋向平衡值的驱动力。当所有量都变化较小时,有线性关系:

$$
\begin{cases}
\Delta S = \dfrac{C_\sigma}{T_0}\Delta T + \alpha\sigma + \sum_p x_p \xi_p \\[2mm]
\varepsilon = \alpha\Delta T + J_u\sigma + \sum_p \kappa_p \xi_p \\[2mm]
A_p = x_p\Delta T + \kappa_p\sigma - \sum_q \beta_{pq}\xi_q
\end{cases} \tag{4-9}
$$

式中:α 为热膨胀系数;C_σ 为定压热容量;$\Delta T = T - T_0$。

序参量的平衡值 $\bar{\xi}_p$ 可由 $A_p = 0$ 确定:

$$\sum_q \beta_{pq}\bar{\xi}_q = x_p\Delta T + \kappa_p\sigma \tag{4-10}$$

所以,A_p 可重写为

$$A_p = -\sum_q \beta_{pq}(\xi_q - \bar{\xi}_q) \tag{4-11}$$

可见,$\bar{\xi}_p$ 可能是 σ 和 ΔT 的函数:A_p 是驱动力。

假定,对小的 A_p(偏离平衡小),可设

$$\dot{\xi}_p = \sum_q L_{pq}A_q \tag{4-12}$$

式中:L_{pq} 为比例系数。L_{pq},β_{pq} 都是对称的且正定的。所以,有

$$\dot{\xi}_p = -\sum_q \omega_{pq}(\xi_q - \bar{\xi}_q) \tag{4-13}$$

而
$$\omega_{pq} = \sum_l L_{pl}\beta_{lq} \tag{4-14}$$

弛豫时间可由下列方程给出:

$$\Delta(\omega_{pq} - \tau^{-1}\delta_{pq}) = 0 \qquad (4-15)$$

以上是以 σ, T, ξ_p 作为独立变量,这对应于等温和等压的条件。

(1) 也可以改 σ 为 ε 作独立变量——定容应力弛豫。

(2) 也可改 T 为 S 作独立变量——绝热条件。

以上讨论完全适合于低频下的交变外力的情况。

4.2 Snoek 弛豫

4.2.1 历史回顾

1938 年,Richter 在含 C 的铁中观察到一个弹性后效现象,但未解释。1939 年,Snoek 确定这一现象的滞弹性性质并给出了正确的解释,他在 α-Fe 中用湿氢处理的方法消除固溶的 N, C 后,发现此现象消失。因此他认为此现象与 N, C 原子有关。这是有关 Snoek 峰的判断性实验,确定了 Snoek 峰的性质。

他提出的理论是:在 bcc 中,具有四角对称性的间隙原子(N, C)为一弹性偶极子,可以通过应力感生有序的方式产生弛豫。这一理论后来被 Polder(1945)从理论上和 Dijkstra(1947)从实验上得到了证实。经过后人在其他 bcc 金属中的实验,和一系列理论工作,达到了我们对 Snoek 峰现在的认识水平。

4.2.2 Snoek 峰的理论

Snoek 假定,α-Fe 中 C, N 占据 bcc 中的八面体间隙位置(见图 4-1),被人们一直沿用至今。

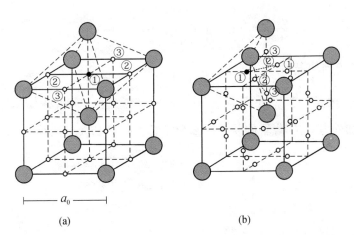

图 4-1 体心立方结构中八面体(a)和四面体(b)间隙位置示意图

①, ②, ③分别表示长轴方向指向 X_1, X_2, X_3 方向的间隙位置[1]

所以称之为八面体位置,是因为此间隙位置的最近邻六个原子组成一个八面体,如图 4-1 所示,这是一种扁平的八面体(非正八面体),当扁平方向在 X_1 方向时,位置用①表示。

可见,bcc 中有三种扁平方向在不同方向的八面体,即①, ②, ③。所有八面体的位置在

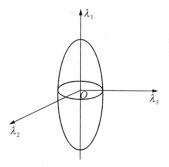

图 4-2　取向为 X_1 方向（即①）的弹性偶极子产生的应变椭球示意图

原胞的棱的中点和面心的位置。

当间隙原子进入八面体位置时，将六个原子向外挤压才能进入，而且在扁平方向的挤压更多，所以在这个方向产生更大的畸变，如图 4-2 所示。

应变椭球（对①）构成弹性偶极子，它在拉应力的作用下将发生取向变化。设其长轴方向沿着拉应力的方向。方向改变后（压应力），就从①型变为了②型或③型。

我们可以选取与拉应力方向平行的弹性偶极子浓度（C_1，或 C_2，或 C_3）作为序参量，它满足前面所述的条件，其变化需通过扩散来进行，需要一定的时间，所以在一定条件下可以产生滞弹性内耗。

无外力时，三个方向等同。$C_1 = C_2 = C_3 = C_0/3$（$\sum_p C_p = C_0$）

加拉应力后（设沿 X_1 方向），则偶极子取向将向 X_1 方向偏移。即 C_2，C_3 减小，C_1 增大。这种浓度的改变，将在 X_1 方向产生一个附加的应变 ε_{an}。它与应力不同步，产生内耗。其最大弛豫量为

$$\delta E^{-1}_{\langle 100 \rangle} = \delta S'/3 = \frac{2}{9}(C_0 V_0/kT)(\lambda_1 - \lambda_2)^2 \tag{4-16}$$

$$\delta E^{-1}_{\langle 111 \rangle} = \delta S'/3 = 0 \tag{4-17}$$

式中：V_0 是基体原子的体积；C_0 是摩尔浓度；$S = S_{44}$，$S' = 2(S_{11} - S_{12})$

C_1 的变化率为

$$\frac{dC_1}{dt} = -C_1(\nu_{12} + \nu_{13}) + C_2 \nu_{21} + C_3 \nu_{31}$$

无外力时，各方向均等，有

$$\nu_{12} = \nu_{21} = \nu_{13} = \nu_{31} = \nu_{23} = \nu_{32} = \nu = \nu_0 \exp(E/kT)$$

在 X_1 方向加外力时，①位置的能量比②和③低 $\Delta h(\ll kT)$，导致

$$\nu_{12} = \nu_{13} = \nu(1 - \Delta h/2kT) \approx \nu$$
$$\nu_{21} = \nu_{31} = \nu(1 + \Delta h/2kT) \approx \nu$$

考虑到 $C_2 + C_3 = C_0 - C_1$，有

$$\frac{dC_1}{dt} = -C_1 3\nu + C_0 \nu = -3\nu\left(C_1 - \frac{C_0}{3}\right)$$

弛豫时间为

$$\tau^{-1} = 3\nu = 6\omega \tag{4-18}$$

式中：ν 是间隙原子从①→②的成功跳动的频率，而 ω 是在两个特定的①→②间跳动的频率

（$\nu = 2\omega$ 是因为 ①→② 有两种可能）。

对外加切应力的情况，τ 相同，弛豫量为

$$\delta G_{\langle 100 \rangle}^{-1} = \delta S = 0 \tag{4-19}$$

$$\delta G_{\langle 111 \rangle}^{-1} = \frac{2}{3} \delta S' = \frac{4C_0 V_0}{9kT} (\lambda_1 - \lambda_2)^2 \tag{4-20}$$

若应力不是在 $\langle 100 \rangle$ 或 $\langle 111 \rangle$ 方向，而是在任意方向，则有

$$\delta E^{-1} = \delta E_{\langle 100 \rangle}^{-1} (1 - 3\Gamma) \tag{4-21}$$

$$\delta G^{-1} = \delta G_{\langle 111 \rangle}^{-1} \cdot 3\Gamma \tag{4-22}$$

式中：$\Gamma = r_1 r_2 + r_2 r_3 + r_1 r_3$，$r_1$，$r_2$，$r_3$ 为应力方向相对应于三个晶轴（x_1，x_2，x_3）的方向余弦。

由此计算的扩散系数为

$$D = a^2 / 36\tau \tag{4-23}$$

对多晶体来说：

如果是等轴晶粒，即晶粒取向各向同性，且应力分布也均匀，则我们可以用算术平均法算出平均取向 $\bar{\Gamma}$，代入上述式子即可。

但有一个问题，即多晶体中一般来说晶粒取向并不是各向同性的，而是存在择优取向，即织构。此时，可能多晶体中也出现取向效应。这是我们在实验中要注意的，特别是在用 Snoek 峰测固溶浓度的时候，不同处理的多晶体试样间，峰高与浓度的比例会不同。

一个争论：

在 Snoek 理论的发展过程中，存在一个争论，即到底间隙原子处于八面体位置还是处于四面体位置？

四面体位置如图 4-1 所示，它位于两个八面体位置的中间，它的中心的球形空间大于八面体的，而且四面体位置处的间隙子也具有四角对称性。

所以，由取向效应不能区别两者。理论上的判据，是计算哪种位置产生的应变能小（不是 $|\lambda_1 - \lambda_2|$）。当然，如果两者的差别不大，则间隙原子可能同时占据两种位置。

Dijkstra 认为 $|\lambda_1 - \lambda_2|_{\text{tet}} \ll |\lambda_1 - \lambda_0|_{\text{oct}}$，这样四面体间隙原子的位置就可以略去，但后来 Beshers 的计算（较粗略）表明两者只有 2~3 倍的差别，所以很难判别，只能用其他方法得出的值比较而定。

另外，可以从扩散系数来判别。如果间隙原子处于四面体位置，而且扩散只是四面体→四面体，则扩散系数为

$$D_{\text{tet}} = a^2 / 72\tau = \frac{1}{2} D_{\text{oct}}$$

$$d = \frac{a}{2\sqrt{2}} \tag{4-24}$$

将由此计算的扩散系数与通过其他方法获得的（如高温扩散）进行比较，即可判别。图 4-3 是 Fe-C 和 Fe-N 合金中 C 和 N 的扩散系数，可见，C 和 N 的扩散系数符合其在八面体间隙位置的理论公式。因此一般可以认为 C 和 N 在 Fe 中占据八面体间隙位置。

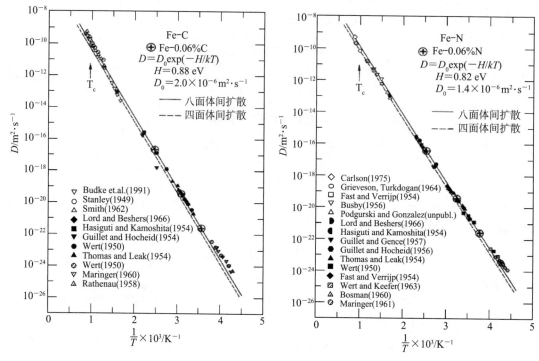

图 4-3　Fe-C 和 Fe-N 合金中 C 和 N 的扩散系数[1]

在某些特殊情况下,可能会发生更复杂的情况,即间隙原子可能同时占据两种位置,并在两种位置之间跳动,或在同一位置中的两个次近邻间跳动。有人用这些机制来解释低温下用 τ 算出的 D 与高温扩散的 D 不一致的矛盾。

4.2.3　Snoek 峰的实验研究

图 4-4 所示为 Ta-O 试样中 O 的 Snoek 峰的实验曲线。表 4-1 给出了几种常见的 Snoek 峰的激活能 H,弛豫时间指数前因子 τ_0 和频率为 1 Hz 时的峰温 T_p。

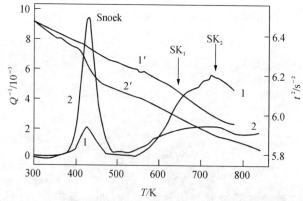

图 4-4　两种不同氧含量的 Ta-O 试样的内耗与频率平方与
　　　　温度的关系

曲线 1,1′:2.1×10⁻⁴;曲线 2,2′:1.1×10⁻³氧原子数百分比[2]

表 4 - 1　几种常见的 Snoek 峰的弛豫参数[1]

	H/eV	$\tau_0^{-1}/10^{14}\ \text{s}^{-1}$	$T_p/\text{K}\ (f = 1\ \text{Hz})$
Fe - N	0.82 ± 0.01	4.2 ± 2	300
Fe - C	0.87 ± 0.01	5.3 ± 2	314
Nb - O	$1.15_4 \pm 0.01$	$3.7_7 \pm 0.8$	422
Nb - N	$1.57_5 \pm 0.02$	8.20 ± 0.8	562
Nb - C	1.43	4.8_1	514 ± 2
Ta - O	$1.10_5 \pm 0.01$	1.17 ± 2.5	420
Ta - N	$1.66_5 \pm 0.02$	$2.7_5 \pm 2$	615
Ta - C	1.67	4.8_1	626 ± 2
Mo - N	1.3	0.9	498
Cr - N	1.19	7	429
V - O	1.29	10	458
V - N	1.57	19.6	544

在对较稀固溶体的实验研究中观察到 Snoek 峰的以下主要实验规律：

(1) 弛豫强度(峰高)应有各向异性，并正比于间隙原子浓度，正比于 $1/T_p$。

(2) 弛豫时间 τ 与温度应遵从 Arrhenius 关系，即 $\tau = \tau_0 \exp(H/kT)$，激活能 H 为溶质原子在基体点阵中的扩散激活能，$\tau_0^{-1} \sim 10^{14}$ 1/s。

4.2.4　Snoek 弛豫的应用

1) 测定固溶体浓度，可用于产品质量检测

由于弛豫强度(峰高)正比于间隙原子浓度，可用 Snoek 峰高来测量试样的固溶浓度。

在一定条件下，可用 Snoek 弛豫来研究沉淀动力学及测量固溶度(相图)。一般采用如下步骤：

(1) 试样在高温下渗入一定量的溶质原子(完全固溶)。

(2) 快速淬火，使沉淀几乎不发生，试样处于过饱和固溶态。

(3) 升温测出 Snoek 峰高，求得溶质原子含量。

(4) 继续升温到时效温度 T_A，进行时效，t_A 后快速淬火。

可见，此种程序只适用于 $T_A > T_p$ (Snoek 峰温)的情形。

重复(3)，(4)，即可测出在 T_A 下，溶质原子浓度随时效时间 t_A 的关系曲线，即动力学特性，当 t_A 足够长时，所对应的溶质原子浓度即为 T_A 时的固溶度。

对应变时效过程的研究程序类似。

2) 由弛豫时间 τ 求扩散系数 D

可求出很低温下的 D，这是高温扩散法所做不到的。

4.2.5　浓固溶体的情况

在早期对 α - Fe 的研究中，由于 Fe 对 C，N 的固溶度很小，所以总是生成稀固溶体，在处理上忽略了间隙原子之间的交互作用。随着浓度的增加，Snoek 峰高增加，但同时发现峰温移

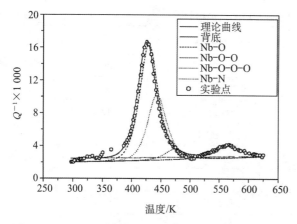

图 4-5 Nb-1.6%O-0.015%N 内耗温度曲线,有 4 个峰,它们依次对应于:Nb-O;Nb-O-O;Nb-O-O-O;Nb-N 的 Snoek 峰[3]

向高温(同一频率下),并且峰宽大于标准 Debye 峰的峰宽,这是由于间隙原子之间的交互作用较大的原因。如 Ta-O,Nb-O 固溶体,可归为 i-i 交互作用。

有两种观点:一是认为交互作用是相互吸引的,形成原子对或团(cluster);另一种认为交互作用是互相排斥的,最后形成均匀的有序结构,并有一个确定的有序化转变温度(与浓度有关)。

前一种观点以 Powers 等[3]为代表,他们最先在 Ta-O 固溶体中的工作(见图 4-5)显示:

氧含量增加时(0.1~1.8at%),峰呈不对称宽化,总的峰向高温移动,他们因此而分解为两个峰,一个是 Snoek 峰,在原来的位置,另一个峰在高于 Snoek 峰温 20℃ 处。他们认为是 i-i 对产生的。在较高的浓度下,还出现更多的峰,分别为 i-i 对,i-i-i,i-i-i-i,…

他们据此对实验数据进行了很巧妙的处理,得到了一系列与 i-i 对,i-i-i 等有关的弛豫参量,例如 $\delta\lambda$,弛豫强度 Δ_1,Δ_2,i-i 对的结合能等。

后一种观点的代表人物是 Weller 等[1],他们在 Ta-O,Nb-O 中的结果显示:氧含量增加时,峰温向高温移,峰对称宽化。

他们认为,这种对称宽化是由弛豫时间的连续分布所引起,而不是另一个新峰的出现,这种分布的出现则是 i-i 间交互作用的结果。他们用弹性偶极子平均能近似方法进行的处理,也能很好地解释实验结果,由此算出的 Snoek 峰随频率变化所对应的激活能与低浓度时一致,并求出了有序化转变温度。例如对 Ta-0.64%O 转变温度为 350 K。

目前还很难判断哪一种观点更接近真实。主要原因是这两种观点的实验根据都不足。因为仅从内耗曲线上分峰、扣背景和曲线拟合等处理,对这么小差别(如对称不对称)来说,很难下结论。因为这与背景的扣法很有关系,比如,用一个对称的、有分布的峰和一个背景函数去拟合,可以拟合很好,用几个对称的但无分布的峰加一个背景函数去拟合,也能得到好的拟合(数学上的)。所以,不能光从数学上考虑拟合的好坏,要有物理基础。

4.3 Zener 弛豫

1943 年,Zener 在 70∶30 的 α 黄铜中在 400℃(600 Hz)观察到一个单一弛豫时间的内耗峰,$H = 1.5\,\mathrm{eV}$,$\Delta = 0.025$。

Zener 在 1947 年提出了"对取向"的模型,即溶质原子对的应力感生有序,后来将此现象称为 Zener 弛豫。

4.3.1 Zener 弛豫的理论

替代式溶质原子形成对,构成了一个弹性偶极子,类似于 Fe 中的间隙原子 C,N。理论处理类似。

在面心立方结构中,"对"(最近邻对)形成一⟨110⟩正交偶极子(λ_1, $\lambda_2 \neq \lambda_3$)。

弛豫量可写为

$$3\delta E_{\langle 100 \rangle}^{-1} = \delta S' = \frac{2C_0 V_0}{3kT}\left[\frac{1}{2}(\lambda_1 + \lambda_2) - \lambda_3\right]^2$$

$$3\delta E_{\langle 111 \rangle}^{-1} = \delta S = \frac{C_0 V_0}{3kT}(\lambda_1 - \lambda_2)^2$$

(4 − 25)

在体心立方中,最近邻对形成三角偶极子,弛豫量为

$$3\delta E_{\langle 100 \rangle}^{-1} = \delta S' = 0$$

$$3\delta E_{\langle 111 \rangle}^{-1} = \delta S = \frac{4C_0 V_0}{9kT}(\lambda_1 - \lambda_2)^2$$

(4 − 26)

对立方晶体中的任一取向的加力方向,有

$$\delta E^{-1} = \frac{1}{3}(\delta S' + \delta S'') - (\delta S' - \delta S)\Gamma$$

$$\delta G^{-1} = \delta S + 2(\delta S' - \delta S)\Gamma$$

(4 − 27)

而 $$S'' = S_{11} + 2S_{12}, \quad S' = 2(S_{11} - S_{12}), \quad S = S_{44}$$ (4 − 28)

上述公式中的 C_0 是"近邻对"的浓度,它与溶质原子的摩尔浓度 X 间有如下关系:

$$\frac{C_0}{(X - 2C_0)^2} = \frac{Z}{2}\exp\left(\frac{\Delta g_b}{kT}\right) \equiv K(T)$$

(4 − 29)

在稀固溶体情况下:$C_0 \propto X^2$

所以,$\delta J \propto X^2$ 被认为是 Zener 峰的特征。

问题:如果是次近邻对,情况又如何?

4.3.2 实验研究

Fe - Al 中的 Zener 峰如图 4 - 6 所示。其实验规律除 $\delta J \propto X^2$ 外,其他与 Snoek 峰相同。

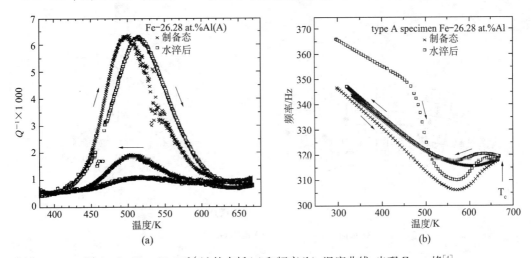

图 4 - 6 Fe - 26.28％Al 的内耗(a)和频率(b)-温度曲线,出现 Zener 峰[4]

4.3.3　Zener 弛豫的应用

（1）弛豫强度对组分、有序度和结晶学织构的敏感性；由 Δ 对浓度的关系研究沉淀过程；研究合金有序化过程等。

（2）弛豫时间。

测量溶质原子的体扩散激活能；由于扩散是空位机制，可以研究空位的特征，如 Δh_v 等。

4.4　Gorsky 效应

晶体中的间隙式溶质原子除可能产生由短程扩散效应引起的 Snoek 弛豫之外，对一些快扩散的间隙原子如氢、氘等还可产生由长程扩散效应导致的 Gorsky 效应。1935 年，Gorsky 首先对这种效应进行了理论上的预测。1968 年，Schaumamn 等在对 Nb 的研究中首次观测到这个现象。在此之后，Gorsky 效应广泛地应用于氢扩散系数的测量。

如图 4-7 所示，Gorsky 效应包含两种类型即横向 Gorsky 效应（transverse Gorsky effect）和晶间 Gorsky 效应（intercrystalline Gorsky effect）。

在横向应力（压应力）作用下，材料中由于应力梯度场的存在，将导致某些对体积敏感的点缺陷如间隙原子的化学势产生梯度分布，从而发生这些间隙原子自压缩侧到扩展侧的长程扩散，这种浓度梯度的变化将引起附加弯曲形变[见图 4-7(a)的虚线所示]。在施加一个固定频率的横向交变应力作用下，间隙原子便会在晶体中的上下两个位置平面间往复运动，产生弛豫型内耗，这就是横向 Gorsky 效应。对于这种弛豫，弛豫强度和弛豫时间满足关系[5]

$$\Delta_G T = AC_0 \tag{4-30}$$

$$\tau_G = \frac{h^2}{\pi^2 D} \tag{4-31}$$

式中：Δ_G 和 τ_G 分别表示弛豫强度和弛豫时间；T 为绝对温度；A 为与杨氏模量和基体原子体积相关的常量；C_0 为溶质原子浓度；D 为间隙原子的扩散系数；h 为样品厚度。

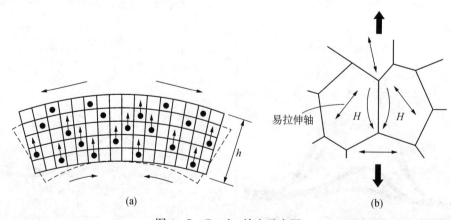

(a)　　　　　　　　　　　　　　(b)

图 4-7　Gorsky 效应示意图

(a) 横向 Gorsky 效应　(b) 晶间 Gorsky 效应[5]

还有一种较为广泛的 Gorsky 效应即晶间 Gorsky 效应[见图 4-7(b)]。对弹性各向异性多晶体,在外加应力作用下,将造成横跨整个晶粒的局部应力梯度。为使整个系统达到平衡,晶粒内部的点缺陷如间隙氢原子将运动以产生浓度梯度,形成附加应变。倘若施加一个固定频率的交变应力,间隙原子便会在晶粒内部造成局部应力梯度的区域间往复运动,产生弛豫型内耗,这就是晶间 Gorsky 效应。对于这种弛豫,弛豫强度和弛豫时间满足关系[5]

$$\Delta_{\mathrm{IG}} T = BC_0 \tag{4-32}$$

$$\tau_{\mathrm{IG}} = \frac{d^2}{3\pi^2 D} \tag{4-33}$$

式中:Δ_{IG} 和 τ_{IG} 分别表示晶间 Gorsky 效应的弛豫强度和弛豫时间;T 为绝对温度;B 为与体模量及弹性各向异性参数相关的常量;C_0 为溶质原子的浓度;D 为溶质原子的扩散系数;d 为多晶体的主导晶粒尺寸。

如上所述,可以通过变频内耗的测量,得到溶质原子的扩散激活能、扩散系数等参量,研究物质的沉淀及分解等过程。目前,Gorsky 效应主要运用于氢、氘、氦等在金属中的扩散过程和沉淀相等的研究,如氢在 V 和 Ti[6],Nb-Ta 合金[7] 以及 Zr[8] 中的扩散过程。最近,我们利用 Gorsky 效应测量了 He 在金属 Mo 中的扩散系数[9]。

参考文献

[1] Weller M. The Snoek relaxation in bcc metals — From steel wire to meteorites [J]. Mater. Sci. Eng. A, 2006, 442(1-2): 21-30.

[2] 方前锋. Ta-O 固溶体中的 Snoek-Koster 弛豫[J]. 金属学报, 1996, 32(6): 565-572.

[3] Florencio O, Grandini C R, Botta W J, et al. Effect of interstitial impurities on internal friction measurements in niobium [J]. Mater. Sci. Eng. A, 2004, 370(1-2): 131-134.

[4] Nagy A, Harms U, Klose F, et al. Mechanical spectroscopy of ordered ferromagnetic Fe$_3$Al intermetallic compounds [J]. Mater. Sci. Eng. A, 2002, 324(1-2): 68-72.

[5] Blanter M S, Golovin I S, Neuhäuser H, et al. Internal friction in metallic materials (a handbook) [M]. New York, Springer Berlin Heidelberg, 2007: 1-5, 11-48, 51-73.

[6] Hein M, Bals A, Privalov A F, et al. Gorsky effect study of H and D diffusion in V and Ti at high H(D) concentrations [J]. J. Alloys Comp., 2003, 356/357: 318-321.

[7] Mugishima T, Yamada M, Yoshinari O. Study of hydrogen diffusion in Nb-Ta alloys by Gorsky effect measurement [J]. Mater. Sci. Eng. A, 2006, 442(1-2): 119-123.

[8] Sinning H R. The intercrystalline Gorsky effect [J]. Mater. Sci. Eng. A, 2004, 370(1-2): 109-113.

[9] Wang W G, Yang J F, Wang X P, et al. Diffusion coefficient of Helium in Mo - Assessed by the internal friction technique [J]. Plasma Sci. Technol., 2009, 11(3): 261-264.

5　位错内耗

方前锋(中国科学院固体物理研究所)

5.1　位错运动的阻力

5.1.1　应力作用在单位长度位错上的力

（用虚功原理推出）

$$F = \tau b \qquad (5-1)$$

方向沿滑移面且与位错线垂直。其中，τ 为在滑移面上的分解切应力。另外，位错也在垂直于滑移面方向受到一个力(攀移)。

5.1.2　位错运动时受到的阻力

1) 声子阻尼力

声子-声子交互作用，可由两方面来解释：

（1）位错在无交互作用的声子流中运动，位错所散射的声子能量的大小对于前面和后面是不同的（如木块在水中的运动）。

（2）位错的应变场在移动时引起声子模式的重新分布：这种重新分布在热激活作用下又达到平衡，这个过程消耗能量。

2) 电子阻尼力

电子-声子交互作用；金属中传导电子的费米面由于变化的应力场而改变（需要能量），它随后弛豫到一个新的平衡分布而导致能量损耗。

＊声子、电子阻尼力只有在极低温和高频时才重要。

3) 高速运动的位错所受的阻力

（1）热弹性阻尼：物体中流体静压力的突然增加使温度略有升高，它的减小使温度降低。由于刃位错的应力场既有张应力场，也有压应力场，当它高速运动时，材料相应部分的温度将增加或降低，从而与周围产生温度差，产生热流的扩散，引起能量损耗（在一定条件下，可看到热弹性弛豫峰，如片状试样进行弯曲形变，非位错效应）。

（2）辐射阻尼：当位错加速运动时，会辐射弹性能（声发射），引起能量损耗。只有在高频下起主要作用；低频下，可用阻尼系数 B 近似。

4）点阵效应

实际晶体中的位错运动时，要克服 Peierls 势垒。

当外加力 $\sigma < \sigma_p$（Peierls 应力）时，位错不能在外力作用下直接跨过势垒，而是通过热激活作用下弯结对的成核和迁动，从而使位错的运动落后于应力。

5）与点缺陷的交互作用

当位错与点缺陷（空位、间隙原子、溶质原子）发生交互作用时，点缺陷聚集在位错线周围或位错芯上，阻碍位错的运动。位错只能拖着点缺陷一起运动，而溶质原子做扩散运动需要时间，或从点缺陷中挣脱出来，通过热激活也需要时间。

如外力很大，产生机械脱钉则无需时间，为静滞后型内耗。

5.2 Bordoni 弛豫

5.2.1 一般情况

1949 年，Bordoni 在冷加工并在低温退火的 fcc 金属中（如 Cu）发现了一个低温内耗峰，其主要特点是：

（1）它只在冷加工的单晶、多晶（去除晶界的影响）金属中出现，在再结晶温度退火完全消失。

（2）峰高随冷加工量先是增加，后达到饱和，甚至有所下降。

（3）峰温随频率移动并具有弛豫特性，但在小振幅范围内没有明显的振幅效应（静滞后型去除）。

（4）杂质或辐照使峰高明显下降，峰温移向低温；杂质更多时，峰消失。

（5）峰宽大于 Debye 峰，并经常在低温侧出现次峰（N-W 峰）。

（6）当一种形变方式使峰高饱和后，再改变另一种形变方式又能使峰继续升高。

（7）在纯 Cu 中，$\tau_0^{-1} = 10^{10} \sim 10^{13}$ 1/s，$H = 0.122$ eV。

（8）对单晶也有取向效应，属于易滑移和多滑移的区别。

5.2.2 实验研究

图 5-1 为轻度冷加工纯 Al 中的 Bordoni 内耗峰，频率为 51 kHz 时峰位于 $100 \sim 250$ K 范围，好像有 2 个峰，在低温下同时出现了 2 个小的内耗峰。所有内耗峰在再结晶温度退火后消失。

总的来说，Bordoni 峰的特征有以下几点：

1）频率特征和激活能

峰温随频率降低而移向低温，表现弛豫特性，且 $\ln \tau \sim \dfrac{1}{T}$ 为线形关系。

由于 τ_0^{-1} 较小（对点缺陷弛豫 $\tau_0^{-1} \sim 10^{14}$ 1/s），

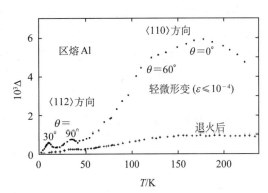

图 5-1 纯 Al 的振幅无关内耗-温度曲线，测量频率 51 kHz。[1]

可以断定 Bordoni 弛豫不是点缺陷弛豫。

2）振幅效应

当试样内应力σ_i较大时：无振幅效应，$Q^{-1}\sim\varepsilon$为一水平直线；

σ_i较小时：正常振幅效应；

σ_i中等时：反常振幅效应（出现内耗-振幅峰）。

3）峰的形状

如假定高斯分布，则$\beta\sim5$，τ的这么大的分布是来自τ_0还是来自H，迄今尚无定论，可能两者皆有之。

5.2.3 Seeger 理论（双弯结成核和迁移）

Bordoni 最早给出的与位错无关的解释显然是错误的，从以上的实验现象来看，Bordoni 弛豫纯粹是一种位错的弛豫现象，它与点缺陷、晶界以及它们与位错的交互作用都没有关系，称"内禀"位错弛豫。

包括位错的弛豫理论提出了很多，但比较成功和比较公认的要数 Seeger 异号弯结对成核和迁移理论[1]，下面简单介绍。

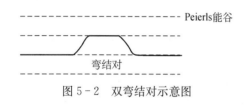

图 5-2　双弯结对示意图

5.2.3.1 基本思想

考虑一根两端被强钉扎的位错段L，完全躺在 Peierls 能谷内。由于热激活的作用，位错的一小段就会跨越 Peierls 能垒而进到相邻的下一个 Peierls 能谷，形成如图 5-2 所示的弯结对（kink pair）。当弯结对的间距d大于某一临界值d_c后，成为了一个较稳定的弯结对，之所以较稳定是由于此时位错线的总能量增量为弯结对形成能$2H_K$，加上弯结对之间的交互作用能H_{int}，$\Delta E=2H_K+H_{int}>0$，所以是亚稳态。

由于弯结对的形成，位错段的平均弓出距离$\bar{y}=\dfrac{ad}{L}$。

无外力时，由于对称性，往上和往下形成弯结对的几率相等，或浓度相等，平均的位错弓出为 0。

加一外力σ后（向上），则向上形成弯结对在能量上更有利，因此有更大的几率，位错的平均弓出不为 0，产生一非弹性应变，由于此弓出需要通过热激活的帮助来克服一定的势垒，所以需要一定的时间，可以产生弛豫效应。Seeger 认为，fcc 中的 Bordoni 弛豫是由于这种效应，当产生这种弯结对（$d\geqslant d_c$）的频率等于外加测量频率时，内耗达到极大值。

5.2.3.2 理论处理

1）势垒高度

在外加应力σ作用下，位错从平直态到有一个相距为d的弯结对的态的能量增量为

$$\Delta E=2H_K+H_{int}-\sigma bad \qquad (5-2)$$

式中$H_{int}=-\dfrac{S_0a^2}{2}\dfrac{1}{d}$为异号弯结间的交互作用能，$S_0=\dfrac{\mu b^2}{4\pi}\beta$为位错的线张力；$2H_K$为弯结对的自能；第三项为$\sigma$做的功。

因而
$$\Delta E = 2H_{\mathrm{K}} - \frac{S_0 a^2}{2}\frac{1}{d} - \sigma b a d \tag{5-3}$$

当 $d = d_{\mathrm{c}}$ 时，ΔE 有极大值 H_{KP}，此即为势垒高度。

由 $\dfrac{\partial \Delta E}{\partial d} = 0$，得

$$d_{\mathrm{c}} = (aS_0/2b\sigma)^{1/2} \tag{5-4}$$

因而
$$H_{\mathrm{KP}} = 2H_{\mathrm{K}} - (2a^3 bS_0\sigma)^{1/2} \tag{5-5}$$

从另一角度，如不考虑弯结间的交互作用，仅考虑位错弦在 Peierls 能垒上的形态，则有

$$H_{\mathrm{KP}} = 2H_{\mathrm{K}}\left[1 - \frac{c_1\sigma}{\sigma_p}\left(1 - \ln\frac{c_2\sigma}{\sigma_p}\right)\right] \tag{5-6}$$

总之，在 σ 较小时，$H_{\mathrm{KP}} \approx 2H_{\mathrm{K}}$。

2）弯结的形成速率 Γ（单位时间内、单位长度上）

由于位错中心诸原子的热振动并非完全独立，不能用通常的热激活理论由 Arrhenius 方程来求 Γ。两种最成功的办法是：跃迁态理论和扩散理论。在内耗测量条件下（小 σ），有

$$\Gamma = 2D_{\mathrm{K}}ab\sigma(\rho_{\mathrm{K}}^{\mathrm{eq}})^2/kT \tag{5-7}$$

式中：
$$\rho_{\mathrm{K}}^{\mathrm{eq}} = \frac{1}{w_{\mathrm{K}}}\left(\frac{2\pi H_{\mathrm{K}}}{kT}\right)^{1/2}\exp(-H_{\mathrm{K}}/kT) \tag{5-8}$$

是无相互作用的同号弯结的平衡线浓度；w_{K} 为弯结的宽度；D_{K} 是弯结的扩散系数；$\dfrac{D_{\mathrm{K}}}{kT}$ 为弯结动性。

3）位错速率 v_{d}

位错垂直于 Peierls 能谷方向的运动速率 v_{d} 取决于弯结高度 a、弯结对的形成率 Γ，以及弯结对停止运动前的运动距离 d。

这里假定弯结对形成后，它们分开运动的速度很快，时间很短，所以，位错速率的控制因素是弯结对的成核速率。

d 有两种可能：一是到位错段的端点，$d_1 = L$；另一是碰到异号弯结，相互湮灭，$d_2 = x_{\mathrm{K}}$。x_{K}，L 中最短的一个起决定作用（x_{K} 是弯结的平均间距）。

所以，我们设想 $d = \dfrac{x_{\mathrm{K}}L}{x_{\mathrm{K}}+L}$（并联形式）

因而
$$v_{\mathrm{d}} = a\Gamma\frac{x_{\mathrm{K}}L}{x_{\mathrm{K}}+L} \tag{5-9}$$

在内耗测量中应力很小，弯结浓度处于平衡态下：$x_{\mathrm{K}} - (\rho_{\mathrm{K}}^{\mathrm{eq}})^{-1}$

因而
$$v_{\mathrm{d}} = a\Gamma\frac{\rho_{\mathrm{K}}^{\mathrm{eq}}L}{1 + \rho_{\mathrm{K}}^{\mathrm{eq}}L} \tag{5-10}$$

4）弛豫强度 Δ 和弛豫时间 τ

Δ 正比于位错段扫过的最大面积 A（弓形，见图 5-3）。

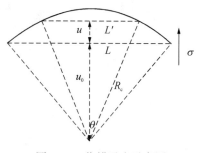

图 5-3 位错弓出示意图

在 σ 作用下，位错弓出扫过面积 $A = \dfrac{L^3}{12R_c}$（θ 较小时）

$A = L^3 b\sigma/12S_0$（小弓出），

式中 S_0 是位错线张力。

由此产生的非弹性应变：

$$\varepsilon_A = \Lambda b \frac{A}{L} = \Lambda b^2 L^2 \sigma/12S_0 \tag{5-11}$$

弹性应变： $\varepsilon_e = \sigma/G$

因而

$$\Delta = \frac{\varepsilon_A}{\varepsilon_e} = \Lambda L^2 b^2 G/12S_0 \tag{5-12}$$

式中 Λ 是有效位错密度，G 为切变模量。

弛豫时间 τ 可认为是位错从平直态弓出到最终态时的时间，从态 u 到态 $u+du$ 所需要的时间为

$$d\tau = \frac{du}{v_d(L')} = \frac{du}{dL'} \cdot \frac{dL'}{v_d(L')} \tag{5-13}$$

由 $R_c^2 = \dfrac{L'^2}{4} + (u+u_0)^2$ 得

$$\frac{du}{dL'} = -\frac{L'}{4(u+u_0)} = -\frac{1}{2}\tan\theta = -\frac{1}{2}\sin\theta = -\frac{L'}{4R_c} = -\frac{\sigma b}{4S_d}L' \tag{5-14}$$

$$\tau = \int_L^0 \frac{du}{dL'} \cdot \frac{dL'}{v_d(L')} = \frac{\sigma b}{4S_d}\int_0^L \frac{1}{a\Gamma}\Big(1+\frac{L'}{x_K}\Big)dL' = \frac{\sigma bL}{4a\Gamma S_d}(1+\rho_K^{eq}L/2)$$

$$= \frac{kT}{(\rho_K^{eq})^2}\frac{L}{8a^2 S_d}(1+\rho_K^{eq}L/2) \tag{5-15}$$

内耗

$$Q^{-1} = \Delta \cdot \frac{\omega\tau}{1+(\omega\tau)^2}$$

考虑到位错段长的分布 $\rho(L)dL$，则有

$$Q^{-1} = \int_0^\infty \rho(L)\Delta(L)\frac{\omega\tau(L)}{1+\omega^2\tau(L)^2}dL \tag{5-16}$$

5.2.4 Seeger 理论的修正——Paré 条件

Paré 批评了 Seeger 的理论，因为 Seeger 没有考虑弯结对形成后反向跳动而湮灭的几率。他认为，由于具有弯结对的位错的能量远大于直位错段的能量，弯结对再结合的几率远大于它们进一步分开的几率；另外，这两个态的能量不同，不满足弛豫过程发生的条件（要求两个、多个简并能量相等的态），所以弛豫量将会很小。

他认为，在冷加工中产生的内应力 σ_i 起到了改变能量高度的作用，当 $2H_K \approx \sigma_i baL$ 时，平直位错段与具有弯结对的位错段具有相等的能量（近似）。

这个条件称为 Paré 条件。

但是,满足 $2H_K \approx \sigma_i baL$ 条件的位错数很少(当 σ_i 一定时),所以 Paré 条件可推广为 $\sigma_i baL \geqslant 2H_K$,当 σ_i 较大时,可在位错上产生多个弯结对,满足条件 $\sigma_i abL = 2NH_K$,$N = 1, 2, 3, \cdots$

所以,只要 σ_i 足够大,就能有很多满足上述条件的位错(何况 σ_i 还有一个分布),产生可观察的弛豫。

Paré 条件解释了以下的实验事实(Seeger 理论不能说明):

(1) 由于退火试样中 σ_i 很小,不能产生 B 峰,尽管也有不少位错。

(2) 测量应力 σ 是叠加在较大的 σ_i 上的。所以 σ 对 Δ 和 τ 的影响大大减弱了,这也是很难观察到振幅效应的原因。

(3) σ_i 的分布反映了 τ_0,H 的分布(而 L 的分布仅反映了 τ_0 的分布)。

(4) 可说明 σ 与 σ_i 的相对大小不同时的不同振幅效应。

(5) 当位错是斜跨过 Peierls 能垒时(斜位错),也能产生弛豫,因为内应力 σ_i 可将几何弯结扫到一端而留下一平直部分。

对 Seeger - Paré 理论的一个强有力的实验是 Alefeld(1968)的工作。他们加上一个偏应力,在较轻微冷加工的试样中观察到了 B 峰,而不加偏应力是不行的,说明偏应力起到了内应力的作用。

关于 N - W 峰

Seeger 指出,fcc 点阵中存在两种基本的位错,一种是 $\langle 110 \rangle$ 方向上的纯螺位错,另一种是位错线和 Burgers 矢量在不同的 $\langle 110 \rangle$ 方向的混合位错(60°位错),它们的 H_K 不同。

Bordoni 主峰——纯螺位错(密度较高);

N - W 峰——60°位错。

5.2.5 bcc 金属中的 Bordoni 峰(α, γ 峰)

图 5 - 4 为体心立方金属中的 α',α 和 γ 峰的示意图。它的特点和 fcc 中的 Bordoni 峰相似,只是表现形式不一样。

出现了三个峰:α'——最低温,包含几个次峰;

α——较低温,包含几个次峰;

γ——室温,无次峰。

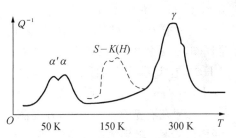

图 5 - 4 体心立方金属中的 α',α,和 γ 峰的示意图

体心和面心金属的区别:是螺型位错芯具有三重对称性,而 fcc 中的位错芯只具有二重对称性,所以 bcc 中的位错芯将呈星状展开,而 fcc 中的位错芯只在滑移面上作带状展开。

这样,bcc 中的螺位错滑移时,位错芯组态要受到很大的变动,因此具有很大的 Peierls 能。所以,γ 峰出现在较高的温度。

机制:α'——螺位错上几何弯结的迁动;

α——非螺位错上(71°)弯结对的成核和迁动;

γ——螺位错上弯结对的成核和迁动。

需要指出两点:

(1) 由于历史的原因,bcc 中的 Bordoni 峰不叫 Bordoni 峰和 N - W 峰,而称之为 γ 峰、α

峰（α'峰），其实它们是一回事。

（2）由于早期的 bcc 试样很难去除 H，当 H 存在时，α 峰（α'峰）就降低，而出现了冷加工的氢峰 S–K(H) 或称为 Hcw1，Hcw2，它们的机制分别对应于 α'，α，只不过此时，H 原子和位错交互作用，影响了弯结的动性 D_k，这是一种 Snock-Köster 型的峰，下面要讲。

5.2.6 Bordoni 峰的应用

1）用于研究一次和二次 Peierls 力：σ_p，σ'_p

按 Seeger 理论，弯结对成核能 $2H_K$ 与 σ_p 有关：

$$2H_K = \frac{4a}{\pi}\left(\frac{2ab\sigma_p S_d}{\pi}\right)^{1/2} \tag{5-17}$$

而弯结的迁动所克服的能量正是二次 Peierls 能（含在 D_k 中）。

2）应用于流变应力的研究

事实上，Seeger 的弯结对成核和迁动理论是为了解释在 bcc 中出现的低温流变应力与温度的依赖关系，如前述。由于螺位错芯的三重对称性，它不易滑移，所以成了流变的主要控制因素，在低温下更是如此。它只能靠热激活的帮助通过弯结对的成核来运动，因此与温度强烈有关。

这样，流变应力和 Bordoni 峰的研究就能互相印证。

5.3 Hasiguti 弛豫

5.3.1 出现条件和峰的特点

是 Hasiguti 等人 1962 年首先观察到的。图 5–5 是 Hasihuti 峰的示意图。

当试样在室温形变，并快速冷却到低温，升温测量出现两个峰 P_1(145 K) 和 P_3(240 K)，（$f = 1$ Hz），在室温时效一段时间后消失。在此时效过程中，P_1 峰先上升，然后才消失。

如果在液氮温度下形变，升温测量时出现一个峰 P_2(185 K)，随后的退火，使之变为 P_1 峰和 P_3 峰。

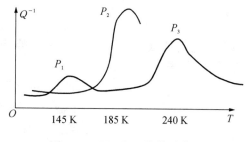

图 5–5　Hasihuti 峰的示意图

所以，不清楚 P_2 峰是一个假峰还是移到了高温的 P_1 峰。

峰的特点：

（1）峰高与冷加工量有关，也与试样冷加工历史有关，峰高上升到饱和。

（2）峰较 Debye 峰要宽，但比 Bordoni 峰窄。

（3）峰具有弛豫性质。Cu 中的弛豫参数为：对 P_1 峰 $H = 0.32$ eV，$\tau_0^{-1} = 10^{12}$ s^{-1}；对 P_3 峰 $H = 0.43$ eV，$\tau_0^{-1} = 10^{10}$ s^{-1}。

5.3.2 弛豫机理

小的 τ_0^{-1}，大的弛豫强度，显示了应该是位错机制，而排除了纯点缺陷弛豫。

但以下的实验事实说明点缺陷也包含其中（与位错交互作用）：

(1) P_1 峰在室温时效时的上升现象——点缺陷扩散到位错。

(2) 在较低温度(室温)下退火,峰就消失——位错处点缺陷的消失(湮灭、沉淀)。

(3) 进一步的冷加工使 P_1 峰大大降低——位错从点缺陷中脱开。

所以,弛豫机理应该是位错和点缺陷交互作用的机理,且根据冷加工的特点,点缺陷应该是间隙原子和空位。

尽管这种观点得到了大家的公认,但具体的微观模型却没有统一的观点,有弦模型、热激活脱钉,有几何弯结运动等。

用其他处理条件也可得到 Hasiguti 峰:

(1) Keefer 和 Vitt(1967)对用电子辐照的 Cu 试样进行内耗测量时,观察到两个位于与 P_1 峰、P_3 峰同温度范围的峰,由于电子辐照能产生大量的空位和间隙原子,所以 P_1,P_3 峰与这两种缺陷有关。

(2) Neuman(1966)用高温淬火的金试样,也观察到一个峰 P_3,因淬火产生过饱和空位,可认为 P_3 与空位有关。

5.4 Snoek-Kê-Köster 弛豫(SKK 弛豫)

5.4.1 实验规律

最早的实验是 1941 年 Snoek 在 α-Fe(含 N)的内耗实验。当 $f = 0.2\,\mathrm{Hz}$,$T_p = 450\,\mathrm{K}$,而 Snoek 峰(N)在 $T_p = 300\,\mathrm{K}$,(Snoek 峰在冷加工后消失了)。后来被 West(1948)用弹性后效的方法、Kê(1948)用内耗方法所证实,Kê 还提出较合理的解释。Köster 等人(1954)对含 N 或 C 的 α-Fe 进行了较系统的实验研究,研究了冷加工和溶质原子含量的影响,并提出了一个与位错和溶质原子有关的机制。

所以,此峰称为 Snoek-Köster(S-K)弛豫,也有称为 Snoek-Kê-Köster(SKK)弛豫的。

一般规律:

(1) 峰高、峰温随溶质原子浓度增加而增加,随后达到一个饱和值,冷加工量越大,这个饱和值越大。

(2) 峰高取决于饱和位错上的溶质原子浓度。

(3) 整个效应在再结晶后消失。

(4) 峰温随冷加工量的增加而移向高温。

(5) 峰具有弛豫性,对 α-Fe($H = 1.3 \sim 1.65\,\mathrm{eV}$,也有 $1.8 \sim 1.9\,\mathrm{eV}$ 的),激活能远大于相应的 Snoek 峰。

早期工作中,尽管有这些共同的规律,但数据很不一致。峰的温度以及激活能参数,随不同测量者而不同。这可能是由于:

(1) 不同的 C,N 含量。

(2) 不同的冷加工量。

(3) 不同的试样纯度(除 C,N 外,还有几个 ppm 的其他金属元素),尤其是对低合金钢更严重。

20 世纪 70 年代以后,区域熔化提纯技术得到发展,对纯铁含 N 的单晶试样,Weller 等人发现了两个 S-K 峰:在 $500 \sim 800\,\mathrm{K}$ 的温度范围内,分别表示为 Peak(1)和 Peak(2),Peak(1)

较不稳定。但没有测出激活能。

这似乎解决了以前的结果的不一致,即可能不同作者报道的是不同的峰。

S-K峰如果是普遍现象,应该在其他bcc金属中也出现。果然在Ta,Nb等金属中也观察到了S-K峰,同样由于早期试样的纯度不高,使结果很分散,甚至将N的Snoek峰当做O的S-K峰。

20世纪70年代后,用高纯度的Ta,Nb,且只含一种溶质原子的试样所做的结果表明,也有两个S-K峰存在。

在Nb-O中[2],当$f=1.2\,\text{Hz}$,$T_{P1}=545\,\text{K}$,$T_{P2}=730\,\text{K}$,且较低温度的峰(SK1)极不稳定,在稍高于峰温的温度下退火即消失。实验测得激活参数:

$$H_1 = 2.0\,\text{eV},\ H_2 = 1.67\,\text{eV}(H_1 > H_2)$$

在Ta-O中[3],当$f=1\,\text{Hz}$,$T_{P1}=640\,\text{K}$,$T_{P2}=780\,\text{K}$,且低温峰(SK1)较稳定。高温峰(SK2)较不稳定,随退火向高温移动。两个峰随退火都降低,测得

$$H_1 = 1.4\,\text{eV},\ H_2 = 2.1\,\text{eV}(H_1 < H_2)$$

可见,到目前为止,实验数据也并不很一致,但有两个峰是肯定的。

5.4.2 理论解释[4~9]

从实验规律看,S-K峰的机制应包含位错和溶质原子。这里有两个问题需要解决:

(1) S-K峰的弛豫强度来自于何处?

(2) 什么决定S-K峰的激活能(或弛豫时间)?

首先回答第一个问题的人是Schoeck[4],他认为滞弹性应变主要来源于位错的弓出,而不是来自于间隙原子的取向变化。

这解释了每个间隙原子对S-K的贡献是它对Snock峰的贡献的八倍的事实。

Schoeck提出了位错弦拖着溶质原子一起弓出的模型来解释S-K峰,而溶质原子通过Snoek型的扩散(取向变化)运动,此运动阻碍了位错的运动,从而引起内耗。

根据Schoeck模型,弛豫强度为$\Delta = \beta\Lambda\overline{L}^2$

式中:$\beta\sim10^{-2}-10^{-1}$;Λ为有效位错密度;$\overline{L}$为平均位错段长度。

弛豫时间为

$$\tau = \alpha\frac{kTC_\text{d}\overline{L}^2}{Gb^3 D'} \tag{5-18}$$

式中:$\alpha\sim1$;C_d是位错线上的溶质原子浓度;G是切变模量;b是柏氏矢量大小;D'是溶质原子的扩散系数,$D' = D'_0\exp(-H/kT)$。

而内耗为

$$Q^{-1} = \Delta\frac{\omega\tau}{1+\omega^2\tau^2} \tag{5-19}$$

为了回答第二个问题,Schoeck认为,溶质原子与位错的交互作用的结果是溶质原子在位错芯处,因此,溶质原子的扩散更难,$H' > H^\text{s}$(Sonek峰激活能),$H' = H^\text{SK}$,而C_d不变。

但De Batist持相反的意见,他认为$H' = H^\text{s}$,而溶质原子与位错的交互作用能H^B_d通过

C_d 而进入激活能（即 C_d 变化）：

$$C_d \propto \exp(H_d^B/kT) \tag{5-20}$$

因此
$$H^{SK} = H^S + H_d^B$$

但由此计算出的 H_d^B 太大（0.6～1.0 eV），不合理。

Seeger[7, 9]提出了位错弯结模型，认为 S-K 峰是由于溶质原子浓度影响下螺位错上 $\frac{a}{2}$ ⟨111⟩弯结对的成核和迁移（类似于 Bordoni 峰）。

$$\tau = \frac{kT}{8a^2 S_d} \frac{L}{(\rho_K^{eq})^2 D_K}(1 + \rho_K^{eq}L/2) \tag{5-21}$$

$$\rho_K^{eq} = \frac{1}{w_K}\left(\frac{2\pi H_K}{kT}\right)^{1/2}\exp(-H_K/kT) \tag{5-22}$$

而 D_K 是由溶质原子的扩散决定的，与溶质原子扩散激活能 H^S 和浓度 C_d 有关：

$$D_K \propto \frac{1}{C_d}\exp[-(H^S + H_K^m)/kT], \tag{5-23}$$

而
$$C_d = \frac{C_b}{C_b + \exp(-H_d^B/kT)} \tag{5-24}$$

如设 $x_K = \rho_K^{eq}L/2$，$y_b = C_b\exp(H_d^B/kT)$

则
$$\tau = \tau_0 \frac{T}{T_m}\left(\frac{L}{b}\right)^3\left(\frac{1+x_K}{x_K^2}\right)\left(\frac{y_b}{1+y_b}\right) \tag{5-25}$$

式中：T_m 为熔点；τ_0 为与 T，L 无关的常数。而有效激活能为

$$H_{eff} = \frac{d\ln\tau}{d\left(\frac{1}{kT}\right)} = H^S + H_K^m + 2H_K + H_d^B - 2kT - \frac{x_K}{1+x_K}\left(H_K - \frac{1}{2}kT\right) - \frac{y_b}{1+y_b}H_d^B \tag{5-26}$$

可见，当 L，C_d 不同时，x_K，y_b 具有不同的值，因此，H_{eff} 也不同。

在两个内耗峰的情形下：

(1) Weller 等人[2]用试样中存在两种长度不同的位错分布来解释 $L_1 \ll L_2$，L_1 对应于低温 T_{P1}，L_2 对应于高温 T_{P2}。

所以，对(1)：$x_K \ll 1$，

$$H_{eff}(1) = H^S + H_K^m + 2H_K - 2kT_{p1} + \frac{H_d^B}{1+y_b}\bigg|_{T=T_{p1}}; \tag{5-27}$$

对(2)：$x_K \gg 1$，

$$H_{eff}(2) = H^S + H_K^m + H_K - \frac{3}{2}kT_{p1} + \frac{H_d^B}{1+y_b}\bigg|_{T=T_{p2}}; \tag{5-28}$$

可见，$H_{eff}(1) > H_{eff}(2)$，（当 H_d^B 不大时）。

也解释了(1)不稳定的现象——L_1 的位错不稳定。

(2) 方前锋等人[3]认为稳定的位错分布只有一种,两个峰一个是传统的 S - K 峰(螺位错上弯结对的形成和迁动),另一个较低温度的峰是由于非螺位错上的弯结对形成和迁动或螺位错上几何弯结的迁动(可能性更大)。

对非螺位错,$2H_K$ 很小,可解释小的激活能(可能性小,因为电镜观察不到非螺位错)。

对螺位错上的几何弯结迁动,有

$$\tau' = \tau_0 \left(\frac{L}{b}\right)^2 \frac{y_b}{1+y_b} \exp\left[(H^S + H_K^m)/kT\right] \tag{5-29}$$

有效激活能为

$$H'_{eff} = \frac{d\ln \tau'}{d\left(\frac{1}{kT}\right)} = H^S + H_K^m + \frac{H_d^B}{1+y_b} \tag{5-30}$$

5.5 位错弦振动模型

5.5.1 位错运动方程

考虑一段两端被钉扎的长为 L 的位错。在外力 $\sigma = \sigma_0 \sin \omega t$ 作用下作弦振动,其位移 $u(y, t)$ 是 y 和 t 的函数。单位长度位错的运动方程为(弦振动方程)

$$m_e \ddot{u} + B\dot{u} - \gamma \frac{\partial^2 u}{\partial y^2} = \sigma_0 b \sin \omega t \tag{5-31}$$

式中:m_e 为单位长度位错的有效质量,$m_e \sim \rho b^2$,ρ 为物质密度;b 是柏氏矢量的大小;B 为阻尼系数,来源于声子、电子、辐射阻尼等;γ 是弦线的线张力,$\gamma \approx \frac{1}{2}Gb^2$。

边界条件为

$$u(0, t) = u(l, t) = 0$$

5.5.2 方程的解及内耗计算

按边界条件,方程的稳态解为

$$u(y, t) = \sum_{n=1}^{\infty} A_n(t) \sin \frac{n\pi y}{l} \tag{5-32}$$

将此通解代入方程,并把方程右边按 $\sin \frac{n\pi y}{l}$ 展开,即可得到 u 的通解中的振幅 $A_n(t)$。

当 ω 不太大时,可设 u 的一个特解,$u = A(t) \cdot y(l-y)$,也可得到类似的结果。

为了方便,将方程重写为复数形式:

$$m_e \ddot{u} + B\dot{u} - \gamma \frac{\partial^2 u}{\partial y^2} = \sigma b e^{i\omega t} \tag{5-33}$$

设 $u(y, t) = A\sigma_0 y(l-y)e^{i\omega t}$,代入上式,并对 y 从 0 到 l 积分,得到

$$-\omega^2 m_{\mathrm{e}} A \frac{l^2}{b} + \mathrm{i}\omega BA \frac{l^3}{b} + 2\gamma A l = bl \tag{5-34}$$

得
$$A = \frac{b}{2\gamma} \cdot \frac{1}{1 + \mathrm{i}\omega\tau - (\omega^2/\omega_0^2)} \tag{5-35}$$

式中，$\omega_0 = 12\gamma/m_{\mathrm{e}}l^2$ 为弦振动的固有频率（基频）；$\tau = Bl^2/12\gamma$。

内耗计算

由位错弓出而产生的非弹性应变为

$$\varepsilon_{\mathrm{d}} = \Lambda b \overline{u} = \Lambda b \frac{1}{l}\int_0^l u\mathrm{d}y = \frac{\Lambda b}{6} A\sigma_0 l^2 \mathrm{e}^{\mathrm{i}\omega t} \tag{5-36}$$

总应变为

$$\varepsilon = \varepsilon_{\mathrm{e}} + \varepsilon_{\mathrm{d}} = J_u\sigma + \varepsilon_{\mathrm{d}} \tag{5-37}$$

弹性顺度为

$$J = \frac{\varepsilon}{\sigma} = J_u + \frac{\varepsilon_{\mathrm{d}}}{\sigma} = J_u + \frac{1}{6}\Lambda l^2 bA, \quad J = J_1 - \mathrm{i}J_2 \tag{5-38}$$

$$\begin{cases} \dfrac{\Delta J}{J_u} = \dfrac{J_1 - J_u}{J_u} = \dfrac{\Lambda l^2 b^2}{12\gamma J_u} \cdot \dfrac{1 - (\omega^2/\omega_0^2)}{[1 - (\omega^2/\omega_0^2)]^2 + \omega^2\tau^2} \\[3mm] \tan\varphi = \dfrac{J_2}{J_u} = \dfrac{\Lambda l^2 b^2}{12\gamma J_u} \cdot \dfrac{\omega\tau}{[1 - (\omega^2/\omega_0^2)]^2 + \omega^2\tau^2} \end{cases} \tag{5-39}$$

在低频情况下（如声频、超声），因此 ω_0 很大，$(\omega/\omega_0)^2 \ll 1$，$\omega^2\tau^2 \ll 1$，有

$$\begin{cases} \dfrac{\Delta J}{J_u} = \dfrac{1}{6}\Lambda l^2 \\[3mm] \tan\varphi = \Lambda Bl^4\omega/36Gb^2 \end{cases} \tag{5-40}$$

在高频情况下，$\tan\varphi \sim \omega$ 曲线上将出现一共振峰。

5.6 与位错脱钉有关的非线性内耗

当溶质原子不易运动时，它将作为钉扎点，位错只能作为一段弦振动，当外力较大时，位错将从钉点脱钉（雪崩式），如图 5-6 所示。

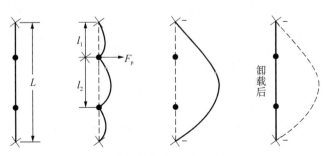

图 5-6 位错将从钉点雪崩式脱钉的示意图

$$F_p = \sigma b(l_1 + l_2)/2$$

当 F_P 超过钉点与位错的最大交互作用力 F_m 时,发生脱钉。脱钉后,位错作为一较长的弦向外弓出。

因为
$$\varepsilon_d = \frac{\Lambda b^2 l^2}{12 S_d}\sigma \tag{5-41}$$

所以总应变为

$$\varepsilon = \varepsilon_e + \varepsilon_d = \left(J_u + \frac{\Lambda b^2 l^2}{12 S_d}\right)\sigma = J\sigma \tag{5-42}$$

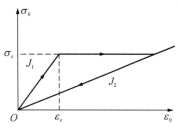

图 5-7 对应于位错脱钉过程的应力应变曲线示意图

可见,由于脱钉前后位错段长 l 不一样,导致 σ/ε 的值不同,出现如图 5-7 所示的应力应变曲线。

如设 $l_1 \sim l_2 \sim l_0$,则有

$$J_1 = J_u + \frac{\Lambda b^2 l_0^2}{12 S_d}, \quad J_2 = J_u + \frac{\Lambda b^2 L^2}{12 S_d} \tag{5-43}$$

由内耗定义有 $\tan\varphi = \dfrac{\Delta W}{2\pi W}$,可得

$$\Delta W = \begin{cases} 0, & \sigma_0 \leqslant \sigma_c \\ \dfrac{1}{2}(J_2 - J_1)\sigma_c^2 = \dfrac{\Lambda b^2 (L - l_0)L}{24 S_d}\sigma_c^2, & \sigma_0 > \sigma_c \end{cases} \tag{5-44}$$

而
$$W = \frac{1}{2}J_u \sigma_0^2$$

所以
$$\tan\varphi = \begin{cases} 0, & \sigma_0 \leqslant \sigma_c \\ \dfrac{G\Lambda b^2 (L - l_0)L}{24\pi S_d}\left(\dfrac{\sigma_c}{\sigma_0}\right)^2, & \sigma_0 > \sigma_c \end{cases} \tag{5-45}$$

对应的内耗振幅曲线如图 5-8 所示。

显然,图 5-8 与实验曲线(指数形式)差别较大。

所以考虑到 l_0 的分布(σ_c)

$$N(l)\mathrm{d}l = \frac{\Lambda}{l^2}\exp\left(-\frac{l}{\bar{l}}\right)\mathrm{d}l, \quad \bar{l} \text{ 是平均段长}.$$

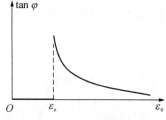

图 5-8 对应位错脱钉过程的内耗振幅曲线示意图

这样,从 $0 \longrightarrow L$ 平均的结果,得到

$$\tan\varphi = \frac{c_1}{\varepsilon_0}\exp\left(-\frac{c_2}{\varepsilon_0}\right), \tag{5-46}$$

式中: $c_2 = Ka\dfrac{\delta}{\tau}$, $c_1 = c_2 \cdot \dfrac{\Lambda L^3}{\tau}\cdot\alpha$

上式只在应力不太大时适用,应力更大时,$\tan\varphi$ 将会随 ε_0 上升而下降。

5.7 面心立方固溶体中的位错弛豫（非线性滞弹性内耗）

5.7.1 实验现象

1949 年，Kê 对高度冷加工的 Al－0.5％ Cu 试样，经部分退火后，在－5～125℃之间观察到了一个明显的温度内耗峰，随应变振幅的增加，峰温向高温移动，在峰附近的某一温度下作内耗-应变振幅曲线，也出现了一个峰值，称为反常内耗，温度峰称为 P_1 峰。

Kê 的早期工作指出：

(1) P_1 峰在处于冷加工状态的试样中出现，在再结晶温度下退火消失。

(2) P_1 峰在含有少量杂质原子（如 Cu）时出现。

(3) 如在降温过程中将试样在低于 100℃ 的某一温度下保温，内耗又会上升。说明，溶质原子是可动的。

后来，Kê 等人对 Al－Cu，Al－Mg 试样进行完全退火，再在室温扭转的处理后，也观察到了 P_1 峰，因为 Al－Mg 中的高固溶度，这就排除了 P_1 峰与沉淀和脱溶过程的任何联系。

此外，通过对试样进行高度冷加工，部分退火，再在室温轻度扭转的处理，也观察到了 P_1 峰，并发现 P_1 峰有精细结构：由 P_1' 和 P_1'' 峰组成。

在低温的 P_1' 峰，其模量随温度升高而下降，振幅峰随温度上升而移向低振幅端。在较高温的 P_1'' 峰，其模量随温度升高而升高，振幅峰随温度上升而移向高振幅端。

当 P_1' 峰出现后，进一步对试样进行扭转，则 P_1' 峰移向低温，在室温时效，P_1' 峰又移向高温，并在时效过程中，在 P_1' 峰的低温测，出现了一个新的内耗峰 P_0 峰。P_0 峰的模量随温度升高而下降。

P_0，P_1' 和 P_1'' 峰是结构敏感的，这包括出现条件、峰温、峰型、峰高等。在更低的温度，在冷拔和拉伸的试样中，观察到了两个内耗峰：P_{L1} 峰和 P_{L2} 峰。（当 $f = 1$ Hz，P_{L1} 在－50℃，P_{L2} 在－70℃）。在更高的温度，出现了 P_2 和 P_3 峰，它们都表现明显的振幅内耗峰，其模量随温度升高而上升。

P_{L1} 峰和 P_{L2} 峰的一般实验规律如下：

(1) 峰高随溶质原子浓度增加而增加；随冷加工量增加先是增加，达到饱和后又下降。

(2) P_{L2} 峰只在冷拔和拉伸的试样中出现，而在扭转和弯曲变形的试样中不出现；P_{L1} 峰在所有这些冷加工的试样中都出现。

(3) P_{L2} 峰在 150℃ 退火就完全消失，P_{L1} 峰在 300℃ 退火消失。

(4) 在 Al－Zn，Al－Ga 中也出现 P_{L2} 峰和 P_{L1} 峰，但没有 Al－Mg 中明显。

(5) 根据上述实验事实，提出了 P_{L1} 峰和 P_{L2} 峰的包含位错溶质原子和空位的微观机制。

图 5-9 给出了这 7 个内耗峰的示意图。

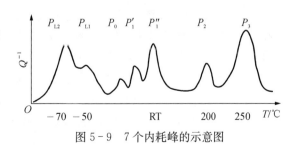

图 5-9　7 个内耗峰的示意图

5.7.2 P_0，P'_1和P''_1峰的物理模型——非线性滞弹性

非线性滞弹性是葛庭燧在总结了大量实验结果的基础上提出来的一个概念，用来表征固体材料的这样一种性质，即在很低的应力振幅下（小于 $10^{-5}G$，G 是切变模量），弛豫型内耗也表现出振幅效应。它所反映的实际上是在低应力振幅下，动态应力与应变的非线性关系。非线性滞弹性内耗的特点是既出现温度内耗峰（当内耗作为温度的函数时），同时又在温度内耗峰出现的温度区间内出现振幅内耗峰（当内耗作为振幅的函数时），且温度内耗峰随着频率的降低而向低温移动，表现弛豫的性质。经过几十年来我国科学工作者在 Al - Mg，Al - Cu 固溶体中的大量工作，基本上奠定了非线性滞弹性这门新学科的实验基础，发现了与溶质原子和位错（弯结）的交互作用有关的从低温到高温的 7 个温度内耗峰[10~13]。特别是对位于室温附近的三个内耗峰（P_0，P'_1和P''_1）研究得更加详细，已经证实了它们牵涉到溶质原子沿着位错芯的管道扩散，因此使得从实验上直接测定溶质原子沿着位错管道的扩散系数成为可能。

最早的模型是位错气团（cottrell 气团）模型，认为是位错拖着溶质原子气团一起运动，气团提供了位错运动的阻力，但该模型遇到了两个具体的困难。

（1）在测量内耗所用的交变应力下，要使 cottrell 气团以临界速度运动几乎是不可能的（室温附近）。

（2）室温下，为了使 cottrell 气团能够被位错拖着一起运动，在 $f = 1\,\text{Hz}$ 中，溶质原子的扩散系数比通常情况下大很多个数量级，不可能。

后来，提出了弯结气团模型，位错的运动通过弯结的侧向运动来实现，弯结运动速度远大于位错的，解决了（1），气团是芯气团，溶质原子扩散沿位错芯进行，扩散激活能小，扩散系数大，解决了（2）。

他们认为，冷加工的作用是产生具有几何弯结的斜位错组态。

5.7.3 P_0，P'_1和P''_1峰的理论处理（位错密度分布函数）

葛庭燧和方前锋[14~19]应用位错弯结气团模型，并引入溶质原子在弯结链上某一位置出现的概率密度或分布函数的概念，讨论了溶质原子的扩散情况。从弯结链在外力作用下的重新分布算出所导致的能量变化，进而求出施加于溶质原子上的横向力和纵向力，从而列出了溶质原子的横向漂移和纵向漂移的扩散方程。通过求解在准静态外力作用下溶质原子的扩散方程[15—17]，得出了这种扩散过程所对应的滞弹性蠕变的弛豫强度和弛豫时间的表达式，它们和外力的关系是非线性的，并可和微蠕变的实验进行直接比较。所求出的交变应力下的内耗和模量亏损的近似解析式，在内耗峰表观形式上（包括温度内耗峰和振幅内耗峰及其移动规律）可以与实验结果比较。针对 P'_1 峰的情况，通过差分方法，直接对溶质原子沿着位错管道的扩散方程进行了数值求解，从而求出内耗和模量亏损的值[18, 19]。由此算出的温度内耗峰和振幅内耗峰不仅在移动规律上，而且在曲线形状上与实验曲线完全一致。下面简单介绍溶质原子在位错芯区内扩散所引起的非线性滞弹性内耗峰的理论。

5.7.3.1 溶质原子在位错芯区内的扩散方程

根据位错弯结气团模型，P_0，P'_1和P''_1峰都是与位错和点缺陷（溶质原子）的交互作用有关的。P_0，P'_1峰对应于溶质原子沿位错芯的纵向扩散（LCD），而 P''_1 峰对应于溶质原子沿位错芯的横向扩散（TCD）。

1) 位错弯结气团模型

在面心立方金属中存在着两种基本的位错，一种是 Burgers 矢量和位错线都沿同一密排的〈110〉方向，为纯螺型位错，另一种是位错线沿某一〈110〉方向，而 Burgers 矢量沿另一〈110〉方向，为混合型位错。对试样进行冷加工以后，至少有两种机制能够在这两种位错线段上产生弯结，一种机制是冷加工产生的内应力使两端被强钉扎的位错线段弓出，形成左右两边对称的弯结链；另一种机制是冷加工过程中的交滑移使得位错两端的强钉点不在同一 Peierls 能谷内。构成所谓的斜位错，在位错线段上形成同号的弯结链，如图 5-10 所示。

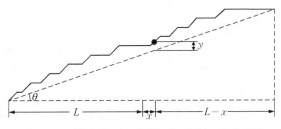

图 5-10　外力作用下弯结链的弓出运动示意图

fcc 金属中的替代式溶质原子由于与基体原子不匹配，将产生一种各向同性的应力场。在一根带弯结的位错上，溶质原子将进入弯结的芯部分，如图 5-11(a)所示；或进入坐落在 Peierls 能谷的直位错段的靠近弯结的位置，如图 5-11(b)所示。在图 5-11(a)中，溶质原子只有一个可能的最低能量态，即在弯结上。当弯结在外力作用下作侧向运动时，此溶质原子将被拖着一起沿着与 Peierls 能谷平行的方向（即与位错线平行的方向）运动，即在位错芯区的纵向扩散运动。但是，除非是溶质原子刚巧坐落在弯结的中点，则当弯结作侧向运动时，坐落在弯结上的溶质原子也将做一定程度的向上或向下的扩散。因此，在这种情况下，溶质原子的扩散方向是以纵向为主，但也包含着横向的成分。在图 5-11(b)中，

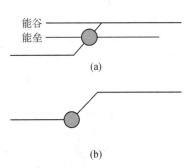

图 5-11　弯结与溶质原子的可能组态

(a) 溶质原子坐落在弯结部分
(b) 溶质原子坐落在直位错段部分

溶质原子有两个可能的最低能量态，即在弯结的上、下两端。因此当弯结在外力作用下做侧向运动时，此溶质原子可能沿直位错段芯区作纵向扩散运动，也可能经由弯结的侧向运动而由弯结的一端扩散到弯结另一端的最低能量态。溶质原子的后一种扩散由于其方向垂直于Peierls 能谷的方向，所以称为横向芯区扩散。尽管 LCD 和 TCD 都是位错芯区内的扩散，但沿这两个方向扩散的激活能并不相同，因而溶质原子在这两种情况下的动性是不同的。

冷加工后位错上都存在着一系列的几何弯结（此处只考虑斜位错的情形），形成一个弯结链。弯结链中的每个弯结都可与溶质原子发生交互作用，从而每个弯结都可含有溶质原子。为了理论处理的简便，可考虑每个弯结链上只有一个溶质原子的情形，如图 5-10 所示。

在图 5-10 中给出了无外力时的弯结链和溶质原子的最可几组态，即近似斜直的弯结链和坐落其上的溶质原子。这个溶质原子可以坐落在如图 5-11(a)所示的位置上或如图 5-11(b)所示的位置上，即溶质原子处于弯结中点或弯结端点。可以证明，在多个溶质原子的情况下结论是相似的。在外力作用下，斜直的弯结链通过弯结的侧向运动而向外弓出。不失普遍

性,可设溶质原子位于弯结链的中点右侧 x 和斜线上方 y 处,将弯结链分割为长为 $L+x$ 和 $L-x$ 的两段。斜位错段的沿 Peierls 能谷方向的投影长为 $2L$。可用 (x, y) 表示所讨论的溶质原子的位置。在无外力作用时,溶质原子与它所进入的弯结的位置坐标是一致的。假定试样中含有位于 $x \sim x+dx$ 和 $y \sim y+dy$ 之间的溶质原子的弯结链的数目占所有长度为 $2L$ 的弯结链的数目的比例为 $\rho(x, y, t)$,按定义则有

$$\int_{-L}^{+L} dx \int_{-\infty}^{+\infty} dy \rho(x, y, t) = 1 \qquad (5-47)$$

可见,$\rho(x, y, t)$ 代表溶质原子在 (x, y) 位置出现的几率密度或分布函数。

在外力的作用下,弯结发生侧向运动。由于弯结与溶质原子的交互作用,也带动溶质原子一起运动,这就使上述的分布函数发生相应的变化,由此所产生的附加应变也将改变。在溶质原子通过扩散运动来改变自身的位置时,需要一定的时间(弛豫时间),使得附加应变的改变落后于外加应力的变化,即应变落后于应力,从而产生内耗。因此,通过求解溶质原子在位错芯区的扩散方程,即分布函数随时间和位置变化的方程,便可得到内耗的表达式。

2) 弯结的侧向运动加到溶质原子上的力

通过计算在外力 σ 作用下作侧向运动的弯结链所具有的能量 W,然后通过 W 对位置的导数求溶质原子所受的力。向外弓出的弯结链的能量增加包含两部分,一是弯结间相互作用能的改变,二是在弓出过程中外力做的功

$$W = -\frac{(\sigma bh)^2 L}{P} x^2 + \frac{PLy^2}{h^2(L^2 - x^2)} - \sigma bLy + \text{const} \qquad (5-48)$$

式中:$P = \dfrac{Gb^2 h^2}{4\pi}$;$b$ 是 Burgers 矢量的大小;h 是弯结高度;G 是切变模量。

在弯结进行侧向运动时,溶质原子与弯结的间距也将逐渐增大,但由于溶质原子总是限制在位错芯区即弯结以内进行扩散,所以两者的间距远小于弯结侧向运动的距离。因此在上述的推导中可以认为溶质原子与它坐落所在的给定的弯结具有相同的位置坐标 (x, y)。这样,我们就可以经由弯结链的总能量随位置坐标的变化来求出在外力作用下弯结侧向运动加到溶质原子上的力。由图 5-10 可见当溶质原子作纵向扩散时,y 是变化的,而 $y+(L+x)\tan\theta$ 不变,所以,纯纵向扩散时的 x 和 y 都发生变化。

因此,溶质原子沿着 x 方向的纵向力 F_L 和沿着 y 方向的横向力 F_T 分别为

$$F_L = -\frac{\partial W}{\partial x} - \frac{\partial W}{\partial y}(-\tan\theta) = \frac{2(\sigma bh)^2 L}{P} x - \frac{\beta x y^2}{L^2 - x^2} + \beta(y - y_0)\tan\theta \qquad (5-49)$$

$$F_T = \frac{\partial W}{\partial y} = -\beta(y - y_0) \qquad (5-50)$$

式中:$y_0 = \dfrac{\sigma bh^2(L^2 - x^2)}{2P}$;$\beta = \dfrac{2PL}{h^2(L^2 - x^2)}$。这个力是通过弯结和溶质原子的交互作用由弯结链施加给溶质原子的。正是这个力使溶质原子发生漂移运动,而溶质原子的动性又转而决定了弯结的动性。

3) 溶质原子的扩散和漂移运动方程

设溶质原子在 (x, y) 位置出现的几率密度或分布函数可写为

$$\rho(x, y, t) = \rho_{\mathrm{L}}(x, t)\rho_{\mathrm{T}}(x, y, t) \tag{5-51}$$

式中 $\rho_{\mathrm{L}}(x, t)$ 和 $\rho_{\mathrm{T}}(x, y, t)$ 分别是纵向和横向分布函数。

如果将纵向和横向扩散系数分别表示为 D_{L} 和 D_{T}，并设 $t = 0$ 时外力 $\sigma = 0$，$t > 0$ 时 $\sigma > 0$，则溶质原子的漂移扩散方程为

$$\frac{\partial \rho}{\partial t} = D_{\mathrm{T}}\frac{\partial}{\partial y}\left(\frac{\partial \rho}{\partial y} - \frac{F_{\mathrm{T}}}{kT}\rho\right) + D_{\mathrm{L}}\frac{\partial}{\partial x}\left(\frac{\partial \rho}{\partial x} - \frac{F_{\mathrm{L}}}{kT}\rho\right) \tag{5-52}$$

通过分离变量，并结合初始条件和边界条件，可以得到横向分布函数

$$\rho_{\mathrm{T}}(x, y, t) = \sqrt{\frac{\beta}{2\pi kT}}\exp\left\{-\frac{\beta\big[y - a(t)\big]^2}{2kT}\right\} \tag{5-53}$$

式中：$a(t) = y_0\left[1 - \exp\left(-\dfrac{t}{\tau_{\mathrm{T}}}\right)\right]$；$\tau_{\mathrm{T}} = \dfrac{h^2 kT}{2PLD_{\mathrm{T}}}(L^2 - x^2)$；$a(t)$ 是弯结进行侧向运动时，与溶质原子改变其 y 坐标有关的一个参数；而 τ_{T} 是与溶质原子的这种横向扩散过程有关的弛豫时间，它们是 x 的函数。

此时，纵向扩散方程为

$$\frac{\partial \rho_{\mathrm{L}}}{\partial t} = D_{\mathrm{L}}\frac{\partial}{\partial x}\left(\frac{\partial \rho_{\mathrm{L}}}{\partial x} - \frac{\overline{F_{\mathrm{L}}}}{kT}\rho_{\mathrm{L}}\right) \tag{5-54}$$

其中平均纵向力为

$$\overline{F_{\mathrm{L}}} = \frac{2(\sigma bh)^2 L}{P}x - \frac{\beta x\big[a(t)\big]^2}{L^2 - x^2} - \big[\sigma bL - \beta a(t)\big]\tan\theta \tag{5-55}$$

边界条件为

$$\left(\frac{\partial \rho_{\mathrm{L}}}{\partial x} - \frac{\overline{F_{\mathrm{L}}}}{kT}\rho_{\mathrm{L}}\right)_{x=+L} = \left(\frac{\partial \rho_{\mathrm{L}}}{\partial x} - \frac{\overline{F_{\mathrm{L}}}}{kT}\rho_{\mathrm{L}}\right)_{x=-L} = 0 \tag{5-56}$$

归一化条件为

$$\int_{-L}^{+L}\rho_{\mathrm{L}}(x, t)\mathrm{d}x = 1 \tag{5-57}$$

初始条件为

$$\rho_{\mathrm{L}}(x, 0) = \frac{1}{2L} \tag{5-58}$$

通过求解满足边界条件和初始条件的带拖曳项的扩散方程，可得出溶质原子在位置 (x, y) 时的分布函数，由此分布函数随时间的变化规律可得到扩散的弛豫时间和弛豫强度。

5.7.3.2 弯结上溶质原子的纵向扩散，但受横向扩散的影响（P_1' 峰）

1）弛豫强度

当溶质原子位于弯结上时，由于弯结有一定的斜度，所以溶质原子在弯结内可以沿 x 方向和 y 方向进行扩散。由于在 fcc 金属中，弯结的宽度远大于弯结的高度（宽度可达 $30b$），而弯结链与能谷形成的夹角又较小，所以溶质原子的扩散主要是沿着 x 方向，但也有 y 方向的

成分。但是,在弯结进行侧向运动时,溶质原子沿 y 方向的扩散距离远小于沿 x 方向的扩散距离,因此可以认为 $a(t) = y_0$(即此时 τ_T 很小)。这个过程对应 P'_1 峰。假设外力在 $t < 0$ 时为 0,在 $t > 0$ 时为一常数 σ,则可由式(5-55)求出平均纵向力为

$$\overline{F_L} = \frac{3(\sigma bh)^2 L}{2P}x \tag{5-59}$$

将此值代入式(5-54),当时间很大时,纵向分布函数达到一个平衡值:

$$\rho_L(x, \infty) = C\exp\left(\frac{\alpha^2}{L^2}x^2\right) \tag{5-60}$$

式中: $C = \left[L\displaystyle\int_{-1}^{+1}\exp(\alpha^2\xi^2)d\xi\right]^{-1}$; $\alpha^2 = \dfrac{3(\sigma bh)^2 L^3}{4PkT}$。

在加上外力后的瞬间,溶质原子没有时间扩散,所以分布函数来不及改变,此时产生的应变为弹性形变。它由两部分组成,一部分来源于晶体中原子的平均弹性形变,另一部分来源于加力后弯结链的瞬时侧向运动所产生的形变。在外力作用下,当溶质原子的坐标为 (x, y) 时,弯结链侧向运动所扫过的面积(相对于无外力时的斜直弯结链)为

$$S = \frac{2\sigma bh^2 L}{3P}(L^2 + 3x^2) + Ly \tag{5-61}$$

所以试样的弹性应变为

$$\varepsilon_E = \frac{\sigma}{G} + \Lambda b\int_{-L}^{+L}dx\int_{-\infty}^{+\infty}dy\frac{S}{2L}\rho(x, y, 0) = \frac{\sigma}{G} + \frac{2\Lambda\sigma(bhL)^2}{3P} \tag{5-62}$$

式中: Λ 是有效位错密度; S 的值由式(5-61)给出。

随着时间的进行,溶质原子将在弯结内进行扩散,分布函数从 $\rho(x, y, 0)$ 渐近地向平衡分布式(5-60)变化。可见,这种分布函数的变化所对应的应变变化即是典型的滞弹性蠕变,由此可求出相应的弛豫强度的大小。

按蠕变的定义,由于弯结链侧向运动所引起的滞弹性应变为

$$\varepsilon_A = \Lambda b\int_{-L}^{+L}dx\int_{-\infty}^{+\infty}dy\frac{S}{2L}[\rho(x, y, \infty) - \rho(x, y, 0)]$$

$$= \frac{\Lambda\sigma(bhL)^2}{12P}\left[9CL\int_{-1}^{+1}\xi^2\exp(\alpha^2\xi^2)d\xi - 1\right] \tag{5-63}$$

因而弛豫强度为

$$\Delta = \frac{\varepsilon_A}{\varepsilon_E} = \frac{\pi\Lambda L^2}{3 + 8\pi\Lambda L^2}\left[9CL\int_{-L}^{+L}\xi^2\exp(\alpha^2\xi^2)d\xi - 1\right] \tag{5-64}$$

2)弛豫时间

为了求出弛豫时间,必须算出纵向分布函数随时间的变化关系,即式(5-54)满足条件式(5-56)~式(5-58)的解。此解是一个以 Pochhammer 函数 $M(a, b, x)$ 为本征函数的无穷级数。如果只考虑一级近似,可以得到弛豫时间为

$$\tau_{L1} = \frac{L^2}{D_{L1}} \frac{1}{\pi^2 + 2\alpha^2} \tag{5-65}$$

式中 D_{L1} 是坐落在弯结中点的溶质原子在弯结内的纵向扩散系数。可见,弛豫时间与温度的关系主要体现在 D_{L1} 与 T 的关系上,因此弛豫时间与温度的关系满足 Arrhenius 关系(α^2 与 T 的反比关系远弱于 D_{L1} 与 T 的指数关系)。

5.7.3.3 溶质原子的纯纵向扩散(P_0 峰)

这对应于溶质原子坐落在弯结两端的直位错段上的情况。当弯结进行侧向移动时,溶质原子可以进行沿着直位错段的纯纵向扩散,也可以进行经由运动中的弯结而进行纯横向的扩散。现在只讨论纯纵向扩散的情况。

溶质原子在纵向力 F_L 的作用下作纯纵向扩散运动,此过程对应于 P_0 峰。在这种情况下,$a(t) = 0$(即此时 τ_T 较大)。由式(5-55),可得平均的纵向力为

$$\overline{F_L} = \frac{2(\sigma bh)^2 L}{P}(x - x_0) \tag{5-66}$$

式中 $x_0 = \frac{P\tan\theta}{2\sigma bh^2}$。

根据与上节相同的计算,可得此时的弛豫强度和弛豫时间为

$$\Delta = \frac{\varepsilon_A}{\varepsilon_E} = \frac{4\pi\Lambda L^2}{3 + 8\pi\Lambda L^2}\left[3CL\int_{-L}^{+L}\xi^2\exp(\alpha^2\xi^2)d\xi - 1\right]$$

$$\tau_{L2} = \frac{L^2}{D_{L2}} \frac{1}{\pi^2 + 2\alpha^2} \tag{5-67}$$

其中 D_{L2} 是坐落在位错芯区直位错段部分的溶质原子的纵向扩散系数。

5.7.3.4 内耗温度曲线和内耗振幅曲线

作为近似,可以假设弛豫过程满足 Debye 方程,因此内耗可以由上述的弛豫强度和弛豫时间 Debye 方程估算出来。

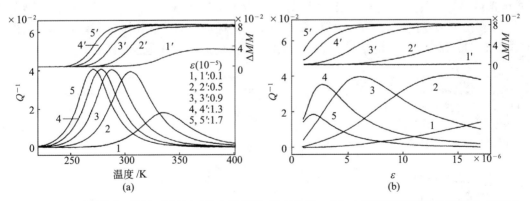

图 5-12　(a) P_1' 峰在不同应变振幅下的内耗模量-温度曲线　(b) 在不同温度下的内耗模量-振幅曲线,其中曲线 1～5 对应温度 250,275,300,325 和 350 K[16]

图 5-12 给出了溶质原子作纵向扩散但受横向扩散影响(P_1' 峰)时不同应变振幅下的内耗和模量-温度曲线[见图 5-12(a)]和不同温度下的内耗和模量-振幅曲线[见图 5-12(b)]。

可以看出,温度内耗峰随着应变振幅 ε_0 的增加逐渐移向低温。当 ε_0 较小时,温度内耗峰较小,随着 ε_0 的增加,温度内耗峰逐渐增高。但当 ε_0 超过 10^{-5} 后,温度内耗峰的高度不再升高而是保持一饱和值。在出现温度内耗峰的温度区间,出现了明显的振幅内耗峰。随着测量温度的增加,振幅内耗峰逐渐向低振幅端移动。在温度内耗峰的高温端,振幅内耗峰的峰高随温度的增加而减小直到消失。在温度内耗峰的低温端。振幅内耗峰的峰高不随温度的降低而变化。模量亏损的变化是正常的,即随着温度的升高或振幅的增加,动态弹性模量(或顺度)减小(或增加),这进一步说明反常内耗现象是一种弛豫型的内耗现象。

图 5-13 给出了溶质原子作纯纵向扩散时(P_0 峰)不同应变振幅下的内耗和模量-温度曲线[见图 5-13(a)]和不同温度下的内耗和模量振幅曲线[见图 5-13(b)]。内耗曲线的变化规律与图 5-12 类似,所不同的是峰的位置和内耗曲线开始随温度、振幅变化的位置。

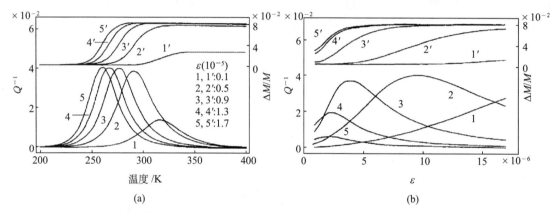

图 5-13 (a) P_0 峰在不同应变振幅下的内耗模量-温度曲线 (b) 在不同温度下的内耗模量-振幅曲线,其中曲线 1~5 分别对应温度 250,275,300,325 和 350 K[16]

上述根据准静态应力下的弛豫时间和弛豫强度来计算交变应力下的内耗表达式,在线性的情况下是准确的,但在非线性的情况下却是近似的。为了估计这种近似的误差大小,我们通过求解偏微分方程的数值差分方法,直接对交变应力下的扩散方程式(5-54)进行了数值求解[18, 19],得出的内耗温度曲线及其随振幅的移动和内耗振幅曲线随温度的移动规律(见图 5-14)与图 5-12 和图 5-13 的结果基本一致,说明本文的近似处理是合理的。

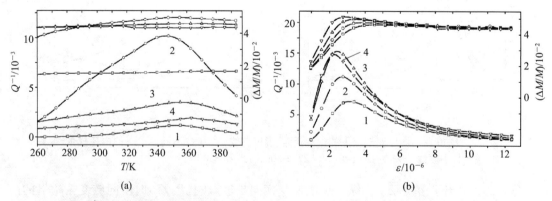

图 5-14 (a) P_1' 峰的内耗模量-温度曲线,曲线 1~4 对应应变振幅分别为 0.5,4,7.5,11×10^{-6} (b) 内耗模量-振幅曲线,曲线 1~4 对应温度分别为 300,320,340,360 K[18, 19]

参考文献

[1] Seeger A. Progress and problems in the understanding of the dislocation relaxation processes in metals [J]. Mater. Sci. Eng. A, 2004,370(1 - 2):50 - 66.

[2] Seeger A, Weller M, Diehl J, et al, The Snoek-Köster relaxation in niobium and tantalum containing oxygen [J]. Z. Metallkd. 1982,73(1):1 - 20.

[3] Fang Q F, Weller M, Diehl J. The Snoek-Köster relaxation in Ta - O system [J]. phys. stat. sol. (a), 1996,156(2):331 - 342.

[4] Hirth J P. Introduction to the viewpoint set on cold work peak [J]. Scripta Metall., 1982,16(3):221 - 223.

[5] Ke T S. On the physical models of the cold-work (Snoek-Köster) internal-friction peak in BCC [J]. Scripta Metall., 1982,16(3):225 - 232.

[6] Schock G. The cold work peak [J]. Scripta Metall., 1982,16(3):233 - 239.

[7] Seeger A. The kink-pair-formation theory of the Snoek-Köster relaxation [J]. Scripta Metall., 1982, 16(3):241 - 247.

[8] Ritche I G. Core diffusion, unpinning and the Snoek-Köster relaxation [J]. Scripta Metall., 1982, 16(3):249 - 253.

[9] Seeger A. A theory of the Snoek-Köster relaxation (cold-work peak) in metals [J]. phys. stat. sol. (a), 1979,55(2):457 - 468.

[10] Ke T S. Nonlinear mechanical relaxation associated with dislocation-point defect interaction [J]. J. Alloy Compd., 1994,211/212(9):90 - 92.

[11] 葛庭燧. 点缺陷与位错交互作用所引起的非线性力学弛豫—Ⅰ. 非线性弛豫峰的发现和肯定[J]. 自然科学进展,1993,3(4):289 - 302.

[12] 葛庭燧. 点缺陷与位错交互作用所引起的非线性力学弛豫—Ⅱ. 高温和低温非线性弛豫峰[J]. 自然科学进展,1993,3(5):395 - 406.

[13] 葛庭燧. 点缺陷与位错交互作用所引起的非线性力学弛豫—Ⅲ. 七个非线性弛豫峰及其相互联系[J]. 自然科学进展,1993,3(6):489 - 500.

[14] 葛庭燧. 位错芯扩散引起的非线性滞弹性内耗峰[J]. 物理学报,1996,45(6):1016 - 1025.

[15] 葛庭燧,方前锋. 溶质原子在位错芯区内扩散所引起的非线性滞弹性内耗峰的理论—Ⅰ. 溶质原子在位错芯区内的扩散方程[J]. 自然科学进展,1997,7(4):397 - 404.

[16] 方前锋,葛庭燧. 溶质原子在位错芯区内扩散所引起的非线性滞弹性内耗峰的理论—Ⅱ. P_1'峰和P_0峰的理论[J]. 自然科学进展,1997,7(5):528 - 536.

[17] 方前锋,葛庭燧. 溶质原子在位错芯区内扩散所引起的非线性滞弹性内耗峰的理论—Ⅲ. P_1''峰的理论[J]. 自然科学进展,1998,8(2):204 - 212.

[18] 方前锋. 低应力振幅下非线性滞弹性内耗峰(P_1'峰)的数值分析[J]. 物理学报,1997,46(3):536 - 543.

[19] Fang Q F. Theoretical treatment of the nonlinear anelastic internal friction peaks appearing in the cold-worked Al-based solid solutions [J]. Phys. Rev. B., 1997,56(1):12 - 15.

6 晶界内耗

孔庆平(中国科学院固体物理研究所)

6.1 绪论

我国科学家葛庭燧于 1947 年用他发明的"扭摆内耗仪"("葛氏扭摆"),在多晶纯铝中发现了晶界内耗峰("葛氏内耗峰")。他用晶界的黏滞性滑动模型,解释了晶界内耗峰出现的原因;并对四种滞弹性效应(内耗、切变模量、恒应力下的蠕变、恒应变下的应力弛豫)进行了对比研究和分析,验证了 Zener 提出的滞弹性内耗理论,奠定了滞弹性内耗理论的实验基础。接着他又提出了大角度晶界的"无序原子群模型"("葛氏模型")用来解释晶界内耗的微观过程。正是葛庭燧的这些开创性和奠基性工作,开辟了晶界内耗这个研究领域。

晶界内耗峰的发现和研究,一方面拓展了固体内耗学科的内涵,使内耗进入了晶界结构及其弛豫机制的深层次研究。另一方面由于晶界内耗能够灵敏地反映晶界的状态和动力学行为,从而使内耗可以用来研究材料科学中一些与晶界有关的实际问题。

后来葛庭燧和国内外许多的科学工作者,广泛地开展了晶界内耗的后续研究,其中包括:不同金属和合金中的晶界内耗峰,对晶界内耗峰起源的确认,竹节晶界内耗峰的研究,杂质和形变对晶界内耗峰的影响等。从而在晶界内耗的机制和应用方面积累了丰富的知识。

近年来,双晶试样(其中只包含单一晶界)的晶界内耗研究取得了一些新的进展。通过对不同取向差的双晶试样比较系统的内耗研究,揭示了不同类型晶界的不同特性,并发现了晶界内耗中的"耦合效应"和"补偿效应",提高了人们对晶界内耗微观机制的认识,并且启示了晶界内耗新的应用前景。

6.2 晶界弛豫的早期研究

6.2.1 晶界内耗峰和相关的滞弹性效应

葛庭燧于 1947 年用他发明的"扭摆内耗仪",首次发现了多晶 Al 试样中的晶界内耗峰,如图 6-1 所示[1]。他当时所用的 99.991% 纯 Al 多晶试样是直径为 0.84 mm 的细丝,平均晶粒尺寸为 0.3 mm,测量频率在室温时为 0.8 Hz。由图可见,在 285℃附近出现了一个显著的内耗峰。而作为对比的单晶试样,内耗是随着温度单调上升的。因此,多晶试样中出现的内耗峰是由晶界引起的。

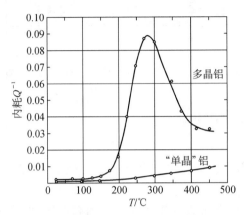

图 6-1 纯铝多晶和单晶试样中内耗随温度的变化[1]

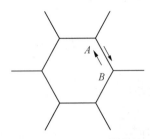

图 6-2 晶界的黏滞性滑动的示意图[1]

葛庭燧根据 Zener 的滞弹性内耗理论[2],用晶界黏滞性滑动模型(见图 6-2)解释了晶界内耗峰出现的原因。在周期性切应力的作用下,晶界发生了黏滞性滑动。由于测量内耗所加的切应力一般很小($\leqslant 10^{-5} G$, G 是切变模量),所发生的少量晶界滑动可以被两个相邻晶粒的弹性应变所容纳,而在晶界交角处产生的反向应力限制了晶界的滑动距离,因此晶界内耗峰才能够出现。

晶界滑动引起的内耗值决定于晶界滑动距离和滑动阻力两者的乘积。在低温下,由于晶界的黏滞系数很高,晶界滑动的阻力很大,在振动半周期内晶界滑动的距离很小,因而内耗很小。而在高温下,由于晶界的黏滞系数很低,晶界滑动的阻力很小,在振动半周期的少部分时间内晶界滑动就达到了极限距离,因而内耗也很小。唯有在一个适当的温度下,当滑动距离和滑动阻力都不太小时,内耗才达到它的最大值。

在测量内耗的同时,葛庭燧还用扭摆内耗仪测量了纯 Al 多晶和单晶试样的切变模量(f^2,f 是测量频率)随温度的变化,如图 6-3(a)所示[1]。由图可见,在 200℃以下多晶和单晶铝试样的模量曲线基本上都是直线。多晶试样的切变模量在 200℃左右开始急剧降低,而单晶试样的模量并没有发生这种变化。

令单晶 Al 的模量曲线代表未弛豫模量 G_U, $G(T)$ 表示多晶 Al 在温度 T 时的切变模量,$G(T)/G_U$ 随温度的变化如图 6-3(b)所示。由图可见,在低于 200℃时,这个比值约为 1,然后开始下降,在高温趋向一个约为 0.67 的稳定值。令 G_R 表示已弛豫模量,可得出 $G_R/G_U = 0.67$。因此,由于晶界弛豫使切变模量的降低量是 $1 - 0.67 = 0.33$ 或 33%。

Zener 曾根据应变能的考虑分析过多晶试样中晶界滑动引起的模量弛豫。假定各个晶粒是等轴的并且晶粒大小是均匀的,预期加到晶界上的切应力由于晶界滑动将有一部分得到弛豫,导致模量降低。葛庭燧根据 Zener 推导的结果经过换算后得到[1]

$$\frac{G_R}{G_U} = \frac{2(7+5\nu)}{5(7-4\nu)} \tag{6-1}$$

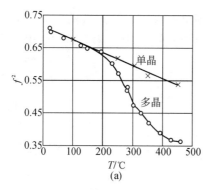 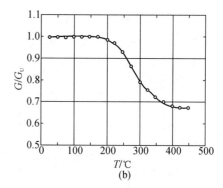

图 6-3　(a) 多晶铝和单晶铝切变模量(f^2)随温度的变化　(b) 多晶铝试样的模量弛豫[1]

式中 ν 是泊松比。取 $\nu = 0.355$，得到 $G_R/G_U = 0.64$。这与图 6-3(b) 中指出的实验值 0.67 在误差范围内相符。

采用不同的频率测量时，内耗和模量曲线都随着频率的增高向高温移动，如图 6-4 所示[3]。图中所用的两个测量频率在室温时分别为 0.69 Hz 和 2.16 Hz。因此，内耗和切变模量弛豫都可以表示成 $f\exp(H/RT)$ 的函数，可以用下式求出弛豫激活能：

$$H = R[\ln(f_2/f_1)]/(1/T_1 - 1/T_2) \qquad (6-2)$$

式中：R 是气体常数；f_1 和 f_2 是所用的两种测量频率；$(1/T_1 - 1/T_2)$ 是不同频率下两条曲线在 $1/T$ 坐标轴上的水平移动。由图 6-4 中两条曲线的移动，求出内耗和切变模量弛豫的激活能是 $H = 134$ kJ/mol(1.39 eV)。

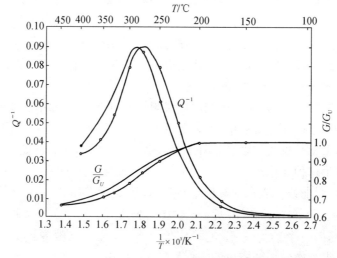

图 6-4　测量频率对内耗和切变模量的影响[3]

除了晶界内耗和模量弛豫以外，葛庭燧还用他研制的"扭转线圈装置"研究了多晶纯 Al 的另外两种滞弹性效应：恒应力下的蠕变，和恒应变下的应力弛豫[1]。

在恒应力下的蠕变实验中，最大切应变不超过 2×10^{-5}。实验表明，这种蠕变在应力撤除后是可以完全回复的。恒定应力由扭转线圈中的恒定电流提供，应变用线圈偏转角度 d 表示。图 6-5 表示不同温度下 d_t/d_0 随时间的变化（d_0 是施加应力时的瞬时应变，d_t 是时间 t 的应变）。由图可见，d_t/d_0 随着温度的增高和时间的延长而增大。它可以表示成 $t\exp(-H/RT)$ 的函数。由不同温度下达到同样 d_t/d_0 值所需的时间 $\lg t$，就可以求出相应的激活能，结果得出：$H = 142\ \mathrm{kJ/mol}(1.48\ \mathrm{eV})$。

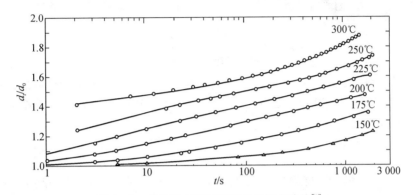

图 6-5　多晶铝在不同温度下的蠕变曲线[1]

在恒应变下的应力弛豫实验中，保持"扭转线圈装置"中的线圈偏转角度不变，测量中的最大切应变为 10^{-5}。用通过线圈的电流随时间的变化 i_t/i_0 表示应力随时间的变化（i_0 表示初始应力，i_t 表示时间 t 的应力）。多晶纯 Al 在不同温度下的实验结果如图 6-6 所示。将达到给定的 i_t/i_0 值所需的时间 $\lg t$ 表示成 $1/T$ 的函数，求出的激活能为 $H = 142\ \mathrm{kJ/mol}(1.47\ \mathrm{eV})$。

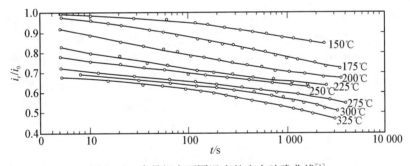

图 6-6　多晶铝在不同温度的应力弛豫曲线[1]

6.2.2　四种滞弹性效应之间的关系

由上述四种滞弹性效应（内耗、切变模量、蠕变、应力弛豫）测出的晶界弛豫激活能，列于表 6-1[1,4]。由表中数据可见，它们在实验误差以内相符，表明它们都是由于晶界弛豫这个共同的原因引起的。

表 6-1　由四种滞弹性效应测得的晶界弛豫激活能 H

测量方法	H	测量方法	H
内耗	134 kJ/mol(1.39 eV)	蠕变	142 kJ/mol(1.47 eV)
切变模量	134 kJ/mol(1.39 eV)	应力弛豫	142 kJ/mol(1.47 eV)

葛庭燧根据 Boltzmann 线性叠加原理以及 Zener 推导出的关系式,对上述四种滞弹性效应的相互关系进行了分析。Boltzmann 原理指出,如果应力、应变以及它们对时间的微商是线性的,则该方程的解满足线性叠加原理,即在任何瞬间的应变都是过去所施加的一系列应力所引起的结果。根据线性叠加原理,Zener 推导出四种滞弹性效应之间的关系式[2, 4]。

(1) 恒应变下的应力弛豫与恒应力下的蠕变之间的关系式是

$$\delta(t)f(t) \leqslant 1 \tag{6-3}$$

式中 $\delta(t)$ 是蠕变函数,其定义是:在 $t = 0$ 时施加一个单位大小的恒应力以后,在时间 t 所发生的应变。$f(t)$ 是应力函数,其定义是:在 $t = 0$ 时发生一个单位大小的恒应变以后,在时间 t 时为保持这个恒应变所需施加的应力。式(6-3)中的等号当 $\Delta^2 \ll 1$ 时成立。

(2) 动态模量与应力函数之间的关系是

$$M(\omega) = f(t)_{t=P/8} \tag{6-4}$$

式中 $M(\omega)$ 是"动态模量"即复模量的实数部分,$\omega(= 2\pi f)$ 是角频率,P 是振动周期。

(3) 内耗 $\tan \varphi(\omega)$ 与应力函数之间的关系是

$$\tan \varphi(\omega) = -\frac{\pi}{2} \left(\frac{\mathrm{d}\ln f(t)}{\mathrm{d}\ln t} \right)_{t=P/8} \tag{6-5}$$

式(6-4)和式(6-5)中的 t 值($P/8$)是 Zener 在 1948 年推导的结果[2],Nowick 和 Berry[5] 在 1972 年从连续弛豫谱的角度推导出的关系式中的 t 值是 $1/\omega$。($P/8$)可改写成 $(\pi/4)/\omega$,与 $1/\omega$ 的差别很小。

葛庭燧利用式(6-3)~式(6-5)三个关系式,把多晶铝实验所得的蠕变数据、动态切变模量以及内耗数据,都换算成为在 200℃ 的应力弛豫数据,如图 6-7 所示。图中的实线是实验观测到的应力弛豫曲线,符号 △ 是由蠕变数据换算的,○是由切变模量数据换算的,×是由内耗数据换算的。由图可见,由每种数据换算出来的结果都与应力弛豫的实验值密切相合。由这个共同的应力弛豫曲线所得出的应力函数 i_t/i_0 的渐近值是 0.67,与模量弛豫的实验值相符。

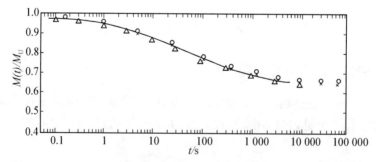

图 6-7　用四种滞弹性效应测量得出的多晶铝在 200℃ 的应力弛豫,
$t(s)$ 是约化为在 200℃ 的时间

(△ 是由蠕变数据换算的,○是由切变模量数据换算的,×是由内耗数据换算的)[1, 4]

图 6-7 中由晶界弛豫引起的四种滞弹性效的相互换算结果满足线性叠加原理,因而证明了滞弹性基本方程的有效性。葛庭燧的上述研究结果于 1947 年发表[1, 3],Zener 教授随即于

1948 年出版了他的经典名著"金属的弹性和滞弹性"[2]，书中详细引证了葛庭燧的实验结果，作为滞弹性内耗理论的实验证据。由于葛庭燧对内耗和滞弹性领域作出了开创性和奠基性的贡献，因而他被国际上公认为内耗和滞弹性领域的奠基人之一。

6.2.3 晶界的黏滞性

上述多晶铝的实验结果给出了晶界具有黏滞性的自洽图像。葛庭燧又根据晶界黏滞性滑动模型(见图 6-2)，求出晶界的黏滞系数及其随温度的变化[1]。设晶界的有效厚度为 d，晶界两边的两个晶粒相对位移的速率为 v，切应力为 s，则黏滞系数可表示为

$$\eta = s/(v/d) \tag{6-6}$$

令 Δx 表示在弛豫时间 τ 内沿晶界滑动的距离，于是 $v \approx \Delta x/\tau$。设平均晶粒尺寸为 l，则由晶界滑动所产生的应变是 $\varepsilon \approx \Delta x/l$。晶界两边的两个晶粒的弹性应变是 $\varepsilon = s/G$。这两个应变应该相等，即

$$\Delta x/l = s/G \tag{6-7}$$

从而 $v \approx sl/(G\tau)$。于是式(6-6)可写成

$$\eta = G\tau d/l \tag{6-8}$$

所用试样的平均晶粒尺寸 $l = 0.3\,\text{mm}$，晶界厚度 d 设为一个原子间距量级，再将不同温度下的 G 和 τ 值代入式(6-8)，就可求出不同温度下晶界的黏滞系数。在铝的熔点温度 659.7℃ 时，得出的黏滞系数为 0.18 泊(1 泊 $= 10^{-1}\,\text{Pa·s}$)，在 670℃ 时为 0.15 泊。这很接近于熔态铝在 670℃ 的黏滞系数实验值 0.065 泊。这就表明了晶界的黏滞性。

葛庭燧先生强调指出[4]，晶界在外加切应力作用下发生黏滞性滑动的实验事实，并不意味着支持 20 世纪早期有人把晶界看成一层非晶态物质或过冷液体的假说。事实上，晶界具有黏滞性的意义指的是，晶界作为一个实体，不能够永久支持外加的切应力。但不能因此断定这个过渡层具有怎样的结构。因为任何一层结晶度受到扰乱的过渡结构，在作为一个实体来考虑时都可以显示黏滞性质。后来大量的实验结果都表明，晶界作为两个晶粒之间的过渡层既包含着无序区，也包含着有序区。

6.2.4 晶界内耗的微观过程

图 6-2 给出的是晶界黏滞性滑动的宏观模型。为了解释晶界内耗的微观过程，Mott 于 1948 年提出了"小岛模型"[6]，葛庭燧于 1949 年提出了"无序原子群模型"[7]。

Mott 提出的"小岛模型"如第 1 章中的图 1-25 所示。他假定晶界中包含着许多原子排列整齐的"小岛"，而这些小岛散布在原子排列较为混乱的区域中。他认为晶界滑动的元过程是小岛边缘的一些原子的熔化或无序化，所需的自由能是

$$F = nL\exp(1 - T/T_{\text{m}}) \tag{6-9}$$

式中：L 是每个原子的熔化热；n 是每个小岛内参与熔化的原子数；T_{m} 是熔点温度。由此导出的晶界滑动速率为

$$v = A_1\sigma\exp(-nL/kT) \tag{6-10}$$

式中:参量 $A_1 = \dfrac{2\nu b^4 n}{kT}\exp\left(\dfrac{nL}{kT_{\mathrm{m}}}\right)$; σ 是应力,ν 是原子振动频率。令 nL 与激活能的实验值 H 相等,得出 $n = 14$。

葛庭燧的"无序原子群模型"如第 1 章中的图 1-26 所示。他假定晶界中包含着众多的无序原子群,而它们的周围是原子匹配较好的点阵区域。在热激活和外加应力的作用下,无序原子群中的原子重排将引起晶界的局域滑动,并累积成为晶界的整体滑动。

在没有外加应力的情况下,各个无序原子群所引起的晶界局域滑动是无规的,从而不发生整体的晶界滑动。而在一个很小的外加切应力的作用下,沿着应力方向的原子重排的激活能为 $H-(1/2)V_{\mathrm{a}}\sigma$,$V_{\mathrm{a}}$ 是激活体积。这样,沿着应力方向的晶界滑动速率是

$$n\nu\exp\left[\left(-H+\frac{1}{2}V_{\mathrm{a}}\sigma\right)/kT\right]$$

式中:n 是无序原子群的密度。另外,与应力相反方向的激活能可表示为 $H+(1/2)V_{\mathrm{a}}\sigma$。从而沿着应力相反方向的晶界滑动速率是

$$n\nu\exp\left[\left(-H-\frac{1}{2}V_{\mathrm{a}}\sigma\right)/kT\right]$$

因此,沿着应力方向的净滑动速率为

$$2n\nu\exp(-H/kT)\sinh\left(\frac{1}{2}V_{\mathrm{a}}\sigma/kT\right) \tag{6-11}$$

如果外加应力 σ 很小,从而 $(1/2)V_{\mathrm{a}}\sigma \ll kT$,则晶界滑动速率是

$$V = A_2\sigma\exp(-H/kT) \tag{6-12}$$

式中 $A_2 = n\nu V_{\mathrm{a}}/kT$。

上述这两个模型是最早解释晶界内耗微观过程的模型,也是最早的大角度晶界的结构模型。这表明晶界内耗的研究可以与晶界微观结构的研究联系起来。这两个模型都认为晶界区域的结构是不均匀的,既包含"有序区",也包含"无序区"。由这两个模型推导出的晶界滑动速率均与应力成正比,从而表明晶界滑动是一种黏滞性滑动。Mclean 指出[8],这两个大角度晶界的早期模型,不仅解释了晶界滑动的微观过程,而且在晶界研究的发展史中占有重要的地位。

6.3 晶界内耗的一些后续研究

6.3.1 一些金属和合金中的晶界内耗峰

葛庭燧在发现多晶 Al 中的晶界内耗峰以后,又在 Cu,Fe,Mg 和 α 黄铜等金属材料中观察到了晶界内耗峰,如图 6-8 所示[9]。后来国内外的许多科学工作者又在 Ag,Au,Ni,Pb,Ta,Mo,W,Cd,Zn,Zr,Sn 等金属元素[4, 5, 10]以及 Ni-Cr[11] 和 Au-Ag-Cu[12] 等多种合金中,陆续观察到了晶界内耗峰。这说明晶界内耗峰是一个普遍的现象。

由于不同作者所用试样的纯度不同,即使标称纯度相同其中杂质的种类也可能不同,加上试样制备工艺和实验条件的不同,因而不同作者对同一种材料测出的表观激活能 H 值会出现差别。它很难与晶界扩散激活能 H_{gb} 或自扩散激活能 H_{sd} 值对应起来。有些纯金属的 H 与

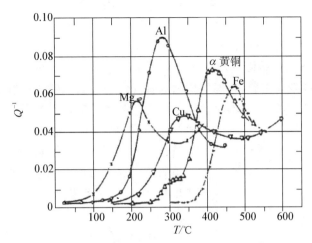

图 6-8　几种金属材料中的晶界内耗峰[9]

H_{gb} 相近,而有些纯金属的 H 则与 H_{sd} 相近,甚至高于 H_{sd}。因此,H 的物理意义不能简单地从单原子过程来理解,可能需要考虑多原子的群体过程以及杂质影响等因素。

关于晶界内耗的弛豫时间指数前因子 τ_0,实验观测到的 $\lg \tau_0^{-1}$ 值有些在 $13\sim15$ 附近,接近于单原子过程的数量级;有些高于这个范围,也暗示着一种多原子的群体过程。

另外,从晶界内耗峰的宽度来看,几乎所有观测到的晶界内耗峰的宽度都大于单一弛豫时间的情况。假定内耗峰的展宽是由于弛豫时间的分布引起的,Nowick 和 Berry[5] 把弛豫时间 τ 的对数正态分布引入弛豫函数的表达式,所采用的函数形式是

$$\psi(z) = \beta^{-1}\pi^{-1/2}\exp[-(z/\beta)^2] \tag{6-13}$$

式中:$z = \ln(\tau/\tau_m)$,τ_m 是平均弛豫时间;β 是弛豫时间 τ 的分布函数,它由两部分组成:

$$\beta = |\beta_0 \pm \beta_H/kT| \tag{6-14}$$

式中 β_0 表示 τ_0 的分布,β_H 表示 H 的分布,其中 β_H 在 τ 的分布中起较重要的作用。β 值愈大则内耗峰愈宽。在单一弛豫时间的情况下 $\beta = 0$,半高宽为 $\Delta(\lg \omega\tau) = 1.144$。一些多晶试样(如 Al,Cu 等)晶界内耗峰的 β 值在 $3 \sim 4$ 附近[4,5]。

多晶试样晶界内耗的表观激活能 H 和弛豫时间指数前因子 τ_0 的物理意义,以及内耗峰展宽的原因,是长期以来没有得到满意解决的问题。本章第 6.3.3 节将根据新近的研究结果,从"耦合作用"(多原子的群体运动)的角度加以分析。

6.3.2　晶界内耗峰起源的进一步确认

1) 多晶和单晶铝的内耗的精确比较

在 1970~1980 年间,国外曾有人对晶界内耗峰是否由晶界引起产生过怀疑[12,14]。他们在经过轻度冷加工的纯铝单晶试样中观察到了一个内耗峰,这个内耗峰的峰温与葛庭燧在纯铝多晶试样中所观察到的内耗峰的峰温接近,不过峰的高度较低。他们认为,单晶中的这个内耗峰可能是由晶粒内的位错运动所引起,因而怀疑多晶试样中所观察到的内耗峰也可能是由位错引起,而不是由晶界引起。

为了澄清这些怀疑,葛庭燧、崔平和苏全民[15]采用三种不同方法,制备出了99.99%和99.999%纯Al单晶试样,用来与多晶试样的实验结果进行对比。制备单晶试样的三种方法是:①动态退火法。即将纯Al试样经过轻度冷加工后,在温度梯度分布的管式炉中(最高温度比熔点低20~30℃)均匀地缓慢移动。最后得到了不含任何晶界的单晶体。②静态退火法。将纯Al试样经过轻度冷加工后,在温度均匀的管式炉中在高温(550℃附近)长时间退火,试样在炉内保持不动。这样也得到了不含任何晶界的单晶体。③区域熔化法。将纯Al丝状试样密封在塞满二氧化铝(或石墨)粉末的石英管中,使石英管在温度梯度分布的管式炉中均匀地缓慢移动。石英管内的最高温度略高于熔点温度,从而使铝丝逐步熔化和晶化,最后得到了结构均匀、不含任何晶界的单晶。

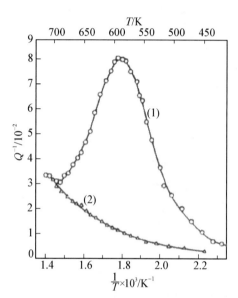

图 6-9 多晶试样(1)与区域熔化法制备的纯铝单晶试样(2)的内耗曲线的比较[15]

用纯Al多晶试样(经过450℃退火2 h,晶粒尺寸为0.2 mm)与上述三种单晶试样在相同实验条件下进行内耗测量(频率为1 Hz附近)。结果表明,多晶试样中的"葛峰"在这三种单晶试样中均不出现。图6-9表示99.999%纯Al的多晶试样与区域熔化法制备的单晶试样的内耗曲线的比较[15]。这些实验结果确切地证明了晶界内耗峰是由晶界引起的。

至于单晶试样经过轻度冷加工并在测量过程中部分退火后,在"葛峰"温度附近出现的"内耗峰",可能与冷加工和部分回复形成的某种位错亚结构有关。只有在再结晶温度以上充分退火后形成了稳定的晶粒和清晰的晶界,才能得到真正的晶界内耗峰。

2) 内耗-温度谱与内耗-频率谱的相互验证

根据滞弹性理论,弛豫型内耗峰出现的条件是

$$\omega\tau = \omega\tau_0 \exp\left(\frac{H}{kT_P}\right) = 1 \tag{6-15}$$

式中:ω是角频率($\omega = 2\pi f$),f是测量频率;T_P是内耗峰出现的温度。如果晶界内耗峰是弛豫型内耗峰,那么它应该不仅在一定频率下的"内耗-温度谱"中观测到,在一定温度下的"内耗-频率谱"中也应该观测到。

早期的晶界内耗峰大多数是在一定频率下的"内耗-温度谱"中观测到的。曾有人怀疑,这样的内耗峰是否有可能是由于试样中微结构随着温度的变化所引起,而不一定归因于晶界弛豫。为了澄清这种怀疑,袁立曦和葛庭燧用99.999%多晶纯铝进行了"内耗-温度谱"和"内耗-频率谱"的对比实验[16]。这两种实验均在自制的自动化倒扭摆上进行,应变振幅均≤10⁻⁵。图6-10(a)曲线a~e分别表示在频率0.4,0.17,0.095,0.053和0.017 Hz下测出的内耗-温度谱,由图可见,内耗峰随着测量频率的增高向高温移动。图6-10(b)曲线a~e分别表示在温度214,204,195,186和176℃下测出的内耗-频率谱。由图可见,内耗峰随着测量温度的增高向高频移动。由这两种测量中内耗峰的移动得出的弛豫参量($H = 1.5$ eV,

$\tau_0 = 4 \times 10^{-17}$ s)是一致的。这就证明了这两种方法测出的是同一个弛豫型内耗峰。既然晶界内耗峰在恒定温度的内耗-频率谱中也出现,这就排除了内耗-温度谱中的晶界内耗峰是由于温度变化导致结构变化引起的怀疑。

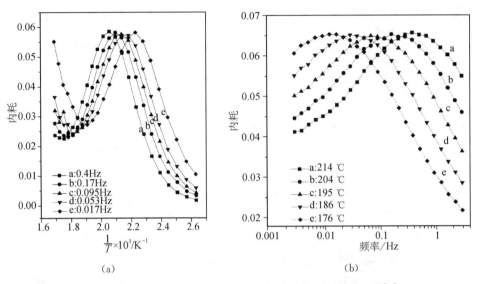

图 6-10 多晶纯铝中的(a)内耗-温度谱和(b)内耗-频率谱[16]

6.3.3 竹节晶试样中的晶界内耗峰

葛庭燧等在研究晶粒尺寸对晶界内耗峰的影响时发现,经过深度冷加工的纯铝试样,在 450℃退火 2 h 后,得到的晶粒尺寸小于试样直径(1 mm);在 550℃退火后晶粒尺寸超过试样直径;而在 600℃或更高温度退火后,晶粒成为竹节状。

在通常的多晶试样中晶界是无序排列的,而在竹节晶试样中晶界是近似平行排列的,每个晶界的面积约等于试样的横截面积。葛庭燧、张宝山和程波林[17, 18]对纯铝竹节晶试样中的晶界内耗峰进行了详细的研究(试样长度 10 cm,直径 1 mm)。

图 6-11(a)表示中国抚顺铝厂生产的 99.999% 纯 Al 的晶界内耗峰,试样中含有的竹节晶界数目 $N = 30$,测量频率是 1.5 Hz。他们发现,竹节晶界内耗峰的高度 Q_m^{-1} 与试样中竹节晶界的数目 N 成正比,并且这条直线通过原点,如图 6-11(b)所示[17]。

他们又用法国 CNRS 的化学冶金研究中心提供的 99.999 9% 纯 Al 试样进行了研究,图 6-12(a)是含有竹节晶界数目 $N = 18$ 的晶界内耗峰,图中的两个测量频率是 1.25 Hz 和 0.36 Hz。晶界内耗峰高度 Q_m^{-1} 也与竹节晶界的数目 N 成正比,如图 6-12(b)所示[18]。

由于竹节晶试样中每个晶界的面积相等,因而上述实验结果表明,晶界内耗峰的高度是与试样中晶界的总面积成正比的。图中的直线通过原点,表明没有晶界就不出现这个内耗峰。这也证明了所观察到的内耗峰是由晶界引起的。

以前在解释多晶试样中出现晶界内耗峰时,曾假定试样中的晶界角是限制晶界滑动距离的因素。既然在竹节晶试样中不存在晶界角,因而晶界角并不是限制晶界滑动的必要因素。为了考查试样的氧化铝表面层是否限制了晶界滑动,他们将竹节晶纯 Al 试样的 Al_2O_3 表面

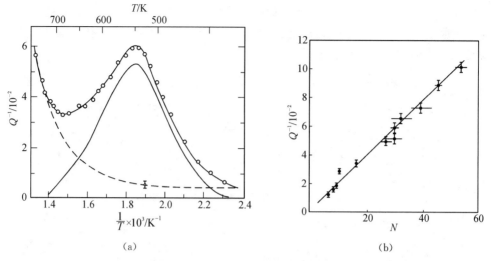

图 6-11　（a）99.999％纯铝中的竹节晶界内耗峰（ $N=30$ ）　（b）内耗峰高度与竹节晶界数目之间的关系[17]

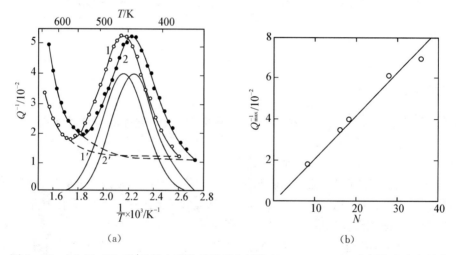

图 6-12　（a）99.999 9％纯铝中的竹节晶界内耗峰（ $N=18$ ）　（b）内耗峰高度与竹节晶界数目之间的关系[18]

层用氩离子减薄技术剥除，用俄歇技术肯定了试样的 Al 基体已完全暴露出来，再在高真空中测量内耗。结果表明，剥除 Al_2O_3 表面层前后的竹节晶界内耗峰没有差别。这就表明试样的表面层并不是限制晶界滑动的重要因素[4]。他们通过对竹节晶试样的电子显微镜透射观察（TEM）指出，晶内位错结构与晶界的交互作用可能是限制晶界滑动的因素[19]。

6.3.4　杂质偏析和沉淀对晶界内耗的影响

杂质一般倾向于偏析到基体的晶界上以降低自由能。当溶质元素的浓度较低时，它们在晶界中以固溶状态存在；当达到或超过固溶浓度的极限时，就会在晶界上形成第二相颗粒或沉淀。有些杂质（特别是化合物）只能以第二相颗粒或沉淀的状态存在。由于杂质偏析和沉淀的影响，晶界内耗峰的弛豫参量（弛豫强度，弛豫时间等）将发生改变。

葛庭燧很早就观察到,99.999%纯 Cu 的晶界内耗峰在空气中连续退火后,由于氧气掺入在晶界处形成氧化物颗粒,而使峰高逐渐降低,如图 6-13 所示[7]。他还用声频测量(1 000 Hz)观察到,纯 Cu 的晶界内耗峰出现在 508℃,掺 Bi 后使纯铜的晶界峰降低,并且在较低温度(290℃)出现了一个含 Bi 的晶界内耗峰,这说明 Bi 已进入 Cu 的晶界里[20]。

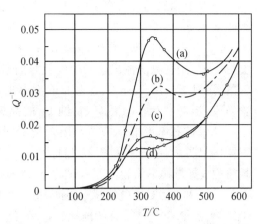

图 6-13 高纯 Cu 及在掺氧后的晶界内耗峰[7]
(a):掺氧前;(b),(c),(d):掺氧后

由于杂质含量和种类的不同,同一种基体材料的晶界内耗峰可以有三种不同的状态:①纯净晶界峰(PM 峰),即在试样纯度很高其中杂质的影响可以忽略时观察到的晶界峰;②固溶晶界峰(SS 峰),即在含有固溶杂质时观察到的晶界峰;③沉淀晶界峰,即在含有第二相颗粒或沉淀时观察到的晶界峰。

实际上,出现 PM 峰的试样并不是绝对纯的,PM 峰和 SS 峰只有杂质含量的相对差别,两者并没有一个明确的界限。在只观察到一个晶界内耗峰的情况下,就难以辨别它是 PM 峰、SS 峰或者两者的叠加。在适当的条件下,可以同时观察到这两个分立的内耗峰,并且当固溶杂质浓度逐渐增加时,PM 峰和 SS 峰是相互消长的。由于固溶杂质种类的不同,固溶晶界峰可以有替代式固溶峰和填隙式固溶峰两种。

Wienig 和 Machlin 研究了 99.999%纯 Cu 和 Cu-Al 合金(0.03 at%~0.8 at% Al)中的晶界内耗峰,清楚地显示了 PM 峰和 SS 峰相互消长的关系,如图 6-14 所示[21]。由图可见,纯 Cu 的 PM 峰的温度 T_p 较低,在 Cu-0.03% Al 试样中出现了两个内耗峰:即 PM 峰(纯净晶界峰)和 SS 峰(替代式固溶晶界峰)。随着 Al 含量的增加,PM 峰消失,而 SS 峰的高度增高、峰温也升高。

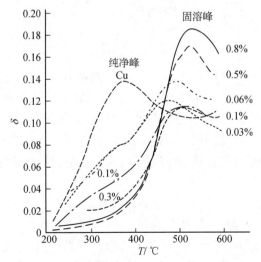

图 6-14 Al 含量对纯 Cu 晶界内耗峰的影响[21]

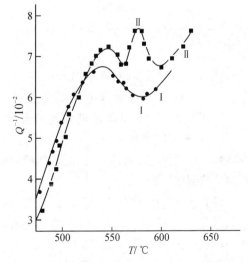

图 6-15 Fe 中的纯净晶界峰和含 C 的填隙式固溶峰[22]

王业宁和朱劲松研究了微量 C 对 α-Fe 晶界内耗峰的影响,如图 6-15 所示[22]。图中曲线 I 表示 Fe 多晶试样在氢气中去除 C,N 后测出的纯净晶界峰(PM 峰),曲线 II 表示在 Fe 掺 0.000 51% C 后,PM 峰(纯净晶界峰)和 SS 峰(填隙式固溶晶界峰)同时出现,测量频率为 0.63 Hz。用变频法测出这两个内耗峰的激活能分别是 204 kJ/mol 和 355 kJ/mol。在特大晶粒的 Fe 和 Fe-C 试样中,这两个峰都不出现,说明它们都是晶界内耗峰。葛庭燧和孔庆平也曾发现,当含 0.005 wt% C 时,纯 Fe 的晶界峰就完全被抑制[23]。

葛庭燧和崔平[24]研究了杂质含量不同的纯 Al 多晶试样的晶界内耗,观察到了上述三种不同的晶界内耗峰。图 6-16 是标称 99.999 9%,99.999%,和 99.99% 三种纯 Al 的晶界内耗峰[24],测量频率均为 1 Hz,试样的晶界尺寸均约为 0.2 mm。图中内耗峰的温度分别是 220,270 和 290°C。电镜观察表明,这三种纯 Al 试样的晶界处都没有发现沉淀。他们把标称纯度最高 99.999 9% Al 的内耗峰称为"纯净晶界峰",两个标称纯度较低的内耗峰称为"固溶晶界峰"。这两个固溶峰的峰温都高于纯净峰,可归因于试样中所含的固溶杂质使弛豫时间增长。

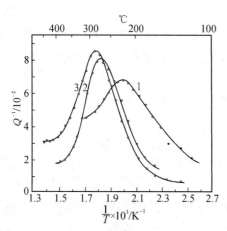

图 6-16　三种标称纯 Al 的晶界内耗峰[24]

1—99.999 9%　2—99.999%　3—99.99%

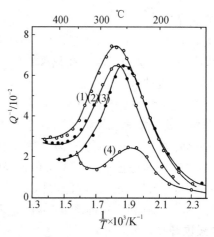

图 6-17　纯 Al 和 Al-Cu 合金中的晶界内耗峰[24]

1—0.015　2—0.13　3—0.5　4—1.2 wt% Cu

图 6-17 表示在纯 Al 中加入 0.015,0.13,0.5 和 1.2 wt% Cu 的晶界内耗峰[24],测量频率为 1 Hz,试样的晶界尺寸均约为 0.2 mm。图中内耗峰的温度分别是 270,267,269,240°C,即随着 Cu 含量的增加内耗峰温度逐渐降低,高度也逐渐降低。电镜观察表明,Al-1.2% Cu 试样的晶界处出现了明显的沉淀颗粒。他们把图中 Cu 含量较高的 Al-Cu 合金中的内耗峰,称为"沉淀晶界峰"。沉淀晶界峰的峰温和峰高都较低,可归因于沉淀颗粒增多使弛豫时间和弛豫强度降低。

综合图 6-16 和图 6-17 的实验结果可以看出,99.99% Al 晶界内耗峰的温度 T_p 最高,它似乎是一个转折点,图 6-18 就是这种转折的示意图,图中包含了三种不同的晶界峰[24]。他们把试样纯度最高的 99.999 9% Al 的内耗峰称为"纯净晶界峰"(PM 峰),它的峰温 T_p 最低。左端 T_p 曲线上升部分,两种 Al 纯度较低的内耗峰称为"固溶晶界峰"(SS 峰)。而当杂质含量高于 99.99％ 时,右端 T_p 曲线下降部分,Cu 含量较高的 Al - Cu 合金中的内耗峰称为"沉淀晶界峰"。

Mori 等研究了 Cu - 0.006 wt％ Si 多晶试样由于内部氧化而产生的球状 SiO_2 颗粒对于 Cu 晶界弛豫的影响[25]。他们在 465 K(0.3 Hz)观察到一个"沉淀晶界峰",峰温低于纯 Cu 的晶界峰。他们计算了含有沉淀颗粒的晶界弛豫时间,得出

$$\tau = \tau_a \Big/ \Big(1 + \frac{\pi r d}{\lambda^2}\Big) \qquad (6-16)$$

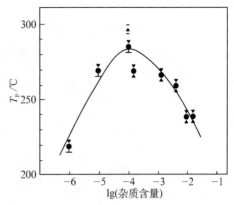

图 6-18　内耗峰温度 T_p 与 Al 的杂质含量的关系[24]

式中:λ 是沉淀颗粒的间距;r 是颗粒的半径;$2d$ 是晶粒尺寸;τ_a 是不存在沉淀颗粒时的晶界弛豫时间。葛庭燧和崔平用电镜观测出所研究的 Al - Cu 合金中的 λ, r, d 值以及由内耗测出的 τ_a 数据,估算出 Al - 1.2 wt％ Cu 的 T_p 值。这个数值略小于图 6-18 中所示的实验值但很接近。因此认为,对于沉淀晶界峰来说,决定弛豫时间和峰温的主要因素是沉淀颗粒的间距。

6.3.5　晶界内耗峰在形变过程中的变化

多晶试样在冷加工形变后,会引起晶界严重畸变,并且晶粒内的位错滑移与晶界发生交截,使晶界滑动受到抑制,因而晶界内耗峰被抑制,或者被冷加工引起的高背景内耗所掩盖。只有在再结晶温度以上充分退火,生成新的晶粒和清晰的晶界后,才能观察到晶界内耗峰。

而多晶材料在较高温度下形变时,会因温度和应力(或应变速率)的不同发生不同类型的断裂。在这样的形变过程中,原来的晶界内耗峰依然存在,但发生了不同程度的变化。因而我们可以通过晶界内耗峰的测量,来了解不同断裂类型[26, 27]和不同形变模式[28]的形变过程中,晶界所发生的变化。

孔庆平和戴勇研究了 99.9％ 工业纯 Cu 多晶在恒定载荷下的蠕变过程中晶界内耗峰的变化[29]。采用的三种蠕变条件:① 450℃,19.6 MPa,即较高温度和较低应力;② 400℃,39.2 MPa,即中等温度和中等应力;③ 350℃,78.4 MPa,即较低温度和较高应力。这三种蠕变条件最终分别导致晶间型、混合型和穿晶型断裂。断裂延伸率分别是 5.5％,7.2％ 和 13.1％。在蠕变实验以前和蠕变达到不同的应变量以后,卸载测量晶界内耗峰的四种弛豫参量(峰高、峰温、激活能,切变模量)的变化。

图 6-19,图 6-20,图 6-21 分别表示多晶 Cu 在这三种实验条件下,不同蠕变时间以后晶界内耗峰和切变模量的变化[29]。试样的直径是 1 mm,长度 10 cm,平均晶粒尺寸 0.06 mm。

所用的测量仪器是一个真空(10^{-5} torr)扭摆和加载的联合装置。内耗测量频率均约为 1 Hz,最大应变振幅为 2×10^{-5},由共振频率的平方测出切变模量。这三个图中的曲线 1 是在蠕变前测量的,随后的曲线是在蠕变达到不同的应变量以后卸载测量的。

由图 6-19 可见,在晶间断裂的蠕变过程中,内耗曲线变化不大,归一化的切变模量 M/M_U(M_U 是未弛豫模量)变化也不大。由图 6-20 可见,在混合型断裂的蠕变过程中,内耗峰高

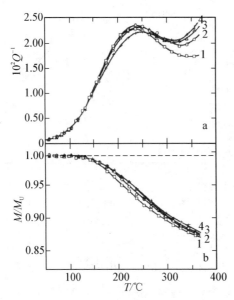

图 6-19　Cu 的晶界内耗峰(a)和模量弛豫
(b)在 450℃，19.6 MPa 进行蠕
变后发生的变化

曲线 1—蠕变前；曲线 2，3，4—蠕变进行 10，
200 和 560 min 以后[29]

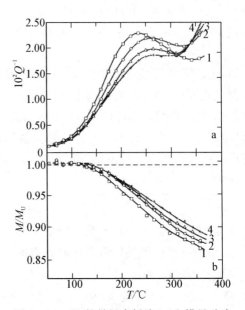

图 6-20　Cu 的晶界内耗峰(a)和模量弛豫
(b)在 400℃，39.2 MPa 进行蠕
变后发生的变化

曲线 1—蠕变前；曲线 2，3，4—蠕变进行 5，
100 和 185 min 以后[29]

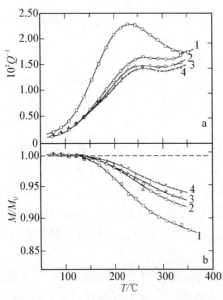

图 6-21　Cu 的晶界内耗峰(a)和模量弛豫
(b)在 350℃，78.4 MPa 进行蠕
变后发生的变化

曲线 1—蠕变前；曲线 2，3，4—蠕变进行
0.75，10 和 25 min 以后[29]

度降低，峰温提高，模量弛豫减小。由图 6-21 可见，
在穿晶型断裂的蠕变过程中，内耗峰高度和模量弛豫
都显著减小，而峰温显著提高。此外，用变频法测出
的晶界内耗激活能在蠕变过程中也有不同的变化。
即在图 6-19 的情况下，激活能变化不大；在图 6-20
的情况下，激活能增高；而在图 6-21 的情况下，激活
能显著增高。

晶界内耗峰高度和弛豫强度降低以及峰温和激
活能增高，意味着晶界滑动受到了抑制和滞缓，即晶
界发生了强化。对比三种不同蠕变条件下的实验结
果可见，在晶间型断裂的蠕变过程中，晶界强化不明
显；在穿晶型断裂的蠕变过程中，晶界发生了显著的
强化；在混合型断裂的蠕变过程中，晶界强化的程度
介于上述两者之间。

对经过蠕变的试样进行了电镜观察。图 6-22
的 TEM 照片显示，图 6-21 试样蠕变后有一些位错
缠结和胞结构与晶界交截，并且晶界变得粗糙和波浪
状。而图 6-20 和图 6-19 试样蠕变后晶界附近位错
缠绕的情况比较少见，而且晶界较为平坦。因此认
为，在蠕变过程中晶界发生强化是由于位错与晶界的

交互作用以及晶界扭曲引起的。

戴勇、刘少民和孔庆平[30]对 99.9％工业纯 Cu 多晶试样进行了恒速拉伸形变过程中的晶界内耗研究。应变速率为$(3.1\sim3.6)\times10^{-6}\ \mathrm{s}^{-1}$，实验温度为 550℃，450℃和 350℃，分别导致晶间型断裂、混合型断裂和穿晶型断裂。在拉伸形变过程中达到一定的应变后、卸载测量晶界弛豫参量。所得结果分别与图 6-19，图 6-20，图 6-21 中恒定载荷下的蠕变实验结果规律相同。

图 6-22 Cu 多晶试样在 350℃，78.4 MPa 达到 8.7％蠕变量后的 TEM 照片[29]

传统的"等强温度"概念认为，实验条件（温度、应力或应变速率）决定了晶界和晶粒的相对强度，因而决定了形变断裂的类型，但没有考虑到在形变过程中晶界状态和强度的不同变化。上述工作表明，在不同形变条件下晶界状态和强度的变化不同，是导致不同断裂类型的一个重要因素。也就是说，形变断裂类型不仅是由外部的实验条件决定的，而且与试样内部的晶界状态和强度的不同变化有关。这对于等强温度概念是一个修正和补充。

6.4 双晶试样中晶界内耗的研究

以上几节所述是多晶试样（包括竹节晶试样）的晶界内耗。由于多晶试样的晶界内耗是试样中各种晶界的内耗的综合贡献，它所反映的是晶界的"共性"。多年来国内外的研究表明，晶界可以分为不同的类型。按照晶界两侧晶体点阵取向差的大小，晶界可分为小角度晶界和大角度晶界。在大角度晶界中，又可分为重位点阵晶界（或称特殊晶界）和无规晶界（或称一般晶界）。另外，由于晶界面法线与转轴方向的相互垂直或平行，晶界又可分为倾侧晶界和扭转晶界两种类型。大量实验结果表明，不同类型的晶界有着不同的结构以及不同的力学、物理和化学性质[31]。

为了研究不同类型晶界的"个性"，有必要研究双晶试样（其中只含单一晶界）的晶界内耗。以往 Iwasaki[32]和葛庭燧等[33]曾经在 Al 的双晶试样中观察到晶界内耗峰，但没有进行不同类型和不同取向差的晶界内耗研究[4]。

21 世纪以来，中科院合肥固体物理所在葛庭燧以往工作的基础上，与德国亚琛大学合作制备了三十多种不同类型不同取向差的 99.999％纯 Al 双晶试样，其中含有以〈112〉、〈100〉和〈111〉为转轴的倾侧晶界以及以〈111〉为转轴的扭转晶界，比较系统地研究了双晶试样中的晶界内耗[34~42]。

6.4.1 双晶试样中的晶界内耗峰

1) 晶界内耗峰的确认

图 6-23(a)，(b)分别表示一种小角度倾侧晶界和一种大角度无规倾侧晶界的内耗峰（$f=1\ \mathrm{Hz}$）[34,35]。此内耗峰在单晶（由双晶旁切出）中不出现，作为对比的单晶和双晶试样的成分和历史完全相同。这表明这个内耗峰是由双晶中的晶界引起的。图 6-24(a)，(b)分别表示双晶中的晶界内耗峰和模量曲线均随频率的增高向高温移动[34,35]。

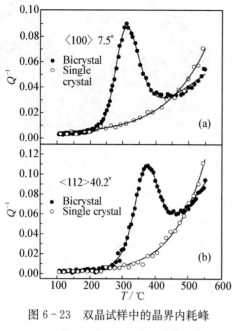

图 6-23 双晶试样中的晶界内耗峰

(a) 〈100〉7.5° (b) 〈112〉40.2°[34,35]

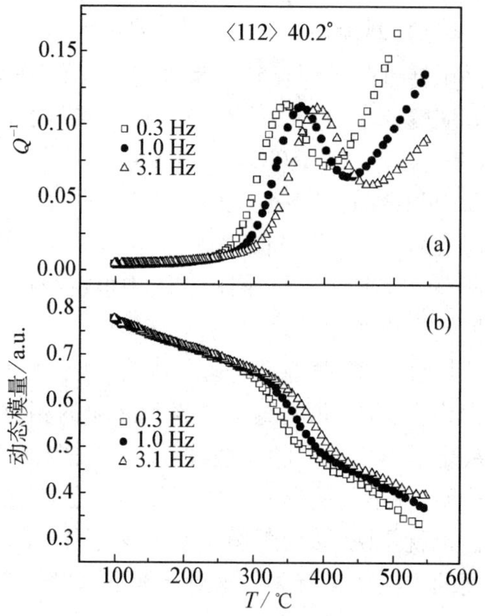

图 6-24 不同频率测量的(a)内耗峰,(b)动态
模量曲线[34,35]

为了进一步证明双晶中观察到的内耗峰是由晶界引起的,我们研究了晶界密度(试样单位体积中的晶界面积)对内耗峰高度和弛豫强度的影响。常用的双晶试样长度为 50 mm,横截面为 4×2 mm²(试样 1)。为了改变晶界密度,将试样宽度两侧各截去 1 mm,使试样横截面变成 2×2 mm²(试样 2)。而试样长度和居中的晶界面积 50×2 mm² 保持不变,如图 6-25 所示[41]。这样,试样 2 的体积是试样 1 的一半,晶界密度则是试样 1 的两倍。

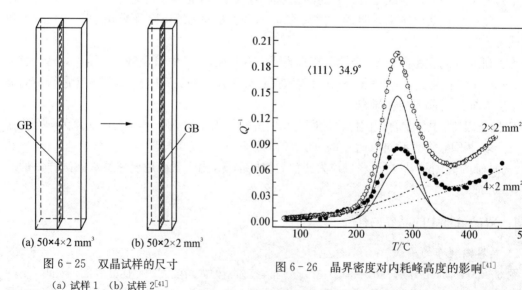

图 6-25 双晶试样的尺寸

(a) 试样 1 (b) 试样 2[41]

图 6-26 晶界密度对内耗峰高度的影响[41]

图 6-26 表示晶界密度不同的两种试样晶界内耗峰的比较[41]。由图可见,在相同频率下(1 Hz)晶界内耗峰的峰温不变,试样 2 的内耗峰高度是试样 1 的二倍(图中实线是扣除背景后

的内耗峰），即内耗峰高度正比于晶界密度。

图 6-27 表示两种试样内耗峰的温度随频率改变发生了相同程度的移动[41]，由此求出的激活能 H 和弛豫时间指数前因子 τ_0 相同，表明晶界密度的改变并不改变晶界弛豫的机制。

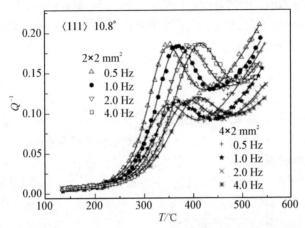

图 6-27　晶界密度不同的两种试样晶界内耗峰随测量频率的移动[41]

不同晶界密度的实验结果可以从内耗的基本定义出发得到解释。内耗可表示为[4, 5]

$$Q^{-1} = \frac{1}{2\pi} \frac{\Delta W}{W} \tag{6-17}$$

式中：W 是单位体积中的最大储能；ΔW 是振动一周内损耗的能量。假定试样的体积是 V，则总的储能是 WV。如果这个内耗峰是由晶界弛豫引起的，则 ΔW 应该与试样中晶界的总面积 A 成正比。因而上式可改写为

$$Q^{-1} = \frac{1}{2\pi} \frac{\Delta W_{\mathrm{b}}}{W} \frac{A}{V} \tag{6-18}$$

式中 ΔW_{b} 是单位晶界面积在一周内损耗的能量。由式 (6-18) 可见，内耗峰高度应该与晶界密度 A/V 成正比，与实验结果相符。这就进一步证明了双晶中的内耗峰是由双晶中的晶界引起的。

2) 晶界滑动在试样应变中所占的比例

对双晶试样的应力分析表明，在内耗测量时晶界发生了滑动和扭转。由扭转消耗的应变能相对于滑动可以忽略[43]，因而内耗主要是由晶界滑动引起的。根据晶界滑动模型，可以由晶界弛豫强度的数据，估算出晶界滑动引起的应变 ε_{a} 在试样总应变 ε 中的比例。内耗测量时的应变振幅为 $\varepsilon = 10^{-5}$，其中包括基体的弹性应变 ε_0 和由晶界滑动引起的滞弹性应变 ε_{a}。为了求出 $\varepsilon_{\mathrm{a}}/\varepsilon$，用下面的公式[2, 5]

$$\Delta = \frac{M_{\mathrm{U}} - M_{\mathrm{R}}}{M_{\mathrm{R}}} = \frac{\varepsilon_{\mathrm{a}}}{\varepsilon_0} \tag{6-19}$$

式中：Δ 是弛豫强度；M_{U} 和 M_{R} 分别是未弛豫和弛豫的模量。根据式 (6-19) 可得

$$\frac{\varepsilon_a}{\varepsilon_0 + \varepsilon_a} = \frac{\varepsilon_a}{\varepsilon} = \frac{\Delta}{1 + \Delta} \tag{6-20}$$

利用弛豫强度的数据,用式(6-20)得出试样1和试样2的 $\varepsilon_a/\varepsilon$ 分别等于15%~24%和24%~38%[41]。

Ray 和 Ashby 曾于1971年估算过在内耗测量时多晶试样中的晶界平均滑动距离[44]。他们根据晶界滑动模型,假定多晶试样中的晶界角限制了晶界的滑动,并假定晶界面近似于正弦波的形状,推导出的公式是

$$\overline{U} = \frac{4(1-\nu^2)}{\pi^3} \frac{\lambda^3}{h^2} \frac{\tau_a}{E} \tag{6-21}$$

式中: $\overline{U}$ 是晶界平均滑动距离; λ 和 h 分别是晶界形状的波长和振幅; τ_a 是切应力; E 是杨氏模量; ν 是泊松比。他们得出多晶试样中的晶界平均滑动距离约为5 nm。

近年来的一些观察表明,晶界实际上是不平坦的,它包含着许多起伏不平的小面(facet),其平均尺寸约为几百纳米[31]。由于双晶试样中没有晶界角,可以设想限制晶界滑动的因素是晶界中的小面边界(facet junctions)。假定 $\lambda \approx 500$ nm, $h \approx 2 \sim 3$ nm,用式(6-21)估算出内耗测量时双晶试样中晶界滑动的平均距离约为6~13 nm[41]。这个数值与 Ray 和 Ashby[44] 对多晶试样的估算值(5 nm)数量级相同。

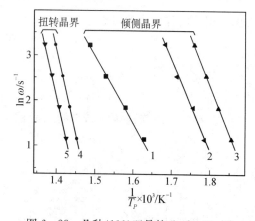

图 6-28 几种⟨111⟩双晶的 Arrhenius 图

1—10.8° 2—18.3° 3—34.9°倾侧晶界
4—10.9° 5—36.0°扭转晶界[40, 42]

6.4.2 不同类型晶界的弛豫参量的差别

在所研究的三十多种纯铝双晶中,都观察到了显著的晶界内耗峰(Σ3 晶界除外,见本节后半部分)。双晶中的晶界内耗峰,像多晶中的晶界内耗峰一样,都随频率的增高向高温移动。由不同频率的测量,得出了它们的弛豫参量(H, τ_0 等)。图 6-28 表示几种以⟨111⟩为转轴的倾侧晶界和扭转晶界的 Arrhenius 图($\ln \omega \sim 1/T_p$)[40, 42]。由图中直线的斜率可以看出,小角度倾侧晶界的表观激活能比大角度倾侧晶界的明显较低;而在扭转晶界中,小角度与大角度晶界的表观激活能没有明显差别;并且扭转晶界的表观激活能都大于倾侧晶界的相应值。

实验数据表明,不同类型晶界的弛豫参量有明显差别,可以区分出以下四种情况[42]:

(1) 小角度倾侧晶界:它们的晶界弛豫激活能 H 为 1.3~1.4 eV,弛豫速率指数前因子 τ_0^{-1} 为 $10^{11} \sim 10^{13}$/s。

(2) 大角度无规倾侧晶界:H 值为 1.6~1.7 eV, τ_0^{-1} 值为 $10^{14} \sim 10^{16}$/s,大角度高 $\Sigma(\Sigma \geqslant 29)$倾侧晶界与无规倾侧晶界的数据相近。

(3) 大角度低 Σ 倾侧晶界(如 $\Sigma 5$ 晶界):H 值在 2.0 eV 附近,τ_0^{-1} 值为 $10^{17} \sim 10^{18}$/s。

(4) 扭转晶界:⟨111⟩小角度和大角度扭转晶界的 H 值都在 3.0 eV 附近,τ_0^{-1} 值为 $10^{24} \sim 10^{25}$/s。

　　但是,以〈111〉为转轴、取向差接近 $60°(\Sigma 3)$ 的倾侧晶界和扭转晶界,晶界内耗峰不出现,内耗像单晶那样随温度单调上升(见图 6-29)[40]。〈111〉$60°$倾侧晶界是非共格的 $\Sigma 3$ 晶界,〈111〉$60°$扭转晶界是共格的 $\Sigma 3$ 晶界。这就表明共格和非共格的 $\Sigma 3$ 晶界具有较高的抗变形能力。这个实验结果与 Watanabe[45] 观察到的 $\Sigma 3$ 晶界具有较强的抗高温断裂能力相符。

　　上述实验结果表明,不同类型晶界的弛豫参量有明显差别。弛豫参量的差别,是晶界结构不同的反映。因而可以用内耗方法来鉴别不同类型的晶界,并可应用于"晶界设计与控制"或"晶界工程"[45]。

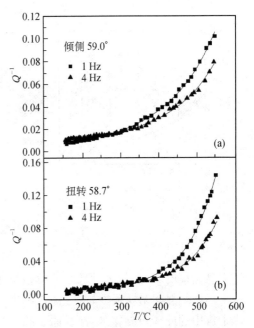

图 6-29　取向差接近 $\Sigma 3$ 晶界的内耗
(a) $59.0°$倾侧晶界　(b) $58.7°$扭转晶界[40]

6.4.3　晶界内耗中的耦合效应

　　考虑到晶界微观结构的复杂性和微量杂质的影响,在晶界弛豫过程中可能有耦合效应(coupling effect)发生,故采用一种耦合模型对内耗数据进行了分析。倪嘉陵等提出的耦合模型是建立在多体相互作用理论的基础上,已经成功地应用于许多关联体系的弛豫研究[46~48]。这种耦合模型的基本思想是:在发生耦合作用的弛豫过程中存在一个临界时间 t_c,弛豫函数 $C(t)$ 在 t_c 前后的表达式分别是

$$C(t) = \exp(-t/\tau^*), \qquad t < t_c \tag{6-22}$$

$$C(t) = \exp[-(t/\tau)^{1-n}], \qquad t > t_c \tag{6-23}$$

式中:τ^* 表示无耦合的弛豫时间;τ 表示耦合的弛豫时间;n 为耦合参数 $(0 \leqslant n < 1)$,它随着耦合强度的增大而增大。当 $t < t_c$ 时,各弛豫元相互独立,服从简单的指数函数式(6-22)。而当 $t > t_c$ 时,弛豫元之间发生交互作用,使弛豫速率降低,服从展宽的指数函数式(6-23)。

　　由于所用的内耗测量在低频范围(~ 1 Hz),$t_c(\sim 10^{-12}$ s)在弛豫过程中只占很小的比例。因此,整个弛豫过程可以近似用式(6-23)描述。根据弛豫函数式(6-22)和式(6-23)在 $t = t_c$ 时的连续性,并考虑到弛豫时间与温度的 Arrhenius 关系,可以得到

$$H^* = (1-n)H \tag{6-24}$$

式中:H^* 表示不发生耦合或解耦后的本征激活能;H 表示发生耦合时的表观激活能。

　　当 $n=0$ 时,$H^* = H$。当 $n > 0$ 时,表观激活能 H 和内耗峰宽度随着 n 的增大而增大,并且内耗峰形状变得不对称[46~48]。将式(6-23)经过傅里叶变换,内耗可以表示为温度($1/T$)、频率 f 和耦合参数 n 的函数。用编制出的软件对内耗数据进行拟合,就可以求出耦合参数 n[36],如图 6-30 所示。

　　根据对内耗数据拟合的结果,得出了不同类型晶界内耗的耦合参数[42]。

　　(1) 小角度倾侧晶界:$n \leqslant 0.25$。根据这种晶界的位错结构,其晶界内耗的元过程可归因

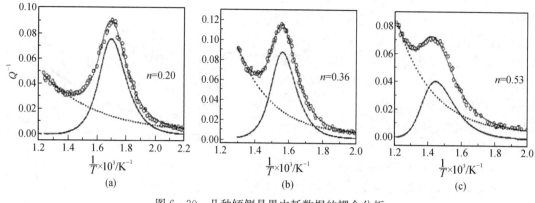

图 6-30　几种倾侧晶界内耗数据的耦合分析

(a)⟨100⟩7.5°　(b)⟨112⟩40.2°　(c)⟨100⟩36.0°(Σ5)[38]

于刃型位错的攀移,作为弛豫元的刃型位错是分立的因而耦合强度较低。

(2)大角度无规倾侧晶界:$n = 0.35 \sim 0.44$。它们的晶界内耗机制可归因于晶界内无序原子群中的原子重新排列,涉及原子的关联运动,因而表现出一定程度的耦合强度。

(3)大角度低 Σ 倾侧晶界:$n \approx 0.5$。这反映出低 Σ 特殊晶界中原子排列比较紧密的结构特征。当晶界中的一个原子移动时,邻近的原子也要调整它们的位置使晶界保持在低能状态,其晶界内耗的机制可能涉及较强的关联运动。

(4)扭转晶界(包括小角度和大角度晶界):$n \approx 0.68$。这可能反映出扭转晶界中螺型位错网络的结构特征,网络中的结点强烈地滞缓了晶界滑动,因而发生了很强的耦合效应。

耦合强度的差别是不同类型晶界的结构特征的反映,从式(6-24)可以看出,耦合强度愈大则表观激活能 H 愈高。正是耦合强度的不同导致了表观激活能有不同程度的增高。将耦合参数 n 和表观激活能 H 代入式(6-24),即可求出解耦后的本征激活能 H^*。发现它们的本征激活能都处在$(1.0 \pm 0.1)eV$水平,接近纯铝的晶界扩散激活能。这表明不同类型晶界内耗的基本机制是相同的,只是由于耦合强度不同才产生表观激活能的差异。

双晶试样的研究结果,不仅揭示了不同类型晶界的内耗不同特征,也有助于理解多晶试样晶界内耗的特点。由多晶试样测出的激活能等弛豫参量,实际上是试样中不同类型晶界的平均值(或最可几值)。当试样中晶界类型的比例(晶界特征分布)不同时,激活能等弛豫参量就可能发生变化。由于在通常的多晶试样中,大角度无规倾侧晶界占较大的比例,因而多晶试样晶界内耗的表观激活能通常与大角度无规倾侧晶界的相近。另外,多晶试样中晶界内耗峰的宽度,是各个晶界内耗峰宽度叠加的结果。晶界类型的分布将导致内耗峰进一步展宽,故多晶试样内耗峰的宽度大于双晶中单一晶界内耗峰的宽度,正如实验中观察到的那样。

6.4.4　晶界内耗中的补偿效应

我们还发现,双晶试样晶界内耗的表观激活能 H 与弛豫速率指数前因子的对数 $\ln \tau_0^{-1}$ 之间呈线性关系,如下式所示[39,42]:

$$H = \alpha \ln(\tau_0^{-1}) + \beta \qquad (6-25)$$

式中 α 和 β 是常数。图 6-31 表示这样的关系，由图可见，虽然不同类型晶界的 H 和 $\ln \tau_0^{-1}$ 值有很大的差别，但总体上符合式(6-25)。由

$$\tau^{-1} = \tau_0^{-1} \exp(-H/kT) \qquad (6-26)$$

可见，H 增大使弛豫速率 τ^{-1} 减慢，$\ln \tau_0^{-1}$ 增大使弛豫速率 τ^{-1} 加速。H 和 $\ln \tau_0^{-1}$ 的同步增减，对弛豫速率的快慢起到了补偿或调节作用，故式(6-25)称为"补偿效应"(compensation effect)。

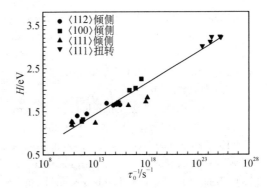

图 6-31　纯铝双晶试样晶界内耗中的补偿效应[39]

晶界内耗的基本过程可以归因于晶界区域内的原子扩散(单原子扩散或多原子扩散)，因而其弛豫速率可以表示为

$$\tau^{-1} = C\nu_D \exp(\Delta S/k) \exp(-H/kT) \qquad (6-27)$$

式中：ν_D 是原子振动频率；ΔS 是激活熵；C 是常数。比较式(6-26)和式(6-27)可得

$$\tau_0^{-1} = C\nu_D \exp(\Delta S/k) \qquad (6-28)$$

将式(6-28)代入式(6-25)可以看出，表观激活能 H 与激活熵 ΔS 之间存在线性关系，两者是同步增减的。这就意味着："耦合效应"不仅增高了表观激活能，而且同时增高了激活熵，两者的增高都是由于晶界中原子之间的"耦合效应"所引起的。耦合效应和补偿效应的发现和研究，加深了人们对晶界内耗微观机制的理解。

虽然晶界内耗中的"补偿效应"是在 2009 年初次观察到的[39]，但类似的补偿效应以前已经在晶界迁移和晶界滑动以及晶界扩散中观察到。它的物理本质尚待进一步研究。

参考文献

[1] Kê T S. Experimental evidence on the viscous behavior of grain boundaries in metals [J]. Phys Rev, 1947,71:533-546.

[2] Zener C. Elasticity and Anelasticity of Metals [M]. Chicago: The University of Chicago Press, 1948.

[3] Kê T S. Stress relaxation across grain boundaries in metals [J]. Phys Rev, 1947,72:41-46.

[4] 葛庭燧. 固体内耗理论基础——晶界弛豫与晶界结构[M]. 北京:科学出版社,2000.

[5] Nowick A S, Berry B S. Anelastic Relaxation in Crystalline Solids [M]. New York: Academic Press, 1972.

[6] Mott N F. Slip at grain boundaries and grain growth in metals [J]. Proc Phys Soc, 1948,60:391-394.

[7] Kê T S. A grain boundary model and the mechanism of intercrystalline slip [J]. J Appl Phys, 1949,20: 274-279.

[8] Mclean D. Grain Boundaries in Metals [M]. Oxford: Clarendon Press, 1957.

[9] Kê T S. Internal friction of metals at very high temperatures [J]. J Appl Phys, 1950,21:414-419.

[10] Gleiter H, Chalmers B. High Angle Grain Boundaries [M]. Oxford: Pergamon Press, 1972.

[11] Benoit W. High temperature relaxation [J]. Mater Sci Eng A, 2004,370:12-20.

[12] Maier A, Tkalcec I, Mari D, Schaller R. Grain boundary relaxation in 18-carat yellow gold [J]. Solid State Phenomena, 2012,184:283-288.

[13] Bonetti E, Evangelista E, Gondi P, Tognato R. Dislocation contribution to the Kê peak [J]. IL Nuovo

Cimento，1976,33B:408-413.

[14] Woirgard J, Riviere A, Fouquet J. Experimental and theoretical aspect of the high temperature damping of pure metals [J]. J de Physique, 1981,42-C5:407-419.

[15] Kê T S, Cui P, Su C M. Internal friction in high-purity aluminum single crystals [J]. Phys Stat Sol (a), 1984,84:157-164.

[16] Yuan L X, Kê T S. Grain boundary internal friction peaks measured by forced vibration method [J]. Phys Stat Sol (a), 1996,154:573-581.

[17] Kê T S, Zhang B S. Contribution of bamboo boundaries to the internal friction peak in macro-crystalline high-purity aluminum [J]. Phys Stat Sol (a), 1986,96:515-525.

[18] Cheng B L, Kê T S. Bamboo boundary internal friction peak in 99.999 9% aluminum and the effect of cold-work on the peak [J]. Phys Stat Sol (a), 1988,107:177-185.

[19] Zhu A W, Kê T S. Characteristics of the internal friction peak associated with bamboo grain boundaries [J]. Phys Stat Sol (a), 1989,113:393-401.

[20] Kê T S. Grain boundary relaxation and the mechanism of embrittlement of copper by bismuth [J]. J Appl Phys, 1949,20:1226.

[21] Weinig S, Machlin E S. Investigation of the effects of solutes on the grain boundary stress relaxation phenomenon [J]. J Metals, 1957,9:32-41.

[22] Wang Y N, Zhu J S. A solute peak associated with the grain boundaries of iron containing a small amount of carbon [J]. J de Physique 1981;42-C5:457-461.

[23] 葛庭燧,孔庆平.多晶纯铁的高温蠕变和加碳的影响[J],物理学报,1954,10:365-379.

[24] Kê T S, Cui P. Effect of solute atoms and precipitated particles on the optimum temperature of the grain boundary internal friction peak in aluminum [J]. Scripta Metall Mater, 1992,26:1487-1492.

[25] Mori T, Koda M, Monzen R. Particle blocking in grain boundary sliding and associated internal friction [J]. Acta Metall, 1983,31:275-283.

[26] 孔庆平,常春城.用测量晶界内耗的方法研究蠕变断裂过程[J],物理学报,1975,24:168-173.

[27] 孔庆平,戴勇.用内耗方法研究铜的蠕变断裂过程[J],物理学报,1987,36:855-861.

[28] Kong Q P, Cai B, Gottstein G.. The change of grain boundary internal friction peak during high temperature deformation at different modes [J]. J Mater Sci, 2001,36:5429-5434.

[29] Kong Q P, Dai Y. The changes of relaxation parameters of grain boundaries during creep in pure copper [J]. Phys Stat Sol (a), 1990,118:431-439.

[30] Dai Y, Liu S M, Kong Q P. The changes of relaxation parameters of grain boundaries in the course of constant rate deformation [J]. Phys Stat Sol (a), 1990,118:K21-25.

[31] Sutton A P, Balluffi R W. Interfaces in crystalline materials [M]. USA: Oxford University Press, 2007.

[32] Iwasaki K. High temperature internal friction peaks of pure aluminum—single-crystals, bicrystals, and polycrystals measured with an inverted flexure pendulum [J]. Phys Stat Sol (a), 1984,81:485-494.

[33] Guan X S, Kê T S. Non-linear mechanical relaxation associated with the viscous sliding of grain boundaries in aluminum bicrystals [J]. J Alloys Compounds, 1994,211-212:480-483.

[34] Shi Y, Cui P, Kong Q P, Jiang W B, Winning M. Internal friction peak in bicrystals with different misorientations [J]. Phys Rev B, 2005,71:R060101.

[35] Jiang W B, Cui P, Kong Q P, Shi Y, Winning M. Internal friction peak in pure Al bicrystals with ⟨100⟩ tilt boundaries [J]. Phys Rev B, 2005,72:174118.

[36] Shi Y, Jiang W B, Kong Q P, Cui P, Fang Q F, Winning M. Basic mechanism of grain boundary internal friction revealed by a coupling model [J]. Phys Rev B, 2006,73:174101.

[37] 孔庆平,崔平,蒋卫斌,石云,方前锋,晶界内耗研究的新进展[J],物理学进展,2006,26:277-282.

［38］ Kong Q P, Jiang W B, Shi Y, Cui P, Fang Q F, Winning M. Grain boundary internal friction in bicrystals with different misorientations ［J］. Mater Sci Eng A, 2009,521 - 522:128 - 133.

［39］ Jiang W B, Kong Q P, Molodov D A, Gottstein G. Compensation effect in grain boundary internal friction ［J］. Acta Mater, 2009,57:3327 - 3331.

［40］ Jiang W B, Kong Q P, Cui P, Fang F Q, Molodov D A, Gottstein G. Internal friction in Al bicrystals with ⟨111⟩ tilt and twist grain boundaries ［J］. Phil Mag, 2010,90:753 - 764.

［41］ Jiang W B, Kong Q P, Cui P. Further evidence of grain boundary internal friction in bicrystals ［J］. Mater Sci Eng A, 2010,527:6028 - 6032.

［42］ Kong Q P, Jiang W B, Cui P, Fang Q F. Recent investigations on grain boundary relaxation ［J］. Solid State Phenomena 2012; 184:33 - 41. (Keynote Invited Talk at ICIFMS - 16, Laussane, 2011).

［43］ Hirth J P, Lothe J. Theory of Dislocations ［M］. New York: John Wiley & Sons Inc, 1982, p. 31.

［44］ Raj R, Ashby M F. On grain boundary sliding and diffusional creep ［J］. Metall Trans, 1971,2:1113 - 1127.

［45］ Watanabe T. Grain boundary engineering (an overview) ［J］. J Mater Sci, 2011,46:4095 - 4115.

［46］ Ngai K L. Relaxation and Diffusion in Complex Systems ［M］. New York: Springer; 2011.

［47］ Ngai K L, Wang Y N, Magalas L B. Theoretical basis and general applicability of the coupling model to relaxations in coupled systems ［J］. J Alloys Comps, 1994,211/212:327 - 332.

［48］ Wang X P, Fang Q F. Mechanical and dielectric relaxation studies on the mechanism of oxygen ion diffusion in $La_2Mo_2O_9$［J］. Phys Rev B 2002;65:064304.

7 相变过程中的内耗

王先平　方前锋（中国科学院固体物理研究所）

从广义上来说，所谓相，指的是物质系统中具有相同物理性质的均匀物质部分，它和其他部分之间用一定的分界面隔离开来。相应地，相变则指的是在外界约束（温度或压强等）连续变化时，在特定的条件下，物相发生突变，这一突变可以有三种反应[1]：①结构变化；②化学成分的不连续变化；③某种物理性质的跃变，如顺磁体-铁磁体转变等，反映某种长程序的出现或消失，它常伴随结构相变。相变是广泛存在的，在材料科学、热力工程、冶金工程、化学工业和气象学等领域都涉及各种相变过程。由于相变研究的重要性，人们投入了大量的精力加以研究，并借用了多种实验和理论研究方法。本章将在描述基本相变类型和理论之后介绍内耗方法在相变研究中的应用。

7.1 相变的基本类型

7.1.1 按热力学分类

相变与热力学密切相关，从平衡态的热力学出发，相变可划分为一级相变和二级相变。平衡态系统的 Gibbs 自由能可写为

$$g = U - TS + PV + (\sum_i \sigma_{ij}\varepsilon_{ij} + \sum_i E_i D_i + \sum_i H_i M_i)V_0 \qquad (7-1)$$

其中，考虑了电场、磁场、应力场的作用。若在化学反应时还要加上化学亲和势。如果发生从 I 相到 II 相的变化，那么要求 $(dg)_{P,T} < 0$，在相变点处 $g_I = g_{II}$。

在相变点处可以出现不同的相变类型，这要看相变是连续的还是不连续的。如果在相变点 T_c，序参量 ξ（如熵、体积、晶体结构等）不连续变化，即 g 的一阶导数不连续，有相变潜热，那么就是一级相变，如同素异构转变（allotropic）、共析转变（eutectoid）以及一些有序无序转变等。如果在相变点 T_c，序参量 ξ 在临界点连续变化，但对 g 的二阶导数不连续，即对温度的导数（如比热、热膨胀系数）不连续变化，那么属于二级相变，如铁电、铁磁、反铁磁以及反超导转变以及大多数有序无序转变等都属于二级相变。

7.1.2 按结构变化分类

相变过程与材料结构变化密切相关。按照结构变化分类，相变可分为重构型相变

(reconstructive)和位移型相变(displasive)。这一分类从物理图像上给出了信息,较热力学处理更为微观和具体。

所谓重构型相变,是将原有结构拆散为许多小单元,然后再将这些小单元重新组合起来,形成新的结构。在重构性相变中,新相和母相之间无明确的相位关系和晶体学位向关系,而且原子近邻的拓扑关系也会发生显著的变化,相变经过了较高的势垒,有很大的相变潜热,因而相变进展比较迟缓。

对于位移型相变,在相变前后,原子间临近的拓扑关系仍保持不变,相变过程不涉及化学键的破坏,相变所对应的原子位移很小,但它的途径很明确,新相和母相之间存在明确的晶体学位向关系。这类相变经历的势垒很小,相变潜热很小或不存在。位移型相变主要包括位移比较小的(如 $BaTiO_3$ 从立方→四方)相变和晶格畸变为主的相变(如马氏体型相变,合金中的有序-无序相变等)

7.1.3 其他分类法

从相变的动力学机制出发,可以将相变分为均匀相变和非均匀相变。对于均匀相变,没有明显的相界面,相变是在整体中均匀进行的。对于非均匀相变,主要通过新相的成核和生长来实现的,有新相和母相共存,新相-母相界面的存在引入了不连续区域,因而相变是非均匀的、不连续的。

按照质点迁移特征分类,可以将相变分为扩散型相变和无扩散型相变。扩散型相变是通过热激活运动而产生的,要求温度足够高,原子运动足够强,相界面是非共格的,如脱溶、共析、晶型转变和有序-无序转变等。无扩散型相变的特点是相变过程中原子不发生扩散,而是作有规则的近程迁移,参加转变的原子运动是协调一致的,相邻原子的相互位置,新旧相的界面是共格的,如金属的同素异构转变、马氏体相变等。

7.2 Landau 理论及其修正

7.2.1 Landau 理论

Landau 理论是建立在统计理论的平均场近似之上的,最初是用来解释二级相变的。它的形式简单,概括性强,是理解连续相变的必要基础,也可推广到一级相变中。强调对称性变化在相变中的重要性,将高对称性相中的对称破缺和有序相的出现联系在一起,也将相变与序参量联系起来。在研究相变中,Landau 引进了一个序参量 ξ,它可偶合应力、应变,引起滞弹性。单位体积中的 Gibbs 自由能微分为

$$\mathrm{d}g = -\varepsilon \mathrm{d}\sigma - s\mathrm{d}T - A\mathrm{d}\xi \tag{7-2}$$

式中:σ 为应力,ε 为应变,s 为熵,T 为温度,亲和力 $A = -(\partial g/\partial \xi)_{\sigma,T}$。

g 在 $\sigma = 0$,$\xi = 0$ 附近的 Taylor 展开形式为

$$g(\sigma, \xi, T) = g(0, 0, T) - \frac{1}{2}J_u\sigma^2 - k\sigma\xi - 2\sigma\Delta T + \frac{1}{2}\beta\xi^2 + \frac{1}{4}\gamma\xi^4 \tag{7-3}$$

对于二级相变,要求 $\gamma > 0$,$\beta = \alpha(T - T_c)$,其中 $\alpha > 0$。在 $g(\sigma, \xi, T)$ 的 Taylor 展开式中没有 ξ^3 项,是源于实验事实。后来有人加入 ξ^3 项后处理了液晶的一级相变,有人加入 ξ^6 项后推广

处理了铁电相变中的弱一级相变。

从式(7-3)可得

$$
\begin{cases}
\varepsilon = -\left(\dfrac{\partial g}{\partial \sigma}\right)_{\xi, T} = J_u + k\xi + 2\Delta T \\[2mm]
A = -\left(\dfrac{\partial g}{\partial \xi}\right)_{\sigma, T} = k\sigma - \beta\xi - \gamma\xi^3
\end{cases}
\tag{7-4}
$$

在恒定应力下平衡时：$A = 0$，即 $\beta\bar{\xi} + \gamma\bar{\xi}^3 = k\sigma$

$\bar{\xi}$ 是 ξ 的平均值。当 $\sigma = 0$，令 $\bar{\xi} = \xi_0$，有 $\beta\xi_0 + \gamma\xi_0^3 = 0$

使 g 最小的解为

$$
\xi_0 = \begin{cases}
[a(T_c - T)/\gamma]^{1/2}, & (T < T_c) \\[2mm]
0, & (T > T_c)
\end{cases}
\tag{7-5}
$$

ξ_0 即称为自发有序度。在 $T < T_c$ 时，施加应力 σ 有

$$
\beta(\bar{\xi} - \xi_0) + \gamma(\bar{\xi}^3 - \xi_0^3) = k\sigma
\tag{7-6}
$$

当 σ 很小时，$\bar{\xi} - \xi_0 \ll \xi_0$，$\bar{\xi}^3 - \xi_0^3 = 3\xi_0^2(\bar{\xi} - \xi_0)$，从而有

$$
\bar{\xi} - \xi_0 = k\sigma/2a(T_c - T)
\tag{7-7}
$$

由于等温平衡时的滞弹性应变

$$
\varepsilon_{an} = k(\bar{\xi} - \xi_0) = k^2\sigma/2a(T_c - T)
\tag{7-8}
$$

所以有

$$
\delta J = \frac{\varepsilon_{an}}{\sigma} = k^2/2a(T_c - T) \qquad (T < T_c)
\tag{7-9}
$$

$$
\delta J = k^2/a(T - T_c) \qquad (T > T_c)
\tag{7-10}
$$

由此可见，当 $T \to T_c$ 时，$\delta J \to \infty$，即 $J_R \to \infty$，试样变得很软，这一结果与实验相符，它的根本意义是 T_c 处的内参量 $\bar{\xi}$ 变化很大。

假定，ξ 的时间变化率正比于亲和力 A，比例系数为常数 L，则有

$$
\dot{\xi} = LA = -L[\beta(\xi - \bar{\xi}) + \gamma(\xi^3 - \bar{\xi}^3)]
\tag{7-11}
$$

经推导可得到弛豫时间为

$$
\tau^{-1} = 2aL(T_c - T) \qquad (T < T_c)
\tag{7-12}
$$

$$
\tau^{-1} = aL(T - T_c) \qquad (T > T_c)
\tag{7-13}
$$

可见，当 $T \to T_c$ 时，$\tau \to \infty$。对于蠕变函数 $J(t) = \delta J[1 - \exp(-t/\tau)] + J_U$，在 T_c 附近，τ^{-1} 很小，指数展开为

$$
J(t) = \delta J t/\tau + J_U = (k^2 L)t + J_U
\tag{7-14}
$$

$J(t)$ 在 T_c 附近与 t 成正比，表现黏滞性蠕变，尽管材料仍是滞弹性的，这是 τ 在 T_c 变为无穷大的结果。对于内耗，有

$$
\tan\varphi = \frac{\delta J}{J_U} \frac{\omega\tau}{1 + \omega^2\tau^2}
\tag{7-15}
$$

在 $T = T_c$ 处，内耗有极大值，$\omega\tau \gg 1$

$$\tan\varphi_{\max} = \frac{\delta J}{J_U\omega\tau} = k^2L/J_U\omega \qquad (7-16)$$

而在 T_c 附近，内耗与温度的关系为

$$\tan\varphi = \frac{\delta J}{J_U}\omega\tau = \frac{\delta J}{J_U\tau}\omega\tau^2$$

$$= \begin{cases} \dfrac{k^2}{J_U 4a^2 L}\dfrac{\omega}{(T-T_c)^2}, & (T < T_c) \\[3mm] \dfrac{k^2}{J_U 4a^2 L}\dfrac{\omega}{(T_c-T)^2}, & (T > T_c) \end{cases}$$

$$(7-17)$$

图 7-1 给出的是 NaNbO₃ 晶体的超声衰减曲线[2]，除了在 $T = T_c$ 的极小区域，条件 $\omega\tau \ll 1$ 都成立，T_c 两侧内耗有弛豫特征。而在 T_c 处内耗峰值不随 ω 的变化而移动并表现为很尖的形状，所以不具有弛豫特征。这种弛豫特性与标准滞弹性固体的不同。在标准滞弹性固体中，$\tau = \tau_0\exp(H/kT)$，在峰的低温端 $\omega\tau \gg 1$，在峰的高温端 $\omega\tau \ll 1$；而在二级相变中，在峰的两侧 $\omega\tau \ll 1$，$\tau^{-1} \propto (T-T_c)$，峰位也不随频率而改变。

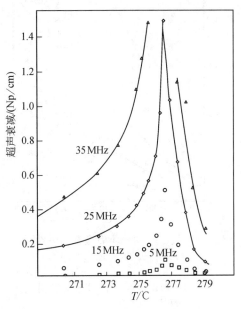

图 7-1　NaNO₃ 晶体的超声衰减随温度和频率的变化

7.2.2　Landau 理论的修正

Landau 理论虽然很成功，但仍有不足之处，其中加进了很多人为的假定，如假定 L 在 T_c 附近为常数，以及自由能展开式等。更重要的是，Landau 理论没有考虑 T_c 附近序参量 ξ 的涨落。因此，人们试图修正 Landau 理论，以便解释更多的现象，其做法是引进更多的序参量（而不是一个），如引进长程序和短程序参量。

另一个重要的修正是涨落理论，它的基本观点是认为超声波将由于与序参量的某种耦合机制而被序参量的涨落所散射，它所描述的效应不是一种弛豫现象，超声衰减可表示为

$$\alpha \propto \omega^2(T-T_c)^{-\theta} \qquad (7-18)$$

式中：θ 称为临界指数，它反映出超声衰减与系统发生耦合、交互作用的范围以及各向异性等信息，在实验上 θ 可由测量 α 及声速来确定。

7.3　扩散型相变

扩散型相变大多发生在两组元的合金体系中，是由于溶质原子扩散、脱溶沉淀成第二相颗粒的过程，属于一级相变。随温度的变化，许多过饱和的固溶体都可通过降温或低温时效出现沉淀，这一动态过程自然可以通过内耗手段反映出来。

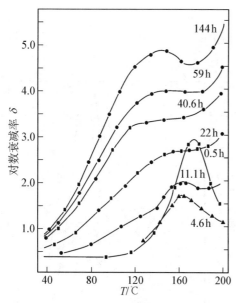

图 7-2　Al-4 wt% Cu 合金在固溶处理和淬火后在 203℃ 退火不同的时间时的内耗。除 0.5 h 的曲线对应于 1.3 Hz 的频率外，其余的都对应于 0.5 Hz

7.3.1　过渡沉淀相

常常研究的合金有 Al-Cu 和 Al-Ag 合金。以 Al-4 wt% Cu 为例，属一级相变，过程进行很慢，业已清楚 Al-Cu 从均匀化的固体要分别经过 GP₁ 区、GP₂ 区的出现到半共格沉淀相（θ'），最后达到稳定的非共格沉淀相（θ 相）。Berry 和 Nowick 对 Al-4 wt% Cu 的内耗研究表明[3]：试样进行固溶处理并淬火后，升温测量，在 175℃（$f\sim 1$ Hz）出现一个 Zener 峰。在 200℃ 下进行不同程度的时效处理的内耗结果如图 7-2 所示。

开始在 200℃ 短时间时效即可以产生 Cu 原子富集 GP₁ 区，所以第一次从 200℃ 降温测量观察到的小的内耗峰代表所有的 Cu 都处于固溶状态的结果。时效约 3 小时左右，Zener 峰减小是唯一的变化，它表明了基体贫化。这期间结构的变化是 {100} 面上形成 GP₂ 区；进一步时效，GP₂ 区逐渐被过渡相 θ' 相所替代，在时效 150 h 后达最大量。θ' 相由 CuAl₂ 组成，具有 CaF₂ 结构，在 {100} 面上呈片状与基体成共格关系。由图 7-2 可以看出，在 θ' 相的生成与长大过程中内耗发生显著变化，尽管 θ' 峰不能从增大的高温背底内耗中完全分辨出来，但时效 144 h 后，呈现出一个清楚的最大峰值，其峰高大致与 θ' 相的存在量成正比。在更高的温度下时效，θ' 峰降低，这一过程对应于 θ' 相向非公共格的 θ 相转变，当平衡的 θ 相（CuAl₂）完全形成后，θ' 峰消失。

系统的研究表明，关于 θ' 峰还有如下的特征：

（1）峰长大时峰形不变，高度与晶体取向近似无关。

（2）在长大和过时效过程中，峰温向高温移动约 30℃。

（3）在峰充分形成后，弛豫参数 $H = 0.95$ eV，$\tau_0 \approx 10^{-12.5}$ s。

（4）峰较宽，峰宽是单一弛豫内耗峰的三倍之多（$\beta\sim 3$）。

对于其他二元合金系统，如 Al-Ag，Al-Si 等，也观察到了类似的过渡相内耗峰，这里不再详述。

关于 θ' 峰的机制，研究认为 θ' 峰不是由新相内部所引起的，也不是点缺陷在基体中的扩散，而是新相与母相之间的界面或者新相产生过程中围绕基体与新相界面附近发生的弛豫现象。关于 θ' 峰的具体机制，目前尚未统一。Nowick 等认为是由于应力与相颗粒附近内应力场的交互作用导致了颗粒形状的改变，通过基体-沉淀相界面处原子的迁移而发生速率控制的过程，激活能也较小，从而可解释 θ' 峰的激活能小于原子的体扩散激活能。Schoeck 等根据电镜中看到的颗粒周围的不全位错的事实认为过渡相内耗峰与沉淀相周围不全位错的运动相关。Miner 等则根据电镜观察的结果认为沉淀颗粒的边缘台阶在感生应力下运动是根本原因。总之，要判断何种机制更正确或提出新的机制，还需要更多、更细致的实验证据。

7.3.2　不连续沉淀

不连续沉淀是发生在大范围内的不均匀沉淀现象,它往往择优在晶界上偏析沉淀出来,而后向晶体发展,大都以稳定的沉淀相存在,这种沉淀过程可以引起很大的内耗。Nowick[2]对 Al - 39 wt% Zn 的研究发现在 150℃时效几小时 Zn 的沉淀即可完全,在从室温到高温的内耗曲线呈现单调上升的内耗现象,如图 7 - 3 所示。静力学试验中的应变回复证实了产生这种内耗现象的滞弹性行为。利用蠕变测量得到的内耗在温度直到 200℃时都与内耗测量结果一致,所以可归结为耦合弛豫的存在,亦即在基体与沉淀相之间形成的界面上切变力发生了弛豫。

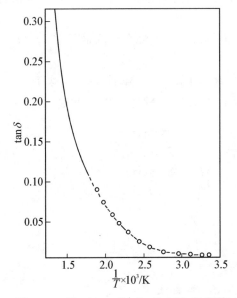

图 7 - 3　Al - 39 wt/% Zn 的内耗-温度谱

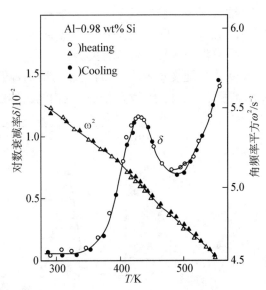

图 7 - 4　Al - 0.98 wt% Si 在升降温过程中的内耗与模量

Okabe 等[4]对 Al - Si(含量为 0.81,0.98,1.06 wt%)的单晶和多晶的研究表明:在 150℃附近出现一个由于 Si 沉淀颗粒引起的内耗峰(见图 7 - 4),该峰在纯 Al 单晶中没有,随 Si 颗粒的体积分数的增大而增大;变频测量所得到的弛豫激活能约为 0.9 eV,其激活能比 Al 中的体扩散激活能要小,但比位错管道扩散的激活能要大。因此,他们认为该峰是沿基体-相颗粒界面发生了原子扩散从而引起应力弛豫。

7.4　非扩散型相变——马氏体相变

马氏体相变最早是在钢中发现的,在奥氏体中局部成核长大而出现了马氏体,它得到了广泛的研究,也了解得相当清楚。马氏体相变是典型的非扩散相变,相变时没有穿越界面的原子无规行走或顺序跳跃,而是原子有规则地保持其相邻原子间的相对关系进行位移,这种位移是切变式的。马氏体相变是强一级相变,有相变转变点,但不像二级相变(λ 相变)的临界点那样明显和确定,而是可以变动的,与外界因素(如变温速率、初始条件)有关。马氏体相变在多种金属合金及非金属材料中都有表现,其特征之一就是具有形状记忆效应。典型的形状记忆合金有 NiTi,CuZn,CuSn,AuCuZn,AuCd,AgCd,高温相为 fcc 结构,称为奥氏体或 β 相,一级相变后形成体心正方结构的马氏体。

在内耗性能上,Co,Zr,Fe-Ni,Fe-Mn,Ni-Ti,In-Ti,Mn-Cu,Co-Ni 等许多马氏体合金都表现出相变内耗峰,分两种情况。

7.4.1　连续升温测量($\dot{T} \neq 0$)

7.4.1.1　实验规律

连续变温过程中测量内耗,在马氏体转变温度处呈现出内耗峰,如图7-5所示,降温和升温测得的内耗峰位置不同,亦即马氏体转变点不同,分别称之为正、反马氏体相变峰。该相变内耗峰的主要特征包括:

(1) 在升温和降温过程中,峰温不同,降温过程中的马氏体相变峰在较低温区。

(2) 峰温与测量频率 f 无关。

(3) 内耗随变温速率 $\dot{T}$ 的增加而增加,随测量频率 f 的增加而降低,即 $Q^{-1} \propto \dot{T}/f$,如图7-6所示[5]。由于 $\dot{T}/f$ 表征一周内马氏体的转变量,所以转变量越大,内耗也越大。

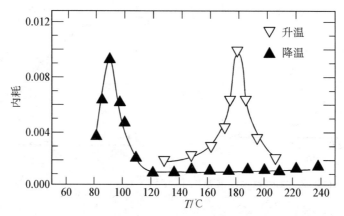

图7-5　Fe-Mn合金(含Mn 17.5 wt%)在升降温马氏体相变过程中的内耗曲线。升温速率:2.2℃/min,降温速率2.0℃/min,测量频率:$f=1.4$ Hz

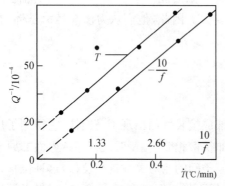

图7-6　KH_2PO_4 晶体的内耗峰高与 $\dot{T}$ 和 $1/f$ 的关系

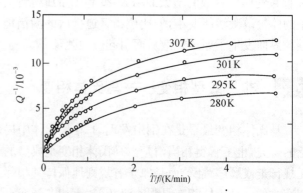

图7-7　NiTi合金中马氏体相变内耗与 $\dot{T}/f$ 的非线性关系

上述相关内耗现象在 KDP，$BaTiO_3$，$LiNSO_3$，$KH_3(SeO_3)_2$ 等晶体中也观察到，都是马氏体成核、长大或者反过程的反映。但对 NiTi，MnCu 的细致研究发现 Q^{-1} 与 $\dot{T}/f$ 并不成线性关系，如图 7-7 所示[10]，这给瞬态内耗引入了新内容。

7.4.1.2　微观机制

关于马氏体内耗峰的机制，主要有以下几种模型：

1) Delorme 模型

Delorme 等[1]假定在应力的作用下，dt 时间内相变引起的微范性应变为

$$d\varepsilon_p = A\sigma dM/G$$

式中：σ 是外力；G 是切变模量；A 是材料常数；dM 是 dt 时间的转变量。马氏体增加量 $dM = \dfrac{dM}{dT}\dfrac{dT}{dt}dt$

由内耗的定义可得

$$Q^{-1} = \frac{\Delta W}{2\pi W} = \frac{G}{\pi\sigma_0^2 W}\int_0^{2\pi}\sigma_0\sin\omega t\,(d\varepsilon_p/dt)\,d(\omega t) = \frac{A}{2\pi}\frac{dM}{dT}\cdot\dot{T}/f \propto \dot{T}/f \quad (7-19)$$

在 T 确定时，dM/dT 是常数，因此理论与实验结果相符。

2) 涨落机制

Belko 等根据一级相变成核的涨落特征[1]，提出了涨落内耗机制。外应力可以改变临界核的大小和数目，体积 V 内的临界核数为

$$V\delta N \propto \frac{\beta a}{kT}\sigma N_0(T)V \quad (7-20)$$

$$\delta\varepsilon_p \propto \delta VN \propto N_0(T)\frac{V}{\delta M} \quad (7-21)$$

式中：β 是转变部分的体积；a 是原子重构造成的畸变；V 是马氏体的体积。

由于 $dM/dt = VdN/dt$，可求得内耗的表达式为

$$Q^{-1} = \frac{G\beta a}{\omega kT}\dot{M} \propto \dot{T}/f \quad (7-22)$$

也能解释实验现象。

3) 转变量模型

王业宁等[6]根据变温速度愈大内耗也愈大的现象，提出变温相变内耗峰正比于振动一周内的转变量，如图 7-8 所示。他们认为：产生能量损耗的机制是由于新相和母相之间的弹性系数的差异，因为一物体在恒定表面张力作用下，局域弹性系数一旦发生变化，弹性能也改变，外力将做功，可证明所作功的一半为物体弹性能的增加，一半为热能，也解释了 $Q^{-1}\propto\dot{T}/f$ 之间的关系。

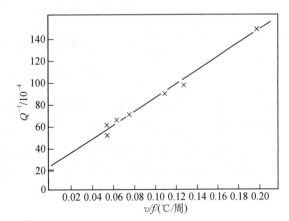

图 7-8　Fe-Mn 合金（17.5%wt Mn）中反马氏体相变过程内耗峰与振动一周内转变量的关系

4) 界面动力学机制

张进修等[7]从相变热学和界面动力学出发,研究了内耗与相变驱动力、相变阻力、界面运动速度之间的关系,提出了相变过程中内耗的界面动力学模型,并从内耗的实验数据中获得了界面运动速度的具体表达式。

根据固体相变中界面动力学模型:在一级相变中,由于存在滞后(过热、过冷、过压、欠压等),因此,只有当外场的驱动力 ΔG 增加到某一临界值 ΔG_R 后,相变才能进行,界面才开始运动(这里不考虑成核过程,例如热弹性马氏体相变)。当临界阻力 ΔG_R 小于外场驱动力 ΔG 时,界面开始运动,对应的平均运动速度 V 不仅与 ΔG 有关,而且还与界面分布状态、界面间的交互作用以及界面与其他晶体缺陷间的交互作用有关。所以运动界面的平均速度应该是净驱动力的函数,即 $V = \varphi(\Delta G - \Delta G_R)$。

在考察一个单向运动的界面上叠加一个交变运动的运动界面的能量耗散行为时,假定引起相变的外场使相变获得的平均速度为 V_0,附加的交变场使界面获得的简谐运动为 $V'_0\sin\omega t$,且 $V_0 \gg V'_0$。界面的简谐运动可以由交变的应力场(机械振动)、电场、磁场等来提供。其中,当采用交变应力场时,可应用于直接测量试样的内耗值。若测量内耗所用的交变应力场 $\tau = \tau'_0\sin\omega t$,则此时的界面的平均速度可写为

$$V = \varphi(\Delta G' + n\tau) \approx \varphi(\Delta G') + [\mathrm{d}\varphi(\Delta G')/\mathrm{d}\Delta G]n\tau = V_0 + [\mathrm{dln}\,\varphi(\Delta G')/\mathrm{d}G']V_0 n\tau \tag{7-23}$$

式中:n 为耦合因子;$V_0 = \varphi(\Delta G')$ 为未加交变应力时相界的平均运动速度;$\Delta G' = \Delta G - \Delta G_R$。假定时刻 t 试样单位体积的运动相界总面积为 A,则 $AV_0 = \mathrm{d}F/\mathrm{d}t = (\mathrm{d}F/\mathrm{d}T)\,\dot{T}$。此处 F 为新相的体积分数,$\dot{T}$ 为匀速变温速率。因此,试样单位体积中运动相界在匀速变温实验时,每个振动周期 p 所消耗的振动能为

$$
\begin{aligned}
\Delta W &= \int_0^p An\tau'[V_0 + (\mathrm{dln}(\Delta G')/\mathrm{d}\Delta G') \cdot V_0 n\tau]\mathrm{d}t \\
&= \int_0^{2\pi} (\mathrm{d}F/\mathrm{d}T)n\tau_0'(\dot{T}/\omega) \cdot \sin\omega t\,\mathrm{d}(\omega t) + \\
&\quad \int_0^{2\pi} (\mathrm{d}F/\mathrm{d}T)[\mathrm{dln}\,\varphi(\Delta G')/\mathrm{d}\Delta G']n^2\tau'^2(\dot{T}/\omega) \cdot \sin^2\omega t\,\mathrm{d}(\omega t) \\
&\approx [\mathrm{dln}\,\varphi(\Delta G')/\mathrm{d}\Delta G']\omega n^2(\mathrm{d}F/\mathrm{d}T)(\dot{T}/\omega)\tau_0'^2
\end{aligned}
\tag{7-24}
$$

由于 $\mathrm{d}F/\mathrm{d}t$ 在一个振动周期 P 中随时间的变化远小于 $\sin\omega t$ 的变化(通常边测内耗边变温的相变过程中,相变过程在 $10^3\sim10^4$ s 中完成,而测量内耗的周期则为 1 s 的量级),因此,上式中等号右端第一项的贡献远小于第二项。作为近似计算,由于 $(\mathrm{d}F/\mathrm{d}t)$ 及 $[\mathrm{dln}\,\varphi(\Delta G')/\mathrm{d}\Delta G']$ 随 t 的变化都较小而可以用平均值替代,这样就得到式(7-24)的结果。试样单位体积的振动能为 $W = \tau'^2/2M$,M 为与振动模式有关的模量。根据内耗的定义,试样的内耗值为

$$Q^{-1} = \Delta W/2\pi W = \frac{n^2}{2}[\mathrm{dln}\,\varphi(\Delta G')/\mathrm{d}\Delta G'](\mathrm{d}F/\mathrm{d}T)M(\dot{T}/\omega) \tag{7-25}$$

当以任意外场 ξ 诱导相变时,可改写为

$$Q^{-1} = \frac{n^2}{2} \big[\mathrm{d}\ln \varphi(\Delta G') / \mathrm{d}\Delta G' \big] (\mathrm{d}F/\mathrm{d}\xi) M(\dot{\xi}/\omega) \tag{7-26}$$

此外,由于无扩散相变过程中相界面的应力诱导可动性,还将产生一种与内耗密切相关的模量亏损效应。这是由于在交变应力作用下界面的运动导致了附加的非弹性形变 ε'' 所引起来的。假定在交变应力作用下相界面移动的最大平均距离为 L,可得

$$L = \int_0^{\frac{p}{4}} \big[\mathrm{d}\varphi(\Delta G') / \mathrm{d}\Delta G' \big] n\tau' \mathrm{d}t = \big[\mathrm{d}\varphi(\Delta G') / \mathrm{d}\Delta G' \big] n{\tau_0}' / \omega \tag{7-27}$$

此处,p 为振动周期。由此引起的非弹性形变 $\varepsilon'' = AL\varepsilon_0$,其中 ε_0 为相变引起的应变。所以

$$\varepsilon'' = \big[\mathrm{d}\ln \varphi(\Delta G') / \mathrm{d}\Delta G' \big] \varepsilon_0 {n\tau_0}' (\mathrm{d}F/\mathrm{d}T) \dot{T} / \omega \tag{7-28}$$

所以引起的模量亏损为

$$\Delta M/M = \varepsilon'' / \varepsilon' = \big[\mathrm{d}\ln \varphi(\Delta G') / \mathrm{d}\Delta G' \big] Mn\varepsilon_0 (\mathrm{d}F/\mathrm{d}T) \dot{T} / \omega \tag{7-29}$$

因此,当相变中没有声子模软化时有

$$(\Delta M/M)/Q^{-1} = \varepsilon'' / \varepsilon' = \varepsilon_0 / n \tag{7-30}$$

这是一个与变温速率 $\dot{T}$ 及频率 ω 无关的常数。测得相变应变即可由式(7-30)求得耦合因子 n。而当存在软模效应时,$(\Delta M/M)/Q^{-1}$ 的数字将随着 $\dot{T}/\omega$ 的增大而下降。$\big[(\Delta M/M)/Q^{-1} \big]$-$\dot{T}/\omega$ 曲线的外推渐进值,亦可求得 n 并可分辨出声子模软化及界面动性引起的模量亏损在模量极小值中各自所占的份额。

在式(7-24)右端诸物理量中,$\mathrm{d}F/\mathrm{d}T$ 及 M 均是温度的函数,$\big[\mathrm{d}\ln \varphi(\Delta G') / \mathrm{d}\Delta G' \big]$ 中因 $\Delta G'$ 与温度有关,也可能其数值随温度而变(但 $\varphi(\Delta G')$ 的函数形式不变),且 $\mathrm{d}F/\mathrm{d}T$-T 曲线一般都有峰值,因此相变过程中一般会出现温度内耗峰。对于马氏体相变,其内耗峰有以下特点:①在低频范围内,内耗峰高 Q^{-1} 与 $\dot{T}/\omega$ 有正比关系;②一旦 $\dot{T}=0$,变温相变停止进行,变温相变过程的特征内耗立即消失;③内耗与应变振幅无关。上述这三个特征与 7-24 式所预期的结果相符。

当 $\dot{T}$ 增大时,内耗峰所处的温度 T_p 也随着变化。可见,不同 $\dot{T}$ 时,T_p 所对应的驱动力 ΔG 也不同,可由不同 $\dot{T}$ 时的扫描差热分析(DSC)数据求得 ΔG 随 $\dot{T}$ 的变化。

利用内耗的界面动力学模型,张进修等求出了 Ti-50.3 at% Ni 合金变温马氏体相变时的界面动力学关系。在试验中,试样选用的热处理规范为在 500℃ 保温 1 h 后炉冷,并在不同的恒定变温速率 $\dot{T}$ 测量马氏体相变过程中的内耗 Q^{-1}、模量 f^2 及电阻 ΔR 随温度的变化,主要结果如下[8]:

图 7-9 给出的是 TiNi 试样在相变温度范围进行变温内耗测量的结果(变温速率 $\dot{T}$ = 6 K/min;测量频率 $f \sim 1\,\mathrm{Hz}$)。由图 7-9(a)可见,升温时内耗峰温约为 100℃,降温时峰温约为 54℃。模量 f^2 的相应变化如图 7-9(b)所示,可见具有尖锐的模量极小。对比电阻变化曲线[见图 7-9(c)]可确认升降温过程所发生的相变为正反马氏体相变。

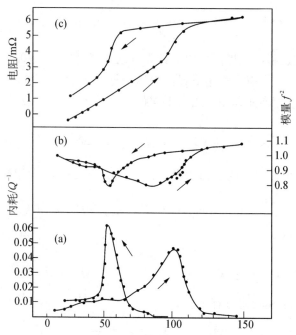

图 7-9 试样变温过程中内耗(a)、模量(b)及电阻(c)变
化。$\dot{T}=6\ \mathrm{K/min}$；$f \sim 1\ \mathrm{Hz}$

马氏体相变时,相界面靠相变驱动力 ΔG 的作用而运动。考虑到相变阻力 ΔG_R 的存在,相界面平均运动速度 V 与有效相变驱动力 $\Delta G' = \Delta G - \Delta G_R$ 之间存在确定的函数关系 $V = \varphi(\Delta G - \Delta G_R)$,称为动力学关系,对应的相变过程中的内耗表达式可由前面的式(7-25)来描述,相变过程内耗为可动界面在黏滞性阻力下运动时产生的黏弹性内耗。可将式(7-25)改为

$$Q^{-1}\omega/(\mathrm{d}F/\mathrm{d}T) \cdot M\dot{T} = C'[\mathrm{d}\ln \varphi(\Delta G')/\mathrm{d}\Delta G'] \qquad (7-31)$$

上式等号的左端各物理量均可由试验测得,其量纲为 $\mathrm{cm^2/dyn}$,即 $(\Delta G')^{-1}$,所以 $\mathrm{d}\ln \varphi(\Delta G')/\mathrm{d}\Delta G'$ 可取 $Q^{-1}\omega/(\mathrm{d}F/\mathrm{d}T) \cdot M\dot{T} = C'[\mathrm{d}\ln \varphi(\Delta G')/\mathrm{d}\Delta G']$ 的形式,其中 α 取负整数,因此式(7-31)可改写为

$$Q^{-1}\omega/(\mathrm{d}F/\mathrm{d}T) \cdot M\dot{T} = C \cdot (\Delta G - \Delta G_R)^{\alpha}/\Delta G^{*(\alpha+1)} \qquad (7-32)$$

利用线性回归分析的待定系数法,就可以由试验数据定出界面动力学关系的具体形式及相应的动力学参数 ΔG_R 等。

(1) 相变驱动力 ΔG 的计算:

对于一级相变来说,新旧两项的比热无跃变,因此可以认为相变时热焓 ΔH 的变化与温度无关。由于 $\Delta G = \Delta H - T \cdot \Delta S$,当 $T = T_0$ 时,$\Delta G = 0$。由此得到熵的变化 $\Delta S = \Delta H/T_0$,固有 $\Delta G = \Delta H(T_0 - T)/T_0$。式中热焓 ΔH 可由 DSC 测量,知道了特征温度 T_0 以后,就可以求得不同温度的相变驱动力 ΔG。

(2) 动力学关系:

将式(7-32)改写为

$$\Phi(\Delta G - \Delta G_R) = Q^{-1}\omega/(\mathrm{d}F/\mathrm{d}T)\cdot M\dot{T} = C\cdot(\Delta G - \Delta G_R)^\alpha/\Delta G^{*(\alpha+1)} \qquad (7-33)$$

利用双对数坐标 $\lg \Phi(\Delta G - \Delta G_R)$ - $\lg(\Delta G - \Delta G_R)$ 的待定系数法,可得线性关系

$$\lg \Phi(\Delta G - \Delta G_R) = A + \alpha\lg(\Delta G - \Delta G_R) \qquad (7-34)$$

取不同变温速率下的试验数据进行处理,以 $\lg(\Delta G - \Delta G_R)$ 做横坐标,$\lg[Q^{-1}\omega/(\mathrm{d}F/\mathrm{d}T)\cdot M\dot{T}]$ 作纵坐标,其中 M 以相对模量 f/f_0^2 代入(f_0 为初始频率)。逐步改变待定参数 ΔG_R,即可由最小二乘法求得偏差为极小的 α 值及相应的参数 ΔG_R 值。对于 TiNi 合金,$\alpha = -2$,$\Delta G_R = 8.0\,\mathrm{Cal/mol}$。由式(7-33),有

$$\Phi(\Delta G - \Delta G_R) = C\cdot \Delta G^*/(\Delta G - \Delta G_R)^2 \qquad (7-35)$$

故界面的平均速度 V 可表示为

$$\lg V = \lg \varphi(\Delta G') = \int \Phi(\Delta G - \Delta G_R)^2 \mathrm{d}\Delta G' = \frac{\Delta G^*}{\Delta G - \Delta G_R} + C \qquad (7-36)$$

由此得到变温马氏体相变过程中界面运动动力学关系式

$$V = V^* \exp[-\Delta G^*/(\Delta G - \Delta G_R)]$$

式中:V^* 为特征速率;ΔG^* 为动力学参数。代入内耗表达式,可得到

$$Q^{-1} = \frac{n^2}{2}[M\Delta G^*/(\Delta G - \Delta G_R)^2](\mathrm{d}F/\mathrm{d}T)(\dot{T}/\omega) \qquad (7-37)$$

上式即为相变过程中界面运动引起的内耗表达式。由于马氏体相变的实际过程相当复杂,相界面的微观结构尚不十分清楚,因此,有关马氏体相变内耗的研究主要基于唯象理论。对于相变阻力 ΔG_R,主要来源于相界面间的交互作用及界面与晶体缺陷(孪晶、位错等)间的交互作用等。弄清楚相变阻力的机制,积累 ΔG_R 随各种结构参数等的变化规律,将有利于对相变动力学的深入研究。同时,虽然由界面动力学模型亦可解释内耗峰值 Q_p^{-1} 与 $(\dot{T}/\omega)$ 的正比关系,但由于 $\mathrm{d}\lg \varphi(\Delta G')/\mathrm{d}\Delta G'$ 不为常数,故 Q_p^{-1} 与 $(\dot{T}/\omega)$ 并非严格的线性关系。

7.4.2 稳态或阶梯变温($\dot{T} = 0$)

这种过程内耗是在阶梯式升温或降温过程($\dot{T} = 0$)中测量的,峰高比变温内耗峰低,峰温相同。针对 AuCd,MnCu 等热弹性马氏体的研究表明内耗值的大小本质上取决于相变过程保持共格的界面的多少,因此,是与相界面有关的一类内耗现象。

7.4.2.1 实验规律

1) 对热历史敏感

相变内耗对热历史敏感,各次循环测得的内耗峰都不同,如图 7-10 所示,Au-47.5 at% Cd 合金[9] 在缓慢退火后第一、二、三次循环过程测得的相变内耗曲线随循环次数增加,内耗峰高增加,最后趋于稳定。金相观察表明,在循环过程中,马氏体晶粒逐次变细,即界面逐次增多,说明相变内耗大小与相界面的多少有关,界面对内耗机制起主导作用。

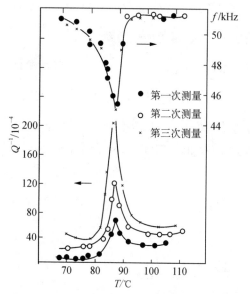

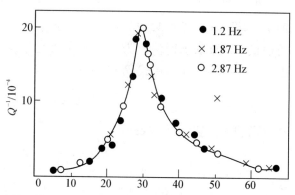

图 7-10　Au-47.5 at% Cd 合金各次循环测得的内耗与频率对温度的依赖关系

图 7-11　Au-52.5 at% Cd 合金在不同频率下室温测得的内耗-温度曲线

2）内耗与频率无关

针对细晶马氏体试样 Au-52.5 at% Cd[10] 的测量表明，如图 7-11 所示，经过数次循环后峰高趋于稳定，然后改变频率测量，不仅内耗峰高不变，内耗峰温也不变，因此是一种静滞后型内耗。

3）表现振幅效应

一般情况下应变振幅的相变内耗与振幅无关，但在低振幅与高振幅下都有明显的依赖性，如图 7-12 所示。一般情况是峰温附近振幅效应不明显，而峰温两侧（母相与 M 相）振幅效应大，如 NiTi 与 AuCd 合金等，如图 7-13 所示[11]。

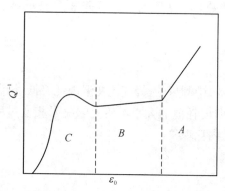

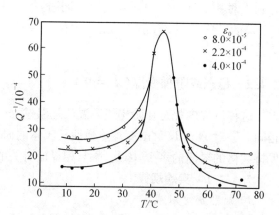

图 7-12　相变内耗的应 ε_0 变振幅效应示意图

图 7-13　Au-46.1 at% Cd 在不同应变振幅下的内耗-温度谱

4）弹性模量软化

在相变内耗峰的峰温附近,弹性模量有极小值,这对热弹性马氏体合金是普遍现象,如图 7-14 所示给出的是 NiTi 合金的结果[6],模量极小值点与峰温有对应关系。

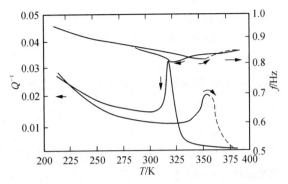

图 7-14   NiTi 合金的内耗-温度谱和频率-温度谱

7.4.2.2 微观机制

由于低频、低振幅下相变内耗一定范围内与振幅无关,与频率无关的事实与低频低振幅下位错内耗相似,其机制起因于应力诱导界面的运动而产生,但具体的微观损耗机制各不相同,也没有统一的具体理论被公论。目前有如下几种理论。

1）Dejonghe 理论

Dejonghe 等[12]考虑到 $\dot{T} = 0$ 时仍有内耗产生,提出除温度变化引起马氏体转变外,应力也可以诱导相变,这是热弹性马氏体相变特征。因此,在 Delorme 模型公式里加了应力诱导相变的一项,即

$$\frac{\mathrm{d}M}{\mathrm{d}t} = \frac{\partial M}{\partial T}\frac{\mathrm{d}T}{\mathrm{d}t} + \frac{\partial M}{\partial \sigma}\frac{\mathrm{d}\sigma}{\mathrm{d}t} \tag{7-38}$$

由此得到

$$\delta = \frac{A}{2\pi}\left\{\frac{\partial M}{\partial T}\cdot\dot{T}/f + \frac{4}{3}\sigma_0\frac{\partial M}{\partial \sigma}\left[(1-\sigma_c/\sigma_0)^3\right]\right\} \tag{7-39}$$

式中:σ_0 是外加应力;σ_c 是感生马氏体的临界应力。Dejonghe 模型虽然可以说明变温测量中 Q^{-1} 与 $\dot{T}/f$ 的线性关系,又可解释稳定温度测量中的内耗峰,但不能解释与振幅无关的内耗区域,而且这仍是微象理论,未涉及微观机制问题。

2）Postnikov 界面运动学理论

Postnikov 等[1]考虑了相界面上的二维成核,从界面的运动速度 $\dot{x} = A_1\exp\left[-\frac{B_1}{kT_1\delta_1}\right]\sin\sigma$ 和作用在界面上的力 $\sigma = \sigma_0\sin\omega t - \gamma x$ 计算出了低频和高频时的近似内耗表示式:

低频下:
$$Q^{-1} = \frac{G\Delta V}{LV}\frac{8B_1}{kT\sigma_0\ln(\omega\sigma_0/\gamma A_1)} \tag{7-40}$$

高频下:
$$Q^{-1} = \frac{G\Delta V}{LV}\frac{2A_1}{\omega}\left(\frac{2\pi kT}{\sigma_0 B_1}\right)^{\frac{1}{2}}\exp(-B_1/kT\sigma_0) \tag{7-41}$$

式中:$\Delta V/V$ 是相对体积的变化;$\gamma \approx Gr(\Delta V/V)$;$r$ 是成核的尺寸;A_1 和 B_1 是描述成核的特征参数。

3）界面位错弦振动模型

Marcier 等[13]根据各向异性晶体中位错弹性能及弹性常数 C_{ij} 的变换形式 μ^A(称为能量因子),提出了界面位错弦振动模型,得到内耗表达式为

$$Q^{-1} = g^2\frac{\Delta b^2}{J_0 k}\frac{\omega\tau}{1+\omega^2\tau^2} \tag{7-42}$$

式中:g^2 是几何因子;Λ 是位错密度;b 是伯格斯矢量;J_0 是顺度系数;k 是弦张力产生的回复系数;τ 是弛豫时间($\tau = B/k$,B 是阻尼系数)。在准静态近似中,$k = 12\mu b^2/l^2$,l 为钉扎点间位错弦长。

对于低频内耗,$\omega\tau \ll 1$,得到

$$Q^{-1} = \frac{g^2 \Lambda l^4 \omega}{144 b^2 J_0 (\mu^A)^2} \tag{7-43}$$

即 $Q^{-1} \propto (1/\mu^A)^2$。在相变温度,$\mu^A$ 是极小值,因而解释了相变内耗有极大值的出现,也第一次利用软模的概念解释了内耗峰的出现,但是 $Q^{-1} \propto \omega$ 的结论与试验不符合。

4) 界面位错与点缺陷内应力场交互作用的静摩擦机制

主要根据 Mott 弥散颗粒内应力场表示式和 Weertman 处理静滞后型位错的计算方法进行计算[14],当外力从 σ 增加到 $\sigma + \mathrm{d}\sigma$ 时,可动位错的长度是高斯分布

$$B\exp(-\sigma^2/r^2\sigma_M^2)\mathrm{d}\sigma \tag{7-44}$$

式中:σ_M 是内应力场的平均振幅,r 是方向因子,B 可由(110)面上位错总长度 N 守恒来确定:

$$\int_0^\infty B\exp(-\sigma^2/r^2\sigma_M^2)\mathrm{d}\sigma = \frac{\sqrt{\pi}}{2}Br\sigma_M = N \tag{7-45}$$

当应力振幅 σ_0 小于 $r\sigma_M$ 时,每个振动周期耗散的总能量是

$$\Delta W = \lambda b \int_0^{\sigma_0} B\sigma \exp(-\sigma^2/r^2\sigma_M^2)\mathrm{d}\sigma \approx \frac{1}{\sqrt{\pi}}N\lambda b(\sigma_0^2/r\sigma_M) \tag{7-46}$$

式中:b 是伯格斯矢量;λ 是内应力场波长。利用内耗定义,可得到

$$Q^{-1} = \frac{\Delta W}{W} = 2\pi^{-3/2}\lambda\mu_i S_i \cdot n_i/r\beta C' \tag{7-47}$$

式中:μ_i 是扭转模量;S_i 是样品中可动界面的面积;n_i 是单位面积上位错的总长度,即 $N = S_i n_i$;β 是一常数;C' 是切变模量。由于 C' 在相变温度附近有极小值,所有出现了相变峰;同时,由于此处考虑到的是长程应力,对界面的作用是一种静摩擦力,因此,内耗与频率无关复合实验事实。当 $\sigma_0 > r\sigma_M$ 时,界面位移量迅速增大($>\lambda$),此时将产生与振幅有关的内耗。但这一理论未考虑到界面间的相互作用力、未对界面随温度的变化及动性作定量处理。

5) 位错脱钉模型

位错脱钉模型[15]是基于低振幅下相变内耗与振幅的依赖性类似 $G\text{-}L$ 关系而提出的。依据 $G\text{-}L$ 关系,可得

$$Q^{-1} = \frac{C_1}{\varepsilon_0}\exp(-C_2/\varepsilon_0) \tag{7-48}$$

式中:$C_1 = \Omega\Lambda\Delta_0 L_N^3/\pi^2\mu l^2$;$C_2 = \Gamma/\mu$;$\varepsilon_0$ 为应变振幅;Ω 为取向因子;Λ 是位错密度;$\Delta_0 = 4(1-\nu)/\pi^2$,$\nu$ 为泊松比;l 为杂质钉点间距;L_N 是脱钉后位错弦长(强钉间距);μ 为切变模量,在相变温度用各向异性的能量因子 μ^A 代替 μ;Γ 是脱钉应力,与 μ 成正比。在相变点附近,μ^A 趋向于极小值,C_1 即达到极大值,从而也解释了相变内耗峰,但这一模型未考虑可动界面的数量与可动性的变化对内耗的影响。

参考文献

［1］ 谭启编. 内耗与固体缺陷［M］. 合肥：中国科学技术大学出版社，1991.

［2］ Nowick A S, Berry B S. Anelastic relaxation in crystalline solids［M］. Academic Press，INC，1972.

［3］ Nowick A S. Anelastic Effects Arising from Precipitation in Aluminum-Zinc Alloys［J］. Journal of Applied Physics，1951,22(7)，925 - 933.

［4］ Okabe M，Mori T，Mura T. Internal friction caused by diffusion around a second-phase particle Al - Si alloy［J］. Philosophical Magazine A，1981,44(1):1 - 12.

［5］ Wang Y N，Cheng X H，Shen H M. Proceeding of 9th internal conference on internal friction and ultrasonic Attenuation in solid［C］. Academic Publishers and Pergamon Press，1989.

［6］ 冯端. 金属物理学，第三卷，金属的力学性质［M］. 北京：科学出版社，1999.

［7］ 张进修，李燮均. 无扩散相变中界面动力学的唯象理论及应用［J］. 物理学报，1987,36(7)，847 - 854.

［8］ 张进修，罗来中. NiTi 合金相变过程中界面动力学的内耗研究［J］. 物理学报，1988,37(3):353 - 362.

［9］ Wang Y N，Shen H M，Hu Z R，et al. Internal friction and elastic modulus of AuCd in the vicinity of martensitic transformation［J］Journal de Physique，1981,42，C5:1049 - 1054.

［10］ 王业宁，邹一峰，张志方. 马氏体相变过程中低频内耗的研究［J］. 物理学报，1980,29(120)1535 - 1544.

［11］ 杨照金，邹一峰，张志方等. AuCd 合金马氏体相变有关的内耗［J］. 金属学报，1982,18(1):21 - 29.

［12］ Dejonhe W，Batist R D，Delaey L. Factors affecting the internal friction peak due to thermoelastic martensitic transformation［J］. Scripta Metallurgica，1976,10(12)，1125 - 1128.

［13］ Mercier O，Melton K N，De Préville Y. Low-frequency internal friction peaks associated with the martensitic phase transformation of NiTi［J］. Acta Metallurgica，1979,27(9)，1467 - 1475.

［14］ Weertman J，Salkovitz E I. The internal friction of dilute alloys of lead［J］. Acta Metallurgica，1955,3(1)，1 - 9.

［15］ Koshimizu S，W. Beniot. Internal friction measurements and thermodynamical analysis of a martensitic transformation［J］Journal de Physique，1982,43，C4:679 - 684.

第二编

内耗与力学谱技术的应用

8 离子导体的内耗研究

方前锋(中国科学院固体物理研究所)

8.1 背景知识

8.1.1 氧离子导体简介

8.1.1.1 氧离子导体的基本概念

"氧离子导体"是指包含有大量能够快速迁移的氧离子的一类离子导电材料。一般来说,在氧离子导体中,离子电导率要占绝对主导地位,其电子电导率至少要比离子电导率低两个量级,即在氧离子导体中离子迁移数要大于 0.99。同电子导电相比,离子导电的特点在于在导电过程中,除了电荷传递外,还伴随着物质的迁移,正是这种独有的特性赋予了离子导电材料多方面的用途。

对氧离子导体的研究始于 1897 年 Nernst 发现二氧化锆中存在氧离子导电现象,迄今为止,已有 100 多年的发展历史,并已广泛应用于能量的储存和转换、环境保护等领域,对人类的生活、环境和经济等诸方面产生了极大的影响。但是,由于氧离子本身尺寸较大($r\sim1.40$ Å),且带两个单位的负电荷,受到晶格内很强的库仑相互作用。因此,氧离子要在有序排列的刚性晶格中快速迁移是一种不平常现象,需要在较高的工作温度和一些开放式的晶体结构中才能得以实现。

8.1.1.2 具有萤石结构的氧化物电解质

在萤石结构中,由阴离子构成的简单立方点阵处于按面心立方密堆积的阳离子晶格内,阴离子占据全部四面体空隙,而全部的八面体空隙空着,这种空着的八面体空隙为氧离子在晶格中扩散提供了传输通道。从离子学研究发展的历史角度来看,具有萤石结构的氧离子导体是研究最早、最深入的一类氧离子导体,其主要种类有以下几种。

1) ZrO_2 基电解质

在固体氧化物燃料电池(SOFC)中,最常见的电解质材料是稳定的 ZrO_2,特别是 Y_2O_3 稳定的 ZrO_2(YSZ)。这是因为稳定的 ZrO_2 具有良好的氧离子导电性和在氧化、还原气氛下的高稳定性。通常,纯 ZrO_2 是不能作为燃料电池中的电解质材料的,一方面是因为其氧离子导电率很低,不能满足导电性要求;另一个原因是在由四方→单斜的相转变过程中,其体积变化较大,导致基体开裂,从而严重影响电池的工作寿命。

在 ZrO_2 基体中适量引入某些二价或三价氧化物(如 CaO,MgO,Y_2O_3,Sc_2O_3 等),能够把其高温导电相(立方萤石结构)从熔点保持到常温,有利于氧离子在其晶格中进行扩散传输,并可同时避免因相变而导致体积变化的发生;更为重要的是:低价氧化物的掺杂还将在一定程度上提高 ZrO_2 中氧空位的浓度,从而极大地提高其离子导电能力,使之能够适合作为固体氧化物燃料电池中的电解质材料。尽管不同掺杂元素对 ZrO_2 离子电导率的影响程度不一样,但其影响的变化趋势是一致的,即随着掺杂物浓度的增加,氧空位浓度均逐渐增大,其氧离子电导率也相应增大;然而,当离子电导率达到极大值后,继续增加掺杂浓度,电导率反而会降低,相应的电导激活能也增大,这一现象可以用氧离子空位有序化、缺陷缔合以及静电相互作用来解释。在众多的 ZrO_2 基掺杂系统中,氧化物 Sc_2O_3 掺杂的 ZrO_2 具有最高离子导电率。对其微观机制的解释是:由于 Zr^{4+} 和 Sc^{3+} 半径最接近,使 Sc^{3+} 与氧离子空位的结合焓最小,因此,极大地提高了其氧离子的迁移速率。但从实际应用的角度考虑,到目前为止,YSZ 仍然是 SOFC 的常用电解质,并通常以多晶形式作为电解质来使用,这主要是考虑到 Y_2O_3 的价格更为便宜的缘故。

目前,ZrO_2 电解质存在的主要问题是其运行温度太高(一般在 1 000℃ 以上)。这种高温运行条件不可避免地带来了界面效应、电极烧结、热匹配等一系列问题,同时对材料的要求也更严格。为了降低电池的运行温度,人们采取了降低 YSZ 薄膜厚度的方法(从 100 μm 左右降到 10 μm),但这种方法一方面有一厚度极限的存在,另一方面还要考虑到电解质的致密性。

2) Bi_2O_3 基电解质

纯 Bi_2O_3 有许多晶型,其中 α-Bi_2O_3 在 730℃ 以下能够稳定存在,具有单斜结构,δ-Bi_2O_3 在 730℃ 以上直到熔点 825℃ 的范围内稳定存在,具有立方萤石结构;另外,在 650℃ 以下还存在四方结构(γ-Bi_2O_3)和体心立方结构(β-Bi_2O_3)的亚稳态相。在各种晶体结构中,具有立方萤石结构的 δ-Bi_2O_3 具有很高的氧离子电导率,如稳定的、具有立方萤石结构的 Bi_2O_3 在 500℃ 时电导率为 10^{-2} S/cm 量级,700℃ 时的电导率更是高达 0.1 S/cm,比同温度条件下稳定的 ZrO_2 要高出两个量级。δ-Bi_2O_3 具有高离子电导率的主要原因可以从以下几个方面来考虑:首先是 Bi^{3+} 具有易于极化的孤对电子;其次是因为 Bi_2O_3 中,离子之间的键能较低,提高了晶格中氧离子的迁移率;再次是立方萤石结构的晶体类型提供了较大的离子扩散通道,有利于离子在其间扩散迁移。尽管稳定的 Bi_2O_3 在较低温度时便有较高的电导率,可以作为中温 SOFC 的电解质材料,但要获得广泛的实际应用,尚有以下问题需要解决:① δ-Bi_2O_3 只能在很窄的温区范围内存在(730~850℃),转变到低温的 α 相时产生一较大的体积变化,导致材料的断裂和性能的急剧恶化;②氧离子导电的氧分压范围较窄,稳定的 Bi_2O_3 电解质在低氧分压下极易被还原,在燃料侧还原出细小的金属颗粒,使材料表面"变黑",降低了电解质的氧离子电导率。对于前者,一般采用掺杂来获得稳定的 δ-Bi_2O_3,大量的研究表明:通过掺杂二价、三价、五价金属氧化物可以使 δ-Bi_2O_3 在从室温到 800℃ 的温区范围内稳定存在;但是,掺杂将显著降低电解质的离子电导率。对于后者,常采用包裹的方法,如在稳定的 Bi_2O_3 电解质外面包裹一层 YSZ 薄膜可以使其有较好的化学稳定性。

目前,对于 Bi_2O_3 电解质材料的应用研究还不是很充分,对其电导性能、机械强度和韧性等特性的研究还要进一步深入,从而为其在中温 SOFC 中的实际应用奠定基础。

3）CeO_2 基电解质材料

纯的 CeO_2 从室温到熔点具有与 YSZ 相同的萤石结构,不需要再进行稳定化,但纯 CeO_2 是混合型导体,其氧离子、电子和空穴对电导率的贡献几乎相同。但是,用 CaO,Y_2O_3,Sm_2O_3 等金属或稀土氧化物进行掺杂后,能够大幅度提高其离子导电性能,可以用作 SOFC 电解质的潜在候选材料。从目前 CeO_2 基材料的研究情况来看,主要有两种掺杂类型:一是以碱土金属氧化物和稀土金属氧化物为代表的单掺杂体系,如 10% Sm_2O_3 的 CeO_2 具有很高的离子电导率,且在氧化及还原气氛中均保持了良好的稳定性。二是以双稀土氧化物或者碱土金属氧化物与稀土氧化物混合掺杂为代表的双掺杂或多掺杂体系。

CeO_2 基电解质材料目前存在的主要问题是其离子导电的范围较窄,在还原气氛条件下,部分 Ce^{4+} 将被还原为 Ce^{3+},产生电子电导,从而降低电池的能量转换效率。提高 CeO_2 基电解质的化学稳定性,减少其电子电导,除了可以用掺杂改性的方法外,另一种有效的途径是在电解质表面包裹一层 YSZ 薄膜。但这一方法也存在着由于 YSZ 膜与电解质发生反应,而减小了电池的使用寿命的弱点。因此,对 CeO_2 基电解质材料的应用研究还需要进一步深入。

8.1.1.3 具有钙钛矿结构的氧化物电解质

钙钛矿型(ABO_3)氧化物不仅有着稳定的晶体结构,而且对 A 位或 B 位的离子半径的变化有较强的容忍性。用低价金属阳离子进行适量掺杂后,根据电中性原理,能够在其晶格引入较高浓度的氧空位,为氧离子的扩散跃迁提供了传输通道,因而也可作为 SOFC 电解质的候选材料,如具有钙钛矿结构的 $LaGaO_3$ 基材料在较大的氧分压范围内具有良好的离子导电性,且电子电导可以忽略不计。

通常,在 $LaGaO_3$ 基电解质材料中,多采用在 A 位和 B 位进行双重掺杂以提高其离子导电率,其中,A 位可掺 Sr,Ba,Ca 等,B 位可掺 Mg,Al,In 等。在众多的掺杂体系中,$La_{0.9}Sr_{0.1}Ga_{0.8}Mg_{0.2}O_3$ 的离子导电性能最好,在中温阶段,其离子电导率甚至比稳定的 ZrO_2 还大,是目前非常有希望应用于中温 SOFC 电解质材料的候选材料之一。但这种电解质材料也存在着材料制备、低温烧结和薄膜化难度大的问题,且在 SOFC 条件下的长期稳定性有待进一步研究,因此,其实用化应用还需一个较长的研究过程。

其他钙钛矿型的氧离子导体电解质材料还有掺杂的 $LaAlO_3$,$NdAlO_3$ 等。

8.1.1.4 具有焦绿石结构的氧化物电解质

具有焦绿石结构($A_2B_2O_7$)的固体氧化物电解质因其高温时良好的稳定性而倍受关注,其晶体结构属于 Fd3m 空间群。这种空间结构可视为一种有序的氧缺位萤石结构,包含着 25% 的内禀氧空位。纯的 $Gd_2Ti_2O_7$ 不具有离子导电特性,但是,在 Gd 位或 Ti 位进行低价阳离子掺杂后,其离子导电特性大幅度提高,如 Gd 位的含量为 10% 的 Ca 掺杂,使其离子电导率在 $1\,000\,℃$ 时可达 $0.05\,S/cm$,并且在很宽的氧分压范围内($10^{-1} \sim 10^{-20}$ atm)均表现出良好的氧离子导电性;类似的离子导电特性也可以在 Ti 位进行的 Al^{3+} 掺杂中所观察到。

除了以上讨论的常见的、研究较广泛的几种结构类型的氧离子导体外,在高温下具有一定氧离子导电特性的还有具有层状结构的氧化物 $Bi_4V_2O_{11}$,钙铁石结构的氧化物 $Ba_2In_2O_5$ 等。

8.1.1.5 一种新型的氧离子导体:$La_2Mo_2O_9$[1]

作为一种新型氧离子导体,氧化物 $La_2Mo_2O_9$ 在高温时具有立方相的 $P2_13$ 空间群结构,不同于前面提到的常见的、研究较多的几种结构类型的氧离子导体;其固有的内禀空位形成机制使 $La_2Mo_2O_9$ 晶格内具有很高的氧空位浓度,便于氧离子在晶格中扩散迁移,从而使其具有良好的氧离子导电特性。$La_2Mo_2O_9$ 在 $800℃$ 时的电导率便高达 0.06 S/cm,其大小可以同 Y_2O_3 稳定的 ZrO_2 相比拟。良好的纯氧离子电导性使 La_2Mo_2O 在中温固体氧化物燃料电池 (SOFC)、氧传感器、固态离子器件等领域有着重要和广泛的实际应用前景。

在氧离子导体 $La_2Mo_2O_9$ 的一个单胞中,包含有 4 个 La 离子和 4 个 Mo 离子,它们分别位于靠近晶格的 8 个顶角附近,形成阳离子晶格网络,包含的 18 个 O 离子和 10 个空位则分布在其间。在 $La_2Mo_2O_9$ 中,有三种不同的氧离子,这些氧离子分别表示为 O(1),O(2) 和 O(3)。我们知道,对于一个空间群为 $P2_13$ 晶格来说,其氧离子可能占据的位置只有 4a 和 12b 两种位置,对 $La_2Mo_2O_9$ 进行的结构分析表明,4 个 O(1) 完全占据 4a 位置,占据率为 100%,余下的 14 个 O 部分占据两个 12b 共 24 个位置,使其氧空位浓度高达 41%。正是因为在 $La_2Mo_2O_9$ 晶格内部具有如此高的内禀氧空位浓度,为氧离子在其晶格中扩散传输提供了通道,从而使其成为在中温条件下便具有较高离子电导率的新型快氧离子导体。

另外,需要指出的是,在 $580℃$ 左右,氧离子导体 $La_2Mo_2O_9$ 发生一结构相变,这一点同传统的氧离子导体类似,相变前后分别对应于低温时氧离子分布的有序相($\alpha-La_2Mo_2O_9$)和高温时氧离子分布的无序相($\beta-La_2Mo_2O_9$)。相变后,氧离子导体 $La_2Mo_2O_9$ 的离子导电性能急剧上升,电导率提高约两个数量级。相应地,相变后晶格也发生膨胀,晶格常数增加很快。在实际应用过程中,在 La 位和 Mo 位进行适量的阳离子替代,如 La 位进行 K^+,Sr^{2+},Ba^{2+},Bi^{3+} 等阳离子掺杂或 Mo 位进行 V^{5+},S^{6+},Cr^{6+},W^{6+} 等阳离子替代,能够有效地抑制该相转变的发生,保持其高温导电相到较低温度,从而有利于改善其低温导电性能,提高该类型氧离子导体的实际应用范围。

8.1.1.6 具有氧离子导电的固体电解质的主要应用领域

具有氧离子导电特性的固体氧化物电解质材料在众多的领域有着广泛的应用前景,其中受到人们普遍关注和看好的应用领域主要有固体氧化物燃料电池(SOFC)、氧传感器、氧泵和固态离子器件等,这些均有可能在能源、环境和经济等诸方面给我们的社会带来革命性的变化。为此,世界上许多发达国家均已投入大量的人力和财力进行相关研究,并已经取得很大的研究进展。在我国,这方面的研究基本上还处于起步阶段,加快这方面的研究工作对于我国的可持续发展战略具有重大而深远意义。

8.1.2 锂离子导体简介

8.1.2.1 锂离子导体的基本概念

在锂电池的构成中,电解质作为电池的三个重要组成部分(电池正负极材料以及电解质材料)之一,承担着通过电池内部在正负极之间输送锂离子和传导电流的作用,也是完成电化学反应不可缺少的部分。研究表明,电解质的组成、化学配比和结构直接决定着电解质的性能,进而影响到锂离子电池的宏观电化学性能。因此,电解质体系的优化与革新同样也是电池发展的革命。人们根据电解质的形态特征,可以将电解质分为液体电解质(包括传统的非水溶剂电解质和近年来新出现的离子液体电解质)和固体电解质(包括聚合物电解质和无机固体电解质)。

许多商品化的锂离子电池使用易燃、易挥发的溶剂,这可能会出现液漏并引发火灾,大容量、高电压、高能量密度的锂离子电池尤为如此。为了解决这个问题,生产更加安全可靠的锂离子电池的有效方法之一就是用不可燃的固体电解质取代易燃的有机液体电解质。开发高离子导电性固体电解质、降低电极/电解质的界面阻抗是提高全固态锂离子电池的前提。由于具有单一阳离子导电和快离子输运以及高度热稳定性等特点，无机固体电解质是最具希望的全固态锂离子电池的电解质材料。无机固体电解质又称为锂快离子导体(fast ionic conductor)，包括晶态电解质(又称陶瓷电解质)和非晶态电解质(玻璃态电解质)。20 世纪 80 年代以来，由于能量转化与存储的需要，许多新的锂离子固体电解质材料相继被合成并得到广泛深入的研究。从结构上看，主要包括 NASICON 结构型、钙钛矿型、LISICON 型、Li_3N 型、锂化 BPO_4 型和以 Li_4SiO_4 为母体的锂陶瓷电解质等。

8.1.2.2　NASICON 结构的锂陶瓷电解质

在 $Na_{1+x}Zr_2Si_xP_{5-x}O_{12}$ 体系中，当 $x = 2$ 时，电导率最高，被称为 NASICON(Na super Ionic Conductor)。如果将其中的钠置换成锂，则会得到相同结构的 $Li_{1+x}Zr_2Si_xP_{5-x}O_{12}$，即由 MO_6 和 PO_4 多面体以顶角相连形成的三维骨架结构，空间群为 R-3C，可以为 Li 离子的移动提供三维通道。NASICON 结构的锂陶瓷电解质具有很高的离子导电率，在大约 300 K 时可以达到 10^{-5} S/cm 的数量级，其组成可用通式 $MA_2B_3O_{12}$ 表示，M，A，B 分别代表单价、四价和五价阳离子。由于 M 位置可以是 Ag^+，K^+，Na^+ 或 Li^+；A 位置可被多种金属阳离子(Ti，Zr 或 Sc 等)所占据；B 可以是 P，Si 或 Mo 等，并且 A，B 位置的离子可被其他金属离子部分取代，因此，具有 NASICON 结构的化合物种类繁多，组成多变。这种结构中的阴离子骨架 $[A_2B_3O_{12}]$ 中 AO_6 八面体和 BO_4 四面体共用顶角组成，每个 AO_6 八面体连接六个 BO_4 四面体，每个 BO_4 四面体连接四个 AO_6 八面体，M^+ 离子可以位于两种不同的位置，分别称之为 M1 和 M2，每个 M1 位于两个 AO_6 八面体之间，与 6 个氧键合，并被 6 个 M2 包围，而 M2 处于导电通道的拐弯处，与 8 个氧键合。在 NASICON 结构中，M1 位置被 M^+ 完全占据，而 M2 的位置没有被全部占据。这种电解质的 M^+ 迁移是通过缺陷跃迁完成的，迁移路径有两种：一种是通过 M1 和 M2 瓶颈的 M1→M2 跃迁，该瓶颈是由 3 个氧原子组成的等腰三角形；另一种是通过 M2 和 M2 瓶颈的 M2→M2 跃迁，每个 M2 周围有两组 4 M2(邻近 4 M2 个为一组)，由于其中一组 4 M2 含有一个可阻止 M 跃迁的氧原子，因此从一给定的 M2 位只有一组 4 M2 可以跃迁。价键理论研究表明，NASICON 结构中两种离子迁移路径均对导电性有贡献。

在传输通道中迁移时，离子存在骨架收缩和离子迁移的协同运动，当离子迁移半径与传输通道具有一定匹配程度时才有利于离子的迁移。譬如 $Li_3Zr_2Si_2PO_{12}$ 的离子电导率比 NASICON 约低大约三个数量级的原因就是锂离子的半径小，NASICON 结构中的传输通道不适合锂离子的传输。为了提高锂离子的电导率，做了很多的尝试：用半径较小的 Ti^{4+} 替代 Zr^{4+} 来减小锂离子的传输通道半径；用化学价态比较低的阳离子 Al^{3+}，La^{3+}，Cr^{3+}，Fe^{3+} 和 In^{3+} 分别取代其中的 Zr^{4+} 或 P^{5+} 来提高载流子的浓度；通过掺杂提高陶瓷的烧结性能，降低晶粒边界电阻，进而提高该材料的导电性。但是这类材料一般情况下对金属锂不稳定，容易产生电子电导，从而限制了其在电池体系中的应用。

8.1.2.3　LISICON 型锂陶瓷电解质

LISICON(lithium super ionic conductor)泛指 γ-Li_3PO_4 型固溶体，具有由孤立的 MO_4 和 LiO_4 四面体构成的骨架结构，其通道尺寸适于 Li^+ 离子的迁移，是一类重要的锂离子导体材料。

最早被称为 LISICON 材料的是由 Zn^{2+} 取代 Li_4GeO_4 中的 Li^+ 而形成的固溶体

$Li_{2+2x}Zn_{1-x}GeO_4$。Li_4GeO_4 是一种很好的基质材料。400℃时,它的电导率是 8.7×10^{-5} S/cm。经二价离子取代后形成的固溶体,其电导率可以提高几个数量级。在此体系中,$Li_{14}Zn(GeO_4)_4$ 在 300℃时,电导率为 0.125 S/cm,是至今发现的中温条件下最好的锂离子导体材料,因此被称为 LISICON,意为锂超离子导体。但是这种材料在室温条件下的电导率非常低,仅为 10^{-7} S/cm。研究发现其母体 γ-Li_2ZnGeO_4($x=0$)中所有的锂离子均参与了骨架结构的形成,很难进行 Li^+/H^+ 交换,而 LISICON($x=0.5$ 和 $x=0.75$)中非骨架位置的间隙 Li^+ 具有很好的离子交换性能。在 LISICON 中的锂离子迁移类似于液体的状态,在较宽的温度范围内非迁移的锂离子维持原有晶格并为 Li^+ 的迁移提供传输通道,传输通道的改变将不利于锂离子的迁移。作为该体系的代表化合物 $Li_{14}Zn(GeO_4)_4$ 虽具有较高的离子电导率,但是其热稳定性非常差,在 300℃以上便迅速分解并沉积出 Li_4GeO_4,从而限制了这种材料在高温下的使用。同时这种材料在退火处理时离子电导率显著下降、室温电导率差、对金属锂不稳定以及对 CO_2、H_2O 的敏感等缺陷,使得人们对它的研究并不是很多。

另一类具有 γ-Li_3PO_4 结构的是介于 Li_4XO_4(X:Si,Sc,Ge 及 Ti)和 Li_3YO_4(Y:P,As,V,Cr)之间的固溶体,它们的通式可以表示为 $Li_4Y_{1-x}X_xO_4$,该系列固溶体中最高的室温电导率可以达到 4×10^{-5} S/cm。最近对 LISICON 类型材料的改性主要是硫代 LISICON(thio-LISICON)固体电解质的研究,通过半径比较大的 S 离子取代氧离子可以显著增大晶胞尺寸,扩大离子传输瓶颈尺寸,使 LISICON 型固体电解质的离子电导率大幅度提高。

8.1.2.4　Li_3N 及其同系物

Li_3N 是一种室温电导率较高且对金属锂稳定的锂快离子导体,可以通过金属锂与氮气的直接反应制备出来。该晶体结构属于六方晶系,在垂直于 c 轴的方向包含两层:一层是 Li_2N,另一层是纯 Li 层。层状的 Li_3N 是二维的锂离子导体,在垂直于 c 轴的方向上的室温电导率可以达到 10^{-3} S/cm,而平行于 c 轴的方向上的电导率非常差。实际上 Li_3N 的晶体并不是完全符合化学式计量比的,在 Li_2N 层中大约有 1%～2%的锂空位,这些空位对 Li_3N 的锂离子传导具有非常重要的意义。在升高温度的过程中,位于 Li_2N 中的锂空位会大量增加,受热激发的锂离子所作的简谐振动以 Li_2N 层内为主,从而形成一个二维导电网络。

由于普通 Li_3N 的电导率一般比 LiI 的电导率高 10^4 倍或者比 LiI-Al_2O_3 高 10^2 倍,因此它是一种具有多方面应用的固体电解质材料。但是这种材料的一个主要缺点就是分解电压过低,只有 0.445 V。此外,还具有高度的各向异性结构,合成时容易产生杂相,对空气非常敏感尤其是遇水自燃等,这些都限制了这种材料在全固体锂电池中的应用。故对 Li_3N 型材料的研究主要是 Li_3N 的衍生物,比如在其中掺杂一些卤族元素、碱金属、碱土金属元素和其他的一些元素,其主要的目的是为了提高材料的分解电压,但同时造成了材料的离子电导率大幅度下降。比如在 Li_3N 中掺入 LiX(X=Cl,Br 和 I)形成 $Li_{2-2x}N_{0.5-x}X_{0.5+x}$ 共熔体来提高分解电压,其中的代表化合物为立方反萤石结构($x=0.1$)的 $Li_9N_2Cl_3$,其晶格中有大约 10%的锂空位,Li^+ 是主要的载流子,其分解电压大于 2.5 V,但是它的室温电导率却只有 2.5×10^{-6} S/cm,与母体 Li_3N 的室温电导率相比下降了三个数量级;再比如在 Li_3N 中掺杂铝和镁得到 Li_3AlN_2 和 Li_3MgN,分解电压同样得到了提高,但电导率也同时降低了。

另外,与 Li_3N 类似的化合物如 Li_3P,Li_3Bi,Li_3Sb,Li_3As 等同样具有较高的锂离子的迁移性,并且对金属锂稳定。Li_3P 的室温电导率可以达到 10^{-4} S/cm,相对于金属锂电极的电位达 2.2 V,在其中掺杂 LiCl 以后,可进一步提高离子的迁移能力。

8.1.2.5 钙钛矿型锂陶瓷电解质

钙钛矿型化合物分子式为 ABO_3，其电学性能是非常令人感兴趣的。其变化范围可从绝缘体、半导体、类金属、电子-离子混合导体、离子导体到超导体。理想的钙钛矿结构是典型的面心立方密堆积结构，晶体中的阴离子骨架由 BO_6 八面体组成，立方顶点位置被 A 阳离子占据。实际晶体中的八面体会有不同程度的扭曲，有利于离子半径较小的离子跃迁而形成快离子导体。对于具有较好锂离子传导性能的此类化合物的研究主要涉及 $Ln_{1/2}Li_{1/2}TiO_3$（$Ln =$ La，Pr，Nd，Sm）；$La_{1/5-x}Li_{3x}NbO_3$；$La_{2/5-x}Li_{3x}TiO_3$；$Li_{2-x}Sr_{1-2x}M_{1/2-x}Ta_{1/2+x}O_3$（$M =$ Cr，Fe，Co，Ga，In）。这些化合物的共同点是存在 A 位置的空位，使锂离子易于迁移。

在上述几类化合物中，最具代表性的为 $La_{2/5-x}Li_{3x}TiO_3$（LLTO）（$0.04 < x < 0.17$），A 位格点并没有完全被 La^{3+} 所占据，其空位的数量为（$1/3+x$），半径较小的 Li^+ 通过 La^{3+} 周围的通道在空位间迁移。例如，$La_{2/5-x}Li_{3x}TiO_3$（LLTO）（$x = 0.11$）的室温离子电导率达 10^{-3} S/cm。当产物的组成和合成的条件不同时，$La_{2/5-x}Li_{3x}TiO_3$（LLTO）（$0.04 < x < 0.17$）可以有正交、四方和立方等多种结晶形式。其结构特征是沿 c 轴 A 位阳离子和空位在相邻平面内交替分布，空位有序度较大，形成富镧层（La1）和贫镧层（La2），对于含锂量比较低的样品，锂离子的跃迁主要发生在 La2 层，为二维导体，导电性能不是很好。随着锂含量的增加，晶体结构向四方和立方结构转化，空间无序度逐渐增加，材料转化为三维导体。但是通过对 $La_{0.5}Li_{0.5}TiO_3$ 的研究表明，并不是所有的锂离子均占据在 A 位格点上，可能有部分的锂离子占据在四方窗口面心的位置，即稍微偏离于原来的 La 位置，这样得到的空位数量将远大于按照化学式计算出来的空位数量。

钙钛矿型结构材料之所以有广泛的应用，是因为钙钛矿型结构有一个很重要的特点：A 位和 B 位上的离子可以被电价和半径不同的各类离子在相当宽的浓度范围内单独或复合取代，形成一种元素掺杂或几种元素共掺杂的固溶体，从而可以在很大范围内调节材料的性能以适应各种不同的应用需求。研究表明，A 位置的掺杂对材料的导电性影响最为明显，因为 A 位置通常决定了 Li^+ 在材料中的传输瓶颈大小，比如 A 位置用半径较大的离子 Sr^{2+} 取代 ABO_3 结构中的部分 Li^+ 和 La^{3+}，晶胞体积增大，传输 Li^+ 的瓶颈变大，电导率也跟着变大，半径更大的 Ba^{2+} 同样可以产生晶格膨胀，但是局部结构变形严重，反而不利于锂离子的扩散迁移；用离子半径较小的 Ca^{2+} 取代 A 位的 Li^+ 和 La^{3+} 时，离子电导率也跟着相应地减小；另外对一价金属离子（Na^+，K^+，Ag^+）取代 A 位置的锂离子也有研究，钠离子半径较大，在 ABO_3 中不能迁移，反而会阻碍锂离子扩散，同时降低空位数目和锂离子的浓度，不利于锂离子的扩散；当用 Ag^+ 离子部分取代 A 位置上的锂离子可以改变 LLTO 中氧离子的位置，引起瓶颈扭曲变形并降低导电活化能，对导电机理有利，但是电导率主要发生在贫 La^{3+}/Ag^+ 层。

对 B 位置掺杂也有不少的研究，主要是高价金属元素（如 Sn，Zr，Mn，Ge，Al）掺杂对材料性能的作用研究。最近又有新的研究将晶体结构中的部分氧离子 O^{2-} 用 F^- 取代，虽然后者的半径小于前者，会减小离子扩散的瓶颈尺寸，但是 B—F 之间的键能大于 B—O 键能，在某种程度上降低了 A—O 之间的键强，减小了 O 对 A 格点上的离子的束缚，从而提高了材料的锂离子电导。当 F 的掺杂量为 0.072 时，室温体电导率可以达到 1.6×10^{-3} S/cm，相对于母体 $La_{2/5-x}Li_{3x}TiO_3$（LLTO）（$x = 0.11$）提高了将近 50%。

8.1.2.6 一种新型的锂离子导体：$Li_5La_3M_2O_{12}$（M＝Nb，Ta，Sb，Bi）[2]

最近，Weppner 等人[2]报道了一类基于母相为 $Li_5La_3M_2O_{12}$（M＝Nb，Ta，Sb，Bi）的新型

锂离子导体,该类电解质材料具有良好的离子导电性能($Li_5La_3Bi_2O_{12}$,室温,~1.9×10^{-5} S/cm)和很高的化学稳定性(分解电压>6 V),同目前已实用化的正极材料 $LiCoO_2$ 在 900℃ 以下不发生反应。尤其有意义的是同 LLTO 电解质相比,$Li_5La_3M_2O_{12}$ 中不含可变价的 Ti 离子甚至与熔化的金属锂也不发生反应,因此,作为电解质使用时没有因阳离子变价而产生电子电导的问题。进一步研究还发现,在 La 位进行部分二价阳离子替代,如部分 Ba^{2+} 掺杂的多晶 $Li_6BaLa_2Ta_2O_{12}$ 室温下的 Li 离子电导率可达 4×10^{-5} S/cm,如图 8-1 所示。$Li_5La_3M_2O_{12}$ 基电解质所具有的卓越的综合性能使其在全固态锂电池的方面具有重要的应用前景。

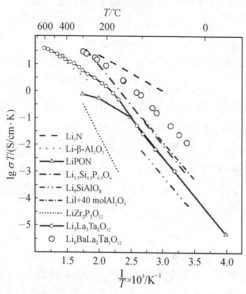

图 8-1 对金属 Li 稳定的无机电解质的电导率-温度曲线[2]

图 8-2 $Li_5La_3M_2O_{12}$ 的晶体结构示意图[3]

$Li_5La_3M_2O_{12}$(M=Nb, Ta, Sb, Bi)新型锂离子导体,是一种具有类石榴石结构的锂导电材料,其空间群为 Ia-3d,其通式为 $A_3B_2C_3O_{12}$,其中,La^{3+} 占据在八配位的 A 位格点上,M 离子占据在六配位的 B 格点上,而四面体中心的 C 格点不可能容纳所有的锂离子,因为在一个 $Li_5La_3M_2O_{12}$(M=Nb, Ta, Sb, Bi)单胞中,有 24 个镧离子、16 个 M 离子、96 个氧离子以及 40 个锂离子,高于四面体中心 C 格点(24 个/单胞)的数量,故必然有部分的锂离子要占据其他的格点位置,如六配位的八面体中心(48g)或者 96h 的位置,形成类石榴石结构[3]。图 8-2 给出了其结构示意图。

根据中子衍射的结果拟合分析表明,不管是四面体中心 24d 位置还是八面体中心的 48g 位置都是部分占据的,大约有 80% 的 24d 和 40% 的 48g 格点被锂离子所占据,换句话说大约有 20% 和 60% 的空位没有被锂离子所占据,正是因为在 $Li_5La_3M_2O_{12}$(M=Nb, Ta, Sb, Bi)中有如此多的锂空位,为锂离子的迁移提供了迁移的通道,使其在室温情况下有比较好的锂离子电导率。

经过对此新型锂离子导体晶体结构、锂离子迁移机制等信息的研究之后,更多的科研工作主要集中在提高其离子导电性能的研究上,例如对该新型锂离子导体进行掺杂改性,即将 La 位和 M 位上的离子用电价和半径不同的各类离子在相当宽的浓度范围内单独或复合取代,形成一种元素掺杂或几种元素共掺杂的陶瓷材料,从而可以在很大范围内调节材料的电学性能以适应应用的需求。对 $Li_5La_3M_2O_{12}$(M＝Nb，Ta，Sb，Bi)锂离子导体的价键理论研究发现，对其 La 和 M 的位置进行离子取代可以增加锂空位的数量，从而优化其晶格中锂离子的迁移通道，以达到提高离子导体导电率的目的。事实上，关于通过掺杂改性来提高 $Li_5La_3M_2O_{12}$(M＝Nb，Ta，Sb，Bi)离子导体的电学性质方面的研究，很多科研小组做了很多工作。譬如在 La 的位置，用离子半径比较大化合价比较低的二价稀土金属元素 Ba^{2+}，Sr^{2+} 以及单价元素 K^+ 来部分取代 La^{3+}，能够在保持其化学稳定性不变的情况下大幅度提高导电性能，如利用 Ba 元素部分掺杂的多晶 $Li_6BaLa_2Ta_2O_{12}$ 室温下的 Li 离子电导率可达 $4×10^{-5}$ S/cm，激活能约为 0.40 eV。此室温离子电导率可同钙钛矿型 LLT 多晶电解质相比较，而比薄膜化的 LiPON 高一个量级以上。此外，该类型电解质的另一个显著优点是晶界电阻非常低，适量的 Sr^{2+}，Ba^{2+} 掺杂甚至能使晶界电阻降低至总电阻的 10％～14％。在 M 的格点位置，用 In^{3+} 来取代 M^{5+}，来实现增加晶格常数和载流子浓度的目的进而改善材料的电导率；另外用 Zr^{4+} 来取代 M^{5+} 得到 $Li_7La_3Zr_2O_{12}$ 锂离子导体，该材料在 18℃ 的温度下，体电导率可以达到 $4×10^{-4}$ S/cm，总的电导率可以达到 $2.3×10^{-4}$ S/cm，与现在通用的有机液体电解质的电导率 10^{-3} S/cm 相比已经很接近了，大大提升了无机固体电解质在全固体锂离子电池中的应用潜力。

8.2 氧离子导体的内耗研究

8.2.1 内耗方法研究氧离子导体的适用性

在氧离子导体中，离子导电主要是氧离子通过空位机制进行扩散来实现的。因此，氧空位的行为与材料的导电性能密切相关，可以说氧空位的浓度和动性决定了离子导电性的好坏。要对氧空位行为进行定量研究，首先就要解决如何定量表征氧空位的浓度和动性这两个基本参量的问题，即：①如何较为准确地表征氧空位浓度（特别是区分可动氧空位部分和不可动氧空位部分）；②如何描述氧空位扩散的动力学过程，或氧空位的动性；③氧空位的分布状态或组态熵对弛豫时间和动力学过程的影响。只有这样，才能更加深入地研究氧空位行为对材料性能的影响机理，才能通过调控氧空位的浓度、分布和动性来进行材料设计，达到裁剪氧离子导体材料性能的目的。

那么如何来定量表征氧空位的浓度呢？对于通过掺杂而引进的氧空位，或者由于晶体结构和氧离子占位不满而产生的氧空位，可以通过晶体对称性和电中性原理而计算出氧空位浓度。对于阳离子变价而产生的氧空位，目前主要是采用化学滴定法来估算氧空位浓度。值得注意的是，这样得到的都是总的氧空位浓度，而无法区分可动部分和不可动部分。虽然可动和不可动的氧空位及其组态均对材料的相变，特别是有序-无序相变产生决定性的影响，但对材料的其他性能而言，如氧离子导体的离子电导率，只是可动氧空位才对材料性能产生影响。因此需要发展一种简单可靠的新方法来表征可动氧空位浓度。

目前对氧空位动性的定量表征还比较困难（如示踪法测量氧离子/空位的扩散系数就需要高温和 ^{18}O 同位素等苛刻条件）。传统的微结构表征方法（如 XRD、正电子湮灭技术和电子显微技术等）获得的是材料微结构的静态信息，而且有时需要破坏试样的状态。尽管目前已经能够在不同外场条件下测量（如变温、变电磁场等），这些方法也不易得到微结构变化过程的信息，特别是缺陷弛豫过程的动力学参数。要得到这样的动力学参数，谱学技术（如光谱、介电谱、内耗谱等)是非常行之有效的方法。它们的特征都是以一定频率的交变信号去刺激样品,测量其反应信号。当外加频率与样品中结构弛豫的本征频率相近时,反应信号将会出现极大值,得到一条谱线。由于其高频率特性,通常的光谱只能探测到电子跃迁和晶格本征振动等快速过程;而不能探测到点缺陷、位错和晶界等固体缺陷的慢跃迁过程(这些慢跃迁过程的本征频率根据温度的不同在 kHz 及其以下)。尽管介电谱可以覆盖这一频率范围,但介电谱只能测量导电率较低的样品。内耗谱的测量频率范围是 kHz 至 μHz,完全覆盖了缺陷慢跃迁过程(如氧空位在相邻平衡位置间的跃迁过程)的本征频率范围,而且所加的刺激信号为交变应力,反应信号为应变,所以适用于任何能够传播弹性应力波的物体。由于多数氧化物的电导率较低,所以在氧化物的情况下内耗谱和介电谱有许多相似之处,可以相互借鉴和比较。此外,内耗谱和介电谱测量方法不破坏试样的状态,有利于改变外部参数重复测量来进行分析研究。因此内耗技术可望作为定量表征氧空位浓度和动性的有效方法。

氧空位作为氧化物功能材料中的一种点缺陷,可以看作弹性偶极子。可动氧空位在外应力场作用下,将会在两个近邻的平衡位置之间跳动,当其跳动的特征频率与外场频率相近时,便会产生内耗谱上的一个弛豫峰。按照传统的弛豫理论,弛豫峰的表达式可写为标准 Debye 峰的形式:

$$Q^{-1} = \Delta \frac{\omega\tau}{1 + \omega^2\tau^2} \qquad (8-1)$$

式中:Δ 为弛豫强度(两倍峰高),与可动氧空位浓度成正比,与温度成反比;ω 为测量角频率;τ 为弛豫时间,与温度的关系满足 Arrhenius 关系:

$$\tau = \tau_0 \exp[E/kT] \qquad (8-2)$$

E 和 τ_0 分别为弛豫激活能和温度无穷大时的弛豫时间。所以,我们可以采用内耗峰高来表征可动氧空位浓度,而采用内耗峰的弛豫时间来表征可动氧空位的动性。因此,内耗技术是研究离子导体中氧空位行为和相变过程的最有效手段之一。

8.2.2　ZrO₂ 基氧离子导体的内耗研究

纯的氧化锆只有在很高的温度下才具有立方结构(空间群 Fm3m),才是好的氧离子导体。当 Zr 部分地被三价元素如 Y 和 Sc 等取代后,在引进氧空位的同时,将高温的立方相稳定到低温,使得掺杂的氧化锆成为一个良好的氧离子导体材料。在氧离子导体中,离子导电主要是氧离子通过空位机制进行扩散来实现的。内耗方法可以揭示氧空位的行为,特别是动力学行为。

图 8-3 给出的是频率为 3 Hz 时氧化钇稳定的氧化锆(YSZ,单晶试样,扭转应力方向与晶体[110]方向平行)的内耗随温度的变化曲线[4~6]。内耗谱显示一个位于 $400\sim600$ K 温度范围内的复合内耗峰,该峰是由 2 个内耗峰叠加而成,表示为低温的峰 I 和高温的峰 I_A。在氧化钇含量较小时(≤3 mol% Y_2O_3)氧化锆为

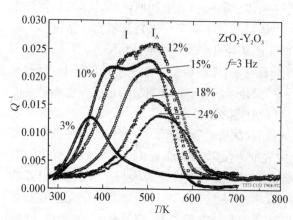

图 8-3　$ZrO_2 - Y_2O_3$($3\sim24$ mol%)的内耗温度曲线[2]

四方相,此时只有峰Ⅰ出现,而且在峰的高温侧,可能有四方-单斜相变过程内耗的贡献[7]。在立方相的 YSZ(>3 mol% Y_2O_3)中,峰Ⅰ的高度随着氧化钇掺杂量的增加先升高,然后减小,并在 12 mol% Y_2O_3 时达到最大值。在氧化钇掺杂量大于 10% 时,峰Ⅰ$_A$ 比峰Ⅰ高。在更高的氧化钇掺杂量(>18%),则只有峰Ⅰ$_A$ 存在。这两个内耗峰都随测量频率的增加而向高温方向移动,表现出弛豫峰的特征。根据峰位随频率的移动可以计算出内耗峰的激活能。峰Ⅰ的激活能在 1.3 eV(10 mol%)和 1.8 eV(18 mol%)之间,而峰Ⅰ$_A$ 的激活能为 2 eV。

对氧化钙掺杂的氧化锆(CSZ,单晶试样,扭转应力方向与晶体[110]方向平行)[5],当掺杂量为 10,12.8,14 mol% 时,内耗谱上只出现峰Ⅰ。当氧化钙含量为 16 mol% 时,峰Ⅰ$_A$ 才在高温侧作为一个肩峰出现。峰Ⅰ的高度随着氧化钙掺杂量的增加先升高,然后减小,并在 12.8 mol% CaO 时达到最大值。为了研究缺陷的对称性,对不同取向的单晶试样进行了测量。研究发现,当扭转应力方向与晶体[110]方向平行,内耗峰Ⅰ的高度远远高于扭转应力方向与晶体[100]方向平行的情况。这说明,产生内耗峰的缺陷具有三角对称性,且长轴方向沿晶体的[111]方向[5,8]。

根据这些实验现象和峰的弛豫参数,人们提出了这两个内耗峰的弛豫机制为:峰Ⅰ来源于氧空位-近邻钇原子复合体的跳动,而峰Ⅰ$_A$ 对应于氧空位-2个近邻钇原子复合体的跳动。

尽管氧化铈的中温离子电导率高于氧化锆,但 CeO_2 容易被还原为 CeO_{2-x},从而产生电子电导。解决这一问题的可能措施之一是制备氧化钇掺杂的 CeO_2 和 ZrO_2 复合体。但研究发现,该复合体的电导率不但低于 YSZ 的,也低于 Y_2O_3—CeO_2 的。与此对应,研究发现添加氧化铈到 YSZ 对上述 2 个内耗峰有很大的影响[9],如图 8-4 所示。可见,峰Ⅰ$_A$ 在 20% 氧化铈掺杂后消失,峰Ⅰ随着氧化铈掺杂量的增加而降低。这些现象说明氧化铈掺杂后,氧空位的动性降低,而这正是这类材料电导率较低的原因。这个例子说明了氧离子导体材料中的氧空位弛豫内耗峰与离子电导率的内在联系。

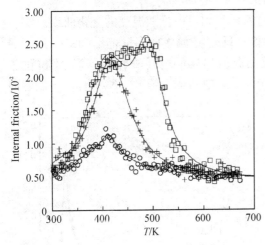

图 8-4　多晶 $Zr_{0.8-x}Ce_xY_{0.2}O_{1.9}$ 的内耗谱:(□)$x=$ 0;(+)$x=0.2$;(○)$x=0.4$。测量频率为 3.2 Hz[9]

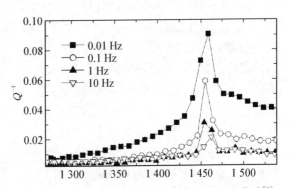

图 8-5　ZrO_2-Y_2O_3(12 mol%)的内耗温度曲线[5]

对具有立方结构的 YSZ 来说,当 Y_2O_3 含量较低时(<12 mol%),除了上述出现在 500 K 左右的 2 个弛豫内耗峰外,在室温以上的温度并没有观察到其他内耗峰。但当 Y_2O_3 含量较

高时(12~18 mol%),却在 1 450 K 出现了一个相变内耗峰[5,8],如图 8-5 所示,其特征是峰温不随频率移动,但峰高随频率增加而降低,对应的动态模量也出现极小值。但第二次升温测量时,该内耗峰降低并略移向高温,表示出对试样热历史的敏感性。该内耗峰对应于有序-无序相变。这里的有序无序是指 Y 原子分布的有序和无序。

对具有立方结构的 CSZ 来说,在高温并没有观察到在 YSZ 中出现的相变内耗峰。但在 1 400 K(频率为 0.01 Hz)观察到一个弛豫内耗峰(14.4 mol% CaO)[5]。通过峰位随频率的移动,测量出该弛豫峰的激活能为 4.0 eV,弛豫时间指数前因子为 10^{-13} s 数量级,对应典型的点缺陷弛豫过程。对该弛豫峰的具体机制人们还没有统一的认识,但从弛豫参数来看,应该是与 Ca 相关的点缺陷弛豫。

对于 Sc_2O_3 稳定的氧化锆(SSZ),其内耗温度谱上除了上述的弛豫峰 I(位于 450 K)和 I_A(位于 650 K)外,还在 750 K 附近出现了一个相变内耗峰(14.4 mol% CaO)[8],如图 8-6 所示,其特征是峰温不随频率移动,但峰高随频率增加而降低,而且在升温和降温测量过程中峰位具有明显的滞后,即降温时峰位于较低的温度。该相变内耗峰被认为对应于 SSZ 体系中特有的 β 斜方六面体结构(rhombohedral)到立方相(cubic)的转变过程。

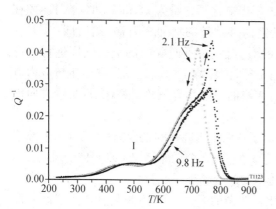

图 8-6 多晶 ZrO_2-Sc_2O_3(10 mol%)的内耗温度谱[5]

8.2.3 $La_2Mo_2O_9$ 基氧离子导体的内耗研究

8.2.3.1 纯 $La_2Mo_2O_9$ 氧离子导体的内耗研究[10]

图 8-7 给出的是纯 $La_2Mo_2O_9$ 氧离子导体的内耗和相对模量随温度的变化曲线。实验中所使用的升温速率和振动频率分别为 5 K/min 和 1 Hz。在测量的温度范围(280~900 K)内,可以观察到两个明显的内耗峰[10],其中,在较低温度出现的内耗峰峰形较宽,峰位位于 380 K 左右;而在较高温度观察到的内耗峰峰形尖锐,峰位中心位于约 833 K 左右。同低温内耗峰相对应的是,在峰位附近随温度的增加模量急剧减小,表明该内耗峰具有弛豫特征。仔细分析相对模量在该峰位附近的变化,可以发现,其变化过程似乎由两部分组成,中心分别位于 330 K 和 390 K 左右,显示该低温弛豫峰具有精细结构。对高温内耗峰而言,从图中可以看出,其对应的模量变化呈现出局域极小值,这显示其产生的可能微观机制与相转变有关。

对于低温弛豫峰而言,我们首先考虑用一个弛豫时间有分布的 Deybe 峰进行非线性拟合,对应的 $Q^{-1}(T)$ 曲线可以视

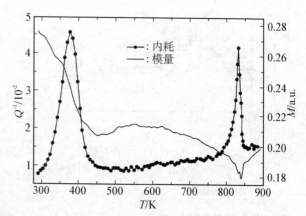

图 8-7 氧离子导体 $La_2Mo_2O_9$ 的内耗和模量随温度的变化关系曲线

为 Deybe 峰与指数背底的叠加。在具体的拟合过程中,我们假定弛豫强度与温度无关,Gauss 分布参数 $\beta = \beta_0 + \beta_H/kT$,这里,$\beta_0$ 和 β_H 分别是对应的弛豫时间指数前因子和弛豫激活能的分布参数[11]。这种假定意味着内耗峰的微观形成机制并非起源于具有单一的弛豫时间微观过程,而是归因于一系列具有不同弛豫时间的微观弛豫过程的叠加,并且,这种连续分布是根据 Gauss 函数 $\beta^{-1}\pi^{-1/2}\exp[-(z/\beta)^2]$ 围绕一最可几弛豫时间 τ_m 进行分布的,这里的 $z = \ln(\tau/\tau_m)$。因此,参数 β 对应的物理含义是 Gauss 分布函数的半宽度。

图 8-8(a) 给出了用一个 Deybe 峰拟合的结果,可见拟合效果不好,其数据点和拟合曲线的差异主要表现在峰形的低温部分,这显示低温部分还有另一次峰的存在。这样,我们便用弛豫时间有分布的两个 Deybe 峰对 $Q^{-1}(T)$-T 曲线进行非线性拟合,相应的拟合结果如图 8-8(b) 所示,发现其拟合曲线基本上通过每一个数据点,拟合效果非常理想。$Q^{-1}(T)$-T 曲线的双峰非线性拟合结果再次显示低温弛豫峰的确由两个次峰 P_1 峰(低温峰)和 P_2 峰(高温峰)相互叠加而成,这一结果与前面所讨论的相对模量低温部分的台阶式变化相对应。从双峰拟合结果可知,当测量频率为 1 Hz 时,P_1,P_2 峰的峰位分别位于 337 K 和 397 K,对应的与激活能相关的分布参数 β_{H1} 和 β_{H2} 分别为 0.13 eV 和 0.08 eV,而与弛豫时间指数前因子相关的分布参数 β_0 均为零。这种非零的 β_H 和等于零的 β_0 表明:P_1,P_2 两个弛豫次峰在弛豫激活能方面有一定的分布宽度,但具有单一的弛豫时间指数前因子。另外,从弛豫强度来看,P_2 峰的弛豫强度远大于 P_1 峰,这一结果有助于对其微观弛豫机制进行分析。

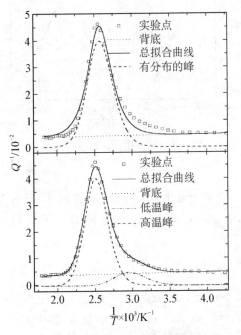

图 8-8 低温弛豫峰的非线性拟合结果

(a) 弛豫时间有分布的单一 Deybe 的峰拟合结果 (b) 弛豫时间有分布的 Deybe 双峰拟合结果

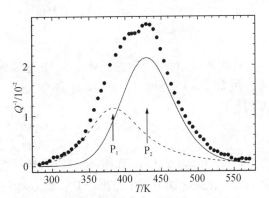

图 8-9 氧离子导体 $La_{1.95}Bi_{0.05}Mo_2O_9$ 测量频率为 4 Hz 时内耗随温度的变化关系曲线

圆点表示扣除背底后的数据点,虚线和实线分别表示的是拟合的 P_1 峰和 P_2 峰

P_1 峰和 P_2 峰双峰共存的结论还可以通过测量 5% Bi 掺杂的氧离子导体 $La_{1.95}Bi_{0.05}Mo_2O_9$ 的内耗谱来得到进一步证实。图 8-9 显示的即为 Bi 掺杂的氧离子导体 $La_{1.95}Bi_{0.05}Mo_2O_9$ 在

测量频率为 4 Hz 时内耗-温度谱。测量结果表明:在主峰的低温侧,内耗-温度曲线出现一明显台阶,双峰现象明显。用同样的方法对该曲线进行非线性拟合,确定低温 P_1 峰位于 380 K 附近,峰高为 0.011,而高温峰位于 430 K 附近,峰高为 0.021。同纯氧离子导体 $La_2Mo_2O_9$ 的内耗谱相比,Bi 掺杂后,总体峰高明显降低,P_1,P_2 两个次峰峰位均移向高温。产生这一现象的主要微观机制归因于三价 Bi^{3+} 离子中所含孤对电子的阻塞作用,在 Bi^{3+} 离子中,其 $6s^2$ 电子未参与成键,为一孤对电子,在晶格中占据的空间体积较大,甚至可以同 O^{2-} 离子相比拟,从而极大地减小了氧离子导体 $La_2Mo_2O_9$ 晶格中的自由空间,阻碍氧离子在晶格中的扩散,具体的阻塞影响及微观机制将会在后面章节中作进一步的分析和讨论。

8.2.3.2 低温弛豫峰的弛豫激活能[10]

图 8-10 给出了同一升温过程中在四个不同测量频率(0.5,1.0,2.0,4.0 Hz)下氧离子导体 $La_2Mo_2O_9$ 的弛豫内耗随温度的变化曲线(250~570 K)。图中,符号分别表示不同测量频率下的数据点,而实线则是 Deybe 双峰的非线性拟合结果。可见,随着测量频率的增加,内耗峰峰位明显移向高温,表现出典型的弛豫特征,表明引起内耗峰的微观弛豫机制与氧离子导体 $La_2Mo_2O_9$ 晶格内部的热激活过程有关。

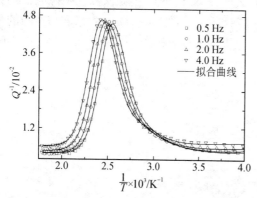 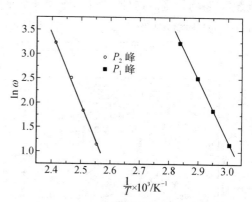

图 8-10 $La_2Mo_2O_9$ 在不同测量频率下的内耗温度曲线

图 8-11 P_1,P_2 峰的 Arrhenius 关系曲线

我们知道,对于弛豫内耗峰而言,其弛豫时间一般满足如式(8-2)所示的 Arrhenius 关系。在 Deybe 峰峰温 T_P 时,满足条件 $\omega\tau=1$,其中 $\omega=2\pi f$,f 是测量频率。于是可以得到

$$\ln(\omega\tau_0) + E/kT_p = 0 \tag{8-3}$$

因此,若把 $\ln(\omega)$ 对 $1/T_p$ 作图,就可以得到一线性关系式,于是,激活能 E 便能够通过直线的斜率计算出来。图 8-11 给出的是弛豫双峰(P_1,P_2 峰)的 Arrhenius 关系曲线,即 $\ln(\omega)$ 与 $1/T_p$ 的函数关系曲线,图中实线是线性拟合结果,相关数据都呈现出良好的线性关系。根据图中直线的斜率和截距,可以得到 P_1,P_2 峰的弛豫激活能和弛豫时间指数前因子分别为 $E_1=1.0$ eV,$\tau_{01}=1.4\times10^{-16}$ s 和 $E_2=1.2$ eV,$\tau_{02}=0.8\times10^{-16}$ s。这些弛豫动力学参数与超导、铁电陶瓷等固体氧化物中氧离子在晶格中经空位的短程扩散的弛豫参数在一致的范围内,表明形成 P_1,P_2 峰的微观机制可能与氧离子导体 $La_2Mo_2O_9$ 中氧离子在晶格内经空位的短程扩散过程有关。

8.2.3.3 高温相变峰的特征及形成机制[10]

图 8-12(a)给出的是氧离子导体 La₂Mo₂O₉ 在测量频率为 0.5 Hz 时,分别采用 3,5,7 和 9 K/min 四个不同的升温速率所得到的内耗随温度的变化曲线(750~900 K)。可以看出,随着升温速率的增加,观察到的内耗峰的峰高也相应增加,且峰位移逐渐向高温,其峰形特点表现出典型的相变内耗峰特征。类似地,我们也使用了对相变敏感的热分析方法与该内耗峰进行了对比分析实验,图 8-12(b)显示的即为四个不同升温速率(5,10,20 和 40 K/min)所测量的氧离子导体 La₂Mo₂O₉ 的 DSC 曲线。在 DSC 测量中,与内耗峰相同的峰位附近也观察到一明显吸热峰,峰高的变化规律和峰位的移动特点与内耗峰的特征相一致。这些结果表明内耗峰的微观机制与 La₂Mo₂O₉ 晶格中的结构相变有关。

对于一相变峰,其峰位与升温速率的变化关系通常可以用 Kissinger 关系来表示:

$$\ln\left(\frac{T_p^2}{\dot{T}}\right) = A + \frac{E_{ap}}{kT} \quad (8-4)$$

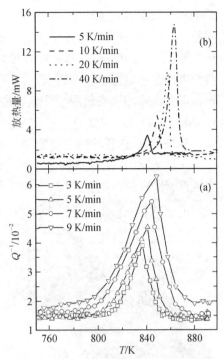

图 8-12 (a) La₂Mo₂O₉ 在测量频率为 0.5 Hz 时不同升温速率的内耗温度谱 (b) 不同升温速率下的 DSC 曲线

式中:A 为常数;E_{ap} 为表观激活能;k 为 Boltzmann 常数;T_p 是峰温;$\dot{T}$ 是升温速率。图 8-13 显示的即为 Kissinger 关系曲线,图中不同符号分别为内耗和 DSC 实验中的数据点,而实线则是根据 Kissinger 方程所得到的线性拟合结果。可见,内耗和 DSC 的数据点都落在同一条直线上。根据拟合直线的斜率得出其表观激活能 E_{ap} = 5.3 eV。

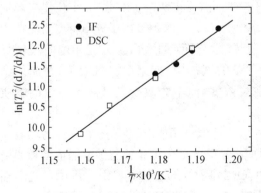

图 8-13 内耗和 DSC 测量数据的 Kissinger 关系曲线

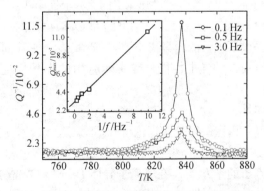

图 8-14 La₂Mo₂O₉ 在升温速率为 5 K/min 的内耗温度谱插图:内耗峰高与 $1/f$ 所呈的线性关系

图 8-14 给出的是升温速率为 5 K/min 的同一升温过程中,氧离子导体 La₂Mo₂O₉ 在不同的测量频率下的内耗随温度的变化曲线。为了作图清晰,在该图中,只给出了 0.1,0.5 和

3 Hz三个频率的测量结果。可见,当升温速率不变时,随着测量频率的增加,内耗峰的峰位基本保持不变,但峰高明显降低。进一步分析表明,峰高与测量频率的倒数呈很好的线性关系,如图 8-14 中插图所示,这些特点很好地符合与一级相变相关联的内耗峰的一般规律。这样,我们可以合理地得出下面的结论:在内耗实验中观察到的高温相变峰与一高温相转变有关,即该高温内耗峰的形成起源于 580℃ 附近氧离子导体 $La_2Mo_2O_9$ 晶格内从 α - $La_2Mo_2O_9 \rightarrow \beta$ - $La_2Mo_2O_9$ 的结构相变。

8.2.3.4 内耗峰的微观弛豫机制[12]

从激活能的大小上来考虑,上述 2 个弛豫峰的激活能范围均为 1 eV 左右,在氧化物陶瓷中氧离子经空位的短程扩散所需的合理激活能范围内,这表明这些弛豫峰的微观弛豫机制从本质上是起源于氧离子导体 $La_2Mo_2O_9$ 中氧离子经空位的短程扩散行为。

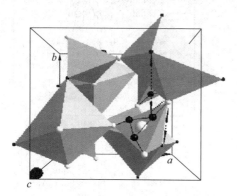

图 8-15 的给出的是氧离子导体 $La_2Mo_2O_9$ 的单胞晶体结构示意图。在一个具有 $P2_13$ 空间群的立方结构 $La_2Mo_2O_9$ 晶体单胞($a = 7.1487\,\text{Å}$)中,共有四个 La^{3+} 离子和四个 Mo^{6+} 离子分布于晶体单胞中 8 个顶角附近,且有 18 个 O^{2-} 离子和 10 个空位分布于其间。结合氧离子导体 $La_2Mo_2O_9$ 的晶体结构特点可知,在其晶胞的体心和面心处,存在很大的自由空间体积,可以作为晶格中氧离子的扩散传输通道。同 $SnWO_4$ 的晶体结构类似,在氧离子导体 $La_2Mo_2O_9$ 立方晶格中,由于晶格点阵不等效,存在三种不同的氧离子,分别表示为 O(1),O(2) 和 O(3)。根据 X 射线衍射和中子衍射结果发现[13],在晶格中,O(1) 是完全占据的,而 O(2) 和 O(3) 则是部分占据的(例如,O(2) 和 O(3) 的可能占据率分别为 87% 和 29%)。在一个空

图 8-15 氧离子导体 $La_2Mo_2O_9$ 的晶体结构示意图大的和小的黑球分别表示 O(3) 和 O(1) 离子,大的和小的白球分别表示 Mo 和 O(2) 离子

间群为 $P2_13$ 的 $La_2Mo_2O_9$ 立方晶格中,提供氧离子的可能占据位置只有 4a 和 12b 两种可能。当一个单胞中 La,Mo 和四个 O(1) 完全占据 4a 位置时,需要有两个 12b 共 24 个位置来容纳 14 个氧离子,从而形成 O(2) 和 O(3) 位置的占有率仅为 59%。这种氧离子分布特点为晶格中提供了大量的内禀氧空位,便于氧离子在其间扩散传输,从而使 $La_2Mo_2O_9$ 在中温阶段便具有良好的导电性能。在实际应用的固相反应法制备的试样中,如果存在氧缺位,在晶体结构不发生改变的情况下,将会进一步提高其氧空位浓度,但不会改变其氧离子导电的本质属性。

由点缺陷弛豫理论可知,点缺陷(如氧空位)作为弹性偶极子或电偶极子,在弹性力场或交变电场作用下,将在晶格中形成扩散弛豫过程,对应的缺陷弛豫强度正比于缺陷的浓度和偶极因子的平方[14]。在氧离子导体 $La_2Mo_2O_9$ 晶格中,O(2) 和 O(3) 位置是部分占据的,因此,在其晶格内部有着高浓度的内禀氧空位。从缺陷浓度的大小来考虑,$La_2Mo_2O_9$ 晶格内 O(1),O(2) 和 O(3) 三种不同位置的氧离子的彼此跃迁能够在弹性力场或交变电场作用下形成弛豫强度较大的内耗或介电弛豫峰。根据点缺陷弛豫的热力学选择定律,点缺陷弛豫过程产生的一个必要条件是晶体的对称性要高于缺陷的对称性。由晶体结构分析可知,在立方相的氧离子导体 $La_2Mo_2O_9$ 中,所有氧离子所占据的位置的对称性均低于晶格的对称性。因此,

$La_2Mo_2O_9$ 晶格中最近邻不同种类的氧离子之间的相互跃迁将会形成内耗和介电弛豫过程，其相互跃迁的可能方式包含以下三种：

$$O(1)\leftrightarrow O(2) \qquad O(1)\leftrightarrow O(3) \qquad O(2)\leftrightarrow O(3) \tag{8-5}$$

如图 8-15 所示，在 $La_2Mo_2O_9$ 晶格中，$O(1)\leftrightarrow O(2)$ 之间的最短距离是沿着 MoO_4 四面体的边沿，大小为 2.551 Å；而 $O(1)\leftrightarrow O(3)$ 之间的最短距离是 LaO_6 八面体的顶角氧离子 $O(1)$ 到最近邻氧离子 $O(3)$ 之间路程，大小为 2.616 6 Å，如图中的虚线箭头所示。至于 $O(2)\leftrightarrow O(3)$ 之间的距离，在该图中用虚线表示，大小为 1.734 4 Å，这显示它们之间具有较低的能垒高度。因此，假如 $O(2)$ 和 $O(3)$ 之间的相互跃迁产生弛豫峰，该峰的位置将会出现在更低的温度或频率范围，且弛豫强度很小，在我们实验所涉及的温度和频率范围内，将难以探测，或者弛豫现象被其他弛豫过程所掩盖。根据前面的分析可知，在氧离子导体 $La_2Mo_2O_9$ 晶格中，$O(3)$ 位置的占有率远低于 $O(2)$ 位置，即 $O(3)$ 处具有更高的氧空位浓度。根据弛豫强度与缺陷浓度大小的关系，我们可以合理地认为：有着更高弛豫强度的 P_2 峰起源于 $O(1)$ 到 $O(3)$ 之间的氧离子经空位的短程扩散过程；相应地，P_1 峰则与 $O(1)$ 到 $O(2)$ 之间氧离子经空位的微观扩散弛豫相关联。我们知道，作为一种具有良好中温导电性能的氧离子导体，其导电过程应该是氧离子在晶格中的长程跃迁扩散过程。根据 $La_2Mo_2O_9$ 的晶体结构特点并结合上面的分析讨论，我们可以合理地认为，氧离子导体 $La_2Mo_2O_9$ 在电场的作用下，晶格中氧离子的长程扩散是沿下面的路径进行的：$O(1)\rightarrow O(2)\rightarrow O(3)\rightarrow O(1)$。当然，从本质上考虑，其扩散方向是三维的。

8.2.3.5 氧离子导体 $La_{2-x}Ca_x Mo_2O_{9-\delta}$ 的内耗研究[15]

图 8-16 给出的是 20% Ca 掺杂的氧离子导体 $La_{2-x}Ca_x Mo_2O_{9-\delta}$ 试样在同一升温过程中四种不同测量频率(0.5，1，2，4 Hz)时的内耗和相对模量随温度的变化曲线。在 400 K 的温度附近可以观察到一明显内耗峰，对应的模量也发生了相应的变化。该内耗峰同纯 $La_2Mo_2O_9$ 的内耗谱类似，其峰位也随着测量频率的增加逐渐移向高温，表现出典型的弛豫特征，这显示它们具有一致的微观弛豫本质。进一步分析表明，该内耗峰同样具有精细结构，可以用两个弛豫时间有分布的 Deybe 型内耗峰进行拟合，图 8-17 给出的即为 Ca20% 掺杂的氧离子导体 $La_{2-x}Ca_x Mo_2O_{9-\delta}$ 在测量频率为 1 Hz 时，其内耗谱在扣除背底后的双峰非线性拟合结果，拟合效果非常理想。为了便于下面的表述，我们同样分别用 P_1 峰和 P_2 峰来描述该低温峰和高温峰两个弛豫次峰。

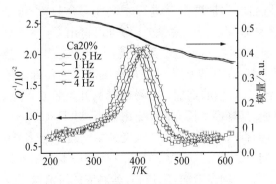

图 8-16 20% Ca 掺杂的氧离子导体 $La_{2-x}Ca_x Mo_2O_{9-\delta}$ 的内耗和相对模量随温度的变化曲线

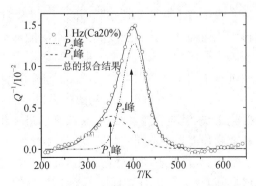

图 8-17 Ca20% 的氧离子导体 $La_{2-x}Ca_x Mo_2O_{9-\delta}$ 在测量频率为 1 Hz 的双峰非线性拟合结果

　　为了研究不同浓度的 Ca 掺杂对氧离子导体 $La_2Mo_2O_9$ 中氧离子扩散的影响,实验中,我们分别选取了 Ca10%,Ca20% 和 Ca30% 三种不同试样进行了较为系统的研究,并把其试验结果同纯 $La_2Mo_2O_9$ 试样进行了比较。图 8-18 显示的是不同 Ca 掺杂含量的氧离子导体 $La_{2-x}Ca_xMo_2O_{9-\delta}$ 在测量温度范围为 200～600 K、频率为 1 Hz 时的内耗随温度的变化曲线。从该图可以清楚看出,所有不同 Ca 含量试样的内耗温度谱上均观察到一明显内耗峰,峰较宽,峰位位于 400 K 的温度附近,并且,峰位基本不随 Ca 掺杂含量的变化而移动。但是,同纯氧离子导体 $La_2Mo_2O_9$ 中的内耗峰相比,Ca 掺杂后,其内耗峰的弛豫强度明显下降。进一步分析发现,所有不同 Ca 掺杂试样的内耗谱均包含精细结构,可以用两个弛豫时间有分布的 Deybe 型内耗峰进行很好拟合,图 8-18 中的实线即为对应内耗曲线的双峰非线性拟合结果,所有拟合曲线均基本穿过各自对应的数据点,拟合效果十分满意。

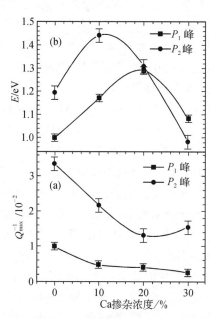

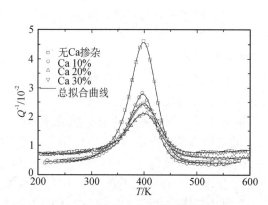

图 8-18　$La_{2-x}Ca_xMo_2O_{9-\delta}$ 在测量频率为 1 Hz 时的内耗随温度的变化曲线

图 8-19　P_1,P_2 峰的弛豫峰高 Q_{max}^{-1}(a) 和弛豫激活能 E(b)随 Ca 掺杂浓度的变化曲线

　　通过对不同测量频率和不同 Ca 掺杂含量样品的内耗温度谱进行非线性拟合分析,可以得到该内耗峰的弛豫强度和弛豫激活能随 Ca 掺杂浓度的变化关系,从而可以得出 Ca 掺杂对氧离子导体 $La_2Mo_2O_9$ 中氧离子扩散行为的影响。同样地,通过变频测量,可以确定热激活弛豫过程中的微观动力学参数,如激活能等。图 8-19 给出了 P_1 峰和 P_2 峰的激活能和峰高随 Ca 掺杂浓度的变化情况。从图中可以看出:随着 Ca 含量的增加,P_1 峰的峰高开始急剧下降,变化很快,但随后随着 Ca 掺杂浓度的进一步增加,其峰高下降很慢,变化很小;对 P_2 峰而言,其弛豫强度对于不同的 Ca 掺杂浓度都大于 P_1 峰,但峰高随 Ca 掺杂浓度的变化规律与 P_1 峰基本相似,稍有不同之处在于当 Ca 掺杂浓度达到 30% 时,其 P_2 峰的峰高有进一步增加的趋势。随着 Ca 含量的增加,P_1 峰和 P_2 峰的弛豫激活能均先增加,后减小,其对应的极值位置分别位于 Ca20% 和 Ca10% 处。至于激活能大小,其范围均介于 0.98～1.44 eV 之间,与陶瓷氧化物中氧离子在晶格中的扩散弛豫所需的激活能范围相一致,也同我们在纯氧离子导体

$La_2Mo_2O_9$ 中观察到的氧离子在其晶格中短程扩散所需的激活能相吻合[16]。这一激活能范围也显示，在 Ca 掺杂的氧离子导体 $La_{2-x}Ca_xMo_2O_{9-\delta}$ 中观察到的内耗峰的微观弛豫机制也同样起因于氧离子在其晶格中的扩散弛豫。

对 P_2 峰而言，其弛豫强度大于 P_1 峰，对应氧离子在晶格中扩散弛豫的主要部分，其微观扩散路径为：$O(1)\leftrightarrow O(3)$。另外，从激活能的大小来看，当 Ca 掺杂浓度达到 30% 的时候，P_2 峰的激活能甚至低于纯氧离子导体 $La_2Mo_2O_9$ 的氧离子扩散激活能，这表明 Ca 掺杂含量达到一定程度时，甚至有利于氧离子在晶格中的扩散弛豫，这一结论对于改善其离子导电特性是至关重要的，有助于提高该类型氧离子导体材料的实际应用范围。

我们知道，在氧离子导体中，晶格单胞中的自由体积是氧离子在其中扩散传输的通道，其自由空间的大小严重影响氧离子在晶格中扩散运动。通常，晶格中单胞的自由体积越大，越利于氧离子的扩散传输，所需克服的势垒也就越小。在 Ca 掺杂的氧离子导体 $La_{2-x}Ca_xMo_2O_{9-\delta}$ 中，我们通过对不同 Ca 掺杂浓度的氧离子导体的 XRD 衍射数据进行拟合分析后，发现其晶格常数随 Ca 掺杂浓度的增加具有先减小、后增大的变化规律。这一变化规律恰好与我们所得到的激活能随 Ca 掺杂浓度增加的变化特点相吻合。这表明：Ca 掺杂后，因晶格畸变导致的晶格收缩对氧离子在晶格中的扩散运动起阻碍作用，而由于电中性补偿引起的额外外禀氧空位的引入导致的晶格膨胀、晶格中自由体积的增加则有利于氧离子在晶格中的扩散运动，其总体的变化规律则是这两个因素的综合表现。

8.2.3.6 氧离子导体 $La_{1.85}K_{0.15}Mo_2O_{9-\delta}$ 的内耗研究[17]

对于 K 掺杂的氧离子导体 $La_{2-x}K_xMo_2O_{9-\delta}$ 而言，由于 K^+ 离子在晶格中占据较大的空间体积，从而导致氧离子的通道部分受到阻塞，氧离子扩散难度加大。内耗谱技术作为一对晶格中缺陷弛豫现象特别敏感的测量手段，将能够有效地探测到这一氧离子在晶格中的弛豫变化过程。在本节中，我们将以 K 掺杂为例，研究 La 位 K^+ 离子的引入对氧离子扩散的影响。

图 8-20 给出的是 7.5% K 掺杂的氧离子导体 $La_{2-x}K_xMo_2O_{9-\delta}$ 在同一升温测量过程中、三个不同测量频率(1，2，4 Hz)下的内耗和相对模量随温度的变化关系曲线。从该弛豫谱中可以看出，在 325～600 K 的温度范围内，三个不同测量频率情况下均出现两个明显内耗峰，其峰位随测量频率的增加逐渐移向高温，同样表现出典型的弛豫特征，表明该内耗峰形成的微观机制同样起源于热激活过程。

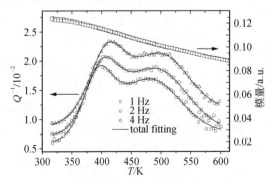

图 8-20　$La_{1.85}K_{0.15}Mo_2O_{9-\delta}$ 的内耗和相对模量随温度变化曲线

图中，符号为数据点，实线为双峰拟合结果

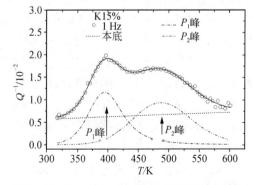

图 8-21　$La_{1.85}K_{0.15}Mo_2O_{9-\delta}$ 内耗谱的双峰非线性拟合结果

P_1 峰和 P_2 峰分开明显

我们对 7.5% K 掺杂的氧离子导体 $La_{2-x}K_xMo_2O_{9-\delta}$ 的内耗谱进行非线性拟合分析,发现该弛豫峰同样可以被弛豫时间有分布的两个 Deybe 峰进行拟合,图 8-21 给出的即为测量频率为 1 Hz 时,其内耗谱的非线性拟合结果,图中双峰现象明显,拟合效果十分理想。其他测量频率情况的拟合结果也在图 8-20 中分别给出。

同纯 $La_2Mo_2O_9$ 的内耗谱相比较,我们发现,K 掺杂后,其弛豫过程明显移向高温,总体弛豫强度降低,重叠的双峰发生明显的劈裂现象。下面便分别以测量频率为 1 Hz 时的内耗谱为例,具体分析对比一下 K 掺杂前后,所观察到的弛豫现象的不同点:①从峰位上考虑,K 掺杂后,其峰位明显移向高温位置,如两弛豫次峰的峰位分别从纯 $La_2Mo_2O_9$ 情况下的 330 K 和 400 K 移到掺杂后的 394 K 和 490 K;相应地,两峰之间的峰位差值也从约 70 K 增加到约 96 K,峰形发生明显的劈裂现象;②从弛豫强度上考虑,K 掺杂后,内耗峰强度急剧下降,其总体的峰值从不掺杂时的 0.045 减少到 K 掺杂后的约 0.021。但这里需要特别指出的是,对 P_1、P_2 峰各自具体情况而言,其变化特点是并不完全相同的,尽管 K 掺杂后,P_2 峰的峰值从 0.04 急剧减小到约 0.009,但 P_1 峰的峰值却从掺杂前的约 0.005 增加到掺杂后的 0.012,弛豫强度反而有所增加,其具体原因可能与 K 掺杂后,K^+ 离子对晶格中不同扩散路径的氧离子所起的阻塞作用不同所致。在接下来的内容中,我们会就这一现象做出进一步的分析和讨论。

由前面的讨论可知,在氧离子导体 $La_{1.85}K_{0.15}Mo_2O_{9-\delta}$ 的内耗谱中观察到的两明显内耗峰(P_1,P_2 峰)具有典型的弛豫特征,其弛豫过程也由热激活运动所引起。因此,峰温随频率的变化规律同样也可以用通常的 Arrhenius 关系来表述。因此可以得出 P_1,P_2 峰的各自激活能分别为 $E_{P1} = 1.23\ eV$ 和 $E_{P2} = 1.60\ eV$。这一激活能范围进一步显示,在氧离子导体中观察到的两内耗峰的微观弛豫机制同样起因于氧离子在晶格中的短程扩散。但同纯 $La_2Mo_2O_9$ 中所测的氧离子弛豫激活能相比,这一激活能范围有较大的增加。

根据对氧离子导体 $La_2Mo_2O_9$ 的晶体结构分析,我们知道,在其晶格中存在三种不同类型的氧离子,分别称之为 O(1),O(2) 和 O(3)。在周期性的弹性力场或电场的作用下,它们彼此经空位的扩散分别可以形成内耗和介电弛豫过程,如我们在纯 $La_2Mo_2O_9$ 的内耗测量过程中所观察到的 P_1,P_2 峰分别来自 O(1)↔O(2) 和 O(1)↔O(3) 两个不同的氧离子扩散弛豫过程。在 K 掺杂的氧离子导体 $La_{1.85}K_{0.15}Mo_2O_{9-\delta}$ 中,我们同样观测到两弛豫型内耗峰,类似地,其 P_1,P_2 峰的形成也可以分别归因于晶格中 O(1)↔O(2) 和 O(1)↔O(3) 两个不同的扩散过程,但该弛豫过程形成的弛豫峰位和弛豫强度同纯 $La_2Mo_2O_9$ 中的情形相比,均有所不同。我们知道,在氧离子导体 $La_2Mo_2O_9$ 中,La 位用 7.5% 的 K^+ 离子进行部分替代后,由于晶格中 K^+ 离子具有较大的有效离子半径,将占据更多的自由空间体积,这对晶格中氧离子的扩散起阻碍作用,不利于氧离子在晶格中的扩散运动;另一方面,由于一价 K^+ 离子与 O^{2-} 有着较大亲和力,对氧离子的扩散运动有较强的束缚作用。从实验中所观测到的现象便是弛豫峰的总体弛豫强度下降,弛豫过程移向更高的温度范围,扩散激活能增加。但值得注意的是,对 P_1 峰而言,K 掺杂后,尽管弛豫峰位和扩散激活能均有所增加,但其弛豫强度不但没有下降,反而有所增加,这不同于 P_2 峰的变化规律。形成这一现象的原因可能在于:①K 掺杂后,由于电中性补偿原理,引入了一定浓度的外禀氧空位;②K 掺杂抑制了高温相变的发生,把其高温氧离子分布的无序相保持到了低温,即外禀氧空位的形成和氧离子分布的无序相有利于提高 O(2) 位置的空位浓度,使其参与扩散弛豫的氧离子数目有所增加,从而有利于其弛豫强度的增加。这一现象同时表明,氧离子导体 $La_{1.85}K_{0.15}Mo_2O_{9-\delta}$ 中具有较大离子半径的 K^+ 离子对晶格中不同扩散路径的氧离子的阻碍作用是不同的,其中,K^+离子的引入主要是对形成P_2峰的$O(1)\leftrightarrow O(3)$之间的扩散过程起阻塞作用,同时,这一阻塞作用在整个弛豫过程中起主要作用,占主导地位,直接导致整个弛豫过程向高温移动,总体弛豫强度下降,弛豫激活能增加。

8.2.3.7　氧离子导体 $La_{2-x}Bi_xMo_2O_9$ 的内耗研究[18]

对于 Bi 掺杂的氧离子导体 $La_{2-x}Bi_xMo_2O_9$ 而言,由于其晶格内 Bi^{3+} 离子中所含有的孤对电子$(6s^2)$占据较大的空间体积(与氧离子的体积相当),降低了晶格内的氧空位浓度,氧离子在晶格内的弛豫传输将必然受其阻碍作用,扩散难度加大。下面就以 2.5% 和 7.5% 浓度($x=0.05$ 和 0.15)的 Bi 掺杂为例,用内耗方法研究和讨论 $La_2Mo_2O_9$ 晶格中,孤对电子的引入对其氧离子扩散的影响。图 8-22 显示的是测量频率为 1 Hz 时,2.5% 和 7.5% Bi 掺杂的氧离子导体 $La_{2-x}Bi_xMo_2O_9$ 的内耗和相对模量同纯 $La_2Mo_2O_9$ 的内耗和相对模量的对比曲线。可以看出:Bi 掺杂后,氧离子导体 $La_{2-x}Bi_xMo_2O_9$ 的总体弛豫强度急剧下降,并且,下降幅度随着掺杂浓度的增加而加大,其峰位也逐渐移向高温位置,尤其是高温弛豫次峰更是如此;从峰形来看,2.5% Bi 掺杂的内耗谱明显比纯 $La_2Mo_2O_9$ 情形要宽,而 7.5% 的 Bi 掺杂后,其峰形更是发生了明显的劈裂现象,双峰现象明显(见图 8-23)。随着 Bi 掺杂浓度的增加,高温弛豫峰(P_2 峰)的弛豫强度明显降低,且峰位明显移向高温位置,而低温弛豫峰(P_1 峰)随掺杂浓度的变化关系则没有这么明显,显示晶格中孤对电子的引入对不同的氧离子扩散路径其影响也是不同的,类似于我们上一章所讨论的 K 掺杂效果。

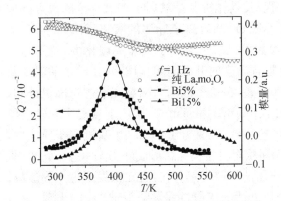

图 8-22　$La_{2-x}Bi_xMo_2O_9$ 的内耗模量温度曲线

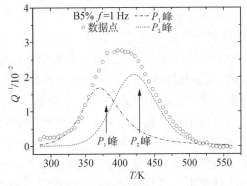

图 8-23　2.5% Bi 掺杂的 $La_{2-x}Bi_xMo_2O_9$ 内耗谱的双峰拟合结果

8.2.3.8　$La_2Mo_{2-x}W_xO_9$ 的内耗研究[19, 20]

1) 新的相变内耗峰的出现

图 8-24 给出的是 $La_2Mo_{1.25}W_{0.75}O_9$ 在升温过程中测量的内耗和模量随温度的变化曲线。实验中所使用的升温速率为 3 K/min,频率分别为 0.5,1.0,2.0,4.0 Hz。从图中我们观察到两个峰,分别为 P_L 峰和 P_H 峰。在频率为 4.0 Hz 时峰位分别位于 450 K 和 600 K 左右,在相应的峰位附近,模量随着温度的升高有明显的亏损。随着测量频率的增加 P_L 峰明显向高温方向移动,而 P_H 峰的峰位随测量频率略有移动。说明 P_L 峰是弛豫峰,而 P_H 峰的机制有待进一步讨论。

根据弛豫内耗峰峰位随测量频率的移动,我们可以算出 P_L 峰的弛豫激活能和弛豫时间指

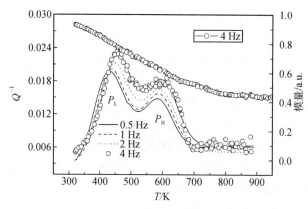

图 8-24　$La_2Mo_{1.25}W_{0.75}O_9$ 的内耗和模量温度曲线
升温速率为 3 K/min

数前因子分别为 1.34 eV，0.7×10^{-16} s，和纯 $La_2Mo_2O_9$ 以及其他元素掺杂中氧离子在晶格中经空位的短程扩散的弛豫参数相一致[21]，表明 P_L 峰的微观机制也是与氧离子导体 $La_2Mo_2O_9$ 中氧离子在晶格间经空位的短程扩散有关。

对于 P_H 峰来说，虽然其峰位随测量频率的升高有向高温的微小移动倾向，但是我们根据 Arrhenius 关系来算它的"激活能"，得到的数值达到 3～4 eV，而其弛豫时间指数前因子达到 3.9×10^{-31} s(峰温在 600 K)，如此小的弛豫时间指数前因子没有实在的物理意义，只能说明 P_H 峰并非一个弛豫过程，而是对应于一相变过程，其具体机制是氧离子和氧空位的次点阵中由动态无序到静态无序的转变[19]。在立方 $La_2Mo_2O_9$ 基氧离子导体的氧离子次格子中，从 XRD 和中子粉末衍射实验中得到的原子迁移参数可以看出氧离子是非局域化的，特别是在 O(2) 和 O(3) 位置[22]。并且其非局域化程度会随着温度的升高而明显增强，在确定的温度范围内，处于非局域化区域内的两相邻氧离子相互交叠，在这个范围内两氧离子进行随机分布，我们称之为氧离子分布的动态无序态，在热协助(thermal Assisting)作用下氧离子和氧空位之间可以很容易地进行快速交换[23]。随着温度的降低，在立方 $La_2Mo_2O_9$ 基氧离子导体中，氧离子和氧空位的交换率将会降低，进而动态无序状态将会被冻结形成静态无序态。此时，氧离子或氧空位由于热激活(thermal activated)作用的扩散仍然存在，且在低温下占主导地位，但扩散速率与高温时比较相对较低。正是这种热激活的扩散过程导致了 P_H 峰的出现，对应于氧离子/空位分布的静态无序态到动态无序态的转变。这种转变过程类似于无定型化合物和聚合物中的玻璃态转变，同时也与铁磁体材料中自旋玻璃的形成过程相类似。既然这个相变发生在氧离子次格子中，它不会导致对称破缺，因而在 DTA 和变温 XRD 实验中没有被探测到，但在 W 和 Ba 替代的 $La_2Mo_2O_9$[19, 24] 的内耗谱上表现为一个具有相变性质的峰。

图 8-25 给出的是不同 W 掺杂浓度的氧离子导体 $La_2Mo_{2-x}W_xO_9$ 的内耗随温度的变化曲线，其中升温速率为 3 K/min，测量频率为 4 Hz。

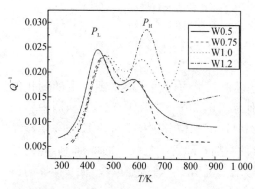

图 8-25　$La_2Mo_{2-x}W_xO_9$ 的内耗温度曲线
升温速率为 3 K/min，测量频率为 4 Hz

从图中可以看出 P_L 峰的峰高随 W 掺杂量的增加略有降低。而 P_H 峰的峰高随 W 掺杂量的增加逐渐增大，说明 W 的加入使氧离子次格子中有更多的静态无序态向动态无序态转变。

2）$La_2Mo_{2-x}W_xO_9$ 的介电性能研究[20]

图 8-26 显示的是在 350～900 K 的温度范围内氧离子导体 $La_2Mo_{2-x}W_xO_9$（$x=0$，0.25，0.5，1.4）的介电损耗温度谱，其中频率为 500 Hz，升温速率为 3 K/min。在所有的 W 替代掺杂样品中，均发现两个介电损耗峰，分别为 P_d 峰和 P_h 峰。随着 W 掺杂量的增加 P_d 峰逐步移向高温，即从纯 $La_2Mo_2O_9$ 时为 530 K 移动到 $La_2Mo_{0.6}W_{1.4}O_9$ 的 580 K 左右。而 P_h 峰的峰位一直处于 740 K 左右，即随着 W/Mo 比率的变化，P_h 峰的峰位几乎不变。

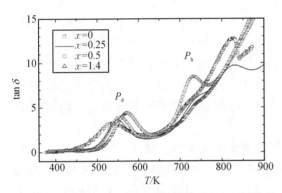

图 8-26 $La_2Mo_{2-x}W_xO_9$ 在频率为 500 Hz 时的介电损耗-温度谱

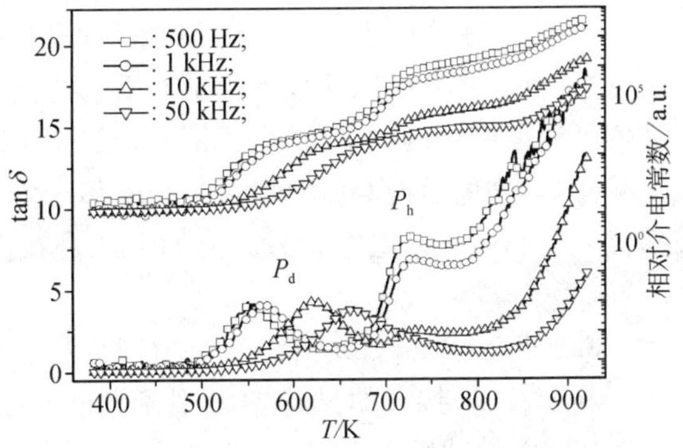

图 8-27 $La_2Mo_{1.5}W_{0.5}O_9$ 的介电损耗和相对介电常数随温度的变化曲线

在纯 $La_2Mo_2O_9$ 的介电温度谱上 850 K 左右发现一介电损耗极小值，这个峰对应于 α/β 的相转变。当 W 掺杂量达到 12.5％时，这个介电损耗极小值仍然存在，只是变化趋势比较缓慢，表明 W 掺杂量为 12.5％时并不能完全抑制纯 $La_2Mo_2O_9$ 的 α/β 相转变，即不能将高温 β 相完全保持到室温。当 W 掺杂量达到 25％时，相应的介电损耗曲线在 850 K 左右变化比较平缓，表明当 W 掺杂量大于等于 25％时 α/β 相转变被完全抑制住。

为了进一步了解 P_d 峰和 P_h 峰的物理机制，我们做了更进一步的实验。图 8-27 显示的是氧离子导体 $La_2Mo_{1.5}W_{0.5}O_9$ 在四个不同测量频率下的介电损耗和相对介电常数随温度的变化曲线。从图中可以看出，随着频率的增加 P_d 峰的峰位明显向高温方向移动，峰高基本保持不变，并且在峰位的附近介电常数也发生明显的变化，表现出典型的弛豫特性。但位于 740 K 左右的 P_h 峰，其峰位基本不受测量频率的影响，且其峰高随测量频率的增加而降低，属于相变峰。

从上面讨论的介电温度谱可以看出，介电峰（P_d 峰）的峰位与测量的温度和频率密切相关，表现出典型的弛豫特征。这一特征表明介电弛豫峰的微观弛豫机制为一热激活过程。这样我们便可以用 Arrhenius 关系来得出介电弛豫过程中的微观动力学参数。与内耗谱的分析方法类似，根据介电峰位随频率的移动（温度谱）和介电峰位随温度的移动（频率谱），就可以求出介电弛豫峰的激活能和弛豫时间指数前因子。由计算可得，W 掺杂样品弛豫峰的激活能 $E=1.15～1.45$ eV 和指前因子 $\tau_0=10^{-13}～10^{-16}$ s。随着 W 掺杂量的增加激活能先增加后达到饱和，最大值大约为 1.45 eV。激活能的增加是因为较大的 W 离子阻碍了氧离子的扩散。

P_h峰对应于一相变过程。而且这个相变过程不同于氧离子导体$La_2Mo_2O_9$中的一级相变,它是一个新的相变过程,因为这两个相变过程同时存在于纯的和W替代的$La_2Mo_2O_9$中,并且位置相差100 K左右。在$La_2Mo_{2-x}W_xO_9$样品的差热分析实验和变温XRD实验中都没有发现此相变峰,这就说明这个相变的发生既不会导致对称破缺又不会引起吸热放热现象。因此与前面所讨论的内耗谱中P_H峰的机制一样,它是氧离子次格子中氧离子/空位分布的动态无序到静态无序的转变引起的。这类相转变不仅依赖于氧离子次格子而且还受阳离子次格子的影响,在氧离子导体$La_2Mo_{2-x}W_xO_9$中,W的引入导致阳离子晶格的畸变,而且这种畸变是不均匀的,这就导致这一相变发生在不同的晶格位置和不同的温度范围,从而使相变温度范围宽化,这一点类似于铁电材料中的弥散相转变。

P_h峰的峰位位于740 K左右,而前面提到的相对应的内耗峰的峰位大概位于600 K左右,这种位置之差可以从以下两个方面来解释。一方面是在介电损耗实验中所用的是高频,而在内耗测量中用的则是低频,所谓的动态无序态的冻结也就是氧离子与氧空位的交换率比外加频率低,这里所说的频率也就是介电和内耗实验所用的频率。用较高频率的介电实验将会探测到较高的冻结温度。另一方面可能是氧离子或者空位对外加交变电场和应力场的响应不同。

8.2.3.9 $La_{2-x}Ba_xMo_2O_{9-\delta}$的内耗研究-新高温弛豫内耗峰的出现[24]

在所有Ba掺杂的试样中均观察到了相似的内耗谱。下面我们以Ba掺杂浓度为10%($x = 0.2$)的试样$La_{1.8}Ba_{0.2}Mo_2O_{9-\delta}$为例来讨论。图8-28给出的是其在升温过程中测量的内耗和相对模量随温度的变化关系曲线。实验中所使用的升温速率和振动频率分别为3 K/min和1 Hz,升温测量的温度变化范围为300~980 K,同时给出了$La_2Mo_2O_9$的内耗温度曲线作为比较。

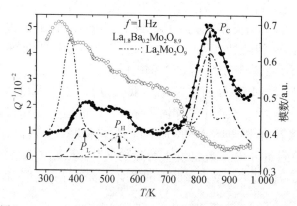

图8-28　$La_{1.8}Ba_{0.2}Mo_2O_{9-\delta}$的内耗和模量温度谱对应的测量频率和升温速率分别为1 Hz和3 K/min

在纯的$La_2Mo_2O_9$温度-内耗谱中,可以观察到两个明显的内耗峰。其中,在较低温度出现的内耗峰峰形较宽,峰位位于380 K左右,其微观机制为氧空位的短程扩散;而在较高温度观察到的内耗峰,峰位中心位于约833 K左右,其产生的微观机制与α/β相转变有关。在$La_{1.8}Ba_{0.2}Mo_2O_{9-\delta}$试样的内耗-温度谱中,我们观察到了三个内耗峰,测量频率为1 Hz时,峰位分别位于425 K,540 K,833 K,我们分别标记为P_L峰,P_H峰和P_C峰。在相应的峰位附近,模量随着温度的升高有明显的亏损。采用非线性拟合方法,实验内耗-温度曲线可以用一个指数背底和三个 Deybe 峰进行很好的拟合,如图 8-28 所示,拟合曲线几乎通过了所有实验数据点。

为了进一步研究内耗峰的弛豫机制,我们又研究了在不同 Ba 掺杂浓度下,$La_{2-x}Ba_xMo_2O_{9-\delta}$ 的内耗和模量随温度的变化关系,以及同一 Ba 掺杂浓度、不同振动频率下的内耗谱。图 8-29 给出了四种 Ba 掺杂浓度试样,在振动频度为 2 Hz 时的内耗随温度的变化关系。为了清晰起见,我们只给出了总的拟合曲线。

从图 8-29 可以看出,四种 Ba 掺杂浓度的试样都出现了三个相似的内耗峰。随着 Ba 掺杂浓度的增加,P_L 峰的峰位和峰高几乎不变;P_H 峰的峰位似乎先移向高温,而后又移向低温。而 P_C 峰的峰位几乎不随 Ba 掺杂浓度的增加而移动,其峰高却随着掺杂浓度的增加显著增强,掺杂浓度增加到 10%($x=0.2$)时,其峰高和掺杂浓度为 7.5%($x=0.15$)的试样几乎相同,这可能是因为 10% 的 Ba 掺杂已经超过了 Ba 在 $La_2Mo_2O_9$ 中的固溶度。

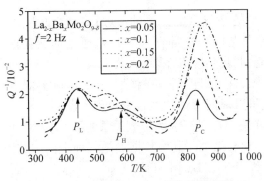

图 8-29 $La_{2-x}Ba_xMo_2O_{9-\delta}$ 的内耗温度谱

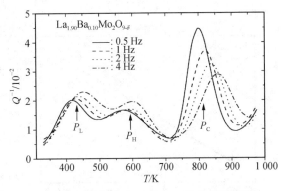

图 8-30 $La_{1.9}Ba_{0.1}Mo_2O_{9-\delta}$ 的内耗温度谱

我们又改变振动频率测量了氧离子导体 $La_{2-x}Ba_xMo_2O_{9-\delta}$($x=0.05$,0.1,0.15,0.2)内耗-温度谱。图 8-30 给出的是 $La_{1.9}Ba_{0.1}Mo_2O_{9-\delta}$ 在同一升温过程中四个不同测量频率($f=0.5$,1.0,2.0,4.0 Hz)下,内耗随温度的变化关系曲线。同样为了清晰起见,我们给出的是采用非线性拟合方法对实验数据进行拟合后的拟合曲线。我们观察到,随着测量频率的增加,P_L 峰和 P_C 峰明显向高温方向移动,表现出典型的弛豫特征。而 P_H 峰的峰位随测量频率略有移动。此外,随着频率的增加,P_L 峰的峰高增高,而 P_C 峰的峰高却降低,说明 P_L 峰和 P_C 峰虽然都是弛豫峰,但具体的弛豫机制不同。下面将对这三个内耗峰分别进行讨论。

同样的,根据峰温随频率的移动,我们算得不同 Ba 掺杂浓度的 $La_{2-x}Ba_xMo_2O_{9-\delta}$($x=0$,0.05,0.1,0.15,0.2)的 P_L,P_C 峰的弛豫激活能。随着 Ba 掺杂浓度从 0 增加到 7.5%($x=0.15$),P_L 的弛豫激活能从 1.2 eV 递减到 1.0 eV,指数前因子 τ_0 从 10^{-15} 变化到 10^{-13} s,和纯 $La_2Mo_2O_9$ 以及其他元素掺杂中氧离子在晶格中经空位的短程扩散的弛豫参数相一致,表明 P_L 峰的微观机制也是与氧离子导体 $La_2Mo_2O_9$ 中氧离子在晶格间经空位的短程扩散有关。而其弛豫激活能随 Ba 掺杂浓度的增加而递减,表明氧离子导体 $La_2Mo_2O_9$ 中 La 位被 Ba 离子部分替代可以促进氧空位的扩散,使氧离子经空位的短程扩散更加容易。相反地,P_C 峰的弛豫激活能却随 Ba 掺杂浓度的增加而逐步增加。P_C 峰的弛豫激活能从 Ba 掺杂浓度为 2.5%($x=0.05$)时的约 2.4 eV 增加到 Ba 掺杂浓度为 10%($x=0.2$)时的约 2.7 eV,弛豫时间指数前因子 τ_0 的范围从 10^{-16} 变化到 10^{-14} s。

氧离子导体 $La_{2-x}Ba_xMo_2O_{9-\delta}$ 内耗谱中 P_L 峰和 P_H 峰与 W 替代试样的类似,而 P_C 峰是一个新的弛豫内耗峰。P_C 峰的峰位(833 K)和纯的 $La_2Mo_2O_9$ 中的 α/β 相变峰的峰位很接近。但它们是两个性质完全不同的内耗峰,因为 P_C 峰较宽,是一个 Debye 型的弛豫内耗峰。P_C 峰的弛豫激活能在 $2.4 \sim 2.7$ eV 范围,远远超过了氧离子导体 $La_2Mo_2O_9$ 试样中氧空位的扩散激活能(约 1.2 eV),表明 P_C 峰的弛豫机制不是起因于氧空位的扩散过程。而 P_C 弛豫峰的指数前因子 τ_0 的大小表明其弛豫机制仍然与某种点缺陷的弛豫过程有关。在 $La_{2-x}Ba_xMo_2O_{9-\delta}$ 试样中,除了氧空位之外,La 位部分替代的 Ba 离子为唯一的点缺陷。这就提示我们 P_C 可能和 Ba 离子的弛豫扩散有关。

根据点缺陷的弛豫扩散理论,其弛豫峰的峰高与点缺陷的浓度成正比,与温度成反比。其关系可以表示为

$$Q_{max}^{-1} = \frac{Bx}{T_P - T_C} \qquad (8-6)$$

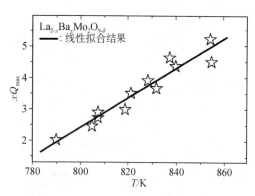

图 8-31 xQ_{max} 与峰温 T_P 的关系曲线

式中:B 是一与温度无关的常数;x 是点缺陷浓度;T_P 是弛豫峰峰温;T_C 是 Ba 离子之间交互作用引起的"自感应有序"临界温度。若把 xQ_{max} 对 T_P 作图,就可以得到一条线性关系式,临界温度 T_C 就可以根据直线的截距来得到。图 8-31 给出的就是 xQ_{max} 与 T_P 的函数关系曲线,图中实线是线性拟合结果。其中数据点是三种不同 Ba 掺杂试样 $La_{2-x}Ba_xMo_2O_{9-\delta}$($x = 0.05$,0.1,0.15)内耗测量所得,测量时在同一升温过程中采用了四个不同测量频率($f = 0.5$,1.0,2.0,4.0 Hz)。

从图 8-31 可以看出,xQ_{max} 与 T_P 在误差范围内成一线性关系。根据 xQ_{max} 与 T_P 的直线关系我们算得 T_C 为 747 K,表明 P_C 峰是一典型的 Snoek 型内耗峰,其弛豫过程对应于应力诱导的点缺陷重新取向弛豫过程。在这里点缺陷是 Ba 离子。由于 Ba 离子半径大于 La 离子半径,氧离子导体 $La_2Mo_2O_9$ 中 La 位部分被 Ba 离子替代将在晶格内产生应力场。从这个意义上说,Ba 离子部分替代 La 离子就是一种点缺陷,相当于一弹性偶极子。因此,P_C 峰的弛豫激活能对应于 Ba 离子在 $La_2Mo_2O_9$ 试样中经阳离子空位扩散的弛豫激活能。有文献报道[25],在 BaLaVO 体系中 Ba 离子的扩散激活能是 1.1 eV 左右,不过这种体系中存在阳离子空位。在氧离子导体 $La_{2-x}Ba_xMo_2O_{9-\delta}$ 试样中不存在阳离子空位,于是,为了使 Ba 离子能够通过空位来进行跳跃扩散,就必须在 Ba 离子附近的 La 位格点上产生一个阳离子空位。La 位格点上空位的形成是一种热激活的非平衡态,也就是说,La 位格点上空位是在 Ba 离子跳跃时产生的,在 Ba 离子跳跃后即消失,是一种瞬时的非平衡态。基于以上讨论,我们得出结论,P_C 峰的弛豫激活能由两部分组成,一部分是 La 位的阳离子空位的形成能,另一部分是 Ba 离子的迁移激活能。

8.2.3.10 $La_{1.95}K_{0.05}Mo_{2-x}T_xO_{9-\delta}$(T = Fe, Mn)的内耗研究[26]

图 8-32 给出的是氧离子导体 $La_{1.95}K_{0.05}Mo_{1.95}Mn_{0.05}O_{9-\delta}$ 在升温过程中测量的内耗随温度的变化曲线。实验中所使用的升温速率为 2 K/min,振动频率分别为 0.5,1,2 和 4 Hz,升

温测量的温度变化范围为 280~980 K。从该内耗测量结果中,我们可以观察到三个明显的内耗峰 P_L、P_H 和 P_M,其中低温峰 P_L 和高温峰 P_M 随频率的增加,峰位向高温方向移动,表现出明显的弛豫特性,而 P_H 峰的峰位几乎没有移动。值得注意的是,峰 P_L 的峰高随测量频率的增加而增加;而峰 P_M 的峰高随测量频率的增加明显降低,属典型的 Snoek 型弛豫特征,这说明虽然这两个峰都是典型的弛豫型内耗峰,但弛豫机理不同。对内耗峰采用 Deybe 峰进行非线性拟合,得到弛豫时间有分布的 Deybe 峰,拟合曲线基本上通过每一个数据点,拟合效果非常理想。为清楚起见,图中仅给出了当测量频率为 0.5 Hz 时三个峰的拟合曲线(图中用实线表示),峰的位置分别为 P_L(412 K),P_H(543 K)和 P_M(803 K)。

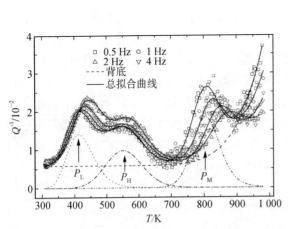

图 8-32 $La_{1.95}K_{0.05}Mo_{1.95}Mn_{0.05}O_{9-\delta}$ 的内耗-温度谱及测量频率为 0.5 Hz 时的内耗拟合曲线

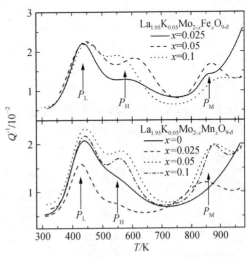

图 8-33 $La_{1.95}K_{0.05}Mo_{2-x}T_xO_{9-\delta}$ (T = Fe, Mn, $x=0\sim0.1$)的内耗拟合曲线,测量频率为 4 Hz

对于其他的双掺杂样品来说,也有同样的内耗峰,图 8-33 给出了氧离子导体 $La_{1.95}K_{0.05}Mo_{2-x}T_xO_{9-\delta}$ (T = Fe, Mn, $x=0\sim0.1$)的内耗拟合曲线。可以看出随着 Mo 位掺杂量的增大(Fe, Mn),P_L 峰的峰高和峰位几乎都没有变化;P_H 峰的峰位变化比较明显(先向高温,再向低温移动);而 P_M 峰的峰高随着掺杂量的增加呈增加的趋势。对样品 $La_{1.95}K_{0.05}Mo_{1.9}Mn_{0.1}O_{9-\delta}$ 和 $La_{1.95}K_{0.05}Mo_{1.95}Mn_{0.05}O_{9-\delta}$ 来说,P_M 峰的峰高几乎相同,这可能是因为 Mn 在样品 $La_{1.95}K_{0.05}Mo_2O_{9-\delta}$ 中的固溶度低于 5%,从而两个样品中溶解的 Mn 相差不多造成的。从图 8-33 上也可以看出,样品 $La_{1.95}K_{0.05}Mo_2O_{9-\delta}$ 只有 P_L,P_H 两个内耗峰,这也就说明峰 P_M 是由掺杂的 Fe 离子或 Mn 离子引起的。通过峰温随频率的移动,得到 P_L 峰的激活能 $E_1 = 1.13$ eV,指前因子 $\tau_{01} = 5.6 \times 10^{-15}$ s,P_M 峰的激活能和指前因子分别为 $E_3 = 1.84$ eV,$\tau_{03} = 8.7 \times 10^{-13}$ s。其他样品 $La_{1.95}K_{0.05}Mo_{2-x}T_xO_{9-\delta}$ (T = Fe, Mn, $x=0\sim0.1$)的弛豫峰的激活能和指前因子也采用类似的方法得到,总的来说,P_L,P_M 峰的激活能随着掺杂量的增大而增大(分别在 1.1~1.3 eV 和 1.8~2.1 eV 范围内变化),指前因子分别在 $10^{-15}\sim10^{-14}$ s 和 $10^{-13}\sim10^{-12}$ s 的范围内。

对照前期的工作可以得出结论,P_L 峰是由样品中氧离子的短程扩散引起的。但对 P_M 峰,因为其位于较高的温度,且激活能(1.82~2.05 eV)远大于 P_L 峰的激活能,所以 P_M 峰并不是由于氧离子的扩散引起的。但是 P_M 峰指前因子 τ_{03} 的数值大小又显示这个内耗峰是由于点缺陷引起的。在 Mn 或 Fe 掺杂的 $La_{1.95}K_{0.05}Mo_2O_{8.95}$ 样品中,点缺陷除了氧空位,就是在 Mo 位的 Mn 或 Fe 离子,在 La 位的 K 离子。而在纯的 $La_{1.95}K_{0.05}Mo_2O_{8.95}$ 中,P_M 没有出现,这就排除了 K 离子和 P_M 峰的关联。这样就可以直接得出 P_M 峰是由 Mn 或 Fe 离子的短程扩散引起的。

根据经典的点缺陷弛豫理论,弛豫峰的峰高与掺杂浓度成正比(在此为 Mn 或 Fe 离子浓度),与温度成反比。符合关系式(8-6)。此时,x 是 Mn(Fe)离子浓度,T_P 是峰位所在的温度,T_C 是自扩散的临界温度。把 xQ_{max} 对 T_P 作图,应该得到线性关系式,从直线的截距可以推出 T_C。图 8-34 给出了四个 $La_{1.95}K_{0.05}Mo_{2-x}T_xO_{9-\delta}$(T = Fe, Mn, $x = 0.025, 0.05$)样品,在四个不同测量频率下的内耗峰峰高和温度、浓度的关系曲线。从图上可以看出在误差范围内,xQ_{max} 和 T_P 是呈线性关系。根据直线的截距可以推出对 Mn 或 Fe 掺杂来说,T_C 分别为 726 K 和 724 K。这从侧面进一步验证了 P_M 是属于典型的 Snoek 型弛豫峰。峰 P_M 的弛豫过程是由于点缺陷 Mn(Fe)离子的应力感生有序引起的。因此,P_M 峰的激活能就是 Mn 或 Fe 离子在样品 $La_{1.95}K_{0.05}Mo_2O_{9-\delta}$ 中通过空位的扩散激活能。阳离子的扩散激活能包括两部分:迁移能和阳离子空位的形成能。已经报道的文献中,Mn^{3+} 离子通过 $Mn_xCoFe_{2-x}O_4$ 中阳离子空位的能量是 1.2 eV(样品中的阳离子空位是内禀的)。在我们的样品中,没有内禀阳离子空位,因此要在 Fe(Mn)离子附近的 Mo 位造成一个阳离子空位,以便前者能经由这个阳离子空位进行扩散。Mo 位空位的形成是热激活的非平衡的,并且是迅速的,Mo 位空位形成在 Fe 或 Mn 离子跳入之前,Fe 或 Mn 离子跳入后,阳离子空位就消失了。因而,大小在 1.8~2.1 eV 之间的 P_M 的激活能包括两个部分:一部分是 Mo 位空位的形成能,另一部分是 Mn 或 Fe 离子迁移的激活能。

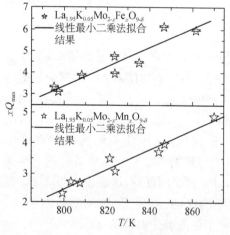

图 8-34　$La_{1.95}K_{0.05}Mo_{2-x}T_xO_{9-\delta}$(T = Fe, Mn)中的 xQ_{max} 与峰温 T_P 的关系曲线

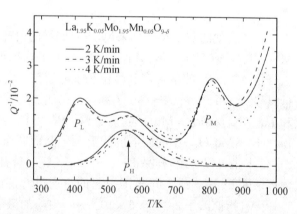

图 8-35　$La_{1.95}K_{0.05}Mo_{1.95}Mn_{0.05}O_{9-\delta}$ 的内耗-温度谱测量频率为 4 Hz

对于 P_H 峰来说,位置几乎不随测量频率的变化移动,但是却随着升温速率的增加向高温移动,如图 8-35 所示,为清楚起见,图中只给出了样品 $La_{1.95}K_{0.05}Mo_{1.95}Mn_{0.05}O_{9-\delta}$ 的内耗拟合曲线和 P_H 峰的曲线。从图中可以看出,当升温速率分别为 2, 3, 4 K/min 时,P_H 峰的峰位

分别位于 543，562 和 573 K。这进一步证明了 P_H 峰是相变峰，因为两个弛豫峰 P_L 和 P_M 的峰的位置随着升温速率的改变都没有移动。P_H 峰是源自于氧离子/氧空位的动态无序到静态无序的转变，这现象在其他的掺杂样品 $La_2Mo_{2-x}W_xO_9$[19] 和 $La_{2-x}Ba_xMo_2O_9$[24] 中也都被观察到。

8.3　锂离子导体的内耗研究

8.3.1　$Li_5La_3(Ta, Nb)_2O_{12}$ 基锂离子导体的内耗研究

8.3.1.1　$Li_5La_3Ta_2O_{12}$ 内耗测量结果[27]

图 8-36 给出的是锂离子导体 $Li_5La_3Ta_2O_{12}$ 在升温测量过程中内耗和相对模量随温度的变化关系曲线。实验中所使用的升温速率和振动频率为 1 K/min 和 2 Hz，升温测量的温度范围为 190～350 K。从该测量结果中，我们可以观察到一个明显的内耗峰，该峰温大约出现在 240 K 左右，同内耗峰对应的是，在峰位附近模量随着温度的增加急剧减小，表明该内耗峰具有典型的弛豫特征，这一结论可以通过后面的变化频率测量的结果得到进一步的证明。从内耗的曲线上我们可以看出这个内耗峰不对称，峰较宽，显示该弛豫峰具有精细结构。

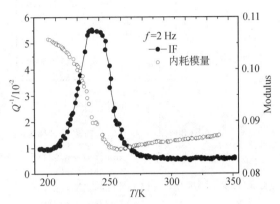

图 8-36　锂离子导体 $Li_5La_3Ta_2O_{12}$ 的内耗和模量随温度的变化曲线

8.3.1.2　$Li_5La_3Ta_2O_{12}$ 弛豫峰的精细结构及弛豫参数[28]

对于这个弛豫峰而言，我们首先尝试用一个弛豫时间有分布的 Debye 峰来进行非线性拟合[11]，对应的内耗曲线可以看做是一个 Debye 峰和一个指数背底的叠加。首先我们假设弛豫强度与温度变化没有关系，Gauss 分布参数 $\beta = \beta_0 + \beta_H/kT$，这里，$\beta_0$ 和 β_H 分别是弛豫时间指数前因子和弛豫激活能的分布参数。这种假定意味着内耗峰的微观形成机制并非起源于具有单一弛豫时间的微观过程。拟合的结果如图 8-37(左)(a)所示，不难看出拟合曲线基本上通过了每一个数据点，拟合的结果非常理想。从双峰的拟合结果可以得到，当测量频率为 1 Hz 时，P_1，P_2 峰的峰位分别位于 230 K 和 240 K，对应的激活能的分布参数 β_{H1} 和 β_{H2} 分别为 0.04 eV 和 0.03 eV，而弛豫时间相关的分布参数 β_0 均为零。这种非零的 β_{H1} 和等于零的 β_0 表明，P_1，P_2 两个弛豫峰在弛豫激活能方面有一定的分布，但是具有单一的弛豫时间指前因子。

在不同的振动频率下测量了锂离子导体 $Li_5La_3Ta_2O_{12}$ 的内耗谱，随着测量频率的增加，内耗峰峰位明显移向高温，表现出典型的弛豫特征，表明引起内耗峰的微观弛豫机制与锂离子导体 $Li_5La_3Ta_2O_{12}$ 晶格内部的热激活过程相关。根据峰温随频率的移动，可以得到 P_1，P_2 峰的弛豫激活能和弛豫时间指数前因子分别为 $E_1 = 1.1$ eV，$\tau_{01} = 9.04 \times 10^{-26}$ s 和 $E_2 = 1.0$ eV，$\tau_{02} = 1.5 \times 10^{-22}$ s。从这些弛豫参数我们可以看出，高温峰的激活能反而小于低温峰的激活能，且都大于电导率的激活能。另一方面，弛豫时间指前因子也太小，不可能具有什么物理意义。其原因可能源于锂离子在低温条件下的耦合造成的，我们将在微观机制里面详细讨论之。

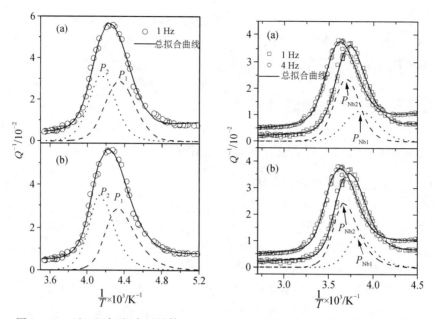

图 8-37 （左）/（右）锂离子导体 $Li_5La_3Ta_2O_{12}$/$Li_5La_3Nb_2O_{12}$ 的非线性拟合结果

（a）弛豫时间有分布的 Debye 双峰的拟合结果 （b）利用耦合模型进行双峰拟合的结果

8.3.1.3 $Li_5La_3Nb_2O_{12}$ 内耗峰[28]

图 8-37（右）给出的是在同一升温过程中的两个测量频率 1 Hz 和 4 Hz 下锂离子导体 $Li_5La_3Nb_2O_{12}$ 内耗随温度的变化曲线。图中方形和圆形符号分别表示测量频率为 1 Hz 和 4 Hz 的数据点，与 $Li_5La_3Ta_2O_{12}$ 的内耗曲线相比，$Li_5La_3Nb_2O_{12}$ 内耗峰移向了高温，但是内耗峰的峰高有了一定程度的降低。考虑到锂离子导体 $Li_5La_3Nb_2O_{12}$ 和 $Li_5La_3Ta_2O_{12}$ 结构的相似性，我们同样采用双 Debye 峰进行非线性拟合[见图 8-37（右）(a)]，实线表示的是拟合的结果，可以看出拟合的结果和实验数据符合得很好。另外，我们可以看出随着测量频率的升高，内耗峰移向高温，表现出典型的弛豫峰的特征。根据峰温随频率的移动，可以得到弛豫双峰（P_{Nb1}，P_{Nb2}）的弛豫激活能和弛豫时间指前因子分别为 1.0 eV，5.7×10^{-21} s 和 1.1 eV，1.1×10^{-21} s。与 $Li_5La_3Ta_2O_{12}$ 的弛豫参数一样，在 $Li_5La_3Nb_2O_{12}$ 中也有同样的问题，激活能偏大而弛豫时间指数前因子偏小，下面我们将从微观机制方面来分析其具体的原因。

8.3.1.4 锂离子扩散的微观弛豫机制

从低温核磁共振 NMR 的实验结果中，T. Gullion 发现 ^6Li 与 ^7Li 在低温情况下存在着很强的耦合作用[29]。结合我们的实验结果，我们在低温情况下得到的激活能偏大并且弛豫时间指数前因子偏小，可能也是由于偶极子在低温情况下的耦合作用造成的。这种相互作用一般可以通过耦合模型（coupling model）来描述[30~32]。根据这一理论模型，关联函数 $C(t)$ 被一临界时间 t_c 分成两个不同的区域，即：

当 $t < t_c$ 时， $$C(t) = \exp(-t/\tau^*) \tag{8-7}$$

当 $t > t_c$ 时， $$C(t) = \exp[-(t/\tau)^{1-n}] \tag{8-8}$$

式中：n 为描述晶格中离子之间相互关联程度的耦合参数，其取值范围为（$0 \leqslant n < 1$）；而 τ 和 τ^* 分别是离子扩散弛豫过程中由实验所测量到的弛豫时间和离子实际扩散所需的弛豫时间。

在一个耦合系统中，$n \neq 0$，τ 和 τ^* 一般在数值上也不相等。特别地，对于一个离子导电的耦合系统，与温度无关的临界时间 t_c 在数值上通常取值为 10^{-12} s[30~32]。根据热激活过程中弛豫时间与温度之间的 Arrhenius 关系，并结合关系式(8-7)和式(8-8)，我们可以在实验测量的弛豫参数(τ_0，E)和离子在晶格中弛豫扩散的实际弛豫参数(τ_0^*，E^*)之间建立下面的关系式：

$$\ln(\tau_0^*) = (1-n)\ln(\tau_0) + n\ln(t_c) \qquad (8-9)$$

$$E^* = (1-n)E \qquad (8-10)$$

式中：E^* 和 E 分别指的是非耦合激活能和耦合激活能；而 τ_0^* 和 τ_0 则是非耦合的指前因子和耦合的指前因子。

根据耦合模型对新鲜 $Li_5La_3M_2O_{12}$(M=Ta，Nb)试样的内耗曲线进行拟合，其拟合的结果见图 8-37(左)、(右)的(b)。从图中可以看出，同非线性 Debye 峰拟合的结果比较，耦合模型拟合得到的内耗峰是不对称的。同时我们可以得到耦合参数 n：在 $Li_5La_3Ta_2O_{12}$ 试样中 P_1 和 P_2 峰对应的耦合参数 n 分别为 0.45 和 0.31，在 $Li_5La_3Nb_2O_{12}$ 试样中 P_{Nb1} 和 P_{Nb2} 峰对应的耦合参数 n 则分别为 0.37 和 0.4。进一步根据方程(8-9)和式(8-10)以及测量到的弛豫参数(τ_0，E)即可得到实际的弛豫参数(τ_0^*，E^*)。在表 8-1 中我们分别给出了内耗测量中 $Li_5La_3Ta_2O_{12}$ 弛豫双峰(P_1，P_2 峰)和 $Li_5La_3Nb_2O_{12}$ 弛豫双峰(P_{Nb1}，P_{Nb2} 峰)各自真正的弛豫参数的计算结果。

表 8-1　P_1，P_2，P_{Nb1} 以及 P_{Nb2} 的实际弛豫参数

	P_1 峰	P_2 峰	P_{Nb1} 峰	P_{Nb2} 峰
E^*/eV	0.61	0.69	0.6	0.66
τ_0^*/s	$\sim 10^{-19}$	$\sim 10^{-19}$	6×10^{-18}	4×10^{-18}

根据表 8-1 的结果看出，采用耦合模型解耦后，内耗峰的激活能在 0.6~0.7 eV 之间，接近于 Thangadurai 等[33]利用电导测量得到的锂离子扩散的激活能(~0.56 eV)，这从另一个方面说明该弛豫型内耗峰是由 $Li_5La_3M_2O_{12}$ 中锂离子扩散引起的。但是内耗测量的激活能与电导测量的激活能之差最大可达 0.2 eV，造成此差别的原因可能和测量的温度区间有关系，内耗方法得到激活能的温度范围在 200~300 K，而电导测量得到激活能的温度范围在 300~450 K 之间。另一方面，采用耦合模型解耦合后，弛豫时间指数前因子仍然较小，在 10^{-19}~10^{-17} s 的范围，说明耦合模型并不能非常圆满地解释 $Li_5La_3M_2O_{12}$ 中锂离子(空位)扩散的强耦合现象。

在一个具有 $Ia\bar{3}d$ 空间群的立方结构 $Li_5La_3M_2O_{12}$(M=Ta，Nb)晶体单胞中，总共有 24 个镧离子、16 个 M 离子、40 个锂离子以及 96 个氧离子。在 $Li_5La_3M_2O_{12}$(M=Ta，Nb)中，La 离子占据在八配位的 A 位格点上，M 离子占据在六配位的 B 格点上，而所有的锂离子不可能全部占据在 C 格点上(四面体中心，24d)，必然有部分的锂离子要占据在八面体的内部 48g 或者 96h 的位置上。如图 8-38 所示，锂离子在 $Li_5La_3M_2O_{12}$(M=Ta，Nb)晶格中的两种占据分布，其中图(a)显示的是锂离子在八面体中的占据分布，在每一个八面体内部包括一个 48g 和两个 96h 的位置；Cussen[34]根据中子衍射的结果，通过拟合发现，在 $Li_5La_3M_2O_{12}$(M=Ta，Nb)中不管是 24d 和 48g 的位置，还是 96h 的位置都是部分占据的，其中 24d 位置的占据率大约是 80%，而 48g 和 96h 的占据率则要低得多，分别为 13.9% 和 14.7%。换句话来说，在 $Li_5La_3M_2O_{12}$(M=Ta，Nb)中有 20% 的 24d 位置、大约 86% 的 48g 位置以及 85% 的 96h

位置没有被锂离子所占据,这些没有被锂离子占据的格点位置为锂离子的扩散提供了大量的空位。由于 96h 和 48g 的位置均位于八面体的内部,它们的位置非常接近并且它们位置上锂离子的扩散路径是一样的,进而可以把 96h 位置看做是 48g 位置的近似,均视为八面体间隙,得出大约有 57% 的八面体空位没有被锂离子所占据。

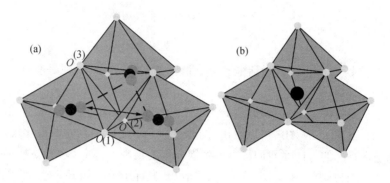

图 8 - 38 锂离子在 $Li_5La_3M_2O_{12}$ (M = Ta,Nb) 中的分布图

(a) 锂离子占据在畸变的八面体中间,其中有两个位置 48g 和 96h,黑色球的位置是 48g,浅灰色球的位置为 96h(在每一个畸变的八面体中含有两个 96h) (b) 锂离子占据在有三个畸变的八面体所形成的一个四面体的中间,即 24d 的位置

根据上面的分析,在 $Li_5La_3M_2O_{12}$ (M = Ta,Nb) 晶格中,24d,48g(96h) 都是部分占据的,因此在 $Li_5La_3M_2O_{12}$ (M = Ta,Nb) 内锂离子(空位)在弹性力场作用下在 24d,48g(96h) 之间跃迁,就可能形成弛豫强度较大的内耗峰。在 $Li_5La_3M_2O_{12}$ (M = Ta,Nb) 可能的跃迁方式包含以下几种:

$$24d \leftrightarrow 24d, \ 24d \leftrightarrow 48g, \ 48g \leftrightarrow 48g \tag{8-11}$$

根据我们上面的结构分析,不难发现四面体是被三个八面体所包围,因此锂离子直接从 24d 迁移到 24d 的位置是不可能的;因此,在 $Li_5La_3Ta_2O_{12}$ 中锂离子可能的跃迁方式为 24d↔48g, 48g↔48g。

由点缺陷弛豫理论可知,点缺陷(锂空位)作为弹性偶极子或电偶极子,在弹性力场或交变电场作用下,将在晶格中形成扩散弛豫过程,对应的弛豫强度正比于缺陷的浓度和偶极因子的平方。由于 48g 格点的占据率低,空位浓度高,更有利于锂离子的扩散,因此在 $Li_5La_3Ta_2O_{12}$ 中有比较高的弛豫强度的 P_2 峰应该对应于锂离子在八面体之间的扩散(48g↔48g),而峰高相对较低的 P_1 峰则对应于锂离子在四面体和八面体之间的扩散(24d↔48g)。我们知道,作为有着较高电导率的一种锂离子导体,其导电过程应该是锂离子在晶格中的长程跃迁扩散的过程。根据 $Li_5La_3M_2O_{12}$ (M = Ta,Nb) 的晶体结构特点并结合上面的分析讨论,我们可以认为,锂离子在外场作用下,晶格中锂离子的长程扩散是沿下面的路径进行的:48g↔24d↔48g↔48g↔24d↔48g。当然从本质上讲,其扩散方向是三维的。

8.3.2 $Li_5La_3(Ta,Nb)_2O_{12}$ 基锂离子导体的稳定性研究[35]

8.3.2.1 内耗和交流阻抗谱测量结果

图 8 - 39 所示是 $Li_5La_3Ta_2O_{12}$ 试样在空气中时效大约 10 天后(表示为 SS),其内耗随温

度的变化曲线。从图中可以看出,随着测量频率的增加内耗峰移向高温,在主峰的低温侧,内耗温度曲线出现了一个明显的拐点,双峰现象非常明显。利用非线性拟合的方法对内耗曲线进行双峰拟合,得到 P_1 峰位于 315 K 左右,峰高为 0.056,而峰温较高的 P_2 峰则位于 352 K 左右,峰高为 0.086。根据峰温随频率的移动,得到 P_1 峰和 P_2 峰的弛豫参数分别为 $E_1 = 0.81$ eV,$\tau_{01} = 2 \times 10^{-14}$ s,$E_2 = 0.87$ eV,$\tau_{02} = 7 \times 10^{-14}$ s。

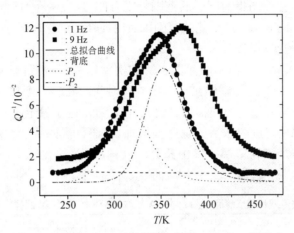

图 8-39 $Li_5La_3Ta_2O_{12}$ 试样(SS)的双 Debye 峰拟合结果

从时效十天的试样(SS 试样)和未时效的试样(表示为 SA 试样,即刚烧结出来的试样,其内耗测量结果如图 8-36 所示)内耗曲线的比较来看,SS 试样的内耗峰峰温更高,峰高更大,那么当 $Li_5La_3Ta_2O_{12}$ 试样在室温空气中放置的时间更长时,会出现什么情况? 内耗峰的位置是不是继续向高温方向移动,峰高是否会继续增加? 为了回答这个问题,我们做了在室温空气中放置一年左右的 $Li_5La_3Ta_2O_{12}$ 试样(SY)的内耗温度曲线,如图 8-40 所示。可以清楚看出,在其内耗-温度谱中,在 400 K 的温度附近,不同的测量频率下的内耗曲线中都可以观察到一个明显的内耗峰,对应的模量在出现的内耗峰的位置也发生了相应的变化。与 SS 试样的

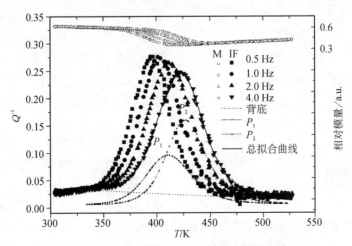

图 8-40 $Li_5La_3Ta_2O_{12}$ 试样(SY)的内耗和相对模量温度谱以及频率为 4 Hz 时的拟合结果

内耗相比,SY 试样中的内耗峰的位置确实在更高温度,峰高也更高,例如当测量频率为 1 Hz 时,内耗峰出现在 400 K 左右,峰高大约为 0.26。通过改变测量频率,得到 P_1 峰和 P_2 峰的弛豫参数分别为:$E_1 = 0.97$ eV,$\tau_{01} = 5.8 \times 10^{-14}$ s;$E_2 = 1.07$ eV,$\tau_{02} = 1.07 \times 10^{-14}$ s。

从上面 SS 试样和 SY 试样的分析结果中可以得出,其中内耗峰均由两个小的内耗峰组成,它们的激活能参数的范围在 0.8~1.1 eV 之间,弛豫时间指前因子的范围大约在 $10^{-14} \sim 10^{-13}$ s,与传统点缺陷弛豫的指前因子的范围是吻合的,这说明在 SS 和 SY 试样中的内耗峰和点缺陷的弛豫有关,同时结合激活能的范围以及内耗峰的位置判断,这个内耗峰出现的原因应该是由锂离子扩散弛豫引起的。

从上面的分析以及结合新鲜 $Li_5La_3Ta_2O_{12}$ 的实验结果,我们可以知道,在 $Li_5La_3Ta_2O_{12}$ 中,两个内耗次峰 P_1 和 P_2 随着试样在空气中放置时间的延长逐渐移向高温方向,同时伴随着峰高的增加,并且在刚开始的时候移动变化大,而后逐渐趋于稳定进入饱和的状态。通过变频率测量发现,内耗峰所对应的激活能也逐渐增加,对于低温的 P_1 峰来说,其激活能从新鲜样品 SA 的 0.6 eV 增加到在室温空气中充分时效样品 SY 中的 0.97 eV;而对于高温的 P_2 峰,其激活能则由 0.69 eV 增加到 1.07 eV,如表 8-2 所示。

表 8-2　弛豫双峰(P_1 峰和 P_2 峰)在 SA 试样、SS 试样以及 SY 试样中的弛豫参数

样品名	SA		SS		SY	
	P_1	P_2	P_1	P_2	P_1	P_2
E/eV	1.1	1.0	0.81	0.87	0.97	1.07
τ_0/s	9.0×10^{-26}	1.5×10^{-22}	2×10^{-14}	5.6×10^{-14}	5.8×10^{-14}	1.1×10^{-14}
E^*/eV	0.61	0.67	—	—	—	—
τ_0^*/s	$\sim 10^{-19}$	$\sim 10^{-19}$	—	—	—	—

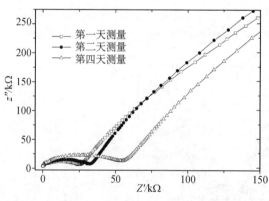

图 8-41　$Li_6La_2BaTa_2O_{12}$($t = 1, 2, 4$ 天)在 313 K 下的交流阻抗谱

图 8-41 所示的是在 313 K 温度下,$Li_6La_2BaTa_2O_{12}$ 在空气中的交流阻抗谱。从阻抗谱中我们仅仅可以看到一个压缩的半圆,我们对其用 Evolve Circuit 程序进行拟合可以得到三次测量到的体电阻分别为 22.4 KΩ,29.5 KΩ 和 112 KΩ,也就是说 $Li_6La_2BaTa_2O_{12}$ 体电阻从第一天测量到的大约 22 KΩ 增大到第四天测到的 112 KΩ,增加了将近五倍。

我们知道陶瓷材料的体电阻和材料的微观结构有很大的关系,因此材料在空气中放置一段时间以后,体电阻增加的这种情况,必然对应着材料的微观结构的变化,而这种变化显然不利于材料中锂离子的扩散迁移,从而使得材料的体电阻增加,体电导下降,这和我们利用内耗手段得到的激活能增加的结论是一致的。那么是什么因素导致了这种变化,又是怎么样影响材料的性质? 下面我们将结合不同的检测手段如 XRD, TGA, FTIR 以及质量的变化来分析这种变化的机理。

8.3.2.2　内耗峰演化的影响因素及过程分析

首先我们研究了新鲜 $Li_5La_3Ta_2O_{12}$ 试样在室温空气中质量随时间的变化关系。从图 8-42 中我们可以看出,在前五天中样品质量的变化非常明显,质量的增加大约为 1‰/天,而后逐渐减缓并最终趋于饱和,达到饱和时的质量增加量大约为 7.7%。而与 $Li_5La_3Ta_2O_{12}$ 结构相似但是锂离子占据位置不同的石榴石结构的 $Li_3Y_3Te_2O_{12}$ 样品质量却没有随着时间发生任何变化。同时该图中也给出了晶格常数随时间的变化关系,可以看出晶格常数的变化和质量的变化过程非常类似,先是快速增加而后逐渐趋于稳定,由此可见引起两者变化的原因可能有一定关联。

考虑到一些含锂的陶瓷化合物对水气的敏感性,会不会是 $Li_5La_3Ta_2O_{12}$ 样品在室温空气中的吸潮而造成了材料质量的增加。水汽侵入晶格而导致材料微观结构的变化进而导致内耗峰的变化? 为此我们做了下面的水蒸气实验。

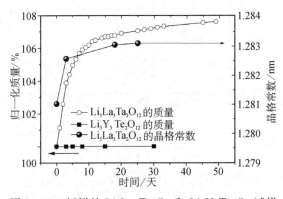

图 8-42　新鲜的 $Li_5La_3Ta_2O_{12}$ 和 $Li_3Y_3Te_2O_{12}$ 试样的质量(晶格常数)随时间的变化

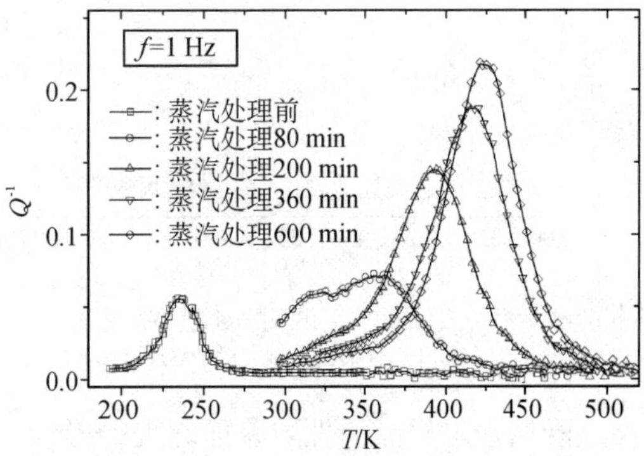

图 8-43　水汽中处理后 $Li_5La_3Ta_2O_{12}$ 的内耗曲线

图 8-43 给出了在水蒸气中处理不同时间 $Li_5La_3Ta_2O_{12}$ 样品的内耗曲线。从图中可以看出没有经过水蒸气处理的 $Li_5La_3Ta_2O_{12}$ 样品,内耗峰位于 240 K,峰高大约为 0.055。而在 270~520 K 的温度区间内内耗非常小且没有内耗峰的出现。当新鲜 $Li_5La_3Ta_2O_{12}$ 样品在水蒸气中处理时间大约为 80 min 时,在 300 K 到 420 K 的温度范围内出现了两个明显的内耗峰,分别位于 315 K 和 360 K 左右,其内耗曲线和样品 SS 的内耗曲线十分相似。随着在水蒸气中处理时间的延长,两个内耗峰继续向高温方向移动并且峰高也在不停地增加。当在水蒸气中处理的时间达到 600 min 时,在 425 K 附近观察到一个内耗峰,这个内耗峰的位置和峰高亦十分接近于 SY 样品中出现的内耗峰。由此可以得到,水在 $Li_5La_3Ta_2O_{12}$ 样品内耗曲线及微观结构的变化中起着非常重要的作用。

由上面的结果可以看出,当 $Li_5La_3Ta_2O_{12}$ 样品在水蒸气中处理的时间越长,其内耗峰的峰温越高,峰高越大,换句话就是说,内耗峰的峰温和峰高与样品中所含的水的含量成正比,当 $Li_5La_3Ta_2O_{12}$ 样品中所含的水的含量下降时,内耗峰会不会向低温方向移动,峰高也随之下降? 带着这个问题,我们做了以下的实验。

图 8-44 给出了按照一定顺序测量的在室温空气中充分时效的 $Li_5La_3Ta_2O_{12}$ 样品的内耗温度曲线,第一次升温测量的内耗曲线和我们前面的测到的 SY 试样的内耗曲线是相同的。

　　为了便于观察到失去水的过程中内耗的变化，我们逐步提高测量时的最高温度，当测量的最高温度低于 300℃ 时，前后两次测量到的内耗峰几乎没有变化；当最终的测量温度高于 400℃ 时，前后两次测量到的内耗峰发生了很大的变化，内耗峰的位置不仅向低温方向移动，同时伴随着峰高的降低；重复这个步骤我们可以看到内耗峰的位置继续向低温方向移动，这也再次有力地证明了水是材料微观结构变化或者说内耗峰演变的根源所在。

　　由以上的分析可以得出，当新鲜的 $Li_5La_3Ta_2O_{12}$ 样品放置在空气中时，该样品会吸附空气中的水，造成样品质量的增加，恶化锂离子的扩散环境，造成锂离子扩散弛豫峰的位置逐渐向高温方向移动。同时随着高温的处理，进入晶格的水会重新从晶格中脱离出来，从而使得时效样品中的内耗峰位置由高温向低温方向移动，当然也伴随着晶格常数的减小。

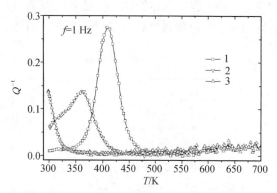

图 8 - 44　按照一定顺序测量的充分时效
$Li_5La_3Ta_2O_{12}$（SY）的内耗曲线

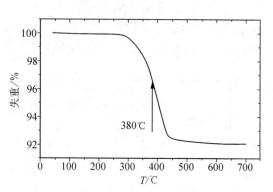

图 8 - 45　长期时效的 $Li_5La_3Ta_2O_{12}$ 的 TG 曲线

　　既然水对样品的性质有如此大的影响，那么水在样品中是以一种什么样的形态存在于晶格中，而且又是怎样来影响材料的性质？下面我们从 TGA 曲线和 XRD 谱来分析这种过程。图 8 - 45 给出了在室温空气中充分时效达到饱和的 $Li_5La_3Ta_2O_{12}$ 样品的热失重（TGA）曲线，测量的温度范围为 40～700℃。从图中可以看出，在 40～300℃ 的温度范围内，样品的质量几乎没有发生什么变化，由此可以排除物理吸附水的可能性，因为如果样品的质量增加是由物理吸附水造成的话，那么在该温度区间内应该会出现一个明显的下降台阶。随着温度的继续升高，当温度超过 300℃ 时，样品的质量开始迅速减少，直到温度升高至 450℃ 质量趋于稳定为止，总的质量减小大约为 7.7%，和前面新鲜陶瓷 $Li_5La_3Ta_2O_{12}$ 样品在空气中的质量增加是一致的。据此我们判断出在 $Li_5La_3Ta_2O_{12}$ 样品水气是以化学结晶水的形式存在于晶格，而非简单的物理吸附水。

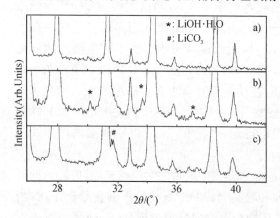

图 8 - 46　$Li_5La_3Ta_2O_{12}$ 试样的 XRD 局部放大图
　　（a）新鲜试样　（b）时效 10 天　（c）长期时效并在 120℃ 处理 1 h。在图中符号"＊"和"＃"分别代表的是 LiOH·H_2O 的（－111），（220）和（021）及 Li_2CO_3 的（111）面的衍射峰

　　图 8 - 46 给出了 $Li_5La_3Ta_2O_{12}$ 试样不同时效时间的粉末 XRD 图谱。和新鲜 $Li_5La_3Ta_2O_{12}$ 试样的 XRD 图谱比较［见图（a）］，经过在室温空气中长期时效 $Li_5La_3Ta_2O_{12}$ 试样的 XRD 图谱［见图（b）］中出现了三个明显的小衍射峰，

分别位于 $30.2°$，$33.7°$，和 $37.1°$。通过与标准的卡片对比发现，这些小的衍射峰依次对应的是 $LiOH \cdot H_2O$（JCPDS：$76-1074$）的三个衍射面：(-111)，(220) 以及 (021)。对长期时效 $Li_5La_3Ta_2O_{12}$ 试样在 $120℃$ 处理一个小时以后，我们发现原来的三个小的衍射峰消失了[见图 (c)]，而在 $31.7°$ 观察到了一个很弱的峰，可能是碳酸锂的衍射峰。

N. S. P. Bhuvanesh 报道了质子很容易进入 $La_{2/5-x}Li_{3x}TiO_3$ 的晶格取代其中锂离子[36]，发生了如下的过程：

$$La_{2/3-x}Li_{3x}TiO_3 + yHNO_3 \rightarrow La_{2/3-x}Li_{3x-y}TiO_{3-y}(OH)_y + yLiNO_3 \qquad (8-12)$$

同时由于质子和氧离子强的亲和作用，使得质子并不占据在其所取代的锂离子的位置，而是和附近的氧离子形成了新的化合物 $La_{2/5-x}TiO_{5-3x}(OH)_{3x}$。那么在 $Li_5La_3Ta_2O_{12}$ 化合物中可能发生了类似的反应，质子取代了 $Li_5La_3Ta_2O_{12}$ 化合物中的锂离子并和氧离子结合形成了新的化合物，这一点可以通过图 $8-42$ 中晶格常数增加来说明，因为当离子半径比较小的质子取代离子半径比较大的锂离子并占据在锂离子的位置上时，带来的必然是晶格收缩，即晶格常数减小。而实验观察到了晶格常数随时效时间增加，说明质子并不是简单取代锂离子，而是偏离原来锂离子的位置和氧离子结合形成了 OH^-，$Li_{5-x}La_3Ta_2O_{12-x}(OH)_x$。在 $Li_5La_3Ta_2O_{12}$ 化合物中有两种锂离子的占据位置，四面体中的 $24d$ 位置和八面体中间的 $48g$ 和 $96h$ 的位置，那么是 $24d$ 格点上的锂离子被取代了还是八面体中间的锂离子被取代了？为了回答这个问题，我们研究了与 $Li_5La_3Ta_2O_{12}$ 化合物中结构相似 $Li_3Y_3Te_2O_{12}$ 化合物在室温空气中质量随时间的变化关系。从图 $8-42$ 中可以看出 $Li_3Y_3Te_2O_{12}$ 化合物的质量在空气中几乎没有发生变化，也就是说，$Li_3Y_3Te_2O_{12}$ 化合物对水汽并不敏感。从晶体结构上来说，在 $Li_3Y_3Te_2O_{12}$ 化合物中所有的锂离子均占据在四面体中心 $24d$ 的位置上[37]，而 $Li_5La_3Ta_2O_{12}$ 则不然，后者的锂离子分别占据在 $24d$ 以及八面体中间的 $48g$ 和 $96h$ 位置上，由此我们可以得出，八面体中间的锂离子更容易被质子所取代。

从前面的分析，我们可以得出 $Li_5La_3Ta_2O_{12}$ 化合物在室温空气中时效的过程：

$$2Li_5La_3Ta_2O_{12} + xH_2O \xrightarrow{aging} 2Li_{5-x}La_3Ta_2O_{12-x}(OH)_x + xLi_2O \qquad (8-13)$$

$$Li_2O + 3H_2O \xrightarrow{aging} 2LiOH \cdot H_2O \qquad (8-14)$$

$$2LiOH \cdot H_2O + CO_2 \xrightarrow{annealing} Li_2CO_3 + 3H_2O \qquad (8-15)$$

结合我们观察到的 $Li_5La_3Ta_2O_{12}$ 化合物在室温空气中质量的变化，我们可以得到

$$\frac{4xM(H_2O)}{2M(Li_5La_3Ta_2O_{12})} = 7.7\% \qquad (8-16)$$

从而可以得到 $Li_{5-x}La_3Ta_2O_{12-x}(OH)_x$ 中 x 的值大约为 2.15，这里面有一个前提就是 $LiOH \cdot H_2O$ 不吸收空气中的二氧化碳，如果考虑到 $LiOH \cdot H_2O$ 吸附空气中的二氧化碳时，那么得到的 x 的值会减小一点儿，当 $LiOH \cdot H_2O$ 完全和空气中的二氧化碳反应生成碳酸锂时，$Li_{5-x}La_3Ta_2O_{12-x}(OH)_x$ 中 x 的值大约为 1.33。

在 $Li_{5-x}La_3Ta_2O_{12-x}(OH)_x$ 化合物中，由于质子和氧离子强的键合作用使得质子在低温情况下不容易移动，这些不移动的质子在一定程度上阻碍了锂离子的迁移，导致了锂离子电导率的降低以及锂离子弛豫内耗峰的位置逐渐由低温移向了高温，锂离子激活能也由新鲜

$Li_5La_3Ta_2O_{12}$化合物的 $0.6\sim0.69$ eV 增加到 $0.8\sim0.87$ eV(SS)最后直到 $0.97\sim1.07$ eV(SY)。至于峰高逐渐升高,大致可能有两个方面的原因:一方面由于质子取代锂离子但是并没有占据在锂离子所占据的位置,这样就会造成锂离子空位的增加,这可能是内耗峰峰高逐渐升高的原因之一;另一方面由于质子和氧离子之间强的键合作用形成了 OH^-,OH^- 的存在导致了晶格的畸变。根据应变椭球模型,弛豫强度 Δ 和$(\Delta\lambda)^2$(λ:应变椭球的主轴大小)成正比,$\Delta\propto(\Delta\lambda)^2$,晶格畸变的加剧,导致了$(\Delta\lambda)^2$ 的增加,进而表现出弛豫峰峰高的上升。

8.3.3 $Li_7La_3Ta_2O_{13}$基锂离子导体的内耗研究[38]

8.3.3.1 内耗测量结果

图 8-47 给出的是新鲜锂离子导体 $Li_7La_3Ta_2O_{13}$ 试样在升温过程中测量的内耗-模量随温度的关系曲线。实验中所使用的升温速率为 1 K/min,振动频率为0.5,1.0,2.0,4.0 以及8.0 Hz,升温测量的温度变化范围为 210 K 到 400 K。从该测量的结果中,我们可以观察到一

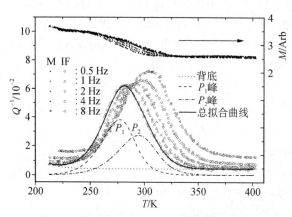

图 8-47　新鲜 $Li_7La_3Ta_2O_{13}$ 试样内耗-模量随温度的关系曲线

个明显的内耗峰,该内耗峰的位置随着测量频率的升高逐渐向高温方向移动,同时在峰位附近的模量变化随着温度的增加急剧减小,这些都表明该内耗峰具有典型的弛豫特征,而该内耗峰的微观弛豫机制与锂离子导体 $Li_7La_3Ta_2O_{13}$ 晶格内部的热激活过程有关。考虑到锂离子导体 $Li_7La_3Ta_2O_{13}$ 试样和 $Li_5La_3Ta_2O_{12}$ 试样结构的相似性,我们采用和后者一样的拟合处理方法,在图中我们给出了测量频率为0.5 Hz 时的双峰拟合的结果,拟合的结果十分理想,拟合的曲线几乎通过了每一个数据点。

根据峰温随频率的移动,可以得到 P_1,P_2 峰的弛豫激活能和弛豫时间指数前因子分别为 $E_1=1.1$ eV,$\tau_{01}=2.2\times10^{-21}$ s;$E_2=1.0$ eV,$\tau_{02}=6.6\times10^{-18}$ s。进一步分析得到的激活能参数不难发现,低温 P_1 峰的激活能竟然高于峰温比较高的 P_2 峰的激活能,达到了 1.1 eV,远远高于通过电导测量得到的激活能(0.4 eV),而且指前因子 τ_0($10^{-21}\sim10^{-18}$ s)是如此的小,几乎没有任何的物理意义,也许和新鲜的 $Li_5La_3Ta_2O_{12}$ 试样一样,在低温下锂离子存在着很强的耦合作用造成的。而这种耦合作用我们可以通过耦合模型来处理。根据耦合模型和我们测量到的弛豫参数(τ_0,E)我们就可以计算出实际的弛豫参数(τ_0^*,E^*),在表 8-3 中我们给出了内耗测量中新鲜 $Li_7La_3Ta_2O_{13}$ 试样中弛豫双峰(P_1,P_2 峰)实际的弛豫参数(τ_0^*,E^*)。

表 8-3　新鲜 $Li_7La_3Ta_2O_{13}$试样中弛豫双峰(P_1,P_2 峰)实际的弛豫参数(τ_0^*,E^*)

	E/eV	τ_0/s	β	E^*/eV	τ_0^*/s
P_1 峰	1.1	2.2×10^{-21}	0.4	0.44	3.4×10^{-16}
P_2 峰	1.0	6.6×10^{-18}	0.45	0.45	4.7×10^{-15}

从表 8-3 中,我们可以得到在新鲜 $Li_7La_3Ta_2O_{13}$ 试样中弛豫双峰(P_1,P_2 峰)实际的弛豫激活能为 $0.44\sim0.45$ eV,和我们前面用电学方法测到的激活能 0.4 eV 非常相近,说明了在 $Li_7La_3Ta_2O_{13}$ 试样中弛豫双峰(P_1,P_2 峰)是由锂离子的扩散引起的。此外,采用耦合模型解耦后,弛豫时间指数前因子在 $10^{-16}\sim10^{-14}$ s 的范围,为点缺陷弛豫的典型数值,说明耦合模型能够较好地解释 $Li_7La_3M_2O_{13}$ 中锂离子(空位)扩散的耦合现象。

在化合物 $Li_5La_3Ta_2O_{12}$ 中,Cussen[34] 根据中子衍射的数据拟合得到所有的锂离子均占据在四面体中心(24d)和八面体内部的(48g 或者 96h),但是仅有 80% 的四面体中心和 40% 的八面体内部的格点被锂离子所占据,而与其有完全相同的室温粉末 XRD 的新鲜 $Li_7La_3Ta_2O_{13}$ 试样,其一个单胞中包含有 56 个锂离子,当所有的锂离子均要占据在四面体的内部(24d)或者八面体的内部(48g)时,仍然有大约 30% 的格点没有被锂离子所占据,当这些空位分别分布在四面体中心或者八面体中心时,那么和化合物 $Li_5La_3Ta_2O_{12}$ 中锂离子扩散的情况一样,存在着两种扩散路径:24d↔48g 和 48g↔48g,因此在 $Li_7La_3Ta_2O_{13}$ 试样中观察到的两个弛豫型内耗峰(P_1,P_2 峰)则分别对应着锂离子在八面体和四面体之间的扩散(24d↔48g)或者八面体和八面体之间扩散(48g↔48g)。

8.3.4 $Li_5La_3Bi_2O_{12}$ 锂离子导体内耗的唯象模型[39]

8.3.4.1 理论模型简介

1)德拜模型(Debye model)

在此模型中不考虑弛豫过程中弛豫元(锂离子或锂空位)之间的相互耦合作用,由相邻的平衡态之间的弛豫所引起的内耗峰可以利用德拜模型较好地描述:

$$Q^{-1} = \Delta \frac{\omega\tau}{1+\omega^2\tau^2} \qquad (8-17)$$

式中:Δ 为弛豫强度;$\omega=2\pi f$,f 为测量频率;$\tau=\tau_0\exp(E/k_BT)$ 为弛豫时间;τ_0 为弛豫时间指前因子;E 为激活能;k_B 为波耳兹曼常数;T 为绝对温度。

如果将内耗描述成 $\lg\omega$ 或 $1/T$ 的函数,将出现一个对称性的内耗峰,其极大值出现在 $\omega\tau=1$ 处,此时,其半高宽为 1.144($\lg\omega\tau$ 为横坐标)或 $2.635k_B/E$($1/T$ 为横坐标)。然而在大多数情况下,所测量的内耗峰,其弛豫时间都是有一定分布的,通常内耗峰形也相对较宽。

2)耦合模型(Coupling model)

不同于德拜模型,耦合模型考虑到弛豫元(锂离子或锂空位)之间强烈的相互作用,而这种相互作用一般可以通过耦合理论(coupling theory)来描述[30~32]。其理论模型可以由式(8-8)~式(8-11)来描述。一般来说,横坐标为 $\lg\omega\tau$ 或 $1/T$ 时,内耗峰是不对称的。

3)改进的琼克模型(The improved Jonscher model)

在 1975 年,Jonscher[40] 提出了一个用来描述聚合物介电弛豫的普适模型,考虑了弛豫元之间存在的强烈耦合作用。这里,我们引用此模型来描述内耗峰或者弹性模量的虚部:

$$Q^{-1} = \Delta \frac{1}{(\omega\tau^*)^{-m}+(\omega\tau^*)^n} \qquad (8-18)$$

式中:m 和 n 的取值范围为 $0<m$,$n<1$,是反映耦合强弱程度的量,m,n 越小,耦合程度越强。当 $m=n=1$ 时,上式演变为德拜模型。反之,当 $m\neq n$ 时,由公式(4-7)描述的内耗峰,出

现在 $\ln(\omega\tau^*) = \ln(m/n)/(m+n)$ 处,且以 $\ln(\omega\tau^*)$ 或 $1/T$ 为横坐标时,峰形不对称(只有 $m=n$ 时才为对称)。如图 8-48 所示。

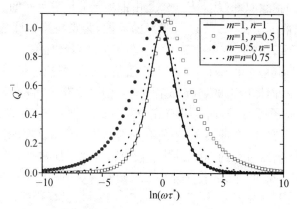

图 8-48 对应不同的 m,n 值,改进的琼克模型描述的
内耗峰

与耦合模型相似,先假设当 $(\omega \ll \omega_c = 1/t_c)$ 时,不存在任何的相互作用,可以用公式(8-17)来描述。当 $\omega = \omega_c$ 时,结合式(8-17)和式(8-18),又知 $\omega_c\tau^* \gg 1$,我们得出

$$\tau = t_c^{1-n}(\tau^*)^n \tag{8-19}$$

再根据 Arrhenius 关系,得出

$$E = nE^* \tag{8-20}$$

$$\ln(\tau_0) = n\ln(\tau_0^*) + (1-n)\ln(t_c) \tag{8-21}$$

上述三种理论模型均可以用来拟合离子导体材料的内耗-温度曲线。当然,每一种弛豫模型都有其一定的适用范围。德拜模型只适用于弛豫元之间不存在相互作用的弛豫过程。如果在弛豫过程中弛豫元之间存在着相互作用,就只能利用后两种弛豫模型来拟合分析。下面以 $Li_5La_3Bi_2O_{12}$ 锂离子导体的内耗结果为例子予以说明。

8.3.4.2 $Li_5La_3Bi_2O_{12}$ 锂离子导体的内耗研究

图 8-49 给出了在同一升温过程中不同测量频率(0.5,1,2,4 和 9 Hz)下锂离子导体

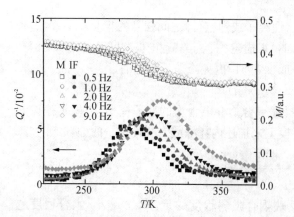

$Li_5La_3Bi_2O_{12}$ 的内耗和相对模量随温度的关系曲线。从该测量结果中,我们可以观察到,当测量频率为 1 Hz 时,在 285 K 左右出现了一个明显的内耗峰,同内耗峰对应的是,在峰位附近相对模量随着温度的增加而急剧减小,且该内耗峰随着测量频率的增加而向高温方向移动,表明该内耗峰具有典型的弛豫特征,同时也表明引起该内耗峰的微观弛豫机制与 $Li_5La_3Bi_2O_{12}$ 锂离子导体晶格内部的热激活过程相关,由锂离子的短程扩散所引起。

图 8-49 $Li_5La_3Bi_2O_{12}$ 的内耗/相对模量-温度曲线

首先利用德拜模型对 $Li_5La_3Bi_2O_{12}$ 锂离子导体的内耗-温度谱进行单峰拟合,对应的内耗曲线可以被很好地拟合为一个有弛豫时间分布的内耗峰和一个指数背底的叠加。拟合的相应结果为 $\beta_1 = 0$,$\beta_2 = 0.07$ eV。β_1,β_2 分别为对应的弛豫时间指前因子和弛豫激活能的分布参数;相应的激活能和弛豫时间指前因子分别为 1.1 eV 和 2.4×10^{-20} s。该激活能远大于锂离子电导率测量所得的激活能(0.40 eV),而且该弛豫时间指前因子太小了,对于一个弛豫型内耗峰而言,没有任何的物理意义。对 $Li_5La_3Bi_2O_{12}$ 锂离子导体的内耗-温度谱进行两个或多个德拜峰拟合,所得的弛豫参数仍存在上述问题。

考虑到弛豫过程中弛豫元之间的相互作用,我们利用耦合模型对 $Li_5La_3Bi_2O_{12}$ 锂离子导体的内耗-温度谱进行拟合。由于耦合模型的内耗峰具有不对称性,必须假设 $Li_5La_3Bi_2O_{12}$ 内耗峰是由至少两个有弛豫时间分布的内耗峰 P_1 峰和 P_2 峰叠加而成的。图 8-50 给出了 $Li_5La_3Bi_2O_{12}$ 的内耗-温度谱的耦合模型拟合结果。为了使图更直观,图中只给出测量频率为 1 和 4 Hz 的拟合结果。从图中我们看出,拟合曲线基本上通过了每一个数据点,拟合结果基本理想。拟合结果显示,对于 P_1 峰和 P_2 峰,其耦合因子均为 0.52,根据式(8-9)、式(8-10)以及表观弛豫参数 (E^*, τ_0^*),t_c 取 10^{-12} s 时,可以得到其解耦弛

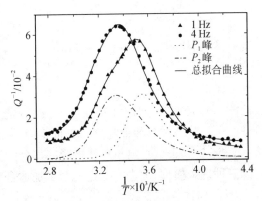

图 8-50　耦合模型拟合 $Li_5La_3Bi_2O_{12}$ 的内耗-温度谱

豫参数(E, τ_0):对于 P_1 峰,$E_1 = 0.59$ eV,$\tau_{01} = 2.4 \times 10^{-17}$ s;对于 P_2 峰,$E_2 = 0.52$ eV,$\tau_{02} = 1.3 \times 10^{-15}$ s。如表 8-4 所示。

表 8-4　利用不同理论模型拟合 $Li_5La_3Bi_2O_{12}$ 内耗峰的弛豫参数对比[*]

	德拜模型	耦合模型		改进的琼克模型
		P_1 峰	P_2 峰	
E^*/eV	1.1	1.1	1.0	0.78
τ_0^*/s	2.4×10^{-20}	5.8×10^{-22}	1.8×10^{-18}	3.3×10^{-15}
m, n, β	$\beta_1 = 0$; $\beta_2 = 0.07$ eV	$\beta = 0.52$	$\beta = 0.52$	$m = 0.63$; $n = 0.58$
E/eV	—	0.59	0.52	0.46
τ_0/s	—	2.4×10^{-17}	1.3×10^{-15}	3.6×10^{-14}

[*]　E^* 和 τ_0^* 为表观弛豫参数;E 和 τ_0 为解耦弛豫参数

根据表 8-4 的结果看出,采用耦合模型拟合后,尽管对于 P_2 峰而言,解耦弛豫时间指前因子为 10^{-15} s,与经典的点缺陷弛豫指前因子范围相吻合,但其解耦激活能为 $0.5 \sim 0.6$ eV,相对于德拜模型拟合,虽然更加接近于导电率的激活能($0.40 \sim 0.49$ eV),但仍然偏大。而且对于 P_1 峰而言,其解耦弛豫时间指前因子依旧偏小。这就说明耦合模型并不是十分适合于 $Li_5La_3Bi_2O_{12}$ 离子导体弛豫过程的描述。

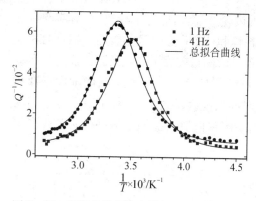

图 8-51 利用改进的琼克模型对 $Li_5La_3Bi_2O_{12}$ 内耗峰进行单峰拟合的结果

因此,我们尝试采用第三种理论模型——改进的琼克模型对 $Li_5La_3Bi_2O_{12}$ 离子导体内耗峰进行拟合分析。图 8-51 给出了利用改进的琼克模型对 $Li_5La_3Bi_2O_{12}$ 离子导体内耗峰进行单峰拟合的结果。图中只给出了测量频率为 1 和 4 Hz 的拟合结果。同样,从图中可以看出,利用该模型拟合的结果也很理想,拟合曲线基本上通过了每一个数据点。如表 8-4 所示,经改进的琼克模型拟合之后,其耦合因子 m 和 n 分别为 0.63 和 0.58,且其表观弛豫参数相对于前两种模型的拟合结果更加理想。根据式(8-9)以及式(8-10),$t_c =$ 10^{-12} s,可以得到 $Li_5La_3Bi_2O_{12}$ 离子导体的解耦激活能 E 以及解耦弛豫时间指前因子 τ_0 分别为 0.46 eV 和 3.6×10^{-14} s。该解耦弛豫参数与典型的点缺陷弛豫参数值吻合。更重要的是,经过改进的琼克模型拟合所得的解耦激活能(0.46 eV)与 $Li_5La_3Bi_2O_{12}$ 离子导体电导率得到的激活能(0.40～0.49 eV)非常相近。由此可见,上述三种理论模型,改进的琼克模型更加适合对 $Li_5La_3Bi_2O_{12}$ 离子导体弛豫机制的描述。

参考文献

[1] 方前锋,王先平,程帜军等. 新型 $La_2Mo_2O_9$ 基氧离子导体的研究进展[J]. 无机材料学报,2006,21(1):1-11.

[2] Thangadurai V, Weppner W. $Li_6ALa_2Ta_2O_{12}$(A=Sr, Ba):Novel garnet-like oxides for fast lithium ion conduction [J]. Adv. Funct. Mater., 2005,15(1):107-112.

[3] Cussen E J. The structure of lithium garnets: cation disorder and clustering in a new family of fast Li^+ conductors [J]. Chem. Commun., 2006,4:412-413.

[4] Weller M, Schubert H. Internal friction, dielectric loss, and ionic conductivity of tetragonal ZrO_2 - 3% Y_2O_3(Y-TZP) [J]. J. Am. Ceram. Soc., 1986,69(7):575-577.

[5] Weller M, Damson B, Lakki A. Mechanical loss of cubic zirconia [J]. J. Alloy Compd., 2000,310(1-2):47-53.

[6] Lakki A, Herzog R, Weller M, et. al. Mechanical loss, creep, diffusion and ionic conductivity of ZrO_2 - 8 mol% Y_2O_3 polycrystals [J]. J. Eur. Ceram. Soc., 2000,20(3):285-296.

[7] Roebben G, Basul B, Vleugels J, et. al. Transformation-induced damping behaviour of Y-TZP zirconia ceramics [J]. J. Eur. Ceram. Soc., 2003,23(3):481-489.

[8] Weller M, Khelfaoui F, Kilo M, et. al. Defects and phase transitions in yttria- and scandia-doped zirconia [J]. Solid State Ionics, 2004,175(1-4):329-333.

[9] Ozawa M, Itoh T, Suda E. Mechanical loss of $Zr_{0.8-x}Ce_xY_{0.2}O_{1.9}$($x$=0-0.4) [J]. J. Alloy Compd., 2004,374(1-2):120-123.

[10] Wang X P, Fang Q F. Low frequency internal friction study of oxide-ion conductor $La_2Mo_2O_9$ [J]. J. Phys. Condensed Matt., 2001,13(8):1641-1651.

[11] 袁立曦,方前锋. 内耗数据的非线性拟合及其在纯铝竹节晶界弛豫中的应用[J]. 金属学报,1998,34(10):1016-1020.

[12] Wang X P, Fang Q F. Mechanical and dielectric relaxation study on the mechanism of oxygen ion diffusion in $La_2Mo_2O_9$ [J]. Phys. Rev. B, 2002,65:064304.

[13] Goutenoire F, Isnard O, Lacorre P. Crystal structure of $La_2Mo_2O_9$, a new fast oxide-ion conductor [J]. Chem. Mater. , 2000,12(9):2575 - 2580.

[14] Nowick A S, Berry B S. Anelastic Relaxation in Crystalline Solids [M]. New York: Academic Press, 1972.

[15] Wang X P, Fang Q F. Effects of Ca doping on the oxygen ion diffusion and phase transition in oxide-ion conductor $La_2Mo_2O_9$ [J]. Solid State Ionics, 2002,146(1 - 2):185 - 193.

[16] Fang Q F, Wang X P, Zhang G G, et. al. Damping mechanism in the novel $La_2Mo_2O_9$-based oxide-ion conductors [J]. J. Alloy Compd. , 2003,355(1 - 2):177 - 182.

[17] Wang X P, Cheng Z J, Fang Q F. Influence of potassium doping on the oxygen-ion diffusion and ionic conduction in the $La_2Mo_2O_9$ oxide-ion conductors [J]. Solid State Ionics, 2005,176(7 - 8):761 - 765.

[18] Fang Q F, Wang X P, Li Z S, et. al. Relaxation peaks associated with the oxygen-ion diffusion in $La_{2-x}Bi_xMo_2O_9$ oxide-ion conductors [J]. Mater. Sci. Eng. A, 2004,370(1 - 2):365 - 369.

[19] Wang X P, Li D, Fang Q F, et. al. Phase transition process in oxide-ion conductor $La_2Mo_{2-x}W_xO_9$ assessed by internal friction method [J]. Appl. Phys. Lett. , 2006,89(2):021904 - 3.

[20] Li D, Wang X P, Fang Q F, et. al. Phase transition associated with the variation of oxygen vacancy/ion distribution in the oxide-ion conductor $La_2Mo_{2-x}W_xO_9$ [J]. phys. stat. sol. (a), 2007,204(7):2270 - 2278.

[21] 方前锋,王先平,张国光等. $La_2Mo_2O_9$ 系材料中氧空位扩散的内耗与介电弛豫研究[J]. 金属学报, 2003,39(11):1133 - 1138.

[22] Evans I R, Howard J A K, Evans J S O. The crystal structure of $\alpha - La_2Mo_2O_9$ and the structural origin of the oxide ion migration pathway [J]. Chem. Mater. , 2005,17(16):4074 - 4077.

[23] Bohnke O, Bohnke C, Foruquet J L. Mechanism of ionic conduction and electrochemical intercalation of lithium into the perovskite lanthanum lithium titanate [J]. Solid State Ionics, 1996,91(1 - 2):21 - 31.

[24] Liang F J, Wang X P, Fang Q F, et. al. Internal friction studies of $La_{2-x}Ba_xMo_2O_{9-\delta}$ oxide-ion conductors [J]. Phys. Rev. B, 2006,74:014112 - 5.

[25] Leonidov I A, Dontsov G I, Knyazhev A S, et. al. Diffusion of Barium ions in the $Ba_{3-3x}La_{2x}(VO_4)_2$ Solid Solutions [J]. Russ. J. Electrochem. , 1999,35(1):29 - 33.

[26] Li C, Fang Q F, Wang X P, et. al. Internal friction study of oxygen ion conductors $La_{1.95}K_{0.05}Mo_{2-x}T_xO_{9-\delta}$ (T=Fe, Mn) [J]. J. Appl. Phys. , 2007,101:083508 - 6.

[27] Wang X P, Wang W G, Gao Y X, et. al. Low frequency internal friction study of lithium-ion conductor $Li_5La_3Ta_2O_{12}$ [J]. Mater. Sci. Eng. A, 2009,521 - 522:87 - 89.

[28] Wang W G, Wang X P, Gao Y X, et. al. Internal friction study on the lithium ion diffusion of $Li_5La_3M_2O_{12}$ (M=Ta, Nb) ionic conductors [J]. Solid State Sciences, 2011,13(9):1760 - 1764.

[29] Gullion T, Schaefer J. Rotational-echo double-resonance NMR [J]. J. Magn. Reson. 1989,81(1):196 - 200.

[30] Ngai K L, White C T. Frequency dependence of dielectric loss in condensed matter [J]. Phys. Rev. B, 1979,20(6):2475 - 2486.

[31] Ngai K L, Rendell R W, Jain H. Anomalous isotope-mass effect in lithium borate glasses: Comparison with a unified relaxation model [J]. Phys. Rev. B, 1984,30(4):2133 - 2139.

[32] Ngai K L, Strom U. High-frequency dielectric loss of Na beta alumina: Evidence for relaxation crossover [J]. Phys. Rev. B, 1988,38(15):10350 - 10356.

[33] Thangadurai V, Kaack H, Weppner W J F. Novel Fast Lithium Ion Conduction in Garnet-Type $Li_5La_3M_2O_{12}$ (M=Nb, Ta) [J]. J. Am. Ceram. Soc. , 2003,86(3):437 - 440.

[34] Cussen E J. The structure of lithium garnets: cation disorder and clustering in a new family of fast Li^+ conductors [J]. Chem. Commun. , 2006,412 - 413.

[35] Wang W G, Wang X P, Gao Y X, et. al. Investigation on the stability of $Li_5La_3Ta_2O_{12}$ lithium ionic conductors in humid environment [J]. Frontiers of Mater. Sci. China. , 2010,4(2):189 - 192.

[36] Bhuvanesh N S P, Bohnke O, Duroy H, et. al. Topotactic H^+/Li^+ ion exchange on $La_{2/3-x}Li_{3x}TiO_3$: new metastable perovskite phases $La_{2/3-x}TiO_{3-3x}(OH)_{3x}$ and $La_{2/3-x}TiO_{3-3x/2}$ obtained by further dehydration [J]. Mater. Res. Bull. , 1998,33(11):1681 - 1691.

[37] O'Callaghan M P, Lynham D R, Cussen E J, et. al. Structure and Ionic-Transport Properties of Lithium-Containing Garnets $Li_3Ln_3Te_2O_{12}$ (Ln = Y, Pr, Nd, Sm - Lu) [J]. Chem. Mater. 2006, 18(19):4681 - 4689.

[38] Wang W G, Wang X P, Gao Y X, et. al. Lithium-ionic diffusion and electrical conduction in the $Li_7La_3Ta_2O_{13}$ compounds [J]. Solid State Ionics, 2009,180(23 - 25):1252 - 1256.

[39] Gao Y X, Zhuang Z, Lu H, et. al. Relaxation Model of Lithium Ions in the Garnet-Like $Li_5La_3Bi_2O_{12}$ Lithium-Ion Conductor [J]. Solid State Phenomenon, 2012,184:116 - 121.

[40] Jonscher A K. Physical basis of dielectric loss [J]. Nature, 1975,253:717 - 719.

9 钙钛矿锰/铜氧化物的超声研究

郑仁奎[1]　屈继峰[2]　李晓光[3]

（1 中国科学院上海硅酸盐研究所，2 中国计量科学研究院，3 中国科学技术大学）

9.1 背景知识

9.1.1 超声方法对固体物性的研究

9.1.1.1 超声测量在固体物理中的应用

超声方法是研究固体内耗和固体缺陷的重要手段之一，其工作频率一般在几兆至几千兆赫兹的范围，它是利用机械波在固体中的传播特性，研究微观结构尺度为分子、声子和原子量级的缺陷性质。超声波在固体材料中传播时，两个最重要的物理参量是超声声速和衰减。超声波传播的速度 V 与介质的弹性模量 M 相联系：

$$V = (M/\rho)^{1/2} \tag{9-1}$$

式中：ρ 为介质密度；M 为弹性模量；它与波的模式以及波与固体边界的相互作用有关，也与多种物理机制有关。因此，可以利用声速的测量研究材料的物理问题。超声波在固体材料中传播时，随着传播距离的增加会出现声能的衰减。引起超声衰减的因素可分为下列四个方面：①由于热传导、切变黏滞和弛豫效应等引起的声能吸收；②由于固体介质的各种微观不均匀性，如晶粒结构、缺陷等产生的声能散射；③由于声束的发散而造成的扩散衰减，对于较好的平面波，这一衰减可以忽略；④在很低的温度下，超声波与载流子以及与核自旋、电子自旋的相互作用等。对于同一样品同时测量超声衰减和声速变化是研究材料对波的散射和吸收机制的有效途径，同时会得到有关物理性质和微结构方面的重要信息。

固体中超声衰减和声速的测量已发展为超声波谱学。与电磁波谱不同之处，超声波谱是一种机械波谱，它有纵波和横波两种模式。超声波谱的高频端已接近晶格振动频率（10^{13} Hz），这时振动的量子化即声子与超声波相联系，超声波与声子或与微观缺陷的相互作用理论与热传导理论类似，超声波与导电电子之间的相互作用可导致声子的发射和吸收，在足够低的温度发生超声波向导电电子的能量传递，因此，超声方法可用来研究固体的电子性质；在超声波谱低频端的兆赫频段，超声能量的耗散直接与固体的力学性质相联系，例如与位错阻尼和变形、蠕变和应力循环有关。超声方法在固体物理中常用于新材料的力学性能、声学性能、固体微缺陷和微结构的研究（如位错和晶粒间界等）、晶格动力学的研究等。曾在传统超导机制的研究中成功地证实了 BCS 理论。如前所述，超声研究方法还有着其他方法所不可比拟的优点，可以在无损样品的条件下探测其内部的结构特征。超声测量可为固体材料的力学特性提供丰富的信息。

9.1.1.2 超声测量方法

常用的声速测量方法分为连续波技术和脉冲技术，超声脉冲技术又包括脉冲回波法、脉冲叠加法和回鸣法，其中最常用的是脉冲回波法，可以精确测定超声波在固体中的衰减和声速，并可以对换能器的衍射及耦合层效应进行修正，是一种高精度的绝对测量方法。本章中的超声声速和衰减是采用脉冲回波法来同时测量获得，所用仪器为美国 Matec 公司生产的 AUW-100 先进超声工作站，使用的换能器本征频率为 10 MHz 的铌酸锂（LiNbO₃）纵波换能器。实验原理如图 9-1 所示。

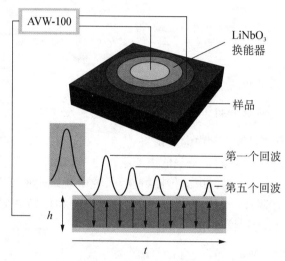

图 9-1　脉冲回波法测量超声衰减和声速示意图

脉冲回波法测量对样品的质量有很高的要求，样品的厚度、表面光洁度和上下表面的平行度必须达到一定的要求方能获得适合于超声测量的系列脉冲回波。样品的厚度一般约 3.5～4.5 mm，使得各个回波能够清楚地分开。对于衰减大的样品，其厚度可以薄一点，以便得到较多的回波。对于换能器的要求是尺寸要小于样品的横向尺寸，以减小声束扩散引起的边缘效应。调节换能器和样品之间的耦合，然后把一脉冲调制的高频声波输入两端面相互平行的样品中，这个脉冲经样品两端面多次反射得到一系列振幅呈指数衰减的脉冲回波。进入样品中的高频声波，传到样品另一端边界几乎完全被反射。声波每通过一次样品，就有一部分能量被样品吸收和散射，从而每一回波在幅度上总是小于相邻的前一个回波，在示波器上就可以得到一系列呈指数衰减的回波，从脉冲回波列就可以求出超声声速 V、超声衰减 α 以及内耗 Q^{-1}。具体计算公式如下：

$$V = 2h/t \tag{9-2}$$

$$\alpha = \frac{1}{2h}\ln(A_n/A_{n+1}) \tag{9-3}$$

$$Q^{-1} = \frac{1}{\pi ft}\ln(A_n/A_{n+1}) \tag{9-4}$$

式中：h 为样品厚度；f 为测量频率；A_{n+1} 和 A_n 为相邻两个回波的幅度；t 为相邻两个回波之间的时间差；α 的单位为 dB/cm。

本章主要分析钙钛矿锰氧化物和铜氧化物的超声性质，所以在讨论其超声性质之前，先对相关材料体系的基本概念做一个简单介绍。

9.1.2　钙钛矿锰氧化物中的电荷有序

9.1.2.1　锰氧化物研究历史简介

早在 1950 年代，Jonker[1]等人就开展了对具有钙钛矿结构的锰氧化物 $La_{1-x}Ca_xMnO_3$ 体系的磁性和电输运性质的研究，发现 $x\sim0.3$ 样品具有最高的居里温度和最小的电阻率，且其磁电阻大小和样品的磁化强度成正比，因此认为该体系的铁磁性与金属导电性有强烈关联。基于以上实验结果，1951 年 Zener[2]提出用双交换作用模型来解释这一掺杂氧化物从顺磁绝缘态到铁磁金属态的转变，认为 Mn^{3+} 离子中的 e_g 电子可以在 Mn^{3+}—O^{2-}—Mn^{4+} 之间跳跃，形成电导，而该电子的自旋与 Mn 离子的自旋相互作用，导致了铁磁性耦合。1955 年，Goodenough[3]提出了基于 Mn 的 d 电子和 O 的 p 电子杂化形成的半共价键理论，对磁有序、居里温度、电导率、晶体结构等进行了解释，取得了一定的成功，并预言了 $La_{1-x}Ca_xMnO_3$ 体系在不同组分下的磁结构和相应的晶体结构。同年，Wollan 和 Koehler[4]利用中子衍射从实验上给出了 $La_{1-x}Ca_xMnO_3$（$0\leqslant x\leqslant1$）体系的磁结构相图，并证实了 Goodenough 的理论预言。同样在 1955 年，Anderson 和 Hasegawa[5]在把每个锰离子的核自旋看作经典的自旋，并在巡游电子量子化的基础上，进一步发展了 Zener 的双交换理论。

1969 年，锰氧化物高品质单晶的生长取得了突破，Searle 等人[6]测量了（La，Pb）MnO_3 单晶的磁电阻效应，发现在 330 K，10 T 磁场下磁电阻效应为 20%。遗憾的是，在这以后的 10 年里，无论在理论上还是在实验上，对这类锰氧化物的研究几乎没有进展。1993 年，德国西门子公司的 Helmolt 等人[7]发现 $La_{2/3}Ba_{1/3}MnO_3$ 在室温下，外加 7 T 磁场作用下有 50%～60% 的磁电阻效应。紧接着在 1994 年，美国 IBM 公司的 Jin 等人[8]在脉冲激光沉积的 $La_{2/3}Ca_{1/3}MnO_3$ 薄膜中，在 77 K 时，外加 6 T 磁场时观察到高达 127 000% 的磁电阻效应。由于这类材料的磁电阻值非常大，故人们将这类具有钙钛矿结构的锰氧化物中的巨磁电阻效应叫做超大磁电阻效应（colossal magnetoresistance effect，CMR），通常人们称之为庞磁阻效应。由于 CMR 效应在磁存储、磁传感器件、自旋阀、红外成像等领域有很大的潜在应用价值，同时该体系又是电荷、自旋、晶格和轨道自由度高度关联的强关联体系，蕴藏着十分丰富的物理内容，是凝聚态物理的前沿领域。因此，在世界范围内掀起了研究这类材料的热潮。随着研究的深入，人们在该类锰氧化物中又发现一系列新奇的物理现象如电子的相分离、电荷有序、轨道有序、磁场诱导的结构相变等[9]。

9.1.2.2　锰氧化物的一些基本概念

1) 晶体结构和 Jahn-Teller 效应

锰氧化物具有典型的 ABO_3 钙钛矿结构，在理想状态下，这种 ABO_3 钙钛矿结构一般是具有 Pm3m 空间群对称立方结构。在 ABO_3 结构中，A 原子占据立方体的八个顶角，B 原子占据立方体的体心位置，三个氧原子占据立方体的六个面心位置，六个面上的氧原子与 B 原子（Mn 原子）共同构成一个 MnO_6 八面体。畸变前后的 ABO_3 钙钛矿结构分别如图 9-2 和图 9-3 所示。在实际的锰氧化物材料中，其晶体结构都畸变为正交（orthorhombic）对称性或菱面体

(rhomohedral)对称性。

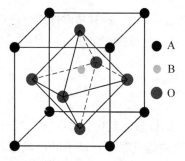

图 9-2 理想的钙钛矿结构
ABO₃ 原始晶胞

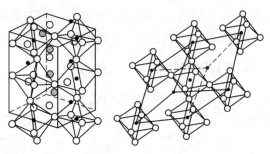

图 9-3 畸变后的正交结构和菱形结果的 ABO₃
钙钛矿结构

导致稀土锰氧化物的晶体结构发生畸变的原因一般认为有两个:一是 B 位的三价 Mn^{3+} 离子的 Jahn-Teller 不稳定性,使 MnO_6 八面体发生畸变,通常称作 Jahn-Teller 效应。Jahn-Teller 效应的物理图像是:Jahn-Teller 离子 Mn^{3+} 具有 $3d^4$ 轨道电子占据态,4 个 d 电子占据五重简并的 d 轨道能级,但由于 Mn^{3+} 离子处在 $Mn^{3+}O_6$ 八面体的中心,五重简并的 d 轨道能级会感受到 $Mn^{3+}O_6$ 产生的立方晶体场作用,其能级分裂为三重简并的 t_{2g} 能级轨道和二重简并的 e_g 能级轨道,其中三个电子占据能级较低的 t_{2g} 轨道,一个电子占据能级较高的 e_g 轨道(称之为 e_g 电子)。当占据这些能级的电子数少于能级简并度时,$Mn^{3+}O_6$ 八面体会自发地畸变为对称性更低的状态,从而进一步消除轨道的简并度,也即 e_g 轨道能级会进一步分裂为能级较低的 $3d_{3z^2-r^2}$ 轨道能级和能级较高的 $3d_{x^2-y^2}$ 轨道能级。能级分裂后,e_g 电子占据能级较低的轨道,从而使体系的总能量降低。与此同时,三重简并的 t_{2g} 轨道能级也分裂为 $3d_{xy}$,$3d_{yz}$ 和 $3d_{zx}$ 轨道能级,这种现象被称之为 Jahn-Teller 效应,图 9-4 是 Jahn-Teller 轨道能级分裂示意图。

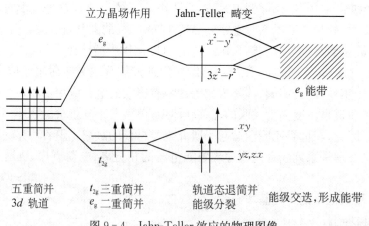

图 9-4 Jahn-Teller 效应的物理图像

另一种引起晶格畸变的原因是 A 位离子的平均半径比 B 位离子的半径大,导致 A—O 层与 B—O 层原子排列不匹配。这种不匹配程度可以用容忍因子来表示:

$$t = \frac{(r_B + r_O)}{\sqrt{2}(r_A + r_O)} \tag{9-5}$$

式中：r_A，r_B 和 r_O 分别是 A 位离子、B 位离子和氧离子的平均半径。当 t 值在 $0.75\sim1.00$ 之间时，均可以形成稳定的钙钛矿结构，当 $t=1.0$ 时，由离子半径不匹配造成的晶格畸变最小。由于相邻层的晶格常数不匹配，会引起弹性应力，晶格会自发的发生扭曲，通常情况下，这种扭曲表现为 MnO_6 八面体发生倾斜，以使空间利用率提高，同时减少弹性应力。由于 Jahn-Teller 晶格畸变和 MnO_6 八面体的倾斜，使得畸变后的正交对称性的晶胞中 Mn—O 键长发生变化，键角偏离 $180°$，这一晶体结构的变化会导致一系列电磁性质的变化。

2）动态、静态和合作 Jahn-Teller 效应

在讨论巨磁电阻效应和电荷有序等现象时，人们通常会使用动态 Jahn-Teller 效应、静态 Jahn-Teller 效应、合作 Jahn-Teller 效应、双交换作用等，在这里对它们作些解释。

在一个立方的 MnO_6 八面体中，在 Jahn-Teller 效应作用下，八面体会发生三个等价的四方扭曲，也即 MnO_6 八面体有可能沿着 x 轴或 y 轴或 z 轴被拉伸或被压缩，它们的几率是相等的。可以用一个简单的势阱模型来表示，如图 9-5 所示。

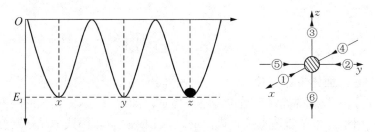

图 9-5 Jahn-Teller 晶格畸变的势阱模型

当 MnO_6 八面体沿 x 轴拉伸时，则 e_g 电子占据 x 势阱，同理，当 MnO_6 八面体沿 y 轴或 z 轴拉伸时，则 e_g 电子分别占据 y 势阱或 z 势阱，这三个势阱的深度是一样的，如果 e_g 电子从一个势阱跳到另一个势阱所用的时间 t_{hop} 比实验仪器所能检测到的最小的时间灵敏度 t_{mea} 还要长，则仪器记录下来的晶格畸变是静态 Jahn-Teller 效应[10]，此时 MnO_6 八面体在时间和空间尺度上会产生一个"净"的畸变。如果 $t_{mea}\gg t_{hop}$，则相当于在实验仪器所能测量到的最小时间刻度内电子很快地从三个势阱之间来回跳跃，则晶格畸变在 x 轴或 y 轴或 z 轴都有同等的几率发生，因此晶格畸变在时间和空间上被平均了，没有"净"的畸变产生，这就是动态 Jahn-Teller 效应[10]。

合作 Jahn-Teller 效应[10]：对于有较高浓度的 Jahn-Teller 离子的体系，如 $LaMnO_3$，其中的一个 Jahn-Teller 离子如 Mn^{3+} 离子产生的应变场会覆盖到最近邻的另外一个 Jahn-Teller 离子，则从第二个 Jahn-Teller 离子看来，第一个 Jahn-Teller 离子周围有一个局域的畸变，这个局域的畸变会和第二个 Jahn-Teller 离子的电子态发生耦合，从而使这两个 Jahn-Teller 离子之间通过电子产生间接的耦合作用，这种通过动态或静态的晶格扭曲而产生的非直接的离子之间的相互作用也称为"声子交换"作用或"虚声子"作用，它是一种非直接的离子相互作用。在 $LaMnO_3$ 中，由于相邻的 $Mn^{3+}O_6$ 八面体共享一个顶角氧原子，这些相邻的 Jahn-Teller 离子都会产生非直接的耦合，从而使体系出现合作 Jahn-Teller 效应。

3）Jahn-Teller 晶格畸变的模式

Jahn-Teller 晶格畸变时，$Mn^{3+}O_6$ 八面体的拉伸或压缩通常有三种改变 Mn—O 键长的模式，如图 9-6 所示。①呼吸模式，即 Q_1 模式，如图 9-6(a)所示，六个氧原子同时向锰原子

靠近或同时离开锰原子,这种氧原子的运动模式在能量上是不利的,会使体系的能量升高。在 $R_{1-x}A_x MnO_3$ 中,$Mn^{4+}O_4$ 离子常会发生这种畸变。②平面畸变模式,即 Q_2 模式,如图 9 - 6 (b)所示,平面内的两个氧原子向锰原子靠拢,而另外两个氧原子离开锰原子,在垂直于平面方向的两个氧原子位置基本不动。③八面体拉伸模式,即 Q_3 模式,如图 9 - 6(c)所示,此时平面上的四个氧原子向锰原子靠拢,而顶点的两个氧原子离开锰原子。对于 $Mn^{3+}O_6$ 八面体而言,主要发生 Q_2 模式和 Q_3 模式的畸变。

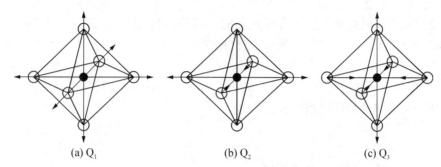

(a) Q_1 (b) Q_2 (c) Q_3

图 9 - 6 Q_1 呼吸模式和 Q_2,Q_3 Jahn-Teller 晶格畸变模式

由于 $Mn^{3+}O_6$ 八面体主要有 Q_2 和 Q_3 两种不同的晶格畸变模式,那么不同的晶格畸变模式导致 e_g 电子占据分裂后的能级轨道也是不一样的。如果发生 Q_2 模式的畸变,则 $3d_{x^2-y^2}$ 轨道能量较 $3d_{3z^2-r^2}$ 低,e_g 电子就占据该轨道。反之,如果发生 Q_3 模式的晶格畸变,则 $3d_{3z^2-r^2}$ 是低能量的能级,e_g 电子就占据该轨道,它们之间的关系如图 9 - 7 所示。

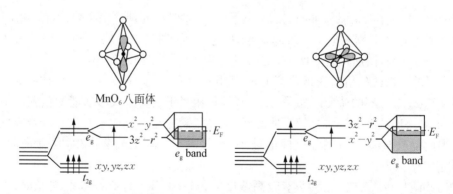

图 9 - 7   Jahn-Teller 晶格畸变模式与 e_g 电子能级占据态的关系

4) 双交换作用模型

双交换作用模型是由 Zener 提出的[2],其物理图像是 Mn^{3+} 离子的未满壳层有四个电子,三个处于 t_{2g} 局域态,一个处于 e_g 态,其自旋的取向都相同。对于未掺杂的 $LaMnO_3$,由于 e_g 电子和 O 的 2p 电子有较强的杂化,以及 d-d 电子之间的库仑作用能 U 较大,e_g 电子不大可能在相邻的 Mn^{3+} 离子之间转移。当掺入一定量的碱土金属后,就存在一定量的 Mn^{4+} 离子,在 Mn—O 面上形成 Mn^{3+}—O^{2-}—Mn^{4+} 半共价键结构。如图 9 - 8 所示,Mn^{4+} 离子的 e_g 态是空的,就有可能出现 O 的 2p 轨道上的电子跃迁到相邻的 Mn^{4+} 离子上的空 e_g 轨道上,同时相邻的 Mn^{3+} 离子的 e_g 电子跳跃到 O 的 2p 轨道上,也即相当于发生了 $Mn^{4+}+e \leftrightarrow Mn^{3+}$ 的过程,

使电导率发生很大变化，因而有可能转变为金属导电性。由于电子在 Mn^{3+} 和 Mn^{4+} 离子之间跃迁并不改变它们的自旋状态，且电子自旋之间存在着强的 Hund 耦合作用，相邻锰离子的磁矩平行排列时能量最低。这种磁性离子通过连接它们的氧离子产生的相互作用就是双交换作用。由于 e_g 电子的跃迁几率与锰离子局域的 t_{2g} 自旋的排列密切相关，因此当外磁场使得 t_{2g} 自旋沿着外磁场方向排列时，e_g 电子的跃迁几率迅速增大，使电阻率发生巨大变化，从而产生磁电阻效应。但是，Millis 等人[11]指出双交换作用还不足以解释掺杂锰氧化物电阻率的温度特性和金属—半导体转变问题，他认为还必须考虑 Jahn-Teller 电声子耦合后产生的极化子效应。

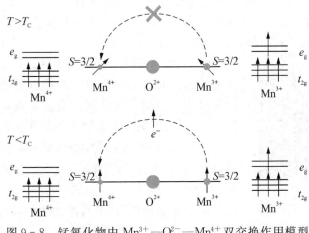

图 9-8 锰氧化物中 Mn^{3+}—O^{2-}—Mn^{4+} 双交换作用模型示意图[9]

5) 电声子相互作用和晶格极化子

双交换作用模型虽然能定性地解释钙钛矿锰氧化物在掺杂前后的磁转变和电阻转变，然而在定量上却遇到了困难，它无法解释为何在 T_C 附近有如此大的电阻变化。Millis 等人[11]采用 Kondo 晶格模型对 $La_{1-x}Sr_xMnO_3$ 体系进行了理论研究，发现从双交换作用出发计算得到的磁转变温度比实验测量值要大一个数量级，于是他们提出，除了双交换作用外，还应考虑电声子相互作用而形成的极化子效应，电子的动能项才能降低，并可解释相应的实验结果。不久，Zhao 等人[12]在 $La_{0.8}Ca_{0.2}MnO_3$ 中发现了其有效的导带带宽具有巨大的氧同位素效应，从而直接从实验上证实存在载流子与 Jahn-Teller 晶格畸变耦合形成的极化子效应。

极化子是由于电声子相互作用而形成的：在晶体中，电子和周围的离子的库仑作用，将使其周围晶格极化，形成围绕电子的极化场，这个场反作用于电子则会改变电子原先的能量和状态，将电子连同由于它对周围极化所构成的总体视为准粒子，叫极化子(polaron)。形成极化子的电子被束缚在一个有效范围内，这个空间的有效范围称为极化子尺寸。极化子尺寸约10 Å 的称作小极化子。锰氧化物中 Jahn-Teller 晶格畸变和 e_g 电子的相互作用将会导致 e_g 电子的局域化而形成小极化子，从而降低 e_g 电子的动能。实验上在 $R_{1-x}A_xMnO_3$ 锰氧化物中观察到的电荷有序、相分离、磁场诱导结构相变等现象说明除了双交换作用外，电荷晶格耦合与自旋晶格耦合是引起这类氧化物各种有趣现象的主要因素。e_g 电子的局域化与退局域化之间的竞争是决定 $R_{1-x}A_xMnO_3$ 氧化物的磁性和电输运性质的关键因素。

9.1.2.3 锰氧化物中的电荷有序态

对于掺杂锰氧化物如 $La_{1-x}Ca_xMnO_3$，由于二价 Ca^{2+} 离子部分替代了三价的 La^{3+} 离子，为了保持体系的电中性，相应地有部分 Mn^{3+} 离子转变为 Mn^{4+} 离子。通常情况下，这种混合价态的 Mn^{3+} 和 Mn^{4+} 离子在钙钛矿晶体结构的 MnO_2 面内是随机分布的，然而在特定的化学组分和温度下，特别是 Mn^{3+} 和 Mn^{4+} 离子数是公度比时，即 Mn^{3+}：$Mn^{4+}=1:1$，$1:2$，$1:3$，$1:4$ 等时，或相应的 Ca^{2+} 离子掺杂量 $x=1/2$，$2/3$，$3/4$，$4/5$ 等时，e_g 电子会自发在 MnO_2 平面内有序排列而形成电荷有序，由于 e_g 电子局域化在 Mn^{3+} 离子，因此表现为 Mn^{3+} 和 Mn^{4+} 离子在 MnO_2 平面内有序排列。由于 Mn^{3+} 和 Mn^{4+} 离子在实空间的有序排列，则 $Mn^{3+}O_6$ 八面体本征的 Jahn-Teller 晶格畸变也会在实空间有序排列，形成合作 Jahn-Teller 效应，从而导致轨道有序的产生。与此同时，Mn^{3+} 和 Mn^{4+} 离子出现反铁磁有序，这种在低温下的电荷有序、磁有序和轨道有序的状态被称为电荷有序态。

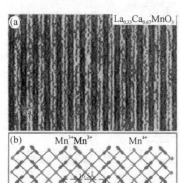
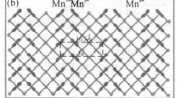

图 9-9 $La_{0.33}Ca_{0.67}MnO_3$ 在 95 K 通过电子衍射获得的高分辨晶格图像 (a) 和根据 (a) 中的条纹有序相提出的 Mn^{3+} 和 Mn^{4+} 有序排列模型 (b)[14]

1996 年，美国 Bell 实验室的 Chen 等人[13]通过电子衍射实验给出了 $La_{0.5}Ca_{0.5}MnO_3$ 在低温下 (95 K) 下存在电荷有序的第一个直接实验证据。他们发现在接近反铁磁转变温度时，电子衍射图上主衍射斑点周围出现了四个对称的等强的卫星斑点，调制波长为 $(2\pi/a)(1/2-\varepsilon, 0, 0)$。这种现象被认为是源于 $Mn^{3+}O_6$ 和 $Mn^{4+}O_6$ 八面体的有序排列。Mori 等人[14]获得了 $La_{1-x}Ca_xMnO_3$ ($x=1/2$，$2/3$，$3/4$，$4/5$) 的高分辨晶格图像，直接给出了该体系在低温下存在的实空间的条纹电荷有序图像，如图 9-9 所示。在电荷有序相变发生时，材料的物理性质，如电阻率、晶格常数都会发生强烈的变化。在电荷有序相变温度 T_{CO} 附近，巡游的 e_g 电子开始局域化，电阻率在 T_{CO} 附近有一突然增大趋势，随着温度继续下降，电子局域化倾向加强，电阻率迅速增大，与此同时材料的磁化强度开始减小，体系进入反铁磁态。Ibarra 等人[15]发现 $La_{0.35}Ca_{0.65}MnO_3$ 的电荷有序相变温度 $T_{CO}=260K$ (见图 9-10)，而中子衍射观察到的长程反铁磁有序则发生在 $T_N=160K$，如图 9-11 所示。随着电荷有序态的逐渐形成，

e_g 电子的有序局域化，MnO_6 八面体的晶格畸变在实空间出现有序排列，从而导致晶格常数在 T_{CO} 附近出现巨大变化。在 T_{CO} 附近，其他的一些物理性质如比热、超声声速和衰减、相分离等物性均会出现异常，这里不一一介绍。此外，实验研究表明外加磁场、电场、X 射线、氧同位素替代、A 位元素替代等均能破坏电荷有序态。

图 9-12 和图 9-13 分别给出了典型的锰氧化物 $La_{1-x}Ca_xMnO_3$[9]和 $Pr_{1-x}Ca_xMnO_3$[16]体系的电磁相图。对于 $La_{1-x}Ca_xMnO_3$ 体系，除了以上介绍的内容外，需要指出的是当 $0<x<0.1$ 时，体系为自旋倾斜 (spin-canting) 的绝缘体，而当 $0.1<x<0.2$，特别是 $x=1/8$ 时，体系在高温时是顺磁绝缘态，随着温度下降出现铁磁绝缘体，而在低温则出现电荷有序态。另外，当 $x>0.875$ 时，由于出现自旋倾斜而出现较强的铁磁性，体系有较好的导电率。该体系相图一个总的特征是在 $x=N/8$ ($N=1,3,4,5,7$) 处都会出现异常的电磁和结构性质的异常。$Pr_{1-x}Ca_xMnO_3$ 体系的相图要比 $La_{1-x}Ca_xMnO_3$ 体系复杂，如图 9-13 所示。

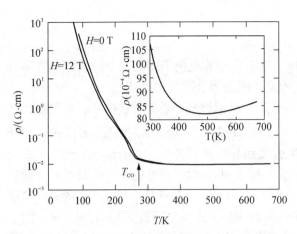

图 9 - 10 La$_{0.35}$Ca$_{0.65}$MnO$_3$ 的电阻率—温度关系曲线[15]

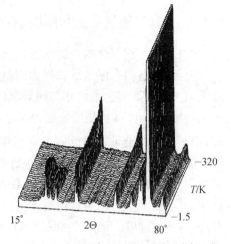

图 9 - 11 La$_{0.35}$Ca$_{0.65}$MnO$_3$ 在不同温度下的中子衍射图[15]

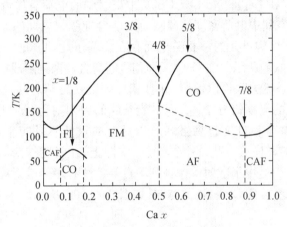

图 9 - 12 La$_{1-x}$Ca$_x$MnO$_3$ 相图[9]

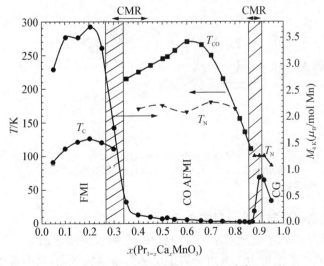

图 9 - 13 Pr$_{1-x}$Ca$_x$MnO$_3$ 相图[16]

9.1.3　钙钛矿铜氧化物中的电荷有序

9.1.3.1　铜氧化物中的电荷条纹相

近年来,电荷有序条纹相作为高温超导体中电子自旋和电荷不均匀分布的一种具体形式逐渐被实验所证实。条纹相与超导电性之间的关系成为当前研究的热点之一。众所周知,铜氧化物母体 La_2CuO_4 是反铁磁绝缘体,少量的空穴掺杂能够破坏长程反铁磁序。在欠掺杂区域,中子散射的结果表明反磁关联长度随掺杂以 $\sqrt{x}$ (x 为二价离子掺杂浓度)的形式迅速减小。随着磁关联长度的减小,自旋涨落会发生公度到非公度的转变。Tranquada 等人[17]采用弹性中子散射手段研究 Nd 掺杂的 $La_{2-x}Sr_xCuO_4$ 体系时,发现了弹性的非公度散射峰。同时在(020)晶格 Bragg 峰附近观察到了另外两个弹性的卫星峰,表明样品中形成了新的晶格和磁有序。$La_{1.6-x}Nd_{0.4}Sr_xCuO_4$ 的静态自旋关联的周期性随 x 的变化行为与 $La_{2-x}Sr_xCuO_4$ 的非弹性中子散射峰与 x 依赖关系几乎相同,这可能表示在 $La_{2-x}Sr_xCuO_4$ 中也存在自旋与电荷调制。

Tranquada 等人[17]在 $La_{1.6-x}Nd_{0.4}Sr_xCuO_4$ 中观察到的电荷有序调制波矢是磁有序调制波矢的 2 倍,这表明实空间中电荷密度的调制周期是自旋调制周期的一半。这意味着电荷结构单元可能是作为自旋结构单元的反相畴壁而存在。基于此,Tranquada 等人提出了电荷条纹相的模型,如图 9-14(a)所示。在 CuO_2 平面上,电荷自发聚集形成一维链状结构。而在电荷条纹之间,自旋的反铁磁关联得以保留,并且相邻的反铁磁畴之间呈反相分布。当空穴浓度为 1/8 时,电荷条纹的周期恰好是 $4a$,而自旋条纹的周期则为 $8a$。按照这一图像,在中子散射实验中观察到的电荷和自旋超晶格峰应该具有二重而不是四重对称,因此,在上下相邻的 CuO_2 面上,条纹的方向会发生 90°的旋转。实际上,在轻度掺杂 ($0.02 < x < 0.05$) 的 $La_{2-x}Sr_xCuO_4$ 样品中,弹性中子散射也探测到了自旋条纹有序的散射峰,但条纹不是沿 Cu—O—Cu 的方向,而是沿着对角 Cu—Cu 的方向,如图 9-14(b)所示。

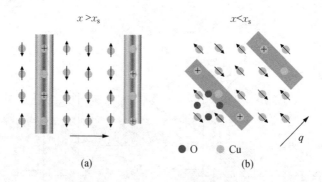

图 9-14　电荷-自旋条纹示意图

(a) 竖直条纹　(b) 对角条纹
反铁磁绝缘区域和有电荷的无自旋区域周期性间隔排列。q 表
示调制周期[17]

9.1.3.2　电荷条纹序与 1/8 反常的关系

在 $La_{2-x}Ba_xCuO_4$ 体系中发现高温超导电性后,人们很快注意到了一个特殊的现象:La 系铜氧化物超导体在载流子浓度为 1/8 时会表现出非常奇特的现象,这种现象被称为 1/8 奇异。

例如在 $La_{2-x}Ba_xCuO_4$ 体系和 $La_{1.6-x}Nd_{0.4}Sr_xCuO_4$ 体系中，$T_c(x)$ 在 1/8 处会出现一个深谷；在 $La_{2-x}Sr_xCuO_4$ 中，超流密度 $n_s(x)$ 在 1/8 处明显减小，等等。对于 1/8 奇异，Tranquada 等人[17]给出了一个令人信服的解释：1/8 异常实际上是公度锁相的条纹结构出现的产物。在 1/8 载流子浓度时，条纹间的间距恰好是 4 倍的晶格常数，因此，额外的公度能量使得条纹序在此处更为稳定。研究发现少量 Zn 对 Cu 的替代将会使 1/8 反常抑制更强烈，这一现象能够用相同的机制来解释。Zn 对 Cu 的替代可以看成是对晶格引入了有效的钉扎源，使得动态的条纹关联与晶格周期之间变得相称，从而形成静态条纹。尽管也有可能是其他的电荷密度波形式的有序在 1/8 达到某种稳定状态，在 La 系超导体中，1/8 奇异源于条纹序的稳定已经基本得到公认。对 $La_{2-x}Ba_xCuO_4$ 以及相关体系的研究表明，1/8 掺杂处超导转变温度的压制一般都伴随着体系从普通的低温正交相（LTO）到低温四方相（LTT）的结构转变。Tranquada 等人通过对 LTO 和 LTT 结构的对比分析提出，LTT 结构能够有效地钉扎竖直的电荷条纹，从而形成长程的电荷有序。

9.1.3.3 电荷条纹序与结构的关系

铜氧化物超导体伴随着电荷条纹序的形成出现周期性晶格畸变，$La_{2-x}Sr_xCuO_4$ 的 X 射线吸收谱（XANES）研究表明，电荷有序的起始温度 T_{CO} 具有明显的同位素效应，^{18}O 替代 ^{16}O 将 T_{CO} 提高了近 60 K；稀土元素替代的 $La_{2-x}Sr_xCuO_4$ 热导率于 T_{CO} 出现异常；在 $La_{2-x-y}Nd_ySr_xCuO_4$ 的弹性中子散射实验中电荷序是通过有序电荷诱发的周期性晶格畸变探测的。所有这些证据表明电荷有序现象在晶体微结构上有所反映，晶体微结构以及晶格动力学的研究为侧面观察高温超导体中的电荷有序提供窗口，通过对电荷序引起的局域结构畸变的研究将有助于加深对电荷有序现象的认识。对 $La_{2-x}Ba_xCuO_4$ 以及相关体系的研究表明，1/8 掺杂处超导转变温度的压制一般都伴随着体系从普通的低温正交相（LTO）到低温四方相（LTT）的结构转变[17]。

9.1.3.4 电荷条纹序与超导电性的关系

电荷条纹序与超导电性之间的关系是条纹研究的关键问题之一。目前已经可以肯定的结果是：①静态的条纹相能够压制超导电性；②La_2CuO_4 中弱的条纹序在超导转变发生的同时出现；③条纹间距的倒数与体系的超导转变温度之间存在简单的线性关系；④进入过掺杂区，条纹以及其他掺杂绝缘体的特征会伴随着超导电性的逐渐消失而消失。更重要的是，最佳的高温超导电性通常会出现在条纹关联没有形成静态，而涨落又不是太强的情况下。这些都证明了条纹与超导电性之间密切的关系。

下面我们将分析在锰氧化物庞磁电阻材料和铜氧化物超导材料的晶格畸变、电荷有序相的形成及其演化过程中的超声变化行为。

9.2 钙钛矿锰氧化物的超声性质研究

9.2.1 $La_{1-x}Ca_xMnO_3$（$0.5 \leqslant x \leqslant 0.87$）电荷有序态下的电输运、磁性和晶体结构异常

为了更好地理解 $La_{1-x}Ca_xMnO_3$（$0.5 \leqslant x \leqslant 0.87$）体系的超声声速和衰减异常反映的物理本质，在介绍该体系的超声声速和衰减性质之前，有必要对该体系在电荷有序相变附近的电输运性质、磁性、晶格常数以及晶体结构的变化作简单介绍。

9.2.1.1 La₁₋ₓCaₓMnO₃(0.5≤x≤0.9)的磁性质

随着温度从室温开始下降,该体系的磁化强度 M 开始增大,在电荷有序相变温度 T_{CO} 附近 M 达到最大值。随着温度继续下降,电荷和轨道有序态开始形成,锰离子之间形成反铁磁耦合,体系的磁化强度急剧减小,如图 9-15(a)所示。有意思的是,在 $T=T_{CO}$ 时的磁化强度 $M_{T_{CO}}$ 随着 Ca^{2+} 离子掺杂量从 $x=0.5$ 增大到 $x=0.9$ 出现抛物线形式的变化行为,如图 9-15(b)所示。随着 Ca^{2+} 离子掺杂量从 $x=0.5$ 开始增大,体系的铁磁性迅速减弱,在 $x=0.75$ 时 $M_{T_{CO}}$ 达到最小值,随后又开始增大,这表明铁磁性在 $x=0.75$ 附近最弱。可以预期该体系铁磁性强弱随 Ca^{2+} 离子浓度的变化必然会对磁场下的电输运性质产生影响。

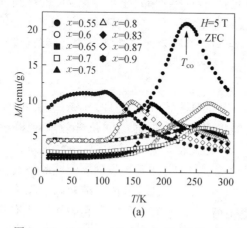
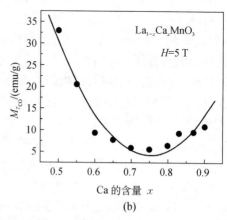

图 9-15　(a) La₁₋ₓCaₓMnO₃(0.55≤x≤0.9)磁化强度随温度的变化关系曲线　(b) $T=T_{CO}$ 时的磁化强度随 Ca^{2+} 离子掺杂浓度的变化关系曲线[18]

9.2.1.2 La₁₋ₓCaₓMnO₃(0.5≤x≤0.87)在磁场下的电输运性质

图 9-16 给出了 La₁₋ₓCaₓMnO₃(0.5≤x≤0.87)在外加磁场作用下的电阻率随温度的变化曲线[19]。随着温度从 300 K 开始下降,$x=0.5$ 样品电阻率在零场下表现出半导体导电行为 $(d\rho/dT<0)$,但在电荷有序相变温度 T_{CO} 附近其斜率有一明显的变化,电阻率开始迅速增大,表明巡游的 e_g 电子开始局域化,电荷有序态开始形成。随着外加磁场 H 的增大,T_{CO} 被显著地抑制,在 $H>6$ T 时尤为明显。当 $H=11$ T 时,与零场时的情形比较,T_{CO} 往低温移动了将近 95 K。当 $H>12$ T 时,在 150 K 附近出现了明显的绝缘体—金属转变,此时可以认为电荷有序态已经基本上被破坏。当 $x=0.55$ 时,电阻率和 T_{CO} 在外磁场作用下也显著地受到抑制。然而,即使外磁场增大到 14 T 时,该样品的电阻随温度变化行为一直到 $T=25$ K 时仍然保持着半导体导电行为,并未出现绝缘体—金属转变,并且 T_{CO} 的相对变化 $\Delta T_{CO}[\Delta T_{CO}=T_{CO}(0\text{ T})-T_{CO}(H)]$ 与 $x=0.5$ 时的情形相比,显得对外磁场更为不敏感。这表明随着 Ca^{2+} 离子掺杂量从 $x=0.5$ 增大到 $x=0.55$,电荷有序态的稳定性增强了。其原因很可能是 Jahn-Teller 晶格畸变引起的电声子相互作用增强了,使得 e_g 电子的局域化倾向更为明显。$x=0.6,0.65,0.7,0.8$ 样品的电阻率都几乎不因外加磁场而变化,即使外磁场大到 14 T 时仍是如此。而且,T_{CO} 在 $H=14$ T 时也仍未受到抑制,表明这些样品中的载流子强烈地局域化。如图 9-17(a)所示,$x=0.83$ 样品的电阻率随温度的变化行为与 $x≤0.8$ 的样品基本类似,在 T_{CO} 附近电阻率迅速增大,预示着电荷有序相变的发生,在 $H=14$ T 时可以看到电阻率仅被轻微地抑制,因而可以确定该样品的电荷有序态也是非常稳定。然而,随着 Ca^{2+} 离子掺杂量增

大到 $x=0.87$，电阻率随着外场的增大略微有些变化，并且 T_{CO} 在外磁场下受到了较为明显的抑制，这表明 $x=0.87$ 样品中的电子的局域化程度已经减小了。对 $x=0.87$ 样品，其电荷有序相变实际上伴随着顺磁到倾斜反铁磁（spin-canted antiferromagnetic）的磁相变，可以认为此时电阻对磁场的依赖行为可归因于弱铁磁性的出现和电声子相互作用的减弱。

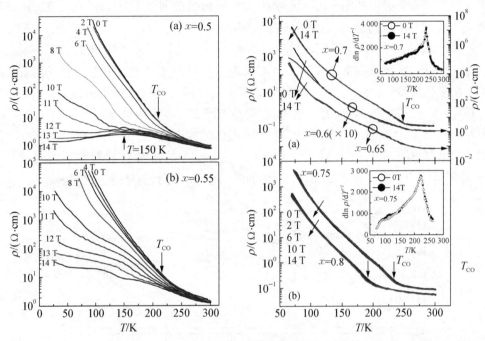

图 9-16 $La_{1-x}Ca_xMnO_3$（$0.5 \leqslant x \leqslant 0.87$）在外加磁场作用下的电阻率随温度的变化关系曲线

插图是 $d(\ln \rho)/dT^{-1}-T$ 关系图[19]

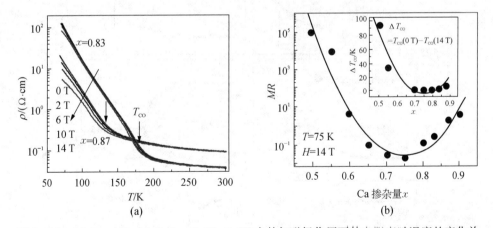

图 9-17 （a）$La_{1-x}Ca_xMnO_3$（$x=0.83$，0.87）在外加磁场作用下的电阻率随温度的变化关系曲线 （b）$La_{1-x}Ca_xMnO_3$ 在 $T=75$ K 和 $H=14$ T 时的磁电阻 MR 值随 Ca^{2+} 离子掺杂量的变化关系曲线

插图是外加 $H=14$ T 磁场时的 ΔT_{CO} 随 Ca^{2+} 离子掺杂量的变化关系曲线[18]

从图 9-17（b）的插图中可以看出，随着 Ca^{2+} 离子掺杂浓度从 $x=0.5$ 增大到 $x=0.75$，

ΔT_{CO} 大致以抛物线的形式下降，在 $x = 0.75$ 左右，ΔT_{CO} 达到最小值，也即 $x = 0.75$ 时，即使外加 $H = 14$ T 磁场，电荷有序相变温度仍然没有任何变化[19]。当 x 从 0.75 开始继续增大，ΔT_{CO} 又大致以抛物线形式略微增大。ΔT_{CO} 随 Ca^{2+} 离子掺杂浓度的变化关系进一步肯定了前面得出的有关电荷有序态稳定性随 Ca^{2+} 离子掺杂浓度变化的结论。电荷有序态稳定性与 Ca^{2+} 离子掺杂浓度的关系可以从图 9-17(b) 中的 MR-x 曲线得到更为充分的证实。在 $x = 0.5$ 时，14 T 磁场引起的 MR 值高达 10^6 量级，随着 x 的增大，$MR (= (\rho_0 - \rho_H)/\rho_H)$ 效应迅速减小，在 $x = 0.75$ 时 MR 值几乎为 0。当 $x > 0.75$ 时，MR 值又稍微增大了一点。因此，以上 ΔT_{CO}-H、ΔT_{CO}-x 以及 MR-x 的关系充分说明 $La_{1-x}Ca_xMnO_3$ 中的电荷有序态的稳定性是随着 Ca^{2+} 离子掺杂量的变化而变化，从 $x = 0.5$ 增大到 $x = 0.75$，电荷有序态越来越稳定，在 $x = 0.75$ 左右最为稳定，当 $x > 0.75$ 时，随着 x 的增大，电荷有序态又变得不稳定。

9.2.1.3 $La_{1-x}Ca_xMnO_3 (0.5 \leqslant x \leqslant 0.9)$ 的晶体结构变化

图 9-18 给出了 $La_{1-x}Ca_xMnO_3 (0.55 \leqslant x \leqslant 0.87)$ 晶格常数随着温度的变化关系曲线[19]。随着温度从室温开始下降，晶格常数在 T_{CO} 附近出现了明显的变化，随着 Ca^{2+} 离子掺

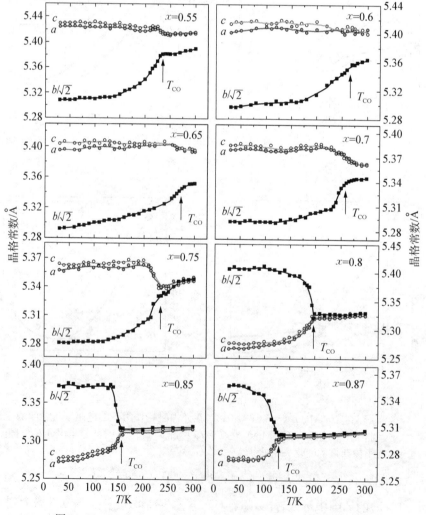

图 9-18　$La_{1-x}Ca_xMnO_3$ 晶格常数随温度的变化关系曲线[19]

杂量的增大,晶格常数在 T_{CO} 附近的变化也越来越大。在 $T > T_{CO}$ 时,动态 Jahn-Teller 效应导致的局域晶格畸变在正交对称的晶轴 a, b 和 c 方向随机等同地发生,而宏观的晶格常数是这些局域晶格畸变的平均,因此,总的晶格畸变较小。在 $T < T_{CO}$ 时,由于形成了合作 Jahn-Teller 效应,局域的晶格畸变会沿着晶轴的某一个方向有序排列,从而导致晶体结构的宏观扭曲和晶格常数出现巨大变化。这种合作 Jahn-Teller 效应的形成也可以看作是一种从无序的局域畸变到有序的局域畸变的相变。图 9-19 表明 $x \leqslant 0.75$ 的样品,因为 $(b/\sqrt{2})/a < 1$,因此正交对称性的晶胞是沿着 b 轴被压缩的;而对于 $x > 0.75$ 的样品,因为

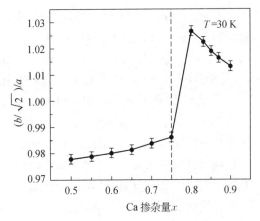

图 9-19 $La_{1-x}Ca_xMnO_3$ 晶格常数之比 $(b/\sqrt{2})/a$ 随着 Ca^{2+} 离子掺杂量的变化关系[20]

$(b/\sqrt{2})/a > 1$,因此正交对称性的晶胞是沿着 b 轴被拉伸。晶体结构在 $x = 0.75$ 附近从沿着 b 轴被压缩的正交对称性到沿着 b 轴被拉伸的正交对称性的转变在本质上也是与合作 Jahn-Teller 效应的振动模式的变化有密切联系。

9.2.2 超声测量在钙钛矿锰氧化物中的应用

自从在锰氧化物中发现电荷有序现象以后,人们运用各种实验手段研究巨磁电阻和电荷有序态产生的物理本质,如前所述超声测量是一种对材料的各种相变,如磁相变、结构相变、自旋玻璃相变等非常灵敏的实验技术,尤其是超声测量技术在研究合作 Jahn-Teller 效应方面有其独到的优点。人们已经运用超声测量技术研究锰氧化物中的巨磁电阻效应和电荷有序态。Ramirez 等人[21]发现 $La_{0.37}Ca_{0.63}MnO_3$ 在 T_{CO} 之前纵波声速出现较大软化,在 T_{CO} 以下则出现巨大硬化现象,这一声速硬化显然对应于电荷有序态的形成过程,如图 9-20 所示。

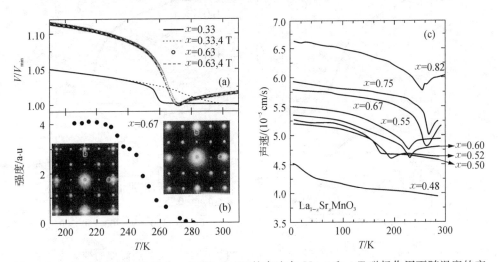

图 9-20 (a) $La_{1-x}Ca_xMnO_3$($x = 0.33$, 0.63)的声速在 $H = 0$ 和 4 T 磁场作用下随温度的变化关系 (b) $La_{1-x}Ca_xMnO_3$($x = 0.67$)在低温下的电子衍射图[21] (c) $La_{1-x}Sr_xMnO_3$ 的声速随温度的变化关系曲线[23]

Zvyagin 等人[22]研究了 $Nd_{0.5}Sr_{0.5}MnO_3$ 在电荷有序相变温度 $T_{CO}=145$ K 附近的声速和衰减特性,发现随着温度下降,声速在 T_{CO} 附近出现巨大硬化,同时出现尖锐的衰减峰。在 T_{CO} 以下某一恒定温度,声速随着磁场的增大出现较大软化。Fujishiro 等人[23,24]发现 $La_{1-x}Sr_xMnO_3(0.48 \leqslant x \leqslant 0.9)$ 在电荷有序相变温度以下出现声速硬化。Zheng 等人[18,19,25,26]研究了 $R_{1-x}Ca_xMnO_3(R=La, Pr, 0.5 \leqslant x \leqslant 0.875)$ 的超声性质,在 T_{CO} 附近发现巨大的声速和衰减异常现象,结合电输运、磁性和结构测量,发现声速的巨大硬化起源于 T_{CO} 温度以下形成合作 Jahn-Teller 晶格畸变。另一方面,Zhu 等人[27]研究了 $La_{0.67}Ca_{0.33}MnO_3$ 在金属绝缘体转变温度 T_P 附近的超声特性,发现声速在 T_P 附近均出现较大硬化,同时出现衰减峰,结合体系的电输运性质和磁性质,给出了 $La_{0.67}Ca_{0.33}MnO_3$ 在居里温度附近存在电声子相互作用的实验证据。

9.2.3 $La_{1-x}Ca_xMnO_3(0.5 \leqslant x \leqslant 1)$ 的超声性质研究

9.2.3.1 $La_{1-x}Ca_xMnO_3(0.5 \leqslant x \leqslant 1)$ 的超声声速与衰减性质

图 9-21 和图 9-22 给出了 $La_{1-x}Ca_xMnO_3$ 在不同掺杂浓度下的超声声速和衰减随温度的变化关系曲线。对所有的样品,随着温度从室温开始下降,超声声速都出现了不同程度的软化,并且在 T_{CO} 时声速 V 达到最小值,随着温度的进一步降低,声速出现了巨大的硬化。伴随着声速的巨大异常,衰减曲线在 T_{CO} 附近出现了一个衰减峰。

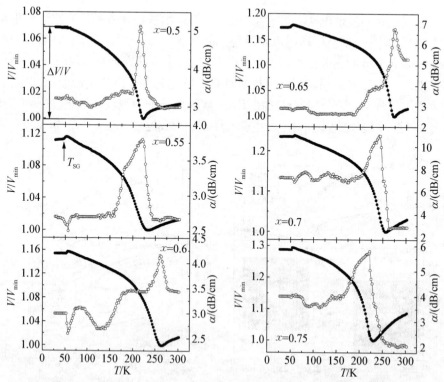

图 9-21 $La_{1-x}Ca_xMnO_3(0.5 \leqslant x \leqslant 0.75)$ 的超声声速和衰减随温度的变化关系曲线[19]

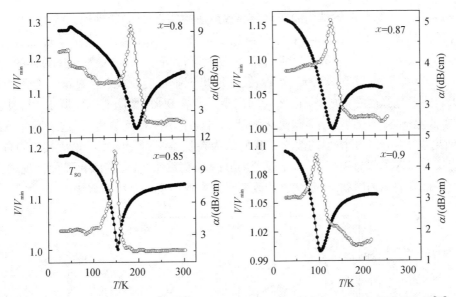

图 9-22 $La_{1-x}Ca_xMnO_3(0.8 \leqslant x \leqslant 0.9)$ 的超声声速和衰减随温度的变化关系曲线[19]

钙钛矿锰氧化物在发生电荷有序相变时伴随着磁状态的变化,对于 $La_{1-x}Ca_xMnO_3$ 体系,在电荷有序相变发生时磁化强度急剧减小,体系进入短程的反铁磁态。以前的实验和理论研究均表明,在反铁磁相变附近由于自旋涨落导致的声速的相对变化 $\Delta V/V < 0.1\%$。另外,$CaMnO_3$ 的超声测量结果也表明在 120 K 左右发生的从顺磁到倾斜反铁磁相变导致的声速的相对变化 $\Delta V/V$ 仅为 0.07%,如图 9-23 所示[24]。因此,声速在 T_{CO} 附近的巨大异常无法用单纯的自旋涨落进行解释。因此,基于 $La_{1-x}Ca_xMnO_3$ 在 T_{CO} 附近的超声变化特征和晶格常数的巨大变化,Zheng 等人认为声速在 T_{CO} 以下的巨大硬化是由于在电荷有序态下形成了合作 Jahn-Teller 晶格畸变以及由此而导致的电声子相互作用的结果,而声速在 T_{CO} 以下的硬化程度反映了在电

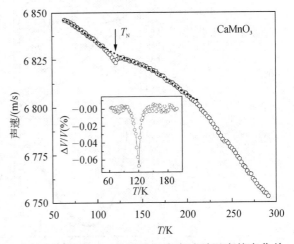

图 9-23 $CaMnO_3$ 的纵波超声声速随温度的变化关系曲线。虚线为背景声速,插图为实验测量得到的声速扣除背景声速后得到的声速的相对变化值[24]

荷有序态下合作 Jahn-Teller 晶格畸变的大小[24]。

除了以上声速和衰减在 T_{CO} 附近的巨大异常外,还发现除了 $x=0.87$ 和 $x=0.9$ 样品外,其他所有样品的声速在 $T_{SG} \approx 50$ K 左右随着温度的下降出现了一个小的软化($\Delta V/V \approx -0.4\% \sim 1.0\%$),这一声速的相对变化 $\Delta V/V$ 远小于在 T_{CO} 附近的 $\Delta V/V$。变温 X 射线衍射测量表明在 50 K 左右没有明显的衍射峰分裂和衍射峰位置的移动;再者,高分辨的中子衍射测量也表明 $La_{0.5}Ca_{0.5}MnO_3$ 在 50 K 左右并没有晶格常数的异常变化。因此,在 50 K 左右的声速软化应该与晶体结构没有关系。

需要指出的是，除了晶体结构的变化会导致声速的软化外，自旋玻璃态或团簇玻璃态的形成也能导致声速的软化。Teresa 等人[28]通过交流磁化率和电阻的测量发现$(Tb_x La_{1-x})_{2/3}$ $Ca_{1/3} MnO_3(0.4 \leqslant x \leqslant 1.0)$在 50 K 出现了自旋玻璃态；Maignan 等人[29]通过同样的实验方法发现$(La, Y)_{1-x} Ca_x MnO_3(0.3 \leqslant x \leqslant 0.5)$在 48 K 出现了自旋玻璃态。对$La_{1-x} Ca_x MnO_3$的磁测量结果表明磁化强度在 20～60 K 之间均出现了异常现象，如图 9-24 所示[30]。从图中可以看出，在低温下，随着温度的下降，磁化强度都出现了不同程度的增大，这表明体系在 20～60 K 之间出现了磁状态的微小的改变。我们认为在低温下磁化强度的增大很有可能是在反铁磁的背景上出现了部分磁矩倾斜，出现了局域的弱铁磁性，从而使磁化强度出现增大，因而出现了类似自旋玻璃的磁状态，磁状态的改变导致声速出现一个小的软化。

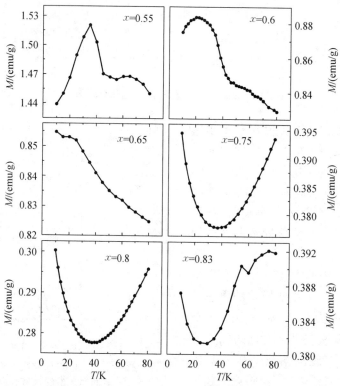

图 9-24　$La_{1-x} Ca_x MnO_3(0.55 \leqslant x \leqslant 0.83)$在外加磁场 $H=1$ T 时用 SQUID 测量得到的磁化强度随温度的变化关系曲线[30]

9.2.3.2　$La_{1-x} Ca_x MnO_3$ 声速的变化与电荷有序态稳定性的关系

$La_{1-x} Ca_x MnO_3$ 电荷有序态的形成伴随着合作 Jahn-Teller 效应的形成和超声声速的巨大硬化，那么超声声速的硬化程度和电荷有序态的稳定性有什么内在的联系呢？

Li 等人发现在 T_{CO} 以下的某一个特定温度，如 30 K，声速的相对变化 $\Delta V/V$ 是随着 Ca^{2+} 离子掺杂量的变化而变化，如图 9-25 所示[19]。在这里 $\Delta V/V$ 定义为

$$\Delta V/V = \frac{V_{max} - V_{min}}{V_{min}} = \frac{V_{30\,K} - V_{T_{CO}}}{V_{T_{CO}}} \tag{9-6}$$

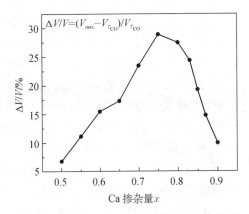

图 9-25 $La_{1-x}Ca_xMnO_3$ 超声声速的相对
变化 $\Delta V/V$ 随 Ca^{2+} 离子掺杂量的
变化关系曲线[19]

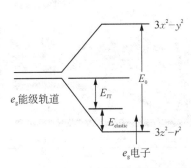

图 9-26 e_g 电子的能级轨道分裂示
意图；E_0 是 e_g 能级的总分
裂能，$E_{elastic}$ 是由于 Jahn-
Teller 晶格畸变导致成的
弹性能量的增加值，E_{JT} 是
Jahn-Teller 能量降低值

从图 9-25 可以看出，当 Ca^{2+} 离子掺杂量从 $x=0.5$ 增大到 $x=0.75$ 时，声速的相对变化 $\Delta V/V$ 单调递增，在 $x=0.75$ 时达到最大（$\Delta V/V=28.9\%$）。随着 Ca^{2+} 离子掺杂量的进一步增加，$\Delta V/V$ 在 $0.75\leqslant x\leqslant 0.83$ 时缓慢减小，但在 $x>0.83$ 时急剧减小，在 $x=0.9$ 时，$\Delta V/V$ 只有 10%。$\Delta V/V$ 随着 Ca^{2+} 离子掺杂量的变化意味着电荷有序态下合作 Jahn-Teller 晶格畸变的大小和电声子相互作用的强度也是随着 Ca^{2+} 离子掺杂量的变化而变化。随着 $Mn^{3+}O_6$ 八面体的 Jahn-Teller 晶格畸变，e_g 电子的能级简并度被消除，能级分裂为 $3z^2-r^2$ 和 $3x^2-y^2$ 两个能级，如图 9-26 所示。e_g 电子占据能级较低的轨道，其静电能量降低了，降低值为 e_g 能级分裂能 E_0 的一半，而 e_g 能级分裂能正比于 Jahn-Teller 晶格畸变的程度[31]。与此同时 $Mn^{3+}O_6$ 八面体的畸变也引起了体系弹性能量的增加，在简谐振动近似中，这个弹性能量的增加值 $E_{elastic}$ 是 e_g 能级分裂能的四分之一，即 $E_{elastic}=1/4E_0$[31]。因此，e_g 电子降低的总能量 E_{JT} 是 e_g 能级分裂能的四分之一。因此，从 Jahn-Teller 效应的观点来看，体系总的能量降低值 E_{JT} 是正比于 Jahn-Teller 晶格扭曲的程度。根据 $\Delta V/V$-x 曲线，我们可以认为体系总的能量降低值在 $x=0.75$ 时最大，因为此时的合作 Jahn-Teller 晶格畸变最大，因此，电荷有序态在 $x\approx 0.75$ 时最稳定。另外，在 $x\approx 0.75$ 时，这个能量的降低值超过了最近邻的占据不同的 $3z^2-r^2$ 轨道的 e_g 电子库仑排斥作用引起的能量增加值，所以能有效地稳定电荷有序态。

9.2.3.3 磁场对超声声速和衰减的影响

图 9-27 是 $La_{0.5}Ca_{0.5}MnO_3$ 和 $La_{0.25}Ca_{0.75}MnO_3$ 在恒定温度下的超声声速和衰减随磁场的变化关系曲线[30]。从图 9-27(a) 可以看出，在 $T_{CO}=220$ K，也即 $La_{0.5}Ca_{0.5}MnO_3$ 铁磁性最强的时候，随着磁场的增大，声速迅速增大，衰减则迅速减小。在 $H=3.5$ T 时声速基本上已经饱和，此时磁场引起的声速的相对变化达到最大值（$\Delta V/V=3.5\%$），而衰减则在 $H=1.3$ T 时达到最小值。在 $T=4.2$ K 的恒定温度下，随着磁场一直增大到 $H=12$ T，声速和衰减几乎不随磁场而变化。这些声速和衰减随磁场的变化显然是自旋和声子耦合的结果，在 T_{CO} 时由于体系的铁磁性最强，因此自旋声子耦合的强度也最强，相应地，磁场引起的声速的相对变化最大。在 $T=4.2$ K 时，体系的铁磁性很弱，此时自旋声子耦合很弱，因此磁场对声速和衰减

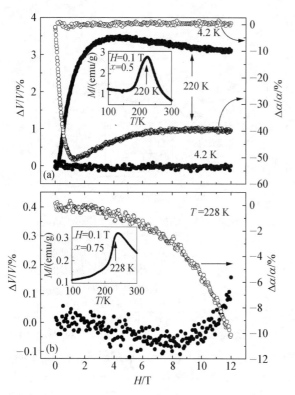

图 9-27 $La_{0.5}Ca_{0.5}MnO_3$ (a) 和 $La_{0.25}Ca_{0.75}MnO_3$ (b) 在恒定的温度下的超声声速和衰减随磁场的变化曲线

插图分别是 $La_{0.5}Ca_{0.5}MnO_3$ 和 $La_{0.25}Ca_{0.75}MnO_3$ 的磁化强度 M 随温度的变化[30]

几乎没什么影响。对于 $x=0.75$ 样品，该体系在 T_{CO} 时的磁化强度较其他掺杂组分的样品最弱，因而可以预见自旋声子耦合强度应该很弱，磁场对声速和衰减的影响很小，事实上确实如此，如图 9-27(b) 所示。从图中可以看出，声速随着磁场的增大基本上不变，仅在 $H>10$ T 时，声速略微增大（$H=12$ T 时，$\Delta V/V=0.1\%$），然而衰减随着磁场增大一直减小，在 $H>8$ T 时，衰减随磁场的增大变化较快，在 $H=12$ T 时其相对变化 $\Delta \alpha/\alpha$ 较 $x=0.5$ 时的情形要小得多。以上声速和衰减的相对变化随磁场的变化关系表明 $La_{1-x}Ca_xMnO_3$（$x\geqslant0.5$）中的自旋声子耦合的强弱取决于该体系的铁磁性的强弱，而自旋声子耦合导致的 $\Delta V/V$ 远比电声子耦合导致的 $\Delta V/V$ 小。

为了进一步研究电荷有序相变，Zheng 等人[32] 测量了 $La_{0.5}Ca_{0.5}MnO_3$ 的纵波和横波的超声声速和衰减在零场和 0.5 T（$1\,Gs=10^{-4}$ T）磁场下的动态温度响应曲线。图 9-28 为纵波和横波超声声速和衰减在零场和 0.5 T 磁场下的温度谱[32]。随着温度的下降，纵波和横波的声速均开始有一小的软化（$<3\%$），降温至 T_{CO} 时，声速 V 达最小值，在这以后声速急剧硬化，与声速最小值比较，这一硬化程度超过了 15%。在纵波和横波声速出现硬化的同时，分别出现了一个很大的衰减峰，声速的硬化及伴随着的衰减峰与电阻的迅速增大刚好吻合，这都说明在 $T_{CO}=213$ K 发生了电荷有序相变。

电荷有序相变通常伴随着从铁磁金属到反铁磁绝缘体的相变，$La_{0.5}Ca_{0.5}MnO_3$ 的基态磁结构为 CE 型的反铁磁。另外，对多晶 $La_{0.5}Ca_{0.5}MnO_3$ 直流磁化率的测量显示在 $T_{CO}\approx213$ K 时磁化强度 M 迅速减小，表明样品发生了反铁磁相变。而在典型的反铁磁相变附近由于反铁磁自旋涨落引起的超声声速的相对变化一般在 $<0.1\%$ 的量级，如 MnF_2 单晶在其反铁磁相变附近的声速相对变化是 0.05%[33]，$CaMnO_3$ 在 117 K 发生的典型的 G 型反铁磁相变，其声速的相对变化也仅为 0.05%。因此，在 $T<T_{CO}$ 声速的巨大变化不可能仅仅由于反铁磁相变引起。Radaelli 等人[34] 则通过同步辐射 X 射线衍射和中子衍射直接观测到了 $La_{0.5}Ca_{0.5}MnO_3$ 在电荷有序相变附近由 Jahn-Teller 效应引起的晶格常数 a，c 的膨胀，b 的收缩和 Mn—O 键长的变化。因此，在 T_{CO} 附近的巨大声速变化和衰减峰起因于 Jahn-Teller 效应。在外加磁场作用下，纵波和横波声速的硬化和超声衰减峰都往低温方向移动，相对于零场，在 0.5 T 磁场下声速的硬化和衰减峰都往低温移动了约 6 K。其次，纵波和横波的衰减峰的峰值在外磁场

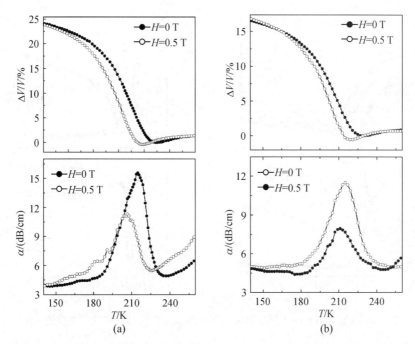

图 9-28　$La_{0.5}Ca_{0.5}MnO_3$ 纵波(a)和横波(b)声速和衰减随温度的变化关系曲线[32]

下被抑制了,在 0.5 T 磁场下,衰减峰值均减少了约 15%。从以上声速和衰减对磁场的依赖关系看,电荷有序相变附近存在着强烈的从铁磁到反铁磁自旋涨落。这不难理解,因为在 $T>T_{CO}$ 时,由于热激活 e_g 电子在 Mn^{3+}—O—Mn^{4+} 之间跳跃,通过双交换作用形成铁磁性自旋涨落,当 e_g 电子和伴随着 e_g 电子的 Jahn-Teller 晶格畸变在 T_{CO} 被冻结时,就会通过超交换作用,从铁磁性的自旋涨落转变为反铁磁性的自旋涨落。在 $T>T_{CO}$ 时如果受到外加磁场作用,Mn 离子磁矩的排列就会趋于更有序,e_g 电子受到磁矩的散射减少,更有利于电子在 Mn^{3+}—O—Mn^{4+} 之间跃迁,因而要使 e_g 电子发生"冻结"而出现电荷有序必须要有更低的温度,这就是在外加磁场作用下,电荷有序受到抑制,声速的硬化和衰减往低温移动的原因。

9.2.4　$La_{1-x}Ca_xMnO_3(0.5{\leqslant}x{\leqslant}0.87)$的低频内耗研究

内耗测量是一种研究材料微观动力学十分灵敏的实验手段,它对于研究材料内部原子的位移(包括相变)和弛豫以及空位和位错的运动都十分有效。人们已经广泛运用内耗测量技术来研究钙钛矿型磁性锰氧化物的物性。低频内耗和超声虽然本质上都是一种机械振动波,但是它们的频率相差很大,超声的频率一般高达兆赫兹,而低频内耗的频率一般为几赫兹,不同的振动频率可能对样品的各种相变有不同的反应。因此,Zheng 等人用低频内耗研究了 $La_{1-x}Ca_xMnO_3$ 在电荷有序态下的合作 Jahn-Teller 效应[20]。

图 9-29 给出了 $La_{1-x}Ca_xMnO_3$ 系列样品在不同振动频率下测得的切变模量和内耗随温度的变化关系曲线[20]。从图中可以看出,切变模量随温度的变化关系曲线与超声声速随温度的变化关系曲线类似,在 $T>T_{CO}$ 时,随着温度的下降,切变模量出现软化,并在 T_{CO} 达到最小值;而在 $T<T_{CO}$ 时,随着温度的下降,切变模量急剧硬化。对于不同的样品,模量的软化和硬化程度都不同。注意到模量的硬化和软化以及内耗峰的位置不随测量频率的变化而变化,而内耗峰的高度却随着测量频率的增大而减小。这表明 $La_{1-x}Ca_xMnO_3$ 在电荷有序相变过程中

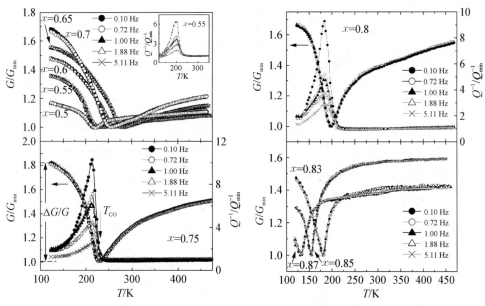

图 9-29 $La_{1-x}Ca_xMnO_3$ 在不同振动频率下测得的切变模量和内耗随温度的变化曲线[20]

没有出现原子或位错等的弛豫行为。如果出现原子等的弛豫，则切变模量和内耗峰的位置会随着测量频率的变化而变化，而内耗峰的高度则不会随着频率的变化而变化。然而这些行为在 $La_{1-x}Ca_xMnO_3$ 样品中都没有被观察到。事实上，这些模量和内耗的变化行为是一个典型的晶体结构发生相变时应该出现的特征行为，这与 Li 等人的变温 X 射线测量的结果一致[19]，也即在 T_{CO} 附近出现了晶格常数的巨大变化，尽管体系的对称性仍然是正交对称性。根据前面的分析知道，T_{CO} 附近晶格常数的巨大变化在本质上是由于形成了合作 Jahn-Teller 效应的结果。因此，切变模量在 T_{CO} 以下的急剧硬化也是反映了合作 Jahn-Teller 效应的逐渐形成过程，切变模量的硬化程度则反映了在电荷有序态下合作 Jahn-Teller 晶格畸变的大小。

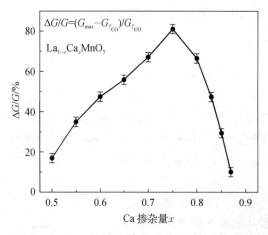

图 9-30 $\Delta G/G$ 随 Ca^{2+} 离子掺杂量的变化关系

根据图 9-29 的测量结果，Zheng 等人[20]计算了电荷有序态下切变模量的相对变化量 $\Delta G/G$，如图 9-30 所示，在这里 $\Delta G/G$ 定义为

$$\Delta G/G = \frac{G_{max} - G_{min}}{G_{min}} = \frac{G_{120\,K} - G_{T_{CO}}}{G_{T_{CO}}}$$

$$(9-7)$$

从图中可以看出，$\Delta G/G - x$ 关系曲线与 $\Delta V/V - x$ 关系曲线非常类似。切变模量随 Ca^{2+} 离子掺杂量的变化关系进一步表明在电荷有序态下，合作 Jahn-Teller 晶格畸变随着 Ca^{2+} 离子掺杂量的变化而变化：随着 Ca^{2+} 离子掺杂量从 $x=0.5$ 增大到 $x=0.75$，合作 Jahn-Teller 晶格畸变增大，在 $x=0.75$ 有最大的合作 Jahn-Teller 晶格畸变，在 $x>0.75$ 时，晶格畸变程度则随着 Ca^{2+} 离子掺杂量的增大而减小。

图 9-31 给出了母体化合物 LaMnO₃ 在不同振动频率下测得的切变模量随温度的变化关系曲线[20]。从图中可以看出，随着温度从 850 K 开始下降，在 800 K 左右，切变模量开始迅速硬化，降温至 600 K 左右，切变模量基本不随温度的变化而变化。变温 X 射线吸收谱、Raman 光谱、电阻和磁化率等测量已经表明随着温度从高温开始下降 LaMnO₃ 在 750 K 附近出现了无序到有序的合作 Jahn-Teller 相变。因此，切变模量在 600～800 K 之间的巨大硬化是无序的 Jahn-Teller 晶格畸变到合作 Jahn-Teller 晶格畸变这一相变的结果。注意到 LaMnO₃ 中由于合作 Jahn-Teller 畸变造成的能量降低值 E_{JT} 大约为 0.25 eV。而 Dessau 等人[31]通过对 La₀.₆Sr₀.₄MnO₃ 的 X 射线吸收能谱的测量表明 La₀.₆Sr₀.₄MnO₃ 中的 E_{JT} 也大约为 0.25 eV。通过对 LaMnO₃ 中切变模量硬化的程度 $\Delta G/G$（9%）与 La₁₋ₓCaₓMnO₃（0.5≤x≤0.87）中的 $\Delta G/G$ 的比较，可以定性地认为 La₁₋ₓCaₓMnO₃（0.5≤x≤0.87）的合作 Jahn-Teller 晶格畸变比 LaMnO₃ 的大，因此 La₁₋ₓCaₓMnO₃（0.5≤x≤0.87）由于合作 Jahn-Teller 畸变导致的能量降低值 E_{JT} 大于 0.25 eV，这一能量的降低将有利于稳定电荷有序态。

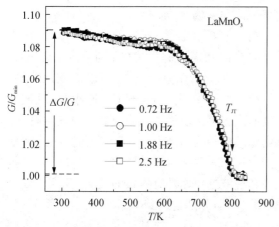

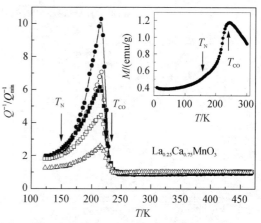

图 9-31　LaMnO₃ 在不同振动频率下的切变模量随温度的变化关系曲线[20]

图 9-32　La₀.₂₅Ca₀.₇₅MnO₃ 的内耗随温度的变化关系曲线

插图是 La₀.₂₅Ca₀.₇₅MnO₃ 在 $H=1$ T 时测得的磁化强度随温度的变化关系曲线[35]

另外，我们注意到 $x=0.75$ 样品的模量的硬化主要发生在 T_N（150 K）和 T_{CO}（228 K）之间，而伴随模量硬化的内耗峰也出现在 T_N 和 T_{CO} 之间，且位于 $T<T_{CO}$ 一侧，如图 9-32 所示[35]。磁化强度测量表明，$x=0.75$ 样品的磁化强度从 T_{CO} 开始随着电荷和轨道有序的形成而迅速减小，这一磁化强度的减小也主要发生在 T_N 和 T_{CO} 之间，如图 9-32 中的插图所示。Zheng 等人通过对 $x=0.75$ 样品的比热的测量[30]以及基于 Ibarra 等人[15]对 La₀.₃₅Ca₀.₆₅MnO₃ 中子衍射的测量结果认为 La₀.₂₅Ca₀.₇₅MnO₃ 在 $T_N<T<T_{CO}$ 之间是一种短程的反铁磁有序，且这种短程的反铁磁有序是轨道有序导致。由于轨道有序导致磁化强度在 $T<T_{CO}$ 的急剧下降可以理解为：在温度刚刚低于 T_{CO} 时，虽然开始形成电荷和轨道有序，但此时轨道的取向由于热激活出现涨落，随着温度继续下降，轨道取向的涨落逐渐减小，轨道沿着正交对称性晶胞的 c 轴取向，形成 $3d_{3z^2-r^2}$ 轨道有序，这种 $3d_{3z^2-r^2}$ 轨道的有序排列将会导致 Mn 离子之间的反铁磁耦合，从而造成磁化强度的减小。随着温度进一步降低至 T_N，轨道取向的热涨落基本上

受到抑制,此时长程的 $3d_{3z^2-r^2}$ 轨道有序形成,长程的反铁磁有序也因此而形成,并具有 C 型磁结构。因此,磁性锰氧化物中电荷有序态下的反铁磁有序是轨道有序的结果,而不是电荷和轨道有序产生的原因。因此,$La_{1-x}Ca_xMnO_3$ 在电荷有序态下的磁有序在本质上是合作 Jahn-Teller 效应导致。

9.2.5 $La_{0.25}Ca_{0.75}Mn_{1-x}Cr_xO_3$ 的超声性质研究

Zheng 等人[18]通过强磁场下的电输运测量发现 $La_{1-x}Ca_xMnO_3$ 体系在 Ca 离子掺杂量 $x = 0.75$ 时电荷有序态最为稳定,铁磁性最弱。然而人们发现在 $Ln_{0.5}A_{0.5}Mn_{1-x}Cr_xO_3$(其中 Ln 为 La,Pr,Sm 等稀土元素,A 为二价碱土金属元素)样品中 Mn 位掺 Cr 能有效地抑制电荷有序态转变,对 $Pr_{0.5}A_{0.5}Mn_{1-x}Cr_xO_3$ 系列样品,当 Cr 的掺入量处于 $0.03 \leqslant x \leqslant 0.07$ 时,电荷有序态被彻底破坏而发生金属 — 绝缘体转变。如前所述,伴随着电荷有序相变,材料的直流电阻率突然增加,直流磁化率出现极大值,比热出现异常突变等,可以预料伴随这种相变过程的发生必然产生热力学性质的变化。因此,我们进一步研究了 $La_{0.25}Ca_{0.75}Mn_{1-x}Cr_xO_3$($x = 0.00$,0.03,0.05,0.07)多晶样品的纵波和横波的超声声速和衰减性质。

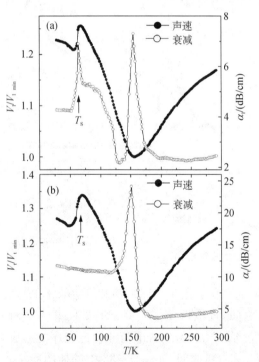

图 9 - 33 $La_{0.25}Ca_{0.75}Mn_{0.93}Cr_{0.07}O_3$ 的声速和衰减与温度的关系

(a) 纵波声速 V_l 和衰减 α_l (b) 横波声速 V_t 与衰减 α_t[28]

图 9 - 33 给出了 $La_{0.25}Ca_{0.75}Mn_{0.93}Cr_{0.07}O_3$ 样品的纵波和横波的声速(V_l 与 V_t)及衰减(α_l 与 α_t)随温度的变化关系[36]。可以清楚地看到,在电荷有序转变温度 $T_{CO} \sim 150$ K 附近,纵波和横波的声速都出现最小值而衰减均出现尖峰,这是由于结构相变造成。当 $T > T_{CO}$ 时,纵波和横波的声速都表现出明显的软化,而当 $T < T_{CO}$ 时,纵波和横波的声速都有异常的硬化,其相对变化值($\Delta V/V_{min}$)分别达到 28% 和 35%。尽管 $La_{0.25}Ca_{0.75}Mn_{0.93}Cr_{0.07}O_3$ 的基态是反铁磁电荷有序态,但是声速的异常变化不能用反铁磁相变得到解释,因为典型的反铁磁相变导致的声速软化及硬化都小于 0.1%[24, 33]。这一实验结果与考虑 Jahn-Teller 效应引起的电声子相互作用对声速影响的理论计算结果一致,这表明声速的异常变化与 T_{CO} 附近可能存在的极化子有序有关。

由于样品是多晶样品,可以认为是各向同性的,所以弹性常数 $G(T)$ 可以由下面方程得到:

$$G(T) = \rho V_t^2(T) \qquad (9-8)$$

注意到 $G(T)$ 随温度的变化规律与 $TmVO_4$ 铁电体中的弹性系数的温度变化规律[10]十分相似,只是后者发生在很低的温区而已。而且 $G(T)$ 可以很好地由下式来描述:

$$\frac{G(T)}{G_0} = \left[1 - \frac{T_f}{T} + \frac{T_f}{T}\tanh^2\left(\frac{\Delta}{kT}\right)\right] \bigg/ \left[1 - \frac{\lambda}{T} + \frac{\lambda}{T}\tanh^2\left(\frac{\Delta}{kT}\right)\right] \qquad (9-9)$$

图 9-34 分别给出了根据式(9-8)(空心圆所示)和式(9-9)(实线所示)计算得到的结果,在 $T>80\ K$ 的温区,两者符合得相当好。式中拟合参数 $G_0 = 3.57 \times 10^{10}\ N/m^2$,$T_f = 250\ K$,$\Delta = 124.7k_B$,$\lambda = 238.9k_B$,分别代表绝对零度时的弹性常数、相变温度、Jahn-Teller 能量和声子交换常数(phonon exchange constant),我们发现 T_f 与磁转变温度 T_C 一致。实际上式(9-9)所表示的温度关系常被用来描述 $TmVO_3$ 体系中弹性常数的温度依赖关系,这是由于合作 Jahn-Teller 效应所致,并且可以采用平均场近似推出[10]。因此可以推断 $La_{0.25}Ca_{0.75}Mn_{0.93}Cr_{0.07}O_3$ 在 150 K 附近伴随

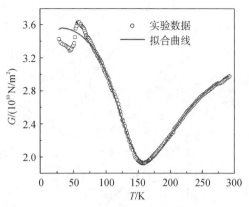

图 9-34 杨氏模量随温度的实验结果和理论拟合曲线[36]

着电荷有序转变的同时发生了合作 Jahn-Teller 效应引起的结构相变。这种 Jahn-Teller 效应的存在与目前的理论和实验结果一致。

另外,从图 9-33 还观察到纵波和横波声速在 T_S 附近都有突然的下降,同时伴随有纵波出现一衰减峰。这与 T_S 附近磁化强度 $M_{ZFC}(T)$ 的异常变化对应[36],这表明在 $La_{0.25}Ca_{0.75}Mn_{0.93}Cr_{0.07}O_3$ 中存在自旋声子相互作用。自旋声子相互作用与磁致伸缩有关:所谓磁致伸缩是指铁磁材料和亚铁磁材料由于磁化状态的改变,其长度和体积都会发生微小的变化,其中长度的变化称为线性磁致伸缩,体积的变化称为体积磁致伸缩。对于体磁致伸缩,在相变点附近纵波衰减有异常变化而横波衰减没有变化;对于线性磁致伸缩,在相变点附近纵波衰减和横波衰减都有异常变化。因此,T_S 附近的超声异常变化是由体积磁致伸缩引起的。

图 9-35 和图 9-36 给出了 $La_{0.25}Ca_{0.75}Mn_{1-x}Cr_xO_3(x=0.03,\ 0.05)$ 多晶样品的纵波与横波超声声速(V_l 与 V_t)及衰减(α_l 与 α_t)随温度的变化关系[36]。由图可见,$x=0.03$ 和 $x=0.05$ 样品的纵波与横波超声声速随温度变化特性基本相似,在各自的电荷有序转变温度 $T_{CO}\sim195\ K$,175 K 附近,纵波和横波的声速都出现最小值。当 $T>T_{CO}$ 时,纵波和横波的声速都表现出明显的软化,而当 $T<T_{CO}$ 时,纵波和横波的声速都有异常的硬化。在低温,两者的声速都有突然的下降,与磁化强度和电阻测量的结果也正好一一对应。对于 $x=0.05$ 样品,衰减测量结果与 $x=0.07$ 样品非常相似,纵波衰减在其电荷有序转变温度 T_{CO} 与反铁磁转变温度 T_S 均出现尖峰,而横波衰减只在其电荷有序转变温度 T_{CO} 才出现尖峰。

9.2.6 $Pr_{1-x}Ca_xMnO_3(0.5 \leqslant x \leqslant 0.875)$ 的超声性质研究

前面的研究表明 $La_{1-x}Ca_xMnO_3$ 体系的电荷有序态的稳定性、电荷有序态下的晶体结构、磁结构、轨道序等都取决于不同振动模式的合作 Jahn-Teller 效应。那么 $Pr_{1-x}Ca_xMnO_3$ 体系的电荷有序态的稳定性与合作 Jahn-Teller 效应有什么内在的联系呢? Zheng 等人借助于超声测量技术研究了 $Pr_{1-x}Ca_xMnO_3$ 体系在电荷有序态下的合作 Jahn-Teller 效应与电荷有序态稳定性之间的关系[25]。

图 9-37 和 9-38 给出了 $Pr_{1-x}Ca_xMnO_3(0.5 \leqslant x \leqslant 0.875)$ 系列样品在零场时的超声声速和衰减随着温度的变化关系曲线。从图中可以看出,随着温度从室温开始下降,每个样品的声

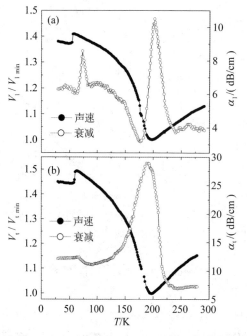

图 9-35 $La_{0.25}Ca_{0.75}Mn_{0.97}Cr_{0.03}$ 样品纵波声速 V_l 与衰减 α_l（a）及横波声速 V_t 与衰减 α_t 与温度的关系（b）[36]

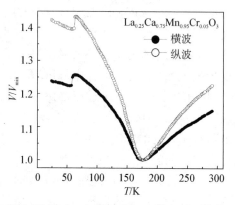

图 9-36 $La_{0.25}Ca_{0.75}Mn_{0.95}Cr_{0.05}O_3$ 样品 纵波声速 V_l 和横波声速 V_t 与 温度的关系[36]

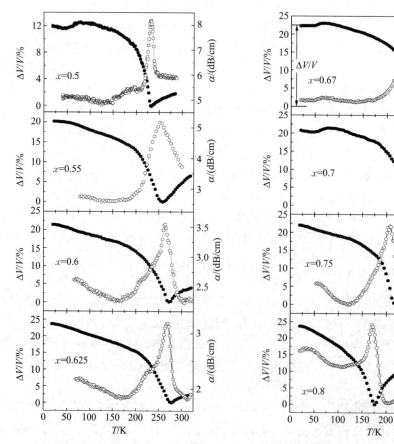

图 9-37 $Pr_{1-x}Ca_xMnO_3$（$0.5 \leqslant x \leqslant 0.8$）的超声声速和衰减随温度的变化关系曲线[25]

速都出现不同程度的软化,并在 T_{CO} 时声速达到最小值,在 $T \leqslant T_{CO}$ 时随着温度的继续下降,声速出现巨大的硬化,伴随着声速在 T_{CO} 附近的异常,衰减出现了一个峰,这些声速和衰减的行为与 $La_{1-x}Ca_xMnO_3$ 系列样品在 T_{CO} 附近声速和衰减的行为非常类似。因此,声速和衰减的行为也同样反映了该体系在 T_{CO} 附近发生了从动态 Jahn-Teller 效应到合作 Jahn-Teller 效应的变化。根据合作 Jahn-Teller 效应理论,在外加恒定的应力作用下,随着温度的下降,高温时对称性较高的高温相开始变得不稳定,原子要调整其位置以转变到对称性更低或者是晶格畸变更大的低温相,在 T_{CO} 时由于原子的位置的调整引起的原子无序度最大,此时超声波要受到原子的无序散射最不容易在样品中传播,因而 T_{CO} 时声速有最小值。随着温度从 T_{CO} 开始继续下降,合作 Jahn-Teller 效应开始形成,体系逐渐转变到对称性更低的低温相,原子的无序度

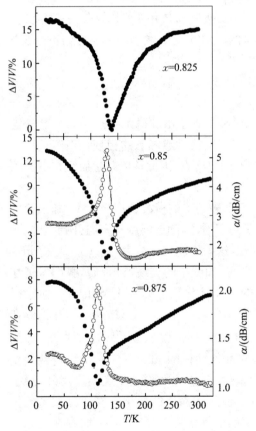

图 9-38 $Pr_{1-x}Ca_xMnO_3$($0.825 \leqslant x \leqslant 0.875$) 的超声声速和衰减随温度的变化关系曲线[25]

减弱,出现声速增大。因此,在 $T \leqslant T_{CO}$ 时声速的硬化过程实际上反映了电荷和轨道有序(即合作 Jahn-Teller 效应)的形成过程,声速的相对变化大小 $\Delta V/V$ 反映了电荷有序态下合作 Jahn-Teller 晶格畸变的大小。图 9-39 给出了在零场下 25 K 时,声速的相对变化 $\Delta V/V$ 和 $H = 14$ T,$T = 75$ K 时的磁电阻 MR 随着 Ca^{2+} 离子掺杂量的变化关系曲线[25]。在这里 $\Delta V/V$ 定义为

$$\Delta V/V = \frac{V_{max} - V_{min}}{V_{min}} = \frac{V_{25 K} - V_{T_{CO}}}{V_{T_{CO}}}$$

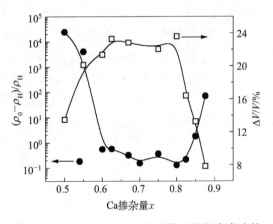

图 9-39 $Pr_{1-x}Ca_xMnO_3$ 系列样品的超声声速的相对变化 $\Delta V/V$ 和 $T = 75$ K,$H = 14$ T 时的 MR 效应随 Ca^{2+} 离子掺杂量的变化关系曲线[25]

从图中可以看出,当 Ca^{2+} 离子掺杂量从 $x = 0.50$ 开始增大,$\Delta V/V$ 很快地增大,在 $x = 0.625$ 时达到最大值($\Delta V/V = 23.5\%$)。随着 Ca^{2+} 离子掺杂量的进一步增加,$\Delta V/V$ 在 $0.625 \leqslant x \leqslant 0.8$ 时基本不变,但在 $x > 0.8$ 后 $\Delta V/V$ 急剧减小,在 $x = 0.875$ 时,$\Delta V/V$ 只有 8%。$\Delta V/V$ 随着 Ca^{2+} 离子掺杂量的变化意味着电荷有序态下合作 Jahn-Teller 晶格畸变的大小和与之相

关的电声子相互作用的强度也是随着 Ca^{2+} 离子掺杂量的变化而变化。在 $0.5 \leqslant x \leqslant 0.625$ 时，随着 Ca^{2+} 离子掺杂量的增大而增大；在 $0.625 \leqslant x \leqslant 0.8$ 时，合作 Jahn-Teller 晶格畸变达到最大且基本不随 Ca^{2+} 离子掺杂量的变化而变化；在 $x > 0.8$ 时，合作 Jahn-Teller 晶格畸变随着 Ca^{2+} 离子掺杂量的增大而迅速减小。

有意思的是，在电荷有序态下（$T = 75$ K 和 $H = 14$ T 时），随着 Ca^{2+} 离子掺杂量从 $x = 0.5$ 增大到 $x = 0.625$，MR 效应迅速减小，在 $x = 0.625$ 时，MR 效应几乎为零。随着 Ca^{2+} 离子掺杂量的进一步增加，MR 效应在 $0.625 \leqslant x \leqslant 0.825$ 时不随 Ca^{2+} 离子掺杂量的变化而变化且都几乎为零；在 $x > 0.8$ 时，MR 效应随着 Ca^{2+} 离子掺杂量的增大又开始增大。因此，比较 $\Delta V/V$-x 曲线和 MR-x 曲线，可以得出结论：$Pr_{1-x}Ca_xMnO_3$ 中电荷有序态的稳定性与该体系在电荷有序态下的合作 Jahn-Teller 效应有十分密切的联系，合作 Jahn-Teller 效应较小时（$x \leqslant 0.625$ 和 $x > 0.8$），电荷有序态不是很稳定，在强磁场作用下，电荷有序态容易被破坏，出现 CMR 效应；合作 Jahn-Teller 效应较大时（$0.625 \leqslant x \leqslant 0.8$），电荷有序态很稳定。

9.2.7　$Nd_{0.5}Sr_{0.5}MnO_3$ 的超声性质研究

随着温度从室温开始下降，$Nd_{0.5}Sr_{0.5}MnO_3$ 在 250 K 发生了由顺磁绝缘态到铁磁金属态的相变，在 155 K 又发生了一个从铁磁金属态到电荷有序反铁磁绝缘态的相变。由于这两个相变存在于同一个体系中，且发生在温度间隔很大的不同温度点，因此该体系是研究自旋晶格相互作用和电荷晶格相互作用的好体系。

图 9-40(a) 是 $Nd_{0.5}Sr_{0.5}MnO_3$ 在零场和 $H = 0.5$ T 磁场下的横波超声声速 V_t 和声速的相对变化 $\Delta V_t/V_t$ 随温度的变化关系曲线[37]。从图中可以看出，随着温度从室温开始下降，声速基本不随温度而变化，然而声速在 $T \leqslant T_C$ 时开始硬化，这些声速变化行为与 $La_{0.67}Ca_{0.33}MnO_3$ 在 T_C 附近的变化行为非常类似[27]。减去一个背景声速（如图中的虚线所示）后，我们发现在 T_C 附近由于顺磁绝缘态到铁磁金属态的相变导致的声速硬化程度 $\Delta V_t/V_t \sim 10\%$。对于纵波，$Nd_{0.5}Sr_{0.5}MnO_3$ 在 T_C 附近也出现了类似横波的变化行为，如图 9-40(b) 所示。注意到在 T_C 附近除了顺磁绝缘态到铁磁金属态的相变外，该体系的晶格常数 a，$b/\sqrt{2}$，c 出现了显著的变化。因此，声速在 T_C 附近的巨大变化还与由于 MnO_6 八面体的 Jahn-Teller 不稳定性畸变造成的晶格的变化有关。实验结果和理论计算表明，磁性锰氧化物除了双交换作用外，源于 Jahn-Teller 效应的电声子相互作用对体系的电磁输运性质和晶格的变化起着十分重要的作用。另一方面，中子衍射表明，在具有金属绝缘体转变的锰氧化物中，在 $T > T_C$ 时存在动态的 MnO_6 八面体 Jahn-Teller 晶格畸变，并且晶格畸变程度在 $T < T_C$ 时迅速减小。因此，基于 $Nd_{0.5}Sr_{0.5}MnO_3$ 声速在 $T < T_C$ 时的硬化行为以及 $T < T_C$ 时长程铁磁有序的建立，并考虑到晶格常数在 T_C 附近的变化，我们认为声速的硬化主要是由于 $T < T_C$ 时 Jahn-Teller 晶格畸变减小的结果。

随着温度从 T_C 继续下降，横波和纵波声速在电荷有序相变温度 T_{CO} 以下又出现了一个巨大的硬化，这一声速的硬化以及伴随声速的硬化而出现的电子的局域化（即电荷有序）强烈表明在 $T < T_{CO}$ 时存在强的起源于 Jahn-Teller 效应的电荷晶格耦合。Zvyagain 等人[22] 对 $Nd_{0.5}Sr_{0.5}MnO_3$ 的纵波超声声速的测量也发现在 $T < T_{CO}$ 时出现巨大的声速硬化，并认为是由于电荷有序态与声子相互耦合的结果。扣除一个背景声速（如图中的虚线所示）后，可以发现

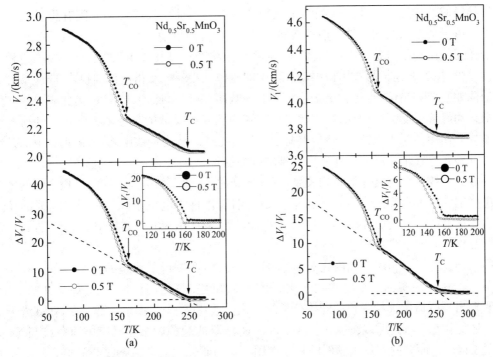

图 9-40　$Nd_{0.5}Sr_{0.5}MnO_3$ 在零场和 $H=0.5$ T 磁场下的横波(a)以及纵波(b)超声声速和声速的相对变化 $\Delta V/V$ 随温度的变化关系曲线

插图是扣除背景声速后声速在 T_{CO} 附近的相对变化随温度的变化关系曲线[37]

电荷有序态的形成导致的声速的相对变化 $\Delta V_t/V_t > 20\%$，$\Delta V_1/V_1 > 8\%$。众所周知，电荷有序相变往往同时伴随从顺磁或铁磁到反铁磁的磁相变，然而单纯的磁相变是不可能导致如此大的声速变化[24,27]。由于每个巡游的 e_g 电子实际上总是伴随着它出现一个 $Mn^{3+}O_6$ 八面体 Jahn-Teller 晶格畸变，在 $T_{CO} < T < T_C$ 时，体系处于铁磁金属态，e_g 电子具有很强的巡游性，此时的 Jahn-Teller 晶格畸变是一种动态的畸变。而在 $T < T_{CO}$ 时，由于 e_g 电子有序化，此时的 Jahn-Teller 晶格畸变是长程的静态畸变，也即形成了合作 Jahn-Teller 晶格畸变。这种从动态到长程的静态 Jahn-Teller 晶格畸变的变化将会导致晶格的不稳定，因而出现晶格常数的变化和超声声速的硬化。

　　为了进一步了解在 T_{CO} 和 T_C 附近的超声异常，Zheng 等人[37]测量了横波和纵波声速在 $H=0.5$ T 磁场下的声速随温度的变化关系，结果也分别示于图 9-40 中。从图中可以看到，横波和纵波声速在 $T < T_{CO}$ 时的硬化在外加磁场作用下被抑制了，声速开始硬化的温度往低温移动了大约 6 K。由于外加磁场有利于 Mn 离子局域的 t_{2g} 自旋沿着外磁场方向排列，因而 e_g 电子受到的磁散射将会减小，从而增加其动能，阻止其局域化，电荷有序态的形成将受到抑制。因此，长程的静态 Jahn-Teller 晶格畸变需要在更低的温度下才能形成，声速的硬化往低温移动。

9.3　铜氧化物的超声性质研究

9.3.1　$La_{2-x}Sr_xCuO_4$ 体系的声频能量损耗谱研究

　　9.1.3 中提到铜氧化物超导材料低温四方结构能够有效地钉扎电荷条纹，电荷的局域化也会诱导局域结构发生畸变。这些结果证明了静态的电荷条纹与结构之间有很强的相互作用。但是由于动态条纹很难被一般的实验手段探测到,到目前为止对于动态电荷条纹与结构之间的相互作用仍不清楚。内耗作为一种对细微结构变化以及一些低能晶格动力学过程敏感的实验手段,探测的是样品在机械振动过程中的机械能损耗。晶格内部的缺陷(既包括经典的晶体缺陷如空位和错位,也包含更普遍意义上的缺陷如畴界、磁通线等)在交变应力场作用下的黏滞运动能够引起特征内耗谱,因此内耗在结构相变以及低能晶格动力学现象的研究中发挥了重要的作用。对于条纹相问题,电荷条纹作为电磁结构上的线缺陷,如果动态电荷条纹与晶格之间确实存在耦合就有可能在内耗谱中被捕捉到。

注意到条纹与结构之间的密切关系,现在的问题是:动态的电荷条纹与晶格之间的相互作用是怎样的?电荷有序温度的同位素效应表明铜氧化物中电荷条纹与声子之间强的相互作用。由于电荷的不均匀分布会诱导局域的结构畸变,条纹作为电磁结构中的线缺陷,其运动应该会与晶格之间有一定的耦合。

Cordero 等人[38]利用声频内耗对 $La_{2-x}Sr_xCuO_4$ 体系进行了系统的研究。在 1 kHz 测量频率下,在 80 K 观察到一个随掺杂演化的具有弛豫性特征的能量损耗峰,如图 9-41 所示。该峰表现出与电荷条纹相一致的随掺杂量的演化关系:在整个欠掺杂区都存在,在载流子浓度 0.045 时发生突降,到过掺杂时消失。Cordero 将该峰的起源归结于动态电荷条纹与 Sr 掺杂引起的 CuO_6 八面体的不规则倾斜的相互作用。这为研究动态电荷条纹与晶格之间的相互作用奠定了一定的基础。然而,Cordero 等人并没有对这一问题进行进一步的研究。类似于声频内耗谱,测试频率一般在 MHz 范围的超声声速与衰减能够用来有效的研究晶格的低能动力学问题,曾经被用来研究高温超导体系的力学特性以及晶格不稳定性与超导电性之间的关系。考虑到超声衰减比声频内耗更高的测试频率,我们猜想动态电荷条纹与晶格之间弛豫性相互作用导致的内耗峰会在更高的温度出现。同时在 $La_{2-x}Sr_xCuO_4$ 体系中掺入 Nd 可以有效地改变体系的微结构,从而改变动态条纹与晶格之间的相互作用。基于以上设想,Qu 等人[39]研究了 $La_{1.88-y}Nd_ySr_{0.12}CuO_4$ 系列样品的超声衰减特性,证明了动态和静态电荷条纹与晶格之间的耦合。

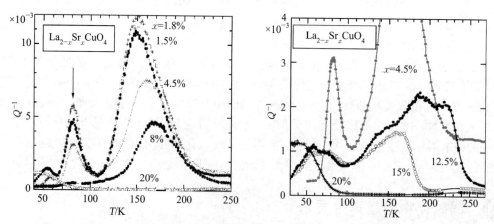

图 9-41 $La_{2-x}Sr_xCuO_4$ 的弹性能量损失系数对温度的依赖关系。箭头指示为条纹与钉扎中心相互作用而引起的弹性能量损失峰[38]

9.3.2 La$_{1.88-y}$Nd$_y$Sr$_{0.12}$CuO$_4$ 的超声声速与衰减特性

在 La$_{1.88-y}$Nd$_y$Sr$_{0.12}$CuO$_4$ 体系中,随着 Nd 的掺入,动态的电荷条纹与晶格之间的相互作用如何? 这种相互作用怎样变化? 动态条纹怎样逐渐演化为静态条纹? 图 9-42 为 La$_{1.88-y}$Nd$_y$Sr$_{0.12}$CuO$_4$ 系列样品在 20~200 K 范围内的超声声速和衰减随温度的变化曲线[39]。测试所用超声波频率为 7 MHz。随着温度从 200 K 下降到 20 K,观察到两个衰减峰。一个是对于 $y \geqslant 0.3$ 的样品,在 70 K 左右,称之为 P_1。另一个则对于所有的样品,在 100 K 左右,称之为 P_2。随着 Nd 掺杂量的增加,P_1 变得越来越强,而 P_2 的强度则基本不变。同时发现对应于两个衰减峰,超声声速也表现出特别的变化。对 $y \geqslant 0.30$,声速在 70 K 附近出现一个异常硬化,硬化温度随 Nd 掺杂变化。对 $y = 0$, 0.20, 0.30, 0.40,声速在 100 K 附近因为小的硬化而形成一个台阶。对 $y = 0.60$ 的样品,因为 P_1 强度比较大,P_2 显得比较模糊,同时声速在 100 K 附近也没有观察到类似于小的 Nd 含量样品所呈现的台阶。

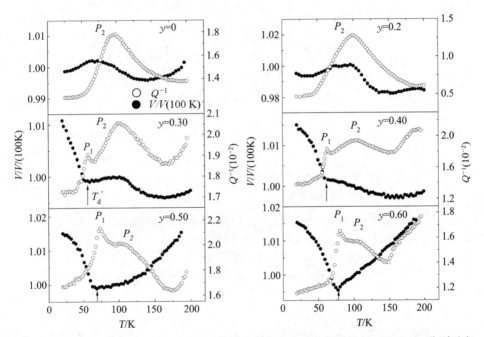

图 9-42　La$_{1.88-y}$Nd$_y$Sr$_{0.12}$CuO$_4$ 系列多晶样品的超声声速和能量损耗。P_1 和 P_2 分别对应低温正交相-低温四方相结构转变和电荷条纹与钉扎中心相互作用引起的能量损耗峰。箭头指示为声速开始硬化的温度[39]

为了更清楚地看到 Nd 掺杂对超声衰减特性的影响,我们将声速和衰减曲线的特征变化随 Nd 含量的变化绘于图 9-43。衰减峰 P_1 出现的温度 T_{P_1} 以及声速出现异常硬化的温度 T_d' 画在图 9-43(a) 中。为了与电输运行为相比较,电阻曲线上小的跳跃[39]对应的温度也绘于图 9-43(a) 中。可以看到,超声声速硬化的温度,衰减峰 P_1 的温度以及电阻率发生跳跃的温度基本上一致,并且表现出相同的 Nd 含量依赖关系。图 9-43(b) 给出了低温下声速的相对硬化对约化温度 T/T_d' 的变化关系。可以清楚地看到,随着 Nd 掺杂的增加,声速异常硬化的相对变化越来越大。图 9-43(c) 为 P_2 峰的温度 T_{P_2} 随 Nd 含量的变化。可以看到在 $y < 0.4$ 时,T_{P_2} 随 Nd 增加而迅速增加,而当 $y \geqslant 0.4$ 时,T_{P_2} 变化缓慢,呈现饱和的趋势。图 9-43(d) 将两个衰减峰

的温度进行比较。可以看到,随着 Nd 的增加,$Q^{-1}(T_d)/Q^{-1}(T_{P_2})$ 单调下降。下面来讨论 P_1 和 P_2 峰的起源。

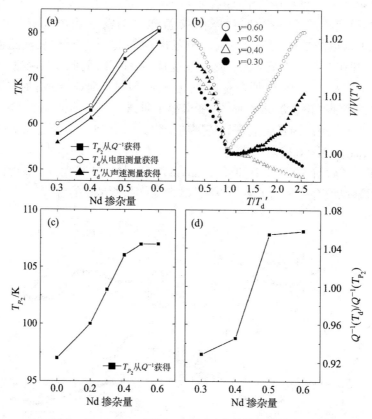

图 9-43 $La_{1.88-y}Nd_ySr_{0.12}CuO_4$ 多晶样品的相关曲线

(a)电阻率、超声声速以及能量损耗谱给出的 LTO - LTT 结构转变温度
(b) 相对声速硬化随温度的变化,温度对 T_d'归一化 (c) P_2 峰温度 T_{P_2} 随 Nd
含量的变化 (d) 能量损耗曲线上 P_1 和 P_2 峰强度比值随 Nd 含量的变化[39]

1) P_1 峰的起源

已有的实验结果表明,Nd 掺杂可以导致 $La_{1.88-y}Nd_ySr_{0.12}CuO_4$ 体系发生低温正交相(LTO,空间群 $Bmab$)向低温四方相(LTT,空间群 $P4_2/ncm$)的结构转变[17]。研究得比较多的 Nd 含量 0.4 和 0.6 的样品结构转变温度恰好在 70 K 附近。在 $La_{1.875-y}Nd_yBa_{0.125}CuO_4$ 中,在 LTO - LTT 转变附近也观察到了类似的声速与衰减行为[40]。我们在超声衰减曲线上观察到的 70 K 附近的 P_1 峰和声速异常硬化应该就是由于 LTO - LTT 结构转变而出现的。另一方面,在 1/8 载流子浓度的情况下,LTT 相的形成能够有效的钉扎电荷条纹,使之由动态变成静态[17]。中子散射的结果表明静态条纹形成的起始温度和 LTO - LTT 转变发生的温度很好的吻合在一起。因此可以认为 P_1 的出现标志着体系中静态电荷条纹的形成,而低温下声速的异常硬化则可以代表条纹序的演化。超声声速的硬化随着 Nd 掺杂量的增加而逐渐增大,衰减峰 P_1 的强度也是逐渐增大,这都表明条纹随着 Nd 的掺入逐渐被钉扎而形成静态条纹。

2）P_2 峰的起源

从图 9-42 可以看出，衰减曲线上还有 P_2 峰。值得注意的是，对于 $La_{1.88-y}Nd_ySr_{0.12}CuO_4$ 体系，电、磁以及结构的测量都没有在 100 K 附近发现任何异常。为了研究该峰的起源，我们测量了超声频率对其的影响。图 9-44 给出了在 7 MHz 和 14 MHz 两个测量频率下 $La_{1.88}Sr_{0.12}CuO_4$ 和 $La_{1.68}Nd_{0.2}Sr_{0.12}CuO_4$ 两个样品的能量损耗曲线[39]。可以看到，随着测试超声频率的加倍，两个样品的 P_2 峰都向高温方向移动了约 5~4 K。联系在声速曲线上 100 K 附近的台阶，我们推断 P_2 峰实际上应该对应一种热激活的弛豫过程。对于 $y \geqslant 0.3$ 的样品也进行了类似的测量，但是由于 P_1 峰的干扰，不能精确确定 P_2 峰移动的宽度。对于一个热激活弛豫过程，能量损耗 Q^{-1} 可以表达为

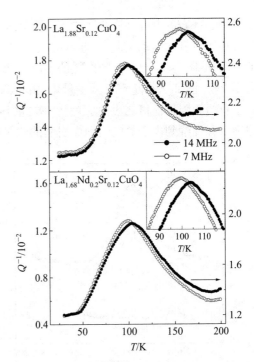

图 9-44　$La_{1.88}Sr_{0.12}CuO_4$ 和 $La_{1.68}Nd_{0.2}Sr_{0.12}CuO_4$ 多晶样品在 7 和 14 MHz 频率下超声能量损耗曲线。插图为对 100 K 附近的 P_2 峰的放大图[39]

$$Q^{-1} = \Delta \frac{\omega\tau}{1 + \omega^2\tau^2} \qquad (9-10)$$

弛豫率 τ^{-1} 满足 Arrhenius 关系：

$$\tau^{-1} = \nu_0 e^{-E/k_B T} \qquad (9-11)$$

式中：ν_0 为频率因子；E 为激活能；k_B 为 Boltzeman 常数。式（9-11）表明，对于一个热激活弛豫过程，可以通过改变温度 T 使得弛豫时间 τ 在很宽的范围内变化。令 $\tau_0 = \nu_0^{-1}$，并对式（9-11）两边乘以测量频率 ω 后取对数得到

$$\ln \omega\tau = \ln \omega\tau_0 + \frac{E}{k_B}\left(\frac{1}{T}\right) \qquad (9-12)$$

由式（9-10）可以知道，当 $\omega\tau = 1$ 时，能量损耗 Q^{-1} 有极大值，也就是在内耗-温度曲线上会出现峰值。此时，

$$\ln \omega\tau_0 + \frac{E}{k_B}\left(\frac{1}{T}\right) = 0 \qquad (9-13)$$

可以看出，内耗峰对应的温度会随着测试频率的变化而移动，当在两个不同的频率 ω_1，ω_2 测得的两个内耗峰温度分别为 T_{P_1} 和 T_{P_2} 时，我们可以得到

$$\ln\left(\frac{\omega_2}{\omega_1}\right) = \frac{E}{k_B}\left(\frac{1}{T_{P_1}} - \frac{1}{T_{P_2}}\right) \qquad (9-14)$$

根据式（9-14），可以计算出在 P_2 峰所对应弛豫过程的激活能 E/k_B 约为 1 800 K。

P_2 峰所对应的热激活过程究竟是一个什么样的过程呢？首先，因为在不掺 Nd 的

$La_{1.88}Sr_{0.12}CuO_4$ 中可以清楚地看到 P_2 峰,因此,它不应该是由于 Nd 掺杂引起。第二,P_2 峰不会是间隙氧的运动引起。Chou 等人[41]指出间隙氧的运动在 140～150 K 温度处就被冻结了。Cordero 等人[42]用声频内耗的手段探测到由于间隙氧的运动造成的弛豫性能量损耗峰是在 230 K 处,那么在超声衰减测量中,由于测试频率为～MHz,该峰应该向更高的温度移动而处于我们的测量窗口之上。实际上在之前对 $La_{2-x}Sr_xCuO_4$ 的超声衰减研究中,在室温以下的确没有观察到由于氧的运动而引起的能量损耗异常。

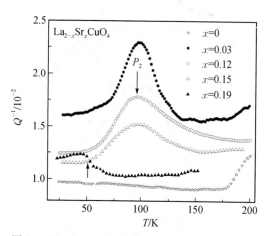

图 9 - 45　$La_{2-x}Sr_xCuO_4$ ($x=0$, 0.03, 0.12, 0.15, 0.19)多晶样品的在 7 MHz 测量频率下超声能量损耗曲线。50 K 附近的箭头对应 $x=0.19$ 的样品发生 HTT - LTO 结构转变。P_2 为电荷条纹与钉扎中心相互作用引起的能量损耗峰[39]

为了进一步找到 P_2 峰的起源,Qu 等人[39]测量了一系列 $La_{2-x}Sr_xCuO_4$ 样品的超声衰减特性,如图 9 - 45 所示。在 $x=0.19$ 的样品中,观察到了另外一个能量损耗异常:在 50 K 附近,能量损耗忽然变大,这实际上是由于 $x=0.19$ 的样品在 50 K 时发生了高温四方相到低温正交相的结构转变,这里不讨论该能量损耗峰而主要关注 100 K 附近的 P_2。P_2 峰在 $x=0.03$ 和 0.15 的样品中依然存在。但是在 $x=0$ 和 0.19 的样品中 P_2 峰消失了。这一结果暗示着 P_2 峰的起源可能是和载流子的不均匀分布有关。在未掺杂的 La_2CuO_4 中,没有载流子(或者由于间隙氧引入极少量的载流子),所以也没有电荷条纹。在欠掺杂样品中,电荷自组织成条纹并以高频涨落的形式存在。而当载流子浓度达到过掺杂水平,电荷不均匀分布逐渐消失。也就是说,P_2 峰和动态电荷条纹表现出对载流子浓度相同的依赖关系。综合以上考虑,P_2 峰实际上应该是动态的电荷条纹和体系中的钉扎中心之间弛豫性相互作用引起的能量损耗。Sr 和 Nd 的掺杂能够引起 CuO_6 八面体的旋转从而导致 CuO_2 平面的皱折,在低温下当这种皱折达到一定程度并形成长程有序的状态,能够有效地钉扎动态电荷条纹使其形成静态条纹[17]。实际上在高温下,无序的八面体倾斜引起的 CuO_2 平面畸变也对电荷条纹有钉扎作用,但是这种钉扎作用不足以使条纹真正地被钉扎成静态。在超声衰减测量中,高频运动的条纹与钉扎中心之间存在弛豫性相互作用,条纹越过钉扎中心需要一定的激活能,从而引起能量损耗峰 P_2。因为在 $La_{1.88-y}Nd_ySr_{0.12}CuO_4$ 体系中,载流子浓度始终保持为 0.12,可以预期条纹零点涨落的频率因子 τ_0^{-1} 是一个常数。根据式(9 - 13)可以知道,在相同的测试频率下,条纹越过钉扎中心的激活能 E 和能量损耗峰温度 T 成正比关系。因此,可以通过比较 P_2 峰温度 T_{P_2} 知道激活能随掺杂的变化规律。从图 9 - 43(c)中可以看到,T_{P_2} 随 Nd 掺杂在较窄的一个温度范围内向高温方向移动,在 $y>0.4$ 以上倾向于饱和。这表明 Nd 掺杂能够使 CuO_6 八面体倾斜造成的对条纹的钉扎作用增强。值得注意的是,激活能增加并不是由于钉扎中心增多引起的,而应该是随着 Nd 离子的增加,CuO_6 八面体倾斜程度变大起主要作用。这从图 9 - 45 中 P_2 峰位置随 Sr 含量增加变化很小可以得到证实。

9.3.3 La$_{1.88}$Sr$_{0.12-x}$Ba$_x$CuO$_4$ 的超声声速和衰减特性

La$_{1.88}$Sr$_{0.12-x}$Ba$_x$CuO$_4$ 体系在保持载流子浓度 1/8 不变的情况下，可以通过调节 Ba 与 Sr 的比例使体系在低温下的结构由低温正交相转为低温四方相，同时又不增加由于稀土掺杂而引入的磁矩的影响，因此可以很好地用来研究条纹与结构以及超导电性的关系。因为电荷有序的存在伴随着局域的结构畸变，所以可以通过研究微结构的变化来寻找局域电荷条纹存在的证据。

图 9 - 46 是 La$_{1.88}$Sr$_{0.12-x}$Ba$_x$CuO$_4$ 系列样品在低温下的超声声速（a）和衰减系数（b）随温度的变化关系曲线[43]。可以看到所有的样品在低温下都表现出声速的硬化。对应于声速的硬化，衰减系数出现一个峰值。如图中箭头所指，声速发生硬化的起始温度 T_d 和衰减峰温度 T_P 都随 Ba 含量的增加向高温方向移动。此外，在 T_P 向高温移动的同时发现衰减峰的形状也随着 Ba 含量增加而显示出一定的演化规律：随着 Ba 的增加，峰的宽度逐渐变窄。声速和衰减异常

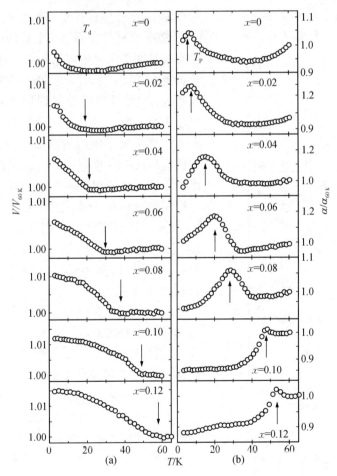

图 9 - 46 La$_{1.88}$Sr$_{0.12-x}$Ba$_x$CuO$_4$ 系列样品的超声声速（a）和衰减系数（b）随温度的变化。声速和衰减系数的值都用 60 K 时的值进行了归一。箭头指示为声速发生突然硬化和衰减系数出现峰值的温度[43]

的出现表明体系微结构生了某种变化。首先注意到在高 Ba 含量的样品中，声速硬化和衰减峰的行为与在 $La_{1.88-y}Nd_ySr_xCuO_4$ 体系中观察到的 LTO-LTT 结构转变引起的声速和衰减变化类似。通过比较，可以发现在 $x \geqslant 0.06$ 的样品中，声速发生硬化的起始温度和文献报道的 LSBCO 体系发生 LTO-LTT 结构转变温度很好地一致。所以这里的声速硬化应该也是由于 LTT 相的生成引起。同时，根据 Fujita 等人中子散射的结果，该体系中静态电荷条纹的形成与 LTO-LTT 结构转变同时发生，因此声速硬化的出现暗示了电荷条纹的形成。那么在 $x \leqslant 0.04$ 的样品中的声速硬化和衰减峰该如何解释呢？从图 9-46 中可以看出声速的硬化随 Ba 含量增加有明显的演化关系，这暗示着在 $x \leqslant 0.04$ 的样品中观察到的声速异常应该与 $x \geqslant 0.06$ 的样品中的有着相同的起源。

值得注意的是，Moodenbaugh 等人[44]发现用单一的 LTO 结构去拟合低温下 $La_{1.88}Sr_{0.12}CuO_4$ 的高分辨 X 射线衍射谱时不能给出（200）峰和（020）峰之间的的散射强度，而用 LTO＋LTT 结构则可以很好地拟合，因此，他们提出低温下 $La_{1.88}Sr_{0.12}CuO_4$ 中在 LTO 结构的基质中存在有 10% LTT 结构的畴。因此，$x < 0.04$ 样品在低温下的声速硬化和衰减峰对应于 LTT 结构畴的生成，因为 LTT 畴镶嵌在周围 LTO 的基体中，所以应该处于一种受到 LTO 应力的状态下，可以称之为 LTT 结构不稳定性。尽管中子散射没有观察到电荷条纹的存在，LTT 结构畴的存在证明了局域的电荷条纹有序的形成。对于短程的电荷条纹，因为其诱导的晶格畸变并没有形成长程有序，所以中子散射探测不到完全是可能的。对于 LTT 结构不稳定性和局域的电荷有序之间的关系应该从相互作用的角度来理解：公度的电荷有序使得条纹本身具有一定的稳定性，可以诱导 LTT 结构不稳定性的出现，这可以解释为什么这种结构不稳定性在载流子浓度 1/8 的时候最为稳定；同时 Ba 的掺入使得 CuO_6 八面体的畸变增大，有利于 LTT 结构的稳定，当 Ba 含量增加到 0.04 以上时，长程的 LTT 结构形成，从而对电荷条纹形成集体钉扎。

超声声速和衰减在低温下的异常揭示了低 Ba 含量样品中局域的电荷条纹的存在，从静态电荷条纹压制超导电性的角度来看，局域电荷条纹的存在能够很好地解释为什么在 LSCO 体系中依然存在 1/8 奇异的痕迹。下面通过对超声衰减特性与超导电性的比较来进一步分析 LTT 结构不稳定性与超导电性之间的关系。图 9-47 所示为超导转变温度 T_C，声速硬化起始温度 T_d 及相对硬化量（$V_{3K} - V_{T_d}$）/V_{T_d}，和衰减峰温度 T_P 以及峰的半宽度 ΔT（定义为衰减开始上升的温度 T' 衰减峰温度 T_P 之差）随 Ba 含量的变化[45]。可以看到 T_d 以及 T_P 显示出和 T_C 刚好相反的 Ba 含量依赖关系。对 $x \leqslant$

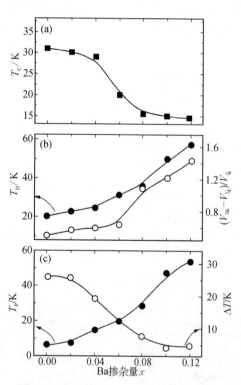

图 9-47　$La_{1.88}Sr_{0.12-x}Ba_xCuO_4$ 系列样品的超导电性与超声衰减特性的比较

（a）超导转变温度 T_C　（b）声速硬化起始温度 T_d 及相对硬化量（$V_{3K} - V_{T_d}$）/V_{T_d}　（c）衰减峰温度 T_P 以及峰的半宽 ΔT 随 Ba 含量的变化[43]

0.04 的样品，T_C 高于 T_d 和 T_P，LTT 结构不稳定性出现在超导态，此时占主导地位的超导电性阻碍了电荷有序的形成。而对 $x \leqslant 0.06$ 的样品，由于 Ba 的掺入导致稳定的 LTT 结构从而形成长程的电荷条纹有序，超导转变温度被迅速压低。除此之外，还可以看到对应于 T_C 在 $0.04 < x < 0.08$ 之间的突然下降，声速的相对硬化量 $(V_{3K} - V_{T_d})/V_{T_d}$ 迅速上升［见图 9-47(b)］，而衰减峰半宽 ΔT 则表现出和 T_C 几乎完全相同的变化规律［见图 9-47(c)］。所有这些结果证明了 LTT 结构不稳定性与超导电性之间的竞争关系。LTT 结构不稳定性与电荷有序之间紧密的关联表明在条纹系统中存在着强的电声子相互作用。

9.3.4 磁场对超声声速和衰减的影响

9.3.4.1 磁场对轻度掺杂 La$_{2-x}$Sr$_x$CuO$_4$ 条纹和超声性质的影响

为了避免由于磁场对超导电性的压制作用而给问题带来的复杂性，首先来看磁场对非超导样品中条纹的影响。图 9-48(a)，(b) 和 (c)，(d) 所示分别为 La$_{1.97}$Sr$_{0.03}$CuO$_4$ 和 La$_{1.96}$Sr$_{0.04}$CuO$_4$ 样品在 0 和 14 T 磁场下的超声声速及衰减随温度的变化[45]。随温度降低两个样品中超声声速分别在 11 K 和 8 K 以下发生异常硬化，同时衰减也在相同温度开始急剧增大，如图中箭头所示。这里观察到的衰减的急剧增加与 Cordero 等人在 La$_{2-x}$Sr$_x$CuO$_4$（x = 0.019，0.03，0.06）样品的声频内耗谱上观察到的类似[46]。在轻度掺杂的 La$_{2-x}$Sr$_x$CuO$_4$ 样品中，低温下由于自旋涨落的冻结会形成反铁磁关联的团簇玻璃态，Cordero 等人通过对比发现声频内耗谱上的内耗峰刚好位于团簇玻璃形成的温度之下。图 9-48 中超声声速和衰减异常有着相同的起源，在团簇玻璃态下，由于作为自旋畴壁的电荷条纹的运动导致自旋畴尺寸发生变化，从而通过磁弹性耦合导致能量损失[46]。14 T 磁场下，声速和衰减的行为与零场下完全相同，证明在非超导样品中，磁场对电荷条纹本身没有影响。

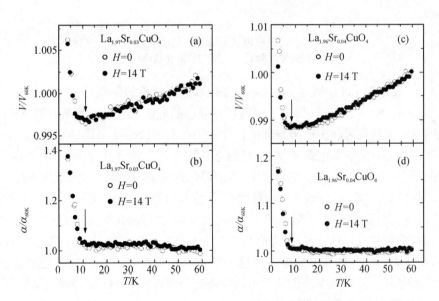

图 9-48　La$_{1.97}$Sr$_{0.03}$CuO$_4$ 和 La$_{1.96}$Sr$_{0.04}$CuO$_4$ 样品的超声声速及衰减随温度的变化[45]

Qu 等人[45]进一步研究了 14 T 磁场对超声声速及衰减特性的影响以验证静态的电荷条

纹序没有发生变化。零场下 $La_{1.48}Nd_{0.4}Sr_{0.12}CuO_4$ 多晶样品的超声声速及衰减特性如图 9-49 中空心方框和圆圈所示。在测试温度范围内在 100 K 附近的超声衰减峰由动态电荷条纹与晶体内的钉扎中心之间的弛豫性相互作用引起,在 70 K 附近的衰减峰对应样品发生 LTO-LTT 转变[42]。14 T 磁场下样品的超声声速及衰减特性如图 9-49 中实心方框和圆圈所示。零场和 14 T 下衰减的绝对值有所差异可能是由于测试过程中,经过一个热循环之后 $LiNbO_3$ 换能器和样品之间的耦合状态有所变化。但是可以看到声速和衰减随温度的变化行为都与零场下的相同,表明 14 T 磁场对 $La_{1.48}Nd_{0.4}Sr_{0.12}CuO_4$ 中的 LTO-LTT 结构转变没有任何影响。因为电荷条纹与样品的结构不稳定性之间有着紧密的联系,如果条纹有序的强度发生变化,结构转变温度以下声速及衰减对温度的依赖应该相应地变化,因此相同的超声声速和衰减行为证明 14 T 磁场下静态的电荷有序和零场下完全相同。

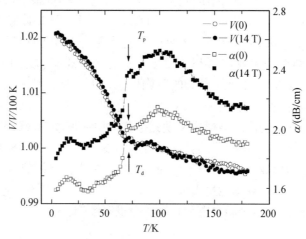

图 9-49　$La_{1.48}Nd_{0.4}Sr_{0.12}CuO_4$ 多晶样品在 0 和 14 T 磁场下的超声声速和衰减。箭头指示分别为声速开始发生硬化的位置 T_d 和衰减峰位置 T_p[43]

9.3.4.2　磁场对 $La_{1.88}Sr_{0.12-x}Ba_xCuO_4$ 条纹和超声性质的影响

对 $La_{1.48}Nd_{0.4}Sr_{0.12}CuO_4$ 的研究表明磁场对静态的电荷条纹没有影响。那么动态条纹的情况又如何呢? 前面通过超声声速与衰减特性证明在 $La_{1.88}Sr_{0.12-x}Ba_xCuO_4$ 体系 $x \leqslant 0.04$ 的样品中仍然存在局域的静态电荷条纹,此时静态条纹与动态条纹共存,超导电性占主导地位。通过外加磁场下超导电性和条纹序的变化,我们可以判断磁场对动态条纹的影响。

图 9-50 是 $La_{1.88}Sr_{0.12-x}Ba_xCuO_4$ 系列样品在 0,5 和 14 T 磁场下的超声声速(a)与衰减(b)随温度的变化关系曲线[43]。测量结果显示 $x \leqslant 0.06$ 的样品在低温下的声速硬化随磁场增加而逐渐被增强,同时对应的衰减峰也向高温方向移动。零场下的声速与衰减特性在前面已经讨论过,在 $x < 0.06$ 的样品中低温下声速的硬化对应低温四方相结构不稳定性的出现,意味着局域静态电荷条纹的形成。磁场对于超声声速与衰减的影响可能来源于以下三个方面: ①磁场影响超导转变从而使声速与衰减发生变化;②超声波与穿透到样品内的磁通线之间发生耦合;③样品的微结构在磁场下发生变化。因为对于所有样品,磁场对样品的穿透和对超导电性的压制作用都存在,而只对 $x < 0.06$ 样品中超声声速与衰减有影响,所以超声声速与衰减的变化不可能是由于磁场对超导转变的压制或者是磁通线与超声波的耦合引起的。合理的

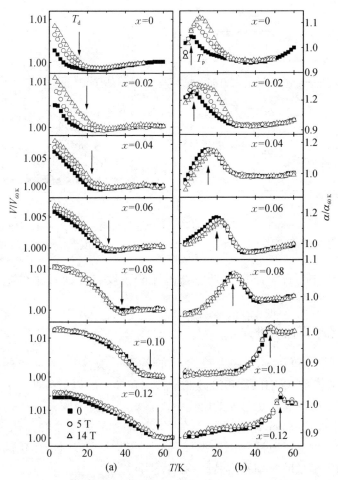

图 9-50　$La_{1.88}Sr_{0.12-x}Br_xCuO_4$ 多晶样品在 0，5 和 14 T 磁场
　　　　下的超声声速(a)和衰减(b)。箭头指示分别为声速
　　　　开始发生硬化的位置 T_d 和衰减峰位置 T_P[45]

解释可能是磁场能够诱导零场下的 LTT 结构不稳定性或局域电荷有序进一步加强。

　　图 9-51 给出了磁场作用下衰减峰温度 T_P 的移动。可以看到随着 x 的增加，磁场的影响逐渐变小。为了进一步解释磁场的作用，图 9-52 给出了 3 K 下样品中超声声速对磁场的依赖关系。扫场的结果显示，对 $x \le 0.06$ 的样品，低温下声速随磁场的增加而增加。相同磁场下声速的相对变化 $(V_H-V_0)/V_0(V_0$ 为 $H=0$，$T=3$ K 时的声速)随 x 的增加变得越来越小。对 $x=0.08$，0.10 和 0.12 的样品，12 T 的磁场对 $T=3$ K 下的声速基本没有影响。这些结果表明，条纹序的背景越强则磁场对其影响越小。进一步的数据分析表明，声速对磁场的依赖关系可以很好地用式(9-15)进行拟合[43]：

$$V/V_0 = 1 + A(H/B)\ln(B/H) \qquad (9\ 15)$$

式中：A 和 B 为拟合参数。对 $x=0$，0.02，0.04 和 0.06 的样品 A 的值分别为 14.5，11.0，5.56 和 1.03，B 的值分别为 47.9，46.9，46.0 和 42.4 T。有意思的是，Demler 等人[47]从理论上给出 $La_{2-x}Sr_xCuO_4$ 体系中磁有序的强度对磁场有依赖关系 $I(H)=I_0+A(H/H_{c2})\ln(H_{c2}/H)$，其中 H_{c2} 为样品的上临界场。声速和磁有序强度对磁场相同的依赖关系进一步证

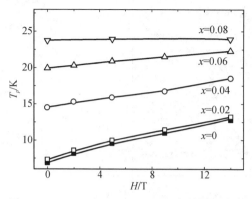

图 9-51 $La_{1.88}Sr_{0.12-x}Br_xCuO_4$ 多晶样品中的
衰减峰温度 T_P 随磁场的移动[43]

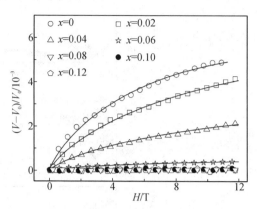

图 9-52 $La_{1.88}Sr_{0.12-x}Ba_xCuO_4$ 多晶样品在 3 K
温度下相对声速的磁场依赖关系[43]

明了 LTT 结构不稳定性的增强是由于磁场诱导的条纹有序通过强的电声子相互作用而导致。

9.3.5 YBCO 体系超声性质研究

高温超导体的结构和超导转变温度之间的关系一直是一个重要的研究课题。对于 $YBa_2Cu_3O_7$(YBCO)体系,以前的超声衰减测量揭示在 200 K 以下有两个衰减峰:其中一个峰位于 80 K 左右,这个峰的起源在早期的研究中把它和超导转变联系在一起;另一个峰出现在 100 K 和 200 K 之间,Bhattacharya 等人[48]在 130 K 观察到了这个峰并把它的起源归因于与超导态形成有关的一种电子或磁状态的形成,Levy 等人[49]认为不同课题组报道的这个峰位置的差异主要是由于测量的频率和样品制备条件不同造成。

以前的研究已经报道了在 YBCO 中顶点氧可以在两个偏心位置之间跳跃并且这种跳跃对应的激活能为 0.16 eV。通过 Zn 替代 Cu 可以很好地压制顶点氧的这种跳跃,主要是因为 Zn 替代的是 CuO_2 面上的 Cu,这种替代会导致 Zn 周围的电荷重新分配,结构方面的研究也表明了 CuO_2 面掺杂对 YBCO 体系结构的影响主要联系于顶点氧状态的变化。另一方面,Cu—O 链中的原子呈现 Zig-Zag 形状,其中的氧原子也有两个等效的位置并且氧原子会在这两个位置间发生跳跃,跳跃所需激活能大小为 0.19 eV。又由于 YBCO 氧含量的变化主要是 Cu—O 链中氧的变化,即 Cu—O 链中的氧可以通过改变样品的氧含量来控制。从而 Cu—O 链中氧原子的跳跃强度与氧含量的关系密切,减少氧含量可以压制氧原子的跳跃。超声测量作为一个有效的探测物质内部原子跳跃的手段,这些原子的跳跃在超声衰减谱上应该能够找到相应的峰。

图 9-53 所示为 $YBa_2(Cu_{1-x}Zn_x)_3O_{7-\delta}$($x=0$, 0.01, 0.02, 0.03, 0.04, 0.05)的超声衰减和声速随温度的变化曲线[50]。测量所用的换能器频率为 8.3 MHz。从图中可以看出,在 200 K 以下,超声衰减谱上有三个衰减峰,分别位于 70 K(P_1),130 K(P_2)和 170 K(P_3)左右。随着 Zn 掺杂的增加,P_2 峰和 P_3 峰的位置没有发生明显的变化而 P_1 峰向低温方向移动并且 P_1 的峰形发生了明显的宽化。所有样品的声速随着温度的降低都呈现单调的增加并且衰减峰的位置没有明显的变化。

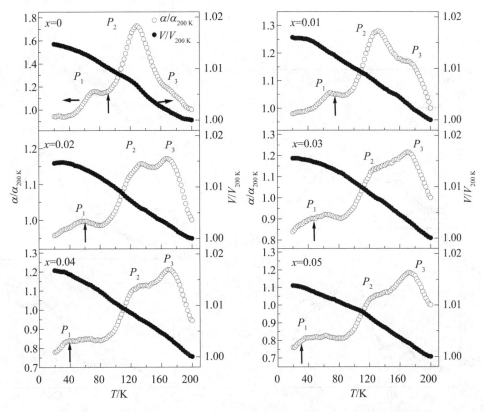

图 9-53　YBa$_2$(Cu$_{1-x}$Zn$_x$)$_3$O$_{6.94}$（$x=0$，0.01，0.02，0.03，0.04，0.05）的超声衰减和声速随温度的变化关系。其中空心和实心圆圈分别代表超声衰减和声速。所有的超声衰减和声速对各自 200 K 时的值进行了约化。图中箭头所对应的温度表示所测样品 T_C 值[50]

为了探讨超声衰减谱上三个超声衰减峰的起源，图 9-54 给出了 P_1，P_2 和 P_3 峰的强度随 Zn 掺杂的变化关系，所有峰的强度都对 200 K 时的衰减值做了约化。随着 Zn 含量的增加，P_1 峰和 P_2 峰的强度单调减少，而 P_3 峰的强度基本保持不变。考虑到 Zn^{2+} 无磁性，无磁性的 Zn^{2+} 替代 Cu^{2+}，将破坏 Cu^{2+} 的局域反铁磁关联，从而在其周围将会由其他的四个 Cu^{2+} 诱发出局域的磁矩。超声衰减峰随 Zn 掺杂的变化可能和这个局域的磁矩有关。为了说明这种关系，Wang 等人测量了在外加 14 T 强磁场的情况下 YBa$_2$Cu$_3$O$_{6.94}$ 和 YBa$_2$(Cu$_{0.99}$Zn$_{0.01}$)$_3$O$_{6.94}$ 超声衰减谱，如图 9-55 所示[50]。从图中可见，超声衰减峰在外加 14 T 磁场的情况下没有发生改变。由于外加磁场必然会改变材料内部的磁特性，从而改变与磁性质有关的其他物理性质。由此可以推断 YBCO 在 200 K 以下的三个超声衰减峰的起源和材料内部的磁性质没有直接的关系。

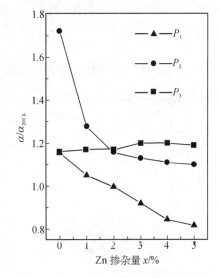

图 9-54　P_1，P_2 和 P_3 峰的强度随 Zn 掺杂的变化关系。所有峰的强度都对 200 K 时的衰减值作了约化[50]

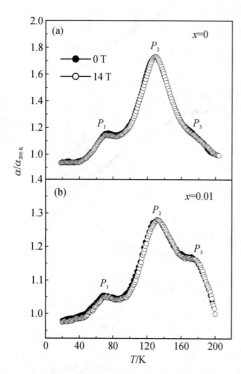

图 9-55　YBa$_2$Cu$_3$O$_{6.94}$ 和 YBa$_2$(Cu$_{0.99}$Zn$_{0.01}$)$_3$O$_{6.94}$ 在零场和 14 T 磁场下的超声衰减谱。其中实心和空心圆点分别代表零场下和 14 T 磁场下的数据。所有的超声衰减值都对各自的 200 K 值进行了约化[50]

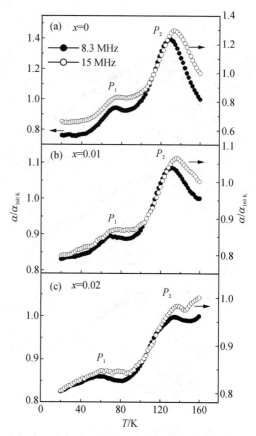

图 9-56　YBa$_2$(Cu$_{1-x}$Zn$_x$)$_3$O$_{7-\delta}$(x=0，0.01，0.02) 在 8.3(实心圆圈)和 15 MHz (空心圆圈)频率下的超声衰减谱。所有的超声衰减值都对各自的 160 K 值进行了约化[50]

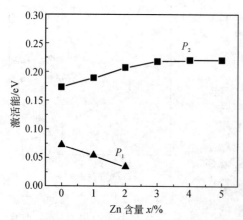

图 9-57　P_1 和 P_2 峰所对应的弛豫过程的激活能 E 随 Zn 含量的变化关系[50]

　　为了进一步研究这些超声衰减峰的起源，图 9-56 给出了在 8.3 MHz 和 15 MHz 两个频率下的 YBa$_2$(Cu$_{1-x}$Zn$_x$)$_3$O$_{7-\delta}$(x=0，0.01，0.02) 的超声衰减谱[50]。随着测试超声频率的增加，三个样品的 P_1 和 P_2 峰都向高温方向移动。两个峰的起因可能对应于某种热激活的弛豫过程。对于 P_3 峰，由于在高温下高频(15 MHz)信号变弱，很难辨别 P_3 峰的位置，所以很难给出它的峰位随频率的变化关系。另外，对于 x=0.03，0.04 和 0.05 的样品也进行了类似的变频测量，但是 P_1 峰由于其峰型的宽化，不能精确确定其峰位的移动大小，P_2 峰由于受到 P_3 峰的影响，也很难确定其峰位。

　　根据式(9-14)可以计算出 P_1 和 P_2 峰所对应的弛豫过程的激活能 E，计算结果如图 9-57 所示。其中 Zn 含量大于 0.02 时的 P_2 峰的激活能是样品在低氧含量下测得的。从激活能的计算结果可以看出,随着 Zn 含量的增加,P_1 峰的激活能逐渐降低,从 $x=0$ 时的 0.072 eV 降低到 $x=0.02$ 时的 0.034 eV。P_2 峰的激活能随 Zn 的变化逐渐增加,但在 Zn 含量大于 0.02 时激活能基本不变。在 YBCO 体系中,间隙氧原子的跳跃是一种弛豫过程并且它的激活能一般在 1 eV 左右,比这里讨论的 P_1 和 P_2 峰的激活能要大几个数量级。所以可以肯定超声衰减峰的起源不是来源于间隙氧的跳跃。

1) P_1 峰的起源

已有的实验结果表明,在不掺杂的 YBCO 中由 CuO_2 面内的空穴引起的极化子在面内的短程跳跃是一种弛豫过程并且其激活能为 0.076 eV。这一数值与 P_1 峰的激活能差不多,因此 P_1 峰的起源可能就是由于空穴极化子在 CuO_2 内的短程跃迁。为了验证这一推断,Wang 等人考察了 P_1 峰激活能随 Zn 掺杂的变化情况,得到了其激活能随 Zn 掺杂的增加逐渐减小。在 $YBa_2Cu_3O_{6.94}$ 中,铜离子的化合价约为 +2.25。因此,用 +2 价的锌离子替代铜离子将会减小 CuO_2 面内空穴的浓度,又因为 Zn 替代对 YBCO 体系整体的氧含量不会产生明显的变化,所以替代结果将使得 Zn 附近的空穴浓度减小,而远离 Zn 的位置空穴浓度增加。即 Zn 替代将导致体系内部空穴分布不均匀,随着 Zn 掺杂量的增加,空穴分布会更加不均匀。空穴分布的梯度会随着其分布的不均匀而增加,而梯度的增加会使得空穴短程跳跃变得更加容易。这样我们就可以理解随 Zn 掺杂的增加,P_1 峰的激活能逐渐减小。同时,Zn 掺杂导致 P_1 的宽化可能就是因为空穴分布的不均匀。

2) P_2 峰的起源

在 YBCO 体系中,扩展 X 射线吸收精细结构和非弹性中子都发现了顶点氧的位置劈裂成两个等效的位置,顶点氧原子将在这两个等效位置间发生跳跃。顶点氧原子的这种跃迁也是一种弛豫过程,相应的激活能为 0.16 eV。考虑到 Zn 替代 Cu 会导致其周围的电子结构受到严重的影响,从而会引起 Zn 周围顶点氧原子的电荷重新分布。从 P_2 峰的激活能大小以及其峰强随 Zn 掺杂的变化关系,可以认为 P_2 峰的起源应该是由顶点氧在其两个等效位置的跳跃。另一方面,Zn 掺杂的影响范围约为 $10a$(a 为面内的晶格常数),随着 Zn 掺杂的增加,其在顶点氧附近的影响范围将会出现重叠,导致对顶点氧原子的跳跃行为的影响出现饱和现象。因此,从 P_2 峰的强度和激活能在 Zn 含量大于 0.02 时出现的饱和现象,我们更加相信 P_2 峰起源于顶点氧原子在其两个等效位置的跳跃。

3) P_3 峰的起源

以上实验结果表明,P_3 峰的强度随 Zn 掺杂基本没有明显的变化。考虑到 Zn 替代 CuO_2 面上的 Cu 而不是 Cu—O 链上的 Cu,因此 P_3 峰可能起源于 Cu—O 链中氧原子的跳跃。由于 YBCO 的氧含量的变化主要是 Cu—O 链中氧的变化,即 Cu—O 链中氧可以通过改变样品的氧含量来控制,所以可以通过测量低氧含量样品的超声衰减来验证 P_3 的起源是否联系于 Cu—O 链中氧原子的跃迁。此外,通过研究不同氧含量对 P_1 和 P_2 峰的影响也可以验证对它们起源的解释。为此 Wang 等人[50]测量了 $YBa_2(Cu_{1-x}Zn_x)_3O_{6.35}$($x=0$,0.01,0.02,0.03,0.04,0.05)系列样品的超声衰减谱,如图 9-58 所示。在所有低氧含量样品的超声衰减谱上 P_2 峰依然存在,而 P_1 和 P_3 峰完全消失了。P_3 峰的消失可能是由于减小氧含量导致 Cu—O 链变短使得其中氧原子的跳跃数量减少造成。此外,Cu—O 链作为载流子库层,其中的空穴数对 CuO_2 面内的空穴浓度有着非常重要的影响。氧含量的减少会显著地降低 CuO_2 面内的

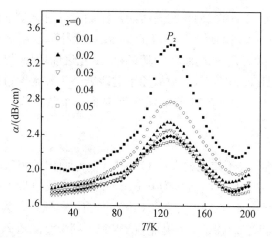

图 9-58　YBa$_2$(Cu$_{1-x}$Zn$_x$)$_3$O$_{6.35}$(x=0, 0.01, 0.02,
0.03, 0.04, 0.05)的超声衰减谱[50]

空穴浓度,从而使得 CuO$_2$ 面内空穴的短程跳跃受到压制。

　　总之,超声衰减对材料的结构变化以及缺陷演化规律特别敏感,是研究材料的散射和吸收机制的有效手段。

参考文献

[1] Jonker G, van Santen J. Ferromagnetic compounds of manganese with perovskite structure [J]. Physica (Amsterdam), 1950,16(3):337-349.

[2] Zener C. Interaction between the d-shells in the transition metals [J]. Phys. Rev, 1951,82(3):403-405.

[3] Goodenough J B. Theory of the role of covalence in the perovskite-type manganites [La,M(Ⅱ)] MnO$_3$ [J]. Phys. Rev, 1955, 100(2):564-573.

[4] Wollan E O, Koehler W C. Neutron diffraction study of the magnetic properties of the series of the series of perovskite-type compounds [(1−x)La, xCa]MnO$_3$[J]. Phys. Rev, 1955,100(2):545-563.

[5] Anderson P, Hasegawa H. Considerations on double exchange [J], Phys. Rev. 1955,100(2),675-681.

[6] Searle C, Wang S. Studies of ionic ferromagnet (LaPb)MnO$_3$[J]. J. Phys, 1969,47(23):2703.

[7] von Helmolt R, Wecker J, Holzapfel B. et al, Giant negative magnetoresistance in perovskitelike La$_{2/3}$ Ba$_{1/3}$ MnO$_3$ ferromagagnetic-films [J]. Phys. Rev. Lett, 1993,71(14):2331-2333.

[8] Jin S, Tiefel T H, Mccormack M, Fastnacht R A, et al. Thousandfold change in resistivity in magnetoresistive La-Ca-Mn-O films [J]. Science, 1994,264(5157):413-415.

[9] Tokura Y. Colossal Magnetoresistive Oxides [M], Gordon & Breach, Tokyo, 1999.

[10] Mason W P, Thurston R N, Physical Acoustics [M], Vol. 12, Academic Press, New York, 1976, p. 7.

[11] Millis A J, Littlewood P B, Shraiman B I. Double exchange alone does not explain the resistivity of La$_{1-x}$Sr$_x$MnO$_3$ [J]. Phys. Rev. Lett, 1995,74(25):5144-5147.

[12] Zhao G M, Conder K, Keller H, et al. Giant oxygen isotope shift in the magnetoresistive perovskite La$_{1-x}$Ca$_x$MnO$_{3+y}$ [J]. Nature (London), 1996,381(6584):676-678.

[13] Chen C H, Cheong S W. Commensurate to incommensurate charge ordering and its real-space images in La$_{0.5}$Ca$_{0.5}$MnO$_3$ [J]. Phys. Rev. Lett, 1996,76(21):4042-4045.

[14] Mori S, Chen C H, Cheong S W. Pairing of charge-ordered stripes in (La, Ca)MnO$_3$ [J]. Nature

(London), 1998,392(6675):473 - 476.

[15] Ibarra M R, de Teresa J M, Blasco J, et al. Lattice effects, stability under a high magnetic field, and magnetotransport properties of the charge-ordered mixed-valence $La_{0.35}Ca_{0.65}MnO_3$ perovskite [J]. Phys. Rev. B, 1997,56(13):8252 - 8256.

[16] Martin C, Majgnan A, Hervieu M, et al. Magnetic phase diagrams of $L_{1-x}A_xMnO_3$ manganites (L=Pr, Sm; A=Ca, Sr) [J]. Phys. Rev. B, 1999,60(17):12191 - 12199.

[17] Tranquada J M, Sternlieb B J, Axe J D, et al. Evidence for steipe correlations of spins and holes in copper-oxide superconductors [J]. Nature (London), 1995,375(6532):561 - 563.

[18] Zheng R K, Li G, Tang A N, et al. The role of the cooperative Jahn-Teller effect in the charge-ordered $La_{1-x}Ca_xMnO_3$ (0.5≤x≤0.87) manganites [J]. Appl. Phys. Lett, 2003,83(25):5250 - 5252.

[19] Li X G, Zheng R K, Li G, et al. Jahn-Teller effect and stability of the charge-ordered state in $La_{1-x}Ca_xMnO_3$ (0.5≤x≤0.9) manganites [J]. Europhys. Lett, 2002,60(5):670 - 676.

[20] Zheng R K, Huang R X, Tang A N, et al. Internal friction and Jahn-Teller effect in the charge-ordered $La_{1-x}Ca_xMnO_3$ (0.5≤x≤0.87) [J]. Appl. Phys. Lett, 2002,81(20):3834 - 3836.

[21] Ramirez A P, Schiffer P, Cheong S-W, et al. Thermodynamic and Electron Diffraction Signatures of Charge and Spin Ordering in $La_{1-x}Ca_xMnO_3$ Phys. Rev. Lett. 76,3188(1996).

[22] Zvyagin S, Schwenk H, Luthi B, et al. Ultrasonic and magnetic studies of $Nd_{0.5}Sr_{0.5}MnO_3$ [J]. Phys. Rev. B, 2000,62(10):6104 - 6107.

[23] Fujishiro H, Fukase T, Ikebe M, Charge ordering and sound velocity anomaly in $La_{1-x}Sr_xMnO_3$ (x≥0.5) [J], J. Phys. Soc. Jpn. 1998 67(8),2582 - 2585.

[24] Fujishiro H, Fukase T, Ikebe M, Anomalous lattice softening at x=0.19 and 0.82 in $La_{1-x}Ca_xMnO_3$ [J], J. Phys. Soc. Jpn. 2001 70(3),628 - 631.

[25] Zheng R K, Zhu C F, Xie J Q, et al, Structural change and charge ordering correlated ultrasonic anomalies in $La_{1-x}Ca_xMnO_3$ ($x = 0.5, 0.83$) perovskite [J]. Phys. Rev. B, 2000,63(2):024427.

[26] Zheng R K, Li G, Yang Y, et al, Transport, ultrasound, and structural properties for the charge-ordered $Pr_{1-x}Ca_xMnO_3$ ($0.5 \leqslant x \leqslant 0.875$) manganites [J]. Phys. Rev. B, 2004,70(1),014408.

[27] Zhu C F, Zheng R K. Ultrasonic evidence for magnetoelastic coupling in $La_{0.60}Y_{0.07}Ca_{0.33}MnO_3$ perovskites [J]. Appl. Phys. Lett, 1999,59(17):11169 - 11171.

[28] De Teresa J M, Ibarra M R, Blasco J, et al. Spin-glass insulator state in $(Tb-La)_{2/3}Ca_{1/3}MnO_3$ perovskite [J]. Phys. Rev. Lett., 1996,76(18),3392 - 3395.

[29] Maignan A, Sundaresan A, Varadaraju U V, et al. Magnetization relaxation and aging in spin-glass $(La, Y)_{1-x}Ca_xMnO_3$ (x=0.25, 0.3 and 0.5) perovskite [J]. J. Mag. Mag. Mater., 1998,184(1),83 - 88.

[30] 郑仁奎. 钙钛矿锰氧化物中的电荷有序态及相关物性[D]. 合肥:中国科学技术大学材料科学与工程系,2003.

[31] Dessau D S and Shen Z X, in Colossal Magnetoresistance Oxides, edited by Y. Tokura (Gordon and Breach Science Publishers, 2000) p.149.

[32] Zheng R K, Zhu C F, and Li X G, Magnetic field dependent on ultrasonic sound velocity and attenuation in charge-ordering manganese oxide $La_{0.5}Ca_{0.5}MnO_3$ [J]. Phys. stat. sol. (a), 2001,184(1),251 - 256.

[33] Leisure R G and Moss R W, Ultrasonic measurements in MnF_2 Neel temperature [J]. Phys. Rev., 1969,188(2),840.

[34] Radaelli P G, Cox D E, Marezio M, et al, Simultaneous structural, magnetic, and electronic transition in $La_{1-x}Ca_xMnO_3$ with x=0.25 and 0.5, Phys. Rev. Lett. 75,4488(1995).

[35] Zheng R K, Tang A N, Yang Y, et al. Transport, magnetic, specific heat, internal friction, and shear modulus in the charge ordered $La_{0.25}Ca_{0.75}MnO_3$ manganite [J]. J. Appl. Phys., 2003,94(1),514 - 518.

[36] 陈辉,锰氧化物超大磁电阻材料的超声及电子顺磁共振行为的研究 [D].合肥:中国科学技术大学材料

科学与工程系,2000 年.

[37] Zheng R K, Huang R X, Tang A N, et al. Ultrasonic study of the $Nd_{0.5}Sr_{0.5}MnO_3$ manganite [J]. J. Alloy. Compd. , 2002,345(1-2),68-71.

[38] Cordero F, Paolone A, Cantelli R et al. Anelastic relaxation process of polaronic origin in $La_{2-x}Sr_xCuO_4$: Interaction between charge stripes and pinning centers [J]. Phys. Rev. B, 2003,67(10),104508.

[39] Qu J F, Liu Y, Wang F, et al. Ultrasonic study of the charge-stripe phase in $La_{1.88-y}Nd_ySr_{0.12}CuO_4$ [J]. Phys. Rev. B, 2005,71(9),094503.

[40] Yamada J, Sera M, Sato M, et al. Relationship between the structural transitions and the low-temperature electronic-state of $(La,Nd)_{2-x}M_xCuO_4$ ($M=Ba$ Sr, $x\sim1/8$) [J]. J. Phys. Soc. Jpn. , 1994,63(6),2314-2323.

[41] Chou F C, and Johnston D C, Phase separation and oxygen diffusion in electrochemically oxidized $La_2CuO_{4+\delta}$: A static magnetic susceptibility study [J]. Phys. Rev. B, 1996,54(1),572-583.

[42] Cordero F, Grandini C R, Cannelli G, et al. Thermally activated dynamics of the tilts of the CuO_6 octahedra, hopping of interstitial O, and possible instability towards the LTT phase in $La_2CuO_{4+\delta}$ [J]. Phys. Rev. B, 1998,57(14),8580-8589.

[43] Qu J F, Zhang Y Q, Lu X L, et al. Ultrasonic study on magnetic-field-induced stripe order in $La_{1.88}Sr_{0.12-x}Ba_xCuO_4$ [J]. Appl. Phys. Lett. , 2006,89(16),162508.

[44] Moodenbaugh A R, Wu L, Zhu Y, et al. High-resolution x-ray diffraction study of $La_{1.88-y}Sr_{0.12}Nd_yCuO_4$ [J]. Phys. Rev. B, 1998,58(14),9549-9555.

[45] 屈继峰,La_2CuO_4 型超导体中的电荷有序及其超声衰减特性研究[D],合肥:中国科学技术大学物理系,2006 年.

[46] Cordero F, Paolone A, CANTELLI R, et al. Anelastic spectroscopy-of the cluster spin-glass phase in $La_{2-x}Sr_xCuO_4$ [J]. Phys. Rev. B, 2000,62(9),5309-5312.

[47] Demler E, Sachdev S, and Zhang Y, Spin-ordering quantum transitions of superconductors in a magnetic field [J]. Phys. Rev. Lett. , 2001,87(6),067202.

[48] Bhattacharya S, Higgins, M J, Johnston D C, et al. Anomalous ultrasound propagation in high-Tc superconductors $La_{1.8}Sr_{0.2}CuO_{4-y}$ and $YBa_2Cu_3O_{7-\delta}$ [J]. Phys. Rev. B, 1988,37(10)5901-5904.

[49] Levy M, Ultrasonics of High-Tc and Other Unconventional Superconductors [M], Academic Press, New York, 1992.

[50] Wang B M, Qu J F, Zhang Y Q, et al. Ultrasonic study on $YBa_2(Cu_{1-x}Zn_x)_3O_{7-\delta}$ [J]. Supercon. Sci. Technol. , 2007,20(6),564-568.

10 铁性材料的内耗研究

朱劲松(南京大学固体微结构重点实验室、物理学院)

10.1 背景知识

10.1.1 铁性材料简介

10.1.1.1 铁性材料

铁性材料包括铁电、铁弹、铁磁材料[1]。它们的共同特点是在外场(电场 E、应力场 σ、磁场 H)的大小和方向改变时,材料的序参量(反映材料所处状态的一种参量,它们分别是电极化 P、应变 ε 和磁化 M)也随着变化(见图 10-1)。外场与序参量之间(P-E, ε-σ, M-H)有一非线性的滞后回线关系;并且存在一居里(Curie)温度 T_c,当材料经历温度变化时在此温度材料会发生相变,其结构和性能会产生很大变化;此外,在这些材料中还有称为"畴"的小区域,在一个畴的范围内,材料的电偶极矩、弹性偶极矩或自旋的方向相同,而当外场方向发生变化时,它们的方向也随着变化。铁性材料具有诸多优越的性能,在多方面得到很好应用,因而有关铁性材料的研究一直是材料科学中的一个重要组成部分。近年来,重新注意到在铁性材料中存在不同铁性序的耦合,从而产生所谓"多铁性"。由于多铁性的极好应用前景,有关多铁性研究已成材料科学及凝聚态物理的研究热点之一[2],引起了人们的极大关注。

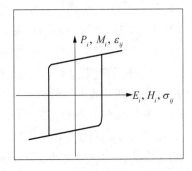

图 10-1　铁性材料是一类在适当的外场作用下可以从一种取向或一种畴态转向(开关)成另一方向或畴态的材料

10.1.1.2 铁电材料

在一定温度范围内具有自发极化,且自发极化方向可随外电场方向变化而转向的材料为铁电体。如图 10-1 所示,在电场 E_i 与介电极化 P_i 之间存在一非线性的回线。铁电体属于介电体的范围(见图 10-2),有较好的绝缘性。在结晶学里可知道晶体的对称性可以划分为 32 种点群,在无中心对称的 21 种晶体点群中除 432 点群外其余 20 种都有压电效应。而这 20 种压电晶体中又存在唯一极轴的 10 种点群材料具有热释电现象。热释电晶体是具有自发

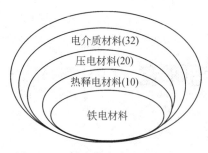

图 10-2 铁电体在自然界中的位置

极化的晶体,但因表面电荷的抵偿作用,其极化电矩不能显示出来,只有当温度改变,电矩(即极化强度)发生变化,才能显示固有的极化,这可以通过测量一闭合回路中流动的电荷来观测。铁电体又是热释电晶体中的一小类,其特点就是自发极化可以因电场作用而反向,因而在极化强度 P 和电场 E 之间形成电滞回线。而在这些具有单一极轴的材料中,那些在一定温度范围内(居里温度以下)具有自发极化且极化方向可随外场转向的材料为铁电体。铁电体中电极化与外电场之间存在电滞回线;而在居里温度以上,极化与温度之间满足居里-外斯定律。铁电体一般是良好的绝缘体,最著名的铁电材料有 $BaTiO_3$,$PbTi_xZr_{(1-x)}O_3$(PZT)等。铁电材料具有良好的压电、热电、电光、声光、非线性光学、光折变等优越性能。它们在压电换能器、传感器、热电探测、光开关、光调制、非线性光学、光存储、铁电存储器等诸多高技术中有着广泛应用。

10.1.1.3 铁弹材料

在一定温度范围内具有自发应变,且自发应变方向随外应力场变化而变化,在外应力场与应变之间存在一非线性的弹性滞后回线关系,这是铁弹体材料的基本特性。一般晶体的弹性性质在弹性极限之内的应力和应变之间的关系为线性关系,但有些晶体在一定温度以下,其应变和应力的关系不是线性的,而是形成滞后回线(见图 10-1 中 $\varepsilon-\sigma$ 关系),类似于铁电回线和铁磁回线。"铁弹"一词最先是由日本物理学家相津敬一郎在 1969 年提出,在研究 $Gd_2(MoO_4)_3$ 晶体位移相变时,发现应变 ε 对应于外力 σ 的变化有滞后现象。具有铁弹性的晶体称为铁弹体。与铁磁性、铁电性类似,铁弹性也只在一定温度以下存在,这个温度为铁弹性的居里点,高于居里点时,自发应变状态消失,铁弹性也消失,铁弹体转变为顺弹体。晶体从顺弹相过渡为铁弹相时,对称性从高到低,后者的点群 G_1 是前者点群 G_0 的子群。不过此种情况与顺电相到铁电相的过渡不同,铁电相所对应的子群必须是极性子群,因为铁电相由自发极化的存在决定,但铁弹相所对应的子群则不必是极性子群。但顺弹相到铁弹相的过渡是否可能,则需要看铁弹相所对应的子群是否存在两种或两种以上的应变状态,根据这一要求,可以推算出存在 94 种铁弹性,其中兼有铁电性的铁电-铁弹体有 42 种。铁弹体中存在弹性偶极子方向相同的小区域为铁弹畴,其应变方向可随外应力场方向改变而改变。铁弹性也存在于具有马氏体相变的金属材料(如 NiMnGa,AuCd 合金等)及一些晶体如 $Gd_2(MoO_4)_3$,$La_{1-x}Nd_xP_5O_{14}$(LNPP)和陶瓷材料中。铁弹材料在相变发生时将会产生体积变化从而有一附加应变出现,这为该类材料带来新的应用。借助铁弹体状态变化和铁弹相变导致的物理性能变化,可以作成各种力敏元件、铁弹半导体、铁弹超导体、铁光弹体和铁电铁弹体等新型多功能铁弹体,在能量转换、信息变换和存储等方面都有着广泛的应用前景。但是由于缺乏性能优越的材料,目前尚未得到实际应用。

10.1.1.4 铁磁材料

在一定温度(居里温度)T_c 以下具有自发磁化,且磁化的方向随外加磁场变化而转向,在外磁场与磁化之间存在一非线性的滞后回线。而在居里温度以上,磁化满足居里-外斯定律,这为铁磁体。任何物质在外磁场中都能够或多或少地被磁化,只是磁化的程度不同,物质的磁性主要来源于原子的磁性,而原子的磁性又主要来源于电子的磁矩。根据物质内部结构及其在外磁场中表现出的特性,可以分为五类:抗磁性、顺磁性、铁磁性、反铁磁和亚铁磁性。抗磁性物质在外磁场作用下,在相反的方向诱导出磁化强度,这种材料的相对磁化率为负值且很小;顺磁性材料的磁化率为正,数量级在 $10^{-5} \sim 10^{-2}$ 之间;铁磁性、反铁磁和亚铁磁性反映的是大量磁矩的合作,即磁有序现象,是时间反演对称性破缺的结果。铁磁性起源于材料中的自旋平行排列,磁化率高达 10^5 数量级,如铁、钴、镍等金属。和铁电材料一样,在低于转变温度 T_c 时,铁磁体具有自发磁化,且在交变磁场下磁化,可以得到磁滞回线(见图 10-1 的 $M_i - H$ 关系)。图中,M_i 为自发磁化强度,在 $H=0$ 时的磁化强度 M 为剩余磁化强度;而在反铁磁材料中,近邻自旋反平行排列,它们的磁矩因而相互抵消,所以一个反铁磁体不产生自发磁化,宏观磁性为零,只有在外加磁场的作用下才显示微弱的磁性;反铁磁材料的相对磁化率大小与顺磁体相同,主要区别在于它们保持自旋的有序排列。随着温度的升高,有序的自旋结构逐渐被破坏,直到某个临界温度以上,自旋有序完全消失。这个临界温度为 Néel 温度 T_N。如果近邻自旋虽然也呈反平行排列,但未能相互抵消,从而产生自发磁化强度,这样的磁性称为亚铁磁性。固体中还存在其他的自旋排列,如螺旋、圆锥、倾斜反铁磁等,但可以根据其宏观磁化归为铁磁或反铁磁性。自旋倾斜是非常重要的一类磁学现象,在钙钛矿锰氧化物中经常被讨论和研究。De Gennes 在 1960 年应用平均场近似的方法指出:在铁磁相互作用和反铁磁相互作用之间应该存在着过渡状态,即自旋倾斜,其自旋是倾斜的且相邻之间存在着夹角,而双交换作用仍然起作用。在铁磁体中存在一些自旋方向相同称为磁畴的小区域。铁磁材料中具有磁性这一事实早为人们所知道,它们在电力发电、数据存储和处理、通信等诸多技术领域有着重要的应用,这儿不多做介绍。

10.1.1.5 多铁性材料

1994 年,瑞士日内瓦大学的 Schimid 教授首次将多铁性材料定义为同时存在两种或者两种以上铁性序的材料[2]。基本的铁性有序有:铁电序、铁磁序和铁弹序,后来的研究又拓展到铁性磁涡旋的体系。通常所指的多铁材料是指铁电序(反铁电序)与铁磁序(或反铁磁序)共存的体系。某些材料既具有铁电性(或压电性)又具有铁磁性(或反铁磁性)如 $BiFeO_3$、$TbMnO_3$;或既有铁磁性又有铁弹性如 NiMnGa;或既有铁电性又有铁弹性如 $PbTi_xZr_{(1-x)}O_3$、$Gd_2(MoO_4)_3$ 等。

多铁材料重要的性质是各铁性序之间存在耦合关系,在既有铁电性又有铁磁性的材料中典型的是铁电序和铁磁序之间的耦合——磁电耦合,也即外加磁场能够改变材料的电极化,或者外电场能够改变材料的磁化,如图 10-3 所示。最终目的是通过电场或磁场分别实现磁化和极化的翻转,这也是多态存储器件的示意图。同样在其他多铁性材料中也存在两种甚至三种铁性之间耦合的现象,如图 10-4 所示。多铁性或电磁耦合现象在多年前已在电磁感应效应中观察到,但直到近十余年由于发现它在传感器(如弱磁探测)、多态存储、自旋电子学等方面的潜在应用,引起了人们的广泛注意。在 2007 年"多铁性"研究,曾被 Science 杂志选为值得期望的七大研究领域之一。

多铁材料一般分为单相多铁材料与复相多铁材料。前者为在同一材料中具有两个以上铁性序的单相材料,如 $BiFeO_3$,Bi 的孤对电子带来了铁电性,而 Fe 的不满 d 轨道自旋带来了反铁磁性;而复相材料是由两个不同铁性的材料通过物理结合复合在一起,并通过力学传递达到不同序的耦合目的。如在外加磁场下,PZT/Teflon - D 的复合体中,磁性的 Teflon - D 在磁场下磁致伸缩所产生的应变通过两者的界面传递到 PZT 中,而受到来自界面的应力作用的 PZT 将会由于自身的压电作用而在其表面产生极化电荷,从而到达磁场控制电极化的多铁(磁电)效应。

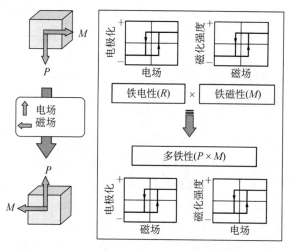

图 10-3　铁电和铁磁性共存及相互调控示意图[2]

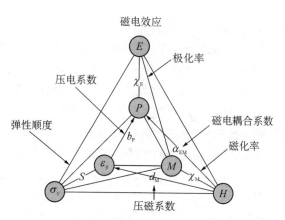

图 10-4　多铁性磁性、电性、弹性之间的关系[2]

10.1.2　铁电与压电材料

有些晶体在一定温度范围内具有自发极化，而且自发极化的方向可因外电场的作用而转向，这样晶体被称为铁电体[3]。铁电体的名称并非晶体中含铁，而是因为和铁磁体具有磁滞回线一样具有电滞回线，而一般的介电晶体当电场缓慢增加再反向的过程中不出现滞后现象。铁电体中有电畴存在，每个电畴的极化强度只能沿一个特定的晶轴方向，为简单起见，设极化强度的取向只能沿一种晶轴的正向或负向，即这种晶体中只有一种电畴，极化方向互成 180°，当外电场不存在，即 $E=0$ 时，晶体的总极化强度为零，即晶体中两类电畴极化强度方向互相反平行，当电场加到晶体上时，极化强度与电场方向一致的电畴变大，而与之反平行方向的电畴则变小。这样总极化强度 P 随外电场增加而增加（见图 10-5 OAB 曲线），电场强度的继续

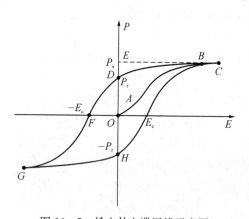

图 10-5　铁电体电滞回线示意图

增大，最后使晶体中电畴都取向一致时，极化强度达到饱和（曲线上 C 点）。再继续增加外电场，则极化强度随电场线性增加，与一般电介质相同，将线性部分外推到电场为零时，在纵轴上的截距 P_s 即称为饱和极化强度，或自发极化强度。如电场开始减小，则 P 也随之减小，在 $E=0$ 时存在剩余极化强度 P_r（或称永久极化）。当电场反向达 E_c 时，剩余极化全部消失（$P=0$），反向电场再增大极化强度就开始反向，E_c 称矫顽电场强度（与矫顽磁场强度相对应），以后当电场继续沿负方向增加时，极化强度又可达反向饱和值，然后电场再由负值逐渐变为正值时，极化强度沿回线另一支回到 C 点，形成闭合回线。

居里点 T_c：当温度高于某一临界温度 T_c 时，晶体的铁电性消失，这一温度称为铁电体的居里点。由于铁电性的消失或出现总是伴随着晶格结构的转变，所以是个相变过程，已发现铁电体存在二种相变，一级相变伴随着潜热的产生，二级相变呈现比热的突变，而无潜热发生。铁电相中自发极化总是和电致形变联系在一起，所以铁电相的晶格结构的对称性要比非铁电

相为低。如果晶体具有两个或多个铁电相时,最高的一个相变温度称为居里点,其他则称为转变温度。

居里-外斯定律:由于极化的非线性,铁电体的介电常数不是常数,而是依赖于外加电场的,一般以 OA 曲线(见图 10-5)在原点的斜率代表介电常数,即在测量介电常数 ε 时,所加外电场很小,铁电体在过渡温度附近时,介电常数具有很大的数值,数量级达 $10^4 \sim 10^5$,当温度高于居里点时,介电常数随温度变化的关系遵守居里-外斯定律:

$$\varepsilon = \frac{C}{T - T_0} + \varepsilon_\infty \tag{10-1}$$

式中:T_0 称特征温度,一般低于或等于居里点;C 称为居里常数;而 ε_∞ 代表电子位移极化对介电常数的贡献,因为 ε_∞ 的数量级为 1,所以在居里点附近 ε_∞ 可以忽略不计。

10.1.2.1 常见的铁电材料及性能

铁电晶体大致可以分为四种类型:罗息盐(酒石酸盐)型、KDP 型、TGS 型、氧化物型(包括钙钛矿型及变形钙钛矿型)。前三种类型(即罗息盐型、KDP 型和 TGS 型)晶体易溶于水,易潮解,力学性质软,居里温度低,熔点低。而钙钛矿型及钛铁矿型晶体不溶于水,力学性质硬,居里点高,熔点高。下面介绍上述不同类型中几种常用晶体的基本情况。

1) 罗息盐($NaKC_4H_4O_6 \cdot 4H_2O$ 酒石酸钾钠)

罗息盐是酒石酸钾钠的复盐,是在法国波尔多附近的酒窖中发现的一种结晶体,它具有两个过渡温度:-18°C 及 23°C,在此两温度之间是单斜 2 点群,才有铁电性,高于 23°C 或低于 -18°C 时,它是具有正交晶系 222 点群的正菱面体结构为顺电相。在铁电相时晶体的对称性降低是单斜结构(a 轴与 c 轴不再垂直),只能沿一个轴极化,即原来正菱面体 a 轴的正向或负向。罗息盐沿三个轴 a,b,c 方向的介电常数,如图 10-6(a) 所示,沿 a 轴方向的介电常数 ε_a 在过渡温度附近可高达约 $4\,000^\circ\text{C}$,在高于 23°C 的温度区域 ε_a 和温度的关系满足居里-外斯定律,其中 $\varepsilon_a = \dfrac{C_1}{T - T_1}$,$C_1 = 2\,240\ \text{K}$,$T_1 = 296\ \text{K}$,在温度低于 -18°C 时,也有 $\varepsilon_a = \dfrac{C_2}{T - T_2}$,式中 $C_2 = 1\,180\ \text{K}$,$T_2 = 55\ \text{K}$。罗息盐的自发极化强度和温度的关系如图 10-6(b) 中下面的一条曲线所示,如果将罗息盐中的氢用氘替代,则自发极化强度变大,并且铁电性的温度范围也变宽,如图 10-6(b) 上面的一条曲线,表明罗息盐的铁电性与氢键有关。在相变时,比热发生突变,但没有潜热,因而是二级相变。

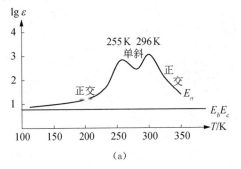
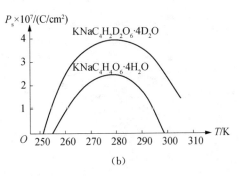

图 10-6　罗息盐沿三晶轴 a,b,c 方向的介电常数与温度关系(a)和罗息盐自发极化强度与温度关系(b)

2）磷酸二氢钾（KH_2PO_4）

磷酸二氢钾只有一个过渡温度，即居里点 $T_c = 123$ K，在此温度之上，它具有四方系结构 2m 点群（三个互相垂直的轴是 a，b，c），而 T_c 以下，对称性降低变为正交晶系 2mm 点群（三个互相垂直的轴是 a，b，c）的正菱面体结构，自发极化是沿 c 轴发生，和罗息盐一样只有一个极化轴，并且也是二级相变的铁电体。图 10-7(a) 和图 10-7(b) 分别表示 KH_2PO_4 的饱和极化强度 P_s 以及介电常数 ε 和温度的关系，在温度高于居里点时，介电常数遵从居里-外斯定律 $\varepsilon = \varepsilon_0 + \dfrac{C}{T - T_0}$，式中 $\varepsilon_0 = 4.5$，$T_0 = 121$ K，$C = 3\ 100$ K。衍射实验表明 KH_2PO_4 的铁电性质与氢键有关。

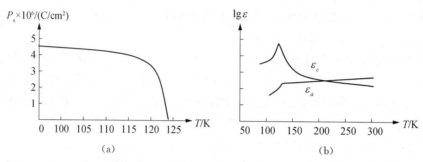

图 10-7　KH_2PO_4 的 P_s 和温度关系(a) 和 KH_2PO_4 的介电常数和温度关系(b)

3）钛酸钡的晶体

其结构在已发现的铁电体中算是最简单的一种，是典型的钙钛矿（peroveskite）结构。由于它的化学性能和力学性能稳定，在室温就有显著的铁电性，又容易制成各种形状的陶瓷元件，具有很大的实用价值。从晶格结构来看，钛酸钡中的氧形成八面体，而钛位于氧八面体的中央如图 10-8(a) 所示，而钡则处在 8 个氧八面体的间隙里。具有氧八面体结构的化合物很多，统称为氧八面体族，钛酸钡属于氧八面体族中一个子族钙钛矿型，这一族的化学式可以写成 ABO_3，其中 A 代表一价或二价的金属，B 代表四价或五价的金属。钛酸钡中钡是二价金属，钛是四价金属，原胞结构如图 10-8(b) 所示。在高于 120℃ 的非铁电相具有立方结构 m3m 点群，Ba^{2+} 离子处于立方体顶角，Ti^{4+} 离子在体心，而 O^{2-} 离子在面心上，因每一顶角离子是八个原胞所共有，因此每个原胞平均有一个 Ba^{2+} 离子，又每一个面心离子是两个原胞所共有，因此每个原胞平均有三个 O^{-2}，另外每个原胞有一个 Ti^{4+}，三种离子数目正好满足 ABO_3 分子式。

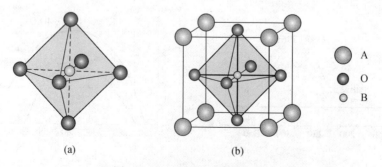

图 10-8　$BaTiO_3$ 的晶体结构

(a) 氧八面体的排列　(b) 原胞

当温度降至 120℃ 时,其结构转变为正方晶系 4mm($a = b$, $c/a = 1.01$),自发极化沿 c 轴产生呈现显著铁电性,当温度降至 0℃ ± 5℃ 附近时,晶体结构转变为正交晶系 2mm 点群($a \neq b \neq c$),仍具铁电性质,自发极化方向沿原来立方体的三个 [011] 方向,也即原来两个 a 轴都变成极化轴。如温度继续降低至 −80℃ ± 8℃ 附近,晶体结构变为三角系 3m 点群,仍具铁电性质,极化沿原来立方体 [111] 方向,即原来三个 a 轴都成为极化轴。综上所述,钛酸钡有三个铁电相,三个过渡温度,最高的一个(120℃)称居里点,温度愈低晶格对称性愈低,而极化轴的数目增加。钛酸钡的介电常数和温度的关系如图 10-9(a) 所示,在三个过渡温度都出现反常增大,有两点和罗息盐及 KH_2PO_4 不同:① 罗息盐和 KH_2PO_4 沿极化轴的介电常数大于其垂直于极化轴的介电常数,而 $BaTiO_3$ 沿极化轴方向的介电常数 ε_c 则远小于垂直极化轴的介电常数 ε_a[见图 10-9(a)],例如在室温附近 ε_c 约为 160 左右,ε_a 约为 4 000 左右,ε_c 远小于 ε_a 可能表明:在外场作用下,$BaTiO_3$ 中的离子易产生垂直于极化轴方向的位移。② 在三个相变温度附近,介电常数[见图 10-9(a)]和饱和极化强度[见图 10-9(b)]在升温和降温时并不重合,这是相变过程中的热滞现象,当温度高于 T_c(120℃)时,介电常数与温度之间关系满足居里-外斯定律。其 $C = 1.7 \times 10^5$ K,与罗息盐,KH_2PO_4 不同之处是 T_0 不等于居里点温度,此处 $T_c - T_0 = 10℃$ 左右。而且在居里点附近 P_s 有突变,而如前所述罗息盐与 KH_2PO_4 在居里点附近 P_s 是连续变化的,为二级相变。钛酸钡在 120℃ 居里点从非铁电相转变为铁电相时有潜热发生并伴有明显热滞现象。从正方结构转为正交结构以及从正交结构转为三方结构时都有潜热发生,是属于一级相变,上述热滞现象就是一级相变特征。

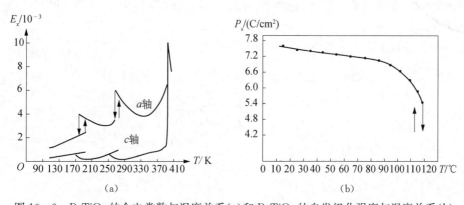

图 10-9 $BaTiO_3$ 的介电常数与温度关系(a)和 $BaTiO_3$ 的自发极化强度与温度关系(b)

此外在稍高于居里点(120℃)的温度,施加很强的交变电场于钛酸钡,还会出现双电滞回线。这种双电滞回线的出现也是一级相变的特征,当温度稍高于居里点 1～2℃ 时,如无外电场,钛酸钡不具有铁电性,但当加上电场增至一定临界值后,晶体的极化强度迅速增加,将电场减小到一定程度后,晶体又变成非铁电性,在电场反向时,也出现一个对称的电滞回线。

10.1.2.2 常见的压电材料及性能

材料的压电性:当材料受到应力作用时在材料表面会产生电荷,反之当材料在电场下会产生应变的现象为材料的压电效应。自 1880 年 J. Curie 和 P. Curie 兄弟发现压电效应以来,压电学已成为现代科学与技术的一个重要领域[3]。压电晶体和压电陶瓷最早用作检测和发生声波的换能器,20 世纪初用石英晶体产生水下声能是当时的重要应用。由于晶体的内耗小,

也即振动 Q 值高,温度稳定性好,作为压电振子可以使电子振荡频率在很大范围内变化极小,因此,压电晶体广泛用于频率的控制和时间标准。另外作为晶体滤波器有很高的选择性,近年来在长距离通讯的载波系统和微波电话系统中压电振子滤波器的用量极大,常常是供不应求。在激光器件中也是声光调制、声光调 Q、声光锁模等单元技术中必用的元件。此外在力学谱研究中,压电材料常被制作成电声换能器件,产生不同频率的振动,用来检测应力-应变的关系。

1) 晶体的压电效应

(1) 正向压电效应:当应力加到压电晶体上时,就会产生极化强度 P,它的大小与应力成正比,这就称正向压电效应。反之材料在电场下会产生应变的现象为反向压电效应。例如在 X 切石英晶片上加应力 σ,则会产生极化强度 P 为 $\boldsymbol{P}=\boldsymbol{d}\sigma$,$\boldsymbol{d}$ 称为压电常数,是一与晶体结构对称性有关的三阶张量。为什么加上压力后,压电晶体会出现极化强度呢?这是由压电晶体的具体结构决定的。图 10-10 表明石英在受到应力作用时的情况:图(a)是未受应力时,在 xOy 面上电偶极矩分布情况,此时 $|\boldsymbol{P}'|=|\boldsymbol{P}''|+|\boldsymbol{P}'''|$,三个偶极矩在 x 轴上投影总和为 $\boldsymbol{P}'+(-\boldsymbol{P}''\cos 60°-\boldsymbol{P}'''\cos 60°)=0$,在 y 轴内投影为 $\boldsymbol{P}''\cos 30°-\boldsymbol{P}'''\cos 30°=0$,所以在未受应力时,总极化矢量为 0。而当受到一沿 x 方向压力时,如图 10-10(b)所示,整个点阵在 x 方向压缩,此时在 x 方向的极化强度就不为 0,总的极化强度沿负 x 方向,因而在 x 方向上出现如图 10-10(b)所示的电荷符。当在 x 方向受拉力时,电极化强度是沿正 x 方向出现,因而电荷符号改变如图 10-10(c)所示。在各向异性晶体中,应力有 9 个分量,而每一个分量对极化强度都有贡献,因而正向压电效应可写为如下矩阵形式:其中 P_i 为电极化,d_{ij} 为压电系数,σ 为应力。

$$\begin{bmatrix} P_1 \\ P_2 \\ P_3 \end{bmatrix} = \begin{bmatrix} d_{11} & d_{12} & d_{13} & d_{14} & d_{15} & d_{16} \\ d_{21} & d_{22} & d_{23} & d_{24} & d_{25} & d_{26} \\ d_{31} & d_{32} & d_{33} & d_{34} & d_{35} & d_{36} \end{bmatrix} \begin{bmatrix} \sigma_1 \\ \sigma_2 \\ \sigma_3 \\ \sigma_4 \\ \sigma_5 \\ \sigma_6 \end{bmatrix} \tag{10-2}$$

也可简写为 $(P_i)=(d_{ij})(\sigma_j)(i=1,\ 2,\ 3;\ j=1,\ 2,\ 3,\ 4,\ 5,\ 6)$

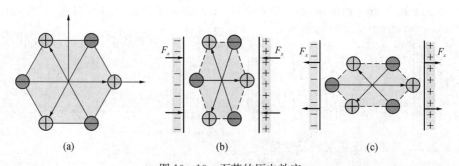

图 10-10　石英的压电效应

(2) 反向压电效应:正向压电效应是加应力出现电极化,而反向压电效应正相反,是加电场时出现应变,而且应变 ε 大小正比于电场强度 E,可用下式表示:ε_j 为应变,E_i^* 为外加电场

$$(\varepsilon_j) = (d_{ij})(E_i^*) \quad (i = 1, 2, 3; j = 1, 2, 3, 4, 5, 6) \tag{10-3}$$

从热力学上很容易证明这一比例常数 d_{ij} 与正向压电常数相同。

　　2) 几种典型的压电材料

　　最常见的实用的压电材料是：石英单晶（quartz）属 32 点群；铌酸锂和钽碳锂单晶，属 3m 点群；压电陶瓷：钛酸钡（$BaTiO_3$），锆钛酸铅（$Pb_xZr_{1-x}TiO_3$）；弛豫铁电体铌镁酸铅-钛酸铅单晶（PMN - PT）；压电聚合物（PVDF）。石英（SiO_2）在低温时是 α 相（32 点群），温度到达 573℃时转变为高对称性的 β 相（622 点群）。SiO_2 晶体结构为氧四面体，一个硅原子在氧四面体中心，氧在四面体顶角，每一个氧又属于两个硅原子共有（即各氧四面体由共同的顶角相连接），这样 Si^{4+} 分得包围它的四个 O^{2-} 的一半价数。一个 SiO_2 单位原胞包括三个 Si 和六个氧，在 z 方向上有三层分布。石英属 32 点群，有一三次轴和三个互成 120° 的二次轴。c 轴与三次轴平行。三个 a 轴分别为二次轴。

10.2　铁性材料中可能引起内耗的物理过程

10.2.1　铁性材料中与相变有关的内耗

　　如前所述，通常在铁性材料中存在着相变：在居里点 T_c 出现的铁性（铁电、铁弹、铁磁）相变。如顺电相到铁电相（或反铁电相）、顺弹相到铁弹相的铁弹相变、顺磁到铁磁相（或在 Neel 点的反铁磁相）的铁磁相变。此外还存在一种铁性材料中出现其他转变温度 T_0（非居里温度 T_c）的不同性质的铁性相之间的转变。如在 $BaTiO_3$ 中除在居里点 120℃出现的由立方结构的顺电相到铁电相的四方相的相变外，在 5℃左右还会出现由四方到正交结构的转变以及在 -80℃左右出现的正交相向菱方相的转变。同样在铁弹及铁磁材料中也会出现多种相变。除上述的铁性相变外，在这些材料中还存在很多种其他类型相变如奥氏体-马氏体相变、公度-无公度相变、有序-无序相变、玻璃化转变、铁电-反铁电等相变。在诸多的相变过程中经常伴随着材料的结构和性能的变化，当外应力作用在具有不同结构和性能的相时，会得到不同的力学响应，因而用内耗来研究铁性材料的相变及其相变的微观过程是一非常好的手段。内耗是一个对材料结构敏感的量，经验表明有时用内耗手段可得到其他方法不能得到的信息。我们可测量内耗与温度变化的关系得到有关材料相变的信息。进一步在不同频率、振幅、变温速率下进行内耗测量，通过研究这些测量参数变化对相变内耗的影响，可以有助于对相关材料的相变过程、机制及由相变引起的内耗的机理的深入理解。

10.2.2　铁性材料中与缺陷有关的内耗

　　在各种铁性材料的制备与生长过程中，都可能产生和引入一些缺陷。特别是多数的铁电材料是氧化物材料，在这些氧化物材料中存在大量诸如氧空位之类的缺陷（通常氧空位是制样阶段的高温过程所造成），这些缺陷在外应力作用下的运动将会产生能量损耗，也即会产生内耗。我们知道氧空位对铁电材料特别是氧化物铁电材料（这是铁电的一个最重要的组成部分）的剩余极化和疲劳性能等都有很大的影响，因而对氧空位测量和对其弛豫行为的研究就显得尤为重要。然而，氧空位并不是真实存在的带电粒子，它是指氧原子从晶体溢出后，周围环境对其原处位置形成的电势影响，只是作为一个概念而存在，对它的直接检测和研究存在一定困难。而利用内耗技术并配合介电测量的方法，测定并研究氧空位弛豫引起的损耗谱，从而能够间接地给出氧空位浓度和迁移的信息，进一步可得到氧空位浓度和弛豫对材料铁电性能影响。已有的诸多工作表明内耗技术是研究诸如氧空位之类缺陷的一个非常有效及有用的手段。此外，内耗对于其他点缺陷（空位、间隙原子等）、线缺陷（位错）、面缺陷（晶粒间界、孪晶界）、体缺陷等也是非常敏感的。材料中的缺陷在一些情况下，在受到外力作用时的运动并不是一孤立的响应，缺陷运动时它们之间还存在一定的关联性，这种缺陷间的关联运动会较大影响材料性能。内耗对这些关联性的研究也是有效的，可以加深对材料的一些性能和特性的理解。

10.2.3 铁性材料中与铁性畴有关的内耗

铁性畴的存在是铁性材料的一大特性。铁电体在微观上的主要特征就是有电畴的存在。铁电畴是一小区域，在此区域范围内的所有电偶极矩的方向都相同，电畴取向随外电场的反转而成核并长大，在宏观上表现为电滞回线；而铁磁畴内的所有自旋方向相同；同样，在铁弹畴中，所有弹性偶极子的应变方向相同。铁性畴在材料中有一定取向，不同畴之间存在一定关系。在铁性材料中铁性畴的取向及结构与材料诸多性能有密切联系，从而也进一步影响铁性材料的应用。联结两相邻铁性畴之间的平面称为畴壁。在外场下，铁性畴的取向通过畴壁的移动或新畴的产生而达到转向，在此过程中如果铁性畴（畴壁）在外场下的运动与外场不同步，则将在两者之间有一位相差，从而产生内耗。在一类磁性高阻尼材料中，其阻尼机理即为磁畴在外力下运动而损耗能量，达到高阻尼的目的。通过测量内耗随温度、振幅、频率的变化可以获得铁电体中有关电畴组态、动性及畴与氧空位等缺陷互作用的信息。此外，在研究铁性畴有关的内耗中，还可与相关的其他方法相结合如同时进行介电测量并比较两者的结果，可以较为深入地判断内耗测量中所得到的一些结果相关的机理如能量损耗是否与荷电单元运动有关，这是极为有效的方法。

10.2.4 铁性材料中与多铁性有关的内耗

多铁材料是近年来出现的一类新型材料，从材料组分出发，可以分为单相型和复相型材料两类。所谓单相多铁材料是在一种材料中具有两种或以上的铁性序共存的材料。单相型材料是以唯一在室温单相多铁材料 $BiFeO_3$ 为代表的，它是一种既具有铁磁性（反铁磁）又有铁电（反铁电）性的单相材料。而复相型的多铁材料是包含有两种不同的铁性的材料，通过不同方式的联接复合而得：如一个片状铁磁相材料与一个片状铁电相材料通过外部胶合而成一复合型的多铁材料（称为 2-2 型复合）；或将两不同相以一定比例颗粒材料压后烧结在一起形成一种复合材料（称为 0-3 型复合）；此外，两相在复合多铁材料中的存在形态也可呈现不同，或一相为纤维状或棒状另一相为基体（称为 1-3 型复合）；有关多铁材料的内耗研究，目前已有分别对单相材料（主要是 $BiFeO_3$ 材料的研究）及复相型材料的内耗研究的报道。单相材料中的研究主要集中在 $BiFeO_3$ 不同热历史过程对材料内耗的影响及 $BiFeO_3$ 的氧空位有关的内耗研究。而在复相材料中的内耗研究中主要是在 0-3 型的复合材料中进行的，而研究的问题是与复相材料出现的多个内耗峰的机理（或其来源）、两相组分配比对内耗的影响等有关。通过内耗研究可以得到一些有关复相多铁材料中多铁性与材料的制备及可能的两相耦合有关的信息。

10.2.5　铁性材料中与元素掺杂替代有关的内耗

在诸多的铁性材料中其性能与材料的组分、结构、微结构、掺杂及制备工艺都有着密切关系。由于内耗是一结构敏感的量,因而这些因素均会在内耗上有所反映。例如由相变有关的内耗温度峰出现的位置通常是与材料的组分有关;而通常在氧化物材料中由于制备过程而产生的氧空位或其他点缺陷也会引起相应的弛豫内耗峰;为改善性能而进行元素掺杂或替代后的铁性材料在性能有所改变的同时内耗也会出现变化,如施主和受主掺杂会得到不同性能同时内耗表现也不同,因而可用内耗技术来研究掺杂(替代)改性的机理。下一节我们将逐一予以介绍。

10.3　铁性材料的内耗研究

10.3.1　铁电相变的内耗研究

如前所述,当温度变化时,铁电材料在居里点 T_c 处会产生从高温顺电相到低温铁电相的转变,通常伴随着结构对称性的降低,也即会产生一结构相变。此外在有些铁电体中除在居里点的转变外,随温度下降有时还会发生一些结构变化,同时它的极化方向及性能也会随着改变。内耗是一结构敏感的量,因而通过内耗及模量测量可以较好地得到有关材料相变的信息,而研究内耗与测量参数的关系可以进一步判断相变类型及机理。$BaTiO_3$ 是最典型的铁电材料,又具有很好的压电性能,在诸多高技术中得到广泛应用。早期的有关铁电相变的内耗研究就是在 $BaTiO_3$ 中所进行的,程波林与 Fantozzi 等[4]用静电激励驱动法在 $2\sim44$ kHz 范围内研究了 $BaTiO_3$ 陶瓷在 $120\sim430$ K 之间的内耗。分别在 $399,280,185$ K 处得到了三个窄的内耗峰 P_1,P_2,P_3 和非常尖锐的弹性模量的反常(见图 $10-11$),这些峰相应于 $BaTiO_3$ 立方到四方、四方到正交、正交到菱形三个相变过程。他们认为这些峰是与畴壁运动有关,在掺 Nb和 Co 的试样中内耗峰减小且弹性模量反常变得平滑。张进修等[5]用低频扭摆在强迫振动模式下研究了多晶 $BaTiO_3$ 陶瓷在 $120\sim373$ K 之间的内耗并用此结果对相变动力学进行了研究。在相变温度观测到两个相应于菱形到正交相及正交相到四方相的相变引起的内耗峰如图 $10-12$ 所示,这两个峰具有一级相变的特征:峰位与测量频率无关而其高度正比于 $(\gamma/\omega)^n$,这里 γ 是变温速率,ω 为测量频率,而 n 是一为保证线性关系的适配系数。他们认为内耗峰是由于一级相变过程中相界面运动所引起。从上面的 $BaTiO_3$ 陶瓷中声频及低频内耗研究结果可看出:相变内耗峰出现的温度与测量频率无关,仅与相变的温度有关。而由于一些弛豫过程引起的内耗峰通常它的峰位随测量频率增加而增加,此外相变内耗测量中其弹性模量一般在内耗峰温处有一极小值(有时也可称为软模),而弛豫过程中在弛豫内耗峰处所对应的模量是一弯折(或称有一模量亏损)。上述这些差异有助于判断内耗峰的机理。在对一级相变引起的低频内耗测量中,内耗峰高度与测量频率成反比同时与变温速率成正比。这表明:由一级相变引起的内耗峰高度是正比于内耗测量"振动一周内材料中相变过程中相转变的数量"[6]。这一点在具有一级相变的多种材料中都得到证实。国内王业宁院士早在 1960 年代研究 Fe-Mn 合金马氏体相变时就观测到这一现象并提出了上述观点,国外直到 1971 年才提出类似的被称为所谓 Delorme 模型的理论。

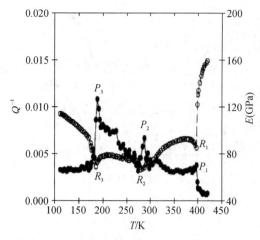

图 10-11　BaTiO₃ 陶瓷中 2～44 KHz 静电激励弯曲模式下的内耗与弹性模量,三个模量极小及内耗峰[4]

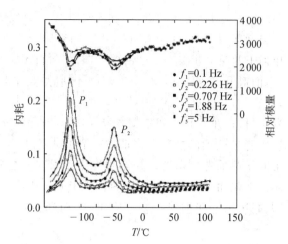

图 10-12　BaTiO₃ 陶瓷中低频(0.1～5 Hz)扭摆在不同频率下测得的内耗(变温速率为 5℃/分钟)[5]

　　Frayassignes 等[7]研究了所谓硬、软的 PbZr$_x$Ti$_{1-x}$O₃(PZT)基陶瓷,他们是在 PZT 中分别掺杂了 Sr,Ni,Fe(硬)和 La,Sr(软)元素,在强迫振动下测量了低频内耗及切变模量,此外还在静电激励下测量了弯曲振动模式下 kHz 频率的内耗及杨氏模量。在硬 PZT 中在居里点 300℃左右得到一内耗峰和模量反常。这些是相应于 PZT 由四方铁电相到立方顺电相的转变。而且在低温还观察到与氧空位有关的弛豫峰。而在软 PZT 中低频及 kHz 频率测量中,在居里点 188℃及 70℃(低频),166℃及 80℃(kHz)附近分别观察到对应于菱形 Ⅱ 相(铁电相)到立方相(顺电相)及菱形 Ⅰ 相到菱形 Ⅱ 相的转变。掺杂量、氧空位的浓度、晶粒大小等对内耗也有较大影响。戴玉蓉等[8]在低温用声频内耗测量了 PbZr$_{0.52}$Ti$_{0.48}$O₃ 的内耗与模量,在 225 K(P_1 峰)与 261 K(P_2 峰)分别得到两个内耗峰和相应的模量变化。用 DSC 技术及电镜观察表明:P_1 峰与电畴壁的黏滞运动有关,而 P_2 峰与 PZT 由四方到单斜的相变有关(见图

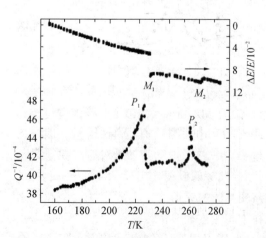

图 10-13　PZT 在低温的声频内耗,261 K 峰为四方相到单斜相转变所引起[8]

10-13)。王灿等用低频内耗技术测量了 PbZr$_{0.52}$Ti$_{0.48}$O₃ 室温以上的内耗与模量,分别在 290℃,150℃及 50℃附近观察到三个内耗峰及相应的模量变化,前两个是弛豫峰(激活能为 2.09 eV,1.04 eV)。大的激活能是由于受出现在 320℃居里点相近的相变所影响,参考他人工作,他们认为 290℃峰是与畴壁黏滞滑动有关,而 150℃的弛豫峰是与氧空位有关。50℃附近的峰是与氧空位与畴壁作用有关。Bourim 等[9]用倒扭摆技术研究了 PZT 在室温以上的低频内耗,在居里点 375℃附近观察到一个内耗峰及模量极小(见图 10-14),其峰高正比于变温速率反比于频率,符合一级相变内耗规律,认为这是由四方到立方的相变所引起;此外在 275℃及

150℃附近分别有一个弛豫内耗峰 R_1 和 R_2 及模量的变化。R_2 的激活能为 1 eV，是由于畴壁与点缺陷互作用引起，而 R_1 的激活能是 1.8 eV，它受变温速率及应力影响，是与畴壁相关。

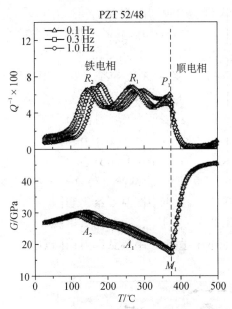

图 10 - 14　PZT 在室温以上内耗及模量，P_1
　　　　　峰对应于菱形到正交相变。R_1 及
　　　　　R_2 为与畴壁运动有关弛豫峰[9]

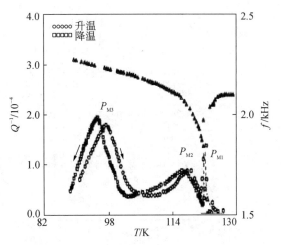

图 10 - 15　KDP 在 kHz 升降温过程中的内耗与模量[10]

　　上面介绍了一些与一级铁电相变有关的一些内耗研究。相比一级相变，在铁电二级相变内耗研究的报道较少。Huang 等[10]用两端支撑的静电激励簧振动方法及 Marx 三节组合振子法在 kHz 频率研究了 KDP(磷酸二氢钾 KH_2PO_4) 及 TGS(硫酸三甘钛 triglycine sulfate)的相变内耗及模量。图 10 - 15 所示为 KDP 在 kHz 测得的内耗及频率随温度变化。在 90～130 K 之间可见三个内耗峰 P_{M1}，P_{M2}，P_{M3}。P_{M1} 在升降温过程中总出现在 T_c 附近，这是 KDP 中由四方顺电相转变到正交铁电相的结果，升降温过程峰温无滞后，表现出二级相变特点。其后的 P_{M2}，P_{M3} 分别为畴壁运动及冻结效应所引起。王雅谷等[11]用超声脉冲回波法、Marx 三节组合振子及低频扭摆方法分别在几十 MHz，150 kHz 及 Hz 频率研究了钼酸钆 $Gd_2(MoO_4)_3$(GMO)在 160℃附近的铁电、铁弹相变。GMO 在 160℃附近发生顺电顺弹相(2m)到铁电铁弹相(mm2)的相变，低温相是由四方相中(MoO_4)四面体在 xOy 面内旋转，其波矢为[110]的横光模软化冻结形成，它在产生切变 γ_{xy} 的同时又产生极化 P_x，故既是铁弹又是铁电相变。图 10 - 16(a)为 $Z-4°$切的 GMO 试样用超声脉冲回波法测量在 31，50，72，93 MHz 频率所得到的衰减系数与温度关系。他们还测量了 $Z-90°$切的试样 31 MHz 的超声衰减，发现后者衰减值大，这是由于相变软模对应的原子位移主要在 xOy 平面内，z 方向的正应变(纵声波)无耦合所致。利用图 10 - 16 所得高温边几个恒定温度下的数据得到的衰减与 f^2 关系近似为正比关系[见图 10 - 16(b)]。而在高温边衰减与频率的相互关系较为复杂，他们讨论了与相变相关的机制。此外还进行了其他频段的测量得到一些相变的信息。Silva Jr等[12]报道了在 Zr/Ti 比为 65/35 及 La 为 5 at% 和 8 at% 的 PLZT 铁电陶瓷的滞弹性及介电测量结果。在这两种方法中都观测到 PLZT 在 250℃(5/65/35)和 150℃(8/65/35)的由铁电到顺电的相变。随 La 增加相变点移向低温。如图 10-17(a)—(c)所示。

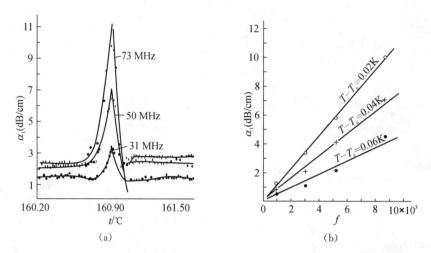

(a)   (b)

图 10-16   (a) 在 Z-4°GMO 中超声衰减与 f^2 关系(f=31，50，73 MHz)[11]
         (b) 衰减与温度关系

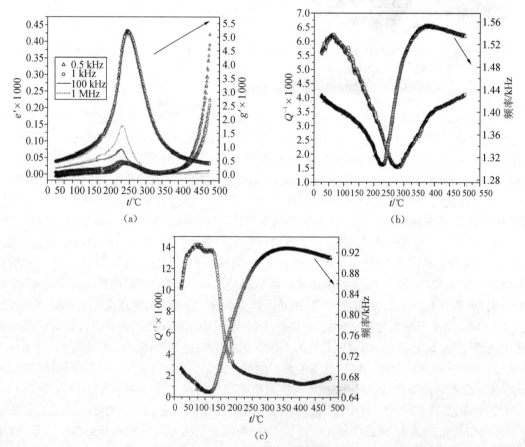

(a)   (b)

(c)

图 10-17   (a) PLZT(5/65/35)介电与温度关系   (b) 滞弹性谱与温度关系 PLZT(5/65/35)   (c) PLZT
(8/65/35)滞弹性谱与温度关系[12]

各种铁性材料相变的力学谱研究还有很多报道,限于篇幅在此不一一列举。综上所述内耗及力学谱的方法来研究铁性材料的相变是一有效且简易的方法,通过内耗和模量与温度、测量频率、变温速率的关系以及升降温过程峰的位置变化等可以得到相变级数及其他有关相变的信息。超声频率的力学谱测量也经常会给出一些有关相变的信息,特别是相变机制与高频振动有耦合的情况。但在用力学谱对材料相变进行研究时,由于该技术的间接性,因而在力学谱测量的同时结合进行材料结构、微结构、热性能、电性能、磁性能等的研究才能准确地得到有关相变机理的信息。

10.3.2　铁电材料中与缺陷有关的内耗研究

铁电压电材料的制备过程中,由于经过不同元素的配比、混合、成型、烧结等过程,不可避免地将会引进一些缺陷,而缺陷的存在将会影响材料的性能。在铁电材料中有相当一部分是氧化物材料,因而氧空位等缺陷也就成了这一类材料最主要的缺陷。内耗是一结构敏感的量,用内耗来研究铁电材料的缺陷组态及其运动,并用来对于由于缺陷存在而使诸多材料性能的变化机理的了解提供了一个很好的手段。下面我们以在铁电存储及压电器件常用的 $Bi_4Ti_3O_{12}$ 陶瓷中氧空位的内耗研究为例来加以说明。

10.3.2.1　$Bi_4Ti_3O_{12}$ 陶瓷中与氧空位有关的内耗研究

$Bi_4Ti_3O_{12}$(BiT)陶瓷属于铋系层状钙钛矿结构的铁电材料,在两层 Bi—O 四面体之间是三层钙钛矿 Ti—O 八面体(见图 10 - 18)。作为铁电存储材料该类材料还存在永久极化小及疲劳性能不好的缺点,但通过 A,B 位掺杂替代的方法可以较好地克服这两个缺点。即用半径和性质相似的元素取代钙钛矿层中的 A 位元素。如用 Sm,La,Nd 元素取代 $Bi_4Ti_3O_{12}$(BiT)中的容易在制备过程中挥发的 Bi 元素,得到 $Bi_{3.25}Sm_{0.75}Ti_3O_{12}$,$Bi_{3.25}La_{0.75}Ti_3O_{12}$(BLT)和 $Bi_{3.44}Nd_{0.46}Ti_3O_{12}$(BNT)等。这几种材料的薄膜在普通的 Pt 电极下疲劳性能得到很大改善,而且 $Bi_{3.44}Nd_{0.46}Ti_3O_{12}$ 剩余极化超过了 20 $\mu C/cm^2$。对于 B 位掺杂,一般都选用比 Ti^{4+} 价态高的施主离

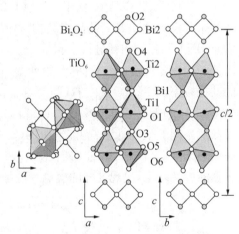

图 10 - 18　$Bi_4Ti_3O_{12}$ 系层状钙钛矿结构

子,比如 V^{5+}、Nb^{5+}、W^{6+} 等,这是因为由于电荷补偿作用,高价态的 B 位掺杂,可以有效地降低铁电薄膜内部氧空位的浓度,从而提高剩余极化改善抗疲劳特性。2001 年,Noguchi 等在 BiT 中掺入少量的 V,发现其剩余极化值明显提高(20 $\mu C/cm^2$),包志豪和宋春花[13]将 Nb 引入 BiT,并系统地研究了 Nb 掺杂对铁电性能的影响,发现 Nb 的最佳掺杂量在 0.018。

力学性能的研究对材料的应用有着重要的意义,内耗(即力学损耗)就是一种常用的研究方法,振动产生内耗的原因主要是应变落后于应力,即在一定的时间内(弛豫时间),越过一定的势垒(激活能)。物体中存在大量的能够引起能量损耗的起源,而这些内耗源的频率响应是不同的,内耗峰的位置同弛豫时间 τ 有关,而在一些材料中弛豫时间与温度之间服从所谓 Arrhenius 关系:

$$\tau = \tau_0 \exp(U/k_B T) \tag{10 - 4}$$

294

因此实验上一般测量样品的温度内耗峰,根据峰温随测量频率的变化可以定出激活能。弛豫时间 τ、弛豫强度 Δ 和激活能 U 是内耗测量的 3 个最基本的内部参量。力学损耗和介电损耗相似,都对相变和弛豫过程(如点缺陷的跃迁、畴壁的黏滞运动、点缺陷与畴壁的相互作用等)十分敏感,只是介电损耗是在材料中存在荷电单元时才有表现。对于铁电体,在介电损耗方面的研究很多,而在力学损耗方面的研究相对较少。利用内耗的方法,严峰[14] 和姚阳阳[15]分别对 SBT 和 BLT 中氧空位的弛豫进行了研究;Postnikov 等[16] 在一些铁电材料(如 PZT,LiNbO$_3$,PbTiO$_3$,KH$_2$PO$_4$)中发现了几个由畴壁和点缺陷相互作用而引起的内耗峰。

我们将通过对 BiT 及其掺杂陶瓷内耗的测量,研究氧空位在力学损耗谱中的弛豫行为。通过固相反应方法制得 Bi$_{3.15}$Nd$_{0.85}$Ti$_3$O$_{12}$(BNT)陶瓷样品,声频内耗的测量要求样品的尺寸一般为 $4\times0.5\times0.04$ cm^3 左右,样品表面需镀一层银或铂作为电极(金属样品除外)。声频内耗仪的测量原理为自由衰减法,测得的数据除了内耗外,还有共振频率 f。样品的杨氏模量 E可根据共振频率 f 求出,具体公式表示为

$$f = (2\alpha^2\delta/\pi L^2)(E/\rho)^{1/2} \tag{10-5}$$

式中:α 为常数(对于两节点:$\alpha=2.365$;对于三节点:$\alpha=3.9266$);δ 为弯曲轴断面的回旋半径(当断面为矩形时 $\delta=\sqrt{3}/6t$,t 为样品厚度);L 为样品长度;ρ 为样品密度。

BiT 和 BNT 样品中,由于 Nd^{3+}(1.27 Å)离子半径与 Bi^{3+}(1.40 Å)离子半径相近,故 Nd的掺杂并没有改变 BiT 的晶格结构,烧结过程中也没有引入其他杂相。利用声频内耗仪,我们对 BNT 陶瓷的内耗进行了测量,测量温度为 $300\sim750$ K。图 10-19 所示为 BNT 陶瓷的内耗与模量随温度的变化曲线,很明显可以检测到两个内耗峰,分别标定为 P_1,P_2。当陶瓷的共振频率在 1 215 Hz 左右(两节点)时,P_1 和 P_2 峰分别在 453 K 和 532 K 处;当共振频率升高到 3 350 Hz(三节点)时,P_1 峰峰温升高到 473 K,而 P_2 峰的位置基本不变。P_1 峰与 P_2峰截然不同的表现行为表明它们的引发机制是不一样的。BNT 的杨氏模量随测量温度的升高而逐渐降低,在 450 K 左右出现一个模量亏损,这个亏损刚好对应于 P_1 内耗峰所处的位置。根据滞弹性理论,出现这样的模量亏损是典型的弛豫型特征,结合用介电损耗对 BNT 陶瓷氧

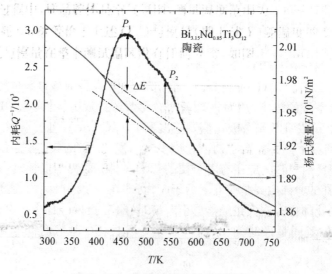

图 10-19　BNT 陶瓷的内耗温度谱

空位弛豫的研究,我们可以初步认定 P_1 内耗峰是由于氧空位在不同的位置之间跃迁引起的。对于这种热激活型的弛豫机制,弛豫时间和温度之间可以用 Arrehenius 关系:$\tau = \tau_0 \exp(U/k_B T)$ 来表示,其中 U 为激活能,k_B 为 Boltzman 因子。当测量频率 $f = 1/2\pi\tau$ 时,内耗达到最大值,我们的实验中,共振频率虽然在不断变化,可变化的范围很小,因此可以用一个固定的频率值来表示。根据两个不同的共振频率下,P_1 峰峰温的变化,我们就可以根据公式

$$U = k(\ln f_1 - \ln f_2)\bigg/\left(\frac{1}{T_2} - \frac{1}{T_1}\right) \tag{10-6}$$

计算出激活能,结果为 $U \approx 0.94\,\text{eV}$,$\tau_0 \approx 3.15 \times 10^{-14}$。我们通过力学损耗的方法计算出的激活能的数值与通过介电损耗的方法计算出的数值相近,符合典型的氧空位在晶格中跃迁所需的激活能的数值($1.0\,\text{eV}$)。

为了得到更多的关于这两个内耗峰的信息,找到它们的形成机制,我们对一块 BNT 样品顺序进行了如下的实验:①对一块没有经过任何热处理的 BNT 陶瓷进行测试,可观察到两个内耗峰(P_1 和 P_2),对应于图 10-20 中曲线(a)。②然后将 BNT 样品在 700℃下,Ar 气氛中退火 5 h,再进行测试,结果发现两个内耗峰峰高均有所上升,对应于图中曲线(b)。③然后将 BNT 陶瓷在 700℃下,氧气氛中退火 5 h,测试表明两个内耗峰峰高降低[对应于曲线(c)],但并没有低到内耗峰的初始值[曲线(a)]。经过第三步的测量后,不经过任何热处理,做第二次测量,结果发现两个内耗峰再次升高[对应于曲线(d)],并且峰值几乎达到了在 Ar 气氛中处理后的高度[曲线(b)]。这主要是因为我们的内耗测试是在真空中进行的,第一次测量的升温过程中,有部分氧扩散出样品,导致第二次测量时两个内耗峰升高。

由于氧的补偿作用,在缺氧气氛当中(比如 Ar 气氛)退火,可增加材料中氧空位的浓度,而在富氧气氛当中(比如氧气)退火,则可减少氧空位的浓度。因此从上面的实验结果我们可以看出,两个内耗峰(P_1 和 P_2)均与材料当中的氧空位浓度有关联。然而在富氧气氛中退火后,得到补偿的氧空位非常不稳定,在稍高一点的温度(>700 K),就可挥发出来,重新导致氧空位浓度的升高。

在 YBCO 陶瓷中,氧空位在不等价位置 $O_A(1/2, 0, 0)$ 和 $O_B(0, 1/2, 0)$ 之间跃迁可以引起很高的内耗峰,其激活能为 $1.03\,\text{eV}$,而在 BNT 陶瓷内同样存在这样的不等价位置,结合利用介电损耗对 BiT 及其掺杂陶瓷的研究,我们有理由将 P_1 峰归结为氧空位在 BNT 陶瓷内部不同的位置之间跃迁引起的,根据点缺陷的弛豫理论,弛豫强度或者峰高正比于氧空位的浓度。

在很多铁电体和铁弹体材料中,畴壁的黏滞性运动可在稍低于居里点的地方引起内耗峰。(详见下一节,与畴有关的内耗)。对于 BiT,居里点为 675℃,为了确定 BNT 的居里温度,我们做了 BNT 陶瓷的高温介电谱,如图 10-20 中插图所示。可以看到,BNT 的介电常数在居里点 890 K 附近出现一个峰值,而 P_2 内耗峰的峰温(532 K)比这个温度低很多,所以就排除了 P_2 峰是由畴壁的黏滞运动引起的。

一般来讲,点缺陷与位错、畴壁、点缺陷等之间的相互作用也可引起内耗峰,BNT 陶瓷中主要的点缺陷就是氧空位,而 P_2 峰也与氧空位浓度存在关系,因此我们认为 P_2 峰正是由于氧空位同畴壁之间的相互作用而引起的,即应力引起的畴壁运动被氧空位钉扎,这个力学损耗过程对应于畴壁被氧空位的钉扎和脱钉(畴壁与氧空位有关的内耗将在下面详细叙述)。

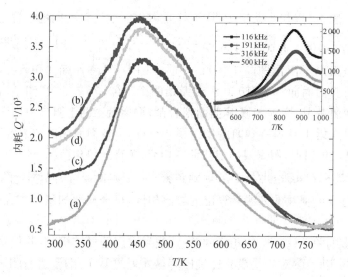

图 10 - 20　不同热处理后 BNT 陶瓷的温度内耗谱

10.3.2.2　$Bi_4Ti_3O_{12}$ 陶瓷中氧空位的介电研究

电介质物理学研究的中心问题是电极化与弛豫，由于介电测量对材料的相变、缺陷和畴壁的运动等敏感，因此广泛应用于铁电体材料的研究。为解决 $Bi_4Ti_3O_{12}$ 陶瓷的开关疲劳及永久极化较小的问题，通过对 $Bi_4Ti_3O_{12}$ 陶瓷的 A 位、B 位以及 AB 位共掺 BiT 铁电性能的研究，不但通过掺杂达到了可以改善材料性能的目的，而且发现氧空位对铁电材料的剩余极化强度和抗疲劳性能都存在很明显的影响。鉴于氧空位在铁电材料中扮演着重要的角色，在利用内耗技术研究的同时，也用介电测量手段专门对 BiT 陶瓷中氧空位弛豫行为进行研究。

德拜(P. Debye)对弛豫过程进行了研究，认为极化弛豫可分解为一些 $\exp(-t/\tau)$ 类型的单元过程，由弛豫时间 τ 来表征。Debye 方程将复介电常数 ε 的实部 ε'、虚部 ε'' 和损耗角正切 $\tan\delta$ 表示为

$$\varepsilon' = \varepsilon_\infty + \frac{\varepsilon_S - \varepsilon_\infty}{1 + \omega^2\tau^2}, \ \varepsilon'' = \frac{(\varepsilon_S - \varepsilon_\infty)\omega\tau}{1 + \omega^2\tau^2}, \ \tan\delta = \frac{\varepsilon''}{\varepsilon'} = \frac{(\varepsilon_S - \varepsilon_\infty)\omega\tau}{\varepsilon_S + \varepsilon_\infty\omega^2\tau^2} \tag{10-7}$$

式中：ε_S，ε_∞，τ 分别是静态介电常数、高频介电常数和极化弛豫时间。介电损耗是由于极化在外加交变电场下弛豫形成的，在介电损耗谱上，当 $\omega\tau = \sqrt{\varepsilon_S/\varepsilon_\infty}$ 时会出现介电损耗峰。理想绝缘体的损耗主要是极化损耗，事实上对于铁电体还存在漏电损耗。漏电损耗与漏电电导成正比，而漏电电导与温度成指数关系，当温度升高时，漏电电导急剧上升，漏电损耗的贡献将逐步淹没极化损耗的贡献。因此，在温度损耗谱上，要得到极化损耗的贡献必须扣除指数形式的温度热背景。在低频下，由于铁电陶瓷的漏电较小，漏电损耗的贡献也可忽略不计。对于热激活型的弛豫过程，弛豫时间和温度之间满足 Arrhenius 关系：$\tau = \tau_0\exp(U/k_BT)$，其中 U 为激活能。将极值条件 $\omega\tau = \sqrt{\varepsilon_S/\varepsilon_\infty}$ 代入后可以得到 $\ln(2\pi f) = -U/k_BT + \ln(\sqrt{\varepsilon_S/\varepsilon_\infty}/\tau_0)$，因此根据损耗峰的峰温随测试频率的变化，就可以拟合出激活能 U。对于单一时间的弛豫过程，Debye 理论可将损耗写成 $\tan\delta = \frac{\Delta}{T}\text{Im}\left[\frac{1}{1 + (i\hat\omega\tau)}\right]$ 的形式，其中 $\hat\omega = \omega\sqrt{\varepsilon_\infty/\varepsilon_S}$。然而，一般而言弛豫时间都不是单一的，而是成一个分布，这样 Debye 理论就必须进行相应的修正。1941 年，

K. S. Cole 和 R. H. Cole 提出了 Cole-Cole 方程[17]：

$$\tan\delta = \frac{\Delta}{T}\mathrm{Im}\left[\frac{1}{1+(\mathrm{i}\hat{\omega}\tau)^\alpha}\right] = \frac{\Delta}{T}\left[\frac{(\hat{\omega}\tau)^\alpha\sin\left(\frac{\pi}{2}\alpha\right)}{1+(\hat{\omega}\tau)^{2\alpha}+2(\hat{\omega}\tau)^\alpha\cos\left(\frac{\pi}{2}\alpha\right)}\right] \qquad (10-8)$$

式中：α 为展宽因子，取值在 0 至 1 之间，它可以衡量 Debye 理论的适用程度。当 $\alpha=1$ 时 Cole-Cole 方程就变成了单一弛豫时间的 Debye 方程，而当 $\alpha<1$ 时表明弛豫单元之间存在很强的关联性，α 越小，弛豫时间分布越宽，弛豫单元之间的关联性越强，在 Cole-Cole 圆中对应的圆心角相应变为 $(1-\alpha)\pi$。

很多研究表明，氧空位是铁电材料中最主要的点缺陷，它对于铁电材料的性能（特别是疲劳性能）有着很重要的影响，因此对氧空位的研究有助于理解铁电材料的疲劳行为。氧空位在铁电材料中的作用主要有：钉扎畴壁；屏蔽电场；促使 Ti^{4+} 离子偏移；俘获载流子电荷；增大漏电流等。

利用 HP4194A 阻抗分析仪，测量了 BiT 陶瓷的介电特性，其中测试频率为 100 Hz～1 MHz，温度范围为 300～525 K，降温速率约 2.0 K/min。对于介电常数，在 300～600 K 温度范围内随温度的升高而急剧变大，并随测量频率的增加而减小。而对于介电损耗，在一定的测量频率下，随温度的升高而出现一个损耗峰，并且该峰的峰温随频率的增加而向高温端移动，表明该峰有明显的弛豫峰的特点（见图 10-21）。BiT 的这种介电行为与姚阳阳[15] 和 Shulman 等[17] 所观察到的结果一致。

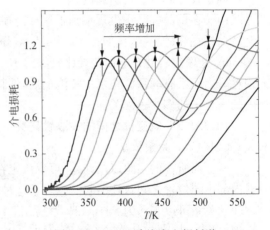

图 10-21　BiT 陶瓷介电损耗谱

这个损耗峰同样出现在单晶样品中，因此与晶界无关；Shulman 等[17] 研究了 Nb 掺杂 BiT 陶瓷的介电特性，他认为这个介电损耗峰是由离子的弛豫运动引起的，并且 Nb 掺杂通过减少氧空位而影响这个弛豫峰；姚阳阳等[15] 通过不同的氧处理证明了该峰是由氧空位在陶瓷内的弛豫运动所引起的，并且系统地研究了 La 掺杂 BiT 和 Nb 掺杂 BiT 陶瓷的介电行为。

为了证明该弛豫损耗峰与氧空位之间的联系，做了如下实验：将同一块 BiT 样品，平均分成 3 块，其中一块浸泡在双氧水（H_2O_2）中 20 h 以氧化 BiT 陶瓷，然后在 100℃ 下烘干 10 min 以去除残留水分；另一块放置于还原性气氛（97% Ar 和 3% H_2 混合气体）中，在 600℃ 下进行退火处理 20 h；最后一块不做任何处理。将这三块样品分别做介电损耗温谱，所得的结果如图 10-22 所示，选择测量频率为 1 kHz 的损耗谱线。与不做任何处理的样品相比，在双氧水中浸泡过的样品介电损耗峰的峰高降低了 36.8%，而在还原性气氛中退火后的样品介电损耗峰的峰高升高了 20.5%。

我们知道，在氧充足的双氧水中浸泡，可以减少 BiT 陶瓷内部的氧空位浓度，而在氧不足的还原性气氛中退火，陶瓷中的氧空位浓度将会增加。而根据点缺陷的弛豫理论，损耗峰的峰高就对应于缺陷的浓度。因此，我们可以判断在 BiT 陶瓷材料中观察到的损耗峰是由氧空位

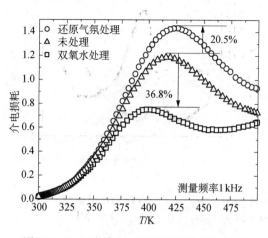

图 10-22 不同氧处理 BiT 陶瓷介电损耗谱

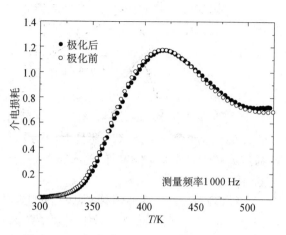

图 10-23 极化前后 BiT 陶瓷介电损耗谱比较

在不同位置之间的跃迁引起的。

由于在单晶样品中也观察到了这样的损耗峰,因此排除了与晶界的关系,为了排除陶瓷内畴壁对损耗峰的影响,我们在 130 kV/cm(矫顽场为 50 kV/cm)电场下对 BiT 样品极化处理 30 min,处理前后的介电损耗峰比较如图 10-23 所示,并没有明显的变化,说明畴壁密度与此损耗峰之间没有联系。在水中浸泡前后,损耗峰也没有明显变化,说明这个损耗峰与陶瓷所吸附的水分子的多少也无关。

10.3.2.3 氧空位之间的关联性研究

Cole-Cole 关系拟合

从上面所作的实验以及论述,可以认定在 BiT 中所观测到的介电损耗峰是由氧空位在材料内部不同位置之间跃迁引起的。对于这种热激活型的弛豫运动过程,弛豫时间和激活能 U 之间的关系可以表示为 Arrhenius 关系,即 $\tau = \tau_0 \exp(U/k_B T)$。根据介电损耗峰的峰温与测量频率的关系,我们计算了不同氧处理后 BiT 陶瓷氧空位的激活能以及 BNT0.85 中氧空位的激活能,拟合出的氧空位激活能和弛豫时间的大小如表 10-1 所示。

表 10-1 不同处理 BiT 陶瓷中的各项参数

	$C/\text{a. u.}$	$2P_r/(\mu C/cm^2)$	U/eV	τ_0/s	α
还原气氛处理	120.5%	14.54	0.70 ± 0.01	1.11×10^{-11}	0.59
未处理	100.0%	15.34	0.71 ± 0.01	5.37×10^{-12}	0.64
双氧水处理	63.2%	18.77	0.73 ± 0.01	1.02×10^{-12}	0.69
Nd 掺杂	54.6%	62.46	1.00 ± 0.01	1.77×10^{-12}	0.82

Shulman 等[17]曾经指出,BiT 材料的纯度与晶粒大小不影响激活能和弛豫时间的数值。$SrBi_2Ta_2O_9$ 中,氧空位的激活能为 0.97 eV;在 $SrTiO_3$ 中,氧空位的激活能为 0.25 eV;超导材料 YBCO 陶瓷样品中,氧空位在两个不等价位置 $O_A(1/2, 0, 0)$ 和 $O_B(0, 1/2, 0)$ 之间跃迁可产生一个很大的损耗峰,其激活能为 1.03 eV;英国剑桥大学的 Scott 在 *Ferroelectric Memories* 一书[19]中指出钙钛矿结构和其他相关氧化物结构中典型的氧空位激活能为

1.0 eV。我们所拟合出的激活能的大小在 0.70～1.0 eV 之间，完全符合氧空位弛豫的特征，而且在 BiT 中也存在不等价的氧位置（如同 YBCO），因此激活能的计算再一次表明了介电损耗峰是由氧空位在不等价的氧位置之间跃迁引起的。

另一个很有意思的现象就是随着氧空位浓度的降低，氧空位的激活能在升高。我们在解释 BNT（或 BLT）优良抗疲劳特性时主要是基于两点：一是 Nd（或 La）掺杂导致的氧空位浓度的降低，这样也同时降低了畴被钉扎的几率，从而改善了抗疲劳性能，这一点已有诸多文献报道；二是 Nd（或 La）的掺杂，提高了氧空位的激活能，这样氧空位就需要更大的能量才能够扩散到畴壁并且钉扎住畴壁，姚阳阳[15]对 BLT 抗疲劳性能的解释也主要是从这个方面出发的。然而，从我们的实验结果可以看出，氧空位的激活能是随着氧空位浓度的降低而升高的，因此以上的两点是内在一致的，即氧空位浓度的降低，导致了其激活能的升高，最终使得材料的抗疲劳性能得到改善。那么，为什么氧空位浓度的降低会使得其激活能升高呢？氧空位的浓度和激活能之间到底存在什么样的关联呢？

为了回答上面的问题，我们利用式(10-8)Cole-Cole[17]关系对氧空位引起的介电损耗峰进行拟合。

一般而言，背景损耗 D_{bg} 主要来源于静态电导，并且与静态电导率 σ 成正比，与频率 f 成反比，具体表示为

$$D_{bg} \propto \sigma/f = \sigma_0 \exp(-E_{cond}/k_B T)/f$$

式中：E_{cond} 为电导激活能。在拟合过程中，我们采用上面的表达式来扣除背景损耗，弛豫时间采用 Arrhenius 关系 $\tau = \tau_0 \exp(U/k_B T)$，而所求出激活能 U 的数值（见表 10-1列出的数值），拟合结果如图 10-24 所示，其中三条空心点线为实验值，三条实心曲线为 Cole-Cole 拟合曲线，下面的指数点划线为所扣除的指数背景损耗，拟合所得展宽因子 α 分别在图中对应的曲线上标出（同样在表 10-1 中列出）。从图中可以看出，拟合所得数值与实验数值符合得相当好，而且氧空位浓度越高，拟合结果与实验值符合的也越

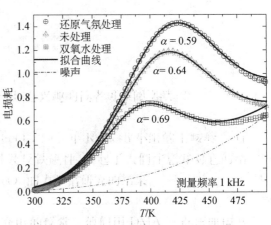

图 10-24 不同氧处理 BiT 陶瓷介电损耗

好。这也是显而易见的，因为我们的拟合是基于点缺陷的弛豫理论进行的，弛豫的过程中，参与的氧空位越多，拟合结果也就越精确。

对于不同浓度氧空位介电损耗峰的 Cole-Cole 拟合所得的展宽因子 α 均小于 1.0，这说明弛豫单元之间（即氧空位之间）存在很强的关联性[20]，而且氧空位浓度越高，它们之间的关联性越强。我们认为，氧空位之间的这种关联性普遍存在于铁电材料中，由于这种关联性的存在，氧空位在运动的时候就会表现出一种集体行为而非个体行为。在钙钛矿结构中，氧空位的增加可使其自我排序(self-ordering)成一个平面结构，关于这方面的研究已经有 20 多年的历史了，主要包括 Zhang 和 Smyth 等对 $Ba_2In_2O_5$ 和 Grenier 等在钛酸钙/铁氧体中所进行的研究，还有最近的 Becerro 等，在这些钙钛矿结构材料中，他们发现当氧空位浓度较低时，它们是

互相无关联的点缺陷；随着氧空位浓度的升高，它们开始团聚，首先形成一维链，链的长度随氧空位浓度的增加而增长；当氧空位浓度超过一定值时，氧空位就会在特定的几何空间成簇（cluster）。

从表 10-1 可以看出，随着氧空位浓度的升高，氧空位之间的关联性增强，氧空位的激活能降低。氧空位的浓度、关联性、激活能之间的这种关系同样可以在 Nd 掺杂的 BiT 陶瓷中得到印证。图 10-25 所示为 BiT 和 BNT 陶瓷介电损耗峰的 Cole-Cole 拟合，测量频率为 1 kHz 经拟合所得 BNT 的展宽因子 α 为 0.82，而 BNT 中氧空位的激活能为 1.0 eV（见表 10-1），对于 Nd 掺杂后，氧空位的浓度不能简单地从介电损耗峰的高度加以判断，这是因为在居里点处顺电到铁电的相变对介电损耗峰的高度特别是 BNT 介电损耗峰的高度有着明显的影响。因此必须通过其他的方法来表征 BiT 与 BNT 中氧空位的浓度差别。

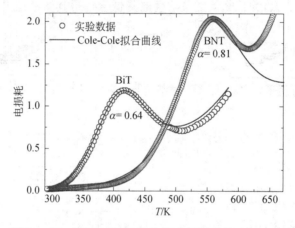

图 10-25　BiT 和 BNT 陶瓷介电损耗谱的 Cole-Cole
拟合谱的 Cole-Cole 拟合

我们知道内耗，即力学损耗同介电损耗一样对于缺陷的弛豫过程和相变非常敏感，内耗和介电在微观机理和理论描述方面有着相似性和互补性。图 10-26 所示就是 BiT 和 BNT 陶瓷的内耗测量结果，从中我们可以发现两个内耗峰 P_1 和 P_2 峰，分别对应于氧空位在不同位置

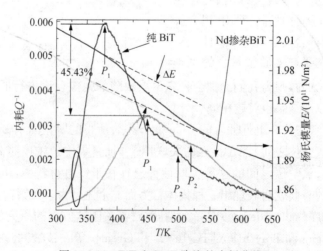

图 10-26　BiT 和 BNT 陶瓷的内耗曲线

之间的弛豫运动和氧空位与 90°畴壁的相互作用,关于此结论的得出以及内耗测量的细节我们将在后面讨论。从图 10-26 中可以看出,Nd 离子的掺入,使得 P_1 内耗峰峰高降低了 45.4% 左右,因此可以近似地认为 BNT 中氧空位浓度只有 BiT 中氧空位浓度的 54.6%,这些结果均在表 10-1 中列出。

可见,随着 Nd 离子的掺入和氧空位浓度的降低,氧空位之间的关联性减弱,氧空位的激活能升高,这一结论与在不同氧处理后 BiT 陶瓷中所得结论一致。氧空位浓度、氧空位之间的关联性和氧空位的激活能这三项到底哪个是原因,哪个是结果现在还没有完整的认识,我们也只能在略加分析的基础上,给出一个尝试性的解释如下:由于氧空位之间存在着强的关联性,它们将以"簇"的形式存在于铁电材料当中,类似于 Scott 等[21]所报道的氧空位序。这些"簇"很不平均地分布在整个陶瓷内部,由于集体效应,以"簇"的形式存在的氧空位运动所需的能量,将比单个氧空位运动所需的能量要小,即氧空位的激活能要小。随着氧空位浓度的升高,它们之间的关联性也变强,氧空位的"簇"将变得更大更紧密,其运动所需的能量也就越小。以"簇"的形式存在的氧空位有效地降低了其激活能,在疲劳模型中,氧空位钉扎畴壁的运动也将以"簇"的形式进行,这种集体钉扎行为有助于对缺陷的弛豫运动和铁电材料的抗疲劳行为的理解。

10.3.3　铁电材料中与电畴有关的内耗研究

铁性畴是铁性材料中最重要的组成部分,铁性畴的组态、形貌及其动性对铁性材料的性能有着重要的影响。Tagantsev 等的 800 多页专著[22]对此进行了非常好的介绍。这儿我们只简单介绍一些与力学谱有关的研究。铁性畴的研究有多种方法,包括理论分析(如用群论方法来预测材料中可能存在的畴的类型等)、显微图像观察(用电镜、扫描探测显微镜等)、与铁性畴有关的电、磁、弹性测量等。内耗及力学谱的方法给我们提供了一与前述不同的方法。下面通过一些实例加以说明。

10.3.3.1　与铁性畴有关的内耗及实验证实

黄以能等[10]在研究 KDP(KH$_2$PO$_4$), TGS(triglycine sulfate), LNPP(La$_{1-x}$Nd$_x$P$_5$O$_{14}$)等铁电、铁弹晶体的内耗时,发现在这一类材料中除在铁性相变温度 T_c 附近可观测到一由铁性相变引起的内耗峰外,在 T_c 温度以下还能观测到一两个内耗峰,他们对于这些内耗峰的起因进行了较为深入的研究,表明这些内耗峰是与材料中的铁电畴(畴壁)或铁弹畴运动及冻结有关。较早的工作是孙文元[23]、王业宁[24]等在铁弹材料 LNPP 单晶中完成的。孙文元等用 Marx 三节组合振子法并巧妙地设计了一个可以在内耗测量的同时,对 LNPP 的铁弹畴密度进行同步实时观测的显微装置以便研究内耗与畴的变化关系。图 10-27(a)为用显微镜观测到的铁弹畴密度 N 随温度的变化;图 10-27(b)为内耗与畴密度随温度变化,可看到 T_c 处的狭窄的尖锐结构相变(mmm-F2/m)峰 P_1 和畴密度的变化;图 10-28 为内耗测量同时用偏光显微镜观测的畴组态变化。他们在 T_c 以下几度观测到内耗峰 P_2,该峰温处无结构相变,在测量了畴密度与温度关系后得到:畴壁密度正比于 $(T_c-T)^{-1}$ 的关系,在 LNPP 的铁弹相变点 T_c(141℃)铁弹畴突然消失。P_2 相应于 N 开始迅速增加时的温度,且 N 及 P_2 在升降温过程具有明显热滞后,N 滞后的值随温度降低而减少。变频测量 P_2 峰温及峰高无明显变化。基于上述分析他们认为 P_2 是由于新出现的畴壁运动得到的静滞后型损耗,并指出虽然 P_2 归于畴壁运动但它与马氏体转变完全不同,这个峰无软模相对应,弹性模量 f^2 的减少仅仅是因为模量亏损。此外对于为什么内耗随畴壁数改变出现峰值而不是单调变化的原因,他们认为是由于畴壁互作用的结果:在很多铁电体和铁弹体材料中,畴壁的黏滞性运动可在稍低于居里点的地方引起内耗峰。王业宁等[24]指出,在铁电或铁弹相,畴壁密度 N 随温度 T 升高而增大,当温度接近居里点 T_c 时,N 近似正比于 $1/(T_c-T)$,因此使得内耗值 Q^{-1} 增大;另一方面,畴壁的增多,使得畴壁之间的距离变小,由于畴壁的相互作用,导致畴壁的动性降低,这样又降低了内耗值 Q^{-1}。因此,以上两种因素的竞争产生了内耗峰。也即当畴壁之间距离足够大时畴壁动性很好(相当于畴壁密度不大时),畴壁之间互作用很弱以至可以忽略。然而畴壁间距离变小时,畴壁的应变场会重叠,这时畴壁动性会由于互作用而减少从而造成 Q^{-1} 的减小。因而在适当的畴壁密度(也即在适当温度)会有一内耗峰值 P_2 出现。这一类现象已在多种铁弹、铁电材料中被观测到。

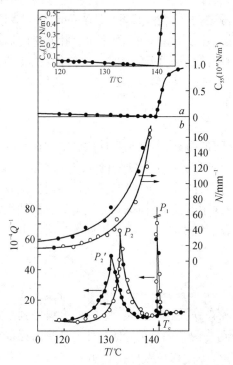

图 10-27 (a) LNPP 在 50 kHz 时弹性模量与温度关系 (b) LNNP 内耗 Q^{-1} 与铁弹畴密度 N 随温度的变化与温度关系(空心圆为升温、黑点为降温)[23]

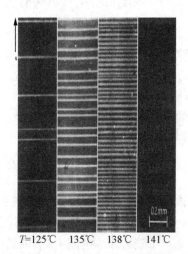

图 10-28 LNPP 中在内耗测量同时偏光观测得到不同温度下畴密度变化在二级铁弹相变点 141℃畴消失

此外他们还对热滞后行为进行了讨论。如图 10-29 所示 LNPP 在更低温度 60℃附近出现的内耗峰 P_3,可归结于铁弹畴的冻结所造成。这在 KDP 等材料中也可观测到。图 10-15 所示是黄以能等[10]在 KDP 晶体中在 90~130 K 之间所得的内耗,除在 T_c(123 K)附近观察到的由顺电相到铁电相(2 m—mm2)的铁电相变峰 P_{M1} 外,在 T_c 温度以下 5° 还有一内耗峰 P_{M2},这一内耗峰在升降温中有一滞后,证实是与畴壁运动有关。而在 96 K 处观察到的另一内耗峰 P_{M3} 是与畴冻结有关。他们还对 KDP 进行了电学测量,KDP 的介电损耗在 T_c 及其以下 5° 温

度得到两个峰值 P_{D1}，P_{D2}，分别对应铁电相变和电畴壁的黏滞运动。黄以能等还从畴壁黏滞运动出发进行了计算，证实相应的内耗峰 P_{M2} 和介电峰 P_{D2} 具有相同的机制。同样，牛仲明[25]等用 Marx 三节组合振子及两点支撑法分别测量了不同取向的 TGS 单晶的内耗与频率的温度关系，在相变居里点 $T_c = 49℃$ 未观察到相变内耗峰，但在 T_c 以下几度发现有一内耗峰并伴有频率极小，如图 10-30 所示。为证实该内耗峰的机理，他们在掺杂的 LATGS 中做了对比测量。在 LATGS 中，由于 L-a 丙氨酸的掺杂形成应变，在压电效应下，在 TGS 中形成一内偏置电场使得 LATGS 保持单畴状态。图 10-31 为 LATGS 的内耗与频率的温度关系。从图中可看出在单畴 LATGS 中内耗峰及频率极小均已消失，这从另一个角度证实：出现在 T_c 以下几度的内耗峰及频率极小值与畴的运动有关。

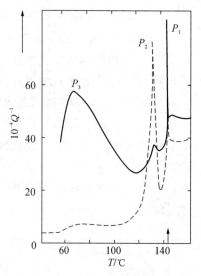

图 10-29　LNPP 中与畴壁冻结有关的内耗峰 P_3

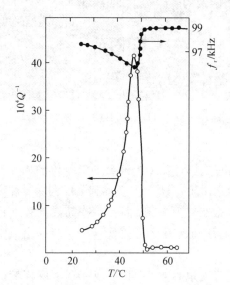

图 10-30　TGS 单晶（c 取向）的内耗与频率的温度依赖关系 $f = 99$ kHz[25]

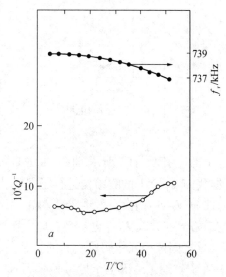

图 10-31　在掺杂的 LATGS 中的内耗与频率的温度关系 $f = 74$ kHz[25]

10.3.3.2　90°畴壁对氧空位的吸收性

上一节我们在 BNT 陶瓷的力学损耗谱（见图 10-26）中观测到两个峰（P_1 和 P_2），并确定了 P_1 峰是由氧空位在不同位置之间跃迁引起的，而 P_2 峰是由氧空位与 90°畴壁之间的相互作用引起的。既然 90°畴壁与氧空位之间存在相互作用，那么它们之间到底存在什么样的关系呢，它们之间的关系是否受 90°畴壁形貌的影响呢？在这一节，我们将对此进行讨论。

1）畴界形貌与疲劳关系

铁电体的一个最重要的应用是：将铁电体的 $+P_r$ 及 $-P_r$ 作为存储的 0，1 信号来制备非挥发铁电存储器（NVFeRAM）[19]。铁电疲劳是指周期性脉冲信号作用下，随铁电开关（反转）

次数增加的铁电极化 P_r 降低,当 P_r 小于一定值时 0 与 1 将不再能区分,从而使得存储器失效。因而铁电疲劳已成为影响非挥发性铁电存储器器件使用寿命的最主要的因素。关于疲劳的模型和解释很多,包括化学稳定性、畴壁钉扎、表面结构、内应力等,这些模型在前面几节有所提及,我们将重点放在畴界和铁电疲劳的关系上。

铁电体中存在多种畴界结构,陈晓剑和刘建设等[26]通过对畴界的空间群分析,得出在 PZT 中存在两种畴界:90°畴界和 180°畴界;而对于层状钙钛矿结构的 $SrBi_2Ta_2O_9$(SBT),对应于平移对称性的丢失,可能出现三种新的畴结构:反相畴、90°反相畴和 180°反相畴,将这五种畴结构示意为图 10 - 32[其中(a)为反相畴,(b)为 180°畴,(c)为 90°畴,(d)为 180°反相畴,(e)为 90°反相畴];$Bi_4Ti_3O_{12}$(BiT)中同样存在以上的五种畴结构,掺杂 BiT 中(BLT,BNT)的畴结构与 BiT 相同,丁勇[27]通过 TEM 对其进行了观察,证实了这五种畴的存在。

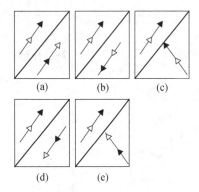

图 10 - 32　SBT 中的五种不同的电畴
　　　　　　结构类型示意图

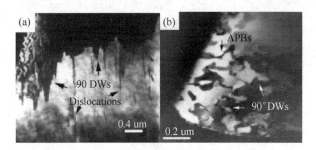

图 10 - 33　BiT(a)和 BNT(b)的暗场像

为了确定图 10 - 26 所示 BNT 中 P_2 内耗峰到底是哪种类型的畴壁与氧空位的相互作用引起的,我们对 BNT 的畴结构进行了观察,结果如图 10 - 33 所示。观察到了反相畴界和高密度的弯曲 90°畴界,而没有发现 180°畴界。180°畴界很难被观察到,而且 180°畴界的存在也不会引起晶格畸变,180°畴界也不会在应力作用下发生移动。因此,我们认为 P_2 峰是由氧空位与 90°畴壁之间的相互作用所引起的。

丁勇等[27]通过透射电子显微镜(TEM)在无疲劳铁电材料 SBT 中观察到了反相畴的存在,而在 BLT_x 中,当 $x=0$ 和 0.5 时,没有反相畴存在,此时材料显疲劳,当 $x=0.75$ 时,出现了反相畴,此时 BLT0.75 显无疲劳特性。基于这个现象,他认为新畴除了可以在铁电体与电极之间的界面成核外,大量存在的反相畴界面提供了额外的成核界面,这样即使在电极界面新畴不能成核,在反相畴界面上成核的新畴同样可以完成整个极化反转过程,使其对电极界面的依赖性降低。随后他们在无疲劳材料 SBT 中观察到了反相畴界面上新畴的成核与生长,从而很好地支持了他们的观点。

然而,苏东[28]在抗疲劳性能很差的铁电材料 Bi_3TiTaO_9(BTT)中也观察到了反相畴的存在,通过比较 BTT 和 SBT 的畴结构,他发现了一个抗疲劳性能与畴界形貌之间的密切关系,即具有弯曲 90°畴壁的材料抗疲劳性能好,而具有平直 90°畴壁的材料抗疲劳性能较差。随后,他对几十种铁电材料的畴结构进行了观察,发现均符合这个规律,他认为 180°畴可以在材料内部的 90°畴界处成核生长,而在 90°畴界处点缺陷(氧空位)更容易聚集,对 180°畴的成核有钉扎作用,导致疲劳的产生;平直的 90°畴界相对于弯曲的 90°畴界更容易和氧空位耦合,这样氧空位就占据了 180°畴的成核位置,从而使得具有平直 90°畴界的材料更容易显疲劳。下面用内耗结果对此进行分析。

2) 90°畴壁对氧空位的吸收

现在,研究者已经越来越重视 90°畴壁对铁电疲劳的重要作用,然而 90°畴壁与氧空位之间的相互作用还没有在实验上观察到。由于内耗对相变、弛豫和畴壁与缺陷间的相互作用非常敏感,所以本节我们将通过内耗的方法来研究 90°畴壁和氧空位之间的相互作用。实验选用的材料为 $Bi_4Ti_3O_{12}$(BiT)和 $Bi_{3.15}Nd_{0.85}Ti_3O_{12}$(BNT),这是因为这两种铁电体陶瓷具有几乎相同的组分和晶格结构,但却具有截然不同的抗疲劳特性:BiT 的抗疲劳性能很差,而 BNT 几乎不显疲劳。BiT 和 BNT 陶瓷的暗场像如图 10-33 所示,可以发现 BiT 中的 90°畴壁大多比较平直如图 10-33(a),而在 BNT 陶瓷中存在大量的弯曲 90°畴壁如图 10-33(b),这一结果完全符合苏东提出的 90°畴壁形貌和抗疲劳性能之间的关系。下面我们将用力学损耗谱方法对此进行比较。

图 10-34 所示为 BiT 和 BNT 陶瓷的高温温度内耗谱,插图为 BNT 陶瓷的低温温度内耗谱。如图所示,对于 BiT 陶瓷,在 380 K 处有一个很高的内耗峰,在稍高一点的温度有一个肩状峰;对于 BNT 陶瓷,峰形与 BiT 类似,只是峰温在 450 K 附近,峰高较低。在低温区域,内耗值较低,而且并没有观察到很明显的内耗峰。通过 Gaussian 分峰,BiT 和 BNT 的内耗峰分别被分解为 P_1,P_2 和 P_1',P_2' 四个峰。

在 上 一 节, 我 们 已 经 给 出 结 论, 即 P_1(P_1')峰是由氧空位在不同位置之间跃迁引起的,而 P_2(P_2')峰则对应于 90°畴壁与氧

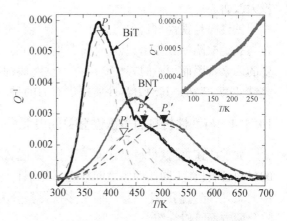

图 10-34 BiT,BNT 陶瓷的内耗与温度关系

空位之间的相互作用。比较 P_1 峰和 P_1' 峰我们可以发现,Nd 掺杂 BiT,使得 P_1 峰的峰高降低到 31%,然而 P_2' 峰和 P_2 峰峰高几乎相同。对于 P_1 峰的降低很好理解,根据 Park 等人[29]认为由于 Bi 的挥发,会在 $(Bi_2O_2)^{2+}$ 和 $(Bi_2Ti_3O_{10})^{2-}$ 产生氧空位,La 对 Bi 的替代,减少了 Bi 的挥发,从而减少了氧空位浓度,最终使得 BLT 具备良好的抗疲劳特性,Nd 对 Bi 的替代类似于 La 对 Bi 的替代,因此也可以使得氧空位浓度降低,导致 P_1 峰的下降。由于 P_2 峰对应于 90°畴壁与氧空位的相互作用,那么从 Nd 掺杂后 P_2 峰峰高不变我们可以得出结论:90°畴壁对氧空位具有吸收性,且吸收性的强弱和 90°畴壁的形貌有关,弯曲的 90°(BNT 陶瓷)畴壁对氧空位的吸收性大于平直 90°(BiT 陶瓷)畴壁对氧空位的吸收性。这个结论是很合理的,因为在 90°畴壁处,八面体沿 a 轴方向倾斜,造成了势阱,使得氧空位容易在 90°畴壁处聚集,而弯曲的 90°畴壁具有相对较大的表面积,因此可以容纳更多的氧空位。

下面我们将定量分析 90°畴壁对氧空位的吸收性[30],Park 在解释镧系元素掺杂 BiT 不疲劳的原因时,认为 Bi 的挥发产生的氧空位是产生疲劳的主要原因,不妨假设材料结构中对应于一个 Bi 离子所产生的氧空位浓度为 x,那么 BiT 中氧空位的浓度就可以表示为 $4x$,BNT

0.85中氧空位的浓度表示为 $3.15x$,定义图 10 - 34 中 P_1 峰和 P_2 峰所对应的氧空位浓度分别为 A 和 B,由于 P_1' 仅为 P_1 峰的 31%,因此可以得到下面的方程:

$$4x = A + B \tag{10-9}$$

$$3.15x = 31\%A + B \tag{10-10}$$

对此方程求解,得到 $A=1.23x$,$B=2.77x$。可见,69%的氧空位被 BiT 中平直的 90°畴壁吸收,88%的氧空位被 BNT 中弯曲的 90°畴壁吸收。这些数据形象地表达了我们上面提到的结论,即 90°畴壁对氧空位具有吸收性,弯曲的 90°畴壁吸收性大于平直的 90°畴壁。

90°畴壁对氧空位的吸收性可以用来解释为什么弯曲的 90°畴壁对应于好的抗疲劳特性而平直的 90°畴壁对应于差的抗疲劳特性。对于具有弯曲 90°畴壁的铁电材料,大部分的氧空位被 90°畴壁吸收,钉扎 180°畴壁的氧空位就相应减少,使得材料的抗疲劳性能大大提高。例如本实验中我们所研究的材料,BiT 是疲劳的,当 21.25%的 Bi 被 Nd 取代后,90°畴壁的形貌由平直变得弯曲,钉扎 180°畴壁的氧空位浓度仅为原来的 31%,这样就使得材料的抗疲劳性能极大改善。

铁性畴是铁性材料中与其诸多性能有着密切关系的基本组成单元,研究铁性畴的组态、分布与其他缺陷的互作用、其动性及其对外场的响应是影响这些铁性材料的性能及应用的最重要的因素。因而用不同方法获得有关铁性畴的信息是重要的。内耗与力学谱的技术为我们研究铁性畴,特别是其动力学性质提供有力的手段。

10.3.4 与铁性材料的多铁性有关的内耗

如前所述,多铁材料是在同一铁性(铁磁、铁电、铁弹)材料中具有两个或两个以上铁性序的材料,而且在不同铁性序之间存在互相耦合[2]。由于它们在多态存储、传感等方面的重要应用前景,引起人们广泛注意。通常多铁材料分为复相多铁与单相多铁材料两大类,因而我们也将分两方面予以介绍。

10.3.4.1 复相多铁材料的构成

在过去的几十年里,磁电耦合效应的主要突破是在复合磁电材料中取得的,通过复合铁电/压电材料和磁致伸缩材料,以两相之间的应力/应变耦合传递可实现铁电-铁磁之间的耦合,这种由复合铁电/压电材料和磁致伸缩材料复合在一起的材料就是复合磁电材料。从 1974 年 van Run 等人报道 $BaTiO_3 - CoFe_2O_4$ 复合陶瓷的磁电耦合系数比 Cr_2O_3 大近两个数量级以来,复合磁电材料开始引起研究人员的关注,清华大学南策文较早地开展了复合多铁的研究,取得很多成果[31]。块体复合磁电材料按其相组分大致可以分成陶瓷复合材料,如 $BaTiO_3$——铁氧体复合陶瓷,$Pb(Zr, Ti)O_3$(PZT)——铁氧体复合陶瓷,陶瓷-金属复合材料如 Terfenol - D 和 PZT 颗粒与高分子基体组成的三相复合材料三类。复合磁电材料在强的直流偏置磁场下,很小的交流磁场就能够导致很大的磁电极化或磁致电压。在电-力共振峰附近,最大的磁致电压系数可达 90 V/(cm·Oe)。这一数值已具有应用价值,使得磁电材料的应用前景十分光明。因而有希望在设计的磁电器件上应用,包括磁传感器(交流和直流场)、电流传感器、换能器、回转器、可调谐器件、共振器、滤波器、振荡器、相移器等。

随着薄膜制备技术的发展,使得制备优质复杂结构的复合薄膜成为可能,常用的薄膜沉积技术有激光脉冲沉积(PLD)、分子束外延(MBE)和金属有机化学气相沉积(MOCVD)等。这些薄膜外延沉积技术不仅可以制备功能材料的超结构和新相,且可以通过选择衬底施加应力来修饰材料的功能性质。按其复合结构来分类可分为 1-3 型结构薄膜,如 $BiFeO_3$ - $CoFe_2O_4$ 结构,0-3 型复合磁电薄膜,如 PZT - $NiFe_2O_4$ 复合薄膜,2-2 型叠层复合磁电薄膜,如 $BaTiO_3$ 和 $CoFeO_4$ 成分梯度复合薄膜,准 2-2 型磁电薄膜,如在 (100) $BaTiO_3$ 铁电单晶基片上沉积 $La_{0.67}Sr_{0.33}MnO_3$ (LSMO) 薄膜。

复相多铁材料,如前已介绍它是由两不同的铁性材料复合而成,每一铁性材料单独成相且无由这两相材料反应而生产的第三相存在。它们的复合形式呈现多样化,如图 10-35 所示。按两种材料连通结构,可以有多种复合结构形式如:0-3 型颗粒复合、2-2 型叠层结构、1-3 型柱状结构。至于结合的手段,可以是不同材料的界面用胶黏结 (2-2 型)。

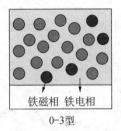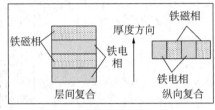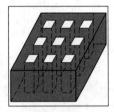

图 10-35 复相型多铁材料中的铁电 (压电) 相与磁相的不同复合方式

也可以是一种相的颗粒形式与另一相的块体复合;也可以不同相的薄膜相间而成。总之复合的形式多样化,但不同的复合形式及不同的两相的比例对产生的复相多铁材料的性能有较大影响,同样对复相材料的内耗与力学谱也有较大影响。下面我们介绍已有的关于复合多铁材料的力学谱研究的结果。

10.3.4.2 复相多铁材料的力学谱研究

1) $CuFe_2O_4/PbZr_{0.53}Ti_{0.47}O_3$ 复合体的内耗研究

较早的有关复相多铁内耗的工作是戴玉蓉等[32] 在 $CuFe_2O_4/PbZr_{0.53}Ti_{0.47}O_3$ 陶瓷中完成的。我们首先用传统的固相法分别制备了 $CuFe_2O_4$ 和 $PbZr_{0.53}Ti_{0.47}O_3$ 陶瓷粉,然后将其按照不同比例混合后烧结成测量试样。试样经 X 射线衍射测量未发现中间相或其他相,而是简单的两相衍射峰的叠加。如图 10-36(a) 所示。而图 10-36(b) 为复合体磁电耦合系数与磁偏场的关系,可看出随 CFO 含量由 0.1 增加到 0.3 时,磁电耦合增加,$x=0.4$ 时最大。图 10-37(a) 为用振动簧片方法在 530 Hz 所得到的 90~700 K 温度范围内的内耗。P_1, P_2, P_3 峰分别出现在 219,440 和 542 K,P_1 峰是与 PZT 有关,而 P_2 峰高随 CFO 含量 x 增加而增加,它与 CFO 有关。而 PZT 中在 530 Hz 时的弛豫峰位恰好与 440 K CFO 的相变峰重叠,可以通过变频的方法加以区分。

为进一步搞清这些峰的机理,用倒扭摆测量了复相的低频内耗 ($f=0.1$、0.4、1.6、6.4 Hz)。图 10-37(b) 显示了 $x=0.1$, 0.3 时的低频内耗与温度关系。对于每一组分出现四个内耗峰,它们的高度随测量频率减少而增加。比较图 10-37(a) 与 (b) 可发现 P_1 峰相应于 P_1',它们的峰温 (大约 220 K) 不随频率变化,并且高度随测量频率减少而增加。这是由 PZT 的菱形到四方相变所引起典型的一级相变内耗特征。在图 10-37(b) 中的 P_3' 峰或图 10-37(a) 中的 P_2 峰出现在 440 K 是与 CFO 中的四方到立方的相变有关,这也可以从 P_3' 的高度随 CFO 含量增加而增加得到证实。图 10-37(b) 中的 P_4' 与图 10-37(a) 中的 P_4 出现在 550 K

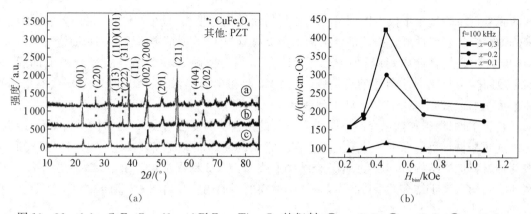

图 10-36　(a) $x\mathrm{CuFe_2O_4}$-$(1-x)\mathrm{PbZr_{0.53}Ti_{0.47}O_3}$ 的衍射：ⓐ$x=0.3$，ⓑ$x=0.2$，ⓒ$x=0.1$
(b) $x\mathrm{CFO}$-$(1-x)\mathrm{PZT}$ 的在不同测量频率下 x 的磁电耦合系数 α_e 与磁偏场 H_{biss} (kOe)关系

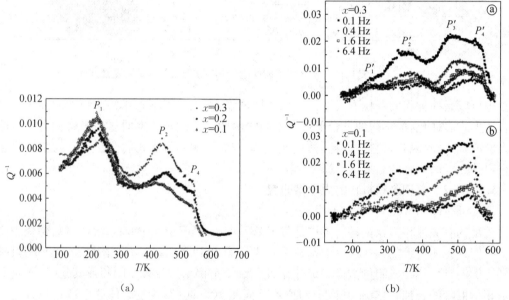

图 10-37　(a) $x\mathrm{CFO}$-$(1-x)\mathrm{PZT}$ 中内耗 Q^{-1} 的 90～700 K 温度关系 $f=530\ \mathrm{Hz}$　(b) $x\mathrm{CFO}$-$(1-x)\mathrm{PZT}$ 中内耗 Q^{-1} 与温度关系 $f=\mathrm{Hz}$ ⓐ$x=0.3$，ⓑ$x=0.1$[32]

处的峰是相应于 PZT 中铁电到顺电相变。而在图 10-37(b)中的 P_2' 随频率降低移至低温是一弛豫峰，经计算可得其弛豫时间 $\tau_0=1.27\times10^{-13}\ \mathrm{s}$，激活能为 0.8 eV。这是由于 PZT 中氧空位引起的弛豫峰。据激活能数据计算，此峰在 530 Hz 测量时，峰应出现在 443 K，在图 10-37(a)中该弛豫峰与 CFO 的相变峰叠加而无法分辨。因此，通过内耗研究可以得到复相多铁材料的力学损耗谱并探测到材料组分变化的影响。

2) $\mathrm{PbZr_{0.52}Ti_{0.48}O_3}$ 与 $\mathrm{Ni_{0.93}Co_{0.02}Mn_{0.05}Fe_{1.95}O_{4-\delta}}$ 的内耗研究

印度的 M. Venkata Ramana 等[33]利用石英压电振子法在 30～420℃ 范围内研究了 $\mathrm{PbZr_{0.52}Ti_{0.48}O_3}$ 与 $\mathrm{Ni_{0.93}Co_{0.02}Mn_{0.05}Fe_{1.95}O_{4-\delta}}$ 复合体[$x\mathrm{NCMFO}/(1-x)\mathrm{PZT}$]在 104.387 kHz 的内耗与模量。模量与内耗随温度变化关系分别为图 10-38(a)和(b)所示。在纯 PZT 中模量及内耗均在 390℃（A 点）及 230℃ 附近分别出现尖锐的和小的变化如图 10-38(a)所

示。390℃为 PZT 的铁电到顺电的相变,而根据戴玉蓉等[8]的工作可知 230℃为畴壁与点缺陷作用的结果。同样在图 10-38(b)所示的内耗温度关系曲线上在这两个温度也有一峰值及变化。

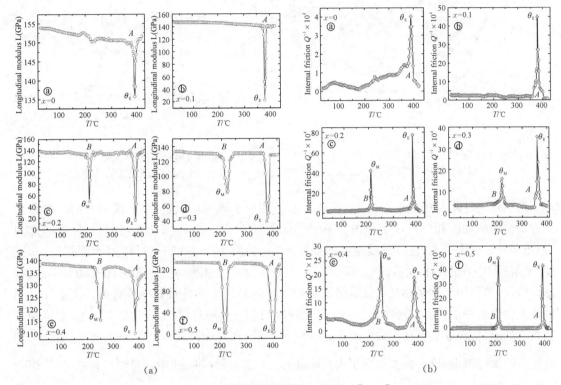

图 10-38　(a) xNCMFO/$(1-x)$PZT 的纵模量与温度ⓐ纯 PZT,ⓑ~ⓕ $x=0.1$, 0.2, 0.3, 0.4, 0.5
(b) xNCMFO/$(1-x)$PZT 的内耗 Q^{-1} 与温度关系ⓐ纯 PZT,ⓑ~ⓕ $x=0.1$, 0.2, 0.3, 0.4, 0.5[33]

　　从上述两图中可观测到,随铁磁相 NCMFO 逐渐加入,x 由 0.1 增加到 0.5,在复相 xNCMFO/$(1-x)$PZT 的模量和内耗与温度关系曲线上(除 $x=0.1$ 外)均可观测到在 200℃(B 点)附近的模量尖锐的下降与内耗峰值。由他人工作可知 200℃附近的反常是与 NCMFO 的铁磁到顺磁相变有关。不同的是纯 NCMFO 的磁转变居里点是 560℃,但当它与 PZT 混合后有所降低,$x=0.1$ 时 T_c 为 200℃,且随 x 值增加 T_c 略有增加,表明由于 PZT 的存在影响了 NCMFO 铁磁相变,但 PZT 的相变却未受铁磁相的影响。而作者曾用介电测量研究了 xNCMFO/$(1-x)$PZT 复相多铁材料的性能,仅观测到一个铁电相变,而无铁磁相变的变化。这表明复相多铁材料的力学谱研究可获得比介电研究更多的信息。

　　3) xPbZr$_{0.53}$Ti$_{0.47}$O$_3$$(1-x)Mn_{0.4}Zn_{0.6}Fe_2O_4$ 复相颗粒多铁材料的内耗与模量

　　俄罗斯 A. V. Kalgin 和 S. A. Gridnev[34]研究了 xPbZr$_{0.53}$Ti$_{0.47}$O$_3$$(1-x)Mn_{0.4}Zn_{0.6}Fe_2O_4$ 复相颗粒多铁材料的内耗与模量。他们用 $x=0.6$, 0.8, 0.9 的 PZT 及 MZF 的粉末混合后在 1 383 K, 1 393, 1 423 K 烧结 5 h,然后用扭摆在 30 Hz 测量了复合体的内耗 Q^{-1} 和切变模量 G。试样尺寸是 $12\times2\times2$ mm^3。图 10-39(a)为 $x=0.6$ 时复相多铁 xPZT/$(1-x)$MZF 在升温速度为 2 K/min 时测量所得的内耗与切变模量。从图中可看到在 500 K 时有一内耗反常并伴随模量极小。

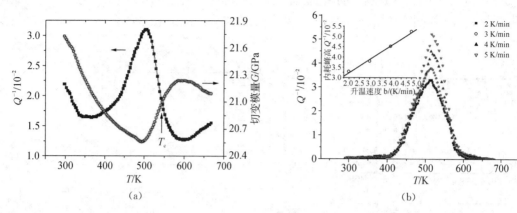

图 10-39　(a) 复相多铁 xPZT/$(1-x)$MZF 在 30 Hz 测得的内耗 Q^{-1} 与切变模量 G，$x=0.6$　(b) 复相多铁 xPZT/$(1-x)$MZF 在 30 Hz 在不同加热速率 2～5 K/min 下，Q^{-1} 与温度的关系，$x=0.6$[34]

　　他们认为这是与铁电相变有关。$T_c=540$ K 相应于模量的反折点，而模量 $G(T)$ 的台阶行为是由于从四方相（4mm）到硬立方相（m3m）相变所致。内耗峰高除随 PZT 含量增加而增，还与升温速率有关，它随升温速度增加而增加[见图 10-39(b)]，可以用所谓的"涨落模型"来解释[34]：在铁电相变温区的内耗 Q^{-1} 是与物质从一个相到另一个相的转变动力学有关。他们假设，物质转变为新相是与热激活涨落引起超临界尺寸的核及其生长有关。而小尺寸的核将不会生长并消失。而超临界核的生长是伴随着相界面通过钉扎点（如杂质原子、空位和其他点阵缺陷）从而造成损耗。为突破通过杂质和缺陷，相界面需要一些附加能量-热能。对于低振幅的试样振动，这一模型给出了内耗峰高 $Q_{\mathrm{m}}^{-1}=\dfrac{Gx_s^2 V}{kT_{\mathrm{m}}}\cdot\dfrac{\dot{m}}{\omega}$，式中 ω 是测量频率，G 是切变模量，x_s 是自发应变，k 为 Boltzman 常数，V 为对内耗给出最大贡献的新相核的有效体积，T_{m} 是温度有关最大内耗的温度、$\mathrm{d}m/\mathrm{d}t$ 是每单位时间经历相变的物质体积。这个模型其实是与王业宁[6] 及以后的 Delorme 模型的实质差不多，只是强调了"涨落"的作用。

10.3.4.3　单相多铁材料及其研究现状[2]

　　单相多铁材料是在一种材料中同时具有两种或以上铁性序的材料，且不同的铁性序之间存在耦合。目前研究得较多的单相多铁材料是同时具有铁磁性和铁电（压电）性的磁电多铁材料。通常较多研究的铁电材料是钙钛矿结构过渡金属氧化物，许多磁性材料如铁氧体类，也都是钙钛矿类的过渡金属氧化物，但遗憾的是这两大类材料之间几乎没有交叉之处。从表面上看，铁电性和铁磁性似乎是互斥的，铁电性要求钙钛矿 B 位离子都是具有空 d 轨道的过渡金属离子，即具有 d^0 构型的离子，如 Ti^{4+}，Ta^{5+}，W^{6+} 等，而轨道全部填满的电子自旋会相互抵消，从而不会表现出磁性。另一方面，磁性氧化物需要具有轨道未完全填满的过渡金属离子，如 Cr^{3+}，Mn^{3+}，Fe^{3+} 等离子，其氧化物是典型的磁性材料。因此，铁电性和铁磁性对过渡金属离子 d 轨道填充方式的不同要求导致这两种铁性序状态的互斥性。经过多年努力，目前已经积累了若干实现铁电性和磁性共存的方法和思路，借鉴磁电复合材料的设计思路——制备具有两种不同功能单元的材料，其中一种单元是非中心对称的，能够导致铁电性和介电响应，而另一种单元则包含磁性离子，这样可以实现铁电性和磁性的共存，这类通常也称之为第一类多铁材料。另一方法是由自旋有序态本身或者与之相关联的晶格结构畸变引起的铁电性，这类通常称之为第二类多铁材料。下面介绍几种单相多铁材料中可能存在的几种铁电性和磁性共存的机制。

(1) 孤对电子导致的多铁性。在一般氧化物系统中,某一离子最外层 s 轨道上有两个电子能够以 sp 轨道杂化形式($sp2$, $sp3$)参与化学成键。但有些系统中,这一过程未能完成,s 轨道上两个电子没有参与成键,这样的两个电子被称为孤对电子(lone pairs)。Bi^{3+} 和 Pb^{2+} 离子就拥有这样的孤对电子,但 $(ns)^2$ 构型的孤对电子实际上是不稳定的,它们会同第一激发态 $(ns)1(np)1$ 甚至是氧离子的 p 轨道混合,导致离子态丢失反演对称性,偏离中心位置,从而导致铁电畸变,如典型的铁电体 $PbTiO_3$ 和 $Na_{0.5}Bi_{0.5}TiO_3$。考虑到具有孤对电子的离子一般占据钙钛矿结构 ABO_3 中 A 位置,因此可以通过在 B 位引入磁性过渡金属来克服铁电性与磁性的互斥性,典型的例子有 $BiFeO_3$ 和 $BiMnO_3$,这两种材料从 2003 年至今得到了广泛而深入的研究。$BiMnO_3$ 自发磁矩和自发电极化都较大,其铁电转变温度为 $T_{FE}\sim800$ K,铁磁转变发生在 $T_{FM}\sim100$ K,仅在低温下表现出铁磁性。在外加 9 T 的磁场下,在磁相变点附近仅得到不到 0.6% 的介电常数的变化。$BiFeO_3$ 是至今研究的较多的单相多铁明星材料,室温以上同时表现出铁电性和磁性,除了强铁电性和弱磁性在室温以上的共存,Ramesh 小组在 2006 年发现 $BiFeO_3$ 薄膜中电场对反铁磁畴的调控作用,他们发现 $BiFeO_3$ 薄膜中电极化的方向与反铁磁平面始终垂直,因而可以通过外加电场来转换反铁磁平面。随后,Chu 等人报道了利用"应变工程",即选取合适晶格常数的衬底,可以得到不同取向外延生长的 $BiFeO_3$ 薄膜,而且可以得到较大的铁电极化($\sim95\ \mu C/cm^2$)这一结果与理论计算一致,并远大于单晶样品中测得的电极化。

(2) 六角晶系锰氧化物中的几何铁电性。

(3) 非公线螺旋状自旋序导致的铁电性。

(4) 电子关联导致的铁电性称之为电子铁电性。

(5) 离子复合导致多铁性。

这些形成单相多铁性的不同机制在此不详细介绍,有兴趣的读者可参阅文献[2]。

10.3.4.4 单相多铁材料的力学谱研究

如上所述,迄今研究最多的单相多铁材料是 $BiFeO_3$,2003 年 Ramesh 小组的王峻岭[35]首先在 Science 报道了 $BiFeO_3$ 在室温同时具有铁电性及反铁磁性,引起了人们注意并对它的结构及多种性能进行了研究。下面介绍一些有关 $BiFeO_3$ 的力学谱研究的结果。

1) 英国剑桥大学 Redfern 等人的工作[36]

他们研究了 $BiFeO_3$ 的低温相变引起的弹性及介电的反常。他们用 DMA 三点弯曲构型测量了 $2\times0.5\times5\ mm^3$ 试样的力学谱。在 200 K 附近观测到一弛豫峰及 10% 的模量变化如图 10-40(a)所示,并认为它可能是一与玻璃化转变或与缺陷有关的弛豫,但由于频率范围的限制,他们表示无法与 Vogel-Fulcher(玻璃化冻结)及 Arrhenius(缺陷态的热激活)关系去比较。该弛豫峰的激活能为 0.59 eV,他们认为这个值是小于通常在钙钛矿氧化物中的氧空位弛豫激活能 $0.7\sim1.1$ eV。其实对于这一弛豫峰的机理可以进一步通过其他手段来加以澄清,如对试样进行氧处理后再观测该弛豫峰的变化等。在 DMA 测量的损耗与温度关系中,如图 10-40(b)所示 140 K 左右还观测到一个小的反常(介电测量也有小反常),为进一步研究此反常机制,他们用共振超声法(频率 1 MHz)及 DTA(差热分析)进行了测量,均在 140 K 处发现较大异常,他们认为此处反常与材料磁性有关。此外,在 50 K 观测到小的介电反常,这一温度是与磁极化有关的,反映了磁电耦合(指在磁反常处出现电-介电反常,表明磁-电的耦合),这也是多铁性的一种表现。230 K 为磁、玻璃化及与极化的弱耦合。

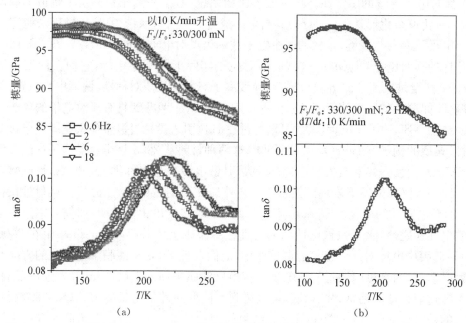

图 10-40 (a) BiFeO₃ 在 0.5～18 Hz 的力学模量及损耗的温度关系(升温) (b) BiFeO₃ 在
2 Hz 的模量及损耗,140 K 处有一损耗小反常[36]

2)德国 E. P. Smirnova 等人的工作[37]

他们报道了对 BiFeO₃ 的声性能研究结果,他们用脉冲回波法研究了 BiFeO₃ 陶瓷在 4.2～830 K 温度范围内 10 MHz 频率下的声速及声衰减。他们在低温 4.2～200 K 内的介电测量未发现任何反常,纵波声速随温度增加而减少(但无反常)。而且,在 50 K 及 140 K 声衰减也无反常。最重要的声反常出现在 200～500 K 温区如图 10-41(a)所示,声速在 300 K 处

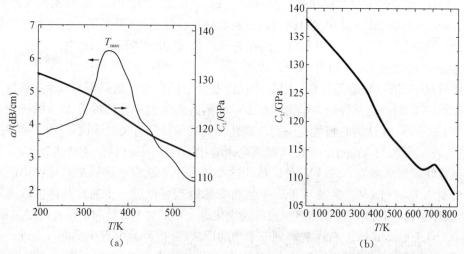

图 10-41 (a) BiFeO₃ 的弹性常数 C_L 和衰减 α 与温度的关系 (b) BiFeO₃ 的弹性常数 C_L
与温度的关系(4～830 K), $f=10$ MHz[37]

斜率出现变化,衰减 α 从 200～300 K 温区随温度增加而增加,在 300～500 K 之间有一宽的峰,峰温 T_m 在 360 K 左右。他们讨论了该峰的起因,并从氧空位或 Fe^{2+} 与 Fe^{3+} 弛豫出发,假设弛豫参数激活能 0.35 eV 及 $\tau_0 = (1\sim5) \times 10^{-13}$ s,估计 10 MHz 测量频率时峰温在 360～390 K,与实验结果相符较好。此外,从图 10-41(b) 给出了 4.2～830 K 之间弹性常数 C_L 的温度关系。除在 300 K 附近伴随着衰减峰值外,在反铁磁转变点 T_N 可观测到声速极小及弹性常数 C_L 的软化。C_L 开始软化在 710 K,在 $T_N = 660$ K 达到最小,在此温区 C_L 下降 0.7%。他们还用 Landau 理论讨论了在 Neel 点的弹性反常。

3) 闵康丽等[38] 的 DMA 及声频内耗工作

我们研究了 $BiFeO_3$ 陶瓷的低频及声频内耗与模量,考虑到该材料对于制备过程的敏感性,用力学及介电技术研究了该材料的不同氧状态下的内耗及介电谱,讨论了不同氧处理的影响。我们通过研究发现 BFO 陶瓷的铁电、介电、磁性以及漏电等性能都和氧空位密切相关,但样品中 Bi_2O_3 杂相也会对材料的这些性能有一定影响。为了排除杂相的影响,进一步改进实验条件,利用快速液相烧结及淬火技术制备了纯相的 BFO 陶瓷并研究了材料中的氧空位。目前关于 BFO 材料中氧空位的研究主要集中在几个方面:为了提高 BFO 材料的电阻,研究者利用掺杂、氧气氛处理、氧离子注入、改变衬底材料、固溶、共生等各种手段来减少材料中的氧空位;研究氧空位浓度对 BFO 电、磁、光等性能的影响,比较不同基片对 BFO 中氧空位分布的影响。在这些已有的研究中,有关氧空位激活能的报道很多,实验数值分布在 0.1～1.3 eV 这样一个很大的区域,有研究者将其归因于不同的氧空位浓度。Steinsvik 等人计算出激活能会随氧空位的增加而减少,随着材料的化学计量比从 ABO_3 变到 $ABO_{2.8}$,对应的氧空位激活能从 2.0 逐渐减少到 0 eV[39]。实际上氧空位还存在不同价态,带两个电子显电中性的氧原子通过一次电离得到 +1 价氧空位、二次电离得到 +2 价的氧空位。而且氧空位的迁移方式、状态(价态)等都会影响激活能的大小,同时也会影响材料的性质。所以如何通过改变氧空位的状态使样品具备良好的性能对材料应用有重要意义。但目前对于氧空位在 BFO 材料中的状态、迁移(运动)方式以及关联性等都还缺乏深入系统的研究。因此我们利用快速液相烧结及淬火方法制备了纯相的 BFO 陶瓷,利用介电和力学谱相结合的手段系统研究了 BFO 陶瓷中与氧空位有关的弛豫过程,并且通过改变实验条件及后处理过程,详细研究了氧空位在 BFO 材料中的迁移、演化及关联性。

(1) $BiFeO_3$ 陶瓷的力学谱研究。

(a) 声频簧振动力学谱。

声频簧振动测量要求样品的尺寸为 $3.9 \times 0.5 \times 0.04$ cm³ 左右,样品表面镀一层银作为电极。声频簧振动力学谱仪采用的方法是首先激励簧片共振,然后利用自由衰减法或半宽法采集内耗数据,主要用自由衰减法测量内耗。测得的数据除了内耗 Q^{-1} 外,还有共振频率 f。样品的杨氏模量 Y 可根据共振频率 f 求出,具体公式表示为 $f = (2\alpha^2\delta/\pi L^2)(Y/\rho)^{1/2}$,式中 α 为常数,δ 为弯曲轴断面的回旋半径(当断面为矩形时 $\delta = \sqrt{3}/6t$,t 为样品厚度),L 为样品长度,ρ 为样品密度。为了简化计算,根据 $\dfrac{\Delta Y}{Y_0} = \dfrac{f^2 - f_0^2}{f_0^2}$ 求出杨氏模量相对变化量,f_0 为室温的共振频率,Y_0 为室温的杨氏模量,模量的相对变化量变化趋势和模量 Y 的变化趋势一致。

利用声频振动力学谱仪,对 BFO 陶瓷的力学性能进行了测量,样品腔处于真空状态,测量温度范围为 140～475 K,共振频率为 1 000 Hz 左右。图 10-42(a) 给出了新鲜 BFO 陶瓷样品的测试结果（记为初始态）。如图所示，在 170～195 K 温度区域内观察到一个内耗峰，对应的杨氏模量相对变化量在此温区也出现了明显的模量亏损。根据滞弹性理论，图中的模量亏损表现的是典型的弛豫特征。有意思的是，如图 10-42(b)所示，在真空环境中再进行一次加热测量，内耗峰和模量亏损所在温区移至 220～260 K（记为中间态）；继续测量，峰位将右移至 360～423 K，之后再进行相同测试过程，峰位稳定在此温区不再变化（记为末态）。在上述过程中，伴随着峰位逐渐向高温移动，峰宽逐渐变宽。因此我们推测，力学谱中观察到的弛豫过程所对应的弛豫单元在新鲜的 BFO 陶瓷样品中处于亚稳态，在真空热环境下会逐渐发生变化，最终达到相对稳定的末态。为了进一步研究该弛豫过程，我们进行了变频测试。

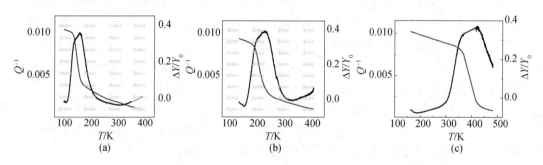

图 10-42　BFO 陶瓷样品的内耗 Q^{-1} 和模量变化量随温度的变化关系

(a) 初始态　(b) 中间态　(c) 末态

(b) BiFeO$_3$ 陶瓷的动态力学谱(DMA)研究。

如前所述，我们在声频力学谱上观察到一个可能对应于弛豫过程的内耗峰，但单一频率的数据无法确定内耗对应弛豫还是相变过程，因此为了研究这一内耗峰的起源，我们利用动态力学分析仪(DMA)对样品进行变频测量。测试频率范围为 0.1～10 Hz，样品的尺寸约为 $2 \times 0.5 \times 0.05$ cm^3，测量采用单悬臂梁弯曲模式，位移振幅设为 0.03 mm。与声频簧振动测试不同，DMA 测量过程中，样品腔体是空气氛围，测量温度范围为 160～475 K。图 10-43 所示为 BFO 陶瓷的损耗 tan δ（等价于上述 Q^{-1}）与模量（即上述 Y）随温度的变化曲线。对于新鲜的样品，力学损耗与模量在整个测试温区没有任何异常，如图 10-43(a)所示。根据上述声频内

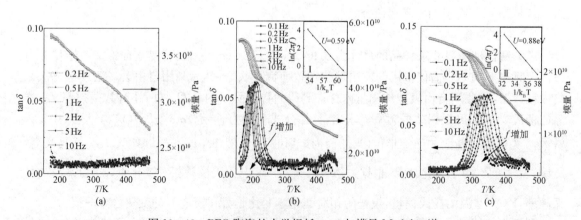

图 10-43　BFO 陶瓷的力学损耗 tan δ 与模量 Modulus 谱

(a) 初态　(b) 中间态　(c) 末态

插图(Ⅰ),(Ⅱ)分别是 (b),(c)的 Arrhenius 关系拟合结果

耗(1 000 Hz 左右)的结果推测,新鲜样品在 0.1~10 Hz 的损耗峰峰位至少低于 170 K,基本超出了 DMA 的测试温度范围,这可能是导致 DMA 未检测到新鲜样品低频损耗峰的原因,事实上在图 10-43(a)的低温边缘那儿我们已经可以看到有上升的迹象。如果我们将新鲜样品经历一次与声频内耗测试过程相同的真空热处理(即样品从初始态转为上述的中间态),再进行 DMA 测试,结果如图 10-43(b)所示,在 189~215 K 温区出现一组损耗峰并伴有模量的变化。之后将处于中间态的样品继续经历一次真空热处理,再重复 DMA 测试,结果如图 10-43(c)所示,力学损耗峰向高温移动至 306~357 K,且峰强变高、峰宽变宽,之后基本稳定在该温度区间,即对应声频簧振动测试的末态。

对于热激活的弛豫过程,弛豫时间和温度之间可以用 Arrehenius 关系:$\tau = \tau_0\exp(U/k_BT)$ 来表示。当测量频率 $f = 1/2\pi\tau$ 时,内耗达到最大值,此时,Arrhenius 关系可以转化为频率和出现弛豫峰的峰位之间的关系:$\ln(2\pi f) = -U/k_BT - \ln(\tau_0)$,因此根据损耗峰随测试频率的变化就可以拟合出样品的激活能 U。利用 Arrhenius 关系,我们分别对中间态和末态观测到的弛豫峰进行了拟合,结果如图 10-43(b)和(c)的插图所示,中间态激活能为 0.59 eV,末态激活能为 0.88 eV。从这两个状态激活能拟合的过程估算出,当频率为 1 000 Hz 时,约在 270 K 左右出现中间态的内耗峰,末态峰位在 420 K 左右,这刚好与我们声频簧振动测得的内耗峰的峰位是相吻合的,进一步说明声频簧振动和 DMA 测试观察到的内耗峰对应于同样的弛豫单元。且这一弛豫单元在初态处于亚稳态,真空热处理可以使该弛豫单元对应的弛豫峰向高温区移动,激活能也有所增加。鉴于真空热处理属于缺氧环境,我们猜测在 BFO 陶瓷中所观察到的弛豫峰和氧空位有关,随着测试的不断进行,氧空位的状态或迁移方式发生了变化,从而导致了弛豫峰以及其对应的激活能发生变化。为了进一步研究弛豫峰的起源,我们接下来将对样品进行介电性能研究。

(2) $BiFeO_3$ 陶瓷的介电性能。

电介质的介电性能是其最重要的性能之一,也是研究材料性质的重要途径之一。我们采用 HP4194 阻抗分析仪研究了 BFO 陶瓷的介电性能随温度变化的关系,测试电压为 100 mV,样品腔和声频簧振动测试一样,均处于真空状态。测量温度为 143~473 K(或 300~573 K),频率分别为 10^2,$10^{2.5}$,10^3,$10^{3.5}$,10^4,$10^{4.5}$,10^5,$10^{5.5}$,10^6 Hz。图 10-44-1(a)和(b)给出的是制备好的新鲜样品(即初始态)的介电常数和介电损耗随温度的变化关系。从图中结果我们看到:①样品的介电常数在 200~400 K 温区出现两个反常,且随频率增加,样品介电反常对应的温度向高温移动;②介电损耗在相同温区出现的损耗峰随频率的变化与介电常数有同样的变化趋势,但在同一个频率下,介电损耗的峰温比介电常数的峰温要略低些。这是典型的介电弛豫现象。对于介电损耗所表现的两组弛豫峰,低温

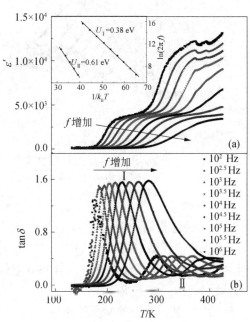

图 10-44-1 BFO 陶瓷样品初态的 (a) 介电常数,(b) 介电损耗随温度的变化关系。插图为 Arrhenius 关系拟合结果

区的弛豫峰(178~280 K)标记为Ⅰ,高温区(296~387 K)的标记为Ⅱ。根据 Arrhenius 关系我们分别拟合了两组弛豫峰的激活能 U。图 10-44-1(a)中插图给出了从谱得到的拟合结果,第一组弛豫峰的激活能为 0.38 eV,第二组的激活能为 0.61 eV。前面内耗的测量只观测到了一个弛豫峰,而介电中出现了两组弛豫峰,结合激活能和测试频率,从弛豫峰出现的温度区间可知介电第一组弛豫峰和内耗峰对应,而介电第二组弛豫峰在内耗上没有体现。这可能是因为第二组弛豫峰跟轻小的荷电单元有关,介电对荷电比内耗敏感,所以可以检测到。

介电测试是在真空加热环境中进行的,与声频簧振动以及 DMA 测试结果类似,经过一次真空加热测试,如图 10-44-2 所示,样品进入中间态,第一组弛豫峰移动到 240~375 K 温度区间,第二组移动到 350~444 K 温区,同时第一组弛豫峰的强度减弱,而第二组弛豫峰的强度略增强,即峰强呈现此消彼长的趋势,激活能分别增加到 0.53 eV 和 0.70 eV。经过几次测量后,如图 10-44-3 所示,第一组介电弛豫峰稳定在 418~487 K 温区,激活能约为 0.87 eV 第二组介电弛豫峰消失。

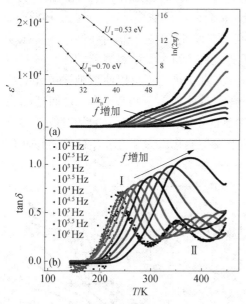

图 10-44-2　BFO 陶瓷样品中间态的(a)介电常数,(b)介电损耗随温度变化关系,插图为 Arrhenius 关系拟合结果

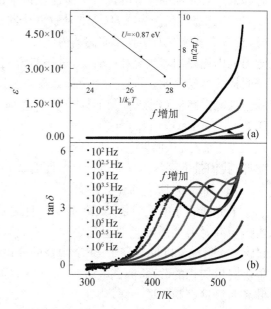

图 10-44-3　BFO 陶瓷样品末态的(a)介电常数,(b)介电损耗随温度变化关系,插图为 Arrhenius 关系拟合结果

(3) 弛豫机制分析。

在 BFO 样品中由于 Bi 的挥发和 Fe 离子的变价,材料中会有氧空位出现。结合介电和内耗测试结果,我们初步估计弛豫峰和氧空位有关。为了证明该弛豫峰与氧空位之间的具体联系,我们又做了如下实验:

(a) 将处于末态的样品放在氧气氛中 350℃退火(即氧处理)6 h,然后进行介电和力学谱的测量。结果发现氧处理 6 h 后,声频振动内耗谱、低频 DMA 力学损耗谱以及介电谱均显示样品回到了中间态,如图 10-45-1、图 10-45-2 所示。但由于多次变温测量以及高温氧处理,漏电损耗的贡献增加,从而第二组介电损耗弛豫峰变得不明显,因此为了更清楚地比较介

电弛豫峰的变化,我们将介电数据转为电学模量,其表达式为

$$M^* = M' + \mathrm{j}M'' = \frac{\varepsilon'}{\varepsilon'^2 + \varepsilon''^2} + \mathrm{j}\frac{\varepsilon''}{\varepsilon'^2 + \varepsilon''^2}$$

式中:M^*来源于不同频率时测定的ε'和ε'';ε'为介电常数实部,$\varepsilon'' = \varepsilon' \tan\delta$;$\varepsilon''$为介电常数虚部。从电学模量和介电常数的关系式可以看出电学模量相当于扣除了漏电损耗的背景,能够把介电谱中被掩盖的极化损耗异常明显体现出来[34~36]。图 10-45(c)和(d)为电学模量实部和虚部随温度的变化关系,温度谱上出现两组弛豫峰:第一组比较明显,在226~322 K区间;第二组经过放大,如插图(f)所示,在334~430 K区间。图 10-45-2 中插图(e)是根据电学模量峰位随频率的变化拟合的激活能:第一组弛豫峰的激活能为0.57 eV,第二组为0.76 eV,与氧处理前中间态由峰位随频率变化拟合的激活能是一致的。

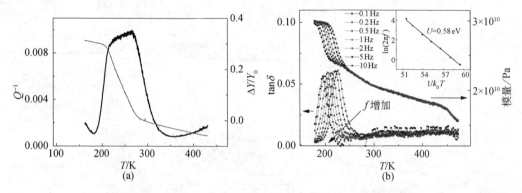

图 10-45-1 BFO 陶瓷氧气氛退火 6 h 的(a)声频簧振动内耗力学谱的 Q^{-1} 与 $\Delta Y/Y_0$,(b)低频 DMA 力学损耗谱的 $\tan\delta$ 与模量,插图为 Arrhenius 关系拟合结果

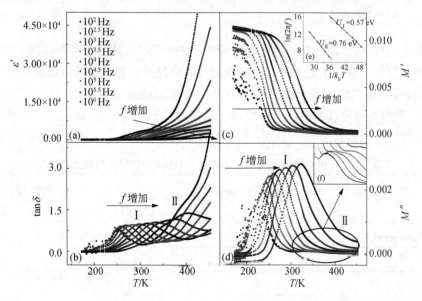

图 10-45-2 BFO 陶瓷氧气氛退火 6 h 的(a)介电常数,(b)介电损耗,(c)电学模量实部和(d)电学模量虚部随温度变化曲线,插图(e)为拟合激活能,插图(f)为(d)的局部放大

(b) 将处于末态的样品氧处理 20 h,然后再进行介电和内耗的测量,结果发现样品经过氧处理 20 h,声频簧振动内耗峰和介电损耗的两组弛豫峰都回到了初始态[见图 10-46(a)](动态力学分析仪因为达不到足够低的温度,检测不到初始态的低频力学损耗峰)。图 10-46 (d),(e)同样将介电常数实部和虚部转化为电学模量实部和虚部,可以观察到两组弛豫峰:第一组比较明显,在 164~247 K 区间;第二组经过放大,如插图(g)所示,在 276~388 K 区间。插图(f)是根据电学模量峰温随频率的变化拟合的激活能:第一组为 0.38 eV,第二组为 0.59 eV,与氧处理前初态由峰温随频率变化拟合的激活能是一致的。

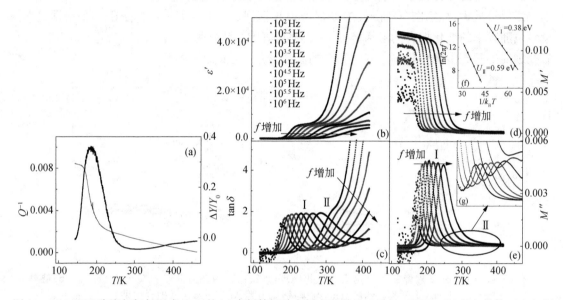

图 10-46 BFO 陶瓷氧气氛退火 20 h 的(a)声频簧振动内耗力学谱的 Q^{-1} 与 $\Delta Y/Y_0$,(b)介电常数,(c)介电损耗,(d)电学模量实部和(e)电学模量虚部随温度变化曲线。插图(f)为由拟合的激活能,插图(g)为(e)的局部放大

总的来说,充氧可以使样品的弛豫峰回到之前的状态:充氧足够多可以回到初始态,少量充氧则回到中间态。这再次证明我们前面观测到的弛豫过程都是跟氧空位有关的。对比介电和内耗的测试结果,我们发现虽然介电和内耗的变化过程是一致的,但对应于初始态和中间态,介电上出现两组弛豫峰而内耗上仅出现一组。为了更好地比较,我们将不同状态弛豫峰所对应的激活能结果列入表 10-2,发现:①对于初始态和中间态,通过峰位所在的温区及激活

表 10-2 BFO 陶瓷不同状态下介电和 DMA 力学损耗的激活能比较

激活能 状态	DMA 力学损耗($\tan\delta$) /eV	介电损耗($\tan\delta$)/eV	
		Ⅰ峰	Ⅱ峰
初始态(新鲜样品)	—	0.38	0.61
中间态	0.59	0.51	0.70
末态	0.88	0.87	—
氧处理 6 h	0.58	0.57	0.76
氧处理 20 h	—	0.38	0.59

能的对比,得出内耗上出现的弛豫峰对应于介电上第一组弛豫峰,即它们是由同种缺陷引起的。该缺陷会随着真空热处理(缺氧环境)或氧处理(富氧环境)而改变状态。介电上第二组弛豫峰没有在内耗上出现,可能是因为力学测量对该弛豫单元的敏感度不够。②对于末态,介电和内耗谱都只剩一组弛豫峰,且对应于几乎相同的激活能,所以两者应该来自同一种弛豫单元的贡献。

由此可看出,内耗与介电技术可以很好地研究材料中氧及空位的存在状态,如果配合BFO的磁与电的性能表征,则可以得到氧及空位分布对多铁性能的影响的信息。

10.3.5　铁性陶瓷替代掺杂的力学谱研究

10.3.5.1　$Bi_4Ti_3O_{12}$陶瓷 La 和 Nb 掺杂改性与氧空位关系的研究

据报道在 $Bi_4Ti_3O_{12}$ 陶瓷中,A 位用较为稳定的 La 来替代易挥发而引起氧空位出现的 Bi,可以改善 BiT 的存储疲劳性能。而在 $Bi_{4-x}La_xTi_3O_{12}$(BLT)中 $x=0.75$ 时,疲劳性能最好[29]。姚阳阳等[15]制备了 A 位 La 替代 Bi,x 分别为 0,0.5,0.75,1 的 BLT,并测量了它们的介电温度谱如图 10-47 所示。从图中可看出随 x 增大峰温向高温移动,峰高降低($x=1$ 时峰高看似增加,但扣除背景后峰高仍是降低)。对应的激活能分别是 0.57,0.69,0.75,0.83 eV,弛豫时间在 $10^{-11}\sim10^{-13}$ 之间。随掺杂量增加,峰高降低,表明氧空位浓度降低。而激活能的大小与氧空位的动性密切相关,激活能越大,空位越难运动。铁电疲劳的一个主要原因是氧空位在电场作用下,钉扎了电畴,抑制了电畴反转,从而造成电畴开关性能恶化,产生铁电记忆疲劳。而在掺杂 $x=0.75$ 材料中,由于氧空位浓度低,铁电畴壁受氧空位钉扎最少,而且运动激活能高,因而 $Bi_{3.25}La_{0.75}Ti_3O_{12}$ 的性能是最优的,既不疲劳又有较大永久极化,上述工作给出了 *Nature* 杂志首先报道的这一材料性能优越的原因及机理。

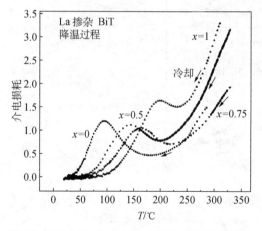

图 10-47　$Bi_{4-x}La_xTi_3O_{12}$ 降温过程的介电损耗的温度谱,$x=0$,0.5,0.75,1,测量频率 100 Hz[15]

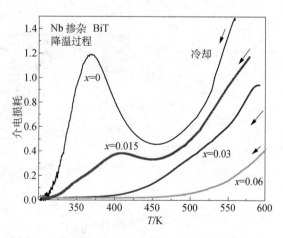

图 10-48　$Bi_{4-x/3}Ti_{3-x}Nb_xO_{12}$($x=0$,0.015,0.03,0.06)降温过程的介电损耗温谱[15]

由于电荷补偿作用,高价态的 B 位掺杂可以有效地减少材料内部氧空位的浓度,如果氧空位浓度没有发生变化,那么介电损耗峰的峰高将大致相同,如在 Zr 和 Hf 掺杂的 BTZ 和BTH 陶瓷的介电损耗峰与 BiT 的介电损耗峰相比,峰高基本没有什么变化。对不同 Nb 掺杂的 BiT 的介电损耗谱进行了测量(见图 10-48),结果发现随着 Nb 掺杂量的增加,损耗峰的峰高确实逐渐降低，而且峰温向高温移动，当掺杂量 x 超过 0.03 时，介电损耗峰变宽并基本消失。这一结果与 Shulman 等[18]的结果一致，掺 Nb 后，该弛豫峰被抑制的原因为：5 价 Nb^{5+} 离子替代 4 价的 Ti^{4+} 离子是一种施主掺杂，由于化学补偿作用，必然产生多余的电子来消除氧空位，这将降低氧空位浓度，因此氧空位弛豫峰被抑制。这也充分说明了氧空位浓度与这个介电损耗峰之间的密切关系。该过程可用 Kröger-Vink 符号表示的方程式描述如下：

$$Nb_2O_5 \longleftrightarrow 2Nb^{\cdot}_{Ti} + 5O_O + 2e \quad 1/2O_2 + 2e + V^{\cdot\cdot}_O \longleftrightarrow 2O_O$$

而 Zr 和 Hf 都是 +4 价态，对 Ti 的掺杂就没有这种补偿作用，因此对氧空位浓度的影响就不明显，甚至没有影响。

姚阳阳等同时还分别在 1 000 Hz 左右测量了 $Bi_4Ti_3O_{12}$ 陶瓷的内耗及模量如图 10-49(a)所示，得到的内耗峰的形状、位置均与介电测量所得的如图 10-47 所示的结果相同，该内耗峰是由氧空位弛豫所引起。图 10-49(b) 中所示的 $Bi_{3.5}La_{0.5}Ti_3O_{12}$ 及 $Bi_{3.99}Ti_{2.97}Nb_{0.03}O_{12}$ 陶瓷的内耗温谱也与此类似。表明在一些具有带电单元的材料中，可以同时采用内耗及介电技术进行研究。

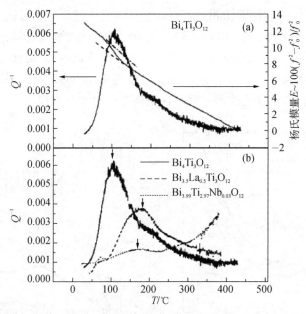

图 10-49　(a) $Bi_4Ti_3O_{12}$ 陶瓷的内耗与模量的温度谱(1 000 Hz)　(b) $Bi_4Ti_3O_{12}$，$Bi_{3.5}La_{0.5}Ti_3O_{12}$，$Bi_{3.99}Ti_{2.97}Nb_{0.03}O_{12}$ 陶瓷的内耗温度谱[15]

10.3.5.2　$Pb(Zr, Ti)O_3$ 的组分及掺杂对力学谱的影响研究

1) 组分对内耗的影响

王灿、方前锋、朱震刚等[40]用内耗技术研究了 $Pb(Zr, Ti)O_3$ 不同 Zr/Ti 比及不同 La 掺杂的内耗。他们制备了 Zr/Ti 比分别为 70/30，52/48，30/70，并且分别在 52/48 的 PLZT 中掺杂了 1% 和 3 at% 的 La，0.6 和 1 at% 的 Ta，1 和 5 at% 的 Co。图 10-50 为不同 Zr/Ti 比的内耗与模量。所有曲线都可观测到两个内耗峰，P_1 和 P_2 分别在 100℃ 到 200℃ 及 200℃ 到

300℃范围内,随 Zr/Ti 比增加在 150℃的 P_1 峰在高度与位置上改变很少。而 P_2 峰在高度上增加且峰温从 220℃移到 240℃和 285℃,在模量曲线上对于 PZT70/PZT52/PZT30 分别在 320℃,370℃,285℃也观测到极小值,表明这是在居里点的铁电到顺电相变。他们认为 P_1 峰是与氧空位有关,该峰不变化表明氧空位峰不受 Zr/Ti 比影响。而他们认为 P_2 峰是与畴壁运动有关,随 Zr/Ti 比增加 P_2 峰高度增加且移到高温,表明提高 Zr/Ti 比可以降低畴壁动性或增加弛豫。由于该峰温与居里温度无关,因而它与相变无关。

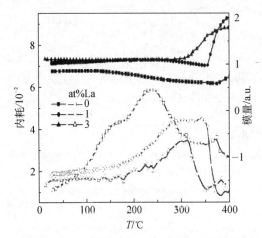

图 10-50 不同 Zr/Ti 比的 PZT 的内耗与模量的温度关系[40]

2) 掺杂对 P_1 和 P_2 峰及相变的影响

他们用 La,Ta,Co 对 PZT52 进行掺杂替代,然后观测掺杂对 P_1,P_2 及相变峰的影响。这些不同元素及掺杂量的不同,其影响也是不一样的。P_1 峰高随 La 和 Ta 的掺杂而大幅度下降,在 La 掺 3 at%,Ta 掺 1 at%时该峰完全消失如图 10-51(a)和(b)所示,而掺 Co 可增加 P_1 峰高度如图 10-51(c)所示。对于掺杂对 PZT 的内耗及模量的影响,他们还用表 10-3 总结了这一结果。

由于 P_1 峰是由氧空位所引起,因而高价的施主掺杂如 La^{3+} 或 Ta^{5+} 替代二价 Pb^{2+} 将会减少氧空位浓度,使 P_1 峰降低。而 Co 掺的不同影响是由于 Co^{3+} 是在 Zr/Ti 位替代,与原来四价的 Zr/Ti 相比,Co^{3+} 的掺杂将会增加一个氧空位,因而增加了 P_1 峰高度。而对于掺杂替代对 P_2 峰的影响,他们的结果表明:随 La 及 Co 的替代将降低 P_2 峰高,而 Ta 的替代将增加 P_2 高度。他们用这些掺杂替代对晶粒大小进而对电畴密度的影响来加以解释。从这一工作可看出,力学谱的研究可以较好地对施主,受主掺杂对材料性能影响的机理予以很好的解释和理解。

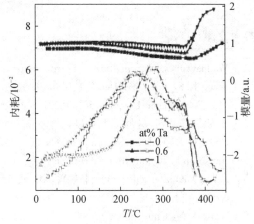

图 10-51(a) 掺杂 0,1,3 at% La 的 PZT52 的内耗与模量的温度关系[40]

图 10-51(b) 不同量 Ta 掺杂对 PZT52 的内耗与模量的影响

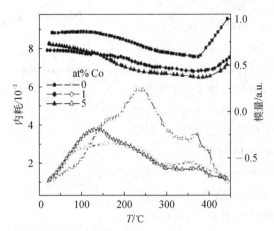

图 10 - 51(c)　不同量 Co 的掺杂对 PZT52 的内耗
与模量的影响

表 10 - 3　不同元素 PZT5 的 P_1，P_2 峰高及居里点的影响

	P_1 峰高	P_2 峰高	T_C 的位移
La 掺杂	↓	↓	←
Ta 掺杂	↓	↑	—
Co 掺杂	↑	↓	—

　　有关铁性材料的内耗及力学谱研究的报道还是较多的[41~42]，但由于篇幅有限，在这里不能一一介绍，特别是本章目前所介绍的内容主要集中在铁电、铁弹性材料中，而对于磁性材料的介绍较少。实际上在较为传统的铁磁材料中，也有不少有关内耗及力学谱研究的报道，特别是与磁性相变及与磁畴运动有关的内耗研究，如磁性高阻尼材料的阻尼机制就是与磁畴运动有关所产生的内耗。而铁磁材料除部分铁氧体材料外大都为金属材料，可以在金属类材料参考书中找到相关描述。

参考文献

［1］ Wadhawan V. Introduction to Ferroic materials[M]. New York：Gordon and Breach Publisher，2000.

［2］ Wang K F，Liu J M，Ren Z F. Multiferroicity：the coupling between magnetic and polarization orders [J]. Advances in Physics，58(4)：321 - 448.

［3］ 王春雷，李吉超，赵明磊. 压电铁电物理[M]. 北京：科学出版社，2009.

［4］ Cheng B L，Gabbay M，Fantozzi G，et al. Mechanical loss and elastic modulus associated with phase transition of barium titanate ceramics [J]. J. Alloy and Comp.，1994，211 - 212：352 - 355.

［5］ Zhang J X，Zheng W，Fung P C W，et. al. Internal friction study of transformation dynamics in BaTiO₃ ceramics [J]. J. Alloy Compd.，1994，211 - 212：378 - 380.

［6］ Wang Y N，Chu C C. The behaviour of internal friction associated with the process of martensite-type transformation [J]. Scientia Sinica，1960，Ⅸ(2)：197 - 212.

［7］ Frayssignesa H，Gabbaya M，Fantozzia G，et. al. Internal friction in hard and soft PZT-based ceramics [J]. J. Euro. Cera. Soc.，2004，24(10 - 11)：2989 - 2994.

［8］ Dai Y R, Bao P, Shen H M, et. al. Internal friction study on low-temperature phase transitions in lead zirconate titanate ferroelectric ceramics ［J］. Appl. Phys. Lett., 2003,82(1):109 - 111.

［9］ Bourim E M, Tanaka H, Gabbay M, et. al. Domain wall motion effect on the anelastic behavior in lead zirconate titanate piezoelectric ceramics ［J］. J. Appl. Phys., 2002,91(10):6662 - 6669.

［10］ Wang Y N, Huang Y N. Mechanical and dielectric loss related to ferroelectric and relaxor phase transitions and domain walls ［J］. J. Alloy Compd., 1994,211 - 212:356 - 360.

［11］ 王雅各,王业宁. 钼酸钆晶体铁弹相变的超声衰减和内耗［J］. 物理学报,1984,34(4):520 - 527.

［12］ Silva Jr. P S, Florêncio O, Botero E R, et. al. Phase transition study in PLZT ferroelectric ceramics by mechanical and dielectric spectroscopies ［J］. Mater. Sci. Eng. A, 2009,521 - 522:224 - 227.

［13］ Song C H, Li W, Ma J, et. al. Ferroelectric properties of $Bi_{3.25-x/3}La_{0.75}Ti_{3-x}Nb_xO_{12}$ films prepared by pulsed laser deposition ［J］. Solid State Commun., 2004,129(12):775 - 780.

［14］ Yan F, Chen X B, Bao P, et. al. Internal friction and Young's modulus of $SrBi_2Ta_2O_9$ ceramics ［J］. J. Appl. Phys., 1999,87(3):1453 - 1457.

［15］ Yao Y Y, Song C H, Bao P, et. al. Doping effect on the dielectric property in bismuth titanate ［J］. J. Appl. Phys., 2004,95(6):3126 - 3130.

［16］ Postnikov V S, Pavlov V S, Terkov S K. Internal friction in ferroelectrics due to interaction of domain boundaries and point defects ［J］. J. Phys. Chem. Solids, 1970,31(8):1785 - 1791.

［17］ Cole K S, Cole R H. Dispersion and absorption in dielectrics ［J］. J. Chem. Phys., 1941,9:341 - 351.

［18］ Shulman H S, Damjanovic D, Setter N. Niobium doping and dielectric anomalies in bismuth titanate ［J］. J. Am. Cera. Soc., 2000,83(3):528 - 532.

［19］ Scott J F,朱劲松,吕笑梅等. 铁电存储器［M］. 北京:清华大学出版社,2004.

［20］ Li W, Chen K, Yao Y Y, et. al. Correlation among oxygen vacancies in bismuth titanate ferroelectric ceramics ［J］. Appl. Phys. Lett., 2004,85(20):4717 - 4719.

［21］ Scott J F, Dawber M. Oxygen-vacancy ordering as a fatigue mechanism in perovskite Ferroelectrics ［J］. Appl. Phys. Lett., 2000,76(25):3801 - 3803.

［22］ Tagantsev A K, Cross L E, Fousek J. Domains in ferroic crystals and thin films ［M］. Berlin: Springer publisher, 2010.

［23］ Sun W Y, Shen H M, Wang Y N, et. al. Internal friction associated with domain walls and ferroelastic phase transition in LNPP ［J］. J. de Physique, 1985,46(C10):609 - 612.

［24］ Wang Y N, Sun W Y, Chen X H, et. al. Internal friction associated with the domain walls and the second-order ferroelastic transition in LNPP ［J］. Phys. stat. sol. (a), 1987,102(1):279 - 285.

［25］ Liu Z M, Chen X H, Shen H M, et. al. Ferroelectric domain wall motion and related internal friction in TGS crystal ［J］. Phys. stat. sol. (a), 1989,116(2):K199 - 203.

［26］ Chen X J, Liu J S, Zhu J S, et. al. Group theoretical analysis of the domain structure of $SrBi_2Ta_2O_9$ ferroelectric ceramic ［J］. J. Phys. Cond. Matt., 2000,12(16):3745 - 3749.

［27］ Ding Y, Liu J S, Qin H X, et. al. Why lanthanum-substituted bismuth titanate becomes fatigue free in a ferroelectric capacitor with platinum electrodes ［J］. Appl. Phys. Lett., 2001,78(26):4175 - 4177.

［28］ Su D, Ding Y, Zhu J S, et. al. Morphology and mobility of 90° domains in La-substituted bismuth titanate ［J］. J. Phys. Condens. Matter., 2004,16(25):4549 - 4556.

［29］ Park B H, Kang B S, Bu S B, et. al. Lanthanum-substituted bismuth titanate for use in non-volatile memories ［J］. Nature, 1999,401:682 - 684.

［30］ Li W, Ma J, Chen K, et. al. Absorption of 90° domain walls to oxygen vacancies investigated through internal friction technique ［J］. Europhys. Lett., 2005,72(1):131 - 136.

［31］ Nan C W, Bichurin M I, Dong S X, et. al. Multiferroic magnetoelectric composites: Historical perspective, status, and future directions ［J］. J. Appl. Phys., 2008,103(3):031101,1 - 35.

[32] Dai Y R, Bao P, Zhu J S, et. al. Internal friction study on $CuFe_2O_4/PbZr_{0.53}Ti_{0.47}O_3$ composites [J]. J. Appl. Phys., 2004,96(10):5687 - 5690.

[33] Ramana M V, Sreenivasulu G, Reddy N R, et. al. Internal friction and longitudinal modulus behaviour of multiferroic $PbZr_{0.52}Ti_{0.48}O_3 + Ni_{0.93}Co_{0.02}Mn_{0.05}Fe_{1.95}O_{4-\delta}$ particulate composites [J]. J. Phys. D: Appl. Phys, 2007,40(23):7565 - 7571.

[34] Gridnev S A. The investigation of low-frequency acoustic properties of ferroelectrics and ferroelastics by torsion pendulum technique [J]. Ferroelectrics, 1990,112(1):107 - 127.

[35] Wang J, Neaton J B, Zheng H, et. al. Epitaxial $BiFeO_3$ multiferroic thin film heterostructures [J]. Science, 2003, 299(5613):1719 - 1722.

[36] Redfern S A T, Wang C, Hong J W, et. al. Elastic and electrical anomalies at low-temperature phase transitions in $BiFeO_3$[J]. J. Phys. Condens. Matter, 2008,20(45):452205 - 452205 - 6.

[37] Smirnova E P, Sotnikov A, Ktitorov S, et. al. Acoustic properties of multiferroic $BiFeO_3$ over the temperature range 4.2~830K [J]. Eur. Phys. J. B, 2011,83(1):39 - 45.

[38] 闵康丽. ABO_3 型钙钛矿陶瓷材料的多铁及介电性能研究[D].南京:南京大学物理学院,2013.

[39] Steinsvik S, Bugge R, Gjonnes J, et. al. The defect structure of $SrTi_{1-x}Fe_xO_{3-y}$ ($x=0\sim0.8$) investigated by electrical conductivity measurements and electron energy loss spectroscopy (EELS) [J]. J. Phys. Chem. Solids, 1997,58(6):969 - 976.

[40] Wang C, Fang Q F, Zhu Z G. Internal friction study of $Pb(Zr,Ti)O_3$ ceramics with various Zr/Ti ratios and dopants [J]. J. Phys. D: Appl. Phys., 2002,35(13):1545 - 1549.

[41] Zhu J S, Chen K, Li W, et. al. Mechanical and dielectric investigation on point defects and phase transition in ferroelectric ceramics [J]. Mater. Sci. Eng. A, 2006,442(1 - 2):49 - 54.

[42] 朱劲松,李伟,陈恺等.钛酸铋系中与铁电性能有关的缺陷及其弛豫研究进展[J].物理学进展,2006, 26(3 - 4):351 - 358.

11 内耗与力学谱在软物质中的应用

熊小敏[a],张进修[a],吴学邦[b]

（a 中山大学理学院；b 中国科学院固体物理研究所）

内耗与力学谱成为了研究固体,如金属、氧化物等材料的有力工具,但是由于测量技术的限制,传统内耗测量固体内耗随温度的变化,很少实验测量固体内耗随频率的变化;同时如何将内耗与力学谱应用于软物质研究,扩展内耗与力学谱的研究领域,成为内耗与力学谱研究领域的重要课题。中山大学课题组首次提出力学共振吸收谱研究软物质的方法[1~3],成功地发展了基于原子力显微镜的共振力学谱仪、基于倒扭摆的共振力学谱仪[4];他们应用共振力学谱仪测量和研究了液体表面波的共振吸收谱、颗粒物质等物质的共振吸收谱[5];中山大学课题组还发展了基于倒扭摆的高精度流变仪[6],进行了相应的软物质力学谱的研究[7];中国科学院固体物理研究所开展了内耗在软物质特别是高分子及其熔液/溶液的应用并取得了一系列成果。本章仅限于反映上述成果。

11.1 力学共振吸收谱

共振是自然界中的常见现象,利用共振吸收的研究方法早已在光谱、核磁共振等测量技术中得到了广泛的应用,中山大学课题组首次提出利用力学振动模式之间的耦合,通过测量某一较易激发和测量的振动模式的能量损耗-频率谱,得到耦合振动模式的信息,发展了相应的力学共振吸收谱学。

11.1.1 力学共振吸收谱的基本原理

力学共振吸收谱是通过测量力学系统某一较易激发、测量的振动模式的力学损耗-频率谱,研究与被测量振动模式耦合的其他振动模式的一种谱学测量手段[4]。

具体来说,对于如图 11-1 所示的谐振子 1 和谐振子 2 组成的耦合振动系统,当谐振子 1 在周期外力的作用下作强迫振动时,测量谐振子 1 的表观力学损耗谱,我们可以发现,测得的表观力学损耗谱在谐振子 2 的共振频率处会出现一个明显的共振吸收峰,从这一共振吸收峰的性质,如峰位、峰宽、峰高等可以

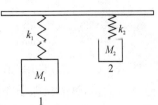

图 11-1 耦合振动模型示意图

得到谐振子 2 的本征频率、损耗以及耦合强度等信息。

谐振子 1 的力学损耗谱为什么会出现谐振子 2 的共振吸收峰呢?

我们先单独考虑谐振子 2 的情况,假设谐振子 2 由弹性系数为 k_2 的弹簧和质量为的 m_2 物体构成,且弹簧的损耗系数为 $\tan \phi_2$,谐振子 2 在交变外力下作强迫振动的位移 x_2 满足

$$m_2 x_2'' + k_2(1 + \mathrm{i} \tan \phi_2) x_2 = F_0 \mathrm{e}^{\mathrm{i} \omega t} \tag{11-1}$$

方程(11-1)的解 $x_2 = x_{02} \mathrm{e}^{\mathrm{i} \omega t - \delta}$ 表明了谐振子将作与交变外力同频率且落后一定相位 δ 的交变振动,当交变外力的振幅 F_0 保持不变,只改变其交变外力的频率,谐振子的应变振幅 x_{02}(位移的最大值)将在其本征的共振频率达到最大值,其应变振幅平方随频率的变化关系为

$$|x_{02}(\omega)|^2 = \frac{F_0^2/m^2}{(\omega^2 - \omega_{02}^2) + (\tan \phi_2 k_2/m)^2} \tag{11-2}$$

如果我们知道交变外力振幅的平方,通过式(11-2)可以得到谐振子 2 的弹性系数、质量、损耗等信息;这一方法已经成为常规的 AFM 探针的标定手段。

从式(11-2)还可以知道:当交变外力频率等于谐振子 2 的共振频率时,谐振子 2 的应变振幅达到最大,这就是所谓的共振现象。假设谐振子 2 的损耗在共振频率附近保持不变,根据内耗的定义:对于某一频率 ω 的交变外力 $F = F_0 \mathrm{e}^{\mathrm{i} \omega t}$ 作用下,系统在一个周期内耗散的能量和储存能量之比就是谐振子 2 中内耗:

$$\tan \phi_2 = \frac{1}{2\pi} \frac{\Delta W_2}{W_2} = \frac{1}{2\pi} \frac{\Delta W_2}{1/2 k x_2^2} \tag{11-3}$$

因此,谐振子 2 在一个周期内耗散的能量正比于它的储存能量,也就是正比于交变应变振幅的平方,所以在恒振幅的交变外力作用下,当交变频率等于谐振子 2 的共振频率时,谐振子 2 的交变应变振幅达到最大值,相应地在一个周期内耗散的能量也达到最大值。

当我们无法直接测量谐振子 2 的位移时,考虑谐振子 1 和谐振子 2 构成耦合振动系统,对谐振子 1 施加交变外力,谐振子 1 会做强迫振动;控制交变外力,使谐振子 1 的振幅保持恒定(或者当交变外力频率远离谐振子 1 的共振频率时,可以近似认为谐振子 1 的振幅恒定),谐振子 2 会受到谐振子 1 通过耦合作用所施加的作用力,这个交变作用力的振幅也可近似认为不变,也就是说,谐振子 2 在受到谐振子 1 所施加的恒振幅周期力作用下也做强迫振动。

这时谐振子 1 的力学能量损耗由两部分组成,一部分由谐振子 1 本身损失的能量损耗,另一部分由谐振子 2 损失的能量损耗:

$$\tan \phi_{\mathrm{all}} = \frac{1}{2\pi} \frac{\Delta W_1 + \Delta W_2}{\frac{1}{2} k x_1^2} \tag{11-4}$$

$$\tan \phi_{\mathrm{all}} = \tan \phi_1 + \frac{1}{\pi} \frac{\Delta W_2}{k x_1^2} \tag{11-5}$$

从式(11-3)可以知道,当外力频率等于谐振子 2 的共振频率时,谐振子 2 损失的能量将达到最大值,这时谐振子 1 的力学损耗也会相应地达到极大值,因此谐振子 1 的力学损耗-频率谱上将会出现相应的共振吸收峰。

在谐振子 1 的表观力学损耗-频率谱中,将谐振子 2 的共振吸收峰扣除掉谐振子 1 的自身损

耗(背景值)后,可以得到谐振子2的损耗能量-频率谱;根据式(11-3)知道,若谐振子2在这一小段频率范围内损耗系数不变,谐振子2的损失能量-频率谱正比于谐振子2的交变应变平方-频率谱,或者说是交变振幅功率谱密度。因此,从共振吸收峰可以得到谐振子2振幅功率谱密度谱,就是式(11-2)的函数形式,但缺一个比例系数;如果通过别的方法得到谐振子2的某一参数(k_2,m_2,$\tan \phi_2$ 中的一个),就可以计算得到其他的两个参量,从而得到谐振子系统的全部信息。

综上所述,利用不同振动之间的耦合可以测得不易测量的振动模式的共振吸收谱,可以用于探测软物质中许多不易直接测量的振动模式。

11.1.2 基于 AFM 的共振吸收谱及其应用

11.1.2.1 基于 AFM 的力学共振吸收谱仪

为了获得频率范围宽的力学共振吸收谱,共振吸收谱仪中用于直接测量的振动模式必须具有很大的共振频率。原子力显微镜中悬臂的弯曲振动共振频率可达 $10\sim100$ kHz,可以将力学共振吸收谱的测量范围提高到 1 MHz,从而可以探测到更多的不同频率的耦合振动信息,因而非常适合用来发展力学共振吸收谱测量技术。

中山大学课题组首次提出并研制出基于原子力显微镜的共振吸收谱仪,如图 11-2 所示。

在传统原子力显微镜的基础上增加了一个平行于探针悬臂的稳恒磁场,并在三角形的探针悬臂上通过交变电流,从而利用交变电磁力驱动悬臂的弯曲振动;应变的测量则依照传统原子力显微镜利用光杠杆的方法,通过四象限光电池测量探针的弯曲振动角。

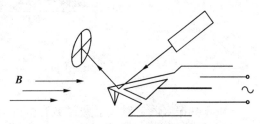

图 11-2 基于原子力显微镜的共振吸收谱仪示意图

在测量出应变落后于应力的相位差后,可以用下式计算得到其力学损耗:

$$\tan \phi = \frac{\tan \delta (\omega_0^2 - \omega^2)}{\omega_0^2} \tag{11-6}$$

式中:δ 为应变落后于应力的相位差,ω_0 为系统的共振频率,ω 为交变电磁力的频率。改变交变电磁力的频率即得到探针系统的损耗-频率谱,也就是力学共振吸收谱。

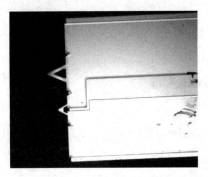

图 11-3 具有两个悬臂的 AFM 探针示意图

中山大学课题组研制的基于原子力显微镜的共振吸收谱仪,其外加电磁力的频率范围为 $1\sim100$ kHz、应力幅值范围 $0.1\sim5$ nN,可分辨小至 0.1 nm 的应变振幅,测量电路延时小于 0.2 μs,单一频率下的损耗系数的测量精度优于 0.001。

11.1.2.2 双悬臂探针的共振吸收谱

根据共振吸收谱的基本原理:可以通过测量一个振动模式的损耗-频率谱来获得另一与之耦合振动模式的信息。图 11-3 为一种原子力显微镜的探针示意图,探针包括 A,B 两个固定在一起的悬臂,其中较小的悬臂 A 可以通过两边的电极通入电流。而较大的悬臂 B 则无法通入电流。

这与之前描述的耦合振动模型极其类似,两个悬臂在弯曲振动时是相互耦合的。在悬臂 A 上通过交变电流并测量其损耗-频率谱(共振吸收谱),可以发现共振吸收谱上对应 B 的本征共振频率的位置(约 10 kHz)出现了明显的共振吸收峰(见图 11-4)。

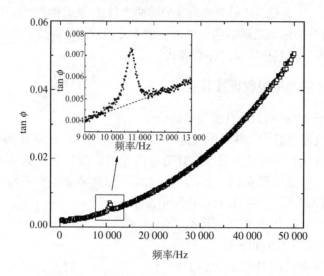

图 11-4 双悬臂探针的共振吸收谱

由于共振吸收谱对应了悬臂 B 在恒外力下的功率谱密度(相对值),我们可以测量悬臂 B 在热激发 KBT 激发下的功率谱密度,并与共振吸收谱进行比较。

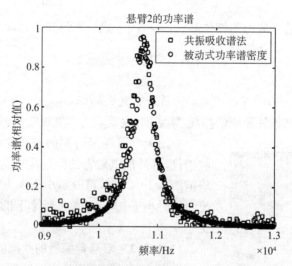

图 11-5 双悬臂探针的共振吸收谱与功率谱密度对比

从图 11-5 中可以看出,在进行归一化处理后,通过测量力学共振吸收谱得到的功率谱密度与直接测量得到的功率谱密度几乎完全重合。我们可以将两种方法得到的结果用式(11-2)拟合得到悬臂 B 的弹性系数、等效质量、共振频率、损耗系数等信息。

表 11 - 1　共振吸收谱与功率谱密度的拟合结果对比

	利用共振吸收谱的测量结果	利用常规方法标定结果
$k/(\text{N/m})$	0.02	0.02
$m/10^{-9}\text{g}$	4.40	4.367
共振频率/kHz	10.73	10.77
损耗系数	0.041	0.038 2

从表 11 - 1 的结果中可以看出,利用共振吸收谱的方法得到的耦合振动的信息与常规测量方法一致,因而这是可靠的研究耦合振动特征信息的手段,在耦合的振动模式不易用常规方法直接测量时,可以通过测量力学共振吸收谱来研究这些振动模式。

11.1.2.3　液体表面张力波的共振吸收谱及其色散关系

表面张力波是指热激发产生的液体表面张力起着主要回复力作用的表面波,波长通常为微米到毫米级。研究表面张力波的传统方法主要为光散射法,很少有直接用力学方法研究表面波的性质。

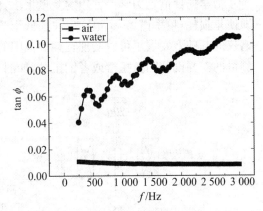

利用共振吸收谱技术,不仅可以测量到表面波的本征频率,甚至还可以得到表面张力波的损耗系数(阻尼)、等效质量等参数,这对理解表面张力有着重要的意义。

在 AFM 的探针悬臂下方黏附一根直径 3 μm、长 100 μm 的玻璃纤维(见图 11 - 6)。在玻璃纤维刚插入水面时测量悬臂振动的损耗-频率谱,这时悬臂的弯曲振动与表面张力波相耦合,即可以得到水表面张力波的共振吸收谱。

图 11 - 6　表面波悬臂修饰示意图

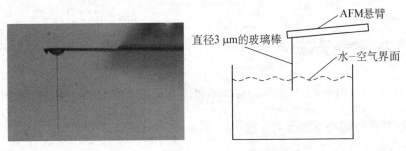

图 11 - 7　水表面张力波的共振吸收峰

在水深较大的情况下,水表面张力波的色散关系可以简化为

$$\omega^2 = \frac{T}{\rho}k^3 \tag{11 - 7}$$

式中:$\omega = 2\pi f$ 为圆频率;T 为表面张力;ρ 为水的密度;$k = 2\pi n/\lambda_0$ 为表面波波数,λ_0 为特征波

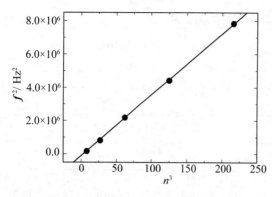

图 11-8　水表面张力波的色散关系

长。因此上式可以改写为

$$f^2 = \frac{2\pi T}{\rho \lambda_0^3} n^3 \qquad (11-8)$$

也就是说，根据色散关系，表面波本征频率的平方 f^2 与 n^3 成正比。我们将测量得到的表面张力波的共振吸收谱中峰的位置（对应其本征频率）与对应的序号 n 进行处理可以得到图 11-8。从图中可以看出，测量结果完美地符合理论上表面张力波的色散关系。

11.1.3　基于扭摆的力学共振吸收谱及其应用

11.1.3.1　基于扭摆的力学共振吸收谱仪

力学损耗谱是力学谱常用的测量手段，但由于频率限制，应用低频下固体损耗的温度谱，即使是损耗-频率谱，频率范围也往往低于 20 Hz。中山大学课题组在传统的基于扭摆的力学谱仪的基础上发展了可以实现宽频率范围的基于扭摆的力学共振吸收谱测量仪，并可以根据测量的需要设计为正扭摆或者倒扭摆，如图 11-9 所示。

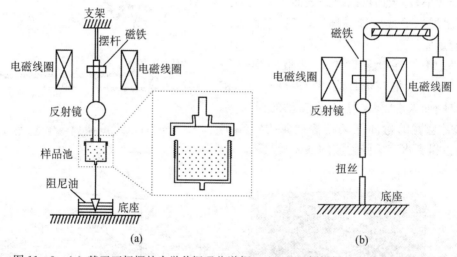

图 11-9　(a) 基于正扭摆的力学共振吸收谱仪　(b) 基于倒扭摆的力学共振吸收谱仪

根据扭摆在强迫振动下的运动方程

$$I\ddot{\theta} + k(1 + \mathrm{i}\tan\phi)\theta = M_0 e^{\mathrm{i}\omega t} \qquad (11-9)$$

式中：I 为摆杆的转动惯量，$M = M_0 e^{\mathrm{i}\omega t}$ 为外加的强迫振动应力，k 为扭丝的扭转弹性系数，$\tan\phi$ 为扭丝的损耗系数，摆杆角位移为与外力同频率但落后相位 δ 的扭转振动：

$$\theta = \theta_0 e^{\mathrm{i}(\omega t - \delta)} \qquad (11-10)$$

其应变落后于应力的相位为

$$\tan\delta = \frac{\tan\phi \cdot k}{k - m\omega^2} \qquad (11-11)$$

因此根据相位计算得到系统的表观损耗为

$$\tan\phi = \frac{\tan\delta(k - m\omega^2)}{k} \qquad (11-12)$$

考虑系统的共振频率 $\omega_0 = \sqrt{k/I}$，则有

$$\tan\phi = \frac{\tan\delta(\omega_0^2 - \omega^2)}{\omega_0^2} \qquad (11-13)$$

中山大学课题组实现了正扭摆型和倒扭摆型力学共振吸收谱仪，它们适用于测量频率范围为 $0.001\sim1\,000$ Hz 的频谱测量，测量精度优于 1×10^{-5}（1 Hz 下的损耗测量精度）。

11.1.3.2　扭摆进动振动模式的共振吸收谱

在传统的扭摆型力学谱仪测量中，经常出现个别频率点测量得到的损耗值异常偏大的现象，这些频率点多出现在 $4\sim10$ Hz 之间，常规的研究中往往归结为实验误差，应用力学共振吸收谱的思想，我们证实这一现象是进动振动与扭转振动的耦合引起的。

使用基于倒扭摆的力学共振吸收谱仪，当仪器的摆杆偏离竖直状态时[见图 11-10(b)]，其振动模式包括扭转振动与进动振动两种，其中扭转振动的损耗-频率谱可以通过扭转振动落后于应力的相位差得到，我们发现在扭转振动的损耗谱（相位谱）在 9.5 Hz 附近出现了明显的共振吸收峰[4]（见图 11-11）。

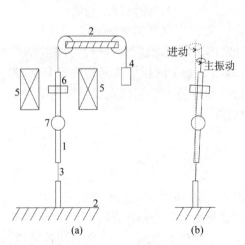

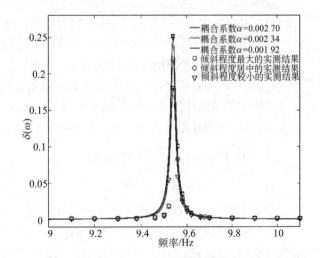

图 11-11　进动振动的共振吸收峰

图 11-10　(a) 基于倒扭摆的力学共振吸收
　　　　　谱仪　(b) 进动振动示意图

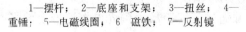

1—摆杆；2—底座和支架；3—扭丝；4—
重锤；5—电磁线圈，6 磁铁；7—反射镜

进一步研究发现随着摆杆倾斜程度的增大，共振吸收峰的高度也逐渐增加，峰的位置与半高宽几乎没有明显变化。

对测量得到的共振吸收谱进行拟合可以发现（见图 11-12），三个不同高度的共振吸收峰

的拟合得到的振动模式的本征频率均为 9.55 Hz,损耗均为 0.03 左右,这表明这组不同高度的共振吸收峰是由频率、损耗均相同的同一种共振模式即进动振动模式引起的。

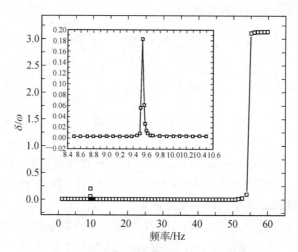

图 11-12　进动振动的共振吸收峰与拟合结果

11.2　基于扭摆的流变仪及其应用

软物质的流变学性质(切变黏度、切变弹性等)在工业生产以及对复杂流体(高分子,溶胶凝胶)的研究中有重要意义,现有的流变仪往往难以克服以下两个弊端:

(1) 只能工作在连续模式下,难以实现不同频率交变剪切下的黏弹性行为测量。

(2) 测量精度低,尤其是在低黏度液体的黏度测量上,难以实现高精度的测量。

由葛氏扭摆发展而来的基于倒扭摆的力学谱仪,经常用于研究固体滞弹性行为,中山大学张进修、熊小敏课题组多年来致力于力学谱仪的发展,提出了基于倒扭摆的高精度流变仪,并将其应用于简单液体黏度及复杂流体黏弹性行为的研究;扭摆型力学谱仪克服了传统流变仪的缺点,可以在宽频率范围内实现高精度的液体流变性质测量。

11.2.1　基于扭摆的流变仪工作原理

11.2.1.1　基本结构

中山大学张进修、熊小敏课题组提出并实现了如图 11-13 所示的扭摆型流变仪。

仪器由传统的倒扭摆型力学谱仪改进而来,摆杆有重锤通过滑轮悬挂,摆杆上的永磁铁处于交变线圈产生的磁场中,下端则通过扭丝固定在底座上。摆杆上增加了一个倒置的转筒,摆杆从环形样品槽中间的孔穿过,使得转筒浸入样品槽内的液体中。测量时,在线圈中通入交变电流,摆杆上的永磁铁受到交变的电磁力(外加应力)作用带动摆杆做强迫振动,使转桶剪切样品槽中的液体。这时摆杆上的反射镜发生转动,使光源通过反射镜反射到光电探测器上的光斑发生移动,从而探测到摆杆的扭转振动(应变)。通过分析应力和应变之间的相位差,就可以得到样品槽中液体的流变性质。

由于在流变仪中引入了扭丝,因此倒扭摆型流变仪可以方便地工作在交变模式下,从而得到不同剪切频率下液体的黏弹性质;另一方面,扭丝和摆杆构成了谐振子系统,利用谐振子系

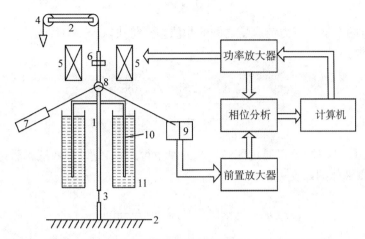

图 11-13　基于倒扭摆的高精度流变仪工作原理示意图

统共振频率附近相位的敏感性,基于倒扭摆的流变仪在本征共振频率附近可以实现高精度的液体黏弹性测量,这一点将在下面的讨论中详细描述。

11.2.1.2　纯黏性液体黏度的测量原理

当未加入液体时,倒扭摆流变仪相当于传统的力学谱测量仪,这时摆杆的运动方程满足

$$I\ddot{\theta} + (K_1 + iK_2)\theta = M_0 e^{i\omega t} \tag{11-14}$$

式中:I 为摆杆的转动惯量,$M = M_0 e^{i\omega t}$ 为外加的强迫振动应力,$K_1 + iK_2$ 为固体扭丝样品的复模量,方程的解为

$$\theta = \theta_0 e^{i(\omega t - \delta)} \tag{11-15}$$

式中:δ 为应变和应力之间的相位差,在强迫振动的测量中,通过测量应力及应变的波形,计算得到应变和应力之间的相位差和幅值比为

$$\tan\delta = \frac{K_2}{K_1 - I_1\omega^2} \tag{11-16}$$

$$\frac{\theta_0}{M_0} = 1/[K_2\sin\delta + (K_2 - I\omega^2)\cos\delta] \tag{11-17}$$

根据测量得到的相位差和幅值比,如果在已知系统转动惯量的情况下,即可计算出固体样品在这一频率下的储能模量和损耗模量。

在盛液桶中加入液体后,倒扭摆摆杆在强迫振动下的运动方程改写为

$$I\ddot{\theta} + M_L + (K_1 + iK_2)\theta = M \tag{11-18}$$

在这一方程中,M_L 为液体在固液界面上的黏滞耦合力矩,根据 Landau 给出的液体黏滞耦合力矩的方程(见 Landau,流体力学):

$$M_L = -2Sr^2\theta_0 \sqrt{\omega^3\rho\eta}\, e^{i(\omega t - \delta)} e^{i3\pi/4} \tag{11-19}$$

式中:S 表示固液界面的接触面积,r 为转桶的半径,ρ 为液体的密度,η 为液体的黏度。类比固体样品测量中运动方程的解,方程(11-18)的解也可以表示为

$$\theta = \theta_0 \cdot e^{i(\omega t - \delta)} \tag{11-20}$$

式中:δ 表示响应频率下的应力与应变之间的相位差。将式(11-20)代入式(11-18)可以解出应力应变的相位差 δ 满足

$$\tan\delta = \frac{K_2 + 2Sr^2\sqrt{\omega^3\rho\eta}\sin\dfrac{3\pi}{4}}{K_1 - I\omega^2 + 2Sr^2\sqrt{\omega^3\rho\eta}\cos\dfrac{3\pi}{4}} \tag{11-21}$$

表达式中的 K_1 与 K_2 可以通过固体样品的测量得到,如假设加入液体后系统的转动惯量没有发生变化,则液体的黏度可以表达为

$$\eta = \frac{\left[\tan\delta(K_1 - I\omega^2) - K_2\right]^2}{2S^2 r^4 \omega^3 \rho (1 + \tan\delta)^2} \tag{11-22}$$

根据上式,当系统在共振频率附近($K - I\omega^2 \to 0$)测量时,样品黏度 η 的微小改变会在相位差 δ 上有较大反映,或者说,$\tan\delta$ 的系数 $K - I\omega^2 \to 0$ 使得 δ 的测量误差被缩小了,因而可以实现高精度的黏度测量。若仪器的精度可以分辨 3×10^{-5} rad 的相位差变化,以水为例进行模拟计算,刚好对应黏度值 10^{-6} Pa·s 的变化,这是传统流变仪尚无法实现的黏度测量精度。

11.2.1.3 复杂流体的黏弹性测量原理

基于倒扭摆的流变仪可以进一步推广用于测量复杂液体的黏弹性行为,当样品槽中为复杂液体时,液体对转桶的作用力就不能再简单地用黏滞耦合力矩描述,而改为用液体的特征平面波复阻抗 $R + iX$ 描述,系统的方程改写为

$$I\ddot{\theta} + (R + iX)\dot{\theta} + (K_1 + iK_2)\theta = M \tag{11-23}$$

在这一方程中,$M = M_0 e^{i\omega t}$ 为交变磁场作用下的外力矩;I 为系统的转动惯量;K_1 与 K_2 分别为系统的扭转储能模量和相应的损耗模量;$R + iX$ 为液体的阻抗,其中 R 称为液体的抗阻,X 称为液体的力阻。我们知道液体的黏弹性行为一般用 $G = G' + iG''$ 描述,其中 G' 表示液体的弹性项,G'' 为液体的黏性项,液体的黏度 $\eta = G''/\omega$(ω 为测量频率)。在这里我们给出液体的 G 与其测量的阻抗值之间的对应关系为

$$G'(\omega) = \frac{1}{A} \cdot \frac{(R_{pl})^2 - (X_{pl})^2}{\rho} \tag{11-24}$$

$$G''(\omega) = \frac{1}{A} \cdot \frac{2R_{pl}X_{pl}}{\rho} \tag{11-25}$$

式中:A 为与测量液体的摆桶的接触面积 S 以及摆筒半径 r 相关的系统参数:

$$A = 4S^2 r^4 \tag{11-26}$$

摆杆仍然做和外应力同频率但落后相位 δ 的强迫振动:

$$\theta = \theta_0 \cdot e^{i(\omega t - \delta)} \tag{11-27}$$

代入方程可以解得应力应变的相位差和幅值比满足

$$\tan\delta = \frac{\omega R + K_2}{K_1 - I\omega^2 - \omega X} \tag{11-28}$$

$$\frac{\theta_0}{M_0} = \frac{1}{\sqrt{(K_1 - I\omega^2 - \omega X^2 + (\omega R + K_2)^2}} \tag{11-29}$$
$$= \frac{1}{(\omega R + K_2)\sqrt{1 + 1/\tan^2\delta}}$$

如果我们测量得到应力应变的相位差和幅值比,则可以从测量结果解出液体的阻抗 $R+\mathrm{i}X$:

$$R = \frac{M_0}{\omega\theta_0} \cdot \frac{1}{\sqrt{1 + 1/\tan^2\delta}} - \frac{K_2}{\omega} \tag{11-30}$$

$$X = \frac{K_1 - I\omega^2}{\omega} - \frac{M_0}{\omega\theta_0} \cdot \frac{1}{\tan\delta\sqrt{1 + 1/\tan^2\delta}} \tag{11-31}$$

得到 R,X 后再根据以前的讨论换算成 G',G'',值得注意的是,当考虑液体为纯黏性液体时,$R=X$,液体的弹性项 $G'=0$,黏度为

$$\eta = G''/\omega = \frac{[\tan\delta(K_1 - I\omega^2) - K_2]^2}{2S^2 r^4 \omega^3 \rho(1 + \tan\delta)^2} \tag{11-32}$$

这与纯黏性液体的理论结果是一致的。

11.2.2 基于扭摆的流变仪应用

11.2.2.1 蜂蜜黏度-温度谱研究

食品的黏弹性行的研究在食品安全、生产工艺控制等实际生产生活中有重要的意义。流体类的食品如蜂蜜、食用油等的黏度一定程度上反映了纯度的高低及品质的好坏。因此可以利用扭摆型流变仪高精度的特点,实现对黏度的精确监测。另一方面常见的流体黏度-温度关系符合 Arrhenius 关系,即粘度对数 $\ln\eta$ 与温度倒数 $1/T$ 成正比,因此也可以用来检测样品的纯度。利用高精度的扭摆型流变仪,测量了某种纯蜂蜜的黏度-温度关系,结果如图 11-14 所示。从图中可以看出,蜂蜜的黏度-温度符合 Arrhenius 关系。

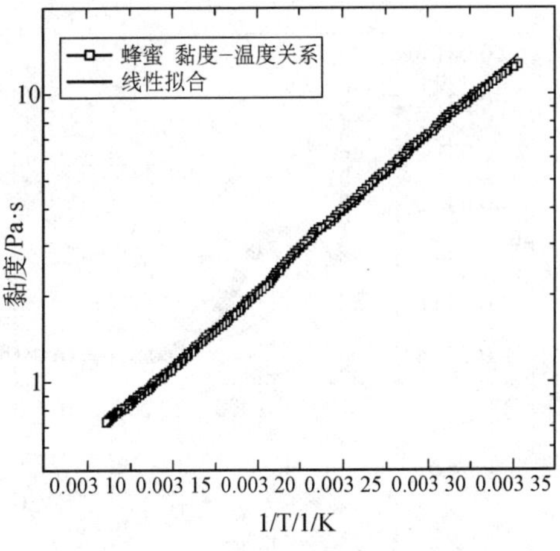

图 11-14 纯蜂蜜的黏度-温度关系

11.2.2.2 5CB 液晶在电场下的响应

液晶是现今世界上最重要的显示材料之一,其介电行为是各类光电应用的基础。向列型液晶在电场下的黏度响应影响着液晶的响应时间、能耗以及稳定性。常规的研究方法是利用光学方法和动力学方法两类。光学方法只能在样品非常薄的情况下进行;而传统的动力学方法难以获得精确的黏度测量结果。利用扭摆型高精度流变仪,正好弥补了传统动力学方法的不足。

5CB 液晶是一种简单的向列型液晶,其清点大约在 37℃ 附近(见图 11-15),清点时液晶的黏度发生由小到大的突变。

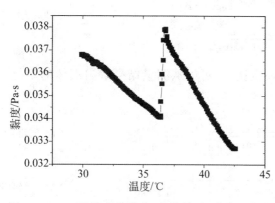

图 11-15 5CB 液晶的黏度-温度关系,清点温度为 37℃

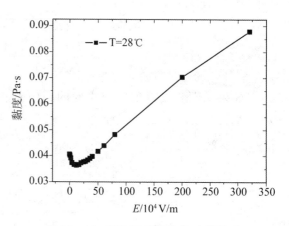

图 11-16 5CB 液晶的黏度-电场关系

传统研究认为液晶黏度是随电场增大而增大的,这一现象在低电压下由于测量精度不高而不明显,黏度增大的现象在 100 kV/m 的电场后才比较明显,利用扭摆型流变仪我们测量了低电场下的黏度响应,发现液晶黏度随着电压的增大出现先减小后增大的过程,转折点大约发生在 10 kV/m 的位置,如图 11-16 所示。

进一步对低电场下液晶黏度的响应行为进行研究发现,在低电压下液晶黏度并不是单调变小的,而是随时间存在一个振荡变化的过程,且其减小的趋势符合指数形式。

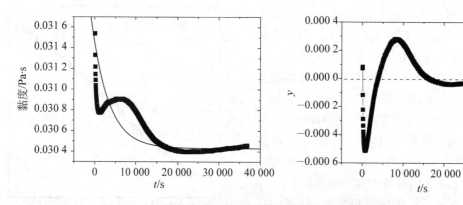

图 11-17 5CB 液晶在电场下的黏度演化行为

11.2.2.3 聚丙烯酰胺(PAAM)-水溶液的应变软化行为

所谓应变软化[7]指的是材料的弹性模量或者储能模量随着剪切应变的增大而减小。应变软化的概念最早起源于硬物质(金属,固态聚合物材料)的研究。近年来在胶体悬浮液、泡沫、乳液、颗粒物质、蛋白质溶液等软物质中都发现了应变或应力软化行为,但迄今为止,人们对软物质中的应变软化行为认识仍然非常有限。因此应变软化行为也成为当今软物质中的一个热点。

PAAM 是一种重要的水溶性高分子聚合物,在石油开采,水处理、纺织、造纸等领域均具有广泛的应用,且 PAAM 水溶液是典型的假塑性流体,因此对 PAAM 水溶液的振幅效应研究具有重要的意义。

利用扭摆型流变仪，我们测量了 PAAM 水溶液的振幅效应，发现了在亚浓度附近的 PAAM 水溶液的应变变软和屈服行为，如图 11-18 所示。

从图 11-18 中可以看出，PAAM 水溶液的储能模量 G' 大于其损耗模量 G''，并且表现出明显的软化行为。

进一步根据图中的储能模量对相应的零剪切下的储能模量进行归一化后得到其约化弹性模量，从图 11-19(a) 中可以看出浓度增大会阻碍 PAAM 亚浓溶液的软化行为，表现为屈服应力和屈服应变随着浓度的增大而增大。

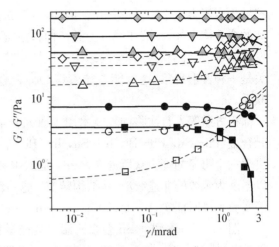

图 11-18 PAAM 水溶液的 G'，G'' 与应变速率之间的关系

其中实心符号表示 G'，空心符号表示 G''，由下到上的浓度分别为 1%，3%，5%，10%

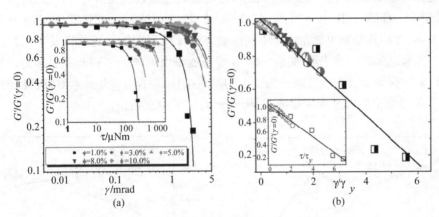

图 11-19 (a) 不同浓度 PAAM 水溶液的 $G'/G'(\gamma=0)$ 与 γ 的关系　(b) 不同浓度 PAAM 水溶液的 $G'/G'(\gamma=0)$ 与 γ/γ_y 的标度关系

进一步对横坐标中的应变(应力)根据屈服应变(屈服应力)做归一化处理，我们发现，不同浓度的约化弹性模量 $G'/G'(\gamma=0)$ 和约化剪切应力(约化剪切应变 γ/γ_y)之间存在同样的线性标度。也就是说亚浓浓度的 PAAM 水溶液的软化屈服过程具有一定的普适性标度，这一标度能够提供一种更直接的认识软物质中应变软化行为的方法。

11.2.2.4　合金熔体的异常结构演化

在当今的凝聚态物理学研究领域中，有关液态物质的结构、特性及其变化的本质问题研究仍属于滞后的研究领域。传统的观念认为，物质的结构从熔点到液-气临界点是随着温度和压力逐步地、连续地变化的，并且在合金状态相图中液相线以上往往只存在单一的液相区。然而，近年来大量涌现出的实验事实表明，在一些物质(如 C，Ce，Ga，Bi，Si，H_2O，SiO_2，Se 以及 P)中，在压力诱导下其液态结构会发生不连续变化[8,9]。这些新现象对于认识、理解物质的液态结构及其性质具有重要意义；同时这也逐渐引起人们的重视和思考：在温度诱导下液态结构会不会发生不连续变化？因为，对于二元或多元合金体系来说，除了一些具有液态相分离的合金体系外，在液相线以上其结构和性质不存在非连续的变化。但是在冶金实践中，人们发现钢、铁及各类有色合金的结构和性能与其母相液体的热历史（特别是加热温度的高低）相关是一种普遍现象，这可能意味着（二元）合金体系在液相线以上液态结构与温度有着紧密联系。

祖方遒等人首次将内耗技术用于研究合金熔体的微结构演化规律[10, 11]。他们对几种二元合金（Pb - Sn，Pb - Bi，In - Sn，In - Bi）的系统研究发现，在液相线以上数百度范围，$\tan\phi$出现一个明显的峰。众所周知，$\tan\phi$是结构敏感的物理量，其值发生变化，意味着熔体发生以温度为函数的非连续液-液结构转变。这一结论已被 DSC、DTA 及液态 X 射线衍射技术等实验手段所证实。下面以 Pb - Sn、In - Sn 二元合金为例来说明这一物理现象。

图 11 - 20 是 Pb - Sn 合金升温时的能量耗散 $\tan\phi$ 与温度 T 之间的关系曲线。由图可见，该曲线上出现一个明显的峰，其峰温为 670℃，且峰温基本上不随频率变化，峰高随频率增加而降低。这一特点与固态相变内耗峰的特征基本一致。这一现象表明，熔体在升温过程中有发生结构转变的可能。为了进一步探索 $\tan\phi$ 峰的内部机制，对相同试样进行差热分析，结果显示合金在液相线以上存在明显的热效应，这种热效应的数值比液-固转变热效应的数值要小，但其性质是一样的，如图 11 - 21 所示。对比图 11 - 20 和图 11 - 21，发现 $\tan\phi$ 峰温区与热效应温区大体一致，其差别可能是由于不同测量方法反映不同扩散行为以及不同升温速率引起的。这一实验结果进一步表明熔体的 $\tan\phi$ 峰可能是由熔体的结构转变引起的。X 射线衍射技术可以有效探索液态合金在某一温度下的微观结构，但由于 Pb 元素对仪器的污染性，目前无法利用 X 射线衍射技术来测量液态 Pb - Sn 合金的微观结构。

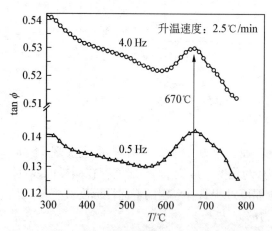

图 11 - 20 Pb - Sn 质量分数 61.9%合金熔体 $\tan\phi$
随温度变化曲线

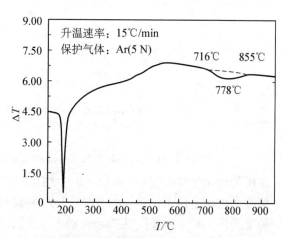

图 11 - 21 Pb - Sn 质量分数 61.9%合金熔体的差热
分析曲线

对于 In - Sn 合金熔体，利用 X 射线衍射对其液态结构进行分析。结果显示，合金熔体的第一近邻配位数（N_1）和第一近邻峰位置（r_1）随温度上升先减小，在 700℃ 左右出现一个明显的转折，然后随温度的升高而增加。在 N_1 和 r_1 与温度的关系曲线上出现一个明显的谷，且谷的温区与 $\tan\phi$ 峰温区基本吻合，如图 11 - 22 所示。这一现象表明，熔体中出现的 $\tan\phi$ 峰是由熔体的结构转变引起的。同时也表明 In - Sn 液态合金在一定的压力下随温度会发生结构的不连续转变。采用偶关联函数的实验数据分析计算得到了液态 In‑Sn 的黏度和过剩熵，它们在温度曲线上均出现一个可观察到的谷[12]。黏度谷与内耗峰吻合，过剩熵谷与放热峰一致，使用不同实验手段得到的结果相互佐证。另外，运用从头计算分子动力学方法，研究了液态 In‑Sn 合金的微观结构性质随温度的变化细节[13]。在 656～713℃之间，密堆型的局域小集团数目（1 551，1 541，1 441，1 431 等键对）呈现台阶式的增长，而松散型的局域小集团数目（1 201，1 311，1 321 等键对）则呈现台阶式下降。这些理论结果较为具体地说明了在 656～713℃之间液态合金的微观结构发生了怎样的不规则变化。

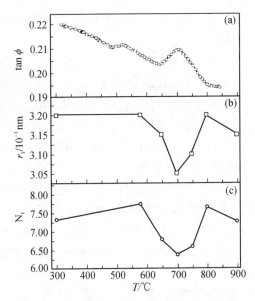

图 11‑22　In‑Sn 质量分数 80%合金熔体的衍射曲线和 tan ϕ 实验曲线

(a) tan ϕ 与温度的关系曲线　(b) r_1 与温度的关系曲线　(c) N_1 与温度的关系曲线

在合金熔体中发现的非连续液‑液结构转变不同于迄今所发现的其他液‑液结构转变，即高压或深过冷条件下发生的类型，以及传统的液态相分离类型。长期以来人们认为合金在液相线以上为均一单相区，液态结构和性质是逐渐而连续变化的。而上述发现却打破了这一传统观念，丰富了液态物理现象学。固体材料的组织结构和性能往往与凝固前熔体的热历史紧密相关，特别是熔体加热温度的高低。然而，通常合金相图液相线以上只有单一的液相区，因此对"热历史相关"这一普遍现象的本质迄今无法解释。可见，这是理论与实际之间一对突出的矛盾和脱节。液态合金中以温度为函数非连续液‑液结构转变的发现为这一普遍现象本质的解释带来了一线曙光。

11.2.2.5　非晶聚合物的链段耦合弛豫行为

对于非晶态高聚物而言，其力学性质随温度变化呈现三种状态：玻璃态、橡胶态和黏流态。发生在玻璃态至橡胶态转变区域内最快的弛豫模式常称为局部链段弛豫（Local segmental relaxation）或 α 弛豫，它对应于高分子的玻璃化转变，所包含的弛豫元约为 3 个单体单元。通过研究高聚物的蠕变结果，发现高分子材料的柔量值由玻璃态 10^{-10} cm²/dyn 上升到橡胶平台区的 10^{-6} cm²/dyn，而 α 弛豫所对应的蠕变柔量 J_α 大约是玻璃态柔量 J_g 的 4～5 倍[14]。因此，对于在 $5\times10^{-10}\sim10^{-6}$ cm²/dyn 间的柔量变化对应于其他的黏弹性机制。一般将该区间的柔量变化归因于 Rouse 弛豫模式的贡献[15]，而 Williams 研究发现 Rouse 模式对柔量的贡献约为 $10^{-8}\sim10^{-6}$ cm²/dyn[16]。因此，需要其他的黏弹性机制来填补柔量在 $5\times10^{-10}\sim10^{-8}$ cm²/dyn 间的缺口，且该弛豫模式所需的弛豫元的长度以及所对应的弛豫时间要介于 α 弛豫与 Rouse 模式之间。我们可以从弛豫元的长度来考虑，橡胶平台是由高聚物的缠结分子量决定的，如 PS 的缠结分子量约为 16 000 或 160 单体单元，故在玻璃态至橡胶态转变过程中存在着多种黏弹性机制，其弛豫元可以包括几个乃至几百个单体单元。Ngai 和 Plazek 等人最早在聚异丁烯（PIB）中观测到该弛豫模式的存在，并称其为 sub‑Rouse 模式[17]。因此，非晶态高聚物在其玻璃态至橡胶态转变过程中共有 α 弛豫、sub‑Rouse 模式以及 Rouse 模式这三种链段弛豫模式。

迄今为止，人们采用多种实验手段来验证 sub-Rouse 模式的普适性，如光散射技术、蠕变测量、光子关联谱以及介电弛豫谱；所涉及的聚合物主要包括 PIB、聚异戊二烯（PIP）、hh 聚丙烯（head-to-head PP）、聚乙内酯（PCL）以及含 PIB 的共聚物等少数高分子材料[17~19]。通过对 sub-Rouse 模式的弛豫行为进行研究，发现其弛豫时间的温度依赖性要强于 Rouse 模式但弱于 α 弛豫[17]。然而，对于 sub-Rouse 模式的其他特性及其内在本质却知之甚少。因此，迫切要求人们利用更多的测试手段来验证 sub-Rouse 模式的普适性并研究其弛豫动力学行为。

近年来，吴学邦等人利用内耗技术研究一系列非晶聚合物如聚苯乙烯（PS）、聚醋酸乙烯酯（PVAc）、聚甲基丙烯酸烷基酯（PnAMA）等的力学弛豫行为。结果表明，力学谱技术能够十分有效地用于研究高分子软物质的结构转变和动力学弛豫行为[20~26]。图 11-23 和图 11-24 分别为 PS 和 PMMA 熔体的内耗-温度谱。由图可见，它们均存在两种弛豫模式，即 α 弛豫和 α′ 弛豫。研究发现，α 弛豫与高聚物的玻璃化转变相关；而 α′ 弛豫与高聚物的软化过程相关，它由 Sub-Rouse 和 Rouse 两种模式组成。

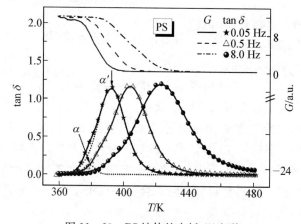

图 11-23　PS 熔体的内耗-温度谱

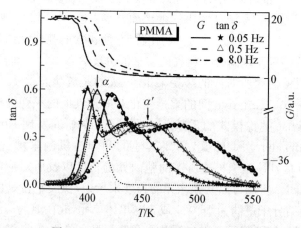

图 11-24　PMMA 熔体的内耗-温度谱

传统观点认为 Sub-Rouse 和 Rouse 模式的动力学行为是随温度变化而连续变化的，而通过研究 α′ 模式的弛豫时间随温度的依赖关系（见图 11-25），发现 α′ 模式随温度的变化会出现非连续性变化,即在温度位于 $T_B \approx 1.2\,T_g$ 处,其弛豫参数(弛豫时间、弛豫强度和分布参数)出现一个转折性变化。进一步研究发现对于 α' 模式,其转折温度 T_B 处的弛豫时间大约为 $0.1\,\mathrm{s}$,远大于 α 模式在 T_B 处的弛豫时间,其值为 $10^{-6} \sim 10^{-7}\,\mathrm{s}^{[23\sim25]}$。利用耦合模型(coupling model)同样发现在 T_B 处,sub-Rouse 模式的耦合参数 n 出现一个转折性变化,如图 11-26 所示[25]。因此,该变化 α' 模式在 T_B 处出现的不连续变化是由降温过程中 T_B 至 T_g 间分子间的耦合作用显著增强引起的。

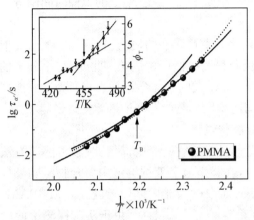

图 11-25　PMMA 熔体 α' 模式的弛豫时间随温度变化关系

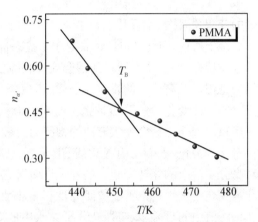

图 11-26　PMMA 熔体 α' 模式的耦合参数随温度变化关系

此外,利用内耗技术还研究了分子量对高聚物 α' 弛豫的影响。图 11-27 是不同分子量的 PMMA 的内耗-温度曲线,同样发现有 α 和 α' 两种弛豫模式。随着分子量的增加,α 弛豫和 α' 弛豫均向高温移动。随着分子量的减小,α 弛豫和 α' 弛豫逐渐靠近,直至叠加在一起,这表明低分子量下,α 弛豫和 α' 弛豫相互耦合作用较强。利用二维关联谱技术,可以将内耗曲线分解为三个峰,分别对应于 α 模式、sub-Rouse 模式和 Rouse 模式[26]。α 模式与小分子的结构弛豫以及高分子的 α 弛豫一样,对于 α' 弛豫,不同分子量高聚物 α' 模式的弛豫时间在温度 $T_B \approx 1.2\,T_g$ 处均出现一个拐点,发现且随着分子量的增加,T_B 值向高温移动;但 T_B 处的弛豫时间均约为 $0.1\,\mathrm{s}$,与分子量无关。

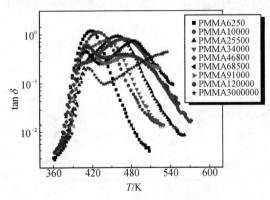

图 11-27　不同分子量的 PMMA 熔体的内耗-温度谱

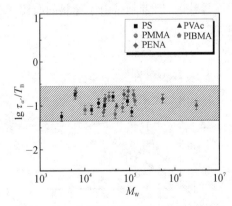

图 11-28　几种常见高聚物在 T_B 处的弛豫时间随分子量的变化关系

利用液态内耗仪研究了聚氧乙烯/聚醋酸乙烯酯(PEO/PVAc)共混物在玻璃化转变温度以上的弛豫行为,同样观测到有 α 和 α' 两种弛豫模式的存在[24]。随着 PEO 含量的增加,α' 模式向低温移动。研究 PEO/PVAc 共混物 α' 模式的弛豫时间随温度的依赖关系,发现共混物同样在 $T_B \approx 1.2\ T_g$ 处均出现一个拐点,且随着 PEO 含量的增加,T_B 值向低温移动;但 T_B 处的弛豫时间均约为 0.1 s,与共混物的组分无关。利用耦合模型,发现对于 PEO/PVAc 共混物,其 α' 弛豫的耦合参数在 T_B 处同样出现一个拐点,这充分表明该转折性变化是由于链段间的耦合作用强度改变所引起的。图 11-28 总结了所研究的高聚物在 T_B 处的弛豫时间随分子量的变化关系图,发现其值始终为一常数,约为 0.1 s。

综上所述,Sub-Rouse 模式对于非晶态高分子而言是普遍存在的,且它具有与 α 弛豫类似的本质特征,即它也是链段间耦合或关联弛豫,但耦合程度要低于 α 弛豫。此外,与小分子的结构弛豫以及高分子的 α 弛豫一样,高聚物 Sub-Rouse 模式的动力学同样在温度 T_B 处出现一个转折性变化,且 T_B 处的弛豫时间约为 0.1 s,与高聚物的结构及分子量无关。

11.2.2.6 聚合物浓溶液的相行为及胶体的凝胶化过程

迄今为止,人们已用 X 射线、激光散射、荧光光谱、核磁共振、介电谱仪、微梁传感等方法对高分子溶液的相转变问题展开了许多研究。其中,在稀溶液和亚浓溶液中聚合物链随外界环境变化而发生构象转变的研究取得了很大的进展,如聚(N-异丙基丙烯酰胺)(PNIPAM)在稀溶液中的折叠、双亲性高分子在水中的聚集与稳定等等[27]。然而,由于实验探测手段的制约,关于聚合物链在浓溶液中相行为的研究进展则缓慢得多。近年来,吴学邦等人利用内耗技术研究嵌段共聚物聚氧乙烯-聚氧丙烯-聚氧乙烯(PEO-PPO-PEO)浓溶液的相行为[28, 29]。

PEO-PPO-PEO 嵌段共聚物是用共价键将亲水的 PEO 链段和疏水的 PPO 链段联结在一起的高分子,它是一类非离子型的高分子表面活性剂。PEO-PPO-PEO 具有温度敏感胶团化、温度敏感增溶以及温度敏感的液晶晶型结构等特点。图 11-29 是嵌段共聚物 $PEO_{17}PPO_{56}PEO_{17}$ 在不同浓度下内耗和相对模量与温度之间的关系曲线。由图可见,随着温度的升高,$PEO_{17}PPO_{56}PEO_{17}$ 水溶液在临界浓度(质量分数近 32.0%)以下,出现两个内耗峰。经研究发现,它们属于典型的一级相变内耗峰,分别对应于溶液中胶团的形状变化和体系的相分离的[28]。在临界浓度以上,除了出现对应于体系相分离的内耗峰以外,还观察到了另外两个内耗峰。它们分别对应于溶胶-凝胶转变和凝胶-溶胶转变。研究表明前者是由于胶团的晶化而导致的,后者则是由于球状的胶团转变为蠕虫状的胶团从而引起胶团体积分数的减少所引起的[28]。

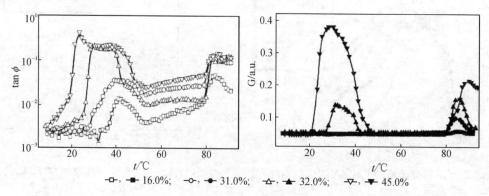

$\square$, ■ 16.0%; $\bigcirc$, ● 31.0%; $\triangle$, ▲ 32.0%; $\bigtriangledown$, ▼ 45.0%

图 11-29 不同浓度 $PEO_{17}PPO_{56}PEO_{17}$ 水溶液内耗和相对模量与温度的关系曲线

针对高分子胶体粒子的凝胶化行为,吴学邦等人还研究了 Pluronic L64(PEO$_{13}$-PPO$_{30}$-PEO$_{13}$)水溶液的黏弹性行为及其凝胶形成过程中的动力学行为[29]。图 11-30 是 L64 溶液的相图,图中符号表示力学谱实验测量结果。由图可见,内耗测量结果与文献的相图基本吻合,同时还补充了相图中的以前没有观察到的现象,如相分离中的结构转变以及凝胶形成的动态过程。在浓度为质量分数 40%～59%之间,体系形成纺锤形的"凝胶岛"。图 11-31 是不同浓度的 L64 溶液的能量耗散实验结果。耗散峰随浓度的关系可以反映凝胶形成的动态过程。由图 11-31 可见,在凝胶形成之前(ϕ<质量分数 40%和 ϕ>59%),能量耗散谱中存在一个耗散峰,它与溶液中胶团粒子间形成的逾渗网络结构相关。在凝胶化过程中,内耗峰的高度逐渐增加直至形成凝胶[见图 11-31(c)和(d)]。因此,溶液中胶团粒子间形成的逾渗网络结构是凝胶化的主要原因。这与文献中 SANS 实验结果和计算模拟结果一致[30]。此外,由于凝胶形成过程中耗散峰与频率无关[见图 11-31(a)],故凝胶化具有一阶相变的特征。

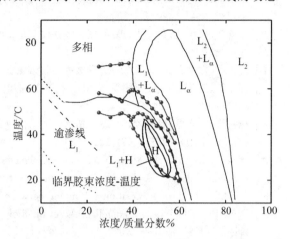

图 11-30　Pluronic L 64 水溶液的温度-浓度相图

其中,L$_1$,L$_2$ 和 L$_\alpha$ 分别是各项同性的胶团溶液相、反胶团相和层状液晶相,H 是六角凝胶相。图中符号表示由力学谱实验得到的结果

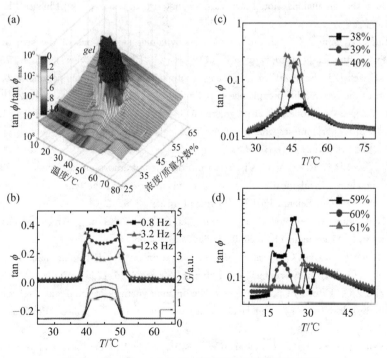

图 11-31　Pluronic L64 水溶液的力学谱实验结果

(a) 频率为 3.2 Hz 时的能量耗散随温度和浓度变化的 3D 曲线　(b) 浓度为质量分数 42%的溶液在不同频率下的力学谱　(c)和(d)分别表示在低、高浓度侧凝胶形成过程中能量耗散峰的演变行为

参考文献

[1] 张进修,熊小敏,丁喜冬,等.凝聚态物质的切变波共振吸收谱仪的工作原理[J].中山大学学报(自然科学版),2001,S3:284-288.

[2] 熊小敏,张进修.共振吸收谱与弛豫谱所能提供的信息的比较[J].中山大学学报(自然科学版),2001,S3:289-290.

[3] 丁喜冬,熊小敏,黄元士,等.共振吸收谱仪测量系统的研制[J].中山大学学报(自然科学版),2001,S3:291-293.

[4] 杨岳彬,左文龙,保延翔,等.力学共振吸收谱探测耦合振动模式[J].物理学报,2012,61(20):200509.

[5] 熊小敏,王海燕,张进修.颗粒物质中熵力和组态熵的共振吸收力学谱研究[J].金属学报,2003,39(11):1223-1224.

[6] 杨岳彬,左文龙,保延翔,等.基于扭摆的力学谱仪在强迫振动模式下的延时误差分析[J].中山大学学报(自然科学版),2012,51(5):132-136.

[7] Wang Y Z, Li B H, Xiong X M, et al. Universal scaling description of the strain-softening behavior in the semidilute uncross-linked polyacrylamide-water solution [J]. Soft Matter, 2010,6:3318-3324.

[8] McMillan P. Phase transitions: Jumping between liquid states [J]. Nature, 2000,403:151-152.

[9] Poole P H, Grande T, Angell C A, et al. Polymorphic phase transitions in liquids and glasses [J]. Science, 1997,275:322-323.

[10] Zu F Q, Zhu Z G, Guo L J, et al. Observation of an anomalous discontinuous liquid-structure change with temperature, Physical Review Letters, 2002,89:125505.

[11] Zu F Q, Zhu Z G, Guo L J, et al. Liquid-liquid phase transition in Pb-Sn melts [J]. Physical Review B, 2001,64:180203(R).

[12] Liu C S, Li G X, Liang Y F, et al. Quantitative analysis based on the pair distribution function for understanding the anomalous liquid-structure change in $In_{20}Sn_{80}$ [J]. Physical Review B, 2005, 71:064204.

[13] Zhao G, Liu C S, Zhu Z G. Ab initio molecular-dynamics simulations of the structural properties of liquid $In_{20}Sn_{80}$ in the temperature range 798-1193 K [J]. Physical Review B, 2006, 73:024201.

[14] Ngai K L, Plazek D J, Echeverria I. Viscoelastic properties of amorphous polymers. 6. local segmental contribution to the recoverable compliance of polymers [J]. Macromolecules, 1996,29(24):7937-7942.

[15] Ferry J D. Viscoelastic properties of polymers [M]. 3rd el. New York: John Wiley, 1980.

[16] Williams M L. Upper limit of the shear modulus calculated from the rouse theory [J]. Journal of Polymer Science, 1962,62(173):S7-S8.

[17] Ngai K L, Plazek D J, Rizos A K. Viscoelastic properties of amorphous polymers. 5. a coupling model analysis of the thermorheological complexity of polyisobutylene in the glass-rubber softening dispersion [J]. Journal of Polymer Science Part B: Polymer Physics, 1997,35(4):599-614.

[18] Paluch M, Pawlus S, Sokolov A P, et al. Sub-Rouse modes in polymers observed by dielectric spectroscopy [J]. Macromolecules, 2010,43(6):3103-3106.

[19] Wu J R, Huang G S, Pan Q Y, et al. An investigation on the molecular mobility through the glass transition of chlorinated butyl rubber [J]. Polymer, 2007,48(26):7653-7659.

[20] Wu X B, Zhu Z G. Effects of polyethylene oxide on the dynamics of the α and α' relaxations observed in polystyrene by low-frequency anelastic spectroscopy [J]. Applied Physics Letters, 2007, 90(25):251908.

[21] Wu X B, Shang S Y, Xu Q L, et al. Composition-dependent damping and relaxation dynamics in miscible polymer blends above glass transition temperature by anelastic spectroscopy [J]. Applied Physics Letters, 2008,93(1):011910.

[22] Wu X B, Zhou X M, Liu C S, et al. Slow dynamics of the α and α' relaxation processes in poly(methyl

methacrylate) through the glass transition studied by mechanical spectroscopy [J]. Journal of Applied Physics，2009，106(1):013527.

[23] Wu X B, Zhu Z G. Dynamic crossover of α' relaxation in poly(vinyl acetate) above glass transition via mechanical spectroscopy [J]. Journal of Physical Chemistry B, 2009,113(32):11147 - 11152.

[24] Wu X B, Wang H G, Liu C S, et al. Longer-scale segmental dynamics of amorphous poly(ethylene oxide)/poly(vinyl acetate) blends in the softening dispersion [J]. Soft Matter, 2011,7:579 - 586.

[25] Wu X B, Liu C S, Zhu Z G, et al. Nature of the sub-Rouse modes in the glass-rubber transition zone of amorphous polymers [J]. Macromolecules，2011,44(9):3605 - 3610.

[26] Wu X B, Wang H G, Liu C S, et al. Mechanical relaxation studies of sub-Rouse modes in amorphous polymers [J]. Solid State Phenomena, 2012,184:52 - 59.

[27] Riess G. Micellization of block copolymers [J]. Progress in Polymer Science, 2003,28(7):1107 - 1170.

[28] Wu X B, Zhu Z G, Shang S Y, et al. Dynamics of PEO-PPO-PEO triblock copolymer in aqueous solutions investigated by internal friction [J]. Journal of Physics: Condensed Matter, 2007,19:466102.

[29] Zhou X M, Wu X B, Wang H G, et al. Phase diagram of the Pluronic L64-H2O micellar system from mechanical spectroscopy [J]. Physical Review E, 2011,83:041801.

[30] Li Y Q, Shi T F, Sun Z Y, et al. Investigation of sol-gel transition in Pluronic F127/D2O solutions using a combination of small-angle neutron scattering and Monte Carlo simulation [J]. Journal of Physical Chemistry B, 2006,110(51):26424 - 26429.

12　钢铁的内耗研究

金学军[a],于宁[b],戚景文[b],金明江[a]

（a 上海交通大学材料学院；b 东北大学理学院）

12.1　先进钢铁材料和铁基功能合金概述

12.1.1　先进钢铁材料

钢铁材料相比陶瓷和高分子材料具有如下不可替代的特点：①更高的断裂韧性；②各向同性、拉压相近的力学性能；③更高的导电和导热性能；④在室温以上几百度温度范围最好的总体力学性能；⑤可回收利用而具有大批量应用的竞争优势。

社会的可持续发展要求钢铁材料在生产、加工和应用等全寿命周期内应考虑气体排放、固体废弃物、矿石资源、水资源、能源、交通运输、回收利用等因素。通过钢铁材料的高性能化可以直接减少钢材消耗量，从而降低排放，减少资源消耗，减轻运输压力；高性能化还可以提高钢铁材料应用设施的服役性能，从而降低能源消耗，减少排放，保护环境。因此，高性能化是我国钢铁材料未来的发展方向。

国际钢铁协会（IISI）先进高强钢应用指南中将高强钢分为传统高强钢（conventional HSS）和先进高强钢（AHSS）。传统高强钢主要包括碳锰（C－Mn）钢、烘烤硬化（BH）钢、高强度无间隙原子（HSS－IF）钢和高强度低合金（HSLA）钢；先进高强度钢，也称为高级高强度钢（advanced high strength steel, AHSS）。AHSS 主要包括双相（DP）钢、相变诱导塑性（TRIP）钢、马氏体（M）钢、复相（CP）钢、热成形（HF）钢和孪晶诱导塑性（TWIP）钢[1]（见图 12－1）；AHSS 的强度在 500～1 500 MPa 之间，具有很好的吸能性，在汽车轻量化和提高安全性方面起着非常重要的作用，已经广泛应用于汽车工业，主要应用于汽车结构件、安全件和加强件如 A/B/C

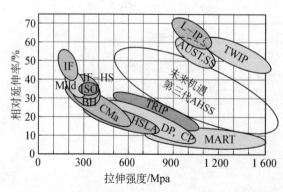

图 12－1　各种传统高强钢和先进高强钢的拉伸强度与延伸率的对比图

柱、车门槛、前后保险杠、车门防撞梁、横梁、纵梁、座椅滑轨等零件。

双相钢(DP)、马氏体钢(MART)、复相钢(CP)、相变诱发塑性钢(TRIP)和热成形钢(HS)等的强度范围为 $500\sim1\,600$ MPa,均具有高减重潜力、高碰撞吸收能、高成形性和低平面各向异性等优点,在汽车上得到了广泛应用,被称为第一代高强度钢。第一代高强度钢的显微组织是以铁素体为基体。DP 钢的显微组织主要是铁素体和马氏体,马氏体以岛状分布于铁素体基体中,马氏体的含量在 $5\%\sim20\%$,钢的强度随马氏体含量的增加不断提高。强度范围一般为 $500\sim1\,000$ MPa。CP 钢也称多相(MP)钢或部分马氏体钢(PM),其显微组织主要是铁素体、贝氏体和马氏体,少量的马氏体分布在细小的铁素体和贝氏体基体中。另外,还可以通过析出强化进一步进行强化,强度范围一般为 $800\sim1\,000$ MPa。马氏体钢的显微组织主要是板条马氏体,强度范围一般为 $900\sim1\,500$ MPa,是目前商业化 AHSS 中强度级别最高的钢种。TRIP 钢是近几年才商业化开发的钢种,它具有高的强塑积,特别适合用于要求具有高碰撞吸收能的零件,如纵梁等。

TRIP 钢的显微组织主要是铁素体、贝氏体和残余奥氏体,因此也称残余奥氏体(RA)钢。残余奥氏体分布在铁素体和贝氏体的基体中,含量在 $5\%\sim15\%$,马氏体和贝氏体等硬相以不同的含量存在。强度范围一般为 $600\sim1\,000$ MPa。与 DP 钢相比,TRIP 钢具有更高的延伸率,TRIP 钢的初始加工硬化指数虽然小于 DP 钢,但在很长应变范围内仍保持较高的加工硬化指数。TRIP 钢具有高伸长率的本质是应变诱发残余奥氏体转变为马氏体,同时,相变引起的体积膨胀伴随着局部加工硬化指数增加,使得变形很难集中在局部区域,因而可以得到分散而均匀的变形,实现强度和塑性较好的统一,较好地解决了强度和塑性的矛盾。TRIP 钢的生产需要在贝氏体区等温保持一段时间形成贝氏体和富 C 的奥氏体,其主要成分是 C、Si 和 Mn,其中 Si 的主要作用是抑制贝氏体转变时渗碳体的析出。随着钢板强度的提高,还需要添加 Nb 等微合金元素,Nb 在细化铁素体晶粒的同时,不影响残余奥氏体的稳定性。

TWIP 钢是一种具有高强度、高塑性、高吸收能的钢材,是近几年国外研究的热点钢种之一。TWIP 钢的成分通常主要是 Fe,添加质量分数为 $15\%\sim30\%$ 的 Mn,并加入一定量的 Al 和 Si,也有再加入少量的 Ni,V,Mo,Cu,Ti,Nb 等。TWIP 钢在室温下的显微组织是稳定的残余奥氏体,但是如果施加一定的外部载荷,由于应变诱导产生机械孪晶,会产生大的无颈缩延伸,显示非常优异的机械性能,在具有高强度的同时兼有高延伸率和高加工硬化指数。TWIP 钢的强度可以达到 800 MPa 以上,延伸率可以达到 $60\%\sim95\%$,30% 应变时的 n 值可以达到 0.55,被称为第二代高强度钢。

第三代先进高强度汽车用钢兼有第一代和第二代高强度汽车用钢的微观组织特点,并充分利用晶粒细化、固溶强化、析出强化及位错强化等手段来提高其强度,通过应变诱导塑性、剪切带诱导塑性和孪晶诱导塑性等机制来提高塑性及成形性能。由图 $12-1$ 可以看出,第一代汽车用钢的抗拉强度可以从 IF 钢的 300 MPa 提高到马氏体钢的 $2\,000$ MPa,甚至更高。但是,它们的塑性基本上随抗拉强度的提高而降低。可以说具有较低强塑积的第一代汽车钢已经不能满足汽车工业未来发展对轻量化和高安全的双重要求。对于第二代汽车用钢,它的抗拉强度在 $800\sim1\,000$ MPa 的水平上,而且它们的塑性在 $50\%\sim80\%$ 的范围内。由此可见,第二代汽车用钢的强塑积远远高于第一代汽车用钢,表明第二代汽车用钢具有非常高的碰撞吸收能力与良好的成型能力。但是相比于合金含量小于 5% 的第一代汽车用钢,第二代汽车用钢添加了大量的 Cr,Ni,Mn,Si 和 Al 等合金元素,其总合金含量高达 25% 以上,导致其成本较高、工艺性能较差及冶金生产困难较大。为了适应节约资源、降低成本、汽车轻量化和提高安全性的要求,需要研发具有成本接近第一代汽车用钢而性能接近第二代汽车用钢的低成本高强高塑第三代汽车用钢。因此,低成本和高强塑是未来汽车用钢的发展方向。

在开发低成本高强塑第三代汽车用钢过程中,设计和控制组织显得尤为重要。Matlock等人[1]基于第三代汽车用钢马氏体和奥氏体复相组织理论,预测出了铁素体和马氏体、奥氏体和马氏体组织的强度与韧性的关系,如图 12-2 所示[2],从图可以看出,通过组织调控来获得奥氏体和马氏体的双相组织,以获得高强高塑第三代汽车用钢的机械性能。例如,美国的Speer 等[3]在含 Mn-Si 的 TRIP 钢基础上,将低碳和中碳含硅钢经奥氏体化后直接淬火到Ms(马氏体相变开始温度)和 M_f(马氏体相变结束温度)之间的某一温度,形成一定量的马氏体和未转变的奥氏体,然后在该淬火温度或者在 Ms 以上的某一温度进行等温,使碳原子由马氏体分配至未转变奥氏体,从而在室温下获得由马氏体和残余奥氏体两相组成的复相组织,得到了较高的强度和良好塑性及韧性的配合。这种马氏体型钢热处理的新工艺被称为:淬火-分配工艺(quenching and partitioning, Q&P)。碳分配的温度可以等于初始淬火温度,也可以高于初始淬火温度,将碳分配的温度等于初始淬火温度 Q&P 处理称为一步(one-step)法处理,将分配温度高于初始淬火温度 Q&P 处理称为两步(two-step)法处理。通过 Q&P 处理,可以获得强度和韧性俱佳的高强度钢。Q&P 工艺与以往的传统热处理工艺(淬火-回火工艺,贝氏体转变相变等)最大的区别在于:有意引入 Si 和(或)Al 元素抑制碳化物的析出;有意通过碳原子分配稳定残余奥氏体。因此,Q&P 钢的一个局限性在于并没有充分利用碳化物的析出强化贡献。在 Q&P工艺的基础上,充分利用碳化物的析出强化作用,徐祖耀院士[4]于 2007 年提出了一种新型的热处理工艺:淬火—碳分配—回火工艺(Quenching-Partitioning-Tempering, Q-P-T)。与 Q&P工艺阻碍碳化物析出不同,在 Q-P-T 钢中加入碳化物形成元素,如 Nb 或(和)Mo,在 Q-P-T处理中使马氏体基体上析出复杂碳化物,以进一步增加钢的强度。自主创新发展超高强度钢当是目前的一项紧迫任务。为了开发出低成本高性能的新型第三代先进高强度钢,就要在吸收、消化国际钢铁研究成果基础上有所突破、有所创新。由于热成形钢 Q&P 钢和 Q-P-T 钢均具有优异的力学性能,其先进的热处理工艺在国际上引起了的广泛关注,其组织调控思想值得借鉴。

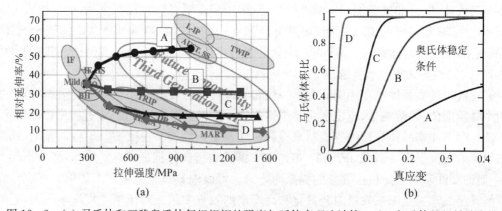

图 12-2 (a) 马氏体和亚稳奥氏体复组织钢的强度与延伸率理论计算 (b) 奥氏体的机械稳定性

总之,对于现代先进钢铁材料的设计开发,越来越重视对材料组织和微观结构的精确设计和控制,这需要研究人员更准确的理解钢铁材料的相变行为机制,更精准的把握相变动力学过程,比如马氏体相变及其伴随的碳配分过程、界面推移过程等。

12.1.2 铁基功能合金

钢铁材料主要以结构材料为主,除此以外,某些铁基合金也具有一定的功能性,最典型的功能材料就是形状记忆合金。形状记忆合金的形状记忆性能是指在低于 M_s(马氏体转变开始温度)点对合金变形,对变形后的合金进行加热,当温度高于 A_f(逆相变结束温度)点时,合金将恢复为变形前的形状的特性;而伪(超)弹性是指在 A_f 点以上对合金进行加载,合金因发生应力诱发的马氏体相变而产生一定的应变,当载荷卸除时,应变回复的特性。可见,形状记忆合金的形状记忆效应和伪(超)弹性特性均与合金发生的马氏体相变密切相关。

从 20 世纪 70 年代开始,人们相继在一些铁基合金中发现了形状记忆效应,研制出一系列铁基形状记忆合金。最早发现 FePt,FePd 合金具有形状记忆效应,而且马氏体相变为热弹性型。但由于 Pt 和 Pd 都是贵金属,价格较高,这限制了 FePt 和 FePd 形状记忆合金的应用。此后,相继在 Fe - Ni - Co 和 Fe - Mn - Si 系合金中发现了形状记忆效应。人们通过在 Fe - Ni - Co 和 Fe - Mn - Si 基体中分别加入 Ti, Si, Al, Ta 和 Cr, Ni, Co, Cu, N 等合金元素,以提高记忆合金的性能。在 Fe - Mn - Si 基体上发展起来的形状记忆合金主要有:FeMnSiCrNi, FeMnSiCrNiCo, FeMnSiCoNiC 等。Fe - Ni - Co 系沉淀强化型形状记忆合金在最近受到重点关注,尤其是 Tanaka 等[5] 报道的 FeNiCoAlTaB 形状记忆合金,该合金具有优异的形状记忆性能和超弹性特性,其可恢复应变达到 13.5%,为 TiNi 基形状记忆合金的两倍,且其抗拉强度大于 1 GPa。常见的铁基形状记忆合金如表 12 - 1 所示。

表 12 - 1　具有完全或近乎完全形状记忆的铁基形状记忆合金[6]

马氏体晶体结构	合　金	成　　分	M 形貌	相变特征	M_s/K	A_s/K	A_f/K	$A_f - M_s/K$
BCC 或 BCT(α')	Fe - Pt(有序 γ)	～25 at%Pt	薄片	热弹性	131	—	148	17
	Fe - Ni - Co - Ti (奥氏体时效 γ)	23%Ni - 10%Co - 10%Ti	透镜状	—	173	243	≈443	≈270
		33%Ni - 10%Co - 4%Ti	薄片	热弹性	146	122	219	73
		31%Ni - 10%Co - 3%Ti	薄片	半热弹性	193	343	508	315
	Fe - Ni - Co - Al - Ta - B	28Ni - 17Co - 11.5Al - 2.5Ta - 0.05B	薄片	热弹性	187		211	24
	Fe - Ni - C(奥氏体变形 γ)	31%Ni - 0.4%C	薄片	非热弹性	<77	—	≈400	>320
HCP (ε)	Fe - Mn - Si	30%Mn - 1%Si(单晶)	薄片	非热弹性	≈300	≈410		
		(28～33)%Mn - (4～6)%Si	薄片	非热弹性	≈320	≈390	≈450	≈130
	Fe - Cr - Ni - Mn - Si	9%Cr - 5%Ni - 14%Mn - 6%Si 13%Cr - 6%Ni - 8%Mn - 6%Si - 12Co	薄片	非热弹性	≈293	≈343	≈573	≈280
		8%Cr - 5%Ni - 20%Mn - 5%Si 12%Cr - 5%Ni - 16%Mn - 5%Si	薄片	非热弹性	≈260	≈370	<573	<310

（续表）

马氏体晶体结构	合 金	成 分	M 形貌	相变特征	M_S/K	A_S/K	A_f/K	$A_f - M_S/K$
FCT	Fe-Pt	～25%Pt	薄片	热弹性	—	—	300	—
	Fe-Pd	～30%Pd	薄片	热弹性	179	—	183	4

形状记忆合金的研究核心之一就是材料的马氏体相变行为，改善铁基形状记忆合金马氏体相变的热弹性及微观结构是开发形状记忆效应的关键。此外，铁基形状记忆材料独特的组织结构，包括大量的孪晶或层错，给材料带来了优异的阻尼性能，使其兼具减振降噪功能和优异的力学性能。

内耗是阻尼性能的关键参数，同时内耗技术对于各种相变过程中的材料内部结构变化响应特别灵敏，作为一种独特表征、分析手段受到广泛的重视，内耗研究结果对加深各类相变机制的理解和应用范围的拓展提供了极大的帮助。

12.2 钢铁材料的内耗谱及其机制

要一个内耗峰有用，必须了解它的详细机理。因此，这里首先要介绍铁基材料的内耗谱及其内耗现象的机理。

从内耗产生的原因，可以把内耗分为滞弹性型内耗（也称弛豫型内耗）、静滞后型内耗和过程（例如相变）内耗等。滞弹性内耗依赖于频率，通常没有振幅效应。静滞后型内耗则与频率无关，却与振幅有关。过程内耗也是与测量频率有关的内耗。但所有这些类型内耗都和温度有关。而不同类型的内耗一般出现在不同的温度、频率或振幅范围，并有不同的特征，因而可以分别加以研究，至今测量内耗的频率范围从远远低于1赫兹到几百兆赫兹，温度范围从液态氦到约2000℃。下面介绍几种被人们广泛认知的铁基材料内耗峰（见图12-3）及其产生的机理。

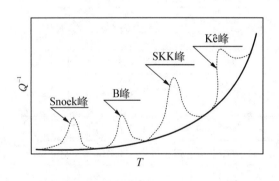

图 12-3 铁基材料内耗谱示意图

12.2.1 Snoek 峰

这是一种应力诱发 bcc 金属中间隙原子扩散（有序）引起的内耗。随着羟基铁弹性后效的揭示，1939 年 Snoek 用低于 1Hz 的频率测量了类似的铁的内耗，发现室温附近有一内耗峰。他进一步通过用湿氢去 C，N 和再次渗入 C，N，导致这个峰的消失和重现，从而证明了它是 α-Fe 里的 C，N 引起的内耗，并提出有关它的理论解释。由于该峰是由 Snoek 首先发现，并解释了该峰的形成机制，故称为 Snoek 峰。Snoek 指出，体心立方金属中的间隙溶质原子不是处在最大空隙处——四面体间隙中心位置，而是处在略小的八面体间隙中心位置，即晶胞棱中心 $(1/2, 0, 0)$，$(0, 1/2, 0)$，$(0, 0, 1/2)$ 和面心 $(1/2, 1/2, 0)$，$(0, 1/2, 1/2)$，$(1/2, 0, 1/2)$

位置。间隙原子处在这些位置将产生四方畸变,其最大畸变发生在两个最邻近的铁原子方向,即是在三个立方轴$\langle 100 \rangle$上。在图 12-4 中,x, y, z 是三个立方轴的方向,相应的间隙位置称为 x, y, z 位置,在没有外应力时三种位置上的溶质原子数目应该相等;设 n 为溶质原子总数,则每个位置上有 $n/3$ 个原子。如果在 z 方向加一个(远低于弹性极限的)小拉力,则溶质原子处在 z 位置的畸变能就会降低,而 x, y 位置上的溶质原子畸变能将增高,这样的能级分裂就会使 x, y 间隙位置的溶质部分地向 z 位置转移,造成有序态。与此相应,在 z 方向上除了外应力作用下产生的弹性应变外,还将产生一个由于这种"转移"引起的附加应变,即滞弹性应变。反之,如果在 z 方向上加一压应力,处在 z 方向间隙原子就会向 x, y 位置转移。如果施加的是交变应力,则 C 原子便会在晶体中往复跳动,这

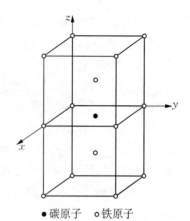

●碳原子　○铁原子

图 12-4　体心立方金属中间隙溶质原子的位置

种现象称为微扩散。由于原子跳动需要时间,这种原子跳动有序化而产生的附加应变就要落后于应力一段时间,便引起能量的耗损。对于钢铁 α 相中碳间隙原子的 Snoek 内耗-温度(Q^{-1}-T)峰的出现,可解释如下:低温下($\ll 40℃$)原子跳动来不及进行,依赖于时间的应变不发生,高温时($\gg 40℃$),原子扩散速度快,依赖于时间的应变能够很快完成,即应力和应变之间的位相差很小,内耗也很小;只是在峰温度 40℃处,才有足够多碳原子滞后跳动带来与施加相差最大的滞弹性应变、出现内耗峰。

　　Snoek 峰是一个十分重要的弛豫现象,它可测出 α-Fe 里 ppm 数量级的固溶 C 和 N,是目前最好的和国内外正在积极发展的测定钢铁中固溶 C 和 N 的手段。很显然,它也是研究钢铁里间隙元素的固溶、脱溶沉淀与其他元素作用和从原子层次上研究钢铁时效等非常有效的工具。Snoek 峰的机制已十分清楚,因此它的应用也很广泛,主要是应用于以下几个方面:

　　(1)过饱和固溶体中的脱溶沉淀:因为 Snoek 峰的高度正比于固溶体中溶质原子的数量,当其脱溶而形成了第二相粒子后对内耗即无贡献,因此测量内耗峰高度的变化即可定量地得到沉淀量对时效时间和时效温度的函数关系。

　　(2)应变时效:溶质原子聚集在位错线上,也就离开了固溶体中正常点阵位置,因而对 Snoek 内耗峰也无贡献,有人利用内耗峰的测量,研究了冷加工 α-Fe 中 C 和 N 向位错偏聚的行为,第一次用实验证明了应变时效的 $t^{2/3}$ 规律。

　　(3)填隙固溶体的溶解度曲线:与一般用化学方法测出的溶解度比较,用内耗方法可以测定更小的溶解度。

　　(4)扩散参量的测定:原子扩散引起的弛豫内耗可以用改变频率法方便地求得扩散激活能,在体心立方填隙固溶体中用此法测得的填隙原子的体扩散激活能一般与通常的扩散测量方法所得的符合很好。

12.2.2　SKK(Snoek-Kê-Köster)峰

　　1941 年 Snoek 在经过形变的含 C(或 N)的 α-Fe 中观察到,在 Snoek 峰的高温侧(200℃附近 $f = 0.2\,Hz$)还出现一个弛豫内耗峰,并把它归因于 Gorsky 效应。1948 年,Kê T. S.(葛庭燧)首次系统地研究了这个变形峰,他用含 40 ppm 氮的冷加工纯铁进行内耗测量($f =$

0.5 Hz），在 225℃ 观察到一个明显的内耗峰。他发现冷加工下，在 20℃ 下 N 的 Snoek 峰不出现；当试样经再结晶退火后，225℃ 的峰消失，而 20℃ 峰则再现——225℃峰与 20℃峰是相互消长的。Kê 明确指出，该峰出现的条件是铁试样中含有微量的 C 或 N，并且经过冷加工；并把这个峰归因于 C 或 N 在冷加工时所产生的一种特殊类型应力区域内的应力感生扩散（已接近了当今广泛接受的物理机制——"Ke's tentative interpretation of the peak at 225℃ was close to the physical picture widely accepted today "[7]）。葛还测出了该峰的激活能约 32 000 cal/mol，远大于 Fe—N 的 Snoek 峰的激活能（18 000 cal/mol）；他还估算出，N 在交变应力作用下的平均扩散距离约为几个原子间距。1954 年，Köster 等人对含 C 或 N 的冷加工铁中的这一内耗峰做了更详尽地研究，至 20 世纪 70 年代初的大量研究确定了，这个峰有以下重要特征：

（1）SKK 峰只在 bcc 金属中出现，在测量应变振幅小于 7×10^{-5} 范围内尚未观察到振幅对内耗的影响。

（2）内耗峰的温度随冷加工度的增加而向高温移动，而溶质原子含量增加时，峰温也线性增加，但后来达到一个饱和值，此值却随冷加工量的增加而降低。

（3）形变量增加，峰高增加，峰温降低，且有峰高与形变量的平方根成正比的关系。

（4）峰高与固溶体中间隙原子含量成正比，但达饱和值后即不再随间隙原子的增加而增加，此饱和高度与形变量有关。

（5）不同温度下时效后急冷，测量 SKK 峰与 Snoek 峰有相互消长的关系，当 Snoek 峰近于消失时，SKK 峰尚无变化。而当 SKK 峰几近消失时，Snoek 峰尚未恢复到最大值，这表明溶质原子对 SKK 峰无贡献后并不立即进入固溶体中。反之亦然，这里存在着滞后现象即有转变孕育期。

（6）淬火处理也能使含 C 或 N 的 α-Fe 在 200℃ 附近出现淬火峰。Köster 根据它的出现温度、退火行为、淬火温度影响以及峰高与间隙原子含量成正比的关系认为此峰与冷加工峰的机制一样。

（7）在 Fe-N 合金中，每一个 N 原子对 SKK 峰的贡献比对 Snoek 峰的贡献大 8 倍，也即两个峰的单个原子的弛豫强度相差 8 倍；但对于 Fe-C 合金，单个碳原子对其 Snoek 峰和 SKK 峰高的贡献比，则仅为 1～2/3（铁中碳、氮原子的此种差异，曾被认为是 SKK 弛豫最大的迷惑——"A most intriguing aspect of the S-K relaxation"[8]）。

（8）SKK 阻尼的激活能不仅比 Snoek 阻尼激活能明显大；而且，不同研究的测量值差异（波动）亦很大等。

有关 SKK 阻尼机制，有过很多设想，除了上面提到的 Gorsky 效应（即梯度应力场下的原子扩散）和 Kê 的描述之外，较受关注的有 Schoeck 的弦模型、Seeger 的弯结模型和耦合模型。Schoeck 虽未明确相关位错的类型，其结果的发表即受到了广泛关注；由于认为 Schoeck 模型不能解释 SKK 峰会有比 Snoek 峰更高的激活能，Seeger 等便提出既有间隙原子扩散激活能，又包括弯结形成和移动激活能的弯结模型；而一些学者认为，Schoeck 的理论里还没有考虑位错段长度的分布等因素，因而不能解释 SKK 峰过宽和不对称（高温支抬起）的问题，便在 Seeger 模型的基础上，进一步提出考虑了位错-间隙原子复合体内相互作用的耦合模型。戴景文等深入地研究了代位元素 P 对 SKK 阻尼的影响，明确和得出了：引起 SKK 峰的位错是非螺位错，位错拖弋的气团是间隙溶质 Cottrell 气团，拖弋 Cottrell 气团的位错按 Schoeck 描述的弓出运动(弦振动,见图 12-5)引起内耗。在文献[9]里,还对上面提到的"SKK 弛豫的最大的迷惑"、SKK 峰的激活能及其测量值差异大,以及峰的形状等问题做出了阐明。

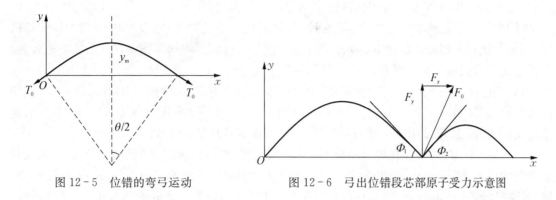

图 12-5　位错的弯弓运动　　　　图 12-6　弓出位错段芯部原子受力示意图

12.2.3　B峰

这是出现在 Snoek 峰和 SKK 峰之间的位错-间隙原子(FIA)交互作用内耗峰。虽然它不像 SKK 峰那么广受关注,但位错拖曳 FIA 稀 cottrell 气团运动引起内耗的"B"峰机制,却早在 20 世纪 60 年代就已经提出。Agarwala 和 Beshers 清楚地写到,位错拖曳的杂质(FIA)浓度是那样稀,以至它们之间的位错段,可以在外应力作用下法向绝热地弓出去,使 FIA 偏离位垒,在位错芯左、右跳动产生内耗。后来 Nabarro 在讨论可动钉扎点-(位错)芯扩散时,联系温度条件做了进一步描述,并给出了可动钉扎点原子横向跳动的力 $F_x = F_0(\cos \phi_1 - \cos \phi_2) \propto (L_2^2 - L_1^2)$ 关系;这里的 F_0 为外力幅值,φ_2、L_2 和 φ_1、L_1 分别是可动钉扎点原子两侧弓出的长、短位错弧切线与 x 轴夹角和位错段弧长(见图 12-6)。很明显,这要求位错上可动钉扎原子浓度要低到,既有较长的 L 和足够大的弓出力 $\sigma_0 Lb$(此处,σ_0 是应力幅值,b 是柏氏矢量),又得保持在 B 峰温区里钉扎点原子左、右跳动是自由的,没有障碍。

大量研究表明,B 峰是拖曳稀间隙原子 Cottrell 气团的位错,在应力作用下运动,同时引发间隙原子位错芯扩散引起的;因此,出现 B 峰必须是 bcc 金属(Fe),既要有可动位错(如外应力变形),还要有间隙原子,并形成稀 Cottrell 气团。

12.2.4　晶界(Kê)峰

1947 年,葛庭燧(T. S. Kê)用他发明的内耗装置(Kê-pendulum)等方法,以晶界内耗(Kê峰)、蠕变等研究结果,首次证明了"金属晶界的黏滞性行为",他不仅揭示了多种金属 Kê 峰的各种行为和变化规律,提出了 Kê 峰的宏、微观模型,并根据他的 Kê 峰等实验结果,首次提出:材料的晶界只有 1~2 个原子厚,晶界内耗源有类似液体的无序原子群结构,高温下晶界可动等等。但由于晶界问题自身的复杂性和对晶界结构一直不是很清楚,对 Kê 峰的认识产生过较大分歧,个仅一直存在晶界内耗源是无序原子群(amorphous)还是位错的分歧,而且曾完全否定晶界内耗的存在,在 1985 年的第八届国际内耗会议的会刊里,甚至用高温效应取代了提出近 40 年的晶界内耗。人们面临和要弄清楚的问题的是:Kê 峰是否起因于晶界。这需要详细分析迄今提出的有关 Kê 峰的各种解释,回顾和全面思考已揭示的 Kê 峰各种行为,并从中找出办法。

Kê 的无序原子群模型,是根据 Orowan 研究非晶塑性的结果(当温度足够高时,无序分布的原子引起黏滞型流动)和 Eyring 有关热元流中液体运动过程的描述提出的,由 Kê 的图示和描述[10]可以看出,无序原子群的黏滞性流动是靠点缺陷(图中划斜线的原子)运动实现的,即 Kê 峰的内耗源是点缺陷。这样,对有关 Kê 峰解释问题争论的考查,就可以归结为是位错机制,还是点缺陷机制能够解释 Kê 峰各种行为和现象。这需要看迄今揭示的 Kê 峰各种行为,而对于通常研究的多晶金属 Kê 峰,可以归纳以下几点:

(1) 随晶粒尺寸的增大,依次出现低温 Kê 峰(LTP),中温 Kê 峰(ITP)和激活能很高、峰很大的高温 Kê 峰(HTP),这三者之间依次有减增关系,即 ITP 出现和增加,则 LTP 将降低直至完全消失,而 HTP 的出现,则 ITP 消失,但也存在多峰共存的情形。

(2) 加入元素,通常在比纯金属(PM)Kê 峰更高温度处,出现固溶(SS)Kê 峰,而随加入元素数量的增加,将在比 SS 峰温度更高处,出现激活能很大峰很高的 SS‐cluster Kê 峰,PM 峰、SS 峰和 SS‐cluster 峰之间,也有类似 LTP、ITP 和 HTP 三者间的消长关系,可以两峰、还可能多峰共存等。

(3) 变形使 Kê 峰降低,甚至可完全消失,退火则使 Kê 峰升高,退火越充分 Kê 峰越高。

(4) 某些金属在空气中多次测量 Kê 峰或样品在高温空气中放置,则 Kê 峰可完全消失。

(5) Kê 峰是弛豫峰,在测量条件下还未见 Kê 峰有振幅效应的报道。

(6) Kê 峰的激活能 H_g,通常在晶界扩散和体扩散激活能之间,但 H_g>体扩散激活的情形,也并非鲜见。

(7) 外推到液态温度的晶界黏滞滑动系数,相当(若考虑晶界偏析,可能会是相等)于液体金属的黏滞系数等。

Kê 等研究不同纯度(4 N, 5 N, 6 N)Al 得出,随着纯度提高,Kê 峰随晶粒尺寸改变的变化将变小,再联系元素的晶界偏聚就有理由认为,这里的(1)和(2)有相同的本质;即各种 Kê 峰的出现,都是晶界元素浓度变化导致晶界内耗源结构改变引起的。现在用 Kê 的无序原子群——点缺陷及点缺陷 cluster 模型,来解释上述各种 Kê 峰行为:因为 Kê 峰阻尼源是点缺陷,会由于构成点缺陷元素不同,有不同的 H_g,也会由于晶粒尺寸增大或加入足够多的元素等,使之结构改变而成为点缺陷 cluster;因此,便有(1)中的 LTP, ITP 和 HTP,也会出现(2)中 PM, SS‐Kê 峰和 SS‐cluster Kê 峰。而由于无序原子群是"偏析缺陷",会由于变形受到破坏和在退火中得到回复,而且变形越大,破坏越严重和退火越充分"偏析缺陷"回复越好,即出现(3)的变化规律。当 Kê 峰内耗源处的原子,一旦和氧等原子结合成不能动的化合物时,就会失去产生阻尼的作用,这就是(4)里的情形。而因为 Kê 峰的内耗源是点缺陷,它就是没有振幅效应的弛豫型内耗,即有(5)的特征。因为产生 Kê 峰,是靠点缺陷及其 Cluster 热激活运动实现的,故就会有(6)中的 H_g。而无序原子群本身就是无定形的,是一种类似液体的结构,自然会出现(7)的情形等。

很明显,用位错模型将很难解释这些现象。这里,特别提到的是 Z. Q. Sun(孙宗奇)和 Kê 的模型,它是迄今少有给出了内耗峰和多种阻尼参量的 Kê 峰位错理论;有趣的是,当作者去和实验结果进行比较时,得假定位错平均长度约等于柏氏矢量;而当一个位错线只有一个原子尺度长时,它就是一个点缺陷,即从位错模型出发的 Kê 峰理论,却最终回归到了点缺陷模型上。现在,还有两方面的研究应该提到,一个是 He Y. Z.(何怡贞)等人的金属玻璃内耗研究;他们发现,在低于晶化温度大约 20℃处,有一很大、很稳定的内耗峰,这应是作为非晶结构的无序原子群,能够作为内耗源的实验依据。另一方面的研究是晶界结构 TEM 观测,Ikabara 等用 TEM 观测扭转角分别为 0℃和 30℃的双晶晶界发现,前者的应变衬度周期反而比后者的短,指出这是用高角晶界的位错结构解释不了的。另一方面,Yoshinaga 等对晶界的高分辨电子显微分析,则示出了晶界非晶层的清楚证据;而这样的结果,特别是对有杂质(哪怕只是痕量)的材料,已是非常鲜见。这是高角晶界存在无序结构的直观证据。下面的问题应该是,证明 Kê 峰产生于晶界。

有了上面分析,就会比较容易找到判定 Kê 峰本质的办法。都知道,测量内耗通常是在应变振幅为 $10^{-5} \sim 10^{-7}$、甚至还可以小的条件下进行的,这意味着 Kê 峰阻尼源是晶界上的易动的高能区;正像王业宁、朱劲松的实验里的情形,是 2 ppm C 择优存在的区域。这样,如果适量加入两种有强相互作用的表面活性元素,它们将偏聚在 Kê 峰阻尼源处形成化合物,以至失去产生阻尼的作用,Kê 峰就将大大减少,甚至完全消失。为此,戴等研究了分别掺杂有强相互作用的表面活性元素稀土(Re)和 P 及 Nb 与 C 的 Fe 基材料 Kê 峰。研究表明,由于加入 5 840 ppm 的 Re,高磷 Fe 中的 Kê 峰几乎完全被抑制,同时观测到沿晶界分布的小颗粒 LaP 粒子。而对于 Fe-Nb-C 合金,当 Nb 含量达到~4 000 ppm 时,Kê 峰可完全消失;元素 Nb 的 SEM 面扫描表明,平均晶粒尺寸为 7μm 的样品,晶界出现大量细小的含 Nb 粒子。这些应该证明了,晶界内耗源是一个个的“点”,也证明了 Kê 峰“并非起因于晶粒内部的位错运动,而应归因于晶界运动过程。这就是 Kê 峰的掺杂表面活性元素判别方法。

20 世纪 80 年代以后,Kê 和他的合作者,给出了竹节晶 Kê 峰高度与竹节晶数目的线性关系,是 Kê 峰产生于晶界的更严格和很有说服力的证明。另外,在文献[11]里,Kê 结合有关晶界的分子动力学研究和重位点阵(CSL)描述等,对高角晶界的结构和 Kê 峰机制做了全面论述。Kê 提出,当温度超过 $T_0 \approx 0.4T_m$(T_m 为熔点)时,晶界坏区将主要以无序原子群存在;而且,这种无序原子群模型,对于非平面晶界和杂质偏聚的晶界也是正确的。

12.2.5　磁内耗

磁体按其磁化率大小区分有三种类型,即铁磁体、顺磁体和抗磁体。由于顺磁性的存在,许多金属材料可以被磁化或者改变其磁化程度。对于铁磁材料,在温度降到居里点以下时发生自发磁化,这是其中不同取向磁畴都沿某一特殊取向所造成的。如果施一外磁场也会出现磁化现象。在一较小的磁场作用下可以使得畴界面迁移,而在一较大磁场下可以使磁畴发生转动。通常磁化方向沿晶体主轴,如 fcc 中$\langle 111\rangle$和 bcc 的$\langle 100\rangle$。在$\langle 100\rangle$取向为其易磁化轴向的材料中,相邻磁畴的磁化矢量在取向上可分为 90°或 180°界。对于易磁化轴向沿其他方向的情况,近邻畴间的关系更为复杂。

磁弹性内耗是铁磁材料中磁性与力学性质间的耦合所引起的,这在一个多世纪以前人们就认识到了。1847 年 Joule 报道铁和钢的磁化引起尺寸变化,Matteuci 则发现尺寸的改变引起磁化强度的变化。这就是磁致伸缩现象,是他提供了磁性与力学性质的耦合从而引起滞弹性弛豫。这种弛豫分为宏观涡流、微观涡流以及由磁致伸缩引起的静滞后型内耗。宏观涡流是最便于处理的一类磁弛豫过程。在一条非常细长又部分磁化的试样上突然加一张应力,就会改变磁化强度,这种变化会在试样表面感应出涡流,其大小恰使试样中的磁通量不变。而涡流逐渐向内部扩散,使磁通也向内扩散,并使磁场强度降到其原来的值。这种趋向平衡的磁场变化,因磁致伸缩效应又产生了附加应变。由于这一涡流扩散是弛豫过程,所以产生弛豫型内耗。之所以称之为宏观涡流是因为涡流在和试样的几何形状及尺寸相应的轨道上流动。而微观涡流则是对于退磁样品，应力虽然不能产生大块的磁化，但由于铁磁材料的磁畴结构，应力可以在磁畴中产生磁场的局部变化，从而引起微观涡流，对内耗做贡献。这两种"涡流"损耗都与磁参量或其变化有关，都随电阻率增大而减小。但前者与试样尺寸有关，而后者却和试样内部内应力及其微观分布（密度）有关。而当频率足够低，以致磁性变化如此之慢，感应涡流已非常小时，一种称之为静滞后的阻尼将成为主要的磁内耗。它被描述为磁畴壁的不可逆大范围跳动，以致试样的 σ-ε 成为一种回线而出现内耗。这种内耗与两种"涡流"引起的内耗不同，它与频率无关，但强烈地与测量的应变振幅有关。它的磁畴壁运动"特征"最突出，也是与我们的低频（扭摆）测量的内耗关系最密切的一种。特别是在描述产生这种内耗的畴壁不可逆跳动时，Nowick 提到这样"jumps"关联着或只是由于磁滞伸缩，或是由一种位错网络和沉淀等在铁磁材料内形成的无规则的内应力分布。因此，在这样的情形里，静滞后磁内耗将会提供种种反映具体条件下这些材料微观结构作用、行为和分布等有价值的信息，成为研究它们很有用的内耗现象。

上面这三种在内耗专业里涉及的磁内耗，De Batist 把它们称之为"内禀磁弹性效应"引起的"单一磁弹性损耗"[12]，这三种内耗还有一个共同特点是，它们都随着磁畴壁的消失（如磁化到饱和）而消失。按文献[13]的分法，磁有序临界温度（即居里点）附近的与温度有关的内耗和模量亏损属于另一种磁内耗。它是一种高频下显著的内耗。很明显，虽然这也是一种与温度相关的内耗，但它不是服从 Arrhenius 关系的滞弹性阻尼，而只是一种与温度相关的过程阻尼或阻尼变化。文献[13]把受杂质影响的磁阻尼归为第三类磁内耗，这类杂质的影响，可以归结为受磁滞伸缩应力场作用有序化而阻碍畴壁的进一步运动。事实上，作者讨论所谓的"畴界与点缺陷间的交互作用"，确切说是铁磁畴与点缺陷的交互作用。这是因为按照作者的描述，磁畴的出现便在磁化的晶体晶格引起磁弹性变形，而这种磁弹性应力场与能够被描述为弹性偶极子的点缺陷之间的作用，一旦时间和温度"允许"将导致后者择优取向有序，以致它们在不同的磁畴里取向不同。这样，当外场作用下磁畴壁运动时，能量的损耗就不只是花在改变磁化强度方向上，还要花在改变畴壁附近的弹性偶极子的方向上，其实质是一个畴的偶极子因为畴壁运动而归入另一畴时，在"新畴"的磁弹性应力场使之改变方向的。还可以看出，由于把后者视为"畴壁运动引起的自身以外的能量损耗"，便归于又一类磁内耗。

12.3 钢铁中的各种相变内耗

钢中的相变主要有珠光体相变、贝氏体相变、马氏体相变等，根据相变过程中原子的迁移情况可分为扩散型和切变型，都属于一级相变，即具有相变热效应和伴随相变发生体积变化。材料工作者着重研究材料成分和制备或加工工艺对结构、显微组织形态的改变，从而对性质（效能）的影响，进而对材料应用的评价和开发作出贡献。材料工作者在探求相变是如何产生的和相变是怎么进行的这两个问题之际，还在实验基础上，寻求材料通过一定的相变，获得理想的组织和性质的途径，以改造传统材料和研发新型材料。

采用内耗方法可以灵敏地探测微观结构的演变，例如，相变过程原子的迁移、界面的移动等。由于相变机制不同，相变过程中的内耗也不尽相同。根据相变内耗特征，钢中的相变内耗主要有珠光体相变内耗、贝氏体相变内耗、马氏体相变（包括冷冻处理）内耗等，其中马氏体相变内耗又可以分为热弹性和非热弹性。一般认为马氏体相变属于静滞后型内耗[14]，而珠光体和贝氏体相变属于非静滞后型内耗。此外，钢中碳化物析出也呈现内耗现象。

12.3.1　钢铁中马氏体相变内耗

12.3.1.1　马氏体相变内耗起源

根据内耗的影响因素，马氏体相变内耗峰可分为瞬态峰、相变峰和本征峰，即[15]：

$$IF(T) = IF_{Tr}(T) + IF_{Pr}(T) + IF_{Int}(T) \tag{12-1}$$

式中，$IF_{Tr}(T)$ 为瞬态峰，$IF_{Pr}(T)$ 为相变峰，$IF_{Int}(T)$ 为本征峰。

$IF_{Tr}(T)$：与动力学有关；在加热或冷却过程中才出现，等温时值为零；马氏体相变中出现一个峰值；非常依赖温度速率、频率、振幅等变量；直接和单位时间内相变的体积分数相关。

$IF_{PT}(T)$：和相变本身有关；等温测量时得到的内耗峰与之相关；是 kHz 频率范围内最重要的测量值。

$IF_{Int}(T)$：只和每个相的组织结构有关。

当升降温速率为零时（$\dot{T}=0$），瞬态峰为零，马氏体相变峰仅与本征峰和相变峰有关；采用迭代方法进一步分离，最终可以计算相转变量。

对于马氏体相变的研究，内耗技术不仅是一种非常灵敏的表征手段，其测试过程中反映的模量变化以及新形成相界面相关的耗散特征，有助于加深人们对于马氏体相变内在机制的理解。钢铁材料的马氏体相变包括三种形式：FCC-BCC(BCT)型，FCC-HCP 型和 FCC-FCT 型，其中与马氏体相变相关的内耗研究主要集中在 FCC-HCP 型马氏体相变。

12.3.1.2　FCC-BCC 型相变内耗

FCC-BCC 型马氏体相变是钢铁中最典型的马氏体相变类型，对于这类马氏体相变的理论研究，最典型的模型材料为 Fe-Ni 合金和 Fe-Ni-C 合金。

与热弹性马氏体相变的内耗特征相比，钢铁材料的马氏体相变内耗行为具有明显不同的特征，从而揭示了其独特的马氏体相变机制。自 20 世纪 50 年代开始以内耗研究 Fe-Ni 合金的马氏体相变以来，在很长一段时间内学者们认为，在无扩散的切变相变时，由于相界面运动引起内耗，出现的内耗相变就是切变相变，因发现一些材料在贝氏体相变温度呈现内耗峰，论证其不是扩散峰后就认为贝氏体相变属切变型的相变，并认为扩散型相变不会呈现内耗峰，但后面的实验表明这个看法并不正确。1990 年徐祖耀及其合作者[16]研究了 Fe-Ni-C 的 FCC-BCC 马氏体相变低频内耗，结果如图 12-7 所示，并与贝氏体相变和珠光体相变的内耗结果进行对比研究。得到结论：对 Fe-Ni-C 的马氏体相变，其相变速率及相变非弹性应变较其珠光体相变和贝氏体的为大，而相变温度又较低，按 Belko 理论[17]，其内耗峰值应较珠光体和贝氏体相变的高得多，而马氏体相变实验内耗峰值却较珠光体和贝氏体相变的小一个数量级。2003 年，徐祖耀[18]再次从相变内耗来源的角度对这个结果进行了解释，按照界面运动损耗能量正比与界面能量的推理，认为马氏体相变内耗峰值较低的原因是因为马氏体相变过程中形成的马氏体/母相界面能量相对较低。实验还发现，与热弹性马氏体相变不同的是，Fe-Ni-C 等材料在连续降温过程中，弹性模量略呈下降，但呈非典型的最低点，且软化行为在马氏体相变温度以下才出现。文章认为这反映了铁基合金的马氏体相变与局域软化有关。

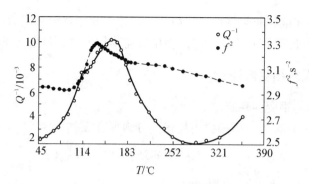

图 12 - 7　Fe - 9.73Ni - 0.36C 合金以 2.9K/min 降温时
的马氏体相变内耗行为

内耗技术还能满足一些复杂条件下的相变行为研究,比如纳米材料中晶粒长大和相变耦合过程中相变的表征。汪宏斌等[19]采用 DMA 仪器通过低频内耗技术研究了气相凝结法制备的 Fe - 25 at%Ni 纳米晶块材在 -100~400℃ 温度范围的内耗和模量变化,实验发现降温过程中 -75℃ 出现的内耗峰与马氏体相变有关,加热时,在 200℃ 发现了内耗峰并伴随模量变化,结合 XRD 分析表明此峰与应力诱发马氏体逆相变有关,该温度明显低于热诱发马氏体逆相变温度,同时证实了 Fe - Ni 合金 BCC - FCC 相变需要软模机制。

内耗技术对钢铁合金中的等温马氏体相变行为及其内在机制的研究也提供了很多佐证。张骥华[20]对 Fe - Ni - Mn 等温内耗测试发现,内耗峰在孕育期就出现,其峰值随孕育时间的缩短而升高,并显示了局部软模现象。等温马氏体相变的内耗特征和局部软模行为与变温马氏体相变一致,有助于加深理解等温马氏体相变的机制。最近,Golovin 等[21]使用内耗技术表征了 24Ni4Mo 奥氏体不锈钢和 12Cr9Ni4Mo 马氏体时效钢的等温马氏体相变行为,计算其激活能与奥氏体中的碳扩散激活能不符,因而认为该激活能与位错帮助等温马氏体相变的形核有关,表明内耗对于等温马氏体相变动力学行为十分敏感。

12.3.1.3　FCC - HCP 马氏体相变内耗

FCC - HCP 型马氏体相变通常发生在含 Mn 量较高的钢铁材料中,其独特的层错型马氏体结构导致良好的阻尼性能,因此,FCC - HCP 型马氏体相变的内耗机制和与此相关的应用研究受到较多的关注,主要研究的材料包括:Fe - Mn, Fe - Mn - Si, Fe - Mn - Cr, Fe - Mn - Al 和 Fe - Cr - Ni 等合金体系。本节只讨论 FCC - HCP 型马氏体相变相关的内耗机制,对于 HCP 型马氏体所表现的高阻尼行为机制不做描述。

Fe - Mn - Si 基合金对应的 fcc - hcp 马氏体相变内耗峰附近,母相的弹性模量并不显著下降,多数数据显示总体模量上升,如图 12 - 8 所示,而母相的晶粒大小及亚晶大小对相变温度也没有显著影响[22]。因此认为 fcc - hcp 马氏体相变的形核并不强烈依赖于软模,相变对应的模量上升则解释为由于新生成的马氏体模量较大。内耗行为表明,fcc - hcp 马氏体相变形核机制与热弹性马氏体相变和 fcc - bcc 马氏体相变的形核有显著区别。

徐祖耀等[23]通过调整 Fe - Mn - Si - Cr 合金中 N 含量,强化母相的屈服强度并增加层错能,导致其相变时的模量呈明显降低,该实验表明合金因层错能的升高,其马氏体相变将部分依赖软模或局域软模形核,呈层错-软模耦合机制。内耗与模量测量对相变形核机制研究作用显著,fcc-hcp 逆相变时模量软化显著,但其内耗峰值较正相变的内耗峰为小,这表明 fcc-hcp

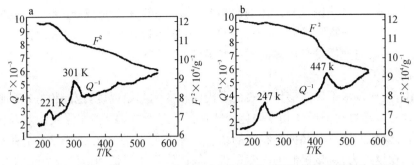

图 12-8 Fe-Mn-Si-Cr 合金在升温和降温过程中内耗和模量的变化

正、逆相变的机制不同,正相变以层错直接形核,逆相变一般以不全位错的逆运动、同时也借助于马氏体中的残余母相形核。马氏体在高温时其层错能会增加,高温相形核困难;受基体强化影响,不全位错的推移会增高阻力,这就需基体有较大的模量软化,才使 fcc-hcp 逆相变得以进行。由于马氏体相的较大软化,逆相变温度变化不大;软化使相界面结构重排,减低了界面能,因此内耗峰值较低。逆相变时,马氏体相的层错能和强度对逆相变的影响,仍有待进一步探讨。

由于内耗对于二级相变也有明显的响应,吴晓春等[24]还通过内耗技术研究了 Fe-Mn-Si 基合金中反铁磁相变对 fcc-hcp 马氏体的影响。当反铁磁温度接近马氏体相变温度时,马氏体相变的进行受反铁磁相变的干扰,在反铁磁温度以下,马氏体相变虽仍能进行,但相变进程受到延滞,显示反铁磁相变延迟马氏体相变动力学,这与 Mn-Fe 合金中反铁磁相变对 fcc-hcp 马氏体影响趋势相反。

通过对内耗的特征规律的研究,也能从侧面反映相变的机制。Cabanas 等[25]用高频(40 kHz)内耗研究了 Fe-14wt％Mn 和 Fe-21wt％Mn 合金 fcc-hcp 在 20～350℃ 温度范围内可逆相变的内耗和模量变化,测量了应变导致的依赖振幅的内耗,此内耗被认为与伴随相变的位错结构变化相关。研究表明,伴随 Fe-Mn 合金 fcc-hcp 相变时,fcc/hcp 相界面推进是一个符合 Debye 弛豫方程的热激活弛豫过程,内耗结果分析得到的马氏体相变过程的激活能为,内耗峰源于 fcc/hcp 界面迁动,因此在两相共存温度范围均能观察到。

Fe-Mn 基合金的内耗来自 ε 马氏体变体界面、ε 马氏体的层错界面、母相和 γ/ε 界面四种缺陷,即 Shockley 不全位错和点缺陷的相互作用。Shuke Huang 等[26]通过研究不同振幅下 Fe-19Mn 合金的内耗表现,认为低振幅时内耗主要来自 Shockley 不全位错的"弓起"(bowing out),而高振幅下内耗主要来自 Shockley 不全位错的"脱钉"(breaking away),如图 12-9 所示。但是这一机制的确认还需要进一步的实验证据进行论证。本研究对于应力条件下 Fe-Mn 基合金中的 ε 马氏体变形机制提供了一定的参考意义。

Fe-Mn-Si 基合金作为一款重要的铁基形状记忆材料受到关注,其一般通过应力诱发 fcc(γ)→hcp(ε) 马氏体相变及其逆相变而呈现形状记忆效应(SME),马氏体的逆相变量是影响 SME 的重要因素。吴晓春等[27]利用声频内耗仪测试了 Fe-Mn-Si 基形状记忆合金热诱发马氏体、一般应力诱发马氏体和热-机械训练后的应力诱

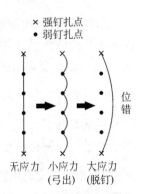

图 12-9 Fe-Mn 合金在不同应变状态下的"弓起"和"破坏"机制

发马氏体的逆相变过程,热诱发马氏体的逆相变在 400～500 K 完成;经训练后的应力诱发马氏体逆相变开始温度与热诱发马氏体逆相变开始温度相近,但高于一般应力诱发马氏体的逆相变开始温度;一般应力诱发马氏体的逆相变温度低于热马氏体的逆相变温度,随应变量的增加,逆相变温度降低。

总的来说,内耗技术不仅能够精确表征马氏体相变的起始温度,也能很好地反映马氏体相变的动力学过程。通过对马氏体相变内耗峰特征的科学分析,能够加深人们对马氏体相变过程中母相/马氏体界面推移及晶体学特征的认识。尤其值得关注的是各类合金在马氏体相变过程中伴随的软模行为,对该机制的探索是近来马氏体相变形核理论研究关注的重点。

12.3.2 钢中共析分解(珠光体相变)内耗

1989 年徐祖耀及其合作者[16]通过低频倒扭摆内耗仪研究了连续冷却过程中 Fe-4.95Ni-0.72C 中珠光体相变的低频内耗,如图 12-10 所示。结果表明:扩散性相变过程也伴随内耗值的显著升高,在频率基本不变的前提下,珠光体相变内耗峰值随着冷却速度的增加而增高,峰温逐渐降低;相变内耗峰值与降温速度成正比,与振动频率、峰温成反比。此外,珠光体在连续冷却下开始相变时没有出现点阵软化现象,相变开始后,由于新相产物增加,模量随温度较快上升。

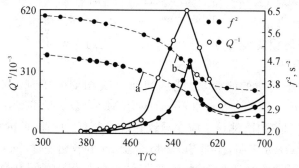

图 12-10 Fe-4.95Ni-0.72C 中珠光体相变的低频内耗行为

研究还发现,增加频率会导致相变内耗峰值明显降低,峰温上升。在这一体系合金中,珠光体内耗峰值比马氏体相变内耗峰要高一个数量级。这说明珠光体相变内耗,符合 Belko 等[17]对一级相变提出的内耗模型,而与王业宁等[27]提出的马氏体相变的静滞后型模型有显著区别。珠光体相变的内耗行为可以由 Belko 模型进行描述,表示为 $Q^{-1} = G\beta\alpha^2 \dot{M}(kT\omega)^{-1}$。其中 G 指剪切模量,β 指新相的核心体积,α 指相变的非弹性应变,$\dot{M}$ 为相变速率,ω 指振动频率。由于对于同一种材料在较小的温度范围以内 G,β 和 α 可以看作常数,因此,对应于某一振动频率,珠光体相变的内耗峰值可表示为 $Q_{max}^{-1} \propto \dot{T}/f_m T_m$,其中 $\dot{T}$ 为冷却速度,f_m 与 T_m 为频率和峰温。这个推论与实验现象符合得很好。

徐祖耀[18]在 2003 年对于珠光体相变内耗机制进行了进一步的探讨,提出这类一级扩散型相变内耗来源于界面运动的能量损耗。在 Fe-Ni-C 珠光体相变过程 $\gamma \rightarrow \alpha + Fe_3C$ 中,出现了 γ/α, γ/Fe_3C 和 α/Fe_3C 三类相界面,按珠光体相变晶体学,领先相(α 或 Fe_3C)在母相晶界形核,与相邻一个母相晶粒 γ_1 保持位向关系而向另一相邻晶粒 γ_2 长大。α 与 γ_2 以及 Fe_3C 与 γ_2 之间均无位向关系,以利于碳的重新分配,使 α 和 Fe_3C 快速协同长大,可见 α/γ_2 和 Fe_3C/γ_2 之间的界面能量较高。α/Fe_3C 之间具有一定的位向关系,界面能在 $0.3\sim1.24\ J/m^2$ 之间。作者认为,珠光体相变时,相变总驱动力的 1/3 用于 α/Fe_3C 之间界面能大体正确。按界面运动损耗的能量应正比于界面能量的推理,Fe – Ni – C 共析分解时呈现较大的内耗峰和相变时呈现较大的相界面能(γ/α, γ/Fe_3C 和 α/Fe_3C 的总能量)有关。基于以上推断,徐祖耀将珠光体相变内耗模型转化为 $Q^{-1}=KR\beta\dot{M}(kTf)^{-1}$,其中 K 为校正系数,R 为相界面能。随着相界面能计算的逐步完善,该公式可能有定量应用意义。

12.3.3 钢中贝氏体相变内耗

贝氏体相变存在孕育期,孕育期中的物理变化过程称为贝氏体先期效应或预相变。钢中贝氏体相变的内耗研究起始于对贝氏体先期效应的探索。

Lim 和 Wuttig[28] 使用超声方法研究 AISI86B80 和 0.8C – 5.3Ni 钢贝氏体相变,发现贝氏体相变孕育期内已经出现内耗峰,并认为该内耗峰与碳扩散有关,因此推定贝氏体预相变与碳扩散有关。Bojarski 和 Bold[29] 用 X 射线衍射方法,发现 0.18C – Cr – 1.4Ni – 0.002B 钢在连续冷却时,孕育期内 X 射线强度升高,同样认为是碳起伏导致不稳定的 α 相核心形成可作为贝氏体相变的第一阶段。

陈树川等人[30] 测量了 18CrNiWA 钢及其脱碳试样在连续冷却和等温淬火过程中的贝氏体相变内耗。图 12 – 11 中连续冷却测量表明,在 $400\sim430\,^\circ\mathrm{C}$ 和 $320\,^\circ\mathrm{C}$(相变点附近)各出现一个内耗峰。他们的峰温与频率无关,而峰高均随频率的降低而升高。实验结果表明,贝氏体与马氏体相变内耗峰有相同的频率效应。等温淬火测量表明,内耗峰在孕育期内出现,峰值因孕育期的缩短而增高,即随形核率的增大而提高;无论试样脱碳与否,初期的内耗值总是最高,随着时间的延长逐渐降到背景值。实验结果如图 12 – 12 所示。之前的实验表明,马氏体核心具有活动型界面,在热激活和力学激活时均可移动而发生相变,在周期应力作用下这种界面运动过程即表现为内耗。一旦核心长大,形核阶段相界面的易动性将消失,内耗也就降低到背景值。贝氏体相变内耗峰与马氏体相变内耗峰有相同的频率特性以及等温过程中在孕育期内的高内耗都表明,贝氏体核心也具有活动型相界面。该文作者认为,在贝氏体孕育期内存在预相变的实质是贝氏体自身的形核,而与碳的扩散与否无关,这一点通过与无碳铜合金贝氏体相变内耗行为对比都到印证。

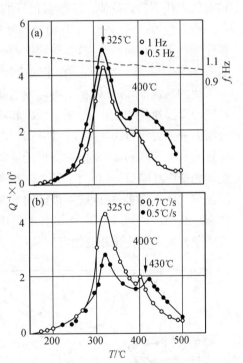

图 12 – 11 18CrNiWA 钢连续冷却过程中的内耗

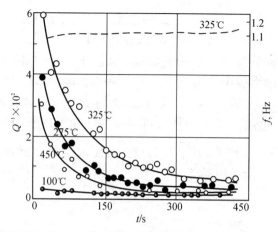

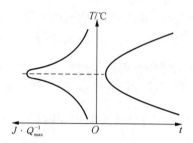

图 12-12　18CrNiWA 钢等温淬火过程中的内耗　　　　图 12-13　贝氏体相变内耗模型
　　　　　　　　$f \approx 1$ Hz

在此基础上,张骥华等[31]结合等温相变过程中的形核速率等相关理论,提出了贝氏体相变内耗模型,表示为 $Q^{-1} = A(Q_s^{-1} - Q_n^{-1})\exp(-\Delta G/KT)\exp[-(Ct + \tau/t)]$,其中 Q_s^{-1} 为单位体积无相变核心的母相内耗值,Q_n^{-1} 指局部软化区内耗值,ΔG 指相变激活能,τ 指孕育期所需时间,t 指时间,C 是与形核速率有关的常数。当 $\partial Q^{-1}/\partial t = 0$, $t = t_{max} = (\tau/C)^{1/2}$ 时,贝氏体相变的内耗值达到峰值。该模型很好的揭示了实验现象,并可以由图 12-13 表示。

徐祖耀等[16]于 1989 年分别对连续冷却和等温时效过程中 Fe-9.73Ni-0.36C 的贝氏体相变进行了低频内耗研究,并与同类型合金的马氏体相变和珠光体相变内耗进行了对比,结果如图 12-14 所示。结果表明,连续冷却时贝氏体相变内耗峰的特征与珠光体一致,在频率基本不变的前提下,珠光体相变内耗峰值随着冷却速度的增加而增高,峰温逐渐降低;相变内耗峰值与降温速度成正比,与振动频率和峰温成反比;增加频率会导致相变内耗峰值明显降低,峰温上升。由于贝氏体相变内耗行为与扩散性的珠光体相变相同而与切边型的马氏体相变内耗行为有显著区别,因此作者将贝氏体相变归类于扩散型相变。贝氏体相变内耗峰值低于珠光体相变内耗峰值,这是由于贝氏体相变中的 γ/α 与 γ/Fe_3C 间均有一定的位向关系,其界面能比珠光体小得多,这也进一步证明了“扩散型相变中界面运动损耗能力正比与界面能量”的推断。此外,Fe-9.73Ni-0.36C 的贝氏体相变内耗行为进一步证实了陈树川等人提出的“贝氏体孕育期内存在预相变的实质是贝氏体自身的形核”这一观点。

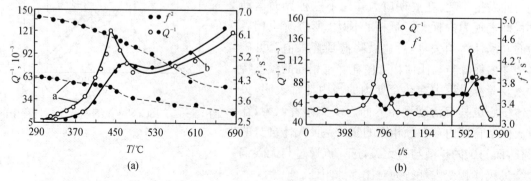

图 12-14　连续冷却(a)和等温时效(b)过程中 Fe-9.73Ni-0.36C 的贝氏体相变低频内耗

徐祖耀[18]在 2003 年对贝氏体相变的预相变内耗峰进行了更深入的思考,认为预相变内耗峰既非扩散峰,在其后也不再出现相变内耗峰,因此确认它正是贝氏体相变峰。贝氏体相变机制属切变型(或切变-扩散型,或浓度重分配切变型)还是扩散型(纯扩散型)目前仍是争论热点,用内耗研究贝氏体相变,同时引证其他实验结果和理论,有望对贝氏体相变机制加以深层次的分析。

12.3.4 钢回火和铁合金时效析出的内耗

内耗技术对于钢回火过程中的析出行为,即沉淀动力学过程和相关的状态描述具有独特的价值。内耗一方面对沉淀引起的共格界面具有明显的响应,可以直接表征沉淀的状态;另一方面通过沉淀引起的马氏体中自由碳原子变化、马氏体中的碳原子向奥氏体中迁移行为引起的 Snock 峰、Zener 峰等弛豫型内耗峰的变化,间接的反映沉淀相变行为,这部分内容较多,不多赘述。

葛庭燧[32]采用扭摆测量淬硬碳钢的内耗,当测量温度由室温渐渐升高时,在 130℃ 附近有一个内耗峰出现。当温度达到 170℃ 后再降温测量,这个内耗峰完全消失不见。在含碳 0.29%～1.4% 的集中淬硬碳钢和淬硬滚珠钢中都曾经看到。分析认为该内耗峰的出现是由于马氏体钢在第一个回火阶段中的转变产物与母体具有共格性,由于共格界面的应力感生运动而引起内耗。具有马氏体组织的 0.25% 碳钢试样作实验,没有观测到上述的内耗峰。但是当回火温度达到 280～300℃ 以后,在降温或升温测量中都观测到一个内耗峰(在 150℃ 附近)。这表示低碳马氏体在第三个回火阶段中的转变产物与母体具有共格性。

Konstantinović 等[33]通过对 Fe-1%Cu 合金的低温内耗实验发现,内耗谱都在 122 K 处存在不连续,与热分析结构相对照后证实,认为与纳米尺度的含 Cu 析出物的结构转变有关,实验结果如图 12-15 所示。实验发现,转变前后内耗变化值和焓变与析出物的平均半径有关,即内耗与 R 是线性关系,和比热差与 R^3 成正比,与析出动力学的理论模型相符。

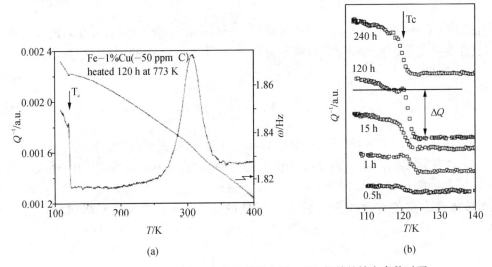

图 12-15　(a) Fe-1%Cu 合金的低温内耗　(b) 相关的焓变参数对照

内耗对于沉淀动力学的研究典型例子如下:Fe-0.84at%Ti-N 系统在低的 N 浓度时,在

380℃显示一个 Ti - N 原子对的 Snock 峰,随 N 浓度的升高,在 240℃另一个内耗峰出现,被认为是 Ti - 2N 的复合峰。在保持 380℃峰的条件下,经等温时效,发现 380℃峰降低和最终消失,并在 120℃出现另一个内耗峰,经电镜检查,试样中已有 TiN 化合物析出,可见 120℃与 TiN 化合物析出有关。利用 380℃内耗峰的消长我们可以研究 TiN 化合物的预沉淀动力学。

在 450℃时效不同的时间,380℃峰随时效时间延长而逐渐下降,如图 12 - 16 所示。

按照 Wert 经验方程

$$C(t)/C_0 = \exp[-(Dt/A)^n] \tag{12-2}$$

式中:$C(t)$ 是母相在 t 时刻间隙 N 原子的浓度,C_0 是原溶质浓度,D 是扩散系数,A 是 Avrami 指数。由于 $(Q_t^{-1} - Q_\infty^{-1})$ 正比于 $C(t)$,则有

$$\lg\ln[(Q_0^{-1} - Q_\infty^{-1})/(Q_t^{-1} - Q_\infty^{-1})] = n\lg(Dt/A) \tag{12-3}$$

按 $\lg\ln[(Q_0^{-1} - Q_\infty^{-1})/(Q_t^{-1} - Q_\infty^{-1})]$ 对 $\lg t$ 在不同的时效温度为图 12 - 17 表示。

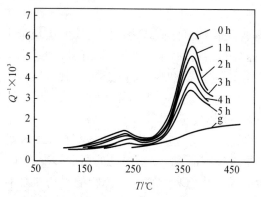

图 12 - 16 450℃时效不同时间 380℃(T - N)内耗峰的变化

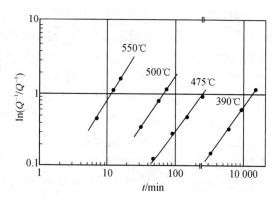

图 12 - 17 不同时效温度 $\lg\ln[(Q_0^{-1} - Q_\infty^{-1})/(Q_t^{-1} - Q_\infty^{-1})]$ 对 $\lg t$ 关系

由图 12 - 17 得到 n～1.5。由于该沉淀相的形貌类似于调幅结构,并在后期长大有 t^3 关系,对其相变机制是否属 Spinodal 分解不能确定,现得到 n～1.5 的动力学指数,对照 Spinodal 分解的动力学解

$$C(x,\ t) - C_0 = \exp\left[-\left(\frac{M}{NV}\right)\beta^2 f''t\right]\exp(i\beta x) \tag{12-4}$$

可见,其 $n = 1$,因而此沉淀过程必非 Spinodal 分解,而是形核长大的沉淀过程。

此外,内耗技术也能用于表征铁基合金的有序转变。Golovin 等[34]用内耗技术结合热分析、电阻等手段对 Fe - Ga,Fe - Ga - Al 合金热循环过程中的相变行为进行了研究,发现内耗对该体系合金的有序相变过程也有明显的响应,但其中反映的机制仍需进一步的探索。

12.4 内耗在研究钢铁材料中的应用

12.4.1 稀土钢

12.4.1.1 钢铁里存在固溶稀土的物理证据

文献[35]研究了 Fe-P 和 Fe-P-La 合金内耗（成分见表 12-2）。发现除 Fe 的 PM 峰和 P 的 SS 峰及 SS-cluster 峰外，还出现一个高温峰，而且，随 La 的含量由 0.584% 增加到 0.722%，这个加 La 出现的峰的高度增加；峰温度也由 625℃ 升到 645℃（见图 12-18）。在确定了此峰是 Kê 峰后，根据元素和 Kê 峰关系的一般规律得出，它是 La 在 Fe 中的 SS 峰。

表 12-2 Fe-P，Fe-P-La 合金成分（wt%）及内耗资料

编号	P	La	$h_S/Q^{-1} \times 10^3$	h_{SKK}^h/h_S	$h_{SKK}^h - h_{SKK}^C)/h_{SKK}^h$	$\triangle t_{SKK}/℃$	$E_{SKK}/(kJ/mol)$
0	0.008		1.4	2.43			157.0
1	0.032		1.8	1.50	61.2	25	138.8
2	0.064		2.4	1.25	57.8	23	133.8
3	0.45		0.8	0.69			110.8
1 L	0.038	0.777	0.8	1.75	7.1	2	145.5
2 L	0.062	0.722	2.4	1.54	22.9	4	142.5
3 L	0.49	0.584	0.7	0.71			109.5

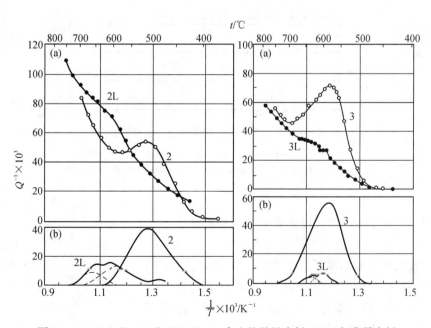

图 12-18 （a）Fe-P 及 Fe-P-La 合金的晶界内耗 （b）扣背景内耗

文献[36]发现，稀土明显降低工业纯 Fe 的 SKK 峰高和峰温度：由于含有 0.035% 的稀

土,含 0.035%C 铁的 SKK 峰的峰高和峰温度,不是像一般情形那样高于含 0.015%C 的 Fe,而是分别不到后者(不含稀土)峰高的一半(指扣背景峰)和低 30℃以上(见图 12-19);稀土在变形工业纯铁里,有减弱 SKK 阻尼效应。而另外一种不同情况是,在 Fe-P-La-N 四元系里,La 呈现增强 SKK 阻尼效应(见表 12-2):加 La 使 h_{SKK}^h/h_S 由 $1.5\sim1.25$ 增加到 $1.75\sim1.54$,使 SKK 阻尼激活能,由 $138.8\sim133.8$ kJ/mol 增加到 $145.5\sim142.5$ kJ/mol;特别是降温测的 SKK 阻尼,含稀土的钢峰温度几乎没有降低,它的峰高降低也大大减少,其相对降低量 $(h_{SKK}^h-h_{SKK}^C)/h_{SKK}^h$ 只有未加 La 的 Fe-P-N 合金的 $1/3\sim1/9$。依据变形 Fe-P-N 和 Fe-P-La-N 的内耗结果,戴景文等给出了铁中位错线上固溶的 La,P 原子分布等。这些就是铁基材料里存在固溶稀土的物理证据。

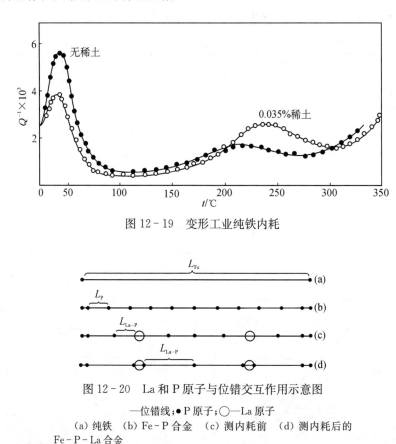

图 12-19 变形工业纯铁内耗

图 12-20 La 和 P 原子与位错交互作用示意图

—位错线;●P 原子;○—La 原子

(a) 纯铁   (b) Fe-P 合金   (c) 测内耗前   (d) 测内耗后的 Fe-P-La 合金

12.4.1.2 稀土与铁中代位元素 P 强作用的揭示

La 对 Fe-P 合金的晶界内耗有强烈影响[35](见图 12-18)。从图中可见,La 显著降低 P 的 SS 峰,并使峰向高温移动了 100 多度;而峰高度达 7×10^{-2} 的高 P 合金晶界峰,则由于加 La 几乎完全消失。作者根据实验观测有 La 的 SS 峰并使 P 的 SS 峰降低指出,固溶的 La 与 P 发生了晶界吸附竞争,以至部分取代和排除了晶界固溶的 P 原子。为了搞清稀土强烈抑制 Fe-P 合金晶界峰的原因,文献[36]对内耗样品进行了扫描电镜和透射电镜研究,发现在高 P 铁里,La(主要是在晶界)与 P 结合生成大量的 LaP。

除了晶界内耗以外,上面提到的 Fe-P-La-N 四元系里 La 的增强 SKK 阻尼效应,是反映铁(钢)中稀土-P之间强相互作用的另一种内耗现象。文献[37]指出,产生升温测 Q^{-1} 的增强 SKK 阻尼效应的原因是:在 Fe -(0.032~0.064)%P -(0.072 2~0.777)%La 合金里,La 与部分 P 结合生成了化合物而减少固溶 P 的浓度 C_P,导致自由位错段长度 L_0 增加[见图 12 - 20(c)];而降温测 Q^{-1} 出现的更强增强效应,则归因为位错上固溶 La 原子作用下,P 原子沿位错管道向稀土原子扩散形成 La - P 原子簇,导致 L_0 进一步增大[见图 12 - 20(d)]。而这样的过程竟发生在 SKK 阻尼温区、在 300℃以下温度的铁里,可见稀土 La 控制铁中 P 的作用十分强烈。结果揭示了铁(钢)中稀土-P之间的强相互作用。

12.4.1.3 稀土与铁(钢)中 C, N 作用的演示

由于很难保证不同实验材料的间隙元素含量完全相同,戴景文等用 Q^{-1}/Q_{max}^{-1} 来揭示稀土对铁中 C, N 内耗的影响(此处,Q_{max}^{-1} 是 Snoek 阻尼 $Q^{-1} - T$ 曲线上的极大值)。图 12 - 21 表明,含稀土的工业纯铁的 C - Snock 峰的低温支,明显比未加稀土的铁低;而对变形的样品,这一差别则更明显,而且这些现象是发生在含 N 较低(<0.004 8%)的铁里;文献[37]得出,稀土有强烈减少钢铁固溶 N 和加速 N 脱溶的作用。

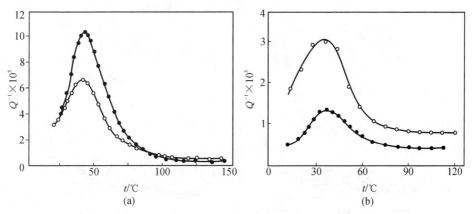

图 12 - 21 铁 Snoek 阻尼的 $Q^{-1}/Q_{max}^{-1} - T^{-1}$ 曲线:○—无稀土;●—含稀土

(a) 水冷态 (b) 变形水冷态

对 700℃/h 水冷态试样,含稀土及 0.035%C 的铁的 C - Snoek 峰,显著高于只含 0.015%C 的铁[见图 12 - 22(a)],这说明稀土不影响 700℃铁(钢)里的 C;但 700℃/h 炉冷(在 700~500℃,平均>20℃/min)样品的情形却完全不同,前者的 C - Snoek 峰反而大大低于含碳低的后者[见图 12 - 23(b)]。再加上,加稀土变形铁时效时 Snoek 峰消失快等;文献[37]进一步得出,稀土也加速钢铁里 C 的脱溶,并减小中、低温度(<500℃)铁中固溶 C。

此外,稀土有较强的抑制变形铁 Snoek 峰时效回复的作用:未加稀土的铁,350℃时效就出现回复(即位错释放,包括位错沉淀溶解 C)的 Snoek 峰[见图 12 - 23(a)];而由于含稀土、含 C 比前者高两倍以上的铁,在 450℃时效后仍未出现 Snoek 峰[见图 12 - 23(b)],与此有关联的,图 12 - 24 还给出了稀土抑制变形工业纯铁 SKK 峰,高温时效回升的结果,和 450℃时效比较,600℃时效后铁的 SKK 峰温度回升了 20℃以上,已大体上回升到未时效铁的 SKK 峰的温度[见图 12 - 23(a)];而含稀土的铁却未出现这种回升[见图 12 - 23(b)]。这些事实表明,稀土有稳定钢铁中碳化物的作用。稀土对 Snoek 峰、SKK 峰、Kê 峰的影响,证明了稀土在铁(钢的基体)中固溶,并且有强烈控制铁中 P, N, C 的强(微)合金化作用。

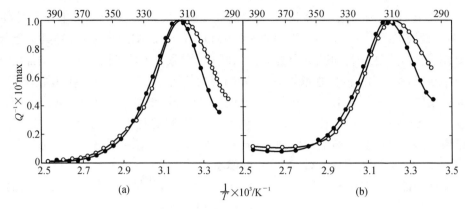

图 12 - 22 工业纯铁的 C - Snoek 峰：○——无稀土；●——含稀土

(a) 水冷态 (b) 变形水冷态

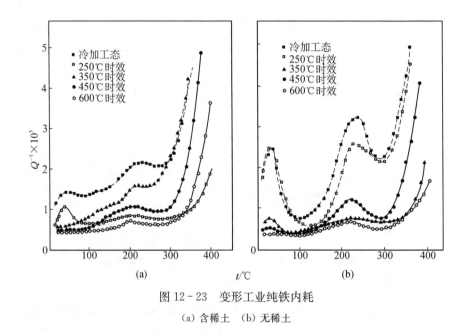

图 12 - 23 变形工业纯铁内耗

(a) 含稀土 (b) 无稀土

12.4.2 汽车钢

12.4.2.1 汽车钢烘烤硬化性机理

文献[38]研究了宝山钢铁公司生产的 340 MPa 级 BH 钢板，其成分和 BH 值如表 12 - 3 所示。

表 12 - 3 研究钢的化学成分

样品	C	Si	Mn	P	S	N	Al	V_{BH}
No. 1	0.025	0.011	0.22	0.094	0.008 7	0.002 8	0.046	40
No. 2	0.025	0.011	0.22	0.094	0.008 7	0.002 8	0.046	70
No. 3	0.025	0.011	0.22	0.094	0.008 7	0.002 8	0.046	70
No. 4	0.006	0.037	0.25	0.080	0.011 3	0.003 0	0.070	40

　　生产钢板的内耗谱如图 12-24 所示,由图(a)看出,属于同一炉钢、V_{BH} 又都是 70 MPa 的 No. 2、No. 3 钢板,Snoek 峰高度 h_S 和 SKK 峰高 h_{SKK} 都相同;而 V_{BH} 为 40 MPa 的 No. 1 钢板,虽然也有与前两者相同的 h_S,但它的 h_{SKK} 比前两者低。图 12-24(b)表明,虽然 V_{BH} 都是 40 MPa,但磷、硫含量不同的 No. 4 钢板的 h_{SKK} 和 h_S 明显高于 No. 1。No. 3 钢板在 170℃ 分别 BH 处理 5,10,20,35,60 和 120 min 后,在磁化至饱和下测量试样内耗(测量内耗使用的室温频率为 0.6~0.74 Hz),结果如图 12-25 所示。可见,170℃ BH 试样的 Snoek 峰很低,几乎消失;而 SKK 峰则很明显,而且随时效时间增加不断增大,但 1 h 后 h_{SKK} 的变化很小。尽管 BH 处理使 h_{SKK} 不断变化,但 SKK 峰温的位置却始终在 200℃ 附近不变,图 12-26 为由图 12-25 扣背景内得到的峰高度与 BH 时间曲线;图 12-26 中的 $h_{SKK}-t$ 关系,与 Elsen 等给出的结果[39]一致(该文 $\Delta\sigma-t$ 关系中的 $\Delta\sigma$ 即为 V_{BH})。

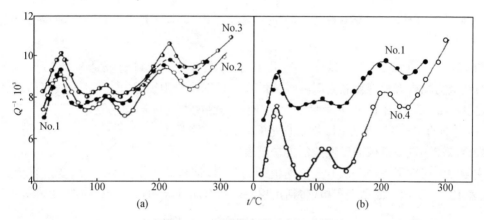

图 12-24　生产钢板的内耗温度谱

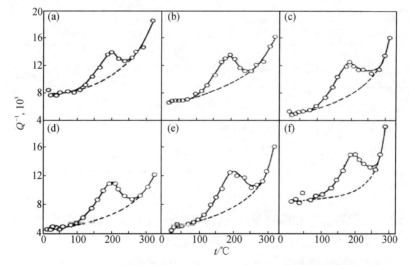

图 12-25　No. 3 钢板 170℃ BH 处理试样的内耗

(a)~(f)时效时间分别为 5,10,20,35,60,120 min

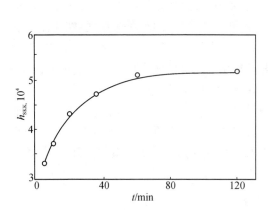

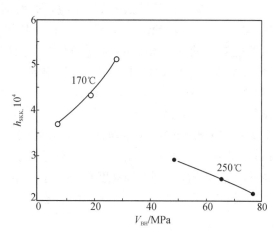

图 12-26　170℃ BH 试样的 SKK 峰高与 BH 时间的关系　　　　图 12-27　烘烤处理后的 V_{BH} - h_{SKK} 关系

图 12-25 表明 170℃ BH 试样的 h_s 几乎为零,说明 170℃ BH 过程是一个经过 2% 变形试样的位错应力场内大量消耗晶格固溶碳的过程,而 SKK 峰很明显,而且随时效时间增加不断增大(见图 12-26),图 12-27 表明,随 BH 处理样品的 V_{BH} 与 h_{SKK} 近似存在正比关系。这些说明,研究钢的 170℃ 处理的 BH 性机理是 Cottrell 气团强化。

12.4.2.2　汽车钢板冲压性能的力学谱表征

文献[40]研究了 4 种 DC01 汽车钢板的力学谱,钢材的化学成分、冲压变形行为(性能)等,如表 12-4 所示。成品汽车板(包括用户提供的有问题板)的力学谱,在图 12-28 里示出。

表 12-4　试验钢的化学成分和成型性能

code	heat	Chemical composition wt. %							Forming trouble	source
		C	Si	Mn	P	S	Al	N		
1	4 601	0.027	0.010	0.19	0.008	0.005	0.041	0.001 8	—	steelwork
2	1 191	0.023	0.021	0.110	0.011	0.004 0		0.003	Lüders band	Automobile factory
3	2 737	0.036	0.038	0.165	0.015	0.002 0	0.031	0.006 2	Orange skin	″
4	1 566	0.049	0.032	0.213	0.016	0.003 8	0.025	0.006 8	Orange skin	″

由图 12-28 可以看出无上下屈服点的 1# 钢板内耗谱中出现 3 个小峰,所对应的温度约为 35,115,210℃,其峰高度(扣除背景内耗)≤3×10⁻⁴;在出现冲压变形滑移带 2# 汽车钢板内耗谱中出现 2 个内耗峰,分别处于 35 和 230℃,其峰高度达 (7.5～9.0)×10⁻⁴,而出现了 "橘皮"汽车钢板的内耗谱(3# 和 4#)与 1# 和 2# 钢板明显不同,其中 3# 钢板中有四个内耗峰,分别处于 35,80,135,230℃,而 4# 钢板的内耗峰则多达 5 个,分别处于 30,70,110,180,230℃,且其峰高度都很低,仅 (1.0～2.5)×10⁻⁴。这表明,冲压成形性能不同的 DC01 汽车钢板的内耗谱不同。

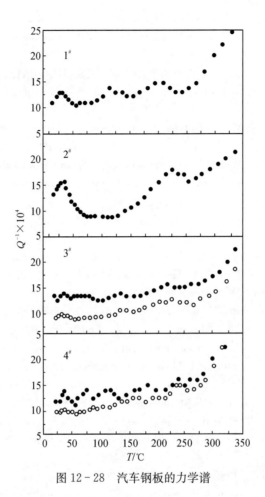

图 12 - 28 汽车钢板的力学谱

参考文献

[1] Matlock D K, Speer J G. Third generation of AHSS: Microstructure design concepts [M]. Springer, 2009.

[2] Bleck W, Phiu-On K. Effects of microalloying in multiphase steels for car body manufacture [M]. Springer, 2009.

[3] Speer J G, Moor E D, Findley K, et al. Analysis of microstructure evolution in quenching and partitioning automotive sheet steel [J]. Metallurgical and Materials Transactions A, 2011, 42A: 3591 - 3601.

[4] Hsu T, Zuyao X, Jin X, et al. Strengthening and toughening mechanisms of quenching-partitioning-tempering (QPT) Steels [J]. Journal of Alloys and Compounds, 2013, 577(15): S568 - S571.

[5] Tanaka Y, Himuro Y, Kainuma R, et al. Ferrous polycrystalline shape-memory alloy showing huge superelasticity [J]. Science, 2010, 327: 1488 - 1490.

[6] Otsuka K, Wayman C M. Shape memory materials [M], Cambridge University Press, 1998.

[7] Magalas L B. 体心立方金属中位错与间隙原子相互作用的回顾-机械波谱术研究,谨以此文纪念葛庭燧教授[J]. 金属学报,2003,39(11):1145 - 1152.

[8] Nowick A S, Berry B S. Anelastic relaxation in crystalline solids [M]. Academic Press, INC, 1972.

[9] 戢景文,于宁.冶金内耗相关的阻尼峰机理[J].物理学进展,2006,26(3):297 - 308.

[10] Kê T S. A Grain Boundary Model and the Mechanism of Viscous Intercrystalline Slip [J]. Journal of Applied Physics,1949,20:274 - 280.

[11] 葛庭燧.固体内耗理论基础:晶界弛豫与晶界结构[M].北京:科学出版社,2000.

[12] De Batist R. Internal friction of structural defects in crystalline solids [M]. Amsterdam:North-Holland,1972.

[13] Subramanian S V, Prikryl M, Gaulin B D. Effect of precipitate size and dispersion on Lankford values of titanium stabilized interstitial-free steels [J]. ISIJ International,1994,34(1):61 - 69.

[14] 王业宁,邹一峰,张志方.马氏体相变过程中低频内耗的研究[M].物理学报,1980,2912:1535 - 1544.

[15] Juan J S, Nó M L. Damping behavior during martensitic transformation in shape memory alloys [J]. Journal of Alloys and Compounds,2003,355:65 - 71.

[16] 陈卫中,徐祖耀,陈树川等.Fe - Ni - C合金中珠光体、贝氏体及马氏体的相变内耗[J].材料科学进展,1989,3(3):193 - 198.

[17] Belko V N, Darinshii B M, Postnikov V C, et al. Internal friction during diffusionless phase transformations in Co - Ni alloys [J]. The Physics of Metals and Metallographyr,1969,27:140 - 146.

[18] 徐祖耀.相变内耗与伪滞弹性[J]金属学报,2003,39(11):1121 - 1126.

[19] Wang H B, Zhang J H, Hsu TY. Internal friction associated with phase transformation of nanograined bulk Fe - 25 at. %Ni alloy [J]. Materials Science and Engineering A,2004,380:408 - 413.

[20] Zhang J, Chen W, Chen S, etal. Proceeding of 9th internal conference on internal friction and ultrasonic Attenuation in solid [C]. Academic Publishers and Pergamon Press,1989.

[21] Golovin I S, Nilsson J O, Serzhantova, G V, et al. Anelastic effects connected with isothermal martensitic transformations in 24Ni4Mo austenitic and 12Cr9Ni4Mo maraging steels [J]. Journal of Alloys and Compounds,2000,310(1 - 2):411 - 417.

[22] Jiang B H, Qi X, Zhou W, et al. The effect of nitrogen on shape-memory in Fe - Mn - Si alloys [J]. 1996,34(9):1437 - 1441.

[23] 徐祖耀.相变及相关过程的内耗[J].中山大学学报,2001,40:224 - 231.

[24] Wu X, Hsu T Y. Effect of the Neel temperature, T_N, on martensitic transformation in Fe - Mn - Si - based shape memory alloys [J]., Materials Characterization,2000,45(2):37 - 142.

[25] De A K, Cabanas N, De Cooman B C. Fcc-hcp transformation-related internal friction in Fe - Mn alloys [J]. Zeitschrift für Metallkunde,2002,93:228 - 235.

[26] Huang S, Huang W, Liu J. Internal friction mechanism of Fe - 19Mn alloy at low and high strain amplitude [J]. Materials Science and Engineering A,2013,560:837 - 840.

[27] 吴晓春,张骥华,徐祖耀.Fe - Mn - Si - Cr合金中 $\gamma \rightarrow \varepsilon$ 马氏体相变及其逆相变的内耗特征[J].上海交通大学学报,1998,32(2):1 - 4.

[28] Lim C, Wuttig M. Prebainitic phenomena in AISI 86B80 and 0. 8C - 5. 3Ni steel [J]. Acta Metallurgica,1974,22(10),1215 - 1222.

[29] Boiarski Z, Bold T. Structure and properties of carbide-free bainite [J]. Acta Metallurgica,1974,22(10),1223 - 1234.

[30] 陈树川,张骥华,张寿柏等.钢中的贝氏体相变内耗[J].金属学报,1986,22:379 - 384.

[31] Zhang J, Chen S, Hsu T Y. An investigation of internal friction within the incubation period of the bainitic transformation [J]. Acta Metallurgica,1989,37(1):241 - 246.

[32] 马应良,葛庭燧.高碳和低碳马氏体回火分解产物的共格性所引起的内耗蜂[J].物理学报,1964,20(1):72 - 82.

[33] Konstantinović M J, Minov B, Kutnjak, Z, et al. Low-temperature phase transition of nanoscale copper precipitates in Fe - Cu alloys [J]. Physical Review B 2010,81:140203R.

[34] Golovin I S, Belamri Z, Hamana D, Internal friction, dilatometric and calorimetric study of anelasticity in Fe – 13 at. ‰Ga and Fe – 8 at. ‰Al – 3 at. ‰Ga alloys [J]. Journal of Alloys and Compounds, 2011, 509(32):8165 – 8170.

[35] 戴景文,魏全金,耿殿奇等. 含微量 Cu 的 Fe – P 及 Fe – P – La 合金的晶界内耗[J]. 金属学报,1990, 26(1):14 – 16.

[36] 戴景文,赖祖涵,吴玉琴等. 稀土对工业纯铁中温内耗的影响[J]. 金属学报,1991,27(6):A408 – A414.

[37] 戴景文,魏全金,张国福等. La 对 Fe – P – N 合金 Snoek-Ke-Köster 峰的影响[J]. 金属学报,1992,28: A207 – A211.

[38] 戴景文,刘芬娣,王登京等. 汽车钢烘烤硬化性机理的内耗研究[J]. 金属学报,1999,35(9):913 – 919.

[39] Elsen P, Hougardy H P. On the Mechanism of Bake-Hardening [J]. Steel Research, 1993,64:431 – 436.

[40] 于宁,刘永刚,张志波等. 汽车钢板冲压性能的内耗谱表征[J]. 上海交通大学学报,2010,44(05):624 – 0627.

13 内耗的工程应用——高阻尼材料

马立群[a],罗兵辉[b](a 南京工业大学   b 中南大学)

13.1 高阻尼材料的定义和分类

13.1.1 高阻尼材料的定义[1]

振动着的固体,即使与外界完全隔绝,其机械振动也会逐渐衰减下去,这种使机械振动能量不可逆地耗散为热能的现象称为内耗。内耗(internal friction),是指材料在振动中由于内部原因引起机械振动能消耗的现象。材料内耗的大小 Q^{-1} 定义为材料振动一周所损耗的能量 W 与其最大弹性储能 W 之比:

$$Q^{-1} = \frac{\Delta W}{2\pi W} \tag{13-1}$$

式中常数 2π 的引进是为了便于各种测量方法之间的比较。因为机械振动能的耗散是通过内部机制来完成的,所以材料的这种性质也称为内耗(低频时)或超声衰减(高频时)。在工程上,材料的内耗也称为阻尼(damping)。阻尼性能通常又称为减振性能,是材料固有的一种特性,它能够将材料的机械振动能量通过内部机制不可逆地转变为其他形式的能量(通常是热能),常用材料的内耗值用 Q^{-1} 来表征。

由于测量方法的不同,有多种关于材料阻尼性能的量度,如对数减缩量 δ、能耗系数 η、品质因数 Q、超声衰减 α、应变落后于应力的相位差 ϕ、比阻尼本领 P(又称为比阻尼系数 SDC,减振系数,损失指数)等等。它们的定义如下:

$$P = \frac{\Delta W}{W} \tag{13-2}$$

$$\delta = \ln\left(\frac{A_n}{A_{n+1}}\right) \tag{13-3}$$

$$Q = \frac{\sqrt{3}\, f_r}{\Delta f} \tag{13-4}$$

$$\alpha = \frac{1}{x_2 - x_1} \ln\left(\frac{u_1}{u_2}\right) \tag{13-5}$$

式中：A_n，A_{n+1} 分别是自由衰减法测量中相邻两周的振动振幅，Δf 是共振法中共振频率为 f_r 的共振峰的半宽度，u_1 和 u_2 分别是波传播法中波在位置 x_1 和 x_2 的振幅。在内耗较小的情形下（$\delta \ll 1$），有

$$Q^{-1} = \eta = \tan \phi = 1/Q = \delta/\pi = P/2\pi = \alpha\lambda/\pi \tag{13-6}$$

式中，λ 是波传播法中的波长。此外，很多合金的阻尼性能与振动振幅有关，所以工程上有时也采用应力振幅为材料屈服强度的 10% 时的比阻尼本领 P 来作为材料阻尼本领的量度，记为 $P_{0.1}$。高阻尼材料，顾名思义是阻尼减振本领较高的材料，其比阻尼本领 P 大于 0.1。也有很多学者把内耗值 Q^{-1} 大于 10^{-2} 的材料称为高阻尼材料。

材料的内耗或阻尼研究兴起于 20 世纪 40 年代，但是人们对高阻尼材料产生兴趣却是在 20 世纪 70 年代。当时由于工业的发展，关于振动和噪声的问题越来越突出。在传统的防噪减振措施不能满足需要时，人们希望有一个根本解决问题的方法，即寻找具有高阻尼本领的材料，将振动和噪声抑制在发生源处。

结构振动在多数情况下是非常有害的，必须加以减轻或消除。这些情况大致可以分为以下三个方面：①疲劳：疲劳即材料或结构在小于其屈服应力的交变载荷作用下的行为。疲劳会产生裂纹，裂纹的扩展最终导致材料失效。疲劳裂纹的产生和扩展主要取决于交变载荷作用下材料变形的大小。因此，高阻尼材料的应用将降低材料疲劳变形的水平，从而减低疲劳的危害。②噪声：噪声会造成环境污染，对人们的身体健康造成危害。随着人们环保意识的提高，噪声控制将会越来越受到重视。③振动：振动会使仪器设备的灵敏度降低甚至失灵。所有这些由疲劳、噪声和振动产生的危害都可以通过降低材料或结构的振动幅度来降低。这三个方面也正是高阻尼材料的主要应用领域。

减低材料或结构振动的常用方法有三种：①将结构件设计得足够庞大和坚固，以降低振动振幅；②巧妙设计结构件，以使它避开共振条件；③振动能够被很快地衰减下来（阻尼）。在这三种方法中，第一种方法从成本和重量方面考虑是不可取的；第二种方法是传统的结构设计所经常采用的方法，但如果振动谱非常复杂，则这种方法也只能部分解决问题；而第三种方法则能很好地解决各类与振动有关的问题，它要求引进一种机制，通过这种机制使结构的振动能量能够完全地被耗散掉。这不仅可以通过引进"系统阻尼"（如界面滑动、水力、电力阻尼等）来实现，也可以通过引进"材料阻尼"（结构材料本身具有阻尼本领）来实现。引进"系统阻尼"将增加结构件的成本、重量和体积。所以，开发高阻尼材料在减震、防噪和提高结构件的性能等方面具有重要的意义，是材料科学研究的热点之一。

高阻尼材料可以分为有机系统和金属系统两大类。前者为橡胶、高聚物、塑料、有机涂层或夹层，具有黏弹性特性，因而具有较高的阻尼性能，且对外加电磁场不敏感，在室温条件下得到了较多的应用。但由于其很容易被环境（水、油等）所污染，所以它们只在特定的频率和温度范围内才是有效的。后者为一些金属和合金，因为其具有足够的强度、韧性和加工性能，而且作为结构材料应用的同时，还具有不依赖于频率、相对于塑料来说较小地依赖于温度、较高的内禀阻尼特性，因此得到了广泛的应用。为方便起见，引进一个术语"高阻尼金属（合金）"（HIDAMET）来代表这类金属和合金。

现在，高阻尼材料已经应用在很多场合。对容易产生振动和噪声的结构，如发动机和机床等，其底座或外壳一般都采用铸铁或铸铝，这除了成本的原因外，主要是出于提高阻尼、降低振

动和噪声的考虑。用高阻尼合金制造的切削刀具,由于振动幅度小,在减小噪声的同时,也提高了机械加工的精确度。即使对于地震这样重大的自然灾害,人们也可通过提高结构阻尼性能的方法来降低地震带来的损失。有文献报道称,在大楼的适当部位安装铅柱和在桥梁上安装由磁流变液组成的阻尼器后,可以显著地提高楼房和桥梁的抗地震能力。

13.1.2 高阻尼材料的分类

13.1.2.1 按阻尼本领的大小来分类

按其阻尼本领的大小,高阻尼合金可以分为三类:低阻尼($0.1\% < P_{0.1} < 1\%$)、中阻尼($1\% < P_{0.1} < 10\%$)和高阻尼($P_{0.1} > 10\%$)。图 13-1 给出了按这种方法分类时一些合金的阻尼性能,其中横坐标是抗拉强度 σ_b,纵坐标是比阻尼本领 $P_{0.1}$。可见,一些常见的高阻尼合金(如 Mn-Cu 合金、Ti-Ni 合金、Cu-Al-Ni 合金、Fe-Cr 合金、Al-Zn 合金和 Mg-Zr 合金等)的比阻尼本领 $P_{0.1}$ 都在 $10\% \sim 100\%$ 之间。从工业应用的角度来看,高阻尼合金除了具有稳定的高阻尼特性之外,还必须具有高的弹性模量、高强度和优良的加工性能。从图 13-1 可知,图中右上角的 Mn-Cu 合金、Ti-Ni 合金、Cu-Al-Ni 合金、Fe-Cr 合金等合金不仅具有高阻尼特性,而且强度高,更具应用价值。

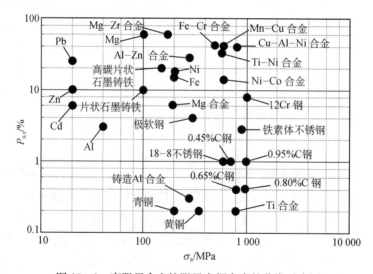

图 13-1 高阻尼合金按阻尼本领大小的分类示意图

除了热弹性阻尼,大多数阻尼机制涉及应力诱发的缺陷运动。点缺陷导致的阻尼处于低级到中级水平;线缺陷(位错)引发的阻尼处于中级到高级水平,面缺陷(各种界面)产生的阻尼处于高级水平。所以多数高阻尼金属 HIDAMET 的阻尼机制涉及应力引发的位错或界面(晶界,孪晶界,畴界和马氏体变体间的界面)的运动。从现象来看,这些机制大致可以分为三个级别:滞弹性、静滞后以及两种机制的结合。滞弹性导致的阻尼与频率有关,与振幅无关;静滞后引发的阻尼与频率无关,与振幅有关。两种内耗现象都可以用单个循环振动应力下应力-应变平面中的闭合回线来表示。

13.1.2.2 按阻尼机制分类

目前商品化的高阻尼合金,按其阻尼机制可以分为 5 类,如表 13-1 所示。高阻尼合金的阻尼作用并不只是按单一机制进行,都是将结构件的振动弹性能在高阻尼合金的内部转变为热能而释放出去。各类合金的共同特点归纳在表 13-2 中。

表 13-1 高阻尼合金按阻尼机制的分类

分类	典型合金系	例子及其成分
复合型	铸铁系 减振钢板	球状、片状石墨铸铁：$Fe-3\%C-2\%Si-0.7\%Mn$
		软钢板＋塑料
孪晶或界面型	Mn-Cu 系	$Mn_{73}Cu_{20}Ni_5Fe_2$；$Mn_{67.2}Cu_{32.8}$；$Mn-48.1\%Cu-1.55\%Al-0.27\%Si$； $Mn_{71.6}Cu_{20.2}Ni_{6.19}Fe_{1.99}$；$Mn-36.2\%Cu-3.49\%Al-3.04\%Fe-1.17\%Ni$
	Ti-Ni 系	$Ti_{49.8}Ni_{50.2}$；$Ti_{49}Ni_{51}$；$Ni_{50.8}Ti_{49.2}$
	Fe-Mn 系	$Fe-17\%Mn$；$Fe-27\%Mn-3.5\%Si$
	Cu-Al 系	$Cu_{72}Al_{18}Mn_{10}$；$Cu_{72}Al_{17}Mn_{11}$；$(Cu_{72.9}Al_{17}Mn_{10.1})_{99.3}Co_{0.5}B_{0.2}$；$Cu-26\%Zn-4\%$ Al；$Cu-11.8\%Al$；$Cu-13.0\%Al-4Ni$
	Al-Zn 系	$Zn-22\%Al$；$Zn-5\%Al$；$Zn-27\%Al$
位错型	Mg 系	$Mg-0.6\%Zr$；$Mg-2.23\%Zn-0.56\%Zr$；$Mg-4.13\%Zn-0.61\%Zr$
铁磁性型	Fe 系	$Fe-12\%Cr$；$Fe-16\%Cr-(2\%\sim8\%)Al$；$Fe-16\%Cr-(2\%\sim4\%)Mo$；$Fe-$ $13\%Cr-6\%Al$； $Fe-25\%Cr-5\%Al$；$Fe-16\%Cr-2\%Mo-1\%Cu$
	Co 系	$Co-23\%Ni-1.9\%Ti-0.2\%Al$
其他（表面裂纹）	不锈钢	$Fe-18\%Cr-8\%Ni$

注：表中合金成分用下标表示的为原子百分比，用百分号表示的为质量百分比，以下同。

表 13-2 高阻尼合金的特点

分类	热处理	使用极限温度/℃	时效变化	与应变振幅的关系	与频率的关系（声频）	与磁场的关系	塑性加工性	耐腐蚀性	强度/MPa	表面硬化处理	焊接性	成本
复合型	不需要	~150	无	小	有	无	不行	差	—	可能	难	低
孪晶型	要（难）	~80	大	中	无	无	容易	稍差	~600	可能	难	高
位错型	不需要	—	无	中	无	无	难	稍差	~200	不行	不行	高
铁磁型	要（容易）	~380	无	大	无	有	容易	好	~450	容易	良好	低

具体来说，主要有以下几类。

复合型：如石墨铸铁和减振钢板，通过铸铁内的石墨和钢板内的树脂的黏塑性流动来产生阻尼作用。片状石墨铸铁的优点是成本低，耐磨性能好，缺点是强度和韧性低，不能超过一定的使用温度。后来发展的可轧片状石墨铸铁克服了以上的缺点。

孪晶型或界面型：振动应力使得热弹性马氏体孪晶晶界或界面运动而引起衰减和静态滞后。如 Mn-Ni 合金和 Ti-Ni 合金等形状记忆合金。它们的优点是阻尼本领较大，强度高，受应变振幅的影响小,耐磨损性和耐腐蚀性都较好;缺点是使用温度偏低(100℃以下),成本相对较高,长时间时效会引起性能下降,且 Ti‐Ni 合金的加工性能不好。

位错型:由析出物和杂质原子所钉扎的位错,在外加的振动应力作用下松开后,由表观的位移增大而引起静态滞后,从而产生能量损耗,如 Mg 系合金等。Mg 系合金的优点是阻尼本领高,密度低,主要缺点是强度偏低,耐腐蚀性以及压力和切削加工性都较差。

铁磁性型:伴随着由变形而引起的磁畴壁的非可逆运动而产生磁力学(magnetomechanical)的静态滞后,产生能量损耗,如 Fe‐Cr 系合金等。该类合金的主要优点是成本低,加工性能好,具有一定的耐磨损和耐腐蚀性能,受频率的影响较小,使用极限温度高,性能稳定,并且可以用合金化和表面处理来提高性能。主要缺点是受应变振幅的影响较大,要求的热处理温度较高(1 000℃左右)。

表面裂纹型等其他类型:由于裂纹面的相对滑动(摩擦)而产生的弹性能的损耗,使结构衰减发生于材料内部,如 Al、18‐8 不锈钢等。在软钢表面轧出微细的摩擦界面也具有减振作用。

此外,近来开发的泡沫金属既保留了金属具有一定强度的特性,同时也具有类似于泡沫塑料的高阻尼性能。其高阻尼性能一方面来源于较高的孔隙率,另一方面来源于孔洞周围的高密度缺陷。

13.2 高阻尼金属和合金

13.2.1 Mg 及 Mg‐Zr 基合金

镁在元素周期表中位于第三周期第二主族,原子序数为 12,相对原子质量为 24.32,外层为 $3s^2$ 的自由价电子结构使镁不具有任何共价键的特性,导致了镁具有最低的平均价电子结合能和金属中最弱的电子间结合力。镁的这种电子结构使得纯镁的机械性能较差,抗拉强度仅为 100 MPa,弹性模量只有 45 GPa。但是镁的密度仅为 1.73 g/cm³,在所有金属结构材料中最小。同时,纯镁的阻尼性能也是最好的,当应变振幅为 10^{-4} 时,达到 $Q^{-1} = 0.1$ 量级的高阻尼值。

由图 13‐1 可知,Mg‐Zr 合金是典型的高阻尼合金,含 Zr 量为 0.6% 质量分数的 KIXI 合金是其中一例。Zr 在镁合金中使晶粒细化,提高力学性能的同时导致阻尼性能下降;但是 Zr 原子与位错的交互作用却提高了镁合金的阻尼性能。研究表明,当 Zr 含量小于 0.16% 时,Zr 的细化晶粒作用占优,使得阻尼性能随 Zr 含量的增加不断下降;而当 Zr 含量大于 0.16% 时,Zr 原子与位错的交互作用随 Zr 含量的增加而加强,使合金的阻尼性能不断提高[2]。

Mg‐Zr 合金的阻尼性能虽好,但强度不高,所以还需添加其他合金元素以提高力学性能。Mg‐4.13%Zn‐0.61%Zr 合金的抗压强度达到 321 MPa,比 Mg‐0.62%Zr 合金提高了 26%。这是由于随着 Zn 含量的增加,Mg‐Zn‐Zr 合金中析出较多的 MgZn 相,MgZn 相呈网状,分布在晶界处,作为强化相可显著提高镁合金的力学性能[3]。

图 13‐2 是在强迫振动模式下 Mg‐2.23%Zn‐0.56%Zr 合金的阻尼性能与应变振幅的关系曲线。由图 13‐2(a)可见,在较小的应变振幅下,随着应变振幅的增加,Mg‐Zn‐Zr 合金的阻尼值基本保持不变,阻尼值与应变振幅无关,且与频率相关,因此属于弛豫性内耗[3]。

Mg－Zr 二元合金的阻尼性能有相同的变化规律[2]。随着温度的增加，Mg－Zn－Zr 合金的临界脱钉扎应变呈先减小后增大的趋势，如图 13－2(b)所示。其中在 100℃时，合金的临界脱钉扎应变值最小，约为 2.3×10^{-4}。其中当应变振幅小于临界脱钉扎应变值时，镁合金的低应变阻尼值随着测试温度升高显著增加，进一步说明镁合金的低应变阻尼机制为热激活弛豫型内耗，而不是与温度无关的阻尼共振型内耗。由于 100℃下的 Mg－2.23％Zn－0.56％Zr 合金最先发生脱钉扎，导致其在高应变振幅下具有较大的阻尼值。

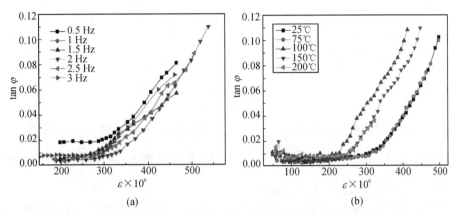

图 13－2　Mg－2.23％Zn－0.56％Zr 合金阻尼性能与应变振幅的关系
(a) 不同频率下　(b) 不同温度下

Mg－Zr 和 Mg－Zn－Zr 等镁合金的阻尼机理主要是位错阻尼，可以由 Granato-Lücke(G－L)位错钉扎理论模型解释，如图 13－3 所示。由于杂质原子和溶质原子的存在，对位错线起到了弱钉扎的作用，在较小的应变振幅下位错线可以挣脱杂质原子和溶质原子钉扎开始往复振动，产生由频率决定而与应变振幅无关的滞弹性阻尼。并随着应变振幅的增大，位错线开始挣脱邻近弱钉扎点，如此随着振动弦变长，挣脱弱钉扎所需的能量越来越高，内耗明显增大。当应变振幅增大到一定值时，位错线迅速挣脱弱钉扎，像"雪崩"一样的脱离钉扎点，内耗迅速增大，阻尼性能增强。在位错滑移面上，局部塑性应变体积分数增大，产生与应变振幅有关，而与频率无关的静滞后型阻尼，能量消耗增加，阻尼值提高幅度较大。

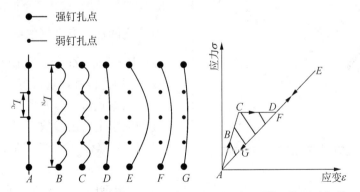

图 13－3　在加载与去载过程中位错弦的"弓出"、脱钉、缩回及钉扎
　　　　　过程示意图

如果将低应变振幅下与应变振幅无关的热激活弛豫型阻尼用 Q_{I}^{-1} 表示，高应变振幅下与应变振幅有关的静滞后型阻尼用 Q_{H}^{-1} 表示，则 Mg‐Zn‐Zr 合金总的阻尼性能 $Q^{-1} = Q_{\mathrm{I}}^{-1} + Q_{\mathrm{H}}^{-1}$。而且 Q_{H}^{-1} 通常是脱钉扎引起的，而脱钉扎是因为在材料中位错挣脱弱钉扎点造成的。根据 G‐L 理论，分别对两种内耗进行定量处理可得

$$Q_{\mathrm{I}}^{-1} = \frac{120\,\Omega\,B\omega}{\pi^3 c}\rho L^4, \tag{13-7}$$

$$Q_{\mathrm{H}}^{-1} = A_1\,\frac{\rho L_{\mathrm{N}}^3}{\varepsilon_0 L_{\mathrm{C}}^2}\exp\!\left(-\frac{A_2}{\varepsilon_0 L_{\mathrm{C}}}\right), \tag{13-8}$$

式(13-7)中 L 为平均位错段长，应满足下式

$$\frac{1}{L} = \frac{1}{L_{\mathrm{C}}} + \frac{1}{L_{\mathrm{N}}} \tag{13-9}$$

L_{N} 表示强钉间距离，L_{C} 表示弱钉间距离，Ω 为取向因子，C 为位错线张力，ρ 为单位体积中运动位错的总长；式(13-8)中 $A_1 = \dfrac{\Omega A_2}{\pi^2}$，$A_2 = K\eta b$，$K$ 为与产生脱钉所需要的应力有关因子，η 是溶质溶剂原子错配参数，ε_0 为应变振幅。

在足够大的应力作用下，位错可以挣脱开弱钉扎点并限制在强钉扎点上，同时在滑移面上扫过一个更大的面积，这种"雪崩"似的脱钉产生静滞后阻尼 Q_{H}^{-1}，从而导致阻尼急剧增加。令 $C_1 = A_1\dfrac{\rho L_{\mathrm{N}}^3}{L_{\mathrm{C}}^2}$，$C_2 = \dfrac{A_2}{L_{\mathrm{C}}}$，代入式(13-8)可得

$$Q_{\mathrm{H}}^{-1} = \frac{C_1}{\varepsilon_0}\exp\!\left(-\frac{C_2}{\varepsilon_0}\right) \tag{13-10}$$

即

$$\ln(\varepsilon_0 Q_{\mathrm{H}}^{-1}) = -\frac{C_2}{\varepsilon_0} + \ln C_1 \tag{13-11}$$

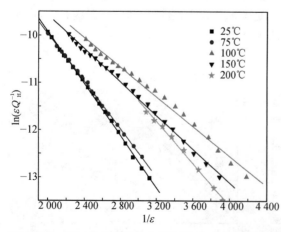

图 13-4 Mg‐2.23%Zn‐0.56%Zr 合金在不同温度下的 G‐L 图

式(13-11)表明 $\ln(\varepsilon_0 Q_{\mathrm{H}}^{-1})$ 与 $\dfrac{1}{\varepsilon_0}$ 呈线性关系。图 13-4 是根据图 13-2(b)的实验数据计算的结果，发现在不同温度下 $\ln(\varepsilon_0 Q_{\mathrm{H}}^{-1})$ 和 $\dfrac{1}{\varepsilon_0}$ 之间都具有良好的线性关系，这也说明了 Mg‐Zn‐Zr 合金的阻尼行为可以通过 G‐L 理论很好地进行解释。

根据式(13-10)可知，静滞后型阻尼性能的大小主要由参数 C_1 和 C_2 所决定，即 C_1 越大、C_2 越小，合金的阻尼性能越好。G‐L 线的斜率和 y 轴的截距分别为 $-C_2$ 和 $\ln C_1$。根据图 13-4 所示的 G‐L 图可以计算出相应的 C_1 和 C_2 的值，计算结果如表 13-3 所示。

表 13-3　Mg-2.23%Zn-0.56%Zr 合金在不同温度下 C_1，C_2 和 ε_{cr} 的计算值

温度	25℃	75℃	100℃	150℃	200℃
C_1	1.22×10^{-2}	7.34×10^{-3}	1.852×10^{-3}	2.417×10^{-3}	9.343×10^{-3}
C_2	2.76×10^{-3}	2.52×10^{-3}	1.57×10^{-3}	1.77×10^{-3}	2.23×10^{-3}
ε_{cr}	3.06×10^{-4}	2.99×10^{-4}	2.25×10^{-4}	2.51×10^{-4}	2.48×10^{-4}

从表 13-3 可知，当温度从 100℃增加到 200℃时，C_1，C_2 均不断增大。这是由于温度升高，晶格内均匀分布的空位或溶质原子数量增多，使得位错线上的弱钉扎点相应增多，从而使得弱钉间距离 L_c 变小，因此与 L_c 成反比的 C_2 变大。

为了进一步提高镁合金的强度和高温阻尼性能，可以向合金中添加陶瓷增强颗粒，制备出微细颗粒增强的镁基复合材料。但是，纯镁、镁合金和镁基复合材料的耐蚀性能都很差，严重限制其作为高阻尼材料的应用。主要解决的办法是表面处理，如阳极氧化、化学镀等，有关研究尚需深入开展。

13.2.2　Ti-Ni 合金

Ti-Ni 合金是典型的基于热弹性马氏体相变的形状记忆合金，具有优良的形状记忆效应、超弹性和高阻尼性能等三大功能特性。

形状记忆合金的种类很多，到目前为止已有 10 多个系列，50 多个品种。按照合金的组成和相变特征，具有较完全形状记忆效应的合金可以分为 Ti-Ni 系、Cu 基系和 Fe 基系形状记忆合金三大类。

形状记忆合金是通过热弹性马氏体相变及其逆相变而具有形状记忆效应的合金材料。马氏体相变分为非热弹性马氏体相变、热弹性马氏体相变和半热弹性马氏体相变三种。大部分形状记忆合金的形状记忆机理是热弹性马氏体相变，往往具有可逆性。马氏体相变临界温度 M_s 表示由母相开始转变为马氏体的温度，M_f 指马氏体相变完成的温度，A_s 表示马氏体经加热时开始逆相变为母相的温度，A_f 为逆相变完成的温度。

具有马氏体逆转变且 M_s 和 A_s 相差很小的合金称为热弹性马氏体。这种马氏体相变是在很小的过冷度（热滞）下发生的，即相变所需的驱动力很小。

形状记忆合金具有形状记忆效应：当一定形状的母相样品由 A_f 以上冷却至 M_f 以下形成马氏体后，将马氏体在 M_f 以下变形，经加热至 A_f 以上，伴随逆相变，材料会自动回复其在母相时的形状。Ti-Ni 合金的典型可回复应变为 7%。

形状记忆合金除显示形状记忆效应外，还呈现另一重要性质，即伪弹性或超弹性。在 M_s 点以上某一温度对形状记忆合金施加外力也可以引起马氏体相变，这样形成的马氏体为应力诱发马氏体。当去除应力后，部分应变因应力诱发马氏体逆转变为母相而回复，称为伪弹性；当应变全部回复时称为超弹性。

形状记忆合金中马氏体和母相呈一定位向关系，即使单晶母相中某一晶面上也会呈现几个不同位向（都符合位向关系）的马氏体，称为马氏体变体。如单晶 Cu-Zn-Al 合金经体心立方母相→单斜马氏体时，可能出现 24 种变体。在热弹性马氏体相变合金中，如 Ti-Ni 和 β-Cu 基合金中的马氏体变体，经形变时会发生再取向，即马氏体界面和内孪晶界面会迁动，

使有利长大的变体吞并相邻变体而长大,逐渐成为近似单变体马氏体。卸载后,这些近似单变体马氏体部分逆相变,使应变部分回复,也就会呈现伪弹性甚至超弹性。

合金具备形状记忆效应的条件为:①具有热弹性马氏体相变;②母相有序化;③马氏体内全部形成孪晶亚结构;④相变时晶体学完全可逆。

马氏体相变是一种非扩散型相变,母相向马氏体相变可以理解为原子排列面的切应变。由于剪切形变方向不同,而产生结构相同而位向不同的马氏体——马氏体变体。以 Cu-Zn 合金为例,合金相变时围绕母相的一个特定位向常形成 4 种自适应的马氏体变体,其惯习面以母相的方向对称排列。4 种变体合称为一个马氏体片群。通常的形状记忆合金根据马氏体与母相的晶体学关系,共有 6 个这样的片群,形成 24 种马氏体变体。每个马氏体片群中的各个变体的位向不同,有各自不同的应变方向。每个马氏体形成时,在周围基体中造成了一定方向的应力场,使变体沿这个方向上长大越来越困难,如果有另一个马氏体变体在此应力场中形成,它当然取阻力小、能量低的方向,以降低总应变能。由 4 种变体组成的片群总应变几乎为零,这就是马氏体相变的自适应现象。

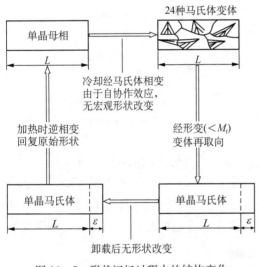

图 13-5 形状记忆过程中的结构变化

此类合金在单向外力作用下,其中马氏体顺应力方向发生再取向时,整个材料在宏观上表现为形变。对于应力诱发马氏体,生成的马氏体沿外力方向择优取向,在相变同时,材料发生明显变形,上述的 24 个马氏体变体可以变成为同一取向的单晶马氏体。将变形马氏体加热到 A_s 以上,马氏体发生逆转变,因为马氏体晶体的对称性低,转变为母相时只形成几个位向,甚至一个位向——母相原来的位向。当自适应马氏体片群中不同变体存在强的力学耦合时,形成单一位向的母相倾向更大。逆转变完成后,便完全恢复了母相的晶体,宏观变形也完全回复,如图 13-5 所示。

形状记忆合金母相的结构比较简单,一般为具有高对称性的立方点阵,且绝大部分为有序结构。马氏体的晶体结构较母相复杂,对称性低,且大多为长周期堆垛。同一母相可以有不同的马氏体结构。如果考虑内部亚结构,马氏体结构则更为复杂,如 9R,18R 马氏体的亚结构为层错,3R 与 2H 马氏体的亚结构为孪晶。目前已知的一些形状记忆合金,除 In-Ti,Fe-Pd 和 Mn-Cu 合金为无序结构外,其余都是有序结构。一般来说,形成有序晶格和热弹性型马氏体相变是形状记忆合金的基本条件。

在 Ti-Ni 二元合金系中有 TiNi,Ti_2Ni,Ni_3Ti 这三个金属间化合物。Ti-Ni 基记忆合金就是基于 TiNi 金属间化合物的合金。TiNi 相在高温时的晶体结构是 B2(CsCl 结构),点阵常数约为 0.302 nm,也称之为母相。由高温冷却时发生马氏体相变,母相转变为马氏体,马氏体的结构为单斜晶体。在适当的热处理或成分条件下,TiNi 合金中还会形成 R 相,这个相的结构是菱方点阵,习惯上称之为 R 相。在 TiNi 合金冷却时依成分和预处理条件的不同,会呈现两种不同的相变过程。一是母相直接转变为马氏体;二是母相先转变为 R 相(通常称为 R

相变），然后 R 相转变为马氏体。加热时，马氏体逆转变为 R 相，R 相逆转变为母相。上述相变过程都是热弹性马氏体相变。它也按前述的晶体学机制实现形状记忆效应。R 相转变为马氏体也是如此。因此，当 R 相变出现时，Ni - Ti 合金的记忆效应是由两个相变阶段贡献的。当 R 相变不出现时，记忆效应是由母相直接转变成马氏体的单一相变贡献的。

除了上述三个基本相外，随成分和热处理条件的不同，合金中会有弥散的第二相析出，包括 Ti_3Ni_4，Ti_2Ni_3，Ni_3Ti，Ti_2Ni 等，其中前两个是亚稳相。这些第二相的存在对 TiNi 合金的记忆效应、力学性能有显著的影响。

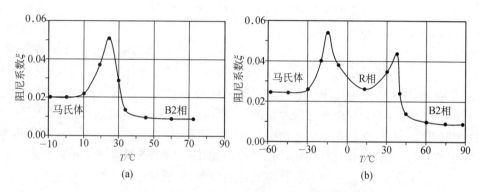

图 13-6 Ti - Ni 合金的内耗曲线[4]（$\xi \approx 0.5Q^{-1}$）

(a) $Ti_{49.8}Ni_{50.2}$合金 (b) $Ti_{49}Ni_{51}$合金

由图 13-6 可知，$Ti_{49.8}Ni_{50.2}$合金和 $Ti_{49}Ni_{51}$合金中马氏体相 B19′相的内耗值高于母相 B2 相，$Ti_{49}Ni_{51}$合金相变过程中出现了 R 相，R 相的内耗值与马氏体相 B19′相相当。发生 B2→B19′，B2→R 和 R→B19′三种相变时都出现了内耗峰，峰值在 $\xi = 0.04$ 以上。

Ti - Ni 合金中马氏体相 B19′相和 R 相中具有大量的孪晶界，它们在外加应力的作用下易于移动以适应应变的要求，即所谓的"自适应"或"再取向"过程。这种孪晶界的自适应/再取向移动导致了含有 B19′相和 R 相的 Ti - Ni 合金具有高阻尼特性。而 Ti - Ni 合金中母相 B2 相中没有孪晶界存在，且位错密度也很低。所以，其较低的阻尼值源于空位或间隙原子等点缺陷引发的弛豫性内耗。这些点缺陷在应力诱发下有序化，形成滞弹性应变，其应力-应变滞后环面积相对较小，所消耗的能量也较小。至于 B2→B19′，B2→R 和 R→B19′三种相变内耗峰的出现，原因有两个：一是热引发相变的塑形应变和孪晶界移动，其峰值内耗与升温或降温速率呈线性关系；二是外加应力引发的应力诱发相变。实验结果表明，Ti - Ni 合金中马氏体相和 R 相的弹性模量比母相 B2 相低，在相变区出现模量的最低值。

马氏体相变过程中的内耗谱 IF(T) 由三项组成[5]：

$$IF(T) = IF_{Tr}(T) + IF_{PT}(T) + IF_{Int}(T) \tag{13-12}$$

式中瞬态项 $IF_{Tr}(T)$ 是该内耗谱中的动力学项，只在加热或冷却时出现，在温度恒定时为零。该项在马氏体转变时显示出内耗峰，强烈依赖于外界因素如变温速率、频率和应力振幅；相变项 $IF_{PT}(T)$ 与相变本身相关联，是形成绝热过程所测出的内耗峰的原因（也称为绝热项）；本征项 $IF_{Int}(T)$ 给出了每个相如马氏体相和奥氏体相等对内耗谱的贡献特征，只取决于各个相的微观结构。

以图 13-6(a) 为例，其内耗曲线分为三个部分：左边的马氏体相区，中间的相变区和右边的母相(奥氏体)区。

在马氏体相区,合金产生的阻尼源于马氏体的本征内耗 $IF_{Int}(T)$,主要是由应力诱发马氏体-马氏体界面的移动所导致的。在这个区域,形状记忆合金如 Ti-Ni 合金和 Cu-Al-Ni 等形状记忆合金显示了比较高的阻尼性能。显然,马氏体的本征阻尼强烈依赖于振幅。形状记忆合金在马氏体相区在很宽的振幅范围内具有很高的阻尼性能。如 Ti-Ni 合金在应变振幅为 10^{-2} 时内耗值达到 0.15。

在母相区,阻尼性能依然取决于母相的本征项 $IF_{Int}(T)$,由于没有可移动的缺陷和界面,其阻尼值很小。所以,一般不考虑将此区域用于阻尼的应用。

在中间相变区可以看到一个明显的内耗峰,主要源于瞬态项 $IF_{Tr}(T)$,与动力学效应相关,且由热致相变中母相-马氏体相界面的运动所决定。显然,此项强烈依赖于变温速率,在恒温时变为零。因此,如果考虑恒温下的高阻尼应用,选用处于此区域状态的材料是不可取的。基于上述考虑,工程上的阻尼应用一般考虑形状记忆合金材料工作于马氏体相区。这是此类材料应用的主要缺点,因为即使在低应力条件下,界面也会移动,材料此时的模量很低,这对于结构设计很不利。所以,有研究专门讨论引入新相的方法,保持形状记忆合金在马氏体相区的高阻尼性能的同时,显著提高材料的屈服强度。如在 Ti-Ni 合金中加入 Nb 第二相。

关于形状记忆合金的高阻尼特性,普遍认可的观点是,形状记忆合金只有在马氏体态或两相态才有高阻尼性,而母相则不具有高阻尼性。但是也有研究指出,形状记忆合金不仅在马氏体态有高阻尼性,而且在母相的伪弹性区也可能具有高阻尼。

Ti-Ni 系形状记忆合金是最早发展的记忆合金,具有良好的力学性能,抗疲劳,耐磨损,抗腐蚀,形状记忆效应优良,生物相容性好,是目前唯一用作生物医学材料的形状记忆合金。但 Ti-Ni 系合金制备过程复杂,价格高昂。

Ti-Ni 合金在室温下其屈服点较低,约为 200 MPa,断裂强度为 800~950 MPa。200~400℃时,屈服点约为 400 MPa,以后逐渐降低,在 700~800℃达到最低值(<100 MPa)。加入 Mo,Fe 等可显著提高其屈服强度。

目前工业生产用 Ti-Ni 合金的主要办法有真空自耗电极电弧熔炼、真空感应熔炼和真空感应水冷铜坩埚熔炼等。真空自耗电极电弧熔炼杂质污染虽少,但铸锭成分均匀性较差。所以一般用它制备母合金,然后再用真空感应熔炼,称为自耗电弧-真空感应双联法。也有先采用真空感应炉制备母合金,然后再用真空感应炉调整成分,称为双真空感应法。此法成分易控制,而且均匀,缺点是经过 2 次接触石墨坩埚,容易增碳。目前熔炼 Ti-Ni 合金的主要生产方法还是采用石墨坩埚真空感应熔炼方法。

Ti-Ni 基形状记忆合金具有较好的热加工性能,可以通过锻造、挤压、热扎、拔拉等工艺过程来获得各种规格的板、带、丝、棒、管,以满足各种用途的需要。合金的铸态组织的热加工性能较差,应该选择较好应力状态的变形方法来加工,如挤压、锻造、热轧等,而不宜选择拉拔和斜轧穿孔等加工工艺。而变形后的组织,其加工性能要好得多。热加工温度要选择得当,过低时变形抗力大,不易操作,过高会引起表面甚至内部的氧化,造成塑性急剧下降,所以热加工的关键是加工温度的选择。

Ti-Ni 形状记忆合金的记忆功能的实现必须通过形状记忆处理。形状记忆处理过程首先在一定的条件下热成形、随后进行热处理以达到所需温度条件下的形状记忆功能。同样,也可以在低温下变形,并约束其变形后的形状在较高温度下热处理,以获得同样的结果。Ti-Ni

合金获得单向形状记忆效应的热处理方法一般有中温处理、低温处理和时效处理三种。

13.2.3　Mn-Cu合金

Mn-Cu阻尼合金具有公认的高阻尼特性和良好的力学性能。高阻尼合金的研发起源于Mn-Cu二元合金。用于船用铸造桨叶的SONOSTON合金(Mn-36.2%Cu-3.49%Al-3.04%Fe-1.17%Ni)是最早的商业化Mn-Cu基高阻尼合金。后来开发的INCRAMUTE合金(Mn-48.1%Cu-1.55%Al-0.27%Si)具有更低的Mn含量。两种合金中Al用于提高船用桨叶的耐蚀性能,而Fe和Si的加入目的是改善二元Mn-Cu合金的铸造性能和强度。近年来研发的M2052阻尼合金($Mn_{73}Cu_{20}Ni_5Fe_2$)具有更优良的铸造、锻造和轧制性能,且阻尼性能也有所提高。

Mn-Cu合金的阻尼机制有三种:①γMn相的FCC高温顺磁—FCT低温反铁磁转变尼尔温度T_N附近的相变内耗峰,该转变内耗峰强烈依赖于外加变量如温度变化速率和频率;②孪晶界弛豫内耗峰,孪晶界在FCT结构的γMn相中形成。频率升高,则该内耗峰向高温方向移动;③反铁磁γMn相的磁致滞弹性,可以用于解释此类合金中的应变振幅决定的阻尼行为,但比较少见。

图13-7中两种Mn-Cu合金的阻尼行为表现为γMn相的FCC—FCT转变温度T_N以下约20 K的相变内耗峰和220 K附近的孪晶界内耗峰。Ni的加入提高了两个内耗峰的峰值,降低了相变内耗峰的转变温度。相变内耗峰的加强源于加入Ni的γMn相的晶胞体积变小,使得转变温度下杨氏模量反常增加。相变内耗峰的转变温度的降低源于Ni的加入使得γMn相分解的延迟。

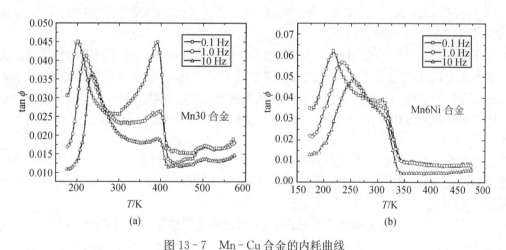

图13-7　Mn-Cu合金的内耗曲线

(a) $Mn_{67.2}Cu_{32.8}$合金　(b) $Mn_{71.6}Cu_{20.2}Ni_{6.19}Fe_{1.99}$合金

M2052合金的对数减缩量δ最大达到了0.72,转换成比阻尼本领P接近0.23,其数值达到了室温下橡皮的相同水平[6]。而在强度方面M2052合金比橡皮高一个数量级以上。M2052合金的频率响应范围从0.01 Hz～10 MHz,振幅响应范围从纳米到毫米级别,温度响应范围从4～470 K,强度接近低碳钢,杨氏模量是橡皮的5 000倍以上。

M2052合金的加工性能优异,可以通过如下各种加工方法来制备各种零部件:铸造、锻造、轧制、模锻、拉拔、切割、钻孔、磨粉、焊接、钎焊、电镀等。所制备的零部件可以有各种形状：铸件、板件、片状、棒状、箔、线、盘卷、螺旋、螺栓螺母、垫圈、管、粉末等。因此，M2052 合金在机械、声学、航海等领域应用前景广泛。

13.2.4　Cu 基合金

由图 13-1 可知，Cu-Al-Ni 合金由于阻尼特性和强度皆高，所以有应用价值。Cu-Zn-Al，Cu-Al-Ni，Cu-Al-Mn 和 Cu-Al-Be 都是基于热弹性马氏体相变的形状记忆合金，与 Ti-Ni 合金一样具有优良的形状记忆效应、超弹性和高阻尼性能等特性，其价格较 Ti-Ni 合金便宜许多，比 Fe 基形状记忆合金具有更好的形状记忆和超弹性效果。Cu 基阻尼合金具有生产工艺简单、成本低廉、阻尼性能优异的特点。且其相变点可在 $-100\sim300℃$ 调节，在反复使用频率不太高、条件不太苛刻情况下，应用前景广阔。Cu-Al-Ni 和 Cu-Al-Be 合金本征晶粒粗大，晶界难以滑移变形使得合金脆性大，易晶界断裂，强度和塑形较差。多晶 Cu 基形状记忆合金如 Cu-Al-Ni 和 Cu-Zn-Al 合金由于母相高度有序和高的弹性各向异性，所以脆性大而导致不能充分冷加工。晶粒细化等方法被用来改善此类多晶 Cu 基形状记忆合金的韧性，但效果甚微。

通过添加 Mn，使得 Cu-Al 二元系中的 β 相马氏体转变区被显著拓展到低的 Al 含量区域。且 Al 含量越低，母相的有序-无序转变的温度越低，所以 Cu-Al-Mn 合金在 Al 含量低于 18 at.% 时韧性良好，因为此时 $L2_1$ 母相具有低有序结构，其立方 β_1($L2_1$，Cu_2AlMn）到 β_1'(18R)的马氏体转变显示形状记忆和超弹性效应。当 Al 和 Mn 含量低时，Cu-Al-Mn 合金中的马氏体以 β_1'(18R)占主导；当 Al 和 Mn 含量高时，可以明显观察到 γ_1'(2H)马氏体。总之，所有马氏体 Cu-Al-Mn 合金中都有 β_1'(18R)相和 γ_1'(2H)相存在。Al 和 Mn 含量的提高，会导致马氏体相变温度的降低。

上述 Cu-Al-Mn 合金的形状记忆和超弹性应变值只有 2%，达不到应用的要求。为了强化这些效应，可以考虑添加合金元素和形变热处理等方法，以改变合金的晶粒度和织构，特别是通过冷轧的手段来控制应力诱发马氏体从而获得低膨胀系数的 Cu-Al-Mn 合金。由于马氏体变体界面和母相/马氏体相惯习面的高移动能力，Cu-Al-Mn 合金具有很高的阻尼性能。

通过对 $Cu_{72}Al_{18}Mn_{10}$ 合金进行不同温度回火处理后，发现该合金母相组织为淬火态时其阻尼性能较差，而经回火处理后该合金的热弹性马氏体数量增加，方向性趋向一致使得阻尼性能提高。

Cu-Al-Mn 合金属于孪晶型阻尼合金，其阻尼源主要由三部分组成：①热弹性马氏体中的孪晶界面间的运动；②热弹性马氏体之间的运动；③热弹性马氏体/母相界面间的运动。其中热弹性马氏体的孪晶界面是最主要的阻尼源，其高阻尼能力归因于马氏体孪晶变体在应力作用下的再取向。在振动外应力作用下，热弹性马氏体中的孪晶界面非常容易移动，使外加振动能以热能耗散，导致阻尼衰减。

如图 13-8 所示，Cu-Al-Mn 合金的内耗在可逆相变处陡然增加，马氏体区的内耗值明显高于高温母相区的。晶粒越大，内耗值越大，$d/D=1.86$（d 为晶粒尺寸，D 为试样直径）的 $Cu_{72}Al_{17}Mn_{11}$ 合金的内耗峰值达到 0.37。意味着 Cu-Al-Mn 合金的惯习面和孪晶界的移动能力随晶粒尺寸的增加而增加。相比较而言，尽管 $Ni_{50.8}Ti_{49.2}$ 合金的内耗峰宽超过 100℃，但

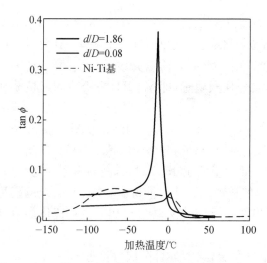

图 13-8 $d/D = 0.08$ 的 $(Cu_{72.9} Al_{17} Mn_{10.1})_{99.3} Co_{0.5} B_{0.2}$ 合金, $d/D = 1.86$ 的 $Cu_{72} Al_{17} Mn_{11}$ 合金和 $Ni_{50.8} Ti_{49.2}$ 合金的内耗-温度曲线[7]

d 为晶粒尺寸, D 为试样直径, 频率 1 Hz, 应变振幅 5×10^{-4}

其数值低于 0.1。

Cu-Al-Mn 合金经过高温短时时效或常温长时间时效后, 其常温阻尼性能明显下降。对母相合金进行时效, 导致析出相的生成, 对相变温度和阻尼性能影响很大。析出相对马氏体变体、马氏体/母相界面和孪晶界的运动起到钉扎作用, 降低相变温度并引起阻尼性能的下降。当时效温度大于 500℃ 时, 大量析出相产生使得合金中没有马氏体相变, 合金的阻尼性能很差。

在一定的条件下, Cu-Al-Mn 形状记忆合金在母相状态也可能获得较高的阻尼性能, 其高阻尼能力来源于应力诱发马氏体相变。应力诱发马氏体相变阻尼的优点有两个: 一是在较低应力下母相具有比马氏体更高的弹性模量, 二是形变以后能够回复到零应变。

一般形状记忆合金要将母相固溶后快速淬火才能得到热弹性马氏体, 而 Cu-Al-Be 形状记忆合金在铸态即可获得热弹性马氏体, 并显示出良好的阻尼性能, 且后续的热处理可以进一步提高合金的综合性能, 其经济性和工程便利性十分引人注目。

共析点(Cu-11.8%Al)附近的 Cu-Al 二元合金具有 bcc 结构, 称为 β 相, 在高于 838 K 时稳定存在。低于此温度范围, 平衡相是 fcc 结构的 α 相和成分为 $Cu_9 Al_4$ 的 γ_2 相。快速冷却过程中, β 相失稳并有序化成 DO3 或 $L2_1$ 结构, 然后转变为 18R 或 9R 马氏体相。Be 加入这样的 Cu-Al 二元合金可以扩大 β 相, 降低低温下原子扩散能力, 抑制 β 相的共析分解反应, 确保热弹性马氏体的形成, 并细化晶粒以提高合金的韧性, 且可以大幅降低马氏体相变温度。Al 和 Be 都降低马氏体相变温度, Be 的效果尤为显著。Be 加入量超过 0.6%~0.7% 时, 相变温度变化过大。Al 含量不能选得太低, 不能偏离共析成分太远, 以保证热弹性马氏体的形成。所以, 实用的 Cu-Al-Be 合金的 Be 含量应为 0.3%~0.6%, 而 Al 含量以 10%~13% 为宜。

具有热弹性马氏体的 Cu-Al-Be 形状记忆合金其阻尼机理与 Cu-Al-Mn 类似。热弹性马氏体有 18R 和 2H 两种, 其中 18R 马氏体变体的自协作性较好, 容易进行应力诱发马氏体变体的转变; 而 2H 马氏体变体的自协作性较差, 若合金中混杂较多的 2H 马氏体则会降低阻尼能力。加入微量 B 的 Cu-Al-Be 形状记忆合金在马氏体状态具有较高的阻尼性能, 其 SDC 达到 17%~24%。

Cu-Al-Ni 形状记忆合金不仅在马氏体相变时有明显的内耗峰, 而且其马氏体转变温度接近 200℃, 其超弹性应变可达 18%, 所以引起了广泛关注。与 Cu-Al-Mn 合金和 Cu-Al-Be 合金类似, Cu-Al-Ni 形状记忆合金的母相也是 DO3 结构的 β_1 相, 受成分、温度和外加应力的影响转变成不同类型的马氏体相如 β_1'(18R)、γ_1'(2H) 或 α_1'(6R)。Cu-13.0%Al-4%Ni 合金室温下的马氏体相为典型的 β_1'(18R)结构。随着 Al 含量增加至 13.5 wt%, 在 β_1'(18R)马氏体基体中出现了粗大的 γ_1'(2H)马氏体变体。Al 含量增加至质量分数为 13.7%~

14.0%时,β_1'(18R)与γ_1'(2H)的结构无法区分,逐渐以γ_1'(2H)为主,并有大量的Cu_9Al_4结构的γ_2相生成,其中γ_1'(2H)变体具有孪晶结构和易于自取向移动的孪晶界。随着Al含量的增加,M_s点从Al含质量分数13.0%的约180℃急剧下降到Al含质量分数14.5%的约−50℃。可见Cu-Al-Ni形状记忆合金的M_s点对化学成分强烈敏感,即γ_1'(2H)马氏体的形核驱动力比β_1'(18R)马氏体高。

Cu-Al-Ni形状记忆合金的内耗曲线规律与Cu-Al-Mn合金和Cu-Al-Be合金一致,其在马氏体相变阶段和马氏体状态下的高阻尼特性也与母相/马氏体界面和马氏体间界面的移动性密切相关。当上述Cu-Al-Ni合金中Al含量低于13.9时,合金的阻尼性能很高,峰值都超过0.15,主要来自于γ_1'(2H)变体孪晶界的移动;当Al含量高于13.9时,合金的阻尼性能急剧下降,峰值低于0.07,这可能与大量析出的γ_2相有关,这些γ_2相减少马氏体的量且阻碍了母相/马氏体相界面的移动。

Cu-Zn-Al形状记忆合金也属于孪晶型阻尼合金,典型的合金成分接近Cu-26%Zn-4%Al。由于合金中与热弹性马氏体相变有关的相变孪晶晶界或母相与马氏体的相界,在振动外应力的作用下发生移动产生非弹性应变而使应力松弛,从而将外加振动能以热能耗散,形成对振动的阻尼衰减。Cu-Zn-Al合金的阻尼机理与上述三种Cu基合金类似,热弹性马氏体孪晶界面的可逆移动是最主要的阻尼源,马氏体相界面和马氏体/母相间界面的移动对阻尼也有贡献。这类合金具有加工制造容易、价格低廉、易熔炼、耐腐蚀、导电导热率高和优良的阻尼性能等优点。但其晶粒粗大、脆性大、易断裂、疲劳强度小、相变点易漂移等不足限制了其应用。

13.2.5　Fe基合金

铁基阻尼合金按阻尼机理可分为三类:铁磁型阻尼合金、复相型灰铸铁和Fe-Mn系阻尼合金。

铁磁阻尼合金如Fe-Cr,Fe-Al合金等因具有良好的力学性能、加工性能和耐腐蚀性能而受到广泛的关注。铁磁阻尼合金起阻尼作用的主要是铁素体相,依靠磁畴壁的不可逆移动产生磁致伸缩,从而消耗振动能。由于合金中的第二相会阻碍磁畴壁的移动,因此在合金设计中希望获得单一铁素体相。除此之外,晶界、夹杂物、析出相也是影响磁畴壁移动的重要因素,应尽量避免夹杂物和非铁素体相的产生,还应减小晶界的面积。通常以增大晶粒尺寸的方法来减小晶界面积。磁致伸缩除与合金的组织和相有关外,还与合金的矫顽力、弹性模量有关。矫顽力阻碍磁致伸缩进行,而弹性模量则与磁致伸缩的大小成正比。

铁磁材料的阻尼一般分为三类:宏观涡流、微观涡流以及磁学-力学滞后阻尼。宏观涡流阻尼产生于对穿过振动样品的磁通量改变的响应;微观涡流阻尼是畴界的任何移动所产生的磁化的局部改变而引起的微观涡流损失;磁学-力学滞后阻尼产生于应力诱导下不可逆的磁畴壁的运动。在这三种阻尼中,磁学-力学滞后阻尼是主要的,尤其在低频下更是如此。前两种阻尼依赖于频率但独立于应变振幅,而磁学-力学滞后阻尼则强烈地依赖于应变振幅而与振动频率无关。

铁磁高阻尼的研究集中在微观结构(包括磁畴结构)对阻尼性能的影响,而微观组织的改变可通过改变合金成分或通过不同热处理来实现。不仅需要找出磁畴结构、磁畴尺寸与阻尼的关系,而且要明确磁畴壁运动产生阻碍的障碍物如位错、晶界、沉淀物、第二相、点缺陷等对阻尼性能产生的不利影响。这些障碍物的存在增加了内应力,而内应力又对磁畴壁的运动起阻碍作用。

铁磁材料高阻尼机制的发现始于20世纪30年代,此后相继被许多实验所证实,其中磁学-力学滞后阻尼的研究最多,并主要集中在 Fe-Cr,Fe-Co,Fe-Si 以及 Fe-Al 等合金体系。Coronel 等研究了纯 Fe 的磁学-力学阻尼,用测量微观涡流阻尼来估计磁畴尺寸并用宏观涡流峰是否出现来判断样品是否达到磁饱和,建立了产生磁学-力学滞后阻尼的理论模型,认为这种阻尼的产生是由于局部应力改变方向时,引起四偶极子的重新取向。Frank 等研究了 Fe-Si 合金的磁学-力学阻尼,揭示了磁场、饱和磁化强度、饱和磁致伸缩系数以及应变与阻尼之间的关系,并观察到了晶向对阻尼的作用。Smith 和 Birchak 根据内应力的统计分布和应变振幅,提出了唯像模型。Roberts 和 Barrand 在 Ni 中观察到依赖于温度的磁学-力学阻尼是因为各向异性减小时,磁畴壁厚度的增加。Masumoto 等在频率大约 1.1 Hz 的条件下用倒扭摆研究了 Fe-Cr 合金的内耗,发现内耗作为应变振幅的函数存在一个最大值,对样品进行退火能显著增加阻尼性能且退火温度在 1 200℃时,阻尼性能达最佳。Cr 含量对阻尼性能也有影响,分别在 5%Cr 和 17%Cr 的含量处出现峰值。

热处理通常能提高阻尼性能,随着退火温度和退火时间增加,出现最大阻尼性能的位置向较低的应变振幅处移动。与应变振幅对阻尼的作用相比,振动频率对阻尼没有明显影响。磁畴结构在热处理后发生改变,因而出现不同的阻尼值。退火对阻尼性能的影响一方面来源于对未钉扎畴壁可动性的改善,另一方面得益于 90°磁畴分数的增加。有结果显示,180°磁畴壁所产生的内耗仅是 90°磁畴壁的 5%～10%。磁畴壁运动所消耗的能量依赖于磁畴壁的可动性,而畴壁的运动由下列三个因素控制:磁畴及畴界的结构和尺寸、晶体结构、畴壁和晶体缺陷之间的相互作用。

Fe-Cr 系合金铸态下具有较高的阻尼性能,这是由于铸态合金内部的位错密度要明显低于变形后的合金,而位错会明显阻碍磁畴壁的移动,降低合金的阻尼性能。所以 Fe-Cr 系铸态合金具有工程化应用的意义,其开发应用有望解决工业生产中铸件的振动发声问题。日本在 Fe-12Cr 钢的基础上研制成功了 Silentalloy 系列 Fe-Cr-Al 和 Fe-Cr-Mo 合金。这两种合金强度高,成形性好,已在工业机械上应用。

磁学-力学阻尼随磁场强度的增加而降低。热处理能够改善 Fe-16%Cr-(2%～8%)Al,Fe-16%Cr-(2%～4%)Mo 以及 Fe-16%Cr-2%Mo-1%Cu 的阻尼性能,阻尼随 Al 含量或 Mo 含量的增加而减小。热处理后所获得的高阻尼是综合作用的结果:内应力的减少、90°磁畴体积分数的增加以及磁畴壁可动性的增加都能通过适当的热处理而得到。对于 Fe-Cr 合金,添加较低浓度的 Mo 和 Al 能在一定程度上提高阻尼性能,但当其含量超过 4%时,又显著降低合金的阻尼性能。添加 Mo 提高阻尼性能比添加 Al 显著,原因是磁致伸缩系数对阻尼性能起了关键的作用。阻尼性能的变化更多地起源于磁畴结构的改变而非钉扎畴壁的局部障碍物分布的改变。

添加元素 Mn,Si 可以改善 Fe-Cr 系合金的阻尼性能,适当的热处理后,Fe-Cr-Mn-Si 合金的阻尼值可达到 25×10^{-3},是一种很有应用前景的减振金属功能材料。Fe-13%Cr-6%Al 合金经过合金化以后其抗拉强度可达 500 MPa 以上,且阻尼性能较好。

对于 Fe-25%Cr-5%Al 合金的磁学-力学阻尼性能而言,较高温度(1 250℃)下退火的样品其阻尼性能最好,淬火和冷加工的样品阻尼性能较差。该合金的磁学-力学阻尼强烈地依赖应变振幅并随振幅的增加线性增加。温度对该合金的磁学-力学阻尼性能的影响与温度对其磁性能的影响是相似的,随温度的增加,磁学-力学阻尼降低,到一定温度时,阻尼值达最低。

对于 Fe-Al 合金的磁学-力学阻尼,在含 Al 量 5%～6%时内耗出现最大值。所以合金中的 Al 含量一般在 5％以上。与 Fe－Cr 系合金阻尼相比较，Fe－Al 合金在磁畴结构和尺寸以及微观结构对阻尼性能的作用方面是相似的。但在热处理的影响方面，Fe－Al 合金通过空冷可以获得最佳阻尼性能而不是通过炉冷，因为炉冷的 Fe－Al 合金产生短程有序相而使内应力增加。Fe－Al 合金具有较好的阻尼性能和强度，但是存在脆性较大的显著缺点，限制了此类合金的应用。目前关于 Fe－Al 系阻尼合金应用的报道较少。

复相型灰铸铁在振动应力作用下，石墨片尖端周围的基体中，由于应力集中产生微塑性变形，消耗部分振动能，起着减小振动的阻尼作用。同时，由于基体的微塑性变形，使石墨片两侧附近的基体发生相对运动，带动石墨片内部层间黏滞性流动，使数量不多的石墨片可以消耗较多的振动能而起到阻尼作用。所以，铸铁的阻尼作用是由基体微塑性变形和石墨片内部层间黏滞性流动引起的阻尼作用组成，这两部分阻尼作用是互相联系的。

灰铸铁中由于石墨的大量存在，获得一定的阻尼性能，并且具有良好的铸造性能、价格低廉和易于生产等特点。通常采用提高碳当量的方法获得高阻尼值。但是，铸铁的力学性能却由于碳当量的增加而下降，从而强度较低限制了此类阻尼铸铁的应用。并且铸铁的耐蚀性较差，脆性较高，很难满足结构件对力学性能的要求。相比其他铁基阻尼合金，铸铁的阻尼性能偏低，仅为 Fe－Cr 系合金的 1/3 甚至更低。因此高阻尼铸铁的研究较少。

Fe－Mn 系合金的阻尼机制尚不明了，一般认为合金的阻尼机制归结于 4 种界面的运动：ε/ε 马氏体界面；ε 马氏体中的层错界面；γ 奥氏体中的层错界面；ε/γ 界面。但这些界面具体如何运动从而产生阻尼还不清楚。

Fe－Mn 系合金的阻尼性能与形变量有很大的关系，因此通常用作型材和锻件。但铸造合金的阻尼性能很低，很难满足减振场合的需求。此外，合金的阻尼值随外加载荷的增大而明显增加，即用于承受大的外加载荷的工况下可取得更佳的减振降噪效果。Fe－Mn 系合金的阻尼值低于 Fe－Cr 系合金，但强度较高。Fe－Mn 系二元合金经常通过添加合金元素和适当的冷轧变形来改善其综合性能。

13.2.6　Zn－Al 合金

Zn－Al 合金比重小，强度高，具有良好的阻尼性能、铸造性能、力学性能和耐磨性能，且经济性明显。所以该系合金受到材料界和工程界的重视。

Zn－Al 二元系所有成分的合金都具有超塑性，其中研究最多的是共析合金 ZA22 和共晶合金 ZA5。在适当的变形速率和温度下，两者的伸长率分别可达到 1 500％和 5 000％。所以此两种合金的应用较为广泛。Zn－Al 合金的成型方式有金属型、石墨型、压铸、挤压铸造和离心铸造等。由于两相区凝固区间较大，初生相和后续凝固组织有密度差，所以易偏析和缩孔，采用砂型铸造需控制凝固顺序。

Zn－Al 系合金的减振机制也是复相型机理，阻尼性能主要通过合金相界面的非弹性黏滞运动获得，即通过合金内部的第二相和晶界发生塑性流动或第二相变形吸收振动能产生的较高的内耗。这种合金相界面的运动与原子扩散有关，随着温度的上升，界面原子扩散加剧，界面可动性提高，故阻尼性较好，且不受应力应变振幅的影响。ZA22 合金具有很好的高温阻尼性能，当温度达到 245℃时具有最大值。Zn－Al 系合金的阻尼性能与组织也有密切关系。当出现细小的等轴晶时，具有较好的阻尼性能，而且与振动频率也有关，随频率的增大，阻尼性能下降。Al 含量在 18％～50％时，Zn－Al 合金都有很好的阻尼性能。大量研究表明，含 Al 量

27％的 ZA27 合金具有最好的综合性能。

Zn-Al 系合金的高阻尼性能主要取决于其相组织和界面状态,即界面的可动性和可动界面的数量。所以,在添加合金元素以提高阻尼性能时,合金元素应不阻碍界面的可动性且能够细化组织。

13.3 高阻尼复合材料

复合材料:两种或两种以上不同性质或不同组织的物质,以微观或宏观的形式组合而成的材料,结构通常是一个基体相为连续相,而另一增强相是以独立的形态分布于整个连续相中的分散相,分散相使材料的性能发生显著的变化。

根据分散相的种类和特点,复合材料可分为粒子增强复合材料、纤维增强复合材料和夹层增强复合材料等,按基体种类,复合材料分为金属基复合材料、陶瓷基复合材料及高分子基复合材料。复合材料在航天、航空、交通运输及日常生活等各个领域广泛地应用。

13.3.1 金属基复合材料

金属基复合材料(MMC)可以实现既有陶瓷强化相的高强度和高硬度,又有金属基体的损伤容限和韧性[8~10]。特别是铝基和镁基复合材料,密度小、硬度高、抗疲劳性能好,而且导电性、导热性好,热膨胀系数低。

大部分 MMC 的制备方法为熔体浸渗法、粉浆浇注法、粉末压制法。通过选择合适的基体、强化相、加工过程和后续热处理工艺,材料性能可以满足特殊应用。其中,拥有良好的界面强度可以保证基体和强化相之间的载荷传递,这对于复合材料的综合性能非常重要。

13.3.1.1 金属陶瓷界面的应力集中

多(复)相材料中存在界面应力集中,复合材料加工后的残余应力是由于凝固冷却后基体和强化相的收缩(膨胀系数)不同造成的,是复合材料固有的特性。因为组分通常具有不同的硬度和热膨胀系数(见表 13-4),即使在很低的外加载荷或者环境温度变化情况下,内部应力的不均匀性也会大量存在[8]。这些内部应力可以通过某些机械作用得到释放,例如基体和强化相的弹性变形,金属的微塑性变形,界面扩散,空位使强化相从基体中析出,强化相破碎,等等。在循环机械应力或热应力作用下,由于应力集中造成的界面损伤累积会导致机械性能大幅下降,使材料失效。

表 13-4 某些基体和强化相的物理性能

材料	$\rho/(\mathrm{g/cm^3})$	E/GPa	CTE[1]/(ppm/K)	$\alpha_K^{[2]}/(\mathrm{W/mK})$	α_K/CTE
Al	2.70	70	23	247	10.7
Mg	1.74	45	24.8	156	6.3
Cu	8.96	125~130	16.5	398	24.1
C	1.80	3.6	28.6	<8	0.28
Al$_2$O$_3$	3.90	350~380	6.5~8	20~35	2.5~5.4
SiC	3.20	400~480	3.5~4.5	80~200	17.7~57.1

1. 热膨胀系数, 2. 导热系数

当界面黏结强度和界面区的基体强度足够高,使载荷能传递到强化相而不抑制基体通过发生微塑性变形来松弛应力,则 MMC 达到最佳性能。界面应力松弛机制是评估材料的使用性能和设计增强抗疲劳性能的新材料的关键。内耗和力学谱技术是研究各种均匀材料的界面应力弛豫机制的有效方法[11]。下面,总结了一些结果和模型,揭示这些技术是如何表征 MMC 力学行为的。

13.3.1.2 铝基复合材料的实验结果

1) 循环机械载荷下的界面应力评估

L. Parrini 和 R. Schaller 通过自由衰减法研究了细小的 Al_2O_3 SAFFIL 纤维强化 Al - Cu 合金的应力弛豫[11]。发现随着循环载荷增加,室温内耗增加,到达一个临界应力值时,室温内耗显著降低,形成尖锐的 IF 峰(见图 13-9)。这种现象在没有强化相的材料中是不存在的,它源于当循环应力超过临界应力 σ_p 时发生基体和纤维的剥离,弛豫机制可以通过固体内耗流变模型来描述。图 13-10 显示了内耗逐步增加,剪切弹性模量降低,直至断裂。实验前和实验后的 TEM 观察结果显示当循环应力高于固体内耗峰值应力时,界面出现裂缝。

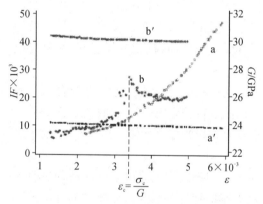

图 13-9　Al4Cu(a, a′)和 Al4Cu20%SAFFIL(b, b′)的内耗和剪切弹性模量与振幅图谱

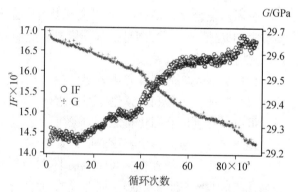

图 13-10　淬火态 Al4Cu20%SAFFIL 的内耗和剪切弹性模量与循环次数图谱

$T = 300\ \text{K}, \varepsilon = 6 \times 10^{-3}$

2) 热循环过程中的瞬态内耗

图 13-11 所示为 A201 合金(Al - 4.6Cu - 0.7Ag - 0.35Mn - 0.35Mn - 0.35Mg - 0.25Ti)和挤压铸造的复合 A201 - 25% SAFFIL 的内耗行为。可见,低温下金属基复合材料的内耗谱中可以观察到在冷却过程中有一反常现象[12~14]。

另外,可以观察到加入 25% SAFFIL 增强相会导致动态剪切弹性模量增加 20% 左右,这个值 95% 是由混合物定律计算的。在相对纯净的基体中,例如 Al4N - 15% SAFFIL 金属基复合材料在 100 K~400 K 之间进行热循环时,存在一个可重复的滞回特性(见图 13-12)。内耗谱显示 MMC 加热过程中及随后的冷却过程和纯 Al 低温变形特点非常相似。

相反地,在相同温度范围内,如果基体是 A201 合金,内耗仅在第一次冷却过程中出现,后续热循环中则不出现(见图 13-13),剪切模量与温度近似呈线性关系,表明在热循环过程中没有损耗累积。通过增加退火温度(>480 K),可以重新获得阻尼最大值,如图 13-14 所示,最大阻尼和最高退火温度成正比[14]。

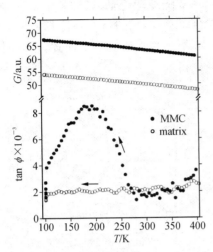

图 13 - 11　挤压铸造的 A201 - 25％
SAFFIL（自然时效）和无
强化相基体的阻尼谱

冷速 2 K/min，$\omega = 0.1$ Hz，$\varepsilon = 1.5 \times 10^{-5}$

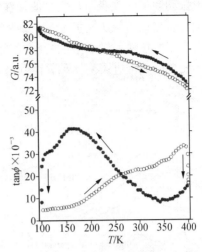

图 13 - 12　挤压铸造的 Al4N - 15％
SAFFIL 在热循环下的内
耗和剪切弹性模量与温
度图谱

$T = 2$ K/min，$\omega = 0.1$ Hz，$\varepsilon = 1.5 \times 10^{-5}$

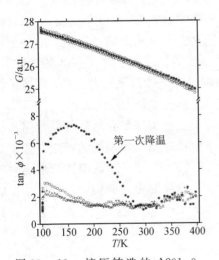

图 13 - 13　挤压铸造的 A201.0 -
25％ SAFFIL（峰时效）
冷却过程中内耗和剪切
弹性模量

$T = 2$ K/min，$\omega = 0.1$ Hz，$\varepsilon = 1.5 \times 10^{-5}$

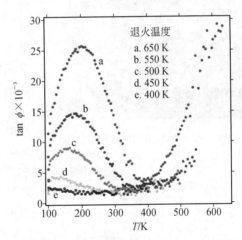

图 13 - 14　挤压铸造的 A201.0 - 25％
SAFFIL（过时效）高温退火后
冷却过程中内耗曲线

$T = 2$ K/min，$\omega = 0.1$ Hz，$\varepsilon = 1.5 \times 10^{-5}$

3）讨论和理论模型

瞬态内耗是金属基复合材料一个显著的特性，这在具有粗大第二相粒子的 Al - Si 合金中能观察到，但在无增强相材料中不存在，陶瓷相应力弛豫可以忽略，所以 tan φ 的最大值与界面或界面附近的弛豫有关[12~14]。图 13 - 15 为 Al4N - 15％SAFFIL 的 tan φ 随冷却速率、振动频率 ω 和振幅 ε 的变化关系，可以看到，tan φ 的最大值并不依赖于热力学激活过程，因为峰位不随着振动频率的改变而改变。值得注意的是，$\tan\phi$ 随冷却速率、振动频率 ω 和振幅 ε 变化是由测试时材料结构变化引起的，如相变[15]。在金属基复合材料中，在冷却中所形成的新相是具有高密度位错的微观塑性变形区，如图 13-16 所示和文献[8~10,15]所述，在金属基复合材料中界面热应力促进了基体和界面附近位错的释放和运动。

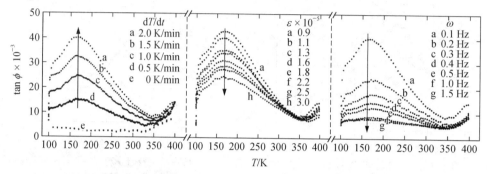

图 13-15 Al4N-15%SAFFIL 内耗随冷却速率、振动频率 ω 和振幅 ε 变化曲线

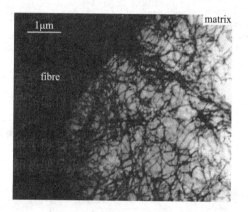

图 13-16 在 100 K 和 700 K 热循环后 Al4N-15%SAFFIL 中所观看到的位于-纤维附近基体中位错结构

在冷却过程中，基体的收缩大于陶瓷纤维，当热应力大于基体流变应力时，位错环从纤维/基体界面中被推出。在加热过程中，基体的膨胀大于陶瓷纤维，在冷却过程中生成的位错就会重新回到纤维/基体界面中。这种在界面附近的位错运动已经被透射电镜原位热循环实验证实。在纯基体的情况下，结果是增强相附近微塑性区域的增长，这种增长能使微塑性区域一直达到颗粒间距的大小。

诸多研究得出金属基复合材料的低温阻尼行为是由于基体中位错在增强相周围的产生及运动而引起的。Vincent 等[12]得出了微观塑性变形诱导的局部热应力和测量内耗的交变剪切应力产生位错的内耗模型。Mayencourt 等[16]报道，在 Mg 基复合材料中内耗与冷却速率，振动频率和应变振幅呈非线性依赖关系，从而提出了通过固体内耗机制所控制的靠近界面附近位错运动模型，与实验结果相吻合。

直到现在，模拟研究仍很难去定量预测在金属基复合材料阻尼所包含的所有方面。这是由于在这些多相材料中微观结构参数呈现的多样性，特别是当基体是复杂合金和有界面反应发生时。

为了解释测量因素和微观结构参数二者对纯 Al 基复合材料阻尼行为的影响，Carreno-Morelli 等[17]基于增强相周围微观塑性变形得出了一种模型。他们认为一种金属基复合材料的内耗可能是在多相材料（纤维、基体和纤维周围的微观塑性变形区）中不同相的贡献之和：

$$\tan\phi = \frac{1}{\pi}\frac{\sum_{i}\Delta w_i f_i}{\sigma_0^2/G} \qquad (13-13)$$

式中，w_i 和 f_i 分别是单胞体积能耗和相 i（第 i 相）的体积分数，G_{mmc} 是复合材料的剪切弹性模量，σ_0 是在所加交变应力极值，$\sigma = \sigma_0 \sin \omega t$。因为可以忽略陶瓷纤维的弛豫和离纤维的较远处基体弛豫（比塑性区有更低密度位错的区域），内耗结果为

$$\tan \phi \approx \tan \phi_{zp} = \frac{1}{2\pi} \frac{\Delta W_{zp}}{W} = \frac{f_{zp} \oint \sigma \mathrm{d}\varepsilon}{\pi \sigma_0^2 / G_{mmc}} \qquad (13-14)$$

在冷却过程中塑性变形区的体积百分数的变化，可基于 Hill[18] 所提出的方法描述，即在一个具有弹性各向同性单晶体的单相金属基体中嵌入圆柱状增强相，用其周围的塑性变形区来描述。在基体和增强相之间的热力学不匹配应变为 $\varepsilon = \Delta \alpha \Delta T$，式中 $\Delta \alpha$ 是热膨胀失配，$\Delta T = T_0 - T$（T_0 为对应于自由应力状态时的温度）。考虑到在冷却过程中基体会有由林位错的增值所产生的应变硬化，依据 Arsenault[19]，屈服应力 $\sigma_y(T)$ 为

$$\sigma_y(T) = \sigma_{y_0} + AGb \sqrt{\rho_{zp}(T)} = \sigma_y(T) + 2AG \left(\frac{f}{1-f} b \Delta \alpha (T^* - T) \right)^{1/2} (R)^{1/3} \left(1 + \frac{2}{R} \right)^{1/2} \left(\frac{1}{V} \right)^{1/6} \qquad (13-15)$$

式中，$\sigma_{y_0} = \sigma_y(T)(\sigma_y(T^*))$ 是基体的屈服应力，$\rho_{zp}(T)$ 是塑性变形区位错密度，G 是基体剪切模量，b 是位错柏氏矢量，A 是应变硬化常数，R 和 V 分别是宽高比和增强相的体积。然后，由 Dunand 等[20] 所提出的方法，塑性区体积分数为

$$f_{zp}(T) = f \left(\frac{V_{zp}(T)}{\pi r_f^2} \right) = \frac{f}{2\tau_y(T)} \left(\frac{4E\Delta\alpha(T^* - T)}{(5 - 4\nu)} - GAb \sqrt{\rho_{zp}(T)} \right) \qquad T \leqslant T^* \qquad (13-16)$$

式中，f 是纤维体积含量，T^* 是基体开始流变时的温度。塑性区的长大由条件 $f_{zp} + f \leqslant 1$ 来限定。

根据式(13-15)和式(13-16)，图 13-17 表明 Al4N-15%SAFFIL 在冷却过程中塑性区的演变。材料参数是 $E = 71\,\mathrm{GPa}$，$G = 26.6\,\mathrm{GPa}$，$A = 1.25$，$b = 2.864 \times 10^{-10}\,\mathrm{m}$，$\nu = 0.33$，$\sigma_{y0} = 20\,\mathrm{MPa}$，$\Delta \alpha = 16 \times 10^{-6}\,\mathrm{K}^{-1}$，$R = 0.33$。$T^*$ 为冷却期间内耗开始增加时的温度（从图 13-11 知 $T^* = 350\,\mathrm{K}$）。在冷却过程中直到临界 $T_{end} = 130\,\mathrm{K}$，塑性区连续地长大。为了计算 $\tan \phi$，由扭摆振动所产生的机械应力在整个应力场中认为是微应力，这意味着在半个周期内，有

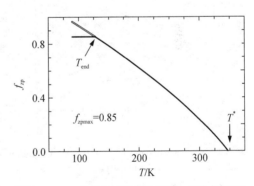

图 13-17 Al4N-15%SAFFIL 在冷却过程中塑性区的演变

$$\tan \phi_{zp} = \frac{G_{mmc} f_{zp}}{\omega \pi \sigma_0^2} \int_{\omega t = 0}^{\omega t = \pi} \sigma_0 \sin(\omega t) \dot{\varepsilon} \mathrm{d}(\omega t) \qquad (13-17)$$

假设 $\mathrm{d}\varepsilon = \dot{\varepsilon} \mathrm{d}t$，$\dot{\varepsilon}$ 是应变速率。在低温下，障碍控制塑性，有如下表达式[21]：

$$\dot{\varepsilon} = \dot{\varepsilon}_0 \exp \left(-\frac{\Delta F}{kT} \left(1 - \frac{\sigma_s}{\tau_y} \right) \right) \qquad (13-18)$$

式中，$\Delta F = \beta G b^3$ 是无外加应力时克服障碍所需的激活能，$k = 1.38 \times 10^{-23} J \cdot K^{-1}$ 是普朗克常数，τ_y 是非热剪切强度，$\sigma_s = \sigma_{thermal} + \sigma_{pendulum} = \sigma_{thermal} + \sigma_0 \sin \omega t$ 是总加载的剪切应力。因子 β 取决于阻碍强度（林位错或细小沉淀相），为 $0.2 \sim 1$。

在冷却的初始阶段，$\sigma_{thermal}$ 随 $G \Delta \alpha \Delta T$ 而增加。

在临界温度 T^*，热应力大于基体屈服强度 $\sigma_y(T^*)$ 且从纤维/基体界面逃脱出一个位错环，应变弛豫错配由下式给出：

$$\sigma^* = \xi \frac{Gb}{4r}$$

式中，ξ 是与增强相形状相关的几何参数。这时，热应力的范围被限定为

$$\tau_y - \sigma^* < \sigma_{thermal} < \tau_y$$

且应变速率极限为

$$\dot{\varepsilon} = \dot{\varepsilon}_0 \exp\left(-\frac{\Delta F}{kT}\frac{\sigma^*}{\tau_y}\right)\left[1 + \frac{\Delta F}{kT}\frac{\sigma_0}{\tau_y}\sin(\omega t)\right] \tag{13-19}$$

假设在一个振动周期中温度的变化忽略不计，将式（13-17）代入式（13-19）中，整理得[17]

$$\tan \phi_{zp} = \frac{2G_{mmc}f_{zp}}{\omega \pi \sigma_0}\Delta\alpha \overset{0}{T}\left[1 + \frac{\Delta F}{kT}\frac{\sigma_0}{\tau_y(T)}\frac{\pi}{4}\right]\exp\left(-\frac{\Delta F}{kT}\left(\frac{\sigma^0}{\tau_y(T)}\right)\right) \qquad T \leqslant T^*$$

$$\tag{13-20}$$

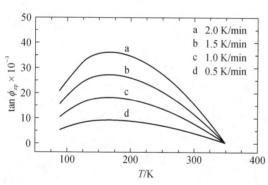

图 13-18　根据等式（13-20）预测得出的 Al4N-15%SAFFIL 内耗

通过式（13-15）、式（13-16）和式（13-20）所获得的一系列结果可完整的描述 $\tan \phi_{zp}$ 整个形状，包括在冷却过程开始时的增加（f_{zp} 正比于 ΔT）和在低温时进一步的减少（见图 13-18）。所预测的内耗与冷却速率成正比且和振动频率 ω 和振幅 $\varepsilon = \sigma_0/G_{mmc}$ 成反比。

对于相关材料参数，式（13-20）表明 $\tan \phi_{zp}$ 与 $G_{mmc}f$ 乘积成正比。因为复合材料的模量 G_{mmc} 是 f 的增函数[8]，因此 $\tan \phi_{zp}$ 也是 f 的增函数。根据式（13-20）可以得到，假设基体剪切强度 τ_y 增加，则内耗降低。f 和 τ_y 对 $\tan \phi_{zp}$ 影响的预测与实验观测吻合。

对于内耗和剪切模量滞后行为的可逆性，基于以上所给的模型可以解释纯 Al 和合金复合材料之间的差异。在纯 Al 基复合材料中，在冷却过程中纤维处位错可运动到远离界面（的区域）。当达到温度 T^*，内耗增加，剪切模量变化趋于平缓，在纤维周围形成延伸的塑性区（见图 13-12）。在临界温度 T_{end} 以下，塑性区重叠出现，基体应变硬化变得重要，弹性模量回复。在加热过程中，发生回复且部分位错回到纤维/基体界面处，在下一个热循环中，重新开始这一过程。相反，在合金复合材料中，在开始冷却过程中挣脱出来的位错仍然被固溶原子和靠近纤维附近狭小、高硬化塑性区的沉淀相所钉扎（除非热循环的最大温度足以使位错运动）。在进一步热循环过程中，这导致内耗值进一步降低。对于剪切弹性模量，由于塑性区形成的有限

性,没有任何可观察的峰值区。

13.3.2 纤维增强复合材料

在纤维增强的复合材料中,有多种引起阻尼的机制。复合材料阻尼是一种混合机制,首先考虑的是材料本征阻尼。这将在本章第一节讨论,且着重于多聚物基的复合材料,其分析及结果对于降噪应用非常重要。界面上的摩擦剪切位移是另一个阻尼来源,这种机制主要和某些像纤维断裂或基体断裂的破坏有关,这会在本章第二部分用短纤维增强复合材料和陶瓷基复合材料的实例分析。内耗在这些复合材料里可以用来表征组织的破坏程度。在这里阻尼是指比阻尼容量(specific damping capacity, SDC),它定义为在一个应力循环里能量损失的比例。

$$\mathrm{SDC} = \Psi = \frac{\Delta W}{W} \text{ 或者 } \Delta W = \Psi W \qquad (13-21)$$

式中 $W = \frac{1}{2}\sigma\varepsilon$ 或 $W = \frac{1}{2}M\varepsilon^2$ 是材料振动时的最大弹性储能,M 是弹性模量。

13.3.2.1 比阻尼容量的混合物定律

如果考虑一个由固体 A 和 B 组成的混合物,混合物的能量损失就是每个组元能量损失之和。

$$\Delta W = V_A \Delta W_A + V_B \Delta W_B = V_A \Psi_A W_A + V_B \Psi_B W_B \qquad (13-22a)$$

式中 V_A,V_B 是体积百分数;Ψ_A,Ψ_B 是每个组元的 SDC(假设是平衡态)。此外,平均应力是混合物中每个组元应力之和。

$$\sigma_{\mathrm{mixture}} = V_A \sigma_A + V_B \sigma_B \qquad (13-22b)$$

有两种方法需要用到。

平行方法:在这种情况下,应变 ε 在每个组元中都相同,并与复合材料的应变相等。因而,通过公式(13-22b),出现在公式(13-21)中分母和分子中的 ε^2 能被简化,得到如下的式:

$$E_{\mathrm{parallel}} = V_A E_A + V_B E_B \text{ 及 } \Psi_{\mathrm{parallel}} = \frac{V_A \Psi_A W_A + V_B \Psi_B W_B}{E_{\mathrm{parallel}}} \qquad (13-23)$$

杨氏模量的混合物定律能从式(13-22a)推导,而 SDC 从式(13-22)推导。

连续方法:这里应力 σ 是均匀的,必然引入公式(13-21b),进而得到公式

$$\frac{1}{E_{\mathrm{serial}}} = \frac{V_A}{E_A} + \frac{V_B}{E_B} \text{ 和 } \Psi_{\mathrm{serial}} = \left(\frac{V_A \Psi_A}{E_A} + \frac{V_B \Psi_B}{E_B}\right) E_{\mathrm{serial}} \qquad (13-24)$$

1) 轴向排列的一维复合材料

在平面应力条件下,复合材料的应力、应变和SDC的定义如下(x 是纵坐标,y 是横坐标):

纵坐标　　　　应力:σ_x　　　应变:ε_x　　　SDC:Ψ_x

横坐标　　　　应力:σ_y　　　应变:ε_y　　　SDC:Ψ_y

平面剪切轴　　应力:σ_s　　　应变:ε_s　　　SDC:Ψ_s

平面应力条件下,一维复合材料的胡克定律为

$$\begin{bmatrix} \varepsilon_x \\ \varepsilon_y \\ \varepsilon_s \end{bmatrix} = \begin{bmatrix} \dfrac{1}{E_x} & \dfrac{-V_{yx}}{E_x} & 0 \\ \dfrac{-V_{xy}}{E_y} & \dfrac{1}{E_y} & 0 \\ 0 & 0 & \dfrac{1}{E_s} \end{bmatrix} \begin{bmatrix} \sigma_x \\ \sigma_y \\ \sigma_s \end{bmatrix} = \begin{bmatrix} S_{xx} & S_{xy} & 0 \\ S_{xy} & S_{yy} & 0 \\ 0 & 0 & S_{ss} \end{bmatrix} \begin{bmatrix} \sigma_x \\ \sigma_y \\ \sigma_s \end{bmatrix} \tag{13-25}$$

基体的 SDC 是 Ψ_m

纤维(下标:f),可分为各向同性(比如玻璃)或者沿自身纤维取向的同性(比如碳纤维和 Kevlar 纤维)。弹性模量设为:E_{fL}(纵向),E_{fT}(横向)和 G_{fLT}(轴向剪切);相应的 SDC 系数设为:Ψ_{fL}，Ψ_{fT} 和 Ψ_{fLT}。

表 13-5 列出了在聚合物复合材料中常用增强组分的参考值。玻璃纤维的 SDC 在室温可以忽略,聚合物的 SDC 随温度变化。

表 13-5　纤维及基体的弹性模量和 SDC

	E_{fL}	E_{fT}	G_{fLT}	Ψ_{fL}	Ψ_{fT}	Ψ_{fLT}
玻璃	72		29	～0		～0
碳纤维 LM	230	21	14	0.004	0.045	0.1
碳纤维 HM	390	40	18	0.005	0.05	0.09
Kevlar	122	1	0.7	0.08	0.08～0.15	0.1～0.25
环氧聚酯	2.3～3.8		0.8～1.4	0.02～0.2		0.02～0.2

以下各式是对精确解的近似解(对零空隙:$V_f + V_m = 1$):

$$轴向杨氏模量 \qquad E_x = E_{fL}V_f + E_m V_m \tag{13-26}$$

$$轴向剪切模量 \qquad G_s = G_m \frac{G_m V_m + G_{fLT}(1+V_f)}{G_m(1+V_f) + G_{fLT}V_m} \tag{13-27}$$

横向杨氏模量不能写成简单形式。

简单地用相复合模量替代单相弹性模量,就能将在内耗特性引入到相应的理论,将复合材料有效弹性模量计算式转变为滞弹性复合材料有效弹性模量计算式。Hashin[22]深入研究了这个问题,得到的主要结论为

纵向 SDC：

$$\Psi_x = \frac{\Psi_{fL}E_{fL}V_f + \Psi_m E_m V_m}{E_{fL}V_f + E_m V_m} \tag{13-28}$$

轴向剪切 SDC：

$$\Psi_s = \Psi_m V_m \frac{(\gamma+1)^2 + V_f(\gamma-1)^2}{[\gamma(1+V_f)+1-V_f][\gamma(1-V_f)+1+V_f]}, \quad 其中\ \gamma = \frac{G_{fLT}}{G_m} \tag{13-29}$$

通过联合使用式(13-23)和式(13-24),从一个包含纤维方形阵列的简单复合材料模型中获得横向杨氏模量 E_y 和 $SDC(\Psi_y)$的近似解。

如图 13-19 所示,轴向 SDC 随着纤维体积百分数的减少而增加(由于基体 SDC 增加所致)。测量(动态弯曲法)到的 SDC 往往比式(13-28)计算出来的理论值高。这说明纤维失配或者纤维弯曲能够增强基体某一区域的应变。这些差异随着纤维尺寸的增加而减小,表明界面区域也对增加 SDC 有作用。图 13-20 是剪切 SDC 对纤维体积百分数的曲线。在这种情况下,测量到的 SDC(扭摆振幅法)比理论值要小:小角度的纤维失配就能明显地减小剪切 SDC,碳纤维尤其是如此。

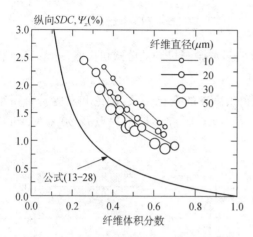

图 13-19　玻璃/环氧树脂一维复合材料 Ψ_x 与 Ψ_y 关系

线:公式(13-28)计算的 Ψ_x,点:不同的纤维尺寸,参考文献[23]

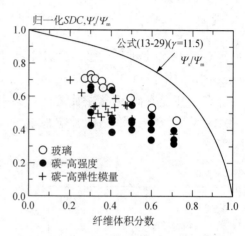

图 13-20　受剪切力作用的一维复合材料 Ψ_s/Ψ_m 与 V_f 关系

线:公式(13-29)计算的比值,点:不同的纤维,参考文献[24]

2) 非轴向载荷下的一维复合材料

非轴向(与碳纤维取向保持角度 θ)下胡克定律是,S_{ij}($i=1,2$ 或 6)(1 和 2 是非轴向取向,6 是剪切)是非轴向适配度

$$\begin{bmatrix} \varepsilon_1 \\ \varepsilon_2 \\ \varepsilon_6 \end{bmatrix} = \begin{bmatrix} S_{11} & S_{12} & S_6 \\ S_{12} & S_{22} & S_{26} \\ S_{16} & S_{26} & S_{66} \end{bmatrix} \begin{bmatrix} \sigma_1 \\ \sigma_2 \\ \sigma_6 \end{bmatrix} \qquad (13-30)$$

通过式(13-31)和式(13-32)能够从非轴向载荷算得局部应力和应变:($m = \cos\theta$, $n = \sin\theta$)

$$\begin{bmatrix} \sigma_x \\ \sigma_y \\ \sigma_s \end{bmatrix} = \begin{bmatrix} m^2 & n^2 & mn \\ n^2 & m^2 & -mn \\ -2mn & 2mn & m^2-n^2 \end{bmatrix} \begin{bmatrix} \sigma_1 \\ \sigma_2 \\ \sigma_6 \end{bmatrix} \qquad (13-31)$$

$$\begin{bmatrix} \varepsilon_r \\ \varepsilon_y \\ \varepsilon_s \end{bmatrix} = \begin{bmatrix} m^2 & n^2 & mn \\ n^2 & m^2 & -mn \\ -2mn & 2mn & m^2-n^2 \end{bmatrix} \begin{bmatrix} \varepsilon_1 \\ \varepsilon_2 \\ \varepsilon_6 \end{bmatrix} \qquad (13-32)$$

在非轴向载荷下,所有的局部应力应变均非零,因而非轴向一维复合材料的 SDC 是源于轴向应力-应变对的 Ψ_x,Ψ_y,Ψ_s 之和。在沿轴 1 拉伸压缩的情况下(或者弯曲),相应的 SDC

（Ψ_1）计算式可得到

$$\Psi_1 = E_1\left[\frac{\Psi_x}{E_x}m^4 + (\Psi_x + \Psi_y)\frac{\nu_{xy}}{E_x} + \frac{\Psi_y}{E_y}n^4 + \frac{\Psi_s}{E_s}m^2n^2\right] \tag{13-33}$$

式中 $E_1(=1/S_{11})$ 是轴向的杨氏模量。在非轴向平面剪切（或者扭转）的情况下，$SDC(\Psi_6)$ 可以表示为

$$\Psi_6 = E_6\left[4m^2n^2\left(\frac{\Psi_x}{E_x} + (\Psi_x + \Psi_y)\frac{\nu_{yx}}{E_x}+\right)+(m^2-n^2)\frac{\Psi_s}{E_s}\right] \tag{13-34}$$

式中 $E_6(=1/S_{66})$ 是非轴向平面剪切模量。更多有关阻尼微观机制的公式可以在 Saravanos 和 Chamis 的研究中找到[25]。

图 13-21 是在碳-环氧树脂复合材料中 Ψ_1 和角度 θ 的变化关系，理论和实验符合得很好。纵向 SDC（$\theta = 0°$ 时）的影响很小，可忽略；而在 $45°$ 附近剪切阻尼以及 $90°$ 横向 SDC 很大。

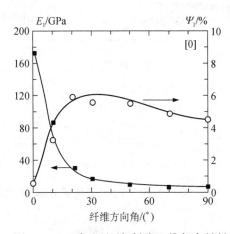

图 13-21 碳 IM/环氧树脂一维复合材料，杨氏模量和 SDC 与角度 θ 关系（试验数据点来自参考文献[13]）

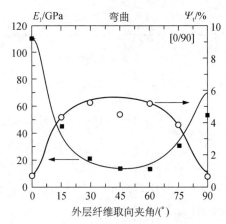

图 13-22 碳 IM/环氧树脂一维复合材料[0/90]$_{3s}$ 层压板。弯曲刚度和 SDC 随轴和外层纤维取向夹角 φ 的变化关系

3）层压板的 SDC

将一些一维的层片堆积起来制成一个层压板。层压板 SDC 计算遵循式（13-23）类似的方法，板的 SDC 相当于每一层的 SDC 之和。在弯曲的条件下，外层承受更大的应力，它们对阻尼的影响就更为重要。为了计算出层压板的 SDC，使用特殊分析软件就更加方便，这种软件能够计算出在任何加载情况下（拉伸、剪切、弯曲、扭转……）每层的局部应力应变场。可以用如下的表达式来进行描述（h：层压板厚度）：

$$\Psi_{\text{laminate}} = \frac{\Delta W_x + \Delta W_y + \Delta W_z}{W} = \frac{\int_h \Psi_x\sigma_x(z)\varepsilon_x(z)\mathrm{d}z + \int_h \Psi_y\sigma_y(z)\varepsilon_y(z)\mathrm{d}z + \int_h \Psi_s\sigma_s(z)\varepsilon_s(z)\mathrm{d}z}{\int_h \sigma_x(z)\varepsilon_x(z)\mathrm{d}z + \int_h \sigma_y(z)\varepsilon_y(z)\mathrm{d}z + \int_h \sigma_s(z)\varepsilon_s(z)\mathrm{d}z}$$

$$\tag{13-35}$$

图 13-22 是对一个 $[0/90/0/90/0/90]_s$ 碳/环氧树脂层压板进行自由弯曲振动(等同于施加力矩 M_1,产生了曲率 k_1),其杨氏模量和 SDC 随轴(1')和外层纤维取向(层压板轴:1)夹角 φ 的变化关系,从中可以明显看出两者之间的差异,结论再一次得到验证。由于每层均受到了剪切作用(Ψ_s,σ_s,ε_s),约 45°时 SDC 出现峰值。

对碳纤维和玻璃纤维而言,SDC 随着层压板模量的增加反而变小,也就是说,纤维(SDC 接近于 0)对刚度起着更大的作用。这种情况对 Kevlar 纤维是不适用的,因为这些纤维的 SDC 与基体相近,因此,混合物定律的结论对纤维取向依赖较小。

短纤维复合材料与颗粒增强复合材料可适用同样的分析方法。Dunn[26] 发表了一篇有关黏弹性阻尼问题的文章。各式片状增强纤维和不同的边界条件被普遍运用在实验中,用以预测这些板的刚性和阻尼性能(气动弹性、声疲劳、降噪、噪声隔离等)。

13.3.2.2　与损伤有关的阻尼

在拉伸条件下,一维复合材料中的损伤可以是纤维断裂或者基体裂纹,这取决于纤维的极限应变(ε_m^F)是否低于基体的极限应变(ε_m^F)。在层压板中,损伤随着平行于纤维的裂纹优先出现在非轴向层中,且大多数会伴随着分层。

聚合物基复合材料 $\varepsilon_m^F < \varepsilon_m^F$,产生的纤维失效将在 1)部分验证。陶瓷基复合材料则是基体裂纹损伤($\varepsilon_f^F > \varepsilon_m^F$)的相反情况,这将在 2)部分描述。

1) 第一类损伤:纤维失效(聚合物基复合材料)

当承受拉伸载荷时,某些纤维断裂,复合材料破坏。纤维破坏时,除了在断裂周围的一小块区域应力降为零外,其他部分具有相同的应力。若是施加的应力再增大,这些纤维就会再次断裂。

在最先的粗略计算中,累积损坏相当于逐步地减小纤维碎片长度,内耗值降到与短纤维复合材料的内耗值相同。如图 13-23 所示,纤维末端处的应力梯度与纤维基体界面处的剪切应力 τ_i 有关,且界面脱粘与没脱粘时纤维应力梯度也不同。这种纤维应力梯度表示如下(R_f 为纤维半径):

$$\frac{\mathrm{d}\sigma_f}{\mathrm{d}x} = \frac{2\tau_i}{R_f} \tag{13-36}$$

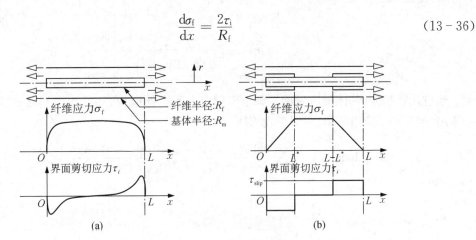

图 13-23　沿短纤维分布的纤维应力和界面剪应力

(a) 结合界面　(b) 分离界面和滑移

在复合材料承受张力,界面结合优良的情况下,短纤维附近基体受三向应力[见图 13-23(a)],储存更高的应变能,从而基体 SDC 值对复合材料阻尼性能有更大的贡献。当界面剪切

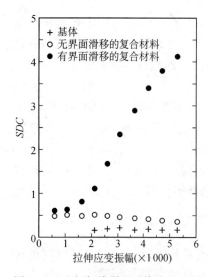

图 10-24　短钢线增强硅橡胶的不同
SDC 值。$R_f = 0.2$ mm,
$L = 25$ mm, $V_f = 0.23$。
纤维用于增强界面的分离
和滑移。注意到在那样的
情况下 SDC 超过了 1

应力(ISS)太大时,纤维末端附近的纤维和基体之间的界面产生分离和滑移。

这种滑移包含了假设由固定 ISS 值决定的摩擦,图 13-23(b)给出了纤维应力梯度。显然,在循环载荷下的滑移损耗大量能量。图 13-24 给出了这样的一个示例:使用短钢线增强硅橡胶进行了有界面滑移和没有界面滑移的阻尼性能比较。阻尼值随着循环应变振幅显著地增加,这是因为滑移区变得更长[见式(13-45)]。

界面结合的情况是依据吉普森的剪切滞后模型[27]进行分析的。

剪切滞后模型由于在不受应力的纤维末端 $\tau_i \neq 0$,只是一种粗略的近似,由此得出当复合材料[它的组成元素见图 13-23(a)]具有拉伸应变 ε_x 时,基体中的剪切应力如下:

$$\tau(x, r) = \varepsilon_x \frac{R_f^2 E_f \beta \sinh\left[\beta\left(\frac{L}{2} - x\right)\right]}{2r\cosh\left(\beta\frac{L}{2}\right)} \qquad \tau(x, R_f) = \tau_i$$

$$(13-37a)$$

式中

$$\beta^2 = \frac{G_M}{E_f} \frac{2}{R_f^2 \ln(R_m/R_f)} \tag{13-37b}$$

L 为纤维长度,$2R_m$ 为两相邻纤维之间的距离($V_f = \pi R_f / 4R_m^2$,假定是方形阵列)。纤维应力分布[见图 13-23(a)]最终由以下式表示:

$$\sigma_f = \varepsilon_x E_f \left\{ 1 - \frac{\cos\left[\beta\left(\frac{L}{2} - x\right)\right]}{\cosh\left(\beta\frac{L}{2}\right)} \right\} \tag{13-38}$$

通过计算基体(基体的应变能来源于剪切应力和拉伸应变)和纤维中储存的应变能(源自 σ_f 作用)或者利用应力平衡,可以获得 SDC 表达式为

$$\Psi_x(\text{short, bonded}) = \frac{\Psi_{fL} E_f V_f (1-A) + E_f V_f (\Psi_m - \Psi_{fL}) B/2 + \Psi_m E_m V_m}{E_f V_f (1-A) - E_f V_f \Psi_{fL} (\Psi_m - \Psi_{fL}) B/2 + E_m V_m}$$

$$(13-39a)$$

式中

$$A = \frac{\tanh(\beta L/2)}{\beta L/2} \qquad B = A - \frac{1}{\cos h^2(\beta L/2)} \tag{13-39b}$$

图 13-25 显示了短纤维复合材料的 SDC 随纤维长径比变化而变化的情况[27]。随着纤维长度变短,SDC 增大,这是因为在基体中储存了更大应变能。复合材料的阻尼性能随材料刚度减小而增强。对于界面结合的情况,当纤维阻尼很高时,相较于连续界面,短纤维没有显

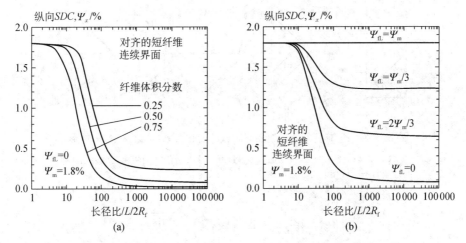

图 13-25　短纤维玻璃/环氧树脂复合材料的纵向比阻尼容量与长径比的关系
（a）纤维体积分数的影响　（b）纤维阻尼的影响

示出任何的优势。这说明了高阻尼纤维具有潜在的用途，如用作隔音隔热的 Kevlar 纤维。

　　当界面分离和进行滑移时，情况是完全不同的。图 13-23（b）给出了纤维应力的分布情况。平台处的纤维应力是复合材料纤维杨氏模量乘以如图 13-23（b）中的复合材料及其组元产生的拉伸应变（最大纤维应力 $= E_f\varepsilon_x$），而不完全滑移情形下的复合材料模量由下式给出：

$$\widetilde{E}_x(\text{short fibres, partial slip}) = E_{fL}V_f\left(1-\frac{L^*}{L}\right)+E_mV_m \qquad (13-40)$$

应变能

$$W = \frac{1}{2}\widetilde{E}_x\varepsilon_x^2 \qquad (13-41)$$

　　式（13-40）与式（13-28）的不同是来源于纤维末端处的滑移区域，该处的纤维应力呈直线下降。随着应变的增加，滑移区域的长度 L^* 增大，而复合材料模量减小。

　　超过某一给定应变，滑移区域则会覆盖整个纤维长度（$2L^* = L$）：纤维的应力分布情况仍保持不变，只有基体继续延长。定义一个参数 τ^* 则会很方便地区分以上的情形：

$$\tau^* = \frac{E_{fL}R\varepsilon'}{L} = \frac{2L^*\tau_{slip}}{L}(\varepsilon'：应用于复合材料中的最大应变) \qquad (13-42)$$

　　图 13-26 显示了当加载应变在 $+\varepsilon'$ 与 $-\varepsilon'$ 之间交替变化时，纤维应力分布的变化情况。平均纤维应变由下式计算：

$$\bar{\sigma}_f = \frac{1}{L}\int_0^L \sigma_f \mathrm{d}x \qquad (13-43)$$

在 $+\varepsilon'$ 与 $-\varepsilon'$ 之间往复变化的能量耗散可从下式得出：

$$\Delta W = \int_{-\varepsilon'}^{+\varepsilon'}(\bar{\sigma}_f(\varepsilon_x \uparrow)-\bar{\sigma}_f(\varepsilon_x \downarrow))\mathrm{d}\varepsilon \qquad (13-44)$$

　　最后，在界面处与滑移相联系的 SDC（具有滑移的一列短纤维）可以通过下面的式子计算得到（此种情况下每个纤维末端的滑移区域要短于纤维长度的一半（局部滑移））：

$\varepsilon_x/\varepsilon' \in [-1, +1]$，当 $\tau_{slip} > \tau^*$ 时，

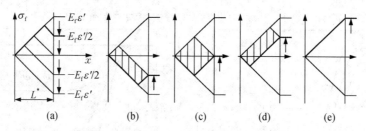

图 13-26　纤维应力分布随滑移区域的变化关系（$\tau_{\text{slip}} > \tau^*$ 的情形）

（a）卸载　（b）～（e）重新加载。被纤维长度 L 分隔开的阴影区域表示加载与卸载时平均纤维应力之差 $\sigma_{\text{f}}(\varepsilon_x \uparrow) - \sigma_{\text{f}}(\varepsilon_x \downarrow)$

$$\Psi_x(\text{短纤维，不完全滑移}) = \frac{\dfrac{4\tau^*}{3\tau_{\text{slip}}}}{1 - \dfrac{\tau^*}{2\tau_{\text{slip}}} + \alpha} \tag{13-45}$$

式中
$$\alpha = \frac{E_{\text{m}}V_{\text{m}}}{E_{\text{f}}V_{\text{f}}}$$

当滑移覆盖整个纤维长度时，可以用以下的式子来计算 SDC：
$\varepsilon_x / \varepsilon' \in [-1, +1]$，当 $\tau_{\text{slip}} < \tau^*$ 时，

$$\Psi_x(\text{短纤维，完全滑移}) = \frac{4\dfrac{\tau^*}{\tau_{\text{slip}}} - \dfrac{8}{3}\left(\dfrac{\tau_{\text{slip}}}{\tau^*}\right)^2}{\dfrac{\tau_{\text{slip}}}{2\tau^*} + \alpha} \tag{13-46}$$

上式假设纤维及基体无阻尼。当 τ_{slip} 很高时，体系转变为黏聚态，可以使用式（13-46）。对于长纤维，末端的滑移可以忽略，可以使用式（13-30）。

不同的滑移状态如图 13-27 所示。当 τ_{slip} 值很高（$>\tau^*$）时，微小区域滑移产生的能量耗散与其储存的应变能相比较低，回线较窄[见图 13-27(a)]，且随着 τ_{slip} 值的增加，SDC 值增加。而根据式（13-42），SDC 曲线将随着回线振幅的扩大而上升，如图 13-24 中实验数据所示，容易发现 SDC 值会达到一个很高的值（$\gg 1$）。

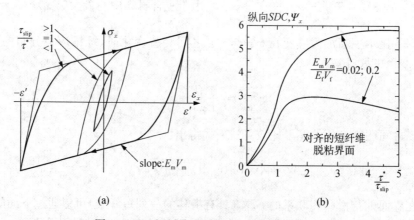

图 13-27　短纤维增强复合材料的循环特性

（a）不同滑移条件下的应力-应变循环　（b）SDC 与界面滑移参数倒数的关系

相反,当 τ_{slip} 值较低时($\tau_{\text{slip}} \ll \tau^*$),大部分的应变能贮藏于基体中,回线在加载和卸载末端均呈线性。这种情况下,SDC 曲线随着振幅的增加而降低。

可以认为式(13-42)中的纤维长度对 SDC 值有消减:其程度随着滑动区域数量或短纤维所占百分比增加而增大(即纤维的平均长度减小)。这导致对于给定的振幅,SDC 曲线有上升的趋势。必须注意到由于短纤维损伤程度高(很大的 τ^*),在 SDC 曲线下落之前,复合材料已经损伤了。

2) 第一类损伤:基体裂纹(陶瓷基复合材料)

易碎基体的损伤是由一系列没被破坏的纤维连接起来且相互平行的基体裂纹组成。这种状况是由于纤维与基体之间的界面较脆,使得基体裂纹在界面上扩长而不穿过纤维。随着载荷的增大,裂纹间隙逐渐减小,直到应力不在基体传递,引起断裂。

图 13-28 显示对已有裂纹的复合材料施加一个应力 σ_x 时,复合材料中纤维和基体的应力分布。应力传递区域的纤维处于过载,而基体裂纹区域的纤维则承担了在复合材料上的所有载荷。卸载之后,裂纹附近区域的纤维逆滑移,其斜率变化与图 13-24 中所描述相似。

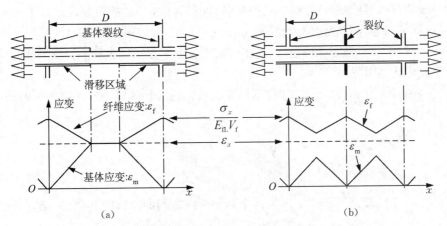

图 13-28 基体裂纹引起的纤维和基体的应力分布(裂纹间隙:D)

(a) 大 D(不完全) (b) 小 D(完全)

基体裂纹张开是由纤维以及基体张力之差造成的,而在给定压应力 σ^* 之后,裂纹将会弥合。复合材料硬度和未产生裂纹时相同(见图 13-29)。

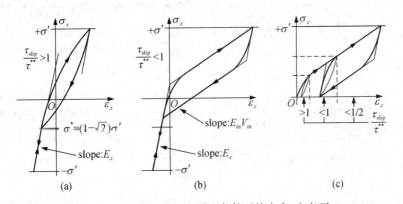

图 13-29 不同界面和循环条件下的应力-应变环

(a) 部分,不完全滑移 (b) 完全,完全滑移 (c) 拉伸-拉伸循环

为了区别图 13-28 中的情况，可以引入一个压力传递参数 τ^{**}，（τ^{**} 与式（13-42）中的 τ^{*} 具有相同的含义）

$$\tau^{**} = \frac{\alpha R_f E_{fL} \sigma'}{D E_x} \tag{13-47}$$

式中 $\alpha = \dfrac{E_m V_m}{E_f V_f}$，$E_x = E_{fL} V_f + E_m V_m$，$D$ 为裂纹间隙（见图 13-28），（σ' 为复合材料上加载的最大应力）。

由于 τ^{**} 与 τ_{slip} 的不同，$\sigma_x - E_x$ 循环曲线有所不同（图 13-29 中 $+\sigma'$ 与 $-\sigma'$ 两种不同的曲线）。由于裂纹弥合，曲线不对称。在不完全滑移区域（不饱和状态：$\tau_{slip} > \tau^{**}$），裂纹附近区域的应力 σ^* 只与应力振幅有关。在完全滑移区域（$\tau_{slip} < \tau^{**}$），只与纤维延伸率有关，而且由于只在基体上滑移，所以在加载完成时和在裂纹表面接触前的卸载时出现线性部分。裂纹邻近区域的应力与应力振幅和 τ_{slip}/τ^{**} 有关。

由于裂纹邻近区域的复杂情况以及材料的拉伸滞弹性（如在疲劳曲线中），下面关于复合材料 SDC 曲线的描述只对应拉应力循环（$\sigma_x/\sigma' \in [0,1]$，如图 13-29c）的情况。在正应力循环中，应力传递图并不是完全可逆的，这在一定程度上修正了完全和不完全滑移的局限。可以用以下定义描述其阻尼：

$\sigma_x/\sigma' \in [0,1]$，当 $\tau_{slip} > \tau^{**}/2$ 时，基体裂纹两边的滑移区域小于裂纹间距的一半（脆性基体，不完全滑动）

$$\Psi_x = \frac{1}{\dfrac{3}{2} + \dfrac{6\tau_{slip}}{\alpha \tau^{**}}} \tag{13-48}$$

$\sigma_x/\sigma' \in [0,1]$，当 $\tau_{slip} < \tau^{**}/2$ 时，两个相邻裂纹之间的滑移区重叠在一起，

$$\Psi_x = \frac{2\alpha \dfrac{\tau_{slip}}{\tau^{**}}\left(1 - \dfrac{4\tau_{slip}}{3\tau^{**}}\right)}{1 + \alpha\left(1 - \dfrac{4\tau_{slip}}{\tau^{**}}\right)} \tag{13-49}$$

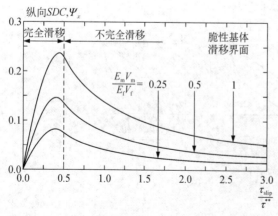

图 13-30　基体裂纹产生的 SDC 随正常界面剪切应力变化曲线

如图 13-30 所示，由基体裂纹引起的 SDC 最大值将不完全滑移（高 ISS 一侧，$\tau_{slip} > \tau^{**}/2$）与完全滑移（低 ISS 一侧）大致分开。SDC 值取决于刚度系数 α，基体刚度越高，SDC 曲线越高。

这些区域之间间隔的大小取决于参数 τ^{**} 的值，特别是应力 σ' 与基体裂纹间距 D。对于给定的破坏程度（D 值），增加应力有助于将体系转变为完全滑动体系。而对于给定的应力，增加破坏量（减少 D 值）一样能达到上述效果。总之，当应力传递能力（τ_{slip}）下降时，体系由不完全滑移变为完全滑移。

如图 13 - 31 所示是疲劳循环测试下 SiC/SiC 复合材料的非弹性性质。这种材料是[0/90]SiC 编织纤维（$E_f = 200\,\text{GPa}$），经化学气相渗透的 SiC 基体（$E_m = 360\,\text{GPa}$）致密化后得到。$0°$ 方向的纤维所占体积百分比为 $V_f = 0.25$。

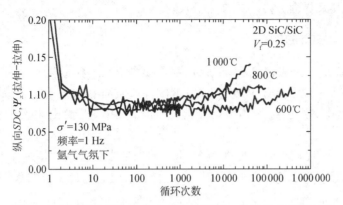

图 13 - 31　不同温度、拉应力疲劳循环下二维编织 SiC/SiC 复
合材料 SDC（数据来源于[28]）

实验开始阶段,由基体裂纹以及表面剥离造成的破坏在第一次加载时出现。在循环 $n°1$ 时产生了一个明显高的 SDC 值。在初始阶段,由于加载了中等值的应力,由编织结构强化引起的大孔隙导致基体裂纹,基体裂纹所占面积较大,复合材料处于不完全滑移的体系中。

实验温度的提高将导致 SDC 值提高,这是由纤维和基体界面残余热应力引起的。对于 SiC/SiC 复合材料,其基体和纤维的热膨胀系数不同,基体从加工温度冷却后,会夹持纤维。当实验温度升高后,夹持力减小,摩擦滑动所需切应力减小。上面的例子指出如何利用在力学测试中直接测出非弹性性质,研究复合材料表面性质以及损伤情况。

3) 内耗和损伤的总结

上述纤维-基体滑移效应可由带滑块的弹簧系统来描述。我们假设一个双并联模型[见图 13 - 32(a)],复合材料的强度由两根弹簧（$k_0 + k_1$）表示。T_1 为达到使滑块滑移的门槛值,k_0 表示未产生裂纹的部分。这种双并联模型并不能解释完全滑移和不完全滑移。引入第二个滑块（$T_1 < T_2$）后,可以用三并联[见图 13 - 32(b)]解释不完全滑移。不完全滑移量随着负载的增减而变化,并引起刚度的变化。

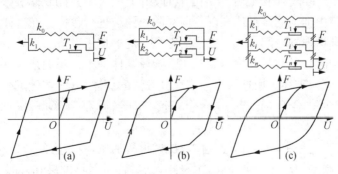

图 13 - 32　滑块模型

(a) 双并联模型　(b) 三并联模型　(c) 推广模型

在加载和卸载开始时,滑移量从零逐渐增加到整个滑移区,滑移区大小由加载值决定。这种包含有滑块,门槛值的增加遵循一定规律的模型[见图 13-32(c)]可以解释这种性质。然而,对于以上两部分(包括短纤维复合材料和易碎基体复合材料),从纤维应力图直接分析更为方便,因为复合材料及界面参数均是自然引入的。

13.3.3 高阻尼 MMCs 的制备

MMCs 的传统制备方法包括粉末冶金、喷雾沉积、机械合金化和各种铸造技术都能用于制备高阻尼 MMCs。高阻尼 MMCs 的基体材料通常有铝、镁、钛、铜、镍和铁;增强物通常为碳化物、氮化物、硼化物、氧化物和碳。下面章节中,仅给出主要方法的主要特征的概述。

Ibrahim et al.[29] 提议将颗粒增强的 MMCs 的制备方法根据制备过程中金属基体的温度的不同分为液相加工、固态加工和两相加工。我们也采用这种分类方法来划分高阻尼 MMCs 的制备方法。

13.3.3.1 固态加工

粉末冶金法(PM)的步骤包括:粉末筛选,混合,加压,除气和固化。粉末冶金法被成功地用于大量的金属/陶瓷制品。粉末冶金法由于是粉末快速凝固的过程,因此有利于微观结构的调制,新的金属基材料的开发不受常规的固化过程的热力学平衡的组分限制。这种加工方法的主要缺点是加工复杂,成本较高和较难控制。PM 的一种变形是粉末注射成型(PIM),近净形制造方法结合了塑性注射成型法的成型效应和粉末冶金法对金属和陶瓷粉末的加工性能的优势。这种加工方法有四步:混合,喷射模塑法,去结合力(除蜡)和烧结。PIM 技术的一种改进的变形是金属注塑成型。这种方法适于制备含不连续的增强物,如颗粒、晶须或短纤维的复合物。用这种方法大批量生产小而复杂零件的优点是生产成本低,可近净成型。较好的容许偏差和可重复性。另外,在制备短纤维增强 MMCs 时还能控制纤维的方向。然而,这种方法的缺点是需要细小球形粉末和合适的黏合剂。已有报道用 PM 制备高阻尼 MMCs 材料,例如 Fe-Cr 片/Cu-Zn-Al 复合物和纳米 Al_2O_3/镁。

13.3.3.2 液相加工

液相加工是指在熔融金属基体中加入增强物的各种制备技术,包括液体金属-不连续增强物混合法,熔融渗透和熔融氧化法。对于凝固和铸造工艺的基础研究可参考文献[30]。

在液态金属-不连续增强物混合加工处理时,由于绝大多数陶瓷颗粒不能被金属熔体浸润,需要向金属熔体中加入润湿剂或在混合前对陶瓷颗粒进行包覆。在这种方法中,由于处理的温度较高,基体和增强物之间形成了很强的键合。这种加工方法已发展很成熟,仍然存在的缺点有:搅拌过程中陶瓷颗粒易团聚,颗粒沉淀,金属基体中第二相夹杂,机械搅拌过程中产生大量的界面反应和颗粒破坏。用这种方法或这种方法的变体(分解熔融沉积)制备出的高阻尼 MMCs,例如 Al_2O_3/Al 合金,石墨/Al 合金,SiC/Al 合金,SiC_p/Al-Li,SiC/Mg,飞灰/Al 合金。

在熔融渗透加工过程中,利用惰性气体或机械设备加压,将熔融的合金加入纤维预制品或多孔陶瓷中。这种制备方法已经商业化,主要缺点包括:增强物的破坏,晶粒粗糙和有害的界面反应。这种方法已被用于制备各种高阻尼,如 TiNi/Al,SiC/Mg-2 wt%-Si,C/Mg-2 wt%-Si,石墨/Al,$(SiC_p + Al_2O_3 \cdot SiO_{2f})$/Mg,SiC/Al,SiC/Mg,Al2O3/Mg 合金,石墨/

Zn - Al 合金,以及碳纤维/Mg。

13.3.3.3 两相加工法

在喷雾沉积加工过程中,增强物颗粒加入到熔融合金流体中,接着用惰性气体的喷射流雾化,最后收集在基板上形成颗粒增强的金属条。这种方法可制备出性能比较好的产品。这种方法的主要缺点是成本高。利用这种方法制备的高阻尼 MMCs 有 SiC、石墨或两者增强的 Al 或 Al 合金,Mg 或 Mg 合金[31]。

可调多相共沉积材料(VCM)加工方法是另一种两相加工法。基体金属被高速气流分解成细颗粒雾滴。同时,一个或多个增强相的气流注入此雾化气中。增强相在部分液化的雾滴的特定位置沉积。因此,颗粒和部分固化的基体的接触时间和热辐射减至最低了,而且是可控的。另外,加工过程中对环境的严格控制也可使基体的氧化降至最低。

13.3.4 几种 MMCs 的阻尼行为研究及设计思路

13.3.4.1 Al, Al 合金和 Al 基 MMCs 的阻尼行为和机制

总体而言,Al 合金的阻尼能力较低。MMC 技术可以修饰基体的微观结构,包括引入增强物/基体界面和在基体产生由热失配应变引起的位错。一些颗粒(石墨,Al_2O_3,SiC 和 Si_3N_4)增强的 MMCs 在不同频率下测量的阻尼值列于表 13 - 6。

表 13 - 6 石墨,Al_2O_3, SiC, Si_3N_4,和 $Li_5La_3Ta_2O_{12}$ 的阻尼性能

材　料	测试方式	$T/℃$	f/Hz	最大阻尼值
Graphite	弯曲	30~250	0.1~10	0.013
Al_2O_3	轴向	0~1 200	—	0.000 5
SiC	扭转	20~1 400	10~15	0.001 6~0.003
Si_3N_4	扭转	20~1 250	10~15	0.003
$Li_5La_3Ta_2O_{12}$	扭转	20~250	0.1~10	0.11

Zhang et al. [31, 32]制备了 SiC,Al_2O_3 和石墨颗粒增强的 Al 合金基阻尼 MMCs。表 13 - 7 列出了这些典型的 MMCs 分别在 50℃和 250℃时的阻尼值。从表中可看出 SiC/2519Al 和 Al_2O_3/2519Al MMCs 与未增强的 2519Al 的阻尼值相比,在 50℃时很相近,但在 250℃时的阻尼值比 2519Al 的阻尼值要高。这种在高温时的高阻尼的产生是由于热激活的晶界阻尼和界

表 13 - 7 2519Al 和几种典型 MMCs 的阻尼和模量[31]

材　料	$\tan\varphi$		材　料	$\tan\varphi$	
	50℃	250℃		50℃	250℃
2519 原样	0.005	0.008	Al_2O_3/2519Al	0.003	0.018
喷射 2519	0.005	0.014	2922Gr/2519Al	0.008	0.019
SiC/2519Al	0.004	0.020			

面阻尼。其中,阻尼最大的是 Gr/2519Al MMCs,在测试温度范围内是 2519Al 的阻尼值的 1.5 倍。一般认为,Gr/2519Al MMCs 的阻尼来源是石墨颗粒的本征阻尼、位错阻尼和界面阻尼。石墨的添加不利于铝合金的力学性能。SiC 和石墨比例适当的 SiCp/Gr/Al 复合物可以同时具有较高的阻尼能力和较好的力学性能。

California 大学的一个研究小组在 1997 年提出一种高阻尼复合物 SiC/石墨/6061Al[33]。从图 13-33 可看到 SiC/石墨/6061Al 的阻尼能力由石墨颗粒控制,刚度则由 SiC 颗粒决定。以 SiC/石墨/6061Al/21p($V_{SiC} = 10.5\%$ 和 $V_{Gr} = 10.5\%$)为例,经过挤压和热处理后,屈服强度从 92 MPa 增加到 280 MPa,但室温阻尼 Q^{-1} 仍保持在约 0.01 的水平。6 061 Al 基体合金在同样的加工处理后的强度为 249 MPa,因此增强物颗粒的强化效应很小。从他们的结果可看到,这种加工处理(挤压和热处理)后的复合物的界面阻尼应该可以不考虑,因此,高阻尼复合物材料的增强相应该是同时具有高阻尼能力和强化效应的。

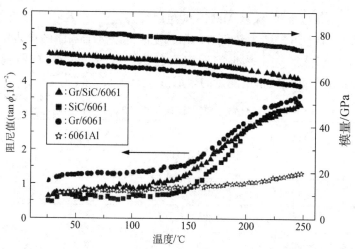

图 13-33　SiC/石墨/6061Al, SiC/6061Al,石墨/6061Al 和 6061Al 的
阻尼值[33]

13.3.4.2　Mg, Mg 合金和 Mg 基 MMCs 的阻尼行为和机制

镁有显著的位错阻尼效应,即内耗和杨氏模量与振幅有关。位错阻尼效应由弱钉扎在基面的位错的运动引起。高阻尼镁合金主要是利用位错阻尼效应。Mg-Al 和 Mg-Zn 类型的镁合金同时具有较好的室温强度和延展性、抗盐雾腐蚀性;含稀土金属、碱土金属或硅的镁合金有较好的高温性能。

研究表明,在延展性的金属基体中加入硬的增强物颗粒有利于提高阻尼和刚度。一个典型的例子如,Srikanth et al.[34]研究的 SiC 颗粒对 Mg 基体的影响。在这些 MMCs 中,由于镁和 SiC 的热膨胀系数相差很大,硬的陶瓷颗粒在颗粒周围引起高的残余应力,形成环形塑性区。根据 Carreno-Morelli et al.[17]提出的塑性区阻尼模型,阻尼直接与塑性区的体积份数和应变振幅相关,因此,SiC 颗粒的加入使纯镁基体的阻尼能力增加了。近几年比较广泛研究的高阻尼 Al 或 Mg 基 MMCs 的阻尼值列于表 13-8 中。

表 13-8 Al 或 Mg 基 MMCs 的室温阻尼

材 料	增强物体 体积分数	内耗 $\tan\varphi$	f/Hz	测试	力 学 性 质	
	0	0.018		动态热机械 分析	动态杨氏模量	69
Fly ash/A356	6 vol. %	0.03	10			70
	12 vol. %	0.04				74
	0	0.004		动态热机械 分析		
TiAl$_3$/Al	5 wt. %	0.008	1~10			
	10 wt. %	0.012				
FeAl$_3$/Al	0	0.005	0.5	动态热机械 分析		
	5 wt. %	0.01				
TiC/AZ91	0	0.012	0.1	动态热机械 分析	杨氏模量	45
	8 wt. %	0.020				49.1
C_{fiber}/ Mg - 2 wt. %Si	—	0.01	1	扭摆	剪切模量	18.8
	0	0.002 7		扭摆	压缩强度	95.4
Li$_5$La$_3$Ta$_2$O$_{12}$/Al	20 wt. %	0.009 8	2			136.2
	25 wt. %	0.018				—

13.3.4.3 一种新的高阻尼 MMCs 的设计思想

一般说来,高阻尼材料的设计问题是如何利用应力感生缺陷运动这个阻尼机制,晶体缺陷包括:点缺陷、位错和面缺陷。尤其是位错和面缺陷(例如晶界和畴壁)由于有较高的比阻尼能力,有更广泛的利用。然而,显然在这种情况下,几乎不可能同时拥有高阻尼能力和好的力学性能,因为位错和面缺陷同时还是控制力学强度的参数。从这点看来,点缺陷的阻尼机制在增强材料的阻尼性能的同时,不会降低材料的力学性能。更为重要的是,通常作为增强相的添加物,如 Al_2O_3、SiC 和 TiB_2 等,它们的固有阻尼较低,不能为复合物带来室温高阻尼。另一方面,因为位错阻尼和界面阻尼只在较高的温度下才较显著。因此,高阻尼的增强相和能为增强相添加物提供很好复合结构的基体合金是有效的近室温高强度高阻尼复合材料设计所必需的。

近来点缺陷的阻尼机制受到研究者的关注,点缺陷与位错和面缺陷不同的是,它还能同时增强材料的力学性能。Yin et al.[35]制备出一种新型高温阻尼合金,这种 βTi 合金的高阻尼($250℃$ 时 $Q^{-1} = 0.08$)是通过高浓度的氧间隙原子的 Snoek-type 弛豫过程实现的,合金的屈服强度也由于氧间隙原子的固溶强化效应而得到明显提高。

王先平等人[36]在研究锂离子导体陶瓷的晶体缺陷时发现 $Li_5La_3Ta_2O_{12}$ 基氧化物有非常高的阻尼能力。$Li_5La_3Ta_2O_{12}$ 基氧化物具有类石榴石结构,是一类新型的快锂离子导体,锂离子电导率高达约 4×10^{-5} S/cm(室温)。由 $Li_5La_3Ta_2O_{12}$ 晶体中的锂离子的高电导率可联想到,$Li_5La_3Ta_2O_{12}$ 晶体中的大量的锂离子空位可通过应力感生重排(Snoek-type 弛豫)使这类氧化物具有高阻尼能力。实验结果表明 $Li_5La_3Ta_2O_{12}$ 陶瓷的 Snoek-type 弛豫的阻尼值(Q^{-1})

高达 0.11(350 K，1 Hz)[36]，比其他陶瓷如 Al_2O_3，SiC，TiB_2 的阻尼值约高三个数量级，如图 13-34 所示。值得注意的是阻尼峰温随测量频率的升高而向高温方向移动，而阻尼值不变，这不同于由相变引起的阻尼。更有意义的是，Li^+ 迁移的激活能可以很容易通过调整氧化物的组成而改变。这表明我们可以很容易控制阻尼峰温，维持阻尼的温度稳定性。据报道的数据可知，这种氧化物的 Li^+ 迁移的激活能可以在 0.5 eV～1.2 eV 范围内调整，这表明通过调整氧化物的组成，它的高阻尼峰能维持在较大的温度范围 250～523 K 内。

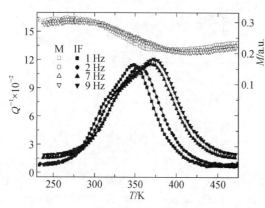
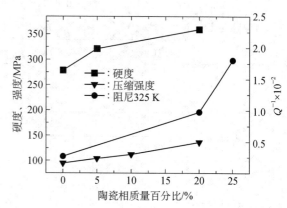

图 13-34　$Li_5La_3Ta_2O_{12}$ 复合物的内耗和相对剪切　　图 13-35　不同陶瓷相含量的 $Li_5La_3Ta_2O_{12}/Al$
　　　　　　模量的随温度变化的图[36]　　　　　　　　　　　　　　　MMCs 的内耗，硬度和压缩强度[38]

　　方前锋等人[37]提出了一种新的高阻尼金属基复合物的设计思想，这种 MMC 同时具有室温高阻尼能力和好的力学性能。具有高阻尼能力和高硬度的氧化物颗粒分散于高强度的金属基体中形成 MMCs。氧化物颗粒的较高的固有阻尼能力增强了 MMCs 的阻尼能力，同时，由于颗粒强化机制，MMCs 的强度也得到了增强。王伟国[38]用粉末冶金法制备的 $Li_5La_3Ta_2O_{12}/Al$ 证实了这种设计的可行性。如图 13-35[38]，$Li_5La_3Ta_2O_{12}(20\%)/Al$ 的阻尼能力 (Q^{-1}) 为 0.018(325 K，2 Hz)，屈服强度和硬度分别比纯铝增强了 40% 和 30%。因此，通过微观结构的优化和制备方法的调整，利用这种新型的高阻尼 MMCs 的设计思想可以实现材料同时具备高强度(>500 MPa)和高阻尼 ($Q^{-1} > 0.03$)。

参考文献

[1] 方前锋，朱震刚，葛庭燧.高阻尼材料的阻尼机理及性能评估[J].物理，2000,29(9):541-545.

[2] 张平，丁毅，马立群，等.镁合金的阻尼性能研究[J].物理学进展，2006,26:419-422.

[3] 潘安霞.SiC 颗粒增强镁基材料的制备和阻尼性能研究[D].南京:南京工业大学材料科学与工程学院,2011.

[4] Lin H C, Wu S K, Yeh M T. Damping characteristics of TiNi shape memory alloys [J]. Metallurgical Transactions A, 1993,24(10):2189-2194.

[5] Juan J S, No M L. Damping behavior during martensitic transformation in shape memory alloys [J]. Journal of Alloys and Compounds, 2003,355(1-2):65-71.

[6] Kawahara K. Application of high-damping alloy M2052 [J]. Key Engineering Materials, 2006,319: 217-224.

[7] Sutou Y, Omori T, Wang J J, et al. Characteristics of Cu-Al-Mn-based shape memory alloys and their

applications [J]. Materials Science and Engineering A，2004，378(1-2)：278-282.

[8] Clyne T W，Withers P J. An introduction to metal matrix composites [M]. New York：Cambridge University Press，1993.

[9] 罗兵辉，柏振海，谢佑卿. 6066Al/SiC$_p$ 复合材料的组织特征与阻尼性能[J]. 中南工业大学学报，2001，32(5)：511-514.

[10] Suresh S，Mortensen A，Needleman A. Fundamentals of metal-matrix composites [M]. Boston：Butterworth-Heinemann，1993.

[11] Parrini L，Schaller R. Characterization of mechanical stresses in metal matrix composites by internal friction [J]. Acta Materialia，1996，44(10)：3895-3903.

[12] Vincent A，Lormand G，Durieux S，et al. Transient internal damping in metal matrix composites：experiment and theory [J]. Journal de Physique IV，1996，06(C8)：719-730.

[13] Parrini L，Schaller R. Thermal stresses in metal matrix composites studied by internal friction [J]. Acta Materialia，1996，44(12)：4881-4888.

[14] Carreno-Morelli E，Urreta S E，Schaller R. Mechanical spectroscopy of thermal stress relaxation in aluminium alloys reinforced with short alumina fibres [J]. Physica Status Solidi (a)，1998，167(1)：61-69.

[15] Humbeeck J V. Damping properties of shape memory alloys during phase transformation [J]. Journal de Physique IV，1996，06(C8)：371-380.

[16] Mayencourt C，Schaller R. A theoretical approach to the thermal transient mechanical loss in Mg matrix composites [J]. Acta Materialia，1998，46(17)：6103-6114.

[17] Carreno-Morelli E，Urreta S E，Schaller R. Mechanical spectroscopy of thermal stress relaxation at metal-ceramic interfaces in Aluminium-based composites [J]. Acta Materialia，2000，48(18-19)：4725-4733.

[18] Hill P. The mathematical theory of plasticity [M]. Oxford：Oxford University Press，1983：126.

[19] Vogelsang M，Arsenault R J，Fisher R M. An in situ HVEM study of dislocation generation at Al/SiC interfaces in metal matrix composites [J]. Metallurgical Transactions A，1986，17(3)：379-389.

[20] Dunand D C，Mortensen A. On plastic relaxation of thermal stresses in reinforced metals [J]. Acta Metallurgica et Materialia，1991，39(2)：127-139.

[21] Frost H J，Ashby M F. Deformation-mechanism maps [M]. Oxford：Pergamon Press，1982.

[22] Hashin Z. Complex moduli of viscoelastic composites—II. Fiber reinforced materials [J]. International Journal of Solids and Structures，1970，6(6)：797-807.

[23] Adams R D，Short D. The effect of fibre diameter on the dynamic properties of glass-fibre-reinforced polyester resin [J]. Journal of Physics D：Applied Physics，1973，6(9)：1032.

[24] Adams R D，Bacon D G C. The dynamic properties of unidirectional fibre reinforced composites in flexure and torsion [J]. Journal of Composite Materials，1973，7(1)：53-67.

[25] Saravanos D A，Chamis C C. Unified micromechanics of damping for unidirectional and off-axis fiber composites [J]. Journal of Composites，Technology and Research，1990，12(1)：31-40.

[26] Dunn M L. Viscoelastic damping of particle and fiber reinforced composite materials [J]. The Journal of the Acoustical Society of America，1995，98(6)：3360.

[27] Gibson R F，Chaturvedi S K，Sun C T. Complex moduli of aligned discontinuous fibre reinforced polymer composites [J]. Journal of Materials Science，1982，17(12)：3499-3509.

[28] Reynaud P，Rouby D，Fantozzi G. Effects of temperature and of oxidation on the interfacial shear stress between fibres and matrix in ceramic-matrix composites [J]. Acta Materialia，1998，46(7)：2461-2469.

[29] Ibrahim I A，Mohamed F A，Lavernia E J. Particulate reinforced metal matrix composites- a review [J]. Journal of Materials Science，1991，26(5)：1137-1156.

[30] Asthana R. Cast metal-matrix composites. I: Fabrication techniques [J]. Journal of Materials Synthesis and Processing, 1997,5:251 – 278.

[31] Zhang J, Perez R J, Gupta M, et al. Damping behavior of particulate reinforced 2519 Al metal matrix composites [J]. Scripta Metallurgica et Materialia, 1993,28(1):91 – 96.

[32] Zhang J, Perez R J, Lavernia E J. Documentation of damping capacity of metallic, ceramic and metal-matrix composite-materials [J]. Journal of Materials Science, 1993,28(9):2395 – 2404.

[33] Zhang J, Perez R J, Lavernia E J. Damping behavior of 6061Al/SiC/Gr spray-deposited composites [D]. In M3D Ⅲ: Mechanics and Mechanisms of Material Damping, Philadelphia: American Society for Testing and Materials, 1997:313 – 330.

[34] Srikanth N, Saravanaranganathan D, Gupta M. Effect of presence of SiC and operating frequency on the damping behaviour of pure magnesium [J]. Materials Science and Technology, 2004,20(11):1389 – 1396.

[35] Yin F, Iwasaki S, Ping D, et al. Snoek-type high-damping alloys realized in β-Ti alloys with high oxygen solid solution [J]. Advanced Materials, 2006,18(12):1541 – 1544.

[36] Wang X P, Wang W G, Gao Y X, et al. Low frequency internal friction study of lithium ion conductor $Li_5La_3Ta_2O_{12}$[J]. Materials Science and Engineering: A, 2009,521 – 522:87 – 89.

[37] Fang Q F, Liu T, Li C, et al. Damping mechanisms in oxide materials and their potential applications [J]. Key Engineering Materials, 2006,319:167 – 172.

[38] Wang W G, Li C, Li Y L, et al. Damping properties of $Li_5La_3Ta_2O_{12}$ particulates reinforced aluminum matrix composites [J]. Materials Science and Engineering: A, 2009,518(1 – 2):190 – 193.

14 非晶合金的内耗

水嘉鹏(中国科学院固体物理研究所)

14.1 背景知识

14.1.1 非晶合金和金属玻璃

人们通常使用的金属和合金都是晶体材料,例如钢铁材料内部的原子空间排列主要是体心立方结构;铝和铜的原子空间排列是面心立方结构;金属锌的原子空间排列是六方结构等等。在这些材料中,虽然常常存在大量的缺陷,例如点缺陷:空位和间隙原子;线缺陷:位错;面缺陷:晶界、相界和孪晶界面等,但总体上仍然是晶体点阵排列的结构。在 20 世纪 60 年代初期,急冷技术的发展可以获得 $10^5 \sim 10^8$ K/s 的冷却速率,使得某些金属合金的熔体,在冷却过程中来不及结晶,从而形成了原子排列无序的非晶结构[1]。然而,到目前为止,人们还没有能够制备出纯金属的非晶结构的金属。理论计算表明,制备纯金属的非晶金属需要 10^{11} K/s 或者更高的冷却速率。因此,当今人们得到的非晶金属材料都是合金,至少是二元合金。但是,在人们使用的材料中还有很多材料也具有非晶结构,例如各种硅酸盐玻璃、高分子聚合物、火山灰和松香等都是非晶结构的材料,为了区分这些非晶结构的材料,人们把原子排列无序的金属合金称为非晶合金(amorphous alloy)。在这些非晶合金中,有一些非晶合金,在差示扫描量热计(differential scanning calorimetry, DSC)的曲线上可以观测到明显的玻璃转变"台阶",如图 14 - 1 中箭头所示,人们把这些在 DSC 中能够观测到明显玻璃转变"台阶"的非晶合金称为金属玻璃(metallic glasses)或者坡璃态金属。

制备非晶合金的方法很多,最常见的方法是熔体急冷法、电化学沉积法和机械合金化法等。电化学沉积法制备的非晶合金材料比较脆,材料中可能含有比较多的杂质。机械合金化方法是

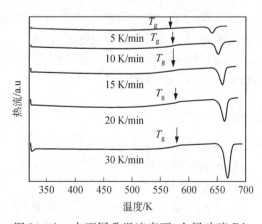

图 14 - 1　在不同升温速率下,金属玻璃 $Pd_{43}Ni_{10}Cu_{27}P_{20}$ 合金的 DSC 曲线[2]。箭头指示玻璃转变的"台阶"

把需要的合金元素粉末,按要求的比例放在高速球磨机中进行球磨,球磨成非晶后,压结成块体,再在晶化温度以下的温度进行烧结,制备成非晶合金。这种方法制备的非晶合金不可避免地含有孔洞,材料的密度比较低。熔体急冷法制备的非晶合金一般比较薄,只有 0.01 mm 或者更薄。因为快速冷却只能冷却材料表面,材料内部的热量要靠热传导传递到材料表面,而材料的热导是非常有限的,虽然材料表面冷却很快,受到热传导的限制,材料内部常常达不到形成非晶的冷却速率,限制了非晶合金材料的厚度,只能制备出很薄的带状试样,人们称为非晶条带。虽然,非晶条带的非晶合金具有比较稳定的物理和化学性质,由于厚度太薄,在使用中受到了限制。

在金属玻璃形成规律方面,Turnbull[3]根据实验结果和经典形核理论,总结了金属玻璃形成的经验规律,提出采用玻璃转变(glass transition)温度 T_g 与合金熔化温度 T_m 的比值 $T_{rg} = T_g/T_m$ 用来表征非晶合金的玻璃形成能力,这个比值称为约化玻璃转变温度。如果 $T_{rg} > 2/3$,合金在过冷液态区的均匀形核率很低,非晶相形成需要的临界冷却速率也很低,这样体系将具有很强的玻璃形成能力。约化玻璃转变温度的提出,为寻找新的金属玻璃体系起到了指导作用。经过许多研究工作者的大量努力,在 20 世纪 80 年代末期,Inoue[4]改变了过去重点关注从工艺条件改变玻璃形成能力的方法和思路,从合金成分设计角度提高合金本身的玻璃形成能力,通过多组元(三组元以上)合金化提高了合金本身的玻璃形成能力,获得了尺寸最大达到 8 cm、最低冷却速率低于 1 K/s 的金属玻璃材料。

14.1.2　非晶合金的应用

金属和合金材料的组织结构决定了材料的性质,非晶合金的结构不同于一般金属和合金的组织结构,当然它们也具有与一般金属和合金不同的物理和化学性质。例如,在力学性质方面,它们的强度比相同成分晶态材料的强度高,而它的塑性又比相同成分晶态材料的塑性好,一个材料的强度和塑性往往是相互矛盾的,提高了材料的强度,塑性往往降低。金属玻璃既有比较高的强度,又有比较好的塑性,这是人们期望的。所以,作为结构材料,金属玻璃具有一定优越性。金属玻璃是目前发现的最强穿甲材料;金属玻璃的模量比对应晶态材料的模量小。在化学性质方面,非晶合金的抗腐蚀能力占有优势。在磁性方面,非晶合金的电阻率比较大,在用非晶合金材料做变压器铁芯时,铁损比较小,在大功率变压器中可以节省大量的电能损耗。非晶硅用于制作太阳能电池时,由于制作的工艺简单,虽然太阳能转换效率差一点,但具有成本优势等。这些优良的物理和化学性能引起了人们的极大关注,人们希望从非晶合金的研究中获得一些性能优异的材料。

14.1.3　非晶合金的结构

根据不同的实验结果,人们提出了很多非晶合金结构的模型,在这里,我们不能一一介绍这些结构模型。一个公认的观点是,从原子排列的角度,非晶合金的结构是无规的密堆结构。所谓无规,是指原子的排列是无序的,不构成点阵,每个原子的周围环境都可能不同,这些不同可能是周围原子位置的不同,也可能是周围原子化学成分的不同。所谓密堆,大多数原子都是相互堆垛在一起的。硬球模拟的结果表明:73%的原子构成四面体;20.3%的原子构成半八面体;其余的原子构成三角棱柱体、四角十二面体和阿基米德反棱柱体[5]。因此,人们认为:非晶态合金的结构是短程有序、长程无序的。这里的"短程有序",根据当前微观观测技术的水平,是指小于 1.5 nm 尺度的有序。换句话说,这里的短程有序是当前微观观测技术观测不到的有序。在非晶合金中,短程有序有两种:拓扑短程有序(topological ordering)和化学短程有序(chemical ordering)。用通俗话说,可以不严格地理解为位置有序和化学成分有序。

在液体分子输运概念的大量工作基础上,Beuche[6]和 Turnbull and Cohen[7, 8]提出了自由体积模型。假设每个硬球的体积为 v_0,非晶系统的平均原子体积为 $\bar{v}$,原子平均自由体积 v_f 定义为

$$v_f = \bar{v} - v_0, \tag{14-1}$$

在各个原子之间,自由体积的分布是无规的。设系统的原子数为 N,系统的总自由体积为 V_f,则有 $v_f = V_f/N$。若具有自由体积为 v_i 的原子数为 N_i,则有 $\sum N_i = N$。设各个原子的自由体积的重叠因子为 γ,则有 $\gamma \sum N_i v_i = V_f$。在不改变 N_i 的情况下,自由体积重新分布的方式数目为 $W = \dfrac{N!}{\prod N_i!}$。在给定 N 和 V_f 条件下,W 取极大值,得到 $N_i = \exp[-(\lambda + \beta v_i)]$。这里:$\lambda$ 和 β 是拉格朗日因子。由此可以得到原子的自由体积在 v 和 $v + dv$ 之间的几率为 $p(v) = \dfrac{\gamma}{v_f} \exp\left[-\dfrac{\gamma v}{v_f}\right]$。当一个原子的局域自由体积大于某个临界值 v^* 时,在非晶合金中,v^* 大约等于金属离子的体积,原子可以进行扩散或者流变,这种自由体积可以看作是一种结构缺陷,缺陷的浓度 n 为

$$n = \int_{v^*}^{\infty} n_0 p(v) dv = n_0 P(v^*), \tag{14-2}$$

式中:n_0 是原子浓度;$P(v^*)$ 是体积超过 v^* 缺陷的几率。假设自由体积为 v 的原子对扩散系数的贡献为 $D(v) = ga(v)u$。式中:g 是几何因子,通常取 $1/6$;$a(v)$ 约等于空穴的直径;u 为气体的分子速率。当 v 小于 v^* 时,对扩散无贡献。这样扩散系数为 $D = \int_{v^*}^{\infty} D(v) p(v) dv$。通常 v^* 约等于 $10v_f$。与 $p(v)$ 相比较,$D(v)$ 是慢变函数,可以认为等于 $D(v^*)$。这样,用自由体积表示的扩散系数为

$$D = D(v^*) \int_{v^*}^{\infty} p(v) dv = ga^* u \exp[-\gamma v^*/v_f] \tag{14-3}$$

利用自由体积模型可以说明流变的微观机制[9],假设流变是由许多原子跃迁造成的,为了使原子跃迁,原子必须有图 14-2 所示的,有体积大于 v^* 空穴的近邻环境,在跃迁前和跃迁后,原子的位置是较稳定的位置,局域自由能极小。为了使原子能够跃迁,必须提供某种激活能 ΔG^m,在没有施加外力的情况下,这个激活能可以从热涨落获得,从两个方向上跃过势垒的原子数是相同的。当有一个切应力作用时,原子在力作用的方向上跃迁

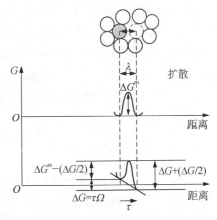

图 14-2　单个原子的跃迁

的数量大于反方向跃迁的数量,造成力作用方向上的原子流,这就是流变过程的微观物理图像。

当试样中所有原子都在剪切力作用的方向作一个原子直径 λ(见图 14-2)的跃迁时,造成的宏观切应变为 $\varepsilon \approx 1$;如果只有部分原子跃迁时,切应变的速率 $\dot{\varepsilon}$ 为近邻空穴体积大于 v^* 的原子位置与总原子数之比,乘以每秒在剪切力方向跃迁的原子数。近邻空穴体积大于 v^* 的原子位置与总原子数之比可以写为 $\Delta f \cdot P(v^*)$,这里 $P(v^*)$ 是体积大于 v^* 空穴的几率;对于均匀流变,$\Delta f = 1$;对于很薄的剪切带流变,$\Delta f \ll 1$。切应力 τ 作用在一个原子上的力是 τS,S 是原子在剪切面上投影面积。当原子跃迁长度为 λ 时,切应力所作的功是 $\tau S \lambda$。由于 λ 约等于原子直径,切应力所作的功可以写为 $\tau \Omega$,Ω 是原子体积。原子跃迁后自由能减少 $\Delta G = \tau \Omega$。在剪切应力方向跃迁的原子数可以计算为沿剪切应力方向越过势垒 $\Delta G^m - (\Delta G/2)$ 的原子数和沿剪切应力反方向越过势垒 $\Delta G^m + (\Delta G/2)$ 原子数之差为 $\nu \left[\exp\left(-\dfrac{\Delta G^m - (\Delta G/2)}{kT}\right) - \exp\left(-\dfrac{\Delta G^m + (\Delta G/2)}{kT}\right) \right]$。这里:$\nu$ 是原子振动的频率,近似于 Debye 频率。由此得到的流变方程式为

$$\dot{\varepsilon} = \Delta f \exp\left(-\frac{\gamma \nu^*}{\nu_f}\right) 2\nu \sinh\left(\frac{\tau \Omega}{2kT} \exp\left(-\frac{\Delta G^m}{kT}\right)\right) \tag{14-4}$$

在均匀流变情况下,$\Delta f = 1$,且 $2\sinh\left(\dfrac{\tau \Omega}{2kT}\right) = \dfrac{\tau \Omega}{kT}$。材料黏度可以写为

$$\eta = \frac{\tau}{\dot{\varepsilon}} = \frac{kT}{\nu \Omega} \exp\left(\frac{\gamma \nu^*}{\nu_f}\right) \exp\left(\frac{\Delta G^m}{kT}\right) \tag{14-5}$$

除了对非晶合金结构的模型研究之外,非晶合金结构的实验研究也是一个重要方面。

透射电子显微镜研究:透射电镜成像有两种可能[10]:一种是质量衬度;一种是衍射衬度。因为试样质量或者密度分布不均匀,高密度(质量)区对入射电子有较强的吸收,相应的区域比较暗,且不因试样倾斜运动而变化,称为质量衬度;对于晶体试样,因各部位取向不同,处于衍射位置的晶体区域将入射电子反射到衍射束方向,其明场象的亮度比较低,称为衍射衬度。对于非晶合金,由于没有点阵,所以只有质量衬度。在透射电镜中,非晶合金往往是"透明"的,这给非晶合金的结构研究带来了困难。非晶合金的电子衍射是一个或者两个弥散环,弥散环可能是短程有序造成的。

X 射线衍射研究:非晶合金在 X 射线衍射实验中可以得到一个或者两个弥散环,如图 14-3 所示。从 X 射线衍射的结果可以得到非晶合金的径向分布函数,如图 14-4 所示。从径向分布函数的第一峰的位置和面积可以得到一个原子与其最近邻的距离和配位数,不过这些数据是将一个三维分布统计平均成一维分布的结果。

此外,从 X 射线吸收限精细结构(EXAFS)、小角散射和中子散射也可以得到非晶合金的结构信息。

14.1.4 非晶合金中的缺陷

我们已经引入了自由体积的概念,这个概念最初是在液体中引入的,由于非晶合金可以看成是"冷冻"了的液体,所以自由体积概念也在非晶合金中被引入。自由体积可以看成一种缺陷,这是定义非晶合金缺陷的一种方法。

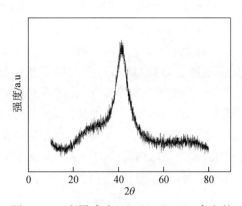

图 14-3　金属玻璃 $Pd_{43}Ni_{10}Cu_{27}P_{20}$ 合金的 X 射线衍射曲线[2]

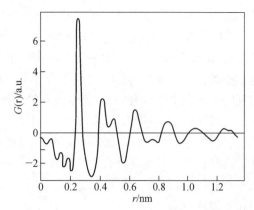

图 14-4　非晶合金 $Fe_{80}B_{20}$ 的全约化分布函数[10]

另一种定义缺陷的方法是 Egami 等[11, 12]提出的。他们认为：非晶合金中的结构缺陷是由 10～20 个原子组成的集团，其中原子的应力参量或者原子位置对称系数明显偏离平均值。他们用计算机模拟方法计算出非晶合金中每个原子的应力张量，给出材料的内应力的分布和原子的局域环境对于球形对称性发生椭圆偏离的程度。为了定义缺陷，把原子按某一参量 A 的值分类：$A(1)$ 类是具有低 A 值的原子，占原子总数的 21%；$A(4)$ 类是具有高 A 值的原子，也占原子总数的 21%，这两类原子称为极值原子。在一个原子集团内，缺陷中心及其近邻至少有 55% 是同一级的极值原子，在它的内部，局域参量明显地偏离平均值。由此定义了三种缺陷：p 型缺陷，由大的负流体静应力定义的缺陷，对应于压缩区，其局域密度高于平均值；n 型缺陷，由大的正流体静应力定义的缺陷，对应于张力区，其局域密度低于平均值；τ 型缺陷，由大的 von Mises 切应力定义的缺陷，对应于切应力集中区域。

Egami 用定义的缺陷在计算机中模拟了非晶合金的结构弛豫，他们发现，在退火时，p 型和 n 型缺陷可以湮灭，n 型缺陷的体积减小和 p 型缺陷的体积增大相互抵消，导致径向分布函数变化 10%，而密度只变化了 0.4%。

14.2　与非晶合金晶化有关的内耗峰

非晶合金是一种不稳定的结构，当温度升高时，非晶合金中的一部分原子受到热激发的激励，越过势垒向比较平衡的位置移动，但这时的合金总体还是保持无序结构，我们称为非晶合金的结构弛豫。进一步升高温度，有些非晶合金(称为金属玻璃)会发生明显的玻璃转变，成为过冷液体。继续升高温度，非晶合金会发生晶化。内耗是一种对结构变化非常敏感的探测工具，在非晶合金的结构弛豫过程中，内耗值会发生明显的变化；在非晶合金发生玻璃转变时，在内耗-温度曲线上可能会出现一个与玻璃转变有关的内耗峰；在非晶合金发生晶化的过程中，在内耗-温度上会出现一个与非晶合金晶化有关的内耗峰，简称为晶化内耗峰。下面将先讨论晶化内耗峰。

14.2.1　连续升温过程中与非晶合金晶化有关的内耗峰

在非晶合金的内耗研究中，晶化内耗峰是最早从实验上观测到的内耗现象。非晶合金的晶化是一级相变中的一种,从无序的非晶相转变成有序的结晶相,可以认为是一种无序-有序转变。

图 14-5 是在升温速率为 2 K/min 时,在不同频率下测量的金属玻璃 $Pd_{43}Ni_{10}Cu_{27}P_{20}$ 合金的内耗-温度曲线,在不同频率的内耗曲线上都可以看到一个明显的内耗峰,插图是峰高与测量频率的关系。由于内耗峰出现在该合金的晶化温度附近,可以认为这个内耗峰是一个晶化内耗峰。从图中可以看到:①这个内耗峰的峰温基本上不随测量频率变化;②随着测量频率的升高,内耗峰的峰高降低。图 14-6 是不同升温速率下测量的内耗-温度曲线,从图中可以看到:提高升温速率使内耗峰向高温移动,峰高增加。金属玻璃 $Pd_{43}Ni_{10}Cu_{27}P_{20}$ 合金的晶化内耗峰的这些行为在其他非晶合金中也观测到了,可以说,这些晶化内耗峰的行为不是某个非晶合金特有的行为,而是一种普遍的行为。同时我们也注意到,晶化内耗峰的行为与结晶固体材料的相变内耗行为一致。

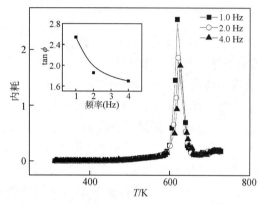

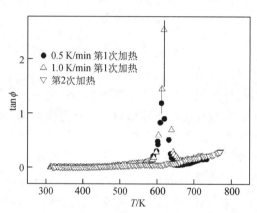

图 14-5 2 K/min 升温时,$Pd_{43}Ni_{10}Cu_{27}P_{20}$ 不同频率的内耗-温度曲线

图 14-6 不同升温速率下,$Pd_{43}Ni_{10}Cu_{27}P_{20}$ 的内耗-温度曲线,测量频率为 1 Hz

需要进一步说明的是:①非晶合金的晶化是一个不可逆过程。一旦非晶合金完成了晶化,在降温或者二次升温过程中,晶化内耗峰将不再出现,如图 14-6 所示的二次升温曲线。如果非晶合金已经部分晶化,这个内耗峰的高度将降低。②非晶合金的晶化过程是一个复杂的过程,在晶化过程的初期会出现很多的亚稳相,甚至出现准晶相,在进一步升温过程中,亚稳相又会转变成稳定相。所以,在连续升温过程中有时候会出现两个甚至多个晶化内耗峰。③利用不同升温速率可以得到不同晶化内耗峰的温度 T_p,利用 Kissinger 方程式 $\ln \dfrac{\dot{T}}{T_p^2} = -\dfrac{E}{RT_p} + C$

可以计算得到晶化激活能。式中:$\dot{T}$ 是升温速率;E 是表观激活能;R 是气体常数;C 是一个常数。由于非晶合金的晶化过程是一个复杂的过程,这样得到的激活能只是表观激活能。

14.2.2 等温晶化过程中非晶合金的内耗行为

从连续升温过程的内耗测量中可以看到,晶化内耗峰的峰温与升温速率有关,这个结果可以用一级相变的热滞进行说明。当升温到接近晶化内耗峰以下的某个温度进行等温时,可以看到等温晶化过程的内耗行为。到目前为止,我们已经看到了三种典型的等温晶化的内耗曲线。图 14-7 是非晶 $Cu_{70}Ti_{30}$ 合金在 626 K 等温过程中测量得到的内耗曲线[13]。从图中可以看到,在等温开始时,内耗值随着等温时间的增加很快降低,而后,内耗值下降的速率逐渐变

慢;到 7 min 时,内耗值下降的速率又开始增加,而后内耗值下降的速率又逐渐变慢;到 100 min 后内耗值趋于稳定,这样的内耗-时间曲线表现为两阶段下降。两阶段下降的等温晶化内耗曲线在非晶合金中常常可以看到,是一个比较普遍的实验现象。

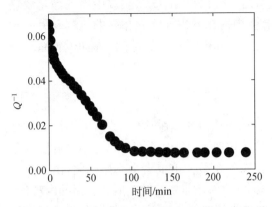

图 14 - 7 在 626 K 退火过程中,非晶 $Cu_{70}Ti_{30}$ 合金的内耗-退火时间曲线[13]

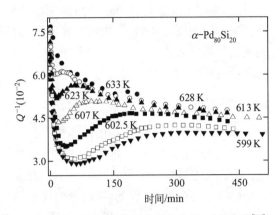

图 14 - 8 不同温度等温得到的内耗-时间曲线[14]

图 14 - 8 是在不同温度下,非晶 $Pd_{80}Si_{20}$ 合金等温晶化过程中的内耗曲线[14]。在等温开始时,内耗值很快降低,经过一段不长的时间后,内耗值达到极小值。而后,内耗值不断增加,经过一段时间后,内耗值出现极大值。最后,内耗值缓慢下降,趋向于平衡值。如果说图 14 - 7 的内耗曲线还可以看成是一个背底和内耗峰叠加的话,图 14 - 8 的内耗曲线就很难说成是有一个内耗峰了,因为这样的内耗曲线很难扣除背底。

图 14 - 9 是不同温度下的金属玻璃 $Zr_{41.2}$ $Ti_{13.8}Cu_{12.5}Ni_8Be_{22.5}Fe_2$ 的等温晶化内耗曲线。在开始等温时,内耗值基本不变,经过一段时间后,内耗值下降,直到达到平衡值。

在这些研究中,几乎都进行了电镜观测,在等温实验后的试样中都观测到试样的晶化相。对于等温晶化过程中内耗的变化一般可以解释如下:

(1) 在等温开始时内耗值下降,在内耗值下降中电镜没有观测到试样的结晶,被认为是试样的结构弛豫,非晶合金的结构弛豫将在后面介绍。非晶合金的结构弛豫使试样趋向稳定,内耗值下降。但是,对于金属玻璃(见图 14 - 9),由于金属玻璃的结构比较稳定,结构弛豫不明显,在等温开始时,没有表现出内耗值下降。

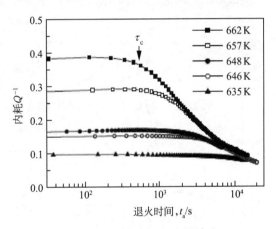

图 14 - 9 在不同温度下,金属玻璃 $Zr_{41.2}Ti_{13.8}Cu_{12.5}Ni_8Be_{22.5}Fe_2$ 的等温内耗曲线[15]

(2) 在等温晶化过程中,根据试样的不同,非晶合金的内耗值可以下降(见图 14 - 7 和图 14 - 9)也可以上升(见图 14 - 8)。

(3) 在等温晶化结束后,内耗值趋于平衡值。在图 14 - 8 中,由于晶化相不够稳定,晶化相也发生了结构弛豫,内耗值缓慢下降。

14.2.3 与晶化有关内耗峰形成机制的研究

对于晶化内耗峰的形成机制目前有两种观点:一种观点认为,非晶合金的晶化是一种相变,是从无序的非晶相到有序的结晶相的转变,应该是一级相变,在DSC实验中出现晶化放热峰就是一级相变的证据,晶化内耗峰应该与晶态合金中的相变内耗峰有相同的机制。另一种观点是何怡贞等人[16]提出的,他们在总结大量内耗实验和微观观测的基础上提出:非晶合金的表观内耗值 Q^{-1} 可以表示为

$$Q^{-1} = (1 - X)Q_g^{-1} + XQ_x^{-1} \tag{14-6}$$

式中:X 是晶化分数;Q_g^{-1} 是单位体积非晶合金对表观内耗值的贡献;Q_x^{-1} 是单位体积晶化合金对表观内耗值的贡献。这个表达式的图像如图14-10所示,图中 A,B,C 是不同温度的非晶相的内耗值,随着测量温度的升高,内耗值增加。如果在 B 点非晶合金开始晶化,由于晶化相是稳定相,内耗值比较低,对表观内耗值的贡献减小,使内耗曲线开始偏离非晶相的内耗值。随着测量温度的升高,非晶相的内耗值继续增加,而晶化相体积分数不断增加以及非晶相体积分数降低,都会使表观内耗值降低,两个变化趋势互相竞争。但由于在晶化开始时,晶化相的数量很少,非晶相内耗值的上升占优势,表观内耗值表现为上升(见图14-10中的 BD 段)。随着测量温度继续上升,晶化相的数量不断增加,非晶相数量相应减少,表观内耗值下降与非晶相内耗值随着温度的上升相平衡时(D 点),出现了内耗的极大值。随后表观内耗值表现为下降(DEF 段)。随着温度继续升高,晶化逐渐完成,非晶相已经很少,这时晶化相随着温度升高内耗值增加占主导地位,表观内耗值增加(FG 段)。到 G 点晶化完成,GH 段是晶化相的内耗曲线,随着温度升高,晶化相的内耗值不断增加。

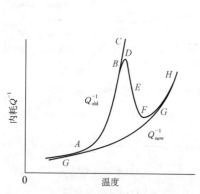

图 14-10 晶化内耗峰形成的示意图

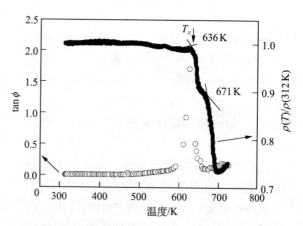

图 14-11 $Pd_{43}Ni_{10}Cu_{27}P_{20}$ 非晶试样内耗与电阻[2]

杨开巍等人[2]用电阻和内耗同时测量的方法观测到晶化内耗峰出现在电阻开始下降的温度附近,如图14-11所示。如果电阻开始下降表示晶化过程的开始,那么内耗峰出现在电阻开始下降的温度附近,证实了晶化内耗峰出现在晶化开始的温度附近。

杨开巍等人在一次升温过程中测量了金属玻璃 $Pd_{43}Ni_{10}Cu_{27}P_{20}$ 合金的14个频率的内耗-温度曲线,并用插值法得到了不同温度的内耗-频率曲线,如图14-12所示。在图14-12(a)中,326 K 和356 K 的内耗-频率曲线是一条近似的直线,随着测量频率的增加,内耗值线性地

增加,这个内耗-频率曲线可以认为是背底内耗。而 371 K 的内耗-频率曲线的低频部分内耗开始增加,表现为随着测量频率的增加,内耗值开始降低,随后线性地增加。随着测量温度的升高,低频部分的内耗值不断升高,内耗值随着频率降低的区域也不断增加,如图 14 - 12(b)所示。

因为 626 K 是内耗-温度曲线上晶化内耗峰的峰温。由此可以看到,在内耗-温度曲线上,晶化内耗峰的高度是在这个温度内耗值随着频率变化的结果,如图 14 - 12(c)的 626 K 的曲线。可以看到:在低频端,晶化内耗峰的高度与频率近似地成反比;在高频端,晶化内耗峰的峰高与频率就不成反比了。这就解释了有的晶化内耗峰的高度与频率成反比,而有的晶化内耗峰的高度不与频率成反比,因为这取决于所采用的测量频率范围。

随着温度继续升高,晶化过程起到主导作用。在试样中,金属玻璃的分数逐步地减少,导致金属玻璃相的内耗对试样总内耗的贡献逐步降低,其高频部分的内耗值也明显地降低,如图 14 - 12(d)所示。当晶化过程要结束时,结晶相的内耗起到主导作用,随着温度继续升高,结晶相中的内耗曲线也向高频运动,如图 14 - 12(e)所示。

从图 14 - 12 可以看到:除了图 14 - 12(a)的背底内耗-频率曲线外,包括整个晶化温区在内,在内耗-频率曲线上,随着测量频率的增加,内耗值都是下降的,没有出现内耗的极大值,即在测量的温区内,没有出现内耗峰的极大值。这个结果直接证明了在内耗-温度曲线上观测到的晶化内耗峰不是弛豫型内耗峰。

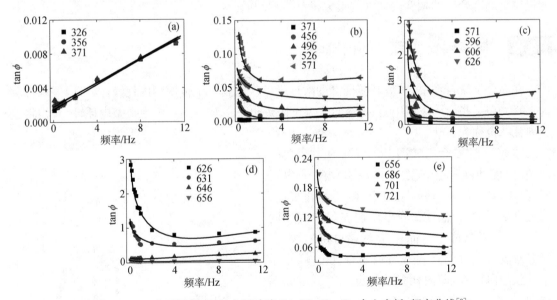

图 14 - 12 在不同温度下,金属玻璃 $Pd_{43}Ni_{10}Cu_{27}P_{20}$ 合金内耗-频率曲线[2]

杨开巍等人认为:一个稳定的结构是不会发生相变的,一个结构在发生相变之前,首先必须失稳。所谓失稳,用内耗的语言说,是结构中的一些原子处于高能状态,在测量内耗的应力驱动下,这些处于高能状态的原子可以产生应力感生有序,使内耗值增加,越接近晶化温度,这种结构失稳越厉害,这就是相变内耗峰低温端内耗值上升的原因。但是,处于高能状态的原子是不稳定的,它们在热激活的帮助下,总是要降低自己的位能,到一个能量比较低的位置,这就是结构弛豫。杨开巍等人用等温内耗实验证明了这个设想,如图 14 - 13 所示。图 14 - 13 是

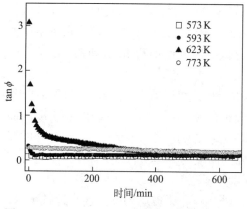

图 14 - 13　$Pd_{43}Ni_{10}Cu_{27}P_{20}$ 金属玻璃 573，583，623 和 773 K 等温过程的内耗-时间曲线

在接近晶化内耗峰的温度 593 K 和 623 K 等温退火时，内耗值随着时间的变化，从图 14 - 13 可以看到：在退火过程中，内耗值明显地降低。这个实验结果可以定性地说明升温速率对晶化内耗峰的影响。当升温速率比较低时，失稳的原子有比较多的时间进行结构弛豫。而且，晶化内耗峰的温度也比较低，原子失稳程度也比较小。所以，内耗峰比较低；而当升温速率比较快时，失稳的原子没有很多时间进行结构弛豫，而晶化内耗峰的温度比较高，失稳的原子也比较多，使晶化内耗峰比较高。在等温晶化实验中，失稳的原子有足够长的时间进行结构弛豫，使得内耗峰变得非常低。

在本节开始时我们说，晶化内耗峰形成机制有可能与晶态试样的相变内耗峰形成机制一致。杨开巍等人[17]用研究金属玻璃晶化内耗峰的同样方法研究了形状记忆合金 $Cu_{85.6}Al_{11.9}Mn_{2.5}$ 和共析合金 $Zn_{78}Al_{22}$，得到了与金属玻璃完全类似的结果：相变内耗峰出现在电阻开始下降的温度附近；在内耗-频率曲线上没有观测到内耗峰的极大值；在相变温度附近等温时，内耗值降低等。所以，非晶合金的晶化内耗峰形成的机制与晶态合金的相变内耗峰的形成机制是相同的。

14.3　与玻璃转变有关的内耗峰

在高分子聚合物中，在玻璃转变温度附近可以观测到一个弛豫型内耗峰，这个内耗峰被称为 α 峰。在某些金属玻璃中，在玻璃转变温度附近也可以观测到一个弛豫型内耗峰，人们将这个内耗峰也称为 α 峰。

图 14 - 14 是金属玻璃 $Pd_{77.5}Cu_6Si_{16.5}$ 合金的内耗-温度曲线[18]。从图中可以看到三个内耗峰，其中，P_1 峰是 α 峰，P_2 和 P_3 峰是晶化峰。α 峰具有如下的特点：①α 峰出现在玻璃转变温度附近；②如果试样没有晶化，α 峰是可逆的，即在降温或者再次升温过程都可以出现；③α 峰是一个弛豫型内耗峰，即内耗峰的峰温随着测量频率移动，但由内耗峰随着频率移动按 Arrhenius 关系测量出的激活能比较大，不同金属玻璃 α 峰的激活能在 2 eV 以上甚至更大；④不是在所有金属玻璃中都可以观测到 α 峰，例如金属玻璃 $Pd_{43}Ni_{10}Cu_{27}P_{20}$ 合金在 DSC 实验中有明显的玻璃转变"台阶"（见图 14 - 1），但在内耗测量中观测不到 α 峰（见图 14 - 5），其原因还有待研究。

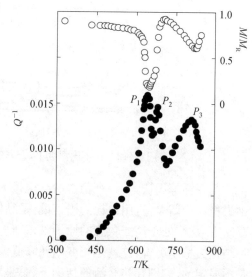

图 14 - 14　金属玻璃 $Pd_{77.5}Cu_6Si_{16.5}$ 合金的升温内耗曲线[18]

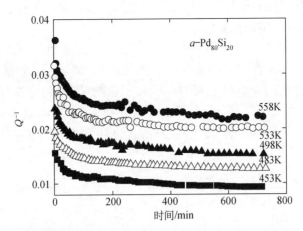

图 14 - 15　在不同温度下,非晶 $Pd_{80}Si_{20}$ 合金等温退火过
程中的内耗变化[20]

在高分子聚合物中,把 α 峰的形成机制归咎于高分子链段的运动。在小分子金属玻璃中,没有实验证据表明在金属玻璃中存在分子链,但也出现了 α 峰。这样,金属玻璃中出现 α 峰的原因是不明确的。不明确的另一个原因是玻璃转变的机制不清楚。在 DSC 中出现了一个"台阶",没有吸热或者放热,显然不是一级相变。但在 DSC 实验中出现"台阶"表示热熵有变化,变化的机制还不明确。目前,人们可以接受的一个观点是,玻璃转变不是热力学过程,而是一个动力学过程。

14.4　非晶合金的结构弛豫

非晶合金的结构弛豫与内耗的力学弛豫是完全不同的两个事件,内耗的力学弛豫不引起材料结构的明显变化,例如 Snoek 弛豫,在体心立方晶体中,是在应力感生下,间隙原子在八面体间隙之间来回运动的结果,不引起材料结构的明显变化。而非晶合金的结构弛豫是非晶合金在热涨落的作用下,原子进行长程扩散运动的结果,原子进行长程扩散运动将引起材料结构的变化。在实验方法上,非晶合金的结构弛豫与等温晶化是相似的,它们都是采用等温退火方法,但在做结构弛豫实验时,退火温度比较低,一般远低于 T_g 温度,以保证试样不产生晶化。

非晶合金的结构弛豫是一个常见的现象,因为非晶合金的结构是不稳定的,有人认为刚刚制备出来的非晶合金在室温下就可以发生结构弛豫。由于直接观测非晶合金结构弛豫的困难,探测非晶合金结构弛豫往往采用测量物理量变化的方法,在非晶合金结构弛豫过程中可以引起很多物理量的变化,例如非晶合金的结构弛豫会引起非晶合金的拓扑有序和化学有序的变化,这些变化会引起材料的体积变化,测量非晶合金的体积可以探测非晶合金的结构弛豫;测量径向分布函数也可以探测非晶合金的结构弛豫等等,在众多的探测方法中,内耗是一种最有效的方法。因为内耗对材料的结构变化非常敏感,用内耗方法探测非晶合金的结构弛豫可以十分方便和有效地获得非晶合金结构弛豫的信息。

14.4.1　非晶合金结构弛豫过程中的内耗行为

图 14 - 15 是非晶 $Pd_{80}Si_{20}$ 合金在不同温度下等温退火过程中的内耗变化[19]。在等温退

火过程中,内耗的变化是由非晶材料结构弛豫引起的。很多研究工作者从不同的角度研究了非晶合金在结构弛豫过程中物性变化的规律。

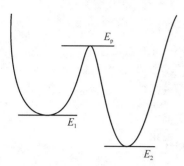

图 14-16 一个二能级系统

Gibbs 等人提出了结构弛豫的 $\ln t$ 动力学规律[20]。考虑一个孤立的二能级系统,若有 n_1 个原子在能量 E_1 的位置(1 位置),n_2 个原子在能量 E_2 的位置(2 位置),如图 14-16 所示,在平衡时 $n_1 = n_1^s$,$n_2 = n_2^s$,这里 n_1^s 和 n_2^s 分别表示 1 位置和 2 位置平衡态的原子数。因为在平衡态 n_1^s 和 n_2^s 不随时间变化,则有

$$\frac{dn_1^s}{dt} = \frac{dn_2^s}{dt} = 0 \tag{14-7}$$

在非平衡时,设原子的迁移率遵守化学反应速率方程

$$\frac{dn}{dt} = \nu n^\alpha \tag{14-8}$$

式中:n 是迁移的原子数;α 是化学反应级数,在这里我们假设 $\alpha = 1$;ν 是频率因子,且

$$\nu = \nu_0 \exp(-E/kT) \tag{14-9}$$

式中:E 是能垒高度;k 是 Boltzmann 常数;T 是绝对温度。将式(14-9)代入式(14-8),并考虑在无序系统中,每个原子周围环境都不相同,二能级系统之间的相互作用也应时因地而异,而且是无规的。但是,二能级之间的相互作用将影响二能级内的原子迁移率,描述这种影响的一个有效方法是改变时间的标度,将时间 t 变成 t^α,可以得到

$$\frac{dn}{dt^\alpha}\bigg|_{1\to2} = -n_1\nu_0 \exp[-(E_p - E_1)/kT]$$
$$\frac{dn}{dt^\alpha}\bigg|_{2\to1} = -n_2\nu_0 \exp[-(E_p - E_2)/kT] \tag{14-10}$$

式中,α 是二能级系统之间相互耦合的量度。$\alpha = 1$ 时,二能级之间无耦合。设 $q(E)$ 是非平衡的有效数密度,则有

$$n_1 = n_1^s + q(s)dE$$
$$n_2 = n_2^s + q(s)dE \tag{14-11}$$

且 $n_1 + n_2 =$ 常数,代入式(14-10)可以得到

$$\frac{dn_1}{dt^\alpha}\bigg|_{1\to2} = -n_1^s\nu_0 \exp[-(E_p - E_1)/kT] - q(E)dE\nu_0 \exp[-(E_p - E_1)/kT]$$

$$\frac{dn_2}{dt^\alpha}\bigg|_{2\to1} = -n_2^s\nu_0 \exp[-(E_p - E_2)/kT] + q(E)dE\nu_0 \exp[-(E_p - E_2)/kT]$$

$$\tag{14-12}$$

从式(14-11)可以得到 $dn_1/dt^\alpha = -dn_2/dt^\alpha$,考虑到式(14-12),并假设 $E_1 - E_2 \gg kT$,则可以忽略 $\exp(E_2/kT)$ 项,可以得到

$$\frac{dn_1}{dt^\alpha} = -q(E)dE\nu_0 \exp(-E/kT) \tag{14-13}$$

式中 $E = E_p - E_1$。

若 $Q(E)$ 是可能发生的能量为 $E = E_p - E_1$ 的有效过程的总密度，则 $Q(E)\mathrm{d}E$ 是能量在 E 到 $E + \mathrm{d}E$ 之间的有效过程数。设 $n_1 = Q(E)\mathrm{d}E$，代入式（14-13）可以得到

$$\frac{\mathrm{d}Q(E)}{\mathrm{d}t^{\alpha}} = -q(E)\nu_0 \exp(-E/kT) \tag{14-14}$$

因为 $Q(E) = q(E) + q_s(E)$，式中 $q_s(E)$ 是平衡时的有效过程的数密度，它不随时间变化，故 $\dfrac{\mathrm{d}Q(E)}{\mathrm{d}t^{\alpha}} = \dfrac{\mathrm{d}q(E)}{\mathrm{d}t^{\alpha}} = -q(E)\nu_0 \exp(-E/kT)$，积分后可以得到

$$\ln q(E) - \ln q_0(E) = -\nu_0 t^{\alpha} \exp(-E/kT) \tag{14-15}$$

式中，$q_0(E)$ 是在某个 $t = 0$ 时刻的有效过程的数密度。由此得到

$$q(E) = q_0(E)\exp[-\nu_0 t^{\alpha} \exp(-E/kT)] \tag{14-16}$$

经过时间 t 以后，有效过程的数密度为

$$q_t(E) = q_0(E)\Theta(E, T, t) \tag{14-17}$$

式中，$\Theta(E, T, t) = 1 - \exp[-\nu_0 t^{\alpha}\exp(-E/kT)]$ 是特征退火函数，这个函数的拐点为

$$E_0 = kT\ln(\nu_0 t^{\alpha}) \tag{14-18}$$

而且，在 $E > E_0$ 和 $E < E_0$ 时 Θ 很快趋于 0 和 1，所以 Θ 可以看成为阶梯函数。

如果，物理量 ϕ 的变化遵从一级化学反应方程，$\mathrm{d}\phi/\mathrm{d}t = -K\phi$，则 $\ln\Phi = -\int K\mathrm{d}t$，弛豫函数 $\Phi = \exp(-\int K\mathrm{d}t)$，假定 K 满足 Kissinger 关系 $K = K_0\exp(-E/kT)$。于是，弛豫函数可以写成 $\Phi(t) = \exp[-K_0\int \exp(-E/kT)\mathrm{d}t]$。用式（14-18）的 E_0 替代 E 可以得到弛豫函数为

$$\Phi(t) = \exp\left[-K_0\int\frac{\mathrm{d}t}{\nu_0 t^{\alpha}}\right] = \exp\left[\frac{-K_0 t^{1-\alpha}}{\nu_0(1-\alpha)}\right] \tag{14-19}$$

令 $p = 1 - \alpha$，可以得到分指数规律：

$$\Phi(t) = \exp(-Ct^p) \tag{14-20}$$

式中，$C = K_0/(\nu_0 p)$；当 $\alpha = 0$ 时，可以得到幂指数律。$\Phi(t) = \exp\left(-K_0\int\dfrac{\mathrm{d}t}{\nu_0 t}\right) = \exp[\ln(t^{-K_0/\nu_0})] = t^{-\beta}$。式中 $\beta = K_0/\nu_0$；将 $t^{-\beta}$ 用级数展开，当 β 很小时，可以得到 $\ln t$ 动力学关系，$\Phi \infty \ln t$。卢长勋等人拟合他们的实验结果[21] 提出，在结构弛豫时，内耗 Q^{-1} 变化的指数规律，$Q_{(t)}^{-1} = A\exp(-Ct) + B$，式中：$A$，$B$ 和 C 是拟合常数，与非晶材料和实验条件等有关。Shui 等人提出了[19] 在非晶合金结构弛豫过程中内耗变化的分指数规律

$$Q^{-1}(t) = A\exp(Ct^p) + B \tag{14-21}$$

式中:A, B 和 C 是拟合常数,与非晶材料和实验条件等有关;p 是分指数。从实验数据的拟合结果看,分指数规律可以比较好地拟合实验数据。他们认为,非晶合金的结构弛豫不是单一弛豫时间的弛豫过程,弛豫时间应该有一定的分布,这个分布可以用分指数 p 描述。

14.4.2 非晶合金结构弛豫过程中结构变化的实验证据

前面我们提出,在结构弛豫过程中,非晶合金结构变化都是从物性变化来表征的。那么非晶合金在结构弛豫过程中结构发生了怎样的变化呢?为此,我们将 250℃退火 1 小时的非晶 $Pd_{80}Si_{20}$ 合金试样和未退火的非晶试样在场离子显微镜中进行了比较。从场离子显微镜得到的图像看,两者都是无序的,看不出它们有什么不同,因为凭借肉眼,人们无法区分两个无序图形的区别。但是,场离子显微镜还有一个功能,它可以将试样中的原子轰出来,并进行计数,利用这个技术我们得到了图 14 - 17 的曲线。

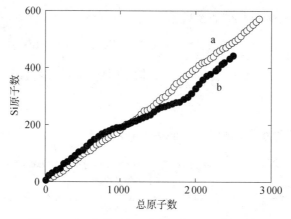

图 14 - 17 非晶 $Pd_{80}Si_{20}$ 合金轰出原子的计数

在图 14 - 17 中,曲线 a 是未退火试样的 Si 原子计数,横坐标是轰出原子的总计数。可以看到:Si 原子的计数与总原子计数之间的关系是近似的直线,总原子数与 Si 原子数之比接近 5∶1,即 5 个原子中有 1 个 Si 原子,与非晶 $Pd_{80}Si_{20}$ 合金的原子比一致。Si 原子计数的直线关系说明 Si 原子在试样中是近似的均匀分布。曲线 b 是非晶 $Pd_{80}Si_{20}$ 合金在 250℃退火 1 小时后试样的计数结果,从曲线 b 可以看到,Si 原子的计数明显偏离直线,说明在退火后出现了富 Si 区域(计数高于平均数的区域)和贫 Si 区域(计数低于平均数的区域)。这个结果指出,在退火过程中,Si 原子进行了浓度的上坡扩散,从均匀分布变成不均匀分布。在金属物理学中,这个现象称为调幅分解(spinodal decomposition),一般出现在过饱和固溶体中,原子扩散的驱动力是化学势。

14.5 金属玻璃的低温内耗峰

在非晶合金中,在 T_g 温度以下,几乎没有人观测到内耗峰。近年来,在某些金属玻璃中,在 T_g 温度以下,人们观测到一个内耗峰,如图 14 - 18 所示,称为 β 峰。

非晶合金作为一个无序系统,它与高分子聚合物有很多的共性。首先,它们都是无序结构；金属玻璃与高分子聚合物都有玻璃转变；在高分子聚合物中，把与玻璃转变有关的内耗峰称为 α 峰，在金属玻璃中这个内耗峰也称为 α 峰；在高分子聚合物中，在玻璃转变温度以下有 β 峰和 γ 峰，在金属玻璃中，在 T_g 温度以下观测到的内耗峰也称为 β 峰。它们不仅是名称上的相同，人们在考虑这些内耗峰产生的机制是否也存在共性？

在高分子聚合物中，α 峰和 β 峰很早就被观测到，开始人们认为，α 弛豫行为对应研究体系中的中程或者长程尺度范围的协同结构重组运动，而 β 是支链的运动，它们之间似乎没有什么联系。近年来，人们注意到倪嘉陵提出的耦合模型（coupling model）[22, 23]，耦合模型的基本思想是：弛豫的过程存在一个临界时间 t_c，当 $t \leqslant t_c$ 时，各弛豫单元独立地发生弛豫，弛豫单元之间不发生耦合，弛豫函数 $C(t)$ 可以表示为 $C(t) = \exp(-t/\tau)$。其中 τ 表示无耦合作用的弛豫时间。当 $t \geqslant t_c$ 时，弛豫函数 $C(t)$ 可以写为 $C(t) = \exp[-(t/\tau^*)^{1-n}]$，$\tau^*$ 表示耦合的弛豫时间，n 为耦合参数（$0 \leqslant n < 1$），它随着耦合强度的增加而增加。

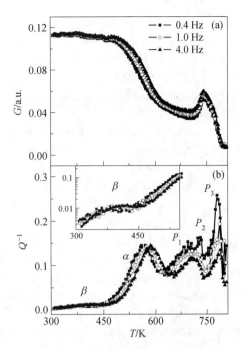

图 14 - 18　$Nd_{65}Fe_{15}Al_{10}Co_{10}$ 合金不同频率时相对模量（a）和内耗（b）温度谱

t_c 的存在是基于理论的考虑，并经过中子散射实验和分子动力学模拟的证实。已知在高分子材料和金属玻璃中，$10^{-12} < t_c < 10^{-11}$ s；在金属和离子导体中，$10^{-13} < t_c < 10^{-12}$ s。根据弛豫函数的连续性，当 $t = t_c$ 时，可得到 $\tau^* = [t_c^{-n}\tau]^{1/(1-n)}$，而弛豫时间与温度的关系为 $\tau = \tau_0\exp(E/kT)$，其中 k 是 Boltzmann 常数；T 是绝对温度。由此可以得到 $E = (1-n)E^*$ 和 $\tau_0 = t_c^n\tau_0^{*(1-n)}$，其中 E 表示未发生耦合或者解耦后的激活能（uncoupled or decoupled activation energy），E^* 表示耦合激活能或测量激活能（coupled or measured activation energy），τ_0 表示未发生耦合或者解耦后的弛豫时间指数前因子，τ_0^* 表示耦合的弛豫时间指数前因子。耦合模型的一个特点是临界时间 t_c 与温度无关。Gotze and Sjogren[24] 提出了模式耦合理论（mode-coupling theory），考虑到一种随温度变化出现的动力学机理的变化，提出存在一个交界温度 T_c。

在实验上，人们逐渐认识到，存在两类不同频率的 β 弛豫：快 β 弛豫和慢 β 弛豫，快 β 弛豫是由于"笼子运动"产生的；而慢 β 弛豫，即 JG（Johari-Golgstein）弛豫，与 α 弛豫存在某种关联，认为 α 弛豫只能来源于分子间的相互作用，不可能来源于分子内部结构的运动[25]。

高分子聚合物研究的这些结果是否能够应用到金属玻璃对 α 峰和 β 峰起源研究还有待研究，但至少在研究金属玻璃的 α 峰和 β 峰时应该认真考虑在聚合物中已经取得的成果。

参考文献

［1］ Duwez P, Willens R H, Klement Jr W. Continuous Series of Metastable Solid Solutions in Silver-Copper Alloys [J]. J. Appl. Phys. ,1960,31(6):1136.

［2］ Yang K W, Jia E G, Shiu J P, et al. Crystallization Study of Amorphous $Pd_{43}Ni_{10}Cu_{27}P_{20}$ Alloy by

Internal Friction Measurement [J]. phys. stat. sol. , 2007，(a)204(10)：3297 - 3304.

[3] Turnbull D. Under what conditions can a glass be formed? [J]. Contem. Phys. , 1969,10(6):473 - 488.

[4] Inoue A. High Strength Bulk Amorphous Alloys with Low Critical Cooling Rates [J]. Trans. JIM, 1995，36(7):866 - 875.

[5] Bernal J D. The Bakerian Lecture, 1962. The Structure of Liquids [J]. Proc. Roy. Soc. , 1964,A280 (7):299 - 322.

[6] Beuche F. Segmental Mobility of Polymers Near Their Glass Temperature [J]. J. Chem. Phys. , 1953, 21(10):1850 - 1855; Derivation of the WLF Equation for the Mobility in Molten Glasses [J]. J. Chem. Phys. , 1956, 24(3):418 - 419; Mobility of Molecules in Liquids near the Glass Temprature [J]. J. Chem. Phys. , 1959, 30(3):748 - 752.

[7] Cohen M H, Turnbull D. Molecular Transport in Liquids and Glasses [J]. J. Chem. Phys. , 1959, 31(5):1164 - 1168.

[8] Turnbull D,Cohen M H. Free-Volume Model of the Amorphous Phase:Glass Transition [J]. J. Chem. Phys. , 1961,34(1):120 - 124; On the Free-Volume Model of the Liquid-Glass Transition [J]. J. Chem. Phys. , 1970, 52(6):3038 - 3041.

[9] Spaepen F. A Microscopic Mechanism for Steady State Inhomogeneous Flow in Metallic Glasses [J]. Acta Metall. ,1977,25(4):407 - 415.

[10] 黄胜涛,等. 非晶态材料的结构和结构分析 [M]. 北京:科学出版社,1987:170.

[11] Egami T, Maeda K, Vitek V. Strctural Defects in Amorphous Solids A Computer Simulation Study [J]. Phil. Mag. , 1980,A41(6):883 - 901.

[12] Srolovitz D, Maeda K, Vitek V, et al. Structural Defects in Amorphous Solids Statistical Analysis of Computer Model [J]. Phil. Mag. , 1981, A44(4):847 - 866.

[13] Tan M,He Y Z. Internal Friction Behaviour of Metallic Glass $Cu_{70}Ti_{30}$ During Structural Relaxation and Crystallization [J]. Journal of Non-Crystalline Solids, 1988, 105(1):155 - 161.

[14] He Y Z, Shui J P, Yue L P. Isothermal Annealing Effect on the Internal Friction Peak Near T_g of a-Pd_{80} Si_{20}[J]. Journal de Physique, 1985,46(12):C10 - 473 - 476.

[15] Wang Q, Lu J, Gu F J, et al. Isothermal Internal Friction Behaviour of a Zr Based Bulk Metallic Glass with Large Supercooled Liquid region [J]. J. Phys. D:Appl. Phys. , 2006, 39(13):2851 - 2855.

[16] Shui J P, He Y Z. Crystallization Behaviour Near the High Temperature Internal Friction Peak of a-Pd_{80} Si_{20} Alloy [J]. Chinese Phys. Lett. ,1986,3(2):69 - 72.

[17] 杨开巍,水嘉鹏,朱震刚. 不同一级相变材料的内耗峰形成机制[J]. 上海交通大学学报,2010,44(5): 650 - 654.

[18] Li X G, Zhang Y H, He Y Z. A Further Study On the Internal Friction Peak of the Metallic Glass $Pd_{77.5}$ $Cu_6Si_{16.5}$ Near T_g [J]. J. Phys. : Condens. Matter. , 1990,2(4):809 - 816.

[19] Shui J P, Cheng L F, Wang H. Proceeding of the 9th International Conference on Internal Friction and Ultrasonic Attenuation in Solids July 17 - 20, 1989 [C]. Beijing, China, International Academic Publishers and Pergamon Press.

[20] Gibbs M R J, Evetts J E, Leake J A. Activation Energy Spectra and Relaxation in Amorphous Materials [J]. Journal of Materials Science, 1983,18(1):278 - 288.

[21] 卢长勋,王子孝,石展之. 非晶合金的滞弹性和黏弹性内耗[J]. 武汉大学学报(自然科学版),1987,(4): 31 - 42.

[22] Ngai K L. An Extended Coupling Model Description of the Evolution of Dynamics with Time in Supercooled Liquids and Ionic Conductors [J]. J. Phys. : Condens. Mater. , 2003,15(11):S1107 - S1126.

[23] Ngai K L, Capaccioli S. On the Relevance of the Coupling model to experiments [J]. J. Phys. : Codens.

Mater. ，2007，19(20)：205114.

[24] Gotze W，Sjogren L. Relaxation Processes in Supercooled Liquids [J]. Rep. Prog. Phys. ，1992，55(3)：241 - 376.

[25] 胡丽娜，张春芝，岳远征，et al. 研究玻璃转变本质的新起点——玻璃态的慢 β 弛豫 [J]. 科学通报，2010，55(2)：115 - 131.

附录　内耗主要测量设备简介

水嘉鹏（中国科学院固体物理研究所）

测量固体内耗的设备称为内耗仪，内耗仪的结构与测量的频率范围有关，在不同的频率范围，不仅测量内耗的设备不同，测量原理也可能不尽相同。测量低频范围（$10^{-4} \sim 10^2$ Hz）内耗的低频内耗仪可以用强迫振动和自由衰减两种方法进行内耗测量；测量声频范围（$10^2 \sim 10^4$ Hz）内耗的声频内耗仪可以用自由衰减和共振峰两种方法进行内耗测量；在超声频率范围（$>10^4$ Hz）可以用波传播方法测量材料的超声衰减。本附录将简单地介绍这些内耗仪的结构及其测量原理。

1　低频内耗仪

常用的低频内耗仪有三种：正扭摆、倒扭摆和动态力学分析仪（dynamic mechanical analyzer，DMA）。

1.1　正扭摆

正扭摆也称为葛摆，是由我国著名金属物理学家、葛庭燧先生[1]发明的，正扭摆的示意图给出在图 1 中。这个装置与电学实验中使用的检流计相似，由光源 L 发出一束准平行光照在小镜子 3 上，小镜子 3 固定在下摆杆 4 上，当扭动试样 S 时，下摆杆 4 和小镜子 3 也同时发生偏转，光信号接收器 9 可以接收到小镜子的偏转信号，这个偏转信号是一个振幅衰减的正弦（或者余弦）信号。

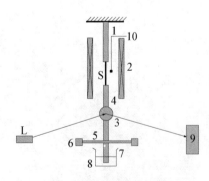

图 1　正扭摆的示意图

1—上摆杆；2—加热炉；3—小镜子；4—下摆杆；5—横摆杆；6—摆锤；7—阻尼杯；8—阻尼油；9—光信号接收器；10—热电偶；L—准平行光源；S—试样

正扭摆的上摆杆 1 被用来作为固定点，试样 S 夹持在上、下摆杆之间。加热炉 2 用来改变试样的温度，试样的温度由热电偶 10 测量。由试样 S、下摆杆 4、横摆杆 5 和摆锤 6 构成了一个振动系统，改变试样 S 的尺寸，或者改变横摆杆 5 的长度，或者改变摆锤 6 的重量和位置都可以改变振动系统的固有振动频率。阻尼杯 7 中的阻尼油 8 是为了减小和消除下摆杆侧向运动，以尽量减小对下摆杆的轴向运动影响。

通常,在测量试样内耗的同时还要测量试样的模量,在低频内耗测量时,人们用系统的固有频率的平方表示模量,这是因为模量与固有频率的平方成正比。这样得到的模量是相对模量,只表示模量的变化,其绝对值没有意义。

葛摆的优点是结构简单,投资少。葛庭燧先生发明扭摆时的投资只需要几十美元,在科研经费不足的情况下,也可以建立起扭摆装置,在我们的建国初期,在科研经费严重不足的情况下,很多单位都建立了扭摆,开展了研究工作。目前,虽然扭摆的自动化提高了建立设备的投资成本,但与其他大型仪器相比较,建立扭摆设备的投资还是比较少的。正扭摆的缺点是下摆杆、横摆杆、摆锤和位移接收装置的重量全部由试样承担,在高温时,试样容易发生蠕变,这是人们不希望的。所以,现在除非有特殊要求,一般情况下很少使用正扭摆。

1.2　倒扭摆

1.2.1　倒扭摆的工作原理

倒扭摆可以克服正扭摆的不足,可以把试样上的受力减少到最小的程度。图 2 是倒扭摆的示意图,配重 11 通过悬丝 7 和滑轮 8 将上摆杆 1、横摆杆 5、摆锤 6 和小镜子 4 的重量平衡掉,理论上可以完全平衡掉这些部件的重量,但实际上,一般是让配重的重量约大于上摆杆等的总重量,以避免在升温实验中试样和摆杆的膨胀引起对试样 S 的压力,试样 S 上一旦有了压力就可能将试样压弯,影响测量结果。振动系统由上摆杆 1、横摆杆 5、摆锤 6 和试样 S 组成,在自由衰减测量内耗的方法中,改变试样 S 的尺寸,或者改变横摆杆的长度,或者改变摆锤的位置和重量可以改变振动系统的固有频率。2 是加热炉,如果升温不超过 800℃,可以使用电阻丝炉。对加热炉的要求是:①要有足够长的均温区。最初,葛庭燧先生使用的试样是 150 mm 长,要求试样上的温差不超过 2℃。②电阻丝必须双线并绕,抵消加热电流产生的磁场,对于铁磁性试样,加热电流产生的磁场可以严重地影响扭摆的工作。

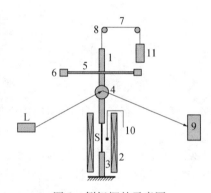

图 2　倒扭摆的示意图

1—上摆杆；2—加热炉；3—下摆杆；4—小镜子；5—横摆杆；6—摆锤；7—悬丝；8—滑轮；9—扭动信号接收器；10—热电偶；11—配重；S—试样；L—准直光源

从图 2 可以看到:在上摆杆扭动时,不仅扭动了试样,同时也扭动了悬丝,于是悬丝对内耗测量结果不可避免地会发生影响(见下节)。为了减少悬丝的影响,要求悬丝的刚性尽可能小,最好用刚性小的单根细棉线或者用细尼龙线做悬丝[2]。

随着科学技术的发展,扭摆装置现在已经实现自动化控制了[3]。扭摆装置的自动化不仅可以减轻内耗实验的劳动强度,还可以使内耗测量的强迫振动方法容易实现。

强迫振动内耗测量方法与自由衰减方法不同。用自由衰减方法测量内耗时,振动系统被激发之后,外界不再对振动系统的振动发生影响,让振动系统自由地进行衰减,采集的物理量是不断变化的振幅和基本不变的振动频率。而用强迫振动方法测量内耗时,在内耗测量过程中,一个指定频率和振幅的正弦信号始终对振动系统进行作用,并且在测量过程中,振动系统的频率和振幅保持不变。采集的物理量是激发系统的应力正弦波与系统振动的应变正弦波之

间的相位差 θ 和这两个正弦波的振幅比,两个正弦波的相位差和振幅比也是应力与应变之间的相位差 θ 和振幅比,这个振幅比就是相对模量。当测量频率 ω 远小于振动系统的共振频率 ω_r 时,测量相位差的正切就是试样的内耗值[4]。

图 3 是自动化扭摆电路的框图,主要有四条控制线路:温度控制和测量;应力发生和采集;应变信号的采集和光电位器调零的步进马达控制。

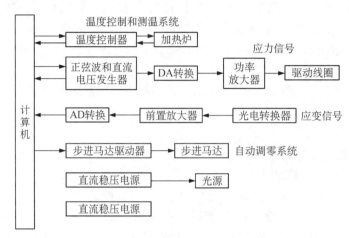

图 3 自动化扭摆的电路原理图

温度控制和测量:在每次内耗实验之前,预先在计算机上设置程序温度控制参数,并一次性的送给"温度控制器","温度控制器"将按照计算机提供的温度控制参数进行温度控制,并将实际测量的温度值提供给计算机。在测量每个内耗数据之前,计算机将从"温度控制器"采集实际温度值,显示在计算机的测量界面上,并将实际温度值保存在预先设置的数据文件中。

调零:计算机从"A/D 转换"采集应变信号,判断"光电转换器"是否在零位。如果"光电转换器"不在零位,根据偏移量的大小,计算机发信号给"步进马达驱动器",进行调零。如果"光电转换器"位置的偏离在设置的允许误差范围之内,调零结束。由于"光电转换器"产生的电压值比较小,为了提高测量精度,对"光电转换器"产生的电压值需要放大,"前置放大器"的任务就是完成这个电压放大。

内耗值的测量:应变控制:计算机发参数给"正弦波和直流电压发生器",让"正弦波和直流电压发生器"产生一个正弦波(强迫振动方法)或者一个直流电压(自由衰减方法),经过"D/A 转换"变成模拟量,再经过"功率放大器"的放大,送给"驱动线圈","驱动线圈"驱动摆杆,使扭摆振动或者偏转。小镜子将扭摆的振动或者偏转量反映给"光电转换器",经过"前置放大器"的放大和"A/D 转换",将振动或偏转量送给计算机。计算机将振动或偏转量与设置的最大应变量进行比较,如果两者不相同,计算机将再发参数给"正弦波和直流电压发生器",直到两者相同。测量内耗值:计算机从"温度控制器"提取实际温度值。而后,计算机发参数给"正弦波和直流电压发生器",让"正弦波和直流电压发生器"产生若干个正弦波(强迫振动)或者一个直流电压(自由衰减),正弦波的振幅或者直流电压的大小是由应变控制得到的,正弦波的个数是预先设置的,根据测量频率的不同,设置的正弦波个数也不同。经过"D/A 转换"和"功率放大器"驱动扭摆振动(强迫振动)或者偏转(自由衰减)。扭摆的运动状态经过"光电转换器"、"前置放大器"和"A/D 转换"提供给计算机。在强迫振动方法中,计算机同时从"正弦波和直流电压发生器"和"A/D 转换"采集应力和应变曲线,经过数据处理,计算得到内耗值、频率和模量值。在自由衰减模式中,计算机发出信号停止"正弦波和直流电压发生器"发出直流电压,再从"A/D 转换"采集摆杆振动的波形,进行数据处理得到内耗值、频率值和模量值。在完成一个内耗数据测量之后,计算机自动保存测量的数据,并根据扭摆振动情况,发信号给"正弦波和直流电压发生器",强制停止扭摆的振动以节省测量时间。而后进行下一个内耗数据的测量,直到完成设置的所有测试或者人工干预退出程序。上述各个步骤和仪器状态都在计算机的测量界面上显示,以便人工监控。

两个直流稳压电压,一个是光源的电源;一个是两个放大器和"步进马达"及其驱动器的电源。

这样一台自动化的倒扭摆可以进行自由衰减方法测量内耗,也可以进行强迫振动方法测量内耗。比较两种测量方法,强迫振动方法有比较多的优点,在一次升温过程中可以测量若干个频率或者应变振幅,而且频率可以保持不变。但是,到目前为止,由于技术上的原因,强迫振动测量内耗的精度不如自由衰减。目前,市售的内耗仪,强迫振动方法测量内耗的精度最高在 $10^{-4} \sim 10^{-5}$ 量级,而自由衰减方法测量内耗的精度最高可以达到 $10^{-5} \sim 10^{-6}$ 量级。所以,在材料内耗比较小时人们常常采用自由衰减方法。

由于自动化的倒扭摆可以比较容易地实现内耗的强迫振动方法测量,这样不仅可以测量试样的内耗-温度曲线,而且也能够测量内耗-频率曲线、内耗-应变振幅曲线和内耗-时间曲线(时效过程中的内耗)。

1.2.2　倒扭摆的悬丝对测量内耗值的影响

在倒扭摆的振动系统中,虽然悬丝和配重平衡掉了作用在试样上的拉应力,但是,在测量内耗时,悬丝和试样同时进行扭转振动,悬丝的扭转振动必然增加振动系统的能量损耗,换句话说,悬丝将影响内耗测量的结果。关于悬丝对内耗测量结果影响的问题人们很早就注意到了,通常认为:在内耗-温度曲线上,悬丝的作用只是增加了一个背景内耗。在这种认识基础上,选择悬丝材料的原则是:要有足够的强度,以避免由于配重太重将悬丝拉断;悬丝的内耗要尽可能小一点,使得背景内耗尽可能低一点,以免掩盖那些小的内耗峰。按照这个悬丝选择的原则,通常选用细的(小于 0.2 mm 直径的)钨丝或钼丝。然而,上述的对悬丝的认识是不全面的,这种认识缺少理论依据。下面将讨论悬丝对内耗测量的影响[5]。

一个以频率 f_t 振动的倒扭摆系统,其能量损耗 ΔW_t 是三个部分能量损耗的总和:悬丝的能量损耗 ΔW_1;试样的能量损耗 ΔW_s 和环境引起的外部能量损耗 ΔW_e,即 $\Delta W_t = \Delta W_1 + \Delta W_s + \Delta W_e$,而总的振动能量 W_t 由悬丝的储能 W_1 和试样的储能 W_s 两部分组成,即 $W_t = W_1 + W_s$,则倒扭摆系统的内耗 Q_t^{-1} 为

$$(W_1 + W_s)Q_t^{-1} = W_1 Q_1^{-1} + W_s Q_s^{-1} + \frac{\Delta W_e}{2\pi} \tag{1}$$

式中:$Q_1^{-1} = \frac{1}{2\pi}\frac{\Delta W_1}{W_1}$ 是悬丝的内耗;$Q_s^{-1} = \frac{1}{2\pi}\frac{\Delta W_s}{W_s}$ 是试样的内耗。用类似的方法可以写出除了试样的子系统的内耗为

$$W_1 Q_1^{-1} = W_1 Q_1^{-1} + \frac{\Delta W_e}{2\pi} \tag{2}$$

式中：Q_I^{-1} 是无试样时子系统的内耗，这是一个可以测量的量。将式(2)代入式(1)，进行整理后可以写出试样内耗 Q_s^{-1} 的表达式为

$$Q_s^{-1} = \left(\frac{W_1}{W_s} + 1\right)Q_t^{-1} - \frac{W_1}{W_s}Q_I^{-1} \tag{3}$$

悬丝和试样的振动能分别是 $W_1 = \frac{1}{2}k_1A^2$ 和 $W_s = \frac{1}{2}k_sA^2$，式中：k_1 和 k_s 分别表示悬丝和试样的刚度；A 是振幅。在振动系统的转动惯量 I 保持不变的情况下，分别测量子系统和倒扭摆系统的振动频率 f_1，f_t 和振幅的对数减缩量 δ_1 和 δ_t，则有

$$\begin{aligned} k_1 &= (4\pi^2 + \delta_1^2)If_1^2; \\ k_1 + k_s &= (4\pi^2 + \delta_t^2)If_t^{-1} \end{aligned} \tag{4}$$

将 W_1 和 W_s 代入式(3)，并且令

$$Z = \frac{(4\pi^2 + \delta_t^2)f_t^2}{(4\pi^2 + \delta_t^2)f_t^2 - (4\pi^2 + \delta_1^2)f_1^2} \tag{5}$$

可以得到用倒扭摆测量内耗时的试样内耗 Q_s^{-1} 表达式为

$$Q_s^{-1} = ZQ_t^{-1} - (Z-1)Q_I^{-1} \tag{6}$$

在这个表达式中，f_1，f_t，δ_1，δ_t，Q_I^{-1} 和 Q_t^{-1} 都是可以测量的量，因此可以通过式(6)得到试样的内耗值。在式(6)的推导过程中，没有对试样的材料提出要求，因此，这个结果适用于任何材料的试样。

从式(6)我们可以定义倒扭摆的灵敏度

$$S_i = \frac{\partial Q_t^{-1}}{\partial Q_s^{-1}} = \frac{1}{Z} \tag{7}$$

这个灵敏度的意义是测量内耗的变化与试样内耗变化之比。如果试样内耗变化为1，测量内耗的变化也为1，那么测量内耗的变化完全是试样内耗变化的贡献，仪器的灵敏度为1；如果试样内耗变化为1，测量内耗的变化为0.5，那么试样内耗的变化只有一半反映到测量内耗值上，仪器的灵敏度为0.5；如果试样内耗变化为1，测量内耗的变化为0，那么测量的内耗值不反映试样内耗的变化，仪器的灵敏度为0；因此，这个灵敏度反映了用倒扭摆测量内耗时测量内耗值的变化与试样内耗值变化的关系：从式(7)可以看到：当 $Z \to 1$ 时，倒扭摆的灵敏度趋向于1；Z 值越大，倒扭摆的灵敏度越低。因此，Z 值的大小是决定倒扭摆灵敏度的关键，为此我们需要进一步讨论影响 Z 值的因素。为此，令 $f_T^2 = (4\pi^2 + \delta_t^2)f_t^2$ 和 $f_1^2 = (4\pi^2 + \delta_1^2)f_1^2$，则式(5)可以写成

$$Z = \frac{(f_T/f_1)^2}{(f_T/f_1)^2 - 1} \tag{8}$$

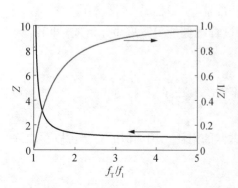

图4　倒扭摆的灵敏度与 f_T/f_1 的关系

由此可见，Z 是 f_T/f_1 的函数，在图4中，画出了倒扭摆的 Z 和 $S_i = 1/Z$ 与 f_T/f_1 的关系曲线，由图4

可以看到,随着 f_T/f_1 的增大,Z 趋近于 1,于是 f_T/f_1 的值是影响倒扭摆灵敏度的主要因素,也是评价倒扭摆可用性的指标。使用倒扭摆测量内耗时,为了减少悬丝的影响,过去只注意到要求悬丝的内耗比较小,上面的分析指出:在减少悬丝的影响上,悬丝的刚度(与 f_1 有关)起到了更重要的作用,为了减少悬丝的影响应该选用刚度低、内耗小的材料做悬丝,使得试样的刚度远大于悬丝的刚度,以达到提高倒扭摆的灵敏度的目的。

1.3 动态力学分析仪(DMA)

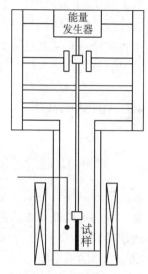

DMA 是近 20～30 年开发出来的一种测量材料内耗或者阻尼的仪器,一些先进国家,例如美国、日本都有商品出售。它的主要特点是①体积小,一个办公桌的面积就可以安放一台 DMA;②测量频率比较宽,比扭摆的测量频率范围宽一个量级以上;③应变振幅大,可以达到 10^{-2} 量级。图 5 是 DMA 结构示意图。

从图 5 可以看到:DMA 的一个主要部件是一个可以上下移动的直杆,这个直杆运动的力和位移都是可以控制和测量的,人们可以设置直杆运动的频率和振幅,能量发生器(power generator)产生一组指定频率和振幅的正弦波驱动直杆运动,从测量发生器发生的应力或者应变与直杆运动正弦波的相位差可以得到内耗值。这样 DMA 的测量方法只有一种,即强迫振动,它不能进行自由衰减方法测量。但是,由于它的应力和应变都可以测量,可以得到绝对模量值,虽然这个模量值的精度不是很高。

图 5 DMA 的结构示意图

DMA 最初是为了高分子聚合物和纺织材料设计的,它能够施加的力一般都不大,只有 10^2 N 量级,对于金属有点偏小,但减小金属试样尺寸也可以满足测量金属试样的要求。由于 DMA 是针对高分子聚合物设计的,高聚物的内耗或者阻尼一般都比较大,不要求很高的内耗值测量精度,所以市售的 DMA 精度大约在 10^{-3}～10^{-4} 量级,比扭摆内耗仪低一个量级。一个试样在 DMA 上可以一次测量若干个频率,但应变振幅只能测一个。

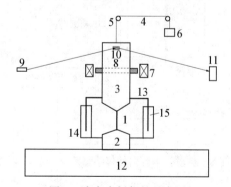

图 6 液态内耗仪的示意图

1—振动元件:金属丝;2—固定的下夹头和下摆杆;3—上摆杆和上夹头;4—悬丝;5—滑轮;6—配重;7—驱动线圈;8—永磁铁;9—准直光源;10—反射镜;11—信号接收装置;12—支架;13—上圆筒;14—下圆筒;15—试样

1.4 低频内耗测量技术的新近进展

20 世纪末,朱震刚[6, 7]和张进修[8]先后将倒扭摆用于液态和颗粒物质的能量耗散测量,称为液态内耗仪。图 6 是液态内耗仪的示意图,它与倒扭摆基本类似,激发线圈 7 和永磁铁 8 用来驱动上摆杆和上夹头 3 振动;滑轮 5、悬丝 4 和配重 6 是为了平衡上摆杆的重量,以避免上摆杆对试样的压力;上摆杆的振动信号由光源 9、反射镜 10 和信号接收装置 11 采集;2 是下摆杆和下夹头,它与支架 12 连接在一起,作为不动点;1 是一根金属丝,称为振动元件。在液态内耗仪中,振动元件主要有两个作用:提供恢复力和防止侧振。振动元件对测量的结果肯定有影响,但可以作为背底处理。因此,要求振动元件必须是小内耗值且在工作温区内内耗变化不大的材料。在液态内耗仪中,与固体倒扭摆不同的是在上、下摆杆上各固定了一个圆筒,下圆筒是固定在下摆杆上,上圆筒是在上摆杆上的倒扣杯子,是随着上摆杆来回振动的,被测量的液体装在下圆筒中,上圆筒的来回振动与液体发生摩擦,损耗振动能。显然,损耗的能量依赖于液体与上、下圆筒材料之间的吸附力和液体的黏度,如果不考虑损耗能量的绝对值,只研究损耗能量的相对变化,可以忽略圆筒材料与液体之间吸附力的影响。利用液态内耗仪,朱震刚等在液态金属、熔融高分子[6]、高分子溶液[7]和颗粒物质[8]的能量损耗研究中做出了创新工作。

最后需要强调的是内耗仪的安装,内耗仪需要避免外来的机械振动。在国外有条件的单位将内耗仪安装在地下室内,一般都安装在一楼的房间内,并且加装防震垫,安装在楼上的内耗仪容易受到外界的机械干扰,使内耗测量精度降低。

2 声频内耗仪

2.1 声频内耗仪的工作原理

声频内耗仪的结构是各式各样的,各个单位根据自己的条件搭建各式各样的声频内耗仪。但声频内耗仪最基本的框图是一样的,如图 7 所示。一个可变频率的声频信号发生器产生声频信号,经功率放大,放大后的电压信号输入到激发器激发试样的振动。但是,如果激发的频率与试样的本征振动频率不一致时,试样不会发生振动,只有当激发频率与试样本征振动频率一致时,试样在激发频率下发生共振,接收器才能探测到试样的振动信号。仔细调整频率让试样振动达到最大,这时的振动频率是试样的本征频率,用这个频率可以计算试样的模量。停止激发,让试样作自由衰减,从衰减曲线可以得到内耗值。所以,声频内耗仪都是工作在试样的本征频率,这给变频测量内耗带来了麻烦。

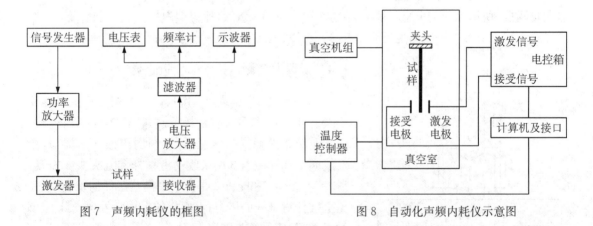

图 7 声频内耗仪的框图   图 8 自动化声频内耗仪示意图

声频内耗仪也实现了自动化,图 8 是一个自动化的、静电激发内耗仪的框图。在进行声频内耗测量时,真空机组和真空室是必需的,因为试样声频振动的频率高,试样位移速度大,空气阻尼与试样位移速度成正比,这时空气阻尼不可忽略,为了避免空气阻尼对测量内耗结果的影响,需要将空气排除。但空气阻尼与真空度有关,产生空气阻尼的主要真空度在常压到几个Pa 的范围,如果不是避免试样在高温下氧化,对内耗测量而言,只需要将真空室的真空度抽到几个 Pa 的压力就可以了。由于在测量内耗时,测温元件不能接触试样,为了测量的温度能够反映试样的温度,需要空气导热,真空室的真空度也不宜过高。因为氦气是热的良导体,如果有条件,在真空室中充一点氦气,用氦气替代空气导热对提高测量温度的准确性是有益的。

在静电激发内耗仪中,有的内耗仪有"载波",所谓"载波"是在仪器的电控箱中,产生一个频率远高于声频的、单一频率的电压信号,例如 2 MHz,比声频的上限 20 kHz 高 100 倍。由于从接收器接收的信号电压非常小,而且不可避免地带有噪声,在进行电压放大时,噪声也同时得到了放大,这样得到的、带有噪声的信号在计算内耗值时误差比较大。载波可以抑止或者减小噪声的干扰,方法是将采集的信号,叠加在载波信号上,得到一个固定频率(载波频率)的调幅波,在进行电压放大时,只放大载波频率的信号,把其他频率的信号都过滤掉,为了过滤的需要,载波频率必须远大于原来的频率,得到的放大信号,再进行解调,还原成声频信号。这样可以消除掉大部分噪声信号,提高了内耗的测量精度。

计算机及接口是为了自动化的需要,测量内耗的程序需要自己开发。现在仪器的操作方便,在设置必要的测试参数后,仪器可以根据设置的程序自动升温;自动寻找和记录试样的本征频率;自动处理实验数据,并将计算出的内耗值、模量、测试时间、温度等自动记录在指定的数据文件中。用共振峰法测量内耗时是很费时间的,但内耗仪自动化之后,用共振峰法测量材料的内耗值变得十分容易了,计算机完成了所有的工作,既省力又省时间,避免了人为操作带来的差错。

2.2　试样的声频振动

2.2.1　试样的横振动方程式[9]

1. 方程式的表述

到目前为止,对于固体内耗的声频测量只需要考虑试样横振动的情况。所谓横振动是假定试样受到一个与试样轴垂直方向力的作用,试样发生弹性弯曲,由于试样的刚度,恢复弯曲形变到平衡状态,引起试样在垂直于轴方向的振动。

1) 试样的相对伸长

假设试样具有均匀的横截面,且横截面的面积为 S,试样的长度为 l,取试样轴的方向为 x,如图 9 所示。当试样受到一个垂直于轴的力的作用时,试样将发生弯曲。取试样上的一个段元 dx,其两端的坐标分别为 x 和 $x + dx$。图 10 表示段元 dx 的纵截面,由于试样发生了弯曲,其上半部被拉长,下半部被压缩,中间必定有一个既不拉长、也不压缩的中性面,在图 10 中,AB 表示这个中性面在 xy 平面上的投影。因为,中性面的长度不变,则有 $AB = dx$。

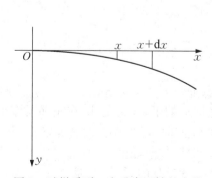

图 9　试样受到一个垂直于轴的力的
　　　作用时发生弯曲的情况

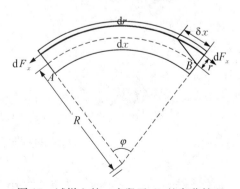

图 10　试样上的一个段元 dx 的弯曲情况

在试样的纵截面上,取一个厚度 dr 的薄层,薄层 dr 与中性面 AB 的距离为 r,这个薄层的伸长为 δx。于是,相对伸长或者应变为 $\delta x/dx$。由图 10 的几何关系有 $\delta x = r\varphi$ 和 $dx = R\varphi$。这里:R 是中线 AB 的曲率半径;φ 是 AB 的张角。由此得到相对伸长是

$$\frac{\delta x}{dx} = \frac{r\varphi}{R\varphi} = \frac{r}{R} \tag{9}$$

2)纵向力 dF_x

设 ds 是薄层 dr 的截面积,根据 Hooke 定律,作用在 ds 面上的纵向力是

$$\frac{dF_x}{ds} = -\frac{Er}{R} \tag{10}$$

式中:E 是 Yong's 模量;dF_x/ds 是 x 方向的应力;r/R 是 x 方向的相对伸长或者应变。在中性面 AB 的上部 $r > 0$,$dF_x < 0$,表示对薄层 dr 的拉力或者张应力;在中性面 AB 的下部,$r < 0$,$dF_x > 0$,表示对薄层 dr 的压力。

3)弯矩

在 r 处,截面 dS 上的纵向力 dF_x 对中性面 AB 产生的弯矩 $dM_x = rdF_x = -Er^2dS/R$,整个截面的弯矩 M_x 是

$$M_x = \int_S -\frac{Er^2dS}{R} = -\frac{E}{R}I \tag{11}$$

式中:$I = \int_S r^2dS$ 是截面对它的中线的转动惯量。

4)曲率半径 R

假设 η 是试样上各点离开平衡位置的距离,曲率半径 R 的数学表示为

$$R = \frac{\left[1 + \left(\frac{\partial\eta}{\partial x}\right)^2\right]^{3/2}}{\frac{\partial^2\eta}{\partial x^2}} \tag{12}$$

在弯曲比较小的条件下,$\partial\eta/\partial x \ll 1$,二阶微量项 $(\partial\eta/\partial x)^2$ 可以忽略,式(12)可以写为

$$R \approx \left(\frac{\partial^2\eta}{\partial x^2}\right)^{-1} \tag{13}$$

将式(13)代入式(11)得

$$M_x = -EI\frac{\partial^2\eta}{\partial x^2} \tag{14}$$

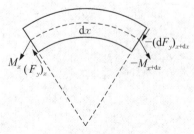

图 11　段元 dx 所受的横向力和力矩

5)弯矩的导数 $\partial M_x/\partial x$

弯矩 M_x 是坐标 x 的函数,假设 dx 在左邻段作用于 x 面上的弯矩是逆时针方向,记为 M_x;而右邻段作用于 $x + dx$ 面上的弯矩是顺时针方向,记为 $-M_{x+dx}$,如图 11 所示。于是,作用在段元 dx 上的总弯矩是 $M_x - M_{x+dx} = -(\partial M_x/\partial x)dx$,将式(14)代入可以得到弯矩的导数为

$$\frac{\partial M_x}{\partial x} = EI\,\frac{\partial^3 \eta}{\partial x^3} \tag{15}$$

6）横向力 F_g

横向力指的是方向垂直于 x 轴的力，这个力是剪切力。若将 $\mathrm{d}x$ 段元的左邻段作用于 x 面的剪切力记为 $(F_y)_x$，右邻段作用于 $x+\mathrm{d}x$ 面的剪切力记为 $(F_y)_{x+\mathrm{d}x}$，如图 11 所示。考虑到小弯曲振动，试样不发生转动，由动量守恒定律，纵向力引起的弯矩应当与剪切力产生的力矩相平衡。

$$F_y\mathrm{d}x = \frac{\partial M_x}{\partial x}\mathrm{d}x \tag{16}$$

将式（16）代入式（15）可以得到 $F_y = \partial M_x/\partial x = EI(\partial^3 \eta/\partial x^3)$。由于剪切力 F_y 通常也是 x 的函数，在整个 $\mathrm{d}x$ 段元上，剪切力为

$$\mathrm{d}F_y = (F_y)_x - (F_y)_{x+\mathrm{d}x} = -(\partial F_x/\partial x)\mathrm{d}x = -EI(\partial^4 \eta/\partial x^4)\mathrm{d}x \tag{17}$$

这个表达式表示作用在段元 $\mathrm{d}x$ 上的总剪切力。在此力的作用下，质量 $\rho S\mathrm{d}x$ 的段元产生的横向加速度为 $\partial^2 \eta/\partial t^2$，这里：$\rho$ 是试样的密度。根据 Newton 第二定律可以写出

$$\mathrm{d}F_y = \rho S\mathrm{d}x\,\frac{\partial^2 \eta}{\partial t^2} \tag{18}$$

7）横振动方程式　合并式（17）和式（18）可以得到

$$\frac{\partial^2 \eta}{\partial t^2} + \frac{EI}{\rho S}\,\frac{\partial^4 \eta}{\partial x^4} = 0 \tag{19}$$

式（19）就是试样的横振动方程，是一个偏微分方程。显然，这个横振动方程没有考虑阻尼的影响，在考虑阻尼的影响时，在式（19）中可以加入阻尼项。假设系统振动的阻尼与速度成正比，于是，式（19）可以改写为

$$\frac{\partial^2 \eta}{\partial t^2} + \beta\frac{\partial \eta}{\partial t} + \frac{EI}{\rho S}\,\frac{\partial^4 \eta}{\partial x^4} = 0 \tag{20}$$

式中：β 是阻尼系数。显然"系统振动的阻尼与速度成正比"的假设是一个简单的假设，对于更复杂的情况有待以后研究。现在，我们的任务是求解偏微分方程式（20）。

2. 横振动方程式的通解

1）分离变量法

在求解偏微分方程式（20）时，可以使用分离变量法。令

$$\eta(t, x) = Y(x)T(t) \tag{21}$$

式中：$Y(x)$ 只是变量 x 的函数；而 $T(t)$ 只是变量 t 的函数。将式（21）代入式（20）可以得到

$$-\frac{EI}{\rho S}\,\frac{1}{Y(x)}\,\frac{\partial^4 Y(x)}{\partial x^4} = \frac{1}{T(t)}\,\frac{\partial^2 T(t)}{\partial t^2} + \frac{\beta}{T(t)}\,\frac{\partial T}{\partial t} = 常数 \tag{22}$$

式（22）的两边都只有一个变量。因此，要使式（22）成立必须使它们等于一个常数，这个常数写为 $-k$。于是可以写出

$$\frac{\mathrm{d}^2 T(t)}{\mathrm{d}t^2} + \beta \frac{\mathrm{d}T}{\mathrm{d}t} + kT(t) = 0 \tag{23}$$

和

$$\frac{\mathrm{d}^4 Y(x)}{\mathrm{d}x^4} - \frac{\rho S k}{EI} Y(x) = 0 \tag{24}$$

这样,我们得到两个微分方程式,式(23)描述试样上各个点的运动随着时间的变化,而式(24)描述试样上各点的运动情况。

2) 试样各点的运动情况

对于四阶常微分方程式(24),可以用指数函数作为试探解。令

$$Y(x) = \exp(2\pi\mu x) \tag{25}$$

代入式(24)可以得到

$$\mu^4 = \frac{f^2 \rho S}{4\pi^2 EI} \tag{26}$$

式中:$f = \sqrt{k}/(2\pi)$。μ 可以有四个根,则 $Y(x)$ 可以有四个特解,这四个特解的线性组合是 $Y(x)$ 的通解为

$$Y(x) = C_1 e^{2\pi\mu x} + C_2 e^{-2\pi\mu x} + C_3 e^{i2\pi\mu x} + C_4 e^{-i2\pi\mu x} \tag{27}$$

考虑到关系式

$$\cos\theta = \frac{1}{2}(e^{i\theta} + e^{-i\theta}), \qquad e^{i\theta} = \cos\theta + i\sin\theta$$

$$\sin\theta = -\frac{i}{2}(e^{i\theta} + e^{-i\theta}), \qquad e^{-i\theta} = \cos\theta - i\sin\theta$$

$$\cosh\theta = \frac{1}{2}(e^{\theta} + e^{-\theta}), \qquad e^{\theta} = \cosh\theta + \sinh\theta$$

$$\sinh\theta = \frac{1}{2}(e^{\theta} - e^{-\theta}), \qquad e^{-\theta} = \cosh\theta - \sinh\theta$$

所以 $\cos(2\pi\mu x)$,$\sin(2\pi\mu x)$,$\cosh(2\pi\mu x)$ 和 $\sinh(2\pi\mu x)$ 也是方程式(24)的解,经过变换可以得到

$$Y(x) = A\cosh(2\pi\mu x) + B\sinh(2\pi\mu x) + C\cos(2\pi\mu x) + D\cos(2\pi\mu x) \tag{28}$$

式(28)就是式(24)的解。这里:A,B,C 和 D 是待定常数。

3) 横振动方程式的解

将式(28)代入式(21)可以得到

$$\eta(x, t) = [A\cosh(2\pi\mu x) + B\sinh(2\pi\mu x) + C\cos(2\pi\mu x) + D\cos(2\pi\mu x)]T(t) \tag{29}$$

在这个表达式中,A,B,C 和 D 是由边界条件决定的待定系数,所谓的边界条件与内耗测量的具体情况有关。

2.2.2 声频内耗试样的三种夹持方式

试样振动情况与试样的夹持方式有关,常用的声频内耗试样夹持方式有三种:自由悬挂、单端夹持和两端夹持方式,要根据试样和实验条件来选择夹持方式。下面将分别介绍这三种夹持方式。

1. 自由悬挂方式

1) 振动模式

自由悬挂试样的方式(见图 12)是一种常用的试样夹持方式,从数学观点来看,自由悬挂方式是自由边界条件,试样的两端可以自由的振动,在任何时刻,端点的弯矩和剪切力距都等于零,边界条件可以写为

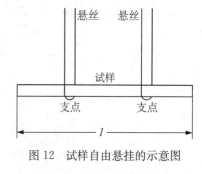

图 12 试样自由悬挂的示意图

$$\frac{d^2 \eta}{dx^2}\Big|_{x=0} = 0, \qquad \frac{d^3 \eta}{dx^3}\Big|_{x=0} = 0 \\ \frac{d^2 \eta}{dx^2}\Big|_{x=l} = 0, \qquad \frac{d^3 \eta}{dx^3}\Big|_{x=l} = 0 \tag{30}$$

其中:l 是试样的长度。将式(30)的四个边界条件代入横振动方程式的通解式(29),可以得到

$$C = A, D = B,$$

$$A[\cosh(2\pi\mu l) - \cos(2\pi\mu l)] + B[\sinh(2\pi\mu l) - \sin(2\pi\mu l)] = 0 \tag{31}$$

和

$$A[\sinh(2\pi\mu l) + \sin(2\pi\mu l)] + B[\cosh(2\pi\mu l) - \cos(2\pi\mu l)] = 0 \tag{32}$$

于是,四个待定系数只有两个是独立的。而式(31)和式(32)可以组成代数方程组,在这个代数方程组中,A 和 B 为非零解的条件是系数行列式应为零,即

$$\begin{vmatrix} \cosh(2\pi\mu l) - \cos(2\pi\mu l) & \sinh(2\pi\mu l) - \sin(2\pi\mu l) \\ \sinh(2\pi\mu l) + \sin(2\pi\mu l) & \cosh(2\pi\mu l) - \cos(2\pi\mu l) \end{vmatrix} = 0 \tag{33}$$

利用 $\cosh^2\theta - \sinh^2\theta = 1$ 和三角函数关系 $\sin^2\theta + \cos^2\theta = 1$,从式(33)可以得到

$$\cosh(2\pi\mu l) \cdot \cos(2\pi\mu l) = 1 \tag{34}$$

令

$$M_n = 2\pi\mu l \tag{35}$$

式(34)可以写成

$$\cosh M_n \cdot \cos M_n = 1 \tag{36}$$

式(36)是一个超越方程式,可以用图解法或者数值计算法求解。计算机数值求解的满足方程式(36)的前六个 M_n 的值列于表 1 中。在表 1 中没有列出 $n = 0$ 的结果,因为当 $M_n = 0$ 时,频率也是零,周期无限大,即没有振动,这个解没有意义。对于这六个以外的 M_n 值可以重新考虑方程式(36),因为 $\cosh M_n = \frac{1}{2}[\exp(M_n) - \exp(-M_n)]$,当 M_n 比较大时,$\exp(-M_n)$ 很小,

$\cosh M_n \approx \frac{1}{2}\exp(M_n)$，而且是一个很大的值，为了使方程式(36)成立，$\cos M_n$ 必须是一个很小的正值，即 $\cos M_n \to 0$，M_n 则趋向于 $\frac{1}{2}(2n+1)\pi$，这个结果从表1中可以看到，当 $n \geq 2$ 时，M_n 与 $\frac{1}{2}(2n+1)\pi$ 的值在小数点后面的六位数值都是一样的。

表1　满足方程式(36)的前六个 M_n 的值

n	$\frac{1}{2}(2n+1)\pi$	M_n	$\frac{f_n}{f_1}$
1	4.712 3	4.730 0	1
2	7.853 9	7.853 9	2.757 0
3	10.995 5	10.995 5	5.403 8
4	14.137 1	14.137 1	8.932 9
5	17.278 7	17.278 7	13.344 2
6	20.420 3	20.420 3	18.637 8

2）基频、泛频和 Yong's 模量

式(26)可以改写为 $f_n = 2\pi\mu^2\sqrt{EI/\rho S}$，将式(35)代入可以得到

$$f_n = \frac{M_n^2}{2\pi l^2}\sqrt{\frac{EI}{\rho S}} \tag{37}$$

式(37)就是计算频率的基本表达式，然而在实际测量中，试样的共振频率是可以精确测量的，需要计算的是试样材料的 Yong's 模量，由式(37)可以得到计算 Yong's 模量的公式是

$$E = \frac{4\pi^2 l^2 \rho S f_n^2}{M_n^4 I} \tag{38}$$

在测量试样的长、宽、高、密度和共振频率后，利用式(38)可以计算出试样材料的 Yong's 模量。

泛频可以由 f_n/f_1 求出，从式(37)可以得到

$$\frac{f_n}{f_1} = \left(\frac{M_n}{M_1}\right)^2 \tag{39}$$

表1给出了这个计算的结果。测量到基频之后，如果能够测量到泛频，可以进行频率对内耗影响的研究。同时对判断实验中的假象（非试样的振动）也起到重要的作用。

3）节点位置

考虑横振动方程式的通解式(29)，在自由边界条件下，有 $A = C$ 和 $B = D$，则

$$\eta(x, t) = \{A[\cosh(2\pi\mu x) + \cos(2\pi\mu x)] + B[\sinh(2\pi\mu x) + \sin(2\pi\mu x)]\}A(t)\cos(\omega t - \varphi) \tag{40}$$

由式(31)和式(32)可知 A 和 B 之间存在关系式

$$B = A\frac{\cos(2\pi\mu l) - \cosh(2\pi\mu l)}{\sinh(2\pi\mu l) - \sin(2\pi\mu l)} \tag{41}$$

试样做横振动时,总位移应该表示为所有简谐振动的叠加,即

$$\eta(x, t) = \sum_n A_n Y_n A(t)\cos(\omega t - \varphi) \tag{42}$$

其中:

$$Y_n = \cosh(2\pi\mu x) + \cos(2\pi\mu x) + \frac{\cos(2\pi\mu l) - \cosh(2\pi\mu l)}{\sinh(2\pi\mu l) - \sin(2\pi\mu l)}\left[\sinh(2\pi\mu x) + \sin(2\pi\mu x)\right] \tag{43}$$

在节点位置 $Y_n = 0$,则有

$$\begin{aligned}
&\left[\cosh(2\pi\mu x) + \cos(2\pi\mu x)\right]\left[\sinh(2\pi\mu l) - \sin(2\pi\mu l)\right] \\
&= \left[\sinh(2\pi\mu x) + \sin(2\pi\mu x)\right]\left[\cosh(2\pi\mu l) - \cos(2\pi\mu x)\right]
\end{aligned} \tag{44}$$

将式(35)代入可以得到

$$\begin{aligned}
&\left[\cosh\left(M_n \frac{x}{l}\right) + \cos\left(M_n \frac{x}{l}\right)\right](\sinh M_n - \sin M_n) \\
&= \left[\sinh\left(M_n \frac{x}{l}\right) + \sin\left(M_n \frac{x}{l}\right)\right](\cosh M_n - \cos M_n)
\end{aligned} \tag{45}$$

这个方程式也是一个超越代数方程式,需要用数值方法求解,得到的节点位置列于表 2 中,对应的振动形状示意的表示在图 13 中。节点位置对于内耗和 Yong's 模量的测量都非常重要,在自由边界条件下,试样的支点(或者悬挂点)应位于两个节点位置以避免支点对试样振动的影响,否则将影响试样的振动波形,增加测量误差和背底内耗。

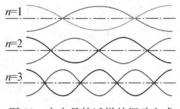

图 13　自由悬挂试样的振动方式

表 2　自由悬挂振动的节点位置

n	x/l						
1	0.224 2	0.775 8					
2	0.132 1	0.500 0	0.867 9				
3	0.094 4	0.355 8	0.644 2	0.905 6			
4	0.073 5	0.276 8	0.500 0	0.723 2	0.926 5		
5	0.060 1	0.226 5	0.409 1	0.590 9	0.773 5	0.939 9	
6	0.050 9	0.191 6	0.346 2	0.500 0	0.653 8	0.808 4	0.949 1
7	0.044 1	0.166 1	0.300 0	0.433 3	0.566 7	0.700 0	0.833 9	0.955 9

2. 单端夹持方式

试样的自由悬挂方式优点在于背底内耗比较小,如果悬丝和悬挂点选择得当,背底内耗可以降低到很低。但是,这种夹持试样的方式对于比较薄的试样是不合适的,例如金属玻璃的条带和薄膜试样等,由于试样太薄,试样的刚度不能支持自身的重量,在悬挂时,试样不能保持平直或者无法悬挂,这样就不能选用自由悬挂方式,在这种情况下,可以选用单端夹持方式,试样

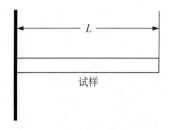

图 14 单端夹持试样的示意图

夹持的示意图如图 14 所示。

1) 边界条件

在单端夹持试样情况下,试样的一端被钳定,另一端是自由的(见图 13),被钳定的一端,其横向位移为零,即 $\eta \mid_{x=0} = 0$。在钳定点,试样的切线与钳定界面垂直。于是,位移曲线的斜率也为零,即 $\partial\eta/\partial x \mid_{x=0} = 0$。在试样的自由端,其弯矩和剪切力矩都等于零,即 $\partial^2\eta/\partial x^2 \mid_{x=l} = 0$ 和 $\partial^3\eta/\partial x^3 \mid_{x=l} = 0$。于是,单端夹持试样的边界条件是

$$\left.\begin{array}{ll} \eta \mid_{x=0} = 0 & \dfrac{\partial\eta}{\partial x} \mid_{x=0} = 0 \\[3mm] \dfrac{\partial^2\eta}{\partial x^2} \mid_{x=l} = 0 & \dfrac{\partial^3\eta}{\partial x^3} \mid_{x=l} = 0 \end{array}\right\} \tag{46}$$

将这个边界条件代入横振动方程式的通解式(39)可以得到待定系数之间的关系为

$$\left.\begin{array}{l} A = -C \\ B = -D \end{array}\right\} \tag{47}$$

和一个二元一次联立方程组

$$\left\{\begin{array}{l} A[\cosh(2\pi\mu l) + \cos(2\pi\mu l)] + B[\sinh(2\pi\mu l) + \sin(2\pi\mu l)] = 0 \\ A[\sinh(2\pi\mu l) - \sin(2\pi\mu l)] + B[\cosh(2\pi\mu l) + \cos(2\pi\mu l)] = 0 \end{array}\right.$$

在这个二元一次代数方程组中,A 和 B 为非零解的条件是它们的系数行列式应为零,即

$$\begin{vmatrix} \cosh(2\pi\mu l) + \cos(2\pi\mu l) & \sinh(2\pi\mu l) + \sin(2\pi\mu l) \\ \sinh(2\pi\mu l) - \sin(2\pi\mu l) & \cosh(2\pi\mu l) + \cos(2\pi\mu l) \end{vmatrix} = 0$$

将这个系数行列式展开、化简后可以得到

$$\cosh M_n \cdot \cos M_n = -1 \tag{48}$$

这个方程式又是一个超越方程式,还是用数值法求解。

2) 超越方程式(48)的数值解

从数值解得到的前七个 M_n 的值列于表 3 中,从方程式(48)可以看到:当 M_n 的值很大时,$\cosh M_n = [\exp(M_n) - \exp(-M_n)]/2 \approx 0.5\exp(M_n)$ 是一个很大的值,为了使方程式(48)成立,$\cos M_n$ 必须很小,而且必须是负值,即 M_n 趋近于 $(2n-1)\pi/2$,从表 3 可以看到:当 $n > 4$ 时,M_n 与 $(2n-1)\pi/2$ 在小数点后面五位数字都是一样的。因此,对于 $n > 4$,$M_n \approx 0.5(2n-1)\pi$。

3) 频率和节点位置

由式(26)可以得到基频、泛频和模量的表达式为

$$f_n = \frac{M_n^2}{2\pi l^2}\sqrt{\frac{EI}{\rho S}} \tag{49}$$

$$E = \frac{4\pi^2 l^2 \rho S f_n^2}{M_n^4 I} \tag{50}$$

$$\frac{f_n}{f_1} = \left(\frac{M_n}{M_1}\right)^2 \tag{51}$$

不过这些表达式在用于单端夹持方式时,式中的 M_n 需要用表 3 列出的 M_n 值。然而,由于试样一端被夹持,试样长度测量的精度将下降,使得 Yong's 模量计算误差比较大。所以单端夹持方式常常不被采用来计算 Yong's 模量。泛频和基频的比值已经列于表 3 中。

表 3　满足方程式(48)的前七个 M_n 的值

n	$\frac{1}{2}(2n+1)\pi$	M_n	$\frac{f_n}{f_1}$
1	1.570 7	1.875 1	1
2	4.712 3	4.694 0	6.266 8
3	7.853 9	7.853 9	17.547 4
4	10.995 5	10.995 5	34.386 0
5	14.137 1	14.137 1	56.842 6
6	17.278 7	17.278 7	84.913 0
7	20.420 3	20.420 3	118.597 5

为了求出节点位置,考虑横振动方程式的通解式(29),将单端夹持条件的系数关系 $A=-C$ 和 $B=-D$ 代入可以得到

$$\eta_n(x,\,t) = \{A_n[\cosh(2\pi\mu x) - \cos(2\pi\mu x)] + B_n[\sinh(2\pi\mu x) - \sin(2\pi\mu x)]\}T(t) \tag{52}$$

由一元二次联立方程组式得到 A_n 与 B_n 之间的关系为

$$B_n = A_n \frac{\sin(2\pi\mu l) - \sinh(2\pi\mu l)}{\cos(2\pi\mu l) - \cosh(2\pi\mu l)} \tag{53}$$

当试样作横振动时,总位移应表示为所有简谐振动方式的叠加

$$\eta_n(x,\,t) = \sum_n A_n Y_n(x)\cos(\omega_n t - \phi_n) \tag{54}$$

其中:

$$Y_n(x) = \cosh(2\pi\mu x) - \cos(2\pi\mu x) + \frac{\sin(2\pi\mu l) - \sinh(2\pi\mu l)}{\cos(2\pi\mu l) - \cosh(2\pi\mu l)}[\sinh(2\pi\mu x) - \sin(2\pi\mu x)] \tag{55}$$

在节点处, $Y_n(x) = 0$,则有

$$\left[\cosh\left(2\pi\mu M_n \frac{x}{l}\right) - \cos\left(2\pi\mu M_n \frac{x}{l}\right)\right]\left[\cos(2\pi\mu M_n) + \cosh(2\pi\mu M_n)\right] +$$

$$\left[\sinh\left(2\pi\mu M_n \frac{x}{l}\right) - \sin\left(2\pi\mu M_n \frac{x}{l}\right)\right]\left[\sin(2\pi\mu M_n) - \sin(2\pi\mu M_n)\right] = 0 \tag{56}$$

这里使用了式(35)。式(56)也是一个超越方程式,数字解得到的节点列于表 4 中,其中的第一列表示夹持点总是节点。振动状态表示在图 15 中。

表 4　单端夹持试样的节点位置

n	x/l					
1	0					
2	0	0.783 4				
3	0	0.867 7	0.503 5			
4	0	0.905 6	0.644 1	0.358 3		
5	0	0.926 5	0.723 2	0.499 9	0.278 8	
6	0	0.939 9	0.773 5	0.590 9	0.409 1	0.228 1
7	0	0.949 2	0.808 4	0.653 8	0.500 1	0.346 1	0.193 0

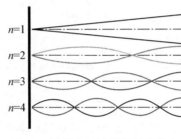

图 15　单端夹持试样的振动状态

3. 双端夹持方式

第三种夹持方式是双端夹持方式,这种方式适用于那些在实验中零点漂移比较大的试样,由于试样在实验中发生变形,而在声频内耗测量中试样和激发装置的距离又比较小(在静电激发时是 10^{-1} mm 量级),试样和激发装置很容易碰在一起,发生短路,使实验无法进行。如果采用双端夹持方式,可以限制试样变形,避免试样和激发装置碰在一起。

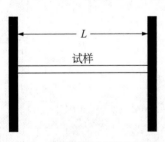

图 16　双端夹持试样示意图

1）边界条件

在双端夹持情况下,试样两端都被钳定(见图 16),两端的横向位移都是零,即 $\eta|_{x=0}=0$ 和 $\eta|_{x=l}=0$。由于试样两端面都不存在纵向力,两端的弯矩(曲率)都等于零,即 $\partial^2\eta/\partial x^2|_{x=0}=0$ 和 $\partial^2\eta/\partial x^2|_{x=l}=0$。于是,双端夹持的边界条件是

$$\left.\begin{array}{ll}\eta|_{x=0}=0 & \eta|_{x=l}=0 \\ \dfrac{\partial^2\eta}{\partial x^2}\bigg|_{x=0}=0 & \dfrac{\partial^2\eta}{\partial x^2}\bigg|_{x=l}=0\end{array}\right\} \tag{57}$$

将这个边界条件代入横振动方程式的通解式(29)可以得到系数

$$A=C=0 \tag{58}$$

和二元一次联立方程组

$$\left.\begin{array}{l}B\sinh(2\pi\mu l)+D\sin(2\pi\mu l)=0 \\ B\sinh(2\pi\mu l)-D\sin(2\pi\mu l)=0\end{array}\right\} \tag{59}$$

这个联立方程组有非零解的条件是系数行列式等于零,即

$$
\begin{vmatrix} \sinh(2\pi\mu l) & \sin(2\pi\mu l) \\ \sinh(2\pi\mu l) & -\sinh(2\pi\mu l) \end{vmatrix} = 0 \tag{60}
$$

从这个行列式的展开式可以得到

$$
M_n = 2\pi\mu l = n\pi \tag{61}
$$

2) 频率和节点

在双端夹持的情况下,由式(26)可以得到基频、泛频和模量的表达式为

$$
f_n = \frac{M_n}{2\pi l} \sqrt{\frac{EI}{\rho S}} \tag{62}
$$

$$
E = \frac{4\pi^2 l^2 \rho S f_n^2}{M_n^4 I} \tag{63}
$$

也可以用来表示基频和模量的计算,不过,在用于双端夹持时,式中的 M_n 需要使用式(61)表示 M_n 值。用于 $M_n = n\pi$,泛频和基频的关系是

$$
\frac{f_n}{f_1} = n^2 \tag{64}
$$

为了计算节点位置,将式(59)的两个方程式相加,可以得到

$$
B\sinh(2\pi\mu l) = 0 \tag{65}
$$

由于 $2\pi\mu l$ 不一定是零,为了使方程式(65)成立,B 必须是零。将这个结果代入横振动方程式(29)中,可以得到

$$
\eta_n(x,\,t) = D_n \sin(2\pi\mu x)\cos(\omega t - \phi) \tag{66}
$$

考虑到式(61),式(66)可以写为

$$
\eta_n(x,\,t) = D_n \sin\left(\frac{n\pi x}{l}\right)\cos(\omega t - \phi) \tag{67}
$$

由此可以看出:当 n 为奇数时,$x = \dfrac{l}{2}$ 点振幅有极大值;

当 n 为偶数时,$x = \dfrac{l}{2}$ 点振幅为零,这个点是节点。

2.2.3　声频内耗激发振动的两种方式

在声频内耗测量中,通常采用两种激发试样振动的方式:电磁激发和静电激发。这两种激发方式都可以用于三种夹持方式,只是在用不同的夹持方式时需要不同的试样夹头。一般而言,电磁激发的力比较大,静电激发的力比较小,试样的振动不容易被激发。图 17 和图 18 分别给出电磁激发和静电激发装置的示意图,信号接收装置与激发装置是一样的。两种激发装置都在试样的一端,而且都比较靠近试样,对于电磁激发,由于线圈是漆包线绕成的,漆包线不耐热,限制了实验温度。而且,激发是依靠磁力,要求试样具有铁磁性,如果试样不具有铁磁性,则要求在试样端部黏贴一块铁片,黏贴铁片的黏胶容易出现假象,这是要注意的现象。静

电激发装置的电极与试样组成电容,这样要求试样是导电的,试样作为电容的一极,由于激发装置的电极与试样之间的距离很小,大约为 10^{-1} mm 数量级,可以把极板之间的电场看作是由无穷大平板电容器的电场,则一个极板在另一个极板产生的电场中受到的力是

$$F = -\frac{Q^2}{2\varepsilon_0 S} \tag{68}$$

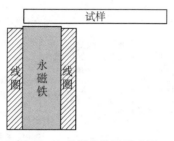

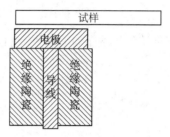

图 17 电磁激发装置示意图   图 18 静电激发装置示意图

式中: Q 是电容器极板上的电量; S 是电容器极板的面积; ε_0 是介电常数。对于电容 C 有关系式

$$C = \frac{Q}{V} = \frac{\varepsilon_0 S}{d} \quad \text{或} \quad Q = \frac{\varepsilon_0 SV}{d} \tag{69}$$

式中: V 是电容器两个极板之间的电压; d 是两个极板之间的距离。这个表达式是一个近似表达式,只有在无限大平行板电容器情况下才严格成立,即要求极板 S 的线度远大于 d。将式(69)代入式(68),可以得到力的表达式为

$$F = -\frac{\varepsilon_0 V^2 S}{2d^2} \tag{70}$$

若激励电压 $V = V_0 \sin \omega t$,则有

$$F(t) = -\frac{\varepsilon_0 V_0^2 S}{2d^2} \sin^2 \omega t = -\frac{\varepsilon_0 V_0^2 S}{4d^2}(1 - \cos 2\omega t) \tag{71}$$

这个结果表示:当激励电压的频率为 ω 时,作用在试样上力的频率是 2ω,这种情况对于测量是不方便的,为了增加作用在试样上的力,要求有较大的激励电压 V,而要大幅度地提高低频信号发生器的输出电压的幅度是比较困难的,但可以利用加偏置电压 u_0 来改善这种情况,在加偏压情况下的激励信号变成

$$u_0 + V = u_0 + V_0 \sin \omega t \tag{72}$$

于是,作用在试样上的激发力是

$$
\begin{aligned}
F(t) &= -\frac{\varepsilon_0 S}{2d^2}(u_0 + V_0 \sin \omega t)^2 \\
&= -\frac{\varepsilon_0 S}{2d^2}u_0^2 - \frac{\varepsilon_0 S}{d^2}u_0 V_0 \sin \omega t - \frac{\varepsilon_0 S}{2d^2}V_0^2 \sin^2 \omega t
\end{aligned} \tag{73}
$$

当 $u_0 \gg V_0$ 时,式(73)可以近似为

$$F(t) \approx -\frac{\varepsilon_0 S}{2d^2}u_0^2 - \frac{\varepsilon_0 S}{d^2}u_0 V_0 \sin \omega t \tag{74}$$

从式(74)可以看到:当加入偏压 u_0 之后,不仅使信号频率与作用在试样上的频率基本保持一致,而且利用了 $u_0 V_0$ 项提高了激发力。当激发力的频率与试样的共振频率相同时,试样就可以被激发起振动了。

由式(74)还可以看到:为了提高激发试样振动的激发力,可以采用三种办法:第一种办法是提高偏压 u_0,这是一个十分有效的办法,因为激发力与乘积 $u_0 V_0$ 成正比。然而,偏压也不能太高,过高的偏压容易造成试样和电极之间的击穿,特别是在真空和/或高温条件下,这种击穿是容易发生的。第二种办法是减小电极与试样之间的距离 d,然而,当距离 d 减少到 10^{-1} mm 数量级后,很难进行有效的控制。过分减小距离 d 还容易造成试样和电极之间的短路,这种短路还会因为试样温度变化引起试样变形而产生。过分减小试样与电极之间的距离 d 还会引起非线性效应,关于非线性效应的问题我们将在以后介绍。第三种办法是提高交变信号的电压。当然,交变电压过高同样会引起击穿的问题。而且在式(74)的推导过程中,要求 $V_0 \ll u_0$,过高的交变信号电压容易引起激发试样的频率与信号频率的不一致。

试样被激励起振动后,由于试样的振动导致检测电极 B 与试样之间距离 d 的变化 Δd,

$$\Delta d = d + \Delta \sin \omega t \tag{75}$$

式中的 Δ 表示试样振动的振幅。由于试样和电极之间距离的变化会引起两者组成的电容器的电容变化,或者说电容器上电量的变化,因为 $C = \frac{\varepsilon_0 S}{d} = \frac{q}{u_0}$,则电容器的电量变化为

$$q = \frac{\varepsilon_0 S u_0}{\Delta d} = \frac{\varepsilon_0 S u_0}{d + \Delta \sin \omega t} \tag{76}$$

当 $d \gg \Delta$ 时,式(76)可以近似为

$$q \approx \frac{\varepsilon_0 S u_0}{d} - \frac{\varepsilon_0 S u_0}{d^2}\Delta \sin \omega t \tag{77}$$

于是,检测到的电流是

$$I = \frac{dq}{dt} = -\frac{\varepsilon_0 S u_0 \omega}{d^2}\Delta \cos \omega t \tag{78}$$

这个结果表示,检测到的电流与试样的振幅 Δ 之间具有线性关系。在这里我们注意到式(78)成立的条件是 $d \gg \Delta$,即电极与试样之间的距离必须远大于试样振动的振幅,否则将出现非线性效应。这就是前面所提到的非线性效应,非线性效应是实验中不希望的现象。

参考文献

[1] Kê T S. Experimental Evidence of the Viscous Behavior of Grain Boundaries in Metals [J]. Phys. Rev., 1947,71(8):533-546.

[2] 水嘉鹏. 倒扭摆的灵敏度[J]. 理化检验-物理分册,1992,28(4):32-33.

[3] 朱震刚,顾春晖,谢福康,等. 自动倒扭摆内耗仪的研制简讯 [J]. 物理,1985,14(8):489-490.

[4] Nowick A S, Berry B S. Anelastic Relaxation in Crystalline Solids [M]. Academic Press, New York and

London，1972.

［5］ Shui J P，Chen X M，Wang C. A Stuty of Amorphous PdCuSi by Internal Friction and DSC Measurements［J］. phys. stat. sol.，1996，b196(2)：309－314.

［6］ Zhu Z G，Zu F Q，Gao L J，et al. Internal Friction Method：Suitable also for Structural Changes of Liquids［J］. Materials Science and Engineering：A，370(1－2)：427－430.

［7］ 朱震刚，郭丽君，尚淑英. 能量耗散技术探索液态物质结构的新进展［J］. 物理学进展，2006，26(专刊)：283－288.

［8］ 张进修，熊小敏. 内耗频谱仪的应用及内耗频率峰机制的探讨［J］. 金属学报，2003，39(11)：1127－1132.

［9］ 杜功焕，朱哲民，龚秀芬. 声学基础［M］. 上海：上海科学技术出版社，1981.